碳酸盐岩沉积环境

[美] Peter A. Scholle   Dou G. Bebout   Clyde H. Moore   主编

胡素云　汪泽成　徐兆辉　郑红菊

刘　伟　江青春　谷志东　卞从胜　等译

李永新　薄冬梅　翟秀芬　石书缘

石油工业出版社

内 容 提 要

　　本书总结了不同类型的碳酸盐岩沉积环境和主要的沉积构造特征及其判别标准，介绍了不同沉积相的沉积背景、三维几何形态、典型构造关系以及沉积组成、结构和有机体组成，并对不同沉积环境的孔隙特征及油气勘探潜力进行了论述，对国内碳酸盐岩油气勘探及沉积矿床研究有重要意义。

　　本书可供从事碳酸盐岩研究的地质人员、开发人员、油藏工程人员及相关院校师生参考阅读。

图书在版编目（CIP）数据

碳酸盐岩沉积环境／（美）肖勒（Scholle，P.A.）等主编；胡素云等译 .
北京：石油工业出版社，2015.11
书名原文：Carbonate depositional environments
ISBN 978-7-5021-9969-2

Ⅰ．碳…
Ⅱ．①肖…②胡…
Ⅲ．碳酸盐岩－沉积环境
Ⅳ．P588.24

中国版本图书馆 CIP 数据核字（2014）第 266334 号

Translation from the English language edition :"Carbonate Depositional Environments" by Peter A.Scholle, Don G.Bebout, Clyde H.Moore.
ISBN:0-89181-310-1
Copyright © 1983 American Association of Petroleum Geologists
本书经 American Association of Petroleum Geologists 授权石油工业出版社有限公司翻译出版。版权所有，侵权必究。

北京市版权局著作权合同登记号：01-2012-4032

出版发行：石油工业出版社
　　　　　（北京安定门外安华里 2 区 1 号　100011）
　　　　　网　　址：www.petropub.com
　　　　　编辑部：(010) 64523544　图书营销中心：(010) 64523633
经　　销：全国新华书店
印　　刷：北京中石油彩色印刷有限责任公司

2015 年 11 月第 1 版　2015 年 11 月第 1 次印刷
889×1194 毫米　开本：1/16　印张：41.5
字数：1220 千字

定价：280.00 元
（如出现印装质量问题，我社图书营销中心负责调换）

中 文 版 序

由 Peter A. Scholle，Don G. Bebout 和 Clyde H. Moore 等编写，中国石油勘探开发研究院地质所青年学者翻译的《碳酸盐岩沉积环境》一书即将面世，这是从事沉积学研究和石油地质工作者值得认真一读的一本好书。目前，我国碳酸盐岩中的油气勘探进入关键时期，碳酸盐岩中发现的油气储量和产量不断增加，但此过程中一些沉积疑难问题也时时萦绕我们，使我们百思不得其解。本书的翻译出版能为我们解决部分难题，为促进和加深对我国碳酸盐岩沉积环境、沉积相和沉积特征的认识和理解，并提高油气勘探的成功率都有重要的理论和实际意义。

本书以碳酸盐岩形成的不同环境为主线进行分章论述，全书分为"陆上暴露沉积环境、湖泊沉积环境、风成沉积环境、潮坪沉积环境、海滩沉积环境、陆棚沉积环境、中陆棚沉积环境、礁环境、海滩边缘沉积环境、礁前斜坡沉积环境、盆地边缘沉积环境、深海沉积环境等"共 12 章。

每章中不但论述了沉积物（岩）形成的环境和过程，而且根据碳酸盐岩的特殊性，将成岩作用的类型、特征和成岩过程也一起加以论述；文中不但有大量古代碳酸盐岩沉积地层的实际例子，而且，还以大量世界各地现代海洋和湖泊碳酸盐岩沉积的例子去加以对比和说明，更感观地阐述其沉积特点、特征和各类影响因素之间的关系，使人身临其境，倍受启发；特别是书中大量的实地相片，真实地告诉读者，不同环境下沉积的碳酸盐岩的特征是如何的不同，使读者感到确实借助这本书进行了一次全球性的地质野外考察，受益颇丰；书中大量不同环境下的沉积模式，是许多地质界前辈心血和智慧的结晶，使人大开眼界，为建立中国碳酸盐岩分布区的沉积模式有了借鉴，并打下坚实的基础。特别是"盆地边缘沉积环境、深海沉积环境"这两章，对中国读者来说是比较陌生和很少涉猎的领域和范畴，书中也作了详尽的描述和分析，并比较深入地对外来粗粒沉积物和细粒沉积物与油气关系做了描述和探讨，对我们有重要的启示。

总之，该书对各类碳酸盐岩沉积环境论述全面、细致，系统性强，特别是对成因的分析有独到之处，揭示其本质，值得称道。大量的照片无论对初学沉积学的高校学生或想更深入研究的读者都是一本不可多得的好教材和参考资料。愿本书能为每个在沉积学领域中发挥才干的研究人员助一臂之力。

顾家裕

2015 年 3 月

前　言

　　100多年来，地质家考察和描述现代沉积以便利用典型特征帮助解释古代地层的沉积背景。该领域在20世纪50—60年代得到了显著发展，当时出现了针对现代碳酸盐岩沉积建立的精细模型，这项技术应用于佛罗里达、巴哈马、古巴、波斯湾、伯利兹、太平洋环礁、大堡礁和其他地区。对这些现代模式沉积环境的理解，加上对成岩作用影响理解的不断深入，已经显著提高了对古代石灰岩的解释。这些模式同样提高了许多碳酸盐岩储层的"可预测性"。

　　不管我们关于碳酸盐岩沉积环境的认识取得了多大的进步，从来没有在单独一项工作中综合评述其特征。尽管现存一些经典教科书描述了某些古代地层和解释了现代沉积，但是，对于整个学科的系统研究仅见于主要文献。

　　本书尝试将这些分散的文献归结起来，其并非为石油地质家或现场地质家量身定做，而只是方便读者利用碳酸盐岩沉积环境来恢复沉积相和解释沉积环境。不仅如此，我们还希望该书能够成为一本有价值的参考书，为研究人员提供帮助。

　　为实现这一目标，该书广泛应用图表和照片来展示沉积构造和相组合。文字重点在于沉积环境的识别而非沉积物运动的水动力机制。展示了沉积构造和三维相几何形态的集合特征，并将该特征作为地表和地下剖面沉积环境的识别标准。尽管单个沉积构造往往不能成为判别标准，但是在一套岩层中发现的整套构造常常可用来识别碳酸盐岩沉积环境，当结合利用垂向和横向相序、岩体几何学、粒度分析和其他技术时尤其如此。本书中不同章节阐述了所有这些判别标准。另外，本书还讨论了特征有机生物体（或者遗迹化石）以及这些动物组合的生态学特征。

　　沉积环境对早期成岩过程可提供指示作用。成岩特征作为判断沉积环境标准的情况很少见，但是对于这些特征的理解可以为研究提供有价值的证据。尤其是在碳酸盐岩中，成岩过程始于颗粒形成和沉积之时，成岩作用转化的结构（颗粒生成、析出、胶结等）对于环境变化通常十分敏感。

　　最后，书中做出了一些尝试和努力来展示大范围的构造样式、海平面变化、气候演变、生物演化模式以及陆源沉积物质输入等条件对碳酸盐岩沉积产生的影响。尽管沉积环境差异不大，但是，上述因素可能造成明显的沉积样式多样性。

　　本书的终极目标是要提高石油、天然气和其他沉积矿物的勘探效率。深入理解沉积环境和早期成岩样式往往对于孔隙度和渗透率样式的预测非常关键。这是因为沉积样式往往控制水流运动样式和碳酸盐岩成岩作用样式，还因为碳酸盐岩中大量具有产能的孔隙度是沉积或早期成岩作用背景中存留下来的。因此，对于环境的认知加上对于趋势的预测可以带来重要的勘探优势，同样可以改善中期发现方案。

　　根据不同沉积环境，本书各章内容主要分为4个部分，第一部分定义并描述了所有可囊括的相，总结了识别环境的判别标准；第二部分给出临近相之间的关系、沉积背景、相的三维几何形态、典型构造关系以及沉积组成、结构和有机体组成；第三部分概述了环境的主要沉积构造特征，重点阐述了原生和早期次生沉积的物理和生物构造。在某些章节中，还给出了典型的沉积结构和测井响应方面的信息；第四部分给出了经济方面的信息，例如整个环境和亚环境的孔隙度潜力、常见的成岩作用、总体石油或矿藏的圈闭潜力。在每章的最后讲述了有用的古代相似的环境标注。

　　本书按照从陆相到深水环境的特定顺序来组织章节。书中还包括了一些往往不被认为有油气远景的环境，将这些环境包括进来有以下几个原因：首先，对于沉积环境的认识并非严格基于其产油气潜力。我们想提供一个尽可能完整的环境识别框架，甚至那些不一定具产能的单元也被包括到了相解释中。其次，或许某些目前看来不具经济远景的环境可能在不久的将来蕴含着"非常规"储层。我们只需回顾一下前些年对于湖相或深水沉积的认识，就会发现那些原本认为不可能发育潜在储层的环境后来被某些实例证实可以富含油气。在美国尤因塔盆地以及中国、巴西，湖相沉积目前是主要产油的环境。与之类似，在北海盆地和北美地区的某些区域，深水石灰岩已经被证实具有产油气能力。

本书专门讨论了碳酸盐岩沉积环境，作为与本书类似版式的专辑，陆源碎屑沉积在 AAPG 专辑 31 中有详细论述。

Peter A. Scholle
Don G. Bebout
Clyde H. Moore

目　　录

第一章　陆上暴露沉积环境

第一节　陆上暴露环境

Mateu Esteban

Colin F. Klappa

　　暴露面在陆地上和水面下均存在，但是在这一章中，我们只关注陆上的暴露面，特别是陆上暴露对碳酸盐岩层系的影响。陆上暴露面是指地球表面的沉积物或岩石上的一个界面，在这个界面上表现出暴露在大气水环境中所受到的影响。碳酸盐岩只有经历了足够长时间的暴露，大气水成岩作用过程才能够改变或者抹去原始的结构，才形成能够被识别的古代暴露面。这一过程在沉积层序中被视为沉积间断，这意味着暴露面在被新的沉积物覆盖前，经历了很长的一段时间。这里所指的一段时间是一个相对的概念，受限于我们观察的能力和精度。当考虑时间绝对性的时候，我们只能是给出一个抽象的概念。在本书中，我们并不是要将间断时间的绝对值量化，也不是吹毛求疵地来阐述间断过程本身，而是要记录陆上暴露产物的共性和特征及判识标准。这有助于我们识别古代的陆上暴露面，指出在古代碳酸盐岩层系中陆上暴露面的意义和经济重要性。

　　我们可以将陆上暴露面定义为陆地上一个特殊的界面，它具有以下特征：第一，没有沉积作用，通常受到一定程度的剥蚀；第二，沉积层系中有间断。尽管沉积间断的成因和规模不同，但陆上暴露面均是沉积作用中止的标志。有时候用其他的术语来描述这种现象，例如沉积间断、沉积暂停期、不整合、硬底或不连续面。虽然这些术语均指暴露面，但从成因上讲，可以是海底界面、陆上界面，或者两种情况兼而有之。陆上暴露面可定义为露出水面的界面或陆地表面。

　　(1) 与陆上暴露相关的蚀变带：陆上暴露面之下有一个蚀变带（风化带），它的厚度在几毫米到数百米之间。蚀变带的形成受控于多种因素，其中最重要的是气候条件、大气水成岩过程的强度和持续时间、海平面及其下部淡水透镜体的位置以及母岩的岩石结构。正是这些不同因素，造成了蚀变带结构的多样性，而这些结构又能帮助我们识别陆上暴露面，这在后面会有详细的论述。

　　(2) 陆上暴露的最终产物：陆上暴露面最终基本上会出现两种成岩相——岩溶相和土壤相。但是土壤相很难保存，一方面是因为侵蚀作用的影响；另一方面是由于新的沉积物会同土壤混合在一起，从而难以辨识。然而钙结层是一个例外，因为在被剥蚀或再沉积前，土壤已经岩化，抗侵蚀能力增强。土壤的岩化，形成了固结的钙结层相，它们在岩石中被保存下来的几率大大增加。

　　(3) 陆上暴露的基础和差异：陆上暴露不同于其他的碳酸盐环境，最根本的一点是，它代表了一种成岩环境，而不是沉积环境。所有的海相碳酸盐沉积物一旦暴露，将经历同样的大气淡水成岩过程。

　　如果相对海平面下降的幅度足够大，那么在浅水碳酸盐岩层序和深水碳酸盐岩层序中均存在暴露面。假设它们具有相同的保存几率的话，显然暴露面在前者中出现的频率明显大于后者。在相同条件下，风成碳酸盐岩和湖相碳酸盐岩与海相碳酸盐岩没有什么不同。一旦风成碳酸盐砂变得稳定或者湖相碳酸盐干化（变干），那么这些陆相碳酸盐岩经历的暴露成岩作用过程与海相碳酸盐岩所经历的是完全一致的。换句话说，陆上暴露成岩作用对于原岩没有选择性。只要具备了以下三个条件——陆上暴露环境、稳定的无沉积物注入环境和足够的暴露时间，陆上暴露面及其下部蚀变带就会发育。初始的暴露面是否能够在岩石记录中得到保存，很大程度上取决于随后的侵蚀作用。

（4）陆上暴露的重要性：地质学家主要关注对岩石的研究，那么为什么又要关注地球的历史这本"故事书"中缺失的那部分呢？有三个原因：①我们在进行区域地史研究的时候，暴露面可以提供重要信息。在许多研究实例中，了解保存了什么和了解缺失了什么同样重要。假如海相碳酸盐岩中暴露面可识别，我们就可以推演海平面之上退积或者是加积的沉积过程。②陆上暴露面可以作为野外剖面或井下岩心对比的标准层。③经济性自然资源可以在陆上暴露面聚集，包括位于暴露面之下的储层被上覆地层封盖，形成油气水圈闭以及各种特定矿物的富集（铅、锌、铀、铝土矿）与岩石的土化过程和岩溶洞穴中的沉积有关。

一、地质背景

1. 横向分布关系

陆上暴露面向海方向过渡为滨岸和水下暴露面（图1-1）。通常暴露面是极不平坦的，因此不同类型暴露面（它们与海平面的相对位置不同）具有不同特征的地貌形态（图1-2）。

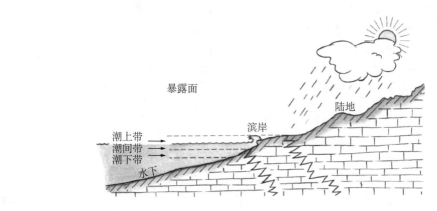

图1-1　暴露面的分类

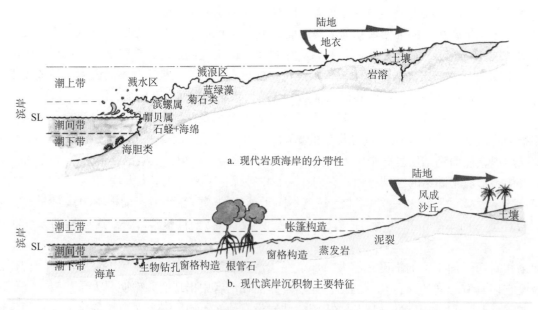

a. 现代岩质海岸的分带性

b. 现代滨岸沉积物主要特征

图1-2　滨岸暴露面横剖面示意图

SL—海平面

（1）水下暴露面：是指碳酸盐岩（沉积物）在低于风暴浪基面之下的海底暴露。这种类型具有硬底构造（可能有锰质、磷质或海绿石质壳）特征。本章不对该类型暴露面深入探讨。

（2）滨岸暴露面：是指潮缘环境（位于浪基面之上，最高的海岸渗流带盐沫区域之下）的沉积物或岩石发生暴露。图 1-2a 展示了岩质海岸滨岸环境最普遍的一些特征，图 1-2b 为海岸滨岸环境沉积物。由于波浪和生物侵蚀作用，导致岩质海岸具有很不规则的暴露面。植物的加固对滨岸环境沉积物很重要。

滨岸环境上部，通常具有蓝绿藻发育的潮间带水坑（Schneider，1976）、不纯的钙结层（Purser 和 Loreau，1973）和岩溶现象。滨岸环境具有重要意义，因为它紧邻陆上大气水环境，并且在地质历史中比较容易保存下来。随着海平面的变化，滨岸和陆上的一些作用形式会同时作用在同一暴露面上，新的沉积物会将这种多元作用的表面保存下来。

（3）陆上暴露面：沉积物或岩石暴露在大气圈环境中。湖底和风蚀坪不在我们讨论范围之列。紧贴岩石表面生长的苔藓（地衣）的出现是陆上暴露的第一个证据，这些苔藓代表了生物定殖和统殖的第一个阶段，然而这一现象在化石记录中通常难以发现。对地质学家来说，岩溶现象和钙结层成岩相的第一次出现是一个更具操作性的标志。

2. 暴露面的连续性和改造

构造活动引起的海平面波动会影响暴露面的连续性或对其进行改造。当相对海平面上升时，陆上暴露区域最终会被海相沉积物覆盖（图 1-3）；当相对海平面下降时，陆上暴露面会叠加在滨岸或水下暴露面之上（图 1-3），并最终会被陆相层系所覆盖（风成沙丘、冲积扇、湖泊沉积、沼泽沉积、河流沉积、石灰华等）。多数情况下，沉积物再次沉积之前的最后一次暴露面是唯一能保存下来的，所以说陆上暴露最好的证据都发育在陆相沉积层序的底部。

即使没有海平面的波动，随着时间的推移，暴露面也会发生改变。许多暴露都伴随着破坏过程，通常的趋势是向低海拔方向的夷平作用。暴露面也会受构造活动的影响（断裂、造山隆起），以及随后的侵蚀和沉积过程。

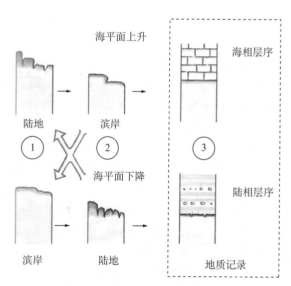

图 1-3　暴露面的主要演化路径

气候条件（时间和空间上）对地貌和暴露面的发育起着重要的控制作用。空间上，分布广泛的暴露面可以跨越不同的气候带（例如从干热的平原到湿冷的山区）；气候带也会随时间而发生移动，从而使暴露的某一区域从一种气候条件转变为另一种气候条件。海平面变化、构造活动、气候条件，这些控制因素和持续的成岩作用会改变暴露面的地貌形态。

3. 陆上暴露相

虽然钙结层可以在任何成分的岩石或沉积物中形成，除碳酸盐岩外岩溶作用在蒸发岩中同样发育，但在本章我们仅讨论碳酸盐岩中发育的钙结层和岩溶作用。

概括地讲，陆上暴露会形成两种成岩相，岩溶相和钙结层相。在两种成岩相中都涉及到碳酸钙（$CaCO_3$）的变化：岩溶相中，由于方解石的溶解，$CaCO_3$ 大量流失（化学溶蚀作用）；钙结层相中，有一个零平衡点（本地溶解量等于 $CaCO_3$ 再沉淀的量，没有外部物质的加入）或者是纯粹地从外部获得。碳酸钙的溶解在大气渗流带和潜流带均可发生，图 1-4 描述了这些水文带。渗流带又进一步分为上部渗透溶解带和下部的水流向下运动的渗滤溶解带（其溶解作用甚微，可以忽略不计）。同样，潜流带也可进一步分为上部活跃透镜体带（Jakucs，1977）和下部深潜流带（imbibition 带），向下过渡为地层水带。

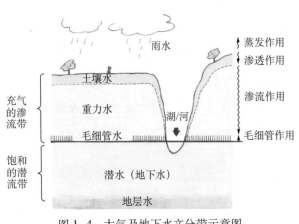

图 1-4 大气及地下水文分带示意图

在渗滤带，水是活跃的，它们会溶解碳酸钙，因为含有侵蚀性的 CO_2（来自空气或上覆土壤层中生物成因）；也可能会发生碳酸盐沉淀，因为 CO_2 的溢出或生物的摄取而导致溶解度降低。当水流到达下部的渗滤带时，达到了 $CaCO_3$–H_2CO_3 平衡，碳酸钙的溶解和沉淀都变得非常微弱。与此相反，在潜流带的最上部（潜水面之下），水体水平流动，碳酸钙或是通过溶蚀作用和机械侵蚀作用被搬运走，或是沉淀下来。再往下到透镜体带（它的位置取决于下伏的不透水层或者是侵蚀基准面），水体的流动受控于水压头而不是重力。由于增加的静水压力和混合水的溶蚀作用，此处的石灰岩被溶蚀。如果混合水是过饱和的，则发生碳酸钙沉淀。透镜体带之下的水体，虽然也承受静水压力，但是并不形成一个水文学的循环，因此是静止的。再向下，经过过渡带后，变为地层水，对于它们的特性以及与碳酸钙的反应，现在知道的还很少。

4. 岩溶相

"喀斯特"一词曾被用来指特定的地貌形态。现在许多学者（Thraikill，1968，1971；Sweeting，1973；Jakucs，1977）则强调"喀斯特"（karst，现在统一翻译为"岩溶"）是不同演化阶段一系列复杂过程（气候条件、构造活动、土壤层、水文条件、岩石）的结果。下面几个关于"岩溶"的定义对地质学家来说更有用处。岩溶是一种成岩相，暴露的碳酸盐岩石上的一种印记，是在大气水环境中碳酸钙的溶解和流失造成的，可以形成于多种气候条件和构造背景下，通常产生可识别的地貌特征。通常岩溶作用代表了碳酸钙的流失，虽然在岩溶过程的某些阶段或某些地区，可能会出现平衡甚至是从他处获取。岩溶应该具有以下特征：（1）地貌（溶沟、岩溶漏斗、坡立谷）；（2）地下形态（各种孔隙、溶洞、溶孔和管道等）；（3）洞穴堆积物（钟乳石、流石、边石、球雏晶（globulite）、洞穴珠、蘑菇石笋、不规则钟乳石和月乳石）；（4）由于下伏碳酸盐岩的流失而导致的坍塌构造。

岩溶相主要的矿物类型是低镁方解石，虽然在白云岩溶洞中沉积物的矿物成分具有多样性，包括文石、水碳镁石、白云石和碳氢镁石。本章中，我们主要关注低镁方解石，一是因为它们数量众多，二是其他矿物的洞穴沉积物表现为同样外形形态。

1）岩溶剖面

岩溶代表了一种普遍的相模式，可以归纳为如图 1-5 所示的一个剖面。

（1）渗透带（上渗流带）通常具有以下特征：有岩溶地貌特征、或许被土壤层覆盖（暴露的碳酸盐岩石通常被钙红土或藻类覆盖）、大量的垂向溶洞（图版 I-1，图版 I-2）。这一相带中多数洞穴堆积物是在强烈的侵蚀作用下碳酸盐岩墙削蚀所致。这些洞穴沉积物为细粒沉积（月乳石），由针状低镁方解石和生长在逐渐消减的碳酸盐岩母岩上的不同类型球雏晶组成。最终的产物是聚集在洞壁或洞底的白色白垩，大量的菌类在上面生长。在这一带中，物理—化学溶蚀过程和与生物强烈的生活活动有关的侵蚀作用是主要的。在欧洲和北美许多岩溶剖面中，该带最上部的 20m（66ft）中坍塌角砾岩同样发育（图版 I-3）。

（2）渗滤带（下渗流带），在这一带中，水流在早先存在的渗流通道中向下运动，以渗出水为主，溶解性不强，但是在某些特定区域（落水洞下部、厚的土壤层覆盖区和张性裂缝）仍表现为活跃的溶蚀作用和水动力侵蚀。这一相带的厚度在 0～200m 之间，在靠近潜水面的下部区域洞穴沉积物的数量和种类要比别的地方多。位于潜水面之上 2m 内的毛细管作用带可能与碳酸钙的强烈沉淀有关。

（3）透镜体带（上潜流带）以大量发育水平层状溶洞为特征，这些溶洞的形成与静水压力增高和

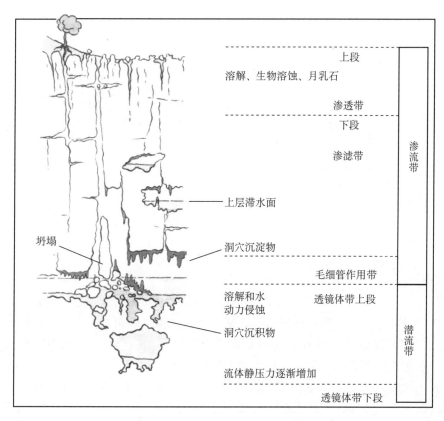

图 1-5 理想岩溶剖面（无比例尺）

混合侵蚀作用导致的水动力侵蚀（溶蚀）有关，多数岩溶洞穴产生在这一带中，特别是紧邻潜水面之下的区域（Thrailkill，1968）。在岩溶发育的老年期，该带的洞穴沉积物也很重要，主要产生在潜水面或其之下数厘米处（漂浮的鳞片状或排状碳酸钙、洞穴珠、蘑菇石笋）。原地坍塌角砾岩和碳酸钙沉积非常普遍。在岩溶相中，潜水面的位置经常变化，这使得这类剖面更加复杂。

岩溶剖面的下限常难以确定，透镜体带最厚可达 100m，甚至更厚。透镜体带底部不断增大的静水压力会导致溶解能力的增强；但在更深的深度上，水体会变得停滞，与暴露相关的成岩作用痕迹变得不易识别。另一方面，透镜体带胶结物普遍发育，这一观点已被多数石油地质学家所接受。潜流透镜体带颗粒间胶结物和洞穴沉积物有所不同，这种差异受两种因素控制——孔隙几何形态和水体流动模式。

2）演化

图 1-5 中岩溶剖面可以视为岩溶演化的青壮年阶段。岩溶演化的动态过程更加复杂。概括地讲，质纯的或均一性很好的碳酸盐岩，在早期阶段，岩溶作用局限于表面形态（例如 Purdy 在 1974 年进行的实验研究）。碳酸盐岩的非均质性（例如裂缝、节理、层理面、杂质）和表层植被促进了地下岩溶形态的发育。当存在一个稳定的渗流基准面时，岩溶剖面的演化（图 1-6）表明了岩溶面不断下降和渗流带向下延伸的趋势。岩溶剖面进一步发展成复杂的地貌体系，包括岩溶漏斗、岩溶谷地、坡立谷和岩溶平原等（图版 I-4）。碳酸盐岩中的不溶物含量在岩溶演化中起着重要作用，它们是土壤层的主要来源（土壤层可以帮助增加大气水中生物成因 CO_2 含量）。不溶残余物在地下孔隙和岩溶管道中的沉积控制着岩溶发育的水动力模式。除热带气候条件外，岩溶演化的趋势是形成岩溶平原。在这里，渗滤带和透镜体带合二为一。热带岩溶与这一模式不同，因为低洼地带被风化土充填，土层具有相对高的渗透性并被腐蚀性的水体饱和，因此产生锥状或塔状岩溶（图 1-6、图版 I-5）。

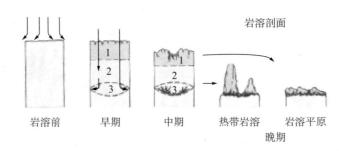

岩溶前　　早期　　中期　　热带岩溶　岩溶平原
晚期

岩溶剖面

a. 具有稳定基准面的岩溶剖面

b. 潜水面反复变化的岩溶剖面

图1-6　岩溶演化剖面

　　潜水面位置的频繁变化（由于构造活动、气候条件和相对海平面的波动）造成岩溶剖面非常复杂。例如潜流带的产物又经历上渗流带的作用过程，从而又被侵蚀、溶解或重新改造。同样，早期渗流带产物也可在潜流带内被改造（图1-6）。通常来讲，岩溶作用在造山幕之间的时期相对活跃，这是因为：（1）岩层中新形成的节理和裂缝利于更多的大气降水渗滤；（2）地貌的不规则性变强，潜水面变深，斜坡部位的土壤层更易于被移除；（3）地貌特征可以控制局部天气形成地形雨。这些变化的重复作用，可强烈地改造碳酸盐岩，因此识别这些旋回是非常困难的；但是进行细致的地貌学、岩石学和古生物学研究，仍然是可能进行识别的。此外，只有部分岩溶相和岩溶剖面保存了化石记录，因此对岩溶分带和演化的研究通常来说是难以进行的。

　　这里总结的岩溶剖面代表了内源岩溶这一类型（holokarst），在这类岩溶作用中，大气水直接在渗滤带汇聚。而在其他类型岩溶中，大气水从相邻的非岩溶地带流到岩溶作用区，这种又被叫作外源岩溶（Jakucs，1977）（这两个概念在规模上有别于通常所说的暴露岩溶和覆盖岩溶）。自然界中多数岩溶是这两类岩溶的复合作用。在内源岩溶发育的壮年和老年阶段，外源岩溶显得尤为重要，特别是被厚层土壤覆盖或位于非碳酸盐岩地层之下时。外源岩溶是河流的侵蚀作用造成河谷下蚀的结果，与内源岩溶的差异主要体现在以下三个方面：（1）水流系统具有显著的特征，形成地下河系统；（2）洞穴沉积物和洞穴堆积物大量出现；（3）具有典型平顶特征的冲蚀洞穴大量出现。对于地质学家研究的古岩溶来讲，区分两类岩溶是极为困难的，因此在这里我们一并讨论。

　　另一个重要的方面是岩溶演化与上覆土壤层的关系密切。虽然在不同类型岩溶中大多有各种土壤存在，但"岩溶"一词的定义并不包含碳酸盐岩土化过程。这些土壤是岩溶作用的重要控制因素之一，因为土壤是生物成因 CO_2 的来源，并且对大气降水有很好的蓄积作用。可以说土壤是碳酸盐岩中不溶物的残余，是岩溶作用的副产品。通常来讲，岩溶演化早期阶段土壤层较少，而到晚期阶段，则出现分布广泛的厚层土壤。气候条件、岩相类型和地貌特征是控制土壤层发育的主要因素。

　　残留的土壤沉积，例如钙红土和红土，是特定气候条件下岩溶作用的产物（地中海式、热带气候），在地层中是可识别的（图版Ⅰ-6至图版Ⅰ-9）。土壤层也可能是富碳酸盐的钙结层（图版Ⅰ-10），特别是在岩溶演化的壮年期和老年期。由于钙结层在演化过程中能较好地保存，因此它是识别古代暴露面的一个重要标志。

　　5. 钙结层相

　　钙结层一般被定义为半干旱环境中，沉积物、土壤和岩石中或之上的细粒白垩质或胶结的低镁方解石沉积（Bretz 和 Horberg，1949；Brown，1956；Swineford 等，1958；Blank 和 Tynes，1965；Gile

等，1966；Ruellan，1967；Aristarain，1970；Reeves，1970；James，1972；Esteban，1972，1974；Read，1974）。这一原始的基本定义使用范围相对局限，只有那些在地层中寻找钙结层的地质学家使用。因此有必要给出一个更具描述性的定义，包括：区域地质背景、岩性、地层特征、构造、结构等。本书采用的是 Esteban（1976）的定义（有修改）：钙结层是一个垂向的分带，平行于或近平行于碳酸盐沉积，通常形成四种岩石类型，即团块—白垩状岩石、结核状易碎的岩石、板状或席状的岩石以及压实的硬壳或硬盘（hardpan）。这几种岩石在剖面中的发育程度和发育类型变化很大，一致的是团块状白垩向下过渡为原岩，有明显的证据可以看出原岩原地的改变和异地的替换。钙结层通常为白色或浅棕色，然而红色和黑色的意义可能更为重要。钙结层主要的结构包括凝块状、具有微晶沟道和裂纹的球粒状泥晶灰岩，其他的一些结构包括团块（豆粒、鲕粒、结核和球粒）、成层性差的泥晶或其他岩溶产物。微亮晶通常是交代颗粒残余和其他早期成岩结构的证据。地质学家将"钙结层"看作概述性的术语，在他们看来，可能任何富碳酸钙的含有碳酸钙胶结结核的土壤，都可以形成不同类型的钙结层。）

1）钙结层剖面

图 1-7 展示了一个理想的钙结层剖面，虽然这只是众多可能类型中的一个，但却是地中海西部和得克萨斯州普遍发育的类型。图 1-8 展示了其他一些常见的钙结层剖面。在这里，钙结层剖面是指具有明显地貌分层的完整垂向序列。分层的界线具有渐变的特点，图 1-7 和表 1-1 总结了每一层的特征，概述如下。

（1）灰质壳：硬化，缺少可见孔隙，抗风化能力较其下伏层强，是钙结层剖面的一个显著特征。厚度在 1mm（图版Ⅰ-11）到 1.5m 之间变化，主要由胶结的微晶或隐晶碳酸钙组成。较厚层的灰质壳通常见有裂缝、非构造成因角砾（图版Ⅰ-12 至图版Ⅰ-17）、溶蚀和再胶结现象，可能含有团块（豆粒）和根管石。通常为白色或米色，浅橘黄色到棕色不太常见。灰质壳可能是宏观上无构造的，也可能是块状、层状（图版Ⅰ-18）、角砾化（图版Ⅰ-14）或瘤状的（图版Ⅰ-19）。

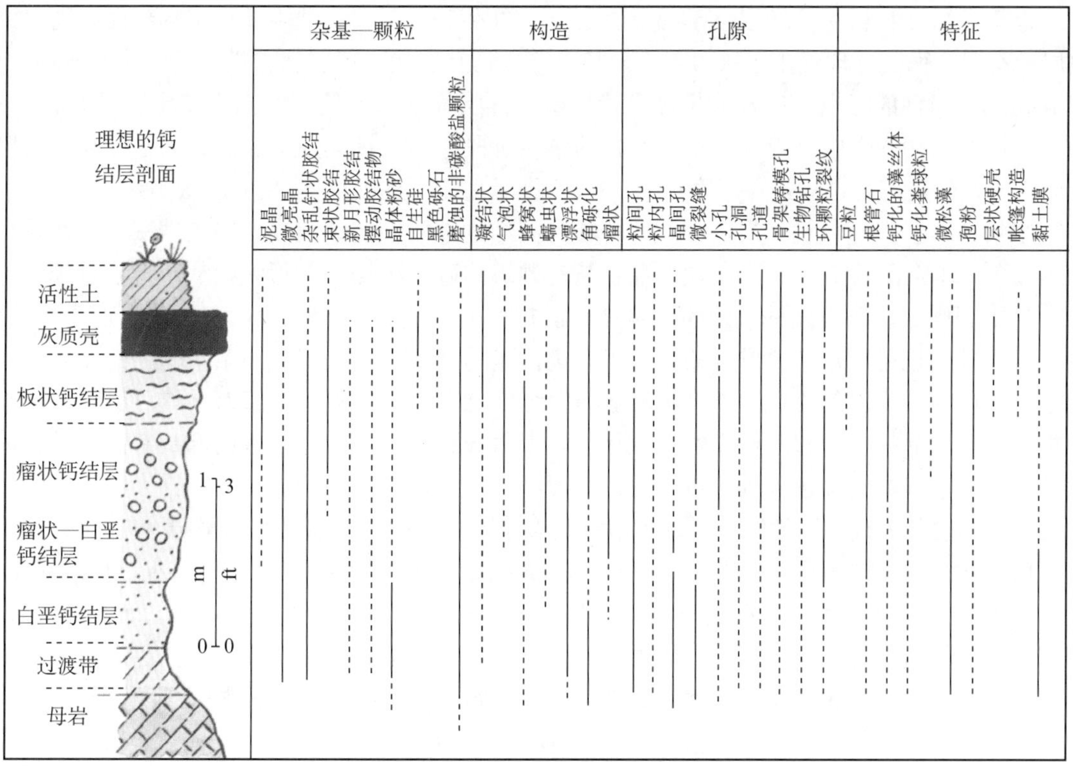

图 1-7　理想的钙结层剖面及其主要特征

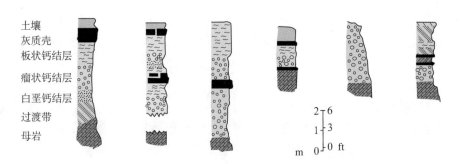

土壤
灰质壳
板状钙结层
瘤状钙结层
白垩钙结层
过渡带
母岩

图 1-8　钙结层的差异性（基于已知的剖面）

表 1-1　第四系钙结层剖面特征（基于西班牙 326 个测量剖面）

剖面	平均厚度(cm)	边界	类型	孔隙（%）		胶结		
				野外估算	计点法	胶结物	连续性	强度
土壤	32.5	突变—有清晰界线	孔道	30	—	少量方解石	不连续	弱
灰质壳	20.6	清晰—模糊	—	—	0～13	方解石+硅质	连续	固结的
板状钙结层	62.6	模糊	裂缝、铸模孔	10	3～17	方解石	连续	强
瘤状钙结层	118.2	模糊	粒间孔	10～15	3～23	方解石	不连续	强—弱
结核	89.0	逐渐模糊	粒间孔	15～20	—	方解石	不连续	弱
白垩层	54.5	逐渐模糊	粒间孔	15～20	9～35	方解石	不连续	弱
过渡带	142.0	—	裂缝、孔洞	15～25	3～31	方解石	不连续	弱—强

（2）板状钙结层：板状钙结层位于硬土层之下（图版Ⅰ-20），在缺少硬土层的剖面中则是最上部的钙化层，有时上面会有现代土壤层覆盖。板状钙结层具有层状—似层状、板状、波状或薄层的特点。平面裂缝孔隙和脆性的特点，以及大量蜂窝状构造、针状纤维构造使它区别于硬土层（图版Ⅰ-13）。可识别的过渡段表明硬土层是板状钙结层发育的早期阶段。板状钙质水平层的最大厚度和平均厚度均远大于硬土层，后者有记录的最大厚度是 3.1m（西班牙）。硬土层通常演化为瘤状钙结层。

（3）瘤状钙结层：瘤状钙结层由分散的粉状到固结的碳酸钙团块组成，嵌入碳酸钙含量较少的基质中（图版Ⅰ-21 至图版Ⅰ-23）。团块的粒径从粉砂级到砾石级均有，形状则从球形—近球形到圆柱形，甚至是不规则的。多数圆柱形的团块是被垂向拉伸的（图版Ⅰ-20），也有一些表现为枝状结构。团块可以是单独的也可以是聚集成堆的。除了大量白垩的聚集，团块与周围杂基颜色的差异也可作为识别标志。团块通常为白色或奶油色，而杂基则为红色或红褐色（图版Ⅰ-22）。这种颜色主要是由于酸不溶物（如层状晶格矿物和三价铁的氢氧化物）聚集导致的。然后，一些内部具有同心结构的团块呈深红棕色，而杂基呈浅棕色到乳白色。铁盐的浸染是造成这种现象的原因。在许多剖面中，瘤状钙结层和白垩钙结层的界线很不清晰，所以通常将其看作是一个层，即瘤状—白垩层。

（4）白垩钙结层：白垩钙结层以白色—乳白色的未固结粉砂级碳酸钙颗粒为特征。白垩钙结层中，颗粒间没有胶结物，所以呈现粉状特征。虽然局部会有分散的团块存在（图版Ⅰ-21、图版Ⅰ-24），但该带在结构和构造上仍表现出很好的均质性。植物根系周围是 $CaCO_3$ 的有利聚集区，这种现象引起瘤体早期的演化。这一层最大的厚度鲜见超过 1m 的。如果母岩中具有高的粒间孔隙（例如风成碳酸盐沉积），那么白垩层不发育，甚至缺失。白垩层通常向上转变为瘤状钙结层，向下进入到过渡带。

（5）过渡带：过渡带是指未经改造的母岩与改造带（缺少可以说明与母岩的继承性关系的宏观可

辨识特征）之间的地带。过渡带本身具有母岩原地改造和母岩物质交代的宏观的可辨识的证据（图版Ⅰ-25）。这些证据包括①残留的沉积构造，如层理（图版Ⅰ-24）；②原地化石残留嵌入其他风化母岩物质中；③原地堆积的残留碎屑颗粒；④从下部母岩到钙结层可追踪的没有偏差和中断的矿脉。在层状沉积物发育的钙结层剖面中，未改造母岩中倾斜的层理可以向上追踪到过渡带和白垩层。对母岩的改造过程，选择性地沿着层理或节理面进行（图版Ⅰ-16）。这些节理使水流更容易通过母岩，从而使成岩作用更容易发生，同时也使植物的根系更容易穿透。这个带是原地风化带，包含了被部分侵蚀的母岩，因此它的下边界很难识别。过渡带向下可延伸到渗流带上部，其厚度可达数米。有些剖面中，过渡带也可以很薄，甚至没有。

（6）母岩：母岩的组成、结构、年代和来源可以是多样的。影响钙结层发育最重要的一个因素是它的机械稳定性。钙结层的发育需要稳定分布的、足够广泛的基底来保证土壤化作用和成岩作用进行。母岩的其他性质，如渗透性和碳酸钙含量也可影响钙结层发育的速度。钙结层典型特征的消失是区别母岩和其上覆钙结层的证据。相比于过渡带、白垩层和瘤状钙结层，母岩的原生结构、构造特征在钙结层化过程中没有被改造或消除，而前者则表现出强烈的变化。

2）演化

未固结的钙结层是有活性的富 $CaCO_3$ 的土壤，而固结的钙结层则是岩化了的富 $CaCO_3$ 土壤。土壤是风化作用的产物，也是植物生长的介质。从海相碳酸盐岩开始暴露到形成固结的钙结层，可以简单地分为 5 个阶段。

阶段 1：准备阶段。机械的、物理化学的过程和生物分解作用形成表皮土或是风化碎屑的堆积。土壤开始发育说明堆积的速率超过了侵蚀的速率。

阶段 2：土壤发育阶段，成土作用。未固结沉积物或者风化碎屑转变成土壤，这一过程与生物作用和水流作用有密切关系。

阶段 3：碳酸钙的聚集和不同带的分异。在钙结层发育的早期阶段，风化物具有高的孔隙度和渗透率，大气降水向下运动相对容易，所以没有足够的降水保存下来满足植被生长的需要。一些植物的根系必须向下生长，以达到潜水面附近。根系通过裂缝和节理面向下生长，改变母岩的原生构造，加快下部岩石的崩解。生物改造和物理化学改造在转换带达到顶峰。碳酸钙的沉淀，并且由于机械作用和生物化学作用的不稳定性，形成了白垩层。土壤物质中发生的物理化学和生物作用阻碍了固结层的形成。

在剖面中，随着碳酸钙聚集量的增加，孔隙度和渗透率开始减小。土壤中的生物物质开始钙化，于是形成了生物成因的碳酸盐结构，例如钙化的藻丝体、钙化的粪球粒、钙化的卵形藻和微松藻等的聚集。潮湿与干燥环境的交替，在土壤中形成收缩缝，后来 $CaCO_3$ 又沉淀在空隙中。在钙结层剖面演化的早期阶段，垂向的水流运动和植物主根垂向生长可以形成沿垂直方向拉伸的碳酸钙瘤体。但在有些地区，水更容易沿水平方向流动，多数植物形成横向发育的根系，它们所对应的根管石形成大量板状钙结层。在剖面的下部，垂直的根管石会很大（5~20cm），并且是分离的；而层状根管石会相对较小（0.5~2mm），数量相当可观，呈枝状或水平状分布。从瘤状钙结层到板状钙结层的演化，是土壤中植物演替的反映。

阶段 4：岩化作用和胶结作用。随着碳酸钙聚集的增加，土壤中的生物生存能力逐渐降低。土化过程的强度也逐渐降低并最终停止。成岩过程，主要是胶结作用，导致土壤岩化和硬化，形成硬质层。

阶段 5：再作用阶段，角砾化、风化作用（新的阶段1）。岩化的钙结层（如果岩层表面存在的话）在接下来的过程中会被改造甚至是完全摧毁。低等植物（苔藓、藻类、真菌和细菌）的活动会形成原生土，是植物演替的初级阶段。最终形成的土壤层能够满足高等植物生长的需要。植物根系则穿透、溶蚀固结的硬质层。植被能形成帐篷构造和枝状角砾岩，进一步的活动则形成再作用、再胶结的角砾化钙结层硬层。更复杂的情况是再作用后的钙结层剖面叠加了岩溶作用。

6. 岩溶和钙结层的空间、时间关系

岩溶和钙结层形成的过程并不是排他的，不同演化阶段的岩溶和钙结层可以在同一时间点上共存，也可以在同一地区互相叠置（图1-9）。此外，随着时间的流逝，钙结层会向岩溶化转变，形成新的土壤层；同样，岩溶面也可以转变为钙结层。岩溶和钙结层是受多种因素（气候变化、生物活动、基岩特征）控制的具有复杂演化过程的动态系统。

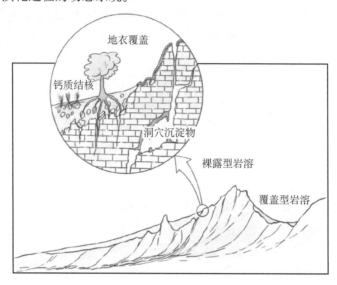

图1-9　岩溶与钙结层共存

岩溶与钙结层之间有一些重要的差异。一是钙结层形成于特殊的气候条件（Goudie，1973）——半干旱环境；而岩溶作用则在多雨的气候条件下发育。另外，钙结层限定在风化面或紧邻暴露面的渗流带环境中，而岩溶是一个三维单元，在表层、渗流带和潜流带中均有发育。可见，岩溶与钙结层在级别和水动力学机制上有所不同。然而，如稍后将要讲到的，钙结层的产物与上渗流带的产物类似。岩石、大气和生物在渗流带内以一种复杂的方式互相作用，产生的一些特征在岩溶相和钙结层相中普遍存在。

7. 地质历史中的陆上暴露面

志留系—泥盆系的暴露面在地层中有很好的记录。前面所推论的风化过程，在很大程度上取决于高等植物的存在和演化，这是因为生物成因的二氧化碳可以增加岩溶水的溶蚀能力。志留纪之前，岩溶和钙结层的形成过程受控于二氧化碳的获取（通常从地衣、藻类、菌类甚至是大气中获取）。我们猜想志留纪之前，由于没有高等植物的影响，那时的岩溶或钙结层，具有不同于本章所描述的特征。无论如何，在这一方面没有足够的参考文献能够详细地阐明确定的结论。

众所周知，在岩溶地区地层中，会有大量的、同时期的、世界范围内普遍分布的铅锌矿和铝土矿沉积（Bernard，1976；Geldsetzer，1976；Padalino等，1976；Valeton，1972）。文献中记载的古钙结层发育的时代，通常也形成矿化的岩溶带，岩溶洞穴油气储层也具有类似的特点。部分暴露面已经在文献中被大量地报道，或许是因为它们的经济价值或许是因为如此广泛的分布，也许兼而有之。图1-10中显示了被越来越多地研究和记录的暴露面（时间间隔为10～15Ma，对应主要时期或是优势物种的里程碑）。这种明显的吻合，可以从两个方面来解释：（1）可识别的主要陆上暴露期会导致已有陆上生物的灭绝，同时新的物种出现；（2）陆生植物统治期的开始，可能在陆上暴露相的类型和强度上有所反映。在长时间暴露中，大量繁殖的新物种在陆地占统治地位，从而产生强烈的成岩作用改造母岩。这样便形成了可识别的暴露标志和大量的矿物沉积。

主要的陆上暴露发生在全球海平面下降旋回（图1-10）。全球海平面变化旋回被认为受构造板块活动的控制（Sloss，1979；Vail等，1977）。本章对板块构造活动、全球海平面变化、已识别的主要陆上暴露面、植物演化和CO_2旋回之间的联系给予了充分的关注。然而，另一个很重要的方面是较小级别的陆上暴露可以不依赖于全球暴露期而在特殊的沉积体系中产生。这些特殊的沉积界面主要是浅水沉积或浅滩沉积的上部，如沙滩、礁、三角洲或潮坪。这些局部的陆上暴露或许不是重要经济矿物的沉积场所，但是对于区域地质解释仍有重要意义。

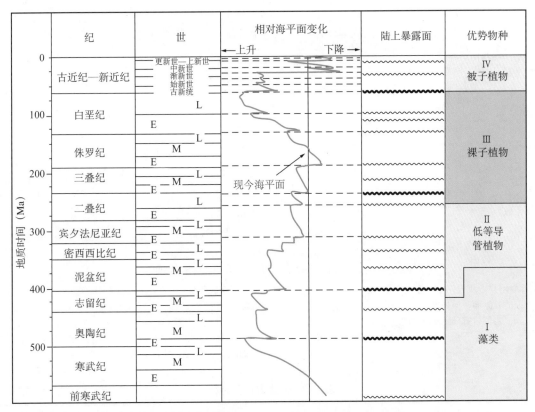

图1-10　显生宙相对海平面变化、主要已知暴露面和优势物种

加勒比地区现今的地貌形态记录了更新世海平面波动的影响。新的海岸线、阶地和礁群在加勒比许多岛屿的周围变得非常普遍。

在巴巴多斯，在持续的构造抬升和冰川性海平面变化联合影响下，产生了新的连续的生物礁阶地。在伯利兹和佛罗里达部分地区的沿岸平原上散布着岩溶漏斗和落水洞，从而证明这里在更新世或更早时候发生过岩溶作用。在伯利兹生物礁发育区，已经发现了底部在现今海平面之下120m深的落水洞（蓝洞）。这些证据表明在冰期海平面下降时，发生过岩溶作用，随后在间冰期，海平面又开始上升。更新世间冰期阶段发生的岩溶作用，大大增加了加勒比地区暴露碳酸盐岩的宏观空隙性。相同的影响（具有经济意义）在地质记录中应当也存在，例如墨西哥的白垩系。

二、陆上暴露面的识别

1. 一般程序

地质历史中陆上暴露面的识别应基于以下考虑：（1）了解区域地质特征，包括地层结构、构造演化、海平面变化、古地形特点、沉积相类型和古环境；（2）岩石层序的细致研究，特别是位于标志不整合面之下和位于连续沉积底部的岩石层系（例如冲积扇、湖泊沉积、沼泽沉积、冰碛物和植物化石凝石灰），目的是最终识别出一个能指示岩溶面或土壤层存在的层序界面（图1-11）；（3）研究岩石类型（野外和实验室），识别典型的宏观或微观特征（表1-2）。任何结论的得出，都必须有结合了成岩作用或非成岩作用（通常是暴露相中常见的特征，如图1-11、图版 I -6、图版 I -26、图版 I -27

所示）层序解释的支持。在这三个步骤中，我们要关注最后一个，即岩石类型研究，但这并不是说另外两个就不重要。

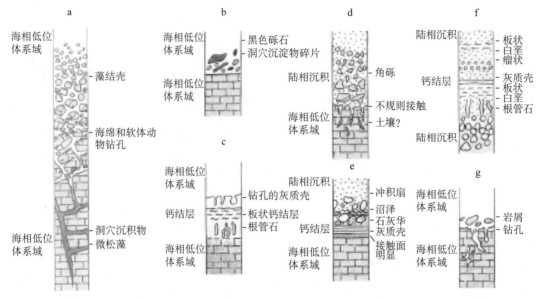

图 1-11　指示岩溶面或土壤层存在的层序界面

a—中生界岩溶化石灰岩，在中新世经历了海岸环境的改造，但多数岩溶剖面保存下来，可见上覆的岩溶土壤层，西班牙巴塞罗那；b—剖面 a 中的暴露面，但是岩溶面被破坏；c—古近—新近海相石灰岩中的钙结层剖面，上新世—更新世遭受海岸环境改造，墨西哥尤卡坦；d—可能含有陆上暴露面的层序，但除了深部连接处可能存在的钙红土外，没有其他明显证据；e—中生界石灰岩，强烈钙结层化，随后被古近纪沼泽和冲积扇沉积覆盖，西班牙巴塞罗那；f—钙化的冲积扇河漫滩沉积，三叠系，西班牙巴塞罗那；g——些类似 a、b、d 的暴露面，但是没有陆上暴露相的痕迹，只有海岸暴露相被保存下来

表 1-2　陆上暴露面特征

判别特征	通常存在但并非判别特征	
1. 岩溶相判别	1. 岩溶相中通常存在的特征	（10）向上变浅的旋回，顶部为暴露面
（1）岩溶地貌	（1）藻蚀岩溶	（11）缺失的古生物带
（2）岩溶坍塌角砾	（2）溶蚀塘	（12）原地的非构造成因裂缝和角砾化
（3）溶洞	（3）溶沟	（13）微观特征：凝块状泥晶、微亮晶、新月形和重力胶结，钙化的藻丝体，钙化的粪球粒，微钻孔
（4）洞穴堆积物	2. 钙结层相中通常存在的特征	
2. 钙结层相判别	（4）黑色（小）砾石灰岩	（14）淋滤孔隙、孔洞
（5）根管石	（5）漂浮构造和溶蚀的颗粒	（15）沉积间断之上地层中的碳酸盐岩屑
（6）蜂窝状构造	（6）气泡和蜂窝状构造	（16）层状的泥晶包壳
（7）微松藻	（7）蠕虫状构造	（17）沉积间断之下的白垩层
（8）切线方向的低镁方解石针状纤维	（8）帐篷构造	（18）晶体粉砂
（9）钙化茧	3. 岩溶和钙结层共有的特征	
（10）钙质团块	（9）顶面不规则—平面形态	
（11）黏土膜		
（12）颗粒周缘裂纹		
3. 岩溶和钙结层共有的判别特征		
（13）地衣（苔藓）		
（14）杂乱的低镁方解石针状纤维		

从相对具有鉴别意义的特征到普遍存在但不具有指示意义的特征，可以建立陆上暴露识别证据的可靠性级别。

下述特征（包括溶蚀）产生在有区别的，但是没有任何联系的沉积物和成岩环境中。然而，正如Bathurst（1975）的评述："越多的数据保证越高的可靠性，如果将数个标准结合在一起，也许能得到令人满意的决定"。与此同时，我们应该牢记许多暴露面并不具有典型特征，但是这些特征的缺失并不能说明那些沉积物不是暴露相的产物。

2. 识别标志

暴露面的判识指标包括岩溶、土壤和钙结层（Goudie，1973）。这里我们只探讨岩溶和钙结层的特征，并且只讨论那些在地质历史中可能保留下来的特征。下述的识别特征被认为对陆上暴露有很强的指示意义。

陆上岩溶指示标志有下述特征，但其是未受潮上带作用（海水毛细管作用带和冲浪带）影响的岩溶发育鉴别特征。当考虑海岸岩溶时，判识地貌特征增多。

（1）地貌：变化万千的地貌特征（Sweeting，1973），仅有少数对于地质历史中的暴露（大气水）岩溶相有鉴定意义。对地质学家来说，最有用的是溶沟。溶沟是石灰岩表面形成的光滑的沟槽状凹槽，直径为10cm到1m，上覆有腐殖土（图版Ⅰ-28、图版Ⅰ-29）。在特别完好的剖面中，岩溶漏斗也可以保存下来（图版Ⅰ-4、图版Ⅰ-30）。岩溶漏斗呈内部中空的漏斗状或圆柱形，平面形态为圆形或不规则形，2～100m深，直径约1000m，其形成与沿垂直节理的选择性溶蚀作用或是下部溶洞坍塌有关。通常来讲，被腐殖土覆盖的地貌更能说明问题。

（2）岩溶坍塌角砾岩：地面或地下由于溶洞顶板坍塌形成的不连续的角砾岩体。它们的形成与构造活动和沉积物重力流无关，下部碳酸盐岩的迁移（溶蚀作用或是水流侵蚀作用）才是形成溶洞坍塌的地质营力。这些角砾岩通常具有如下特征——不同类型溶洞沉积物（砂、粉砂、黏土）的混积、洞穴堆积物碎片、土壤（图版Ⅰ-31、图版Ⅰ-32），以及多种成因的原地洞穴堆积物覆盖层。其上覆层可能呈现向上逐渐减弱的"V"字形变形（图版Ⅰ-33）。海岸生物造成的生物钻孔，会降低坍塌角砾岩作为指示标志的可靠性。这是因为在海岸悬崖底部的波浪作用也会形成坍塌角砾岩。

（3）洞穴孔隙度：根据Choquette和Pray（1970）的描述，"洞穴是一个以大的开放空间或空洞为特征的孔隙系统。尽管大多数洞穴是溶蚀成因的，但是这一术语是描述性的，而非成因的。对于露头研究更实用的溶洞定义，是指成人所能进入的空间。这种情况下，只有通过钻探才能了解岩石单元特征，它的实用性体现在溶洞足够大能引起很容易识别的钻头放空现象（大约半米左右）"。大型洞穴孔隙系统常常集中出现在低于海平面的一个面上，但通常可以分为几个互有联系的带（潜水面位置的变化）。采用"溶洞"这一低限制性术语的一个原因是，小型孔隙"孔洞（vugs）"能够在与陆上暴露完全不同的环境中产生。

（4）洞穴沉积物：虽然洞穴沉积物（钟乳石、石笋、石花、石珍珠）数量不多，但在地层中的确存在（图版Ⅰ-1、图版Ⅰ-31、图版Ⅰ-34、图版Ⅰ-35），并且通常被严重侵蚀或者部分被泥质泥晶交代。这种改变被看作是岩溶剖面中渗流带上部周期性暴露的结果。除原地洞穴沉积物外，坍塌角砾岩中改造过的洞穴沉积物碎片也是岩溶的指示标志。但是位于一个不连续面之上的洞穴沉积物碎屑则并不是完全有效的标志。

3. 钙结层的指示标志

1）指示标志

（1）根管石：是产生在植物根系的一种生物沉积构造，矿物质在高等植物的根系聚集、胶结或者交代而成（Klappa，1980a）。存在5种基本类型的根管石：①根部铸模孔或是钻孔，植物根部腐烂后，通常留下简单的圆柱形孔（图版Ⅰ-17、图版Ⅰ-36至图版Ⅰ-38）；②根模，被沉积物或胶结物充填的根部铸模孔（图版Ⅰ-37、图版Ⅰ-39）；③根管，在根模周围胶结而成的圆柱体（图版Ⅰ-40、图版 I −41）；④绕根结核，在活着的或者正腐烂的植物根部形成的结核状矿物聚集（图版 I −42）；⑤根部的石化，是有机体的矿物结壳、浸透或交代，借植物根茎的结构特征能够部分甚至完全保存下来（图版 I −43、图版 I −44）。多数情况下，根管石由低镁方解石颗粒形成，呈白色到乳白色（Calvet 等，1975）。根管石的直径通常在几毫米到几厘米，长数厘米到数米。它们可以数量很多，也可能不发育，但是当存在时，是指示暴露面的可靠标志，因为海生植物（海龟草）的根系保存下来的证据几乎难以见到。根管石只出现在沉积间断的下部，这又增加了鉴别的可靠性（图版 I −45）。然而，生物潜穴会干扰根管石判断的准确性，所以区分这两种生物沉积产物的不同应该被重点关注。除了根管石本身外，植物根系对于板状钙结层、一些角砾构造（Klappa，1980a）、沟槽和根模孔以及蜂窝状构造的产生起着根本作用。植物根系与其共生菌类的共同作用，可能与现代谜一样的微松藻结构有关（Klappa，1978）。

（2）蜂窝状构造：该词来自 Esteban（1974），是指圆柱形或不规则的孔隙，中空或被方解石充填，之间被网状的泥晶壁分隔（图版 I −46、图版 I −47）。孔隙的直径通常为 100 ~ 500 μm，少数可达 1.5mm。在现代钙结层中，泥晶壁由带状低镁方解石针组成，方解石针直径为 0.2 ~ 0.5 μm，长 3 ~ 120 μm（图版 I −48）。在古代钙结层中，这些针状纤维壁通常被等厚泥晶或微晶外壳包裹（图版 I −47）。蜂窝状构造可能大量出现，也可能不发育，但一旦发现，通常是在板状层或者硬质层中。Steinen（1974）曾对蜂窝状构造进行了详细的描述和说明，他说蜂窝状构造代表了沉积物中分散的补给通道，但是已经被支根穿透。Harrison（1977）曾将同样的构造描述为根模孔。蜂窝状构造本质上是凝聚的毫米级的根管石。

（3）微松藻：伸长的花瓣状方解石棱柱（或椭圆），长轴方向直径通常为 1mm 或更小，聚集成球盖状或钟形的簇（Esteban，1974）。很长一段时间以来，微松藻被认为是藻类，是无机成因的细菌或放线菌类。现在人们（Klappa，1978）相信这是菌根钙化（土壤细菌和高等植物根部表皮细胞的共生组合）的结果（图版 I −49、图版 I −50）。

（4）切线方向的低镁方解石针状晶体（术语来自 James，1972）：针状的或针形的方解石晶体带状排列，其长轴方向平行并且均指向带状的切线方向（修改自 Bal，1975）。这些针状晶体的形状和规模是一致的，就像蜂窝状构造一样，而且在许多实例中，切线方向的低镁方解石针状晶体构成了蜂窝状构造（图版 I −48）。

（5）钙化茧：卵形或球形，直径 1 ~ 3cm，钙化的穴居土壤中的昆虫（图版 I −51）。Read（1974）和 Ward（1975）分别在澳大利亚和尤卡坦发现了这种生物沉积构造，在一些地中海古土壤中也是明显的。虽然并不普遍，但是钙化茧是一种可靠的土壤识别标志，进而可以看作是暴露面的有效识别标志。

（6）钙质团块（包括豆粒和结核）：团块是内部为土壤物质杂基的三维单位，长球状或不规则形状，杂基被更富集的某种物质所包裹，这种物质具有不同的结构（改自 Brewer，1964）。至于钙结层剖面，团块由分散的粉状或硬化的低镁方解石泥晶组成。钙质团块可以从粉砂级到卵石级，也可以是独立的颗粒（图版 I −52）或聚集的块体（图版 I −22）。许多砂级到细砾级的团块少见同心轴薄层发育（图版 I −53）。除钙质结核外，还有许多术语被用来描述无差别的或同轴结构，这些结构在钙结层相中相当普遍，如钙质鲕粒、假鲕、球粒、似球粒、有包裹层的碎屑、结核等。

（7）黏土膜：Brewer（1964）将黏土膜定义为"由于土壤成分的聚集或是细土物质（相对不稳定的土壤杂基）的改变而导致的在土壤物质表面自然发生的结构或组构的变化"。Brewer 识别出几大类群的黏土膜，通过影响面特征、黏土物质矿物组成和不同黏土间的结构等特征来加以识别。Brewer 将黏土定义为成土过程中的产物，具有土壤学特征。而许多土壤学特征，例如团块、粪球粒和生物钻孔在沉积岩中也是普遍的。Teruggi 和 Andres（1971）相信胶膜是独立于土壤之外的。然而，我们觉得碳酸盐岩中的钙质胶结物与 Brewer 关于胶膜的定义是一致的。这样的话，显然胶膜与土壤并不是不一致的。但是能确信的是，一些胶膜，特别是黏土胶膜，是土壤的辨识特征。尽管在钙结层中并不普遍，但是黏土膜可能是土壤形成的可靠标志（图版Ⅰ-54）。

（8）颗粒周缘裂纹（Swineford等，1958；Ward，1975）：不规则到球形块体，由于交替伸展和收缩导致其被非构造缝分割（图版Ⅰ-55、图版Ⅰ-56）。这在土壤中和钙质壳中是个普遍的特征，虽然也可以产生在潮间带沉积物中，但并没有明确的记载。

2）岩溶相和钙结层相的共同特征

以下特征在钙结层和岩溶剖面渗流带上部均存在。

（1）苔藓构造：陆上暴露的碳酸盐岩通常被苔藓覆盖。苔藓引起最上部岩层（最多2cm）结构和构造变化，通常是产生海绵状的微晶或泥晶层。它们具有毫米级纹层（富有机质和贫有机质互层）、菌类钻孔、藻丝体和菌类的油质细胞，以及再生结构和呈层状与表面平行分布的粉砂级到砂级碳酸钙颗粒（Pomar等，1975；Klappa，1979；图版Ⅰ-57）。在半干旱气候条件下，岩石层内部的苔藓更为发育；而在温带和寒冷环境中，则是岩石表面苔藓占统治地位。当苔藓构造表现出发育完好的纹层构造时，被称为苔藓叠层石（Klappa，1979）。苔藓构造（包括苔藓叠层石）在岩溶相和钙结层相的上部均较为普遍（图版Ⅰ-58、图版Ⅰ-59）。我们把广泛的岩内苔藓覆盖看作是区别陆上暴露和潮间带的第一个证据。

（2）不规则的低镁方解石针状晶体：James（1972）所说的这一术语是土壤学中"纤方解石"和"假菌丝体"的同义词。为了产生任意的针状纤维结构，针状或针形低镁方解石必须要以任意的、松散的模式排列（据Bal，1975修改）。枝状自支撑的松散的低镁方解石针状晶体在钙结层剖面和岩溶剖面上部相当普遍（图版Ⅰ-60、图版Ⅰ-61）。在钙结层中，这一特征在硬质层和板状层的空隙中很普遍。这种针状晶体还可以在白垩层和瘤状层内形成质软的、粉末状团块。这些针状晶体的形状和规格与那些形成蜂窝状构造和条带针状晶体的是基本一致的。在岩溶相中，针状纤维结构沿着近表面的节理出现，而且是上渗流带月乳石沉积的主要贡献者（图版Ⅰ-60）。

3）通常出现在陆上岩溶相中，但不是鉴别标志

下述地貌形态在岩溶中非常普遍，但同样发育在潮上带。许多学者将"海洋岩溶"看作是形成于海水（盐沫带和溅水带、海水毛细管带）和大气水之下的一种特殊类型岩溶，而潮间带和潮下带碳酸盐岩母岩形成的特征并不被认为是岩溶作用。然而在特定条件下（如封闭的水层），位于海平面之下的地下岩溶可以发育。我们的讨论并不涉及这些特殊情况，而是专注于潮上带海岸岩溶和陆上岩溶之间的差异。这两种岩溶类型的交叉和叠置非常普遍，因此看起来将其区分是多余的，但是它们在陆地土壤和陆上暴露面之间的差异还是应该被关注的。例如，很少出现碳酸盐沙滩的潮上带广阔区域（数十千米）能够形成厚的沉积层序，但并不包含可识别的陆上暴露面特征。

（1）藻蚀岩溶（Folk等，1973）：具有"黑色表层、微锯齿状小尖顶、没有重力方向的花边"这些特点，这被看作是植物引起的碳酸盐岩溶蚀形成的。也有其他作者指的是相似的构造，如根部溶沟（洞顶石芽），特指植物根部穿透作用形成的孔，具有环形管道序列（3～20cm宽）的弯曲分支沟槽。Jakucs（1977）注意到，这种特殊的溶沟能够向下延伸至基岩中25cm，75%的孔隙度由此产生；还注意到在热带环境中，它们的演化速度非常快（甚至在4～10a的植物旋回中即可形成）。藻蚀岩溶（或根部溶沟）在热带岩溶中非常普遍，在地中海式岩溶和潮上带滨岸环境中，特别是在具有较高晶间孔/粒间孔的地层中，都有发育。在滨岸沉积层系中，盐沫风化层有助于藻蚀岩溶的形成。在所有的这些环境中，藻蚀岩溶、溶蚀塘与大量蓝绿藻钻孔密切相关。在潮上—潮间带下部，根系的穿透作用（陆生植物、红树林、海草）和生物侵蚀作用（*Litorina*，*Patella*，*Lithophaga*和石鳖属）有助于岩石的破碎和藻蚀岩溶、溶蚀塘的形成演化。

（2）溶蚀塘（溶蚀洼地）：在钙质陆地表面形成的小的平底洼地（直径最大可达3m，深度可达1m），如图版Ⅰ-62、图版Ⅰ-63所示。洼地边缘可以是陡峭、垂直或是凸出的。原始的轻微地形起

伏间汇聚的水体向下的溶蚀作用形成了这些洼地（据 Sweeting，1973 修改）。其边缘部分被岩内藻和 *Chasmolithic* 藻侵蚀。溶蚀塘在岩溶面非常普遍，也出现在潮上带环境中。

（3）细溶沟（溶蚀痕）：剃刀状轮廓清楚的溶蚀沟，宽和深在 1 ~ 2cm 之间，20cm 长，最宽可达 50cm，最深可达 20cm，也可更长（Sweeting，1973）。沿着赤裸岩石斜坡表面形成（垂向）向下的溶沟（图版Ⅰ-63）。这些溶沟亚类很快（几个月）就转变为其他类型溶沟（图版Ⅰ-64），可能进一步演化为塔状岩溶地貌（图 1-8）。这些特征选择性地在胶结好、致密的碳酸盐岩中发育。尖溶痕也在滨岸潮上带暴露的碳酸盐岩中发育。看起来，发育良好的细溶沟可以看作是潮上暴露的指示标志。

4）通常存在于钙结层相中，但并非指示标志

（1）黑色砾石：黑色石灰岩砾石是一些钙质硬层中引人注意的组分。Ward 与其他学者（1970）研究了变成黑色的风成岩和钙质角砾后，认为黑色是由方解石晶体中保存了捕获的有机物质引起的。他们还认为深色的石灰岩碎屑层可能是紧邻超咸水的陆上暴露标志。Klappa 发现金属氧化物沉淀在真菌菌丝上，同样导致石灰岩变黑。另外，黑色石灰岩也可能形成于深海或大型湖泊的中央，但这些地区距离陆地都很远。这便与 Ward 等（1972）的描述有出入，进一步的岩相关系和结构特征研究将有助于解决这些问题。

（2）漂浮构造、被侵蚀的碳酸盐颗粒：泥晶基质中嵌入没有直接关系的粉砂—砂级颗粒，这通常被看作是漂浮构造（Brown，1956）。漂浮构造可以从以下 5 个方面来解释：①正常的沉积过程；②一些颗粒被方解石部分交代；③一些颗粒被方解石部分或完全交代，而由其他矿物组成的更稳定的颗粒则未受影响；④生物通过穿透和移动导致沉积物侵蚀和崩解，从而形成的扩张；⑤方解石结晶过程导致的扩张。

非碳酸盐颗粒的溶蚀和方解石部分交代（图版Ⅰ-65），在钙结层中大量被发现，而且这也许是形成漂浮构造的最重要机制。然而，另外一些学者（Assereto 和 Kendall，1977；Watts，1977，1978）更倾向于是铁方解石结晶过程中发生偏移的结果。尽管前人把漂浮构造视作识别钙结层的标准，但是它能在多种环境中的不同机制下形成。它是钙结层的特征但并不是其识别标志。

（3）气孔、多孔构造、蜂窝状构造：在未固结物质中，沉积物重新组织或是围绕流体气泡的结晶作用形成的圆形孔隙。气孔要比颗粒之间的空隙大，且与孔洞和窗格孔不同，主要区别是气孔的壁光滑且拥有环形轮廓（修改自 Brewer，1964）。在这一部分，多孔构造和蜂窝状构造没有本质区别，只是后者显示管状纵剖面，而且多孔构造的轮廓都是环状的。气孔在土壤和海滩岩中很普遍。

（4）蠕虫状构造：在观察薄层时，会发现在泥晶基质中有大量网状泥晶管和杆状簇，形成了蠕虫管状或意大利面状的构造（图版Ⅰ-66）。有机丝状体（藻类、真菌、放线菌类）钙化形成了蠕虫状构造。这种钙化的丝状体在海相和陆相层系中均存在，因此虽然普遍但不能作为判识标准。

（5）锥状构造或伪背斜构造：伪背斜构造在一些钙结层相中非常普遍，但是锥状构造或伪背斜构造通常在海洋和滨岸环境中出现（Assereto 和 Kendall，1977）。

5）岩溶与钙结层中普遍存在，但并非鉴别标志

不规则—平滑的表面，通常切割下伏沉积结构，可以划分岩溶相或钙结层的上部边界（图版Ⅰ-67、图版Ⅰ-68）。向上变浅的层序终止于顶部暴露面，缺少古生物化石带，原地的非构造成因裂缝和角砾岩通常较为普遍。其他的非鉴别特征包括微观特征方面，例如凝块泥晶灰岩（凝块构造，图版Ⅰ-69、图版Ⅰ-70）、微亮晶、新月形胶结（图版Ⅰ-71）、重力胶结（图版Ⅰ-71、图版Ⅰ-72）、钙化的丝状体（图版Ⅰ-66）、钙化的粪球粒（图版Ⅰ-43）和微钻孔（图版Ⅰ-73）；宏观特征方面，例如淋滤孔（洞）、沉积间断上覆的层状碳酸盐岩屑（图版Ⅰ-74）、层状的微晶壳、似白垩的易碎至粉状白色沉积（当位于沉积间断面之下时，更可能是陆上暴露面的鉴别标志）、铁氧化色和石英粉砂（示顶底构造，Dunham，1979a）。石英粉砂可能来自钙结层剖面中的白垩层或岩溶剖面中上渗流带月乳石沉积。这种特征存在于陆上碳酸盐岩暴露面，但是也可能在海面之下的环境中产生（例如钻孔生

物碎片）。

4. 与大气水成岩作用有关的特征

从 20 世纪 50 年代末期开始，淡水成岩作用被碳酸盐岩地质学家看作是非常重要的内容，但是可能被过分强调或误解了。渗流带成岩作用、淋滤孔和铸模孔并没有继承性的关系，也并不指示陆上暴露面的发育（虽然它们可以同时出现）。人们普遍接受同位素负值是大气水影响的证据这一观点。许多在 20 世纪 60 年代后期使用的判识标准，现在看来可以在多种不同环境中产生。例如普遍出现的方解石胶结物、去白云石化、文石、碳酸盐岩的淋滤作用、同沉积角砾岩、嵌晶方解石、孔洞孔隙、渗流粉砂和混合水白云石化作用在大气淡水影响下均可产生，其中许多过程已知在水下环境中同样可以发生 （Lindstrom，1963；Shinn，1969；Schlager 和 James，1978）。除此之外，我们还关注陆上暴露面的特征和在地质记录（地层）中的识别。上述罗列的过程并不一定与陆上暴露面有关。

在湖相碳酸盐岩（或陆表土残留）遭受早期成土过程（陆生植物统殖、团块形成、颗粒周缘裂纹）但又饱和湖水的地区，这些作为暴露标准来使用时要特别当心。我们认识到沼泽碳酸盐岩和钙结层之间差异的问题，这一问题可以通过对垂向剖面和横向相带关系的研究加以解决，此外地球化学分析也能提供有力证据。

三、说明

1. 沼泽碳酸盐岩

碳酸盐岩环境中，湖的边缘是一个让人困惑的地带。在湖相碳酸盐岩、沼泽碳酸盐岩和钙结层之间具有连续的序列。Freytet（1973）指出沼泽碳酸盐岩和钙结层结构上具有明显的相似性。在沼泽环境，湖相碳酸盐岩（或陆上残余土层）经历早期成土过程（陆生植物发育，形成团块、颗粒周缘裂纹），但仍然被湖水浸没（正是如此，它们被称为水成土壤）。

通过研究垂向剖面以及横向相带关系，辅以地球化学分析，可以区分沼泽碳酸盐岩和钙结层。

2. 表面的相似性

1）层状碳酸盐硬壳

藻叠层石、表面硬化的碳酸盐壳、流石、层状石灰华（图版Ⅰ-75、图版Ⅰ-76）、地表或地下的钙质硬层（图版Ⅰ-77、图版Ⅰ-78），所有这些都具有相似性。事实上，它们之间是有区别的，这些区别可能说明了它们形成于不同的环境，通常在薄片和手标本中是可以识别的（需要经验和运气）。

有许多关于层状泥晶灰岩壳的参考文献，特别是关于佛罗里达地区的泥晶灰岩（Multer 和 Hoffmeister，1968）。这种硬壳表现为非层状的微晶外皮，被多孔的或致密的层状泥晶灰岩包裹。微晶外皮可能是早期钙结层剖面的残留部分。但是层状微晶灰岩是方解石在植物残留上形成的一层一层的沉淀，不能把它们看成是真正的土壤（Multer 和 Hoffmeister，1968）。佛罗里达型层状外壳可以出现在钙质硬层和岩溶地貌中，它们可以指示陆上暴露。本质上，这些硬壳可以看作是泥晶石灰华，但是它们并不与土壤剖面和陆上暴露面有明确的对应关系。这种层状硬壳很少出现在上升海岸中。

这里并不是要讨论每种类型硬壳的岩石学特征，而是建议在得出任何碳酸盐硬壳成因和意义的结论前，都要慎重。

2）碳酸盐豆粒

豆粒，是指呈层状集中分布的直径大于 2mm 的球形体，可形成于许多环境中。它们并不局限出现在钙结层中，在浅海、深海、潮缘、洞穴和湖相环境中都可出现。在 20 世纪 70 年代的一些文献中，豆粒被看作是陆上暴露的识别特征，主要是因为它们表现出多边形接触关系、垂向伸长和夹杂坡栖沉积物的特点，呈层状分布，形成于向上变粗的旋回中，并受同沉积作用和非构造裂缝影响。虽然一些钙质硬盘显示同样的特征，但是 Esteban（1976）却怀疑它们作为暴露和钙结层土壤证据的有效性。许多这种特征，仅仅是原地构造在渗流带水文学机制下演化的结果。

只有经过细致的研究，才能认识到不同类型豆粒的形成环境。也只有那样，豆粒才具有指相价值。

3. 孤立的海岸环境

海岸环境是指水下和陆地之间的区域，同时受海洋和陆地的影响。海岸环境同时还是一个模糊带，通常包含文石结壳（海洋钙结层）和滨岸海洋岩溶的产物。"海洋岩溶"这一术语是恰当的，我们已经提到了将它与陆上岩溶区分开的理由。这里主要是关注对文石结壳不同解释的讨论以及可能的类比。

"文石结壳"（Purser 和 Loreau，1973）这一术语与"海洋钙结层"（Scholle 和 Kinsman，1974）是指在潮间和潮上带形成的具有各种地形特征的文石和高镁方解石结壳（图版Ⅰ-79）。这些产物沿波斯湾海岸非常发育。许多作者说及文石结壳（或海洋钙结层），总是提到与钙质硬层或洞穴堆积物的表面相似性，还会与广为人知的西得克萨斯州和新墨西哥州的"渗流豆粒"（Dunham，1969b）作类比，但是后者的特征并不是陆上暴露或土壤发育的可鉴别标志（Esteban，1976）。

因此，我们相信将海岸潮上—潮间环境从陆上暴露概念中分离出来，对于古环境解释的精确性是有益的。

四、经济因素

1. 油气勘探

众所周知，许多油田与不整合面密切相关。Chenoweth（1072）指出"鉴于石油与不整合面的密切关系，可以推测对不整合面的针对性研究将会占用勘探家大量的时间和精力"。然而事实并非如此，对不整合面的理解，还并不完全。一个可能的原因是，少量的针对不整合面类型、成因和作用的细节研究集中在测井曲线、地震剖面等非有效鉴别特征响应上。

许多这种类型的不整合面经历了陆上暴露。暴露期间，碳酸盐岩容易受成岩作用变化的影响——形成孔隙或堵塞孔隙。综合区域研究，结合上面提到的识别特征，可以帮助了解碳酸盐岩层系的暴露过程，进而可以帮助预测孔隙分布。

在古岩溶相中，孔隙度较高。一个很好的例子是墨西哥 Tampico 地区。Golden Lane 的走向与抬升的阿尔必—塞诺曼阶生物礁的环状边缘一致。这个抬升台地的边缘经历了塞诺曼后期的岩溶化作用和陆上侵蚀，随后被上白垩统和古新统封盖层（泥岩）覆盖。在地中海国家，相近时期的岩溶作用影响了中生界层序，部分地区甚至影响到下中新统，形成了这一地区相对重要的油田（例如 Amposta 油田）。一个不同的例子是堪萨斯中央隆起的 Arbuckle 石灰岩，在晚奥陶世和晚宾夕法尼亚世，Arbuckle 石灰岩上形成了岩溶地貌。1～10m 厚的淋滤残积物形成了一个覆盖层，同时也是储层（Walters，1946）。通常来说，岩溶储层圈闭的盖层依赖于随后形成在不整合面之上的沉积物。

另一方面，钙结层的孔隙度通常较小，它们通常不是油气勘探的目标，因为其规模和储层品质都低于经济标准。另外，它的封盖能力（即便是硬质层）会因为裂缝和角砾化作用（构造作用、坍塌和植物根系穿透作用）而戏剧性地减弱。不管怎么样，钙结层的发现提供了一个乐观的标志，表明在下伏地层或邻近区域可能发现岩溶储层。

2. 其他矿物资源

（1）铅锌矿沉积：层控密西西比河谷型铅锌矿（Brown，1970）在许多厚层碳酸盐岩层系中比较普遍，特别是在经历了主要岩溶发育期的白云岩中。无论是关于含金属物质流体的介绍或是岩溶作用与洞穴形成有继承关系的看法，都是有争议的（Bernar，1976）。有些学者使用"热岩溶"来定义热水形成溶洞的过程，并且推测金属沉积是热液成因的。另一些学者则认为矿石是热液流体在陆上岩溶相中沉淀而成。最终，其他学者强调渗流带大气水成岩作用和深部潜流带的演化在早期矿物再次聚集过程中的作用。但是多数解释方案需要有不透水的细粒沉积形成的圈闭来捕获含金属物质流体。因此，岩溶作用形成了这种矿物沉淀所需的储集空间和圈闭。

（2）铝土矿沉积：众所周知，世界上主要的铝土矿都与地表或地下岩溶地貌有关（Valeton，

1972；Nicolas 和 Bildgen，1979）。红土和钙红土可以原地演化成铝土，岩溶作用可能发生在铝土矿形成之前、之后或者是同一时期。不同的成岩作用时期，铝土在河流作用下经历再沉积过程。铝土也可以是与岩溶区相邻的火成岩体的侵蚀产物。虽然铝土矿在新元古界和古生界都有分布，但主要产自中生界和新生界陆上暴露相中。它们位于始新统和白垩系底部，受全球海平面变化影响。

（3）铀矿沉积：铀矿富集最重要的环境有湖泊、沼泽和钙结层。近年来，钙结层作为铀的富集圈闭得到了重视。铀富集的机制表明地下水横向流动输送来自花岗岩或表土的富铀流体，在毛细管作用带边缘和土壤潮湿带沉淀形成碳酸盐—钒钾铀矿。蒸发浓缩作用、CO_2 溢出、共同离子沉淀和氧化作用是其主要控制因素。

（4）水：陆上暴露面的经济考虑不应该忽视世界上许多地方，特别是半干旱—干旱地区，需要依靠岩溶系统提供水源供应。

五、小结

碳酸盐岩层系中的陆上暴露面通过地层间断来识别，特定的成岩相叠加在暴露面之下的岩石中。这些成岩相是岩溶与土壤。根据 Jakucs（1977）的观点，岩溶是指上覆土壤层（包括原生土）的化学和生物演化留在可溶母岩上的印痕。这里所说的土壤主要指钙结层土，因为它们在地层中更易于保存下来。

岩溶相和钙结层相的沉积构造受控于原生基质特征、暴露成岩过程、暴露时间长短以及演化方向。没有统一的标准可以建立，除非能够消除早期的相特征，并且在岩溶和钙结层相中都形成细粒的、通常易碎的低镁方解石产物。

志留纪之前暴露碳酸盐岩的改造很大程度上受生物过程控制（直接的或间接的），这一过程表现为上渗流带生物成因产物的堆积。另一方面，人们认为志留纪之前的陆上暴露相与本章所描述的不同。我们今天所说的岩溶和钙结层，不能代表在晚志留纪才出现的大量陆生植物统殖期的岩溶和钙结层。

陆上暴露的解释存在许多难点：（1）在暴露环境中，岩溶和钙结层地貌形态和产物并不一致，但残留物特征非常类似，并能代表地质历史的时间跨度；（2）最大的难点在于许多陆上暴露都经历了侵蚀和（或）滨岸—海洋暴露，但是暴露的证据都在新的沉积物将其覆盖前被地质作用抹掉了；（3）暴露时间长短不能通过风化面厚度或是成岩作用强度来判断；（4）风化带成岩作用的强度并不一定与陆上暴露面有大致的对应关系，陆上暴露面的厚度和成岩作用强度均受控于水文学模式、母岩岩性和气候条件；（5）因为陆上暴露通常与侵蚀作用伴生，因此在古代剖面中仅保留了风化剖面的下部，这可能会形成暴露成岩作用不发育的印象。

本节主要的目的是提供识别地质历史中陆上暴露面的适用标准。与其说我们专注于作用在不同岩相类型的暴露过程，不如说我们更专注于岩相本身的研究。我们提供了一系列不同可信度（从高可信度鉴别标志到普遍存在但非鉴别标志）的岩性特征（表1-2）。我们相信对这些特征的谨慎使用，结合区域地层研究，将为陆上暴露相识别提供可靠的基础。

作为最后的评述，我们展望这一成果的应用前景。这一研究并非详尽的或是确定的，重要的是这代表了将岩溶相和钙结层相结合的一次尝试，虽然直到现在这些认识互不相容。我们试图将讨论的内容限定在地质相关的主题上，但是这样做却忽略了其他学科一些重要的经典认识。尽管还有这样一些不足，我们希望这样的成果是研究进一步深入的跳板。

致谢

这里汇编的观点来自对 Catalunya 和 Balearic 岛（东西班牙）的研究，并与 L. Pomar 和 F. Calvet（均来自 Barcelona 大学）进行了讨论。他们对这一领域的贡献，深深地影响了我们对暴露成岩作用的认识。在野外工作中，在不同的时间和地点，L. Pomar、F. Calvet、L. C. Pray、R. Salas 和 J. F. Meeder 提供了很多帮助。

还要感谢 N. P. James，L. Pomar 和 F. Calvet 提供的图片，以及 R. G. C. Bathurst，他的鼓励和热情使我们愉快而有成效地工作。

特别要感谢 Jaume Almera 研究所和纽芬兰 Memoria 大学的支持。Klappa 要感谢在 Liverpool 大学求学期间（1975—1978）自然环境研究委员会提供的奖学金以及纽芬兰 Memorial 大学提供的博士后研究基金（1978—1980）。

第二节　Bleiberg–Kreuth 铅锌矿沉积

Thilo Bechstadt

Barbara Ohler–Hirner

阿尔卑斯山古近—新近系铅锌矿产出于卡尼晚期形成的浅水碳酸盐岩中，这些地层经历了长期的侵蚀和大气淡水岩溶作用（Lagny，1975；Bechstadt，1975a，1975b，1979；Assereto 等，1976）。

Bleiberg–Kreuth 地区 Wetterstein 石灰岩中的铅锌矿成矿作用至少与以下四种地质因素有关：（1）形成在与北方陆地有一定距离的台地潟湖中，而北方的陆地可能是金属物质的来源；（2）受岩溶作用影响，该地区碳酸盐岩台地石灰岩中已经形成了广泛发育的溶洞体系；（3）环潮坪蒸发岩（Schneider 所指的特殊相带，1964）或与之邻近的地区，与成矿作用密切相关；（4）其上被泥岩封盖（Raibl 层）。

在众多文献中，只描述了陆上暴露相，而那些涉及铅锌矿成矿作用的有冲突的观点只是简要地被提到（图 1-12、图 1-13）。

一、沉积物类型

环潮坪地区，相类型变化与水深相关。最常见的沉积物是浅黄色泥质支撑的伟齿蛤灰岩。这些瓣鳃类动物和原地生长的粗枝藻展示了原始的潮下沉积特征。溶蚀结构和渗流带胶结物说明了沉积后的水深变化。

砂—砾级颗粒灰岩（通常含有薄层窗格孔构造）、大量帐篷构造和相关的角砾岩（Assereto 和 Kendall，1977）是潮间带的产物。多见层状窗格孔的乳白色白云岩，具有棱状或席状裂隙、扁平砾石砾岩和各种渗流带胶结物（Bechstadt，1974），意味着处于或靠近平均海平面之上的环境（潮间—潮上带）。

黑色砾石和绿色泥灰岩被解释为陆上暴露环境的产物（图 1-14）。黑色—棕色角砾成分可以在绿色基岩或是具有窗格孔构造的淡褐色泥晶灰岩（潮间—潮上带）中找到，窗格孔通常位于泥晶灰岩的顶部。其松散的轮廓和组分中的小型孔洞，以及孔洞中的渗流带胶结物说明碳酸盐岩发生过大气淡水溶蚀作用。黑色是由黄铁矿和沥青浸染造成的，它们是变了色的 Wetterstein 石灰岩（图 1-15）。至于潮间—潮上带的乳白色组分，并不是变色所致，可能是早期的岩化作用导致的。由于黑色砾石组分通常易碎，因此它们不可能进行远距离的搬运，通常是原地产物。

绿色泥灰岩层的底部常显示侵蚀特征——切割和充填构造，或是存在于下伏岩层（多数为潮下带沉积物）的孔洞、裂缝内。不规则的孔洞揭示碳酸盐岩经历了溶蚀作用，孔洞最大可达半米左右。伟齿蛤的壳被溶蚀，早期的被溶蚀贝内部分充填绿色基质。

Bechstadt（1975b）对前述沉积类型之间的交叉频率进行的统计调查表明，绿层与位于绿层顶部的潮间—潮上带沉积物（具有角砾组分）有着密切联系。因为潮下带是 Bleiberg 旋回主要的相类型，因此凝灰岩的成因也未必不能说是潮间—潮上环境与火山活动同时存在。

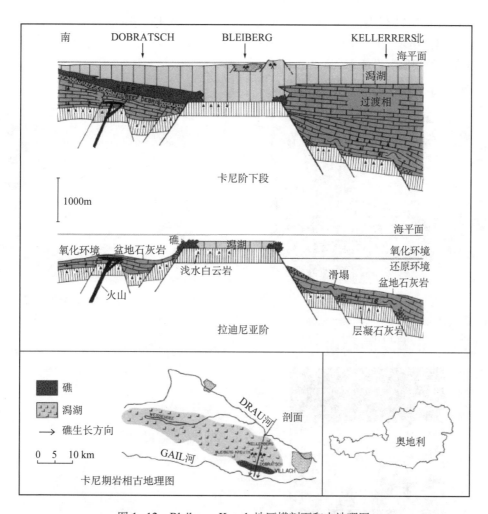

图 1-12 Bleiberg-Kreuth 地区横剖面和古地理图

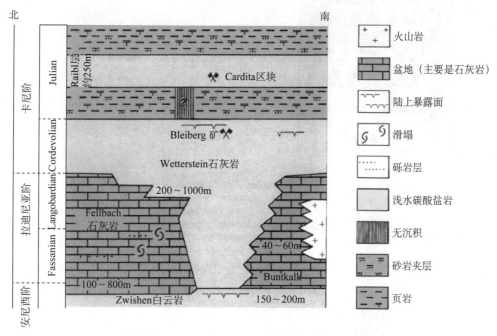

图 1-13 Bleiberg—Kreuth 地区南北向地层剖面

剖面位置同图 1-12

阿尔卑斯山地层中具有类似的沉积类型关系，例如 Norian Dachstein 石灰岩的 Lofer 旋回。在这里，潟湖台地周期性出现（Fischer，1964；Zankl，1971）。Barthel 和 Seyfried 描述了地层中的和现代的黑色角砾以及其他现象（图 1-16、图 1-17）。

图 1-14　绿色灰泥岩

含有白云石化的组分（未变色），上覆为潮间—潮上带
具有窗格孔构造的乳白色白云岩

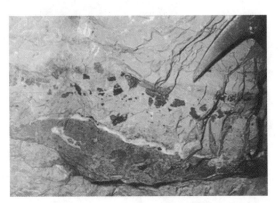

图 1-15　含有黑色角砾的绿色沉积物

组分不规则

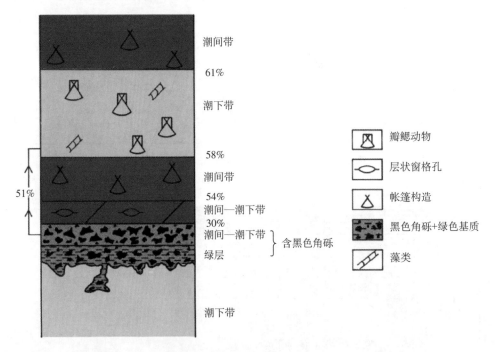

图 1-16　理想化的 Bleiberg 旋回层

通过相类型的过渡频率（transition frequency）建立的，一个旋回通常几米厚

二、早期成岩作用

新月形胶结物和渗流豆粒是渗流带的指示标志。指示潮间—潮上渗流带标志的钟乳石沉积，在潮下带沉积物的孔洞中也可发现（图 1-18）。这说明在沉积物形成后不久，发生了相对海平面下降。这种类型胶结物在黑色角砾和潮间—潮上带岩石中也普遍存在。

这些胶结物与部分颗粒间沉积物频繁地发生白云石化作用，早期文石的白云石化也被看作是发生海平面下降的标志。Muller 和 Tietz（1971）最近研究的加纳利群岛 Fuerteventura 地区的 Quaternary 石

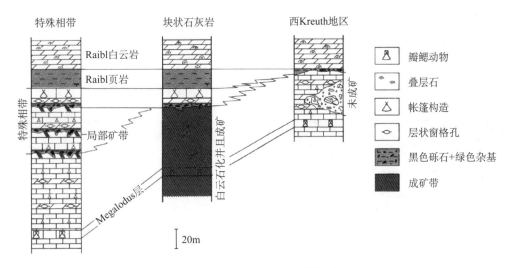

图 1-17 Bleiberg-Kreuth 矿剖面概图

只描述了涉及"特殊相带"的几个旋回

灰岩即有这种情况。伟齿蛤的壳通常被溶蚀掉,在早期壳体中可以见到具有示顶底构造的绿色沉积物、放射状纤状方解石和晶簇状的亮晶方解石(非渗流带胶结物)。在壳体溶解的时候,围岩一定已经被胶结,因为壳体的轮廓线几乎没有任何变化(图 1-19)。

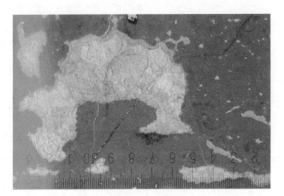

图 1-18 潮间—潮上带白云石中孔洞
顶部的钟乳石胶结物

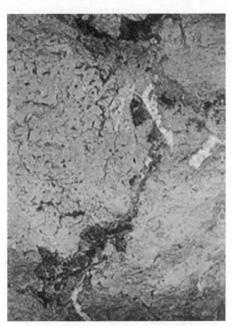

图 1-19 潮下带岩石中的裂缝

绿色沉积物充填,裂缝左侧的小型孔洞(部分生物钻孔,部分溶蚀)是绿色灰泥充填的伟齿蛤壳

三、地球化学特征

地球化学数据来自 Bleiberg 矿的两个地区。通过原子吸收光谱法测定了铅、锌、铜、铬、钴和镍元素,而表 1-3 中其他元素数据则通过 X 射线荧光法获得。潮下带样品和潮间—潮上带样品之间的比较,说明了环境与一些元素之间的正 / 负相关性。以上研究的大部分结论,通过阿尔卑斯山 Drau Range 石灰岩和 Northern 石灰岩中四套层系的研究被进一步证实。Bleiberg 组潮上带石灰岩的锶同位素高值是个例外。

Ferguson 和其他学者的研究结果（1975）使人们认为锌应该在潮上带沉积物中富集。它与潮下带沉积物的正相关性可能是由于成岩作用中锌硫化物的影响。然而锌的极度异常（表 1-3 中并未发现）通常发现在潮间—潮上带沉积物或绿层中。

表 1-3　潮下带、潮间带、潮间—潮上带、暴露相（泥灰岩）岩石中
一些元素和组成的平均含量

组成	潮下带	潮间带	潮间—潮上带	暴露相
Na_2O（%）	0.35	0.33	0.23	0.41
MgO（%）	1.09	1.82	6.52	9.6
Al_2O_3（%）	1.02	1.01	1.06	2.4
SiO_2（%）	1.35	1.42	1.19	4.93
P_2O_5（%）	0.11	0.09	0.07	0.12
K_2O（%）	0.21	0.23	0.18	0.64
CaO（%）	53.31	51.06	46.15	40.37
TiO_2（%）	0.06	0.04	0.02	0.14
MnO（%）	0.13	0.13	0.09	0.11
Fe_2O_3（%）	0.21	0.21	0.25	0.30
样品数	58	39	9	8
组成	潮下带	潮间带	潮间—潮上带	暴露相
V（μg/g）	9.51	12.64	22.14	31.7
Rb（μg/g）	16.00	18.02	18.78	36.2
Zr（μg/g）	3.01	5.03	12.57	18.0
Ba（μg/g）	63.49	55.64	73.45	111.1
Zn（μg/g）	88.96	72.55	30.83	129.25
Pb（μg/g）	10.14	10.84	9.83	10.01
Cr（μg/g）	14.44	14.22	14.35	30.13
Cu（μg/g）	6.02	7.73	5.23	8.58
Co（μg/g）	10.58	11.23	10.97	10.6
Ni（μg/g）	2.60	2.43	0.66	15.8
Sr（μg/g）	137.47	142.43	220.92	179.0
样品数	55	47	10	10

绿色的泥灰岩中，多数元素呈现高值，这可能与其组成或黏土矿物的吸附作用有关。这些黏土几乎完全由伊利石组成（Krumn，1980），只有一个样品含有蒙皂石痕迹。

四、沉积环境

局部出现的硬石膏和有限的化石说明这是一个局限环境，部分地区可能是蒸发环境。粗枝藻

Poikiloporella Duplicate 和 *Clypeina Besici* 是局限潟湖环境的标志（Ott，1967，1972）。

黑色角砾的组分和孔洞充填的绿色物质（被解释为再作用的古土壤），与海平面变化有关。在这样的潮缘潟湖地区，即使海平面下降的幅度很小，也会导致暴露。海平面波动对旋回的控制是显著的，因为 Bleiberg 矿在东西向长达 7km 的剖面具有很好的相关性。然而，北部和南部的相类型不同。

暴露面之上的层状沉积（特别是潮间—潮上带沉积），多数已经被剥离、改造或是部分溶蚀。大气水充填小的洼地，导致渗流带成岩作用发生。渗流带胶结物的白云石化被看作是海平面再次上升时发生的（蒸发泵模式），这也是硬石膏形成的时期。

H_2S 和富有机质层在低于表面的小洼地中形成，通常沿着微裂缝浸染角砾组分，使之形成黑色。

随后的海平面上升，导致形成相对均一的古土壤层。绿色杂基常充填下伏岩层中的孔洞和裂缝，而在潮间—潮下带沉积物上部几厘米内，也能见到黑色角砾。这种早期古土壤的再沉积被解释为潮下带中的夹层。

矿区其他地区遭受了更长时间的剥蚀、岩溶化和白云石化。在这一地区，如果上部有泥岩盖层的话，岩溶洞穴的成矿程度可以很高。其他地区甚至在随后的 Raibl 期还经历了岩溶化。在矿区的最西部，在 Wetterstein 石灰岩一个未成矿的岩脉内，被 Raibl 泥灰岩和暗色 Raibl 白云岩部分充填。

五、成矿作用

铅锌矿石中的沉积结构，最初被看作是外围的沉积特征（Schneider，1964；Schulz，1964），而现在被解释为洞穴充填物。Dzulynski 和 Sass Gustkiewicz（1977，1980）相信沿着矿脉的溶蚀作用导致了（同时期）热液岩溶构造的形成和矿物的富集。推测发生成矿作用的洞穴主要在古代地表之下，其中一些是早期大气水岩溶作用形成的溶洞（图1-20）。

Bechstadt（1975a，1979）认为大气水岩溶作用是海平面变化和构造活动共同作用的结果。在这一模式中，成矿作用和"特殊相带"之间的关系易于理解，矿脉可能产生于剥蚀区（推测在北部）。Koppel 和 Schroll（1978）指出铅同位素表明多数阿尔卑斯型铅锌矿沉积形成的年龄约为350Ma（石炭纪）。自下而上的运移方式对淋滤矿物来说是不太可能的，因为在阿尔卑斯山多数地区石炭系代表了不整合。

矿物的富集过程可能是由于潟湖台地中局部存在的蒸发环境。Ferguson（1975）以及其他学者通过实验手段获得在不稳定矿物阶段，铅锌的汇聚系数为 200～300。即便在今天，锌矿的最发育区依然出现在潮间—潮上带岩石和古土壤中。铅和锌从不稳定矿物中释放，通过孔隙流体运移，把岩溶洞穴作为汇聚地。当富矿物卤水和富有机硫卤水混合时，产生硫化物（图版Ⅰ-80 至图版Ⅰ-83）。

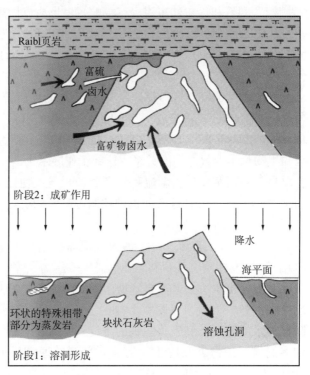

图 1-20　成矿作用的假设模型
阶段 1 是卡尼期早期，阶段 2 可能是卡尼期之前

第三节 石 灰 华

Ramon Julia

石灰华是指碳酸钙在泉水（岩溶泉、热液泉）、小河、沼泽中的沉淀，主要以结壳（胶结物沉淀或生物化学沉淀）的形式产出。石灰华一词来自"tivertino"，是意大利 Tivoli 的古罗马名字，在那里石灰华形成大范围沉积。Lyell（1863）、Cohn（1864）、Weed（1889）和 Howe（1932）等人已经多次使用这一术语。

这类沉积也被叫作钙华、泉华、孔石等。孔石是指具有高孔隙度的海绵状沉积。根据 Pia（1933）的观点，泉华这一术语应限于那些无机成因的碳酸钙，其密度和致密性均要好于石灰华。泉华的主要类型包括流石和其他的洞穴沉积物。

为了避免语义上的混淆，目前指定石灰华是植物遗体上的所有碳酸钙结壳，不涉及孔隙体积或孔隙密度。但是一个不争的事实是地层中的石灰华非常致密，这是因为在大量原始孔隙中发生了完全的胶结作用。

石灰华在高等植物和低等植物上均可形成，但最常见的是在藻类（蓝绿藻和绿藻）、苔藓类植物（图版 I−84）和昆虫幼虫甲壳（摇蚊）上形成（图版 I−85）。有时候，它们会被误认为是叠层石。

从 19 世纪到 20 世纪，关于现代石灰华和古代石灰华的著作有很多。这其中，最值得注意的是德国学派发表的，例如 Pia（1933—1934）、Wallner（1933—1935）、Stirn（1964）、Irion 和 Muller（1968）等。他们指出不同植物种属与石灰华形成之间的联系。近来，更特殊的问题也被深入地研究。Malesani 和 Vannucci（1975）从岩石学的观点研究方解石—文石沉积和成岩作用的转化。Couteaux（1969）、Marker（1973）、Adolphe 和 Rofes（1973）、Wiefel 和 Wiefel（1974）、Schnitzer（1974）、Jacobon 和 Usdoski（1975）以及 Geurts（1976）研究了参与石灰华形成的藻类和有机体物理—化学参数和生物化学参数之间的关系。这些工作展示了两个主要趋势：（1）当物理—化学过程占主导地位时，主要参数包括蒸发量、湍流和温度；（2）当生物化学过程占主导地位时，植物的活性（光合作用）控制水中 CO_2 的含量，进而间接地控制方解石的沉淀。此外，植物的活性可以在活的植物细胞中形成方解石沉淀（Geurts，1976）。

从地质背景来看，碳酸钙的沉淀需要水中 CO_2 和 Ca^{2+} 达到合适的浓度。更易于改变的因素是 CO_2，其物理性质遵从亨利定律（温度—压力关系），生物化学光合作用控制整个过程（图 1−21）。为了能够沉淀出碳酸钙，需要降低水中 CO_2 含量。物理—化学结壳过程和（或）生物化学结壳过程主要发生在：（1）岩溶泉（图版 I−86）或热液泉（图版 I−87），在这些地方植物和温度的变化（主要是降低热水的温度）利于碳酸钙的沉淀，因此石灰华具有一些岩溶的内在特征（例如长棱柱状晶体，与许多洞穴沉积物类似）。（2）小溪的河道，通常显示特有的模式——具有数个自然形成的水坝或水塘（图版 I−88、图版 I−89）。水坝主要是通过生物群落结壳形成的（图版 I−84）（与水面位置变化有关），有时候是落叶、植物根茎或树干倒落阻断了水流从而形成的（图版 I−90）。在水塘中（通常存在高等和低等植物），碎屑沉积与结壳作用同时存在。碎屑主要来自被洪水或核形石摧毁的水坝碎片。（3）在湖泊沼泽和滨岸环境中，植物（高等和低等植物）有利于石灰华的沉淀。这种情况下，石灰华与冲积扇或湖泊沉积呈互层。

一、沉积体几何形态

通常情况下，两种主要形态是可以区分的。一种是（近）垂直的或悬垂的层理，与位于瀑布或石灰华坝（悬挂泉、梯流等）的植物结壳作用有关（图版 I−86）；另一种水平或近水平层理与河道和沼

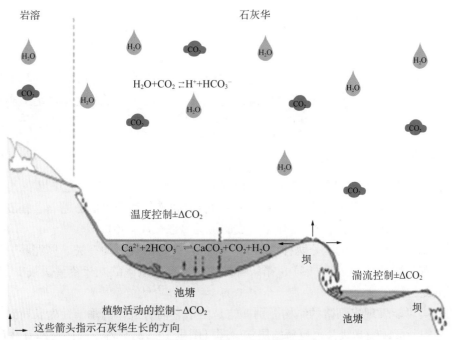

图 1-21　Ca^{2+} 和 CO_2 形成钙华的示意图

影响 CO_2 富集的因素包括水体中植物的生长和湍流

泽环境有关（图版 I -87、图版 I -91）。

在第一种情况中，存在一个显著的硬壳纹层叠置；在第二种情况中，普遍见到碎屑物（石灰华碎屑或是其他）的水平叠加和生物建造的石灰华层。

二、分类

现代或近现代石灰华沉积的分类基于以下几个标准：一是物理性质，例如 Eisenstuck（1951）依据其胶结程度区分硬质石灰华和未胶结石灰华；德国植物学院（Wallner，1934；Stirn，1964）使用另一个标准，把石灰华形成过程涉及的植物类型和特征作为指标。这一趋势后来被 Irion 和 Muller（1968）继续使用。

其他的分类基于石灰华形成的地貌位置。Symoens（1951）利用这种办法区分泉华和河床中形成的石灰华。

尽管有多重的过渡形式，但是石灰华是否是原地的或者是否是颗粒的，这是其分类最重要的标准。原地石灰华是碳酸钙在活体植物上的聚集，碎屑状石灰华是碳酸钙聚集在（1）高等或低等植物上、（2）由原地石灰华碎片组成的碎屑上、（3）其他类型碎屑（岩屑、骨屑等）上、（4）团块颗粒上。

三、手标本

近现代石灰华沉积手标本最普遍的特征是高孔隙度和碳酸钙所覆盖地形的多样性（图版 I -89、图版 I -90、图版 I -92）。这些特征在石灰华坝与岩溶泉最为发育。在石灰华坝，水流聚集了大量的植物碎片，很快又被藻类、结壳作用影响，从而结合成坝体（图版 I -90、图版 I -91）。坝体上的统殖生物有很大差异，这取决于水面所达到的位置。一直处于水面之下的区域，藻类（蓝藻和绿藻）占主要地位（图版 I -84c）；受水平面变化影响区域，苔类（图版 I -84h）非常发育，最后苔藓占据了坝体的高部位（图版 I -84m）。

尽管在水坝边缘以聚集的小枝条和树叶为主，但在水池中央以碎屑沉积为主。水塘的周边以苔藓、藻类为主，水塘底部碎屑之上以轮藻植物等为主。

　　在一些热液泉，有一种很重要的藻类发育，手标本显示其典型的形态特征（图版Ⅰ-93），可见厘米级的水塘和水坝。

　　从矿物成分来讲，石灰华的优势矿物是低镁方解石，在热液泉中的石灰华是由文石组成的（Malesani 和 Vannucci，1977），大约含5%的二氧化硅（来自硅藻、硅藻细胞和根足虫类）或是石英碎屑。

四、结构与微结构

　　石灰华的许多结构与其形成过程中涉及的生物有关。生物从不同的方面起作用：如减少 CO_2 含量，生物化学成因的方解石沉淀（图版Ⅰ-94），包括细胞中新陈代谢形成的方解石、捕获水流中携带的方解石颗粒（图版Ⅰ-95）和物理—化学作用形成的沉淀（图版Ⅰ-96）。

　　从实践的角度来说，是有可能区分两种结构的。一种直接与藻类活动有关，以泥晶—隐晶或他晶低镁方解石和微纤维为特征（图版Ⅰ-94）；第二种结构以在苔藓茎、欧龙牙草（图版Ⅰ-97）上形成自形低镁方解石沉淀为特征。

　　不同种属的藻类可能表现出细微的结构差别，这是由于它们有规律的季节性生长所致。这种情况主要出现在颤藻科中，形成毫米级甚至更薄的层状层理（图版Ⅰ-98）。春季纹层更薄且颜色更深。

　　与他形晶体一样，泥晶—隐晶也要经历新生变形过程。低镁方解石的自形晶体可能经历退变过程而转变为隐晶—微晶晶体（生物化学溶蚀作用）。另一方面，覆盖在藻丝体上的隐晶—微晶他形晶体可以通过形成更大的伪方解石晶体的方式来识别。

　　这些新生变形过程发生得非常快，主要是因为石灰华具有高孔高渗的特点。同样的原因，石灰华孔洞也很快被等轴镶嵌方解石晶体胶结或充填（图版Ⅰ-99）。

五、在地层中的识别标志

　　一些标志已经被用来识别古代的石灰华，最重要的是相关植物的支撑结构和几何排列。石灰华体横向上是不连续的，而且还可表现出暴露（钙结层、岩溶等）或层间河流/沼泽沉积（褐煤、泥灰岩、粉砂等）的特征（图版Ⅰ-91）。

　　石灰华的地质记录同样呈现出大量镶嵌状大晶体方解石的特点，并且具有成层性的葡萄状、放射状和树枝状结构（图版Ⅰ-94）。

第四节　陆上碳酸盐岩的经济意义

J. Richard Kyle

　　陆上暴露面一个很重要的方面就是岩溶和相关的过程通常产生次生孔隙和其他的特征，这些成为油气或者矿藏富集的场所，有些可以形成有经济价值的矿藏。人们现在已经认可，陆上暴露是形成次生孔隙（可以作为油气储存空间）的重要因素（Moore，1979）。然而，古代暴露面的识别通常是困难的，特别是在地下，因为对于石油工业中使用的地球物理技术来讲，没有与之对应的有鉴定意义的响应。通常暴露的影响，包括孔隙的发育或破坏，比暴露面更明显。

　　多数主要油田的产层，与不整合面有密切的联系。然而，关于这种联系的细节却没有建立。探井和生产井之间过大的距离，导致难以重建古代陆上暴露面的原始特征。高密度的钻探岩心和矿藏勘探提供的三维视角，允许对暴露面和地下的成岩作用影响进行更精确的评价。

为此，从主要的矿区中选择了两个实例来说明碳酸盐岩暴露的经济价值。这些含矿的碳酸盐岩地层在其他地区也是重要的油气储层。本章还对比了陆上暴露与两类资源富集的关系。

一、与陆上暴露面有关的矿物沉积

针对陆上暴露和风化作用对矿藏沉积影响的讨论超出了本书范畴，因为那包括了浅成硫化物富集（斑岩铜矿）、铝土矿沉积（镍硅酸盐）和砂矿（金、宝石）的聚集。如果内容限定在沉积岩体的岩溶作用，那么经济矿藏沉积可以分为四种主要类型（Quinlan，1972）：（1）可溶岩的不溶物残留；（2）沉积物保存在溶蚀—沉陷构造中；（3）地下与细菌作用有关的硫沉淀；（4）溶蚀洞穴中的热液沉淀。

残留物聚集是可溶岩石（主要是碳酸盐岩地层）溶解移除的结果，包括早先存在的分散矿物简单的物理聚集和化学重组形成新矿物。锑、重晶石、铝土矿、铜、萤石、金、铁、铅、锰、磷酸盐、锡和锌通过这些机制形成经济聚集。黏土、砂、钻石、煤炭、碱金属和稀有金属在地下构造中保存下来，这些构造与可溶地层的溶蚀迁移有关。与岩溶有关的天然硫黄沉积与蒸发环境地层有关，在那里硫酸盐还原菌与油气、硬石膏或石膏作用产生硫化氢、方解石和水。还原硫离子被大气水氧化为天然硫。

岩溶作用一个很重要的影响就是为成矿作用作准备，形成次生孔隙发育带。次生孔隙发育带被看作是流体运移的通道和矿物沉淀的场所。碱金属和稀有金属、重晶石、萤石、锰、汞、铀、钒的沉淀被限定在次生孔隙发育带（Quinlan，1972）。多数研究人员认为陆上暴露作用的影响与成矿事件并无关系，但是 Bernard（1973）和 Zuffardi（1976）指出成矿作用通常发生在岩溶作用的成熟阶段，而矿物成分可能在岩石溶解前就已经析出。无论如何，成矿流体与（近地表温度）大气水的特征是不一致的（Roedder，1976）。因此一些学者提出溶蚀角砾化是由于热液成矿流体的溶蚀性所致。对于世界上显生宇碳酸盐岩层系中主要的铅、锌和其他金属／非金属矿藏的形成和分布来说，岩溶作用是一个很重要的过程。这种类型沉积在美国大陆中部地区古生界碳酸盐岩地层中尤其发育，通常被看作是密西西比河谷型铅锌矿。类似的沉积在北美阿巴拉契亚、科迪勒拉和北极群岛地区以及英国、欧洲中部和西北非地区发育（Brpwn，1970）。尽管不同地区之间有明显差异，但是它们仍有许多共同特征（Ohle，1959，1980；Sangster，1976）。在克拉通内陆棚碳酸盐岩层系中，多数矿体是层控的，通常是白云岩。矿体分布区域主要在沉积相边界或是成岩相边界，矿化的地层与不整合面有关，这点很典型。沉积物的矿物学成分相对简单，主要包括晶体粗大晶形良好的闪锌矿、方铅矿、黄铁矿、重晶石、萤石、白云石、方解石和石英，它们在碳酸盐岩地层的次生孔隙中生长。流体包裹体数据说明成矿流体属于超咸水，温度介于 $60 \sim 175℃$ 之间（Roedder，1976）；这些成矿流体与许多盆地现今地下卤水很相似，例如墨西哥湾地区（Carpenter 等，1975；Land 和 Prezbindowski，1981）。方铅矿的铅同位素分布范围通常很宽，而且经常在放射性同位素（J 型）内富集，这说明其形成过程复杂。

油田卤水和溶蚀性流体的相似性以及油气和硫化物的空间关系，已经使一些学者认识到油气与碳酸盐岩中铅锌矿的亲缘关系（Anderson，1978）。尽管关于矿物来源和矿物沉淀有不同的观点，但是人们已经普遍认可，这些碳酸盐岩中的矿物沉积（像石油和天然气一样）是正常层序在沉积盆地演化过程中事件作用的结果（Macqueen，1979）。这种盆地演化模式最早在 1966 年由 Beales 和 Jackson 提出，主要用来解决加拿大 Pine Point 铅锌矿分布区的问题。中泥盆统 Pine Point 矿和下奥陶统 Tennessee 矿是两个很好的例子，可以用来说明陆上暴露和伴生的成岩作用对成矿母岩孔隙演化的影响。重要的是，具有这些特征的岩层在其他地区可以是重要的油气储层。

1. Pine Point 铅锌矿区

Pine Point 铅锌矿区位于加拿大西北 Great Slave 湖南岸（图 1-22）。自 1964 年以来，该地区就是碱金属的主要产区，生产了超过 $5000 \times 10^4 t$ 矿石（铅锌含量平均为 9%），而且仍然还有同等数量的可采矿石。矿体规模、几何形态、矿石品位、硫化物结构以及与围岩关系变化很大。单体的硫化物聚集在相对薄层中呈层状分布，但是在200m的地层中有多处矿体存在（图1-23）。硫化物矿体几乎全部由不同数量的闪锌矿、方铅矿、黄铁矿、白铁矿以及与之有关的白云石和方解石构成。单个沉积体中呈现高品位方铅矿和闪锌矿分带特点（图版Ⅰ-100），富集层向外过渡为低品位层，而向硫化矿体周围，硫化铁含量增加（Kyle，1980）。矿体与不含矿石的围岩之间的过渡通常是突然的（图版Ⅰ-101）。在狭窄的中泥盆统礁复合体内大约有50个硫化物矿体，这个礁复合体沿着构造不稳定带的浅水环境发育（图1-22；Skall，1975）。Pine Point障壁岛是中泥盆统的主要沉积产物，它分布广泛，将深水页岩盆地（Mackenzie盆地）和广泛分布的蒸发盆地（Elk Point盆地）分隔。Pine Point障壁岛从露头区向西南方向地下倾伏，该套地层在艾伯塔省有几个主要油田，而且在艾伯塔、不列颠哥伦比亚省和相邻的区域有一些小气田分布（De Wit等，1973）。

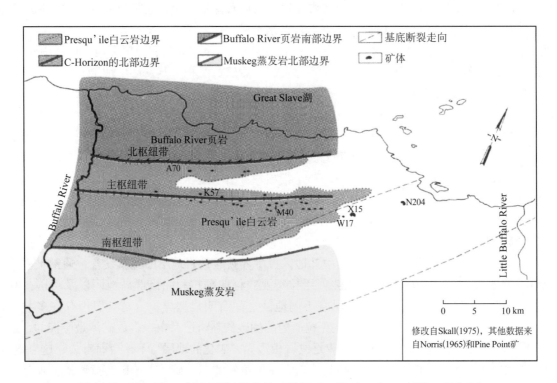

图1-22　Pine Piont矿区主要地质背景（据Mining Engineering，1980，有改动）

1）地层

下古生界覆盖在前寒武系基底之上，由蒸发碳酸盐岩和硅质碎屑岩组成，最厚达100m。下泥盆统（Eifelian）Chinchaga组覆盖在上古生界之上，不整合接触，主要由蒸发岩组成，最厚达110m（Norris，1965）。在这一地区，吉维特阶含有所有已知矿种。Skall（1975）细化了Pine Point障壁岛复合体的吉维特阶，相带用A—P取代了早期地层的命名法则（图1-23）。吉维特阶Keg River组下段（相带A）整合地覆盖在Chinchaga组之上。Pine Point群包括中吉维特阶（相带B—K），它们形成了完整的障壁复合体地层序列（Skall，1975）。障壁岛下部由晶形完好的粗晶白云石相带——B（礁）、D（生物障壁岛）、E（礁前）、J（礁后）以及相带F（含沥青的海相石灰岩）组成。在某种程度上，Muskeg组蒸发岩地层是上述地层横向变化的结果。枝状的、管状的和块状层孔虫、枝状和块状珊瑚、腕足动物构成了生物障壁。石灰岩的相带B、C（礁前）、D、H和I（礁后），以及由这一层系经成岩变化而成的粗晶Presqu'ile白云岩（相带K）和Buffalo River页岩（相带G，海相）这三部分构成了障壁岛的上部。局部分布的不整合将障壁岛上部与上吉维特阶Watt Mountain组分隔开。Slave Point组（相带M—P）整合地覆盖在相带L上，其上覆地层是上泥盆统（Frasnian）Hay River页岩。Skall

（1975）指出沿着北纬65°走向"枢纽带"细微的构造调整造成沉积环境的突然变化，而这又导致相关系的复杂性。

2）陆上暴露的影响

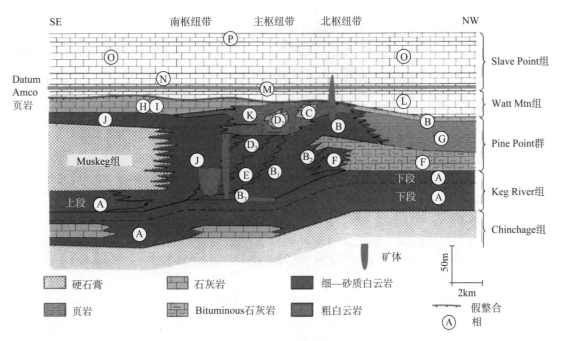

图1-23　Pine Piont 障壁复合体剖面（据 K. H. Wolf 等，修改）

示意性地标注了选定矿体的地层位置，纵向比例放大40倍

与陆上暴露有关的碳酸盐岩成岩作用主要是岩溶和白云石化，它们对于 Pine Point 地区流体运移和硫化物保存有重要影响。

（1）岩溶作用：中吉维特期之后、晚吉维特期之前的不整合在 Pine Point 地区的南部和中部发育（图1-22、图1-23），这一地区上吉维特阶 Watt Mountain 组（相带 L）覆盖在 Presqu'ile 粗晶白云岩（相带 K）或未白云石化的障壁岛上段石灰岩（相带 C、D_2、H 和 I）之上。粗晶白云岩发育区的北部，较厚的相带 L 直接覆盖在相带 B 之上，之间没有明显的不整合（图1-23；Skall，1975）。不整合面通常为绿层和碳酸盐碎屑层覆盖在 Pine Point 群之上，Pine Point 群上段角砾带之下的孔洞、裂缝中被绿色泥土充填。角砾带的厚度变化很大，取决于局部地形特征，但通常不会超过5m。

与这一期暴露相关的溶蚀特征控制了硫化物的分布，并且导致了矿体棱柱形和层状的几何特征（Kyle，1980，1981）。具有许多棱柱状矿体的 Pine Point 障壁岛上段地层，并不在标准的相带 K 序列中，即便是紧邻矿化带。通常是少量黏土、细—粗晶脆性白云岩，具有破碎构造。这些碎块可能会呈层状分布，在其上段，常会含有一些绿色黏土和细晶潮坪白云岩的岩屑，碎块的直径通常只有几厘米，但是有时可达1m。

K57区很好地说明了碎屑的特征以及其与相邻地层、棱柱状和薄层状硫化物聚集的关系。K57矿体和地质特征类似的 K62 矿体产出在该区西部沿主枢纽带分布的 Presqu'ile 粗晶白云岩中，相带 K 最大残留厚度大约在45m，可以分为上、下两个单元。下部主要由棕黄色—浅色黏土、粗晶白云岩（含大化石，颗粒类型均一）组成。这些岩石类型分别被解释为礁和礁前环境，在石灰岩中很少见到这种类型（相带 D_2）。

下部的相带 K 中两种岩相边界之间呈不规则的指状交错，主要位于矿化带的南部（图1-24、图1-25）。上部的相带 K 单元原生特征的证据已经被普遍发生的白云石化作用抹掉了。这一地层单元侧向上孤立的石灰岩残余说明它们源自潟湖相 H/I。

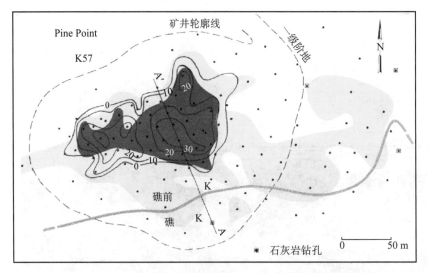

图 1-24　K57 号矿地质特征（据 K. H. Wolf 等，修改）

黑点表明钻孔位置，石灰岩钻孔位置表明了残存在相带 K 中的上 Pine Piont 群石灰岩的分布范围，等值线是碎屑厚度等值线，单位是 m；黄色区域代表总厚 53.3m 岩层中总的硫化物厚度超过 1%，红色区域是指超过 10% 的区域

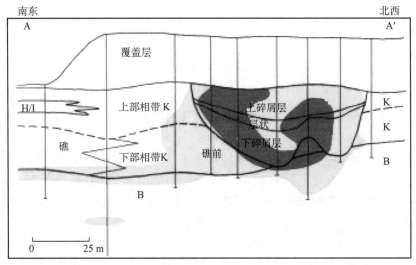

图 1-25　K57 矿区地质剖面（据 Mining Engineering，修改）

垂直线条表示钻孔；黄色区域表示硫化物总含量在 2% 以上，红色区域在 30% 以上

粗晶白云岩带呈不规则的椭圆形，其内为脆性的浅灰色细—粗晶白云石碎块（图 1-24、图 1-25）。这种碎屑带约 190m 长，100m 宽，最厚可达 35m。尽管在隐伏剖面中，许多破碎体的顶部被削截，但在四个钻孔中，相带 L 均保存下来，这意味着目前的厚度基本上代表了原始的沉积厚度。碎屑最厚的部分，覆盖在相带 B 之上（图 1-25）。在破碎带附近，相带 B 和相带 K 界线明显，因为相带 B 的上部为中—粗晶白云岩，并且仅有少量保存下来的生物组分。在 K57 碎屑带识别出三个地层单元（图 1-25；Kyle，1980）。最下部为相对纯净的细—粗晶白云岩，其内含有块状粗晶白云岩（相带 K），特别是在底部。之上是一套相对薄的层状碎屑体，浅灰色—中灰色白云岩互层，含有少量绿灰色孔洞。上部单元为非层状碎屑体，小的绿色黏土和细晶白云岩碎块普遍（图版 I -102、图版 I -103）。至少在 10 个其他棱柱状矿体中发现类似的白云岩碎屑体。在上部的障壁复合体中，则少见这种碎屑体。尽管在局部有大量硫化物富集，但是在多数矿藏中，层状硫化物被限定在相对薄的地层间隔内。一些区

域，在粗晶白云岩相带 K 下部中，板状硫化物层发育，许多棱柱状矿体中有连续的板状硫化物聚集。M40 是一个板状矿体，位于主枢纽带的中部，而主枢纽带则处于棱柱状矿群中。M40 中硫化物的聚集呈层状，分布在粗晶白云岩相带 K 的下部，厚度通常在 3m 左右，最厚可达 15m。多数矿物充填在孔洞中（图版 I -104）和局部坍塌角砾岩中（图版 I -105）。虽然有一些块状硫化物聚集，但是硫化物的结构仍然说明其生长是从洞壁开始的，也就是说在成矿作用发生前，这些孔洞是空的。有些类似的矿带呈薄的板状，具有重力控制形成的钟乳石硫化物。

障壁带上部粗晶白云岩中存在与硫化物聚集有关的溶蚀特征，与障壁带下部细晶白云岩中的特征不尽相同。后者硫化物矿脉走向沿现今北西向 Presqu'ile 侵蚀边界（图 1-22），但是可以推测曾经被粗晶白云岩覆盖。硫化物的聚集可能是块状的，与岩性无关，也可能是形成于礁（相带 D₁）和礁后（相带 J）的角砾间和晶间孔中。N204 矿是目前所知的最靠近北东方向和地层最低的矿体（图 1-22）。硫化物产出在细晶白云岩（相带 B，覆盖在 Keg River 组之上）的上部，孔洞、晶间孔和早期裂缝呈层状广泛分布（图 1-23）。

Pine Point 障壁复合体中溶蚀作用对于硫化物的聚集至关重要。破碎带曾是棱柱状矿和板状矿体沉积的位置，这种关系可以通过对比破碎带空间展布和硫化物的体积总量得到证实。

K57 矿在厚 53m 的地层中，硫化物富集最高可达 50%，破碎带是最富集的地区（图 1-24），而在东边的硫化物下带中，有一个具有不规则地层界线的带（图 1-24、图 1-25）。在粗晶白云岩（相带 K）下部单元中，多数硫化物充填在均一的颗粒碳酸盐岩中（近礁前沉积）。破碎带中的硫化物矿石形成于裂缝和角砾间孔隙。尽管在相带 K 上部白云岩中孔洞遍布，但是棱柱状矿体的边界依然是明显的，而且上 Presqu'ile 带不含肉眼可见的硫化物晶体。Presqu'ile 下部的白云岩（相带 B）中，硫化物晶体存在于白云石晶间孔中。

障壁带上段粗晶白云岩（相带 K）中，与硫化物聚集有关的溶蚀作用特征是：不整合面上凹陷处的碎屑充填，或是与不整合面没有必然联系的下 Presqu'ile 中大孔隙和层状孔隙增大带。这些特征被认为是中吉维特期之前的暴露岩溶作用形成的（Kyle，1980，1981）。

相带 K 下部的硫化物充填大孔隙（例如 M40），与不整合面没有直接的关系，它们被解释为在地下水面稳定期形成的位于上潜流带的古溶洞（图 1-26A）。溶洞系统坍塌形成的角砾岩也成为矿物聚集的场所。石灰岩中广泛分布的溶蚀现象，在大气水作用下快速形成，水中的方解石甚至还没有饱和，这主要是由于大气水渗流通过渗流带时 CO_2 逃逸造成的。可见，在大孔隙和溶洞发育的 Pine Point 障壁带上部石灰岩中，大气水以渗流而非渗滤的方式向潜水面运动（图 1-26）。但是这种渗流通道并不意味着在侵蚀期它足够开放以至于能使溶洞完全被碎屑填满。

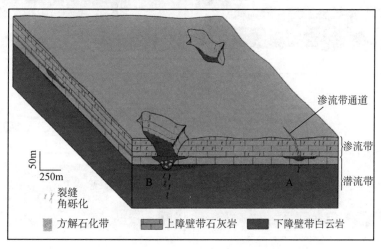

图 1-26　上 Pine Piont 障壁带在中吉维特期后暴露中形成的渗流和潜流成岩作用带
（据 Mining Engineering，1980，修改）

在紧邻主要溶蚀带的潜流带上部，孔隙度和渗透率在水平方向明显增加。这一过程造成板状分布的集群式孔隙，从而硫化物在其中聚集。这在 Presqu'ile 下段，特别是沿着主枢纽地区最为普遍。渗透率增大带的演化可能受局部大气降水供给的控制，大气水与岩石的化学作用可以导致孔隙度的升高。一旦大气水对方解石饱和，孔隙扩大则减弱。这种限制可能说明了为什么在 Presqu'ile 下部中这些带为何明显呈横向展布，而不是沿着古潜流带上部发育成连续的渗透率增大带。

破碎带解释为充填的岩溶漏斗，岩溶漏斗主要形成于上障壁带相带 C、D₂、H 和 I 石灰岩中。原始的岩相并不是岩溶漏斗形成的主要控制因素，因为它们形成于礁后、礁和交互相中。漏斗呈北东方向的长条形，与枢纽带平行，这意味着控制碳酸盐沉积的构造同样控制了岩溶作用。岩溶漏斗最长 400m，长宽比为 2～3.5。漏斗壁相对较陡，碎屑物到围岩的突然过渡表明漏斗壁并不规则。漏斗的深度至少在 35m 以上。此外，在碎屑充填的漏斗中，绿色黏土和碳酸盐岩角砾充填在溶扩缝和靠近不整合面的孔洞中。

图 1-27 展示了假设的硫化物矿脉走向、碎屑充填漏斗的演化过程。在陆上暴露期，上障壁带石灰岩遭受大气降水的化学作用，并且雨水中方解石未饱和（Thrailkill，1968）。溶蚀作用主要集中在节理交会处，通常沿着北东方向延伸，直到穿透整个碳酸盐岩地层（图 1-27a）。石灰岩横向上的溶蚀发生在漏斗附近靠近潜水面的位置，这里大孔隙发育。漏斗壁的崩塌在其底部形成由大块石灰岩和细粒碎屑构成的碎石堆，漏斗壁的崩塌会遮挡住部分大孔隙，使之免于被碎屑完全充填。

在中—晚吉维特期后的暴露及障壁带发生岩溶作用后，海侵最先影响的是滨岸地区，局部形成潮坪。细粒碳酸盐岩碎屑周期性地（也许是在主要风暴期）被冲进漏斗的稳定水体中，形成薄层沉淀。随着几次海侵和较小级别的海退，侵蚀面被不定期地淹没。在暴露的最后阶段，岩溶作用形成的表层土被搬运至侵蚀面的凹陷处，最大的就是漏斗（图 1-27b）。这种风化产物包括细粒碳酸盐岩碎屑、绿色黏土、潮坪相白云岩碎片（从短期存在的潮坪上剥蚀下来的）和海侵初始期湖泊沉积。海侵对于漏斗的充填是有效的，而且在晚吉维特期沉积中，碎屑的轻微压实作用已经出现（图 1-27c）。破碎带之上晚吉维特期地层的塌陷，至少部分是因为在硫化物富集过程中造成的物质空间减小（图 1-27d）。

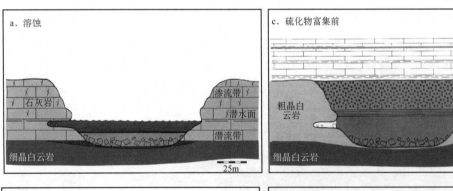

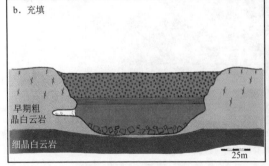

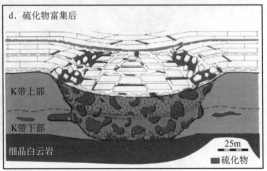

图 1-27　Pine Piont 地区碎石充填漏斗和硫化物成矿的演化阶段（据 K. H. Wolf 等，修改）

中—晚吉维特期岩溶作用与障壁复合体下部细晶白云岩中的硫化物群结构之间的关系现在仍不清楚。在中—晚吉维特期侵蚀阶段，溶蚀作用最发育的带（上潜流带）似乎并不能延伸至障壁复合体的下部。但是，碳酸盐岩的溶蚀在混合带中也可发生，而在这一时期，下障壁复合体中具备这样的条件。另一种可能性是细晶白云岩中的硫化物群结构是早期暴露溶蚀的结果。

（2）白云石化：所有的Pine Piont矿体均形成于不同类型、不同相带的白云岩中（图1-23）。细晶致密—砂状白云岩含有两种截然不同的类型。一些单元比较单一，为晶体非常细的（通常不到20μm）致密白云岩，具有沉积构造，地层关系表明其形成于潮上带—潮间带环境。Pine Point群下部包括细晶（20～50μm）致密—砂状白云岩，地层学、岩石学和古生物证据表明其原岩是形成于正常海—弱局限的潮下环境的石灰岩（图1-23）。由于同这些白云岩同时代的蒸发岩广泛分布，两种主要的白云石化机制被提出——蒸发卤水的回流渗透白云石化（Skall，1975）和海水蒸发泵白云石化（Kyle，1980）。

形成于下障壁单元和Watt Mountain组之间的粗晶白云岩被定义成相带K（Skall，1975）（图1-22）。粗晶白云岩的分布限定在枢纽带和中—上吉维特阶不整合面之间的区域（图1-22、图1-23）。白云石晶体大于200μm，是礁后、礁和礁前地层成岩作用改造的结果（Skall，1975）。与下障壁带中普遍存在的细晶白云岩相比，粗晶白云岩中残留了原始的石灰岩，这被看作是礁后地层相带H和I（图1-23）。粗晶白云岩和石灰岩的接触面是不规则的，而且通常是突变的。粗晶白云岩中局部残留原始沉积构造，特别是在下部单元中。白色白云岩是一种普遍存在的伴生物，在一些区域，这种白云岩的广泛分布消除了相带K上部的原生特征（图版Ⅰ-101）。粗晶白云岩和其下的下障壁带细晶白云岩的接触通常是突变的，但在局部地区会有几米的过渡带。

四种白云石化机制被提出，用于解释粗晶白云岩（相带K）的形成：①粗粒礁石灰岩的白云石化（Norris，1965）；②细晶白云岩的重结晶（Campbell，1967）；③硫化物沉积前，沿着枢纽带循环的热卤水将障壁灰岩白云石化（Skall，1975）；④在中—上吉维特阶暴露期，障壁灰岩的混合白云石化（Kyle，1980）。相带K的粗晶特征并不反映原始的沉积物粗粒特征，因为并不仅局限于礁相带，下障壁带中也有礁相粗粒灰岩没有转化为白云岩。相带K中，细晶白云岩广泛的重结晶现象，与保存在粗晶白云岩中的薄层细晶（相带J）白云岩并无关系。粗晶白云岩并非是与硫化物成矿有直接联系的蚀变效应的产物，因为它的分布比矿石更为广泛，并且在下障壁带中与矿体的分布无关。此外，在那些延伸到Watt Mountain组的矿体中，不整合面之上并没有粗晶白云岩出现。

针对粗晶白云岩的产生，回流渗透和蒸发泵机制也可以排除，因为Pine Point地区，蒸发环境涉及的沼泽蒸发沉积物和潮坪沉积物（相带J）在上障壁带沉积前就已经看不到了（Skall，1975），而潟湖沉积（相带H、I）占了主导。粗晶白云岩的形成最有利的证据是它们分布于Watt Mountain不整合面之下，向海部分顶部被剥蚀（图1-23）。Pine Point地区的不整合面并没有暴露，但是大量的钻井信息说明古剥蚀面具有相对低的地势起伏，通常不会超过1m/km。这种地势特点造成大气水和正常海水在地下的动态混合，这发生在中—晚吉维特期障壁复合体暴露期间。低的地势起伏、剥蚀面上缺少主要水系和上障壁带中渗流水流动缺少明显的横向限制，这都表明水面的位置并不比海平面高很多。在距离不整合面终止处（即中吉维特阶滨岸带）10km的地方，大概是在海平面之上1m。通过与现代尤卡坦半岛水文系统的对比分析（Back和Hanshaw，1970），这一数据还是相对合理的。假如在剥蚀期，上Pine Point障壁带的渗透性是相对均一的，那么吉本—赫兹伯格原理就是适用的（Back和Hanshaw，1970）。根据这一原理，海平面之上的每一个淡水厚度单位形成的浮在正常海水之上的透镜体，大约是40个厚度单位（即前者的40倍）。因此，一个1m的水压头，在上障壁带中形成的淡水透镜体的厚度可达40m。在这一深度之下会形成淡水和海水的混合带，这可以解释粗晶白云岩（相带K）的最大范围是距离滨岸向岸方向10km，并且呈平缓的斜坡。

Kyle（1980）已经指出粗晶白云岩的发育与中—上吉维特阶暴露期大气水和海水混合成岩作用有

关。这种混合模式已经被提出用于解释几种不同环境中白云石化作用（Folk 和 Land，1975）。在 Pine Point 地区，它与古地貌证据和其他一些陆上暴露效应是一致的。在特定的时期，混合带的厚度可能会很小，但海平面的波动造成混合带的迁移，并形成整个区域的白云石化（现在所指的相带 K，图 1-23）。

Pine Point 障壁复合体在中—晚吉维特期的暴露，是溶蚀构造和粗晶白云岩形成的主要原因。这些溶蚀构造饱含成矿流体并为矿体的沉淀提供了场所。岩溶漏斗包含棱柱状矿体，溶洞和层状渗透带则形成层状矿体。障壁带下部细晶白云岩中含硫化物角砾岩的成因尚不明确，但是这些同样被看作是溶蚀的特征。高品位的矿体分布在漏斗和角砾岩带，因为这种贯穿式的结构在不同的含流体层之间形成一个通道，成为不同性质流体混合的场所。流体包裹体证据说明成矿流体是温度介于 50～100℃ 的高盐度卤水（Roedder，1968）。这些卤水形成于沉积层序中，但是现在的数据仍不能明确金属物质来源。矿石的成分仅仅说明铅、锌和铁的比例是 2：5：3。盆地的演化模式（Beales 和 Jackson，1966）表明矿石中的金属物质来自风化的大陆岩石，并汇聚到 Mackenzie 盆地页岩中。在这些高含水沉积物压实和成岩过程中，金属物质被排出到裂缝流体中，形成可溶解的金属氯化物或是有机复合物。含金属物质的卤水横向运移至渗透性的礁复合体中，并沿着水力梯度最小的方向流动。Elk Point 盆地中蒸发硫酸盐的减少，导致在碳酸盐岩中局部硫化氢富集。含金属物质卤水和还原硫的混合，造成金属硫化物的迅速沉淀。Pine Point 地区盆地演化模式是引人注目的，一些差异性的模型被用来解释其他的矿物聚集区。

2. 田纳西州锌矿区

在田纳西州有四个主要的矿区在 Knox 群上部含有经济矿藏，约 1000m 厚，层位上属于寒武系—奥陶系浅水碳酸盐岩（图 1-28、图 1-29）。矿体沉淀在下奥陶统 Kingsport 组和 Mascot 组角砾岩体的角砾间孔隙中。从东田纳西州 Valley 和 Ridge 省的北东向叠瓦状逆冲断层带到南东方向，地层的倾角从 10°～40° 不等。田纳西州中部和肯塔基州南部的 Knox 群碳酸盐岩被最小厚度为 90m 的近水平年轻地层覆盖。Mascot-Jefferson 市和 Copper Ridge 区的矿体中，角砾仅仅被浅黄色闪锌矿和白云石致密胶结，并且还有数量不等的铁硫化物。Sweetwater 区曾经是重晶石的重要产区，重晶石是全新统矿化角砾岩侵蚀残余。但是近期这一地区的勘探则把注意力转向了萤石——锌很可能与萤石或重晶石伴生。红褐色闪锌矿是中田纳西州唯一的经济矿物，但是在角砾岩中局部会有方铅矿、重晶石、萤石、方解石、白云石和石英富集。读者可以参考 1971 年关于田纳西州矿藏的专刊《经济地质》。

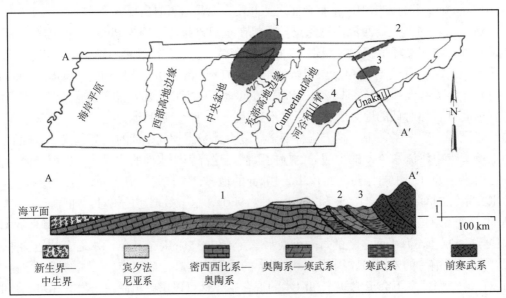

图 1-28　田纳西州 Knox 群矿区、地貌和地质省的相对位置关系（据 Economic Geology，1976，修改）

1—田纳西州中部—肯塔基州南部；2—Copper 岭；3—Mascot-Jefferson 市；4—Sweetwater 城

阿巴拉契亚山脉很多地区在下奥陶统碳酸盐岩地层中含有类似的矿化角砾岩，如宾夕法尼亚州的 Friedensvill（Callahan，1968）、纽芬兰岛的 Daniels Harbour（Collins 和 Smith，1975）。此外，田纳西州中部和肯塔基州南部上奥陶统 Knox 群角砾岩中还保存有大量的未充填孔隙，是重要的含水层。角砾化的 Mascot 组上段（上覆为相对非渗透的中奥陶统），位于有利的构造位置，成为油气产层（Perkins，1972）。

1）地层

田纳西州中部的 Knox 群碳酸盐岩覆盖在寒武系碳酸盐岩—碎屑岩层序之上，后者最厚达 500m，覆盖在前寒武系基底之上。在 Vally 和 Ridge 省，尽管由于地壳运动和消减作用导致沉积关系不明确，但是仍然可以看出在矿区 Knox 群沉积前地层厚度大约在 1000m，向东增厚，因为前寒武系上部—寒武系下部碎屑岩楔状体延伸至阿巴拉契亚大陆边缘盆地。Knox 群包含上寒武统 Copper Ridge 白云岩、下奥陶统 Chepultepec 白云岩、Kingsport 组和 Mascot 白云岩（图 1-29），这套地层以白云岩为主，含石灰岩、碎屑岩和燧石夹层。

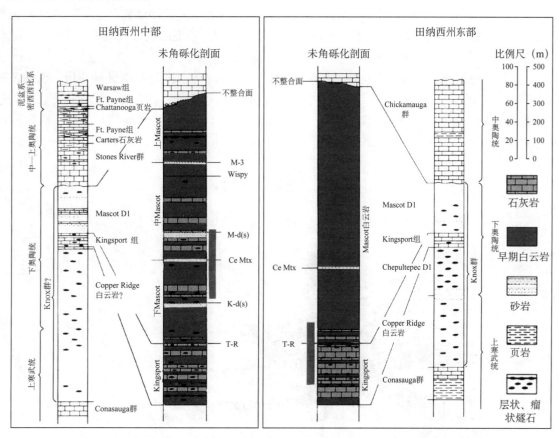

图 1-29　田纳西州中东部矿区地层剖面图（据 Economic Geology，1976，修改）
红色柱表示主要的锌矿聚集层位

由于地层研究在找矿中起着重要的作用，Kingsport 组和 Mascot 组被给予特殊的关注。这些层系以微—细晶（小于 50μm）致密白云岩为主，其分布可达数千平方千米，在地层划分对比中被广泛用作标志层。这些白云岩中鲜见能说明浅水沉积环境的生物群落和沉积构造。这些早期白云岩与不等厚石灰岩或等厚石灰岩互层，这些层段已经遭受成岩作用，转变为粗晶（大于 200μm）白云岩（图版 I-106）。上 Knox 群石灰岩段为球粒泥晶灰岩和球粒亮晶灰岩，见少量生物群，主要是腹足类，也含介形动物、三叶虫、腕足动物和棘皮动物碎片（图版 I-107）。主要的沉积构造是泥裂、砂层，燧石结核带能够沿着不整合面（从石灰岩到粗晶白云岩）横向追踪。经济矿物通常在石灰岩带与白云岩带过渡区的角砾岩中形成，所以石灰岩探边在矿藏勘探中尤为重要。在东田纳西州，Kingsport 组以石灰岩为主（或石灰岩与白云岩相当），而在田纳西州中部，石灰岩与细晶白云岩数量相当（图 1-29）。田纳西州东部 Mascot 白云岩主要为细晶白云岩，而中部则为石灰岩、白云岩互层（图 1-29）。

Knox 群顶部是一个主要的不整合面，分布遍及北美东部（Harris，1971）。Beekmantown 后的地层除了泥盆系—密西西比系 Chattanooga 页岩外，主要是泥质膏岩。在密西西比纪沉积了一套厚层碳酸盐岩，后来形成了高地边缘和 Cumberland 高地，发育三角洲沉积单元（图 1-28）。

2）陆上暴露影响

Pine Point 矿区许多矿体与不整合面有直接关系，这说明陆上暴露形成矿藏带。与此不同，田纳西州矿区的成矿地层通常位于 Knox 不整合面之下一定深度内。在 Mascot-Jefferson 市、Copper Ridge 和 Sweetwater 矿区，矿藏带通常位于 Mascot 白云岩下部 20m 和 Kingsport 组上部 50m（图 1-29）。在田纳西州中部，最富集的层位在 Mascot 组中部，厚 60m，但是大量锌矿的聚集发生在这一层之上或之下。

Knox 群沉积后期形成的区域不整合面代表了一次主要的暴露。局部地势起伏可达 40m，更新的 Knox 地层向北—北东方向侵蚀，而且在其内部产生大量的斜切。中奥陶统厚度最大的位置是古地形坳陷处。不整合面之上的沉积物同 Knox 群顶部向下数百英尺角砾岩中的充填物是一致的。

Knox 群上部的角砾岩可以分为早期角砾岩和晚期角砾岩。前者没有发生成矿作用，而后者通常含有闪锌矿和相关的矿物。这些坍塌角砾岩体具有特征的几何形态——核心为破碎角砾岩，向外过渡为混杂角砾岩和裂纹角砾岩，再向外是未受影响的围岩带（图 1-30；Hoagland 等，1965；McCormick 等，1971；Hoagland，1976；Kyle，1976）。

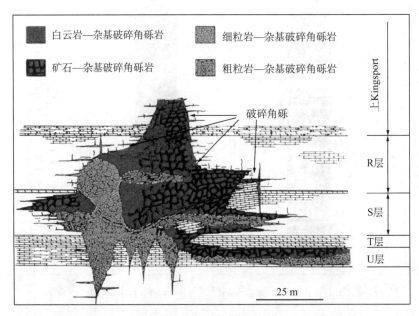

图 1-30　Mascot-Jefferson 市矿区中不同类型角砾岩之间的关系（据 J. D. Ridge 等，修改）

田纳西州中部晚期的角砾岩系统从 Knox 不整合面之上到 Kingsport 组顶部之下。一致的是 Mascot 组中部 60m 厚的成矿层段发生角砾化。这一层段对层状坍塌角砾岩的形成（与厚层石灰岩夹层溶蚀有关）是非常有利的。其他层段也可能见有矿化的角砾岩段。在田纳西州东部，晚期角砾岩在 Mascot 白云岩下部 20m 和 Kingsport 组上部 50m 最为发育（图版 I-108、图版 I-109）。

晚期角砾岩含有两种类型的杂基或胶结物，下部是粗的岩石基质角砾，由中—粗晶白云石组成，这些是不同数量的细—粗晶白云石、燧石碎片、泥质膏岩、石英砂和黏土组成的杂基（图版 I-110 至图版 I-112）。粗晶白云石碎片和粗粒杂基之间的边界是不清楚的，而同一位置次生粗晶白云石和粗粒岩石—基质碎屑之间的接触关系则多样化（图版Ⅰ-106）。

石灰岩的次生白云石化和溶蚀作用看起来是互补的过程（Kyle，1976）。在田纳西州一些地区上Knox石灰岩已经发生了等体积白云石化作用，上覆地层中、小型坍塌现象也已出现，矿石局限在孔洞和小裂缝中。其他地区，溶蚀作用显然是主导过程，不同数量的岩石—杂基角砾即是石灰岩层溶蚀组分。在这些地区，上覆地层单元的坍塌规模是很可观的，不管是发育的横向角砾岩带还是影响了多数Mascot地层的角砾岩体。角砾岩体通常会发生向下的位移，最大可达15m。在田纳西州中部的钻孔，成矿的晚期角砾岩体连续长度达60m，并且穿过了Knox不整合面（Hoagland，1976）。晚期角砾岩体上部含有锌矿沉积，方铅矿、重晶石、黄铁矿、萤石、方解石、白云石和石英以不同的比例形成矿物—基质胶结物（图版Ⅰ-113、图版Ⅰ-114）。在很短的距离内，这些矿物的相对含量变化很大。所有的晚期角砾岩均不含有经济的闪锌矿聚集。事实上，多数是被碳酸盐胶结的，或者仍然还有大量的开放空间。

晚期角砾岩碎块并不像早期角砾岩那样边缘部分变白（图版Ⅰ-114），而且晚期角砾岩块会出现破碎的边缘。这些特征说明碎块边缘变白与造成晚期角砾化和成矿过程的溶蚀作用没有直接联系，晚期角砾岩的形成是在氧化阶段停止后。

人们通常认为，田纳西州东部晚期角砾岩的形成机制是成矿流体对早期角砾岩带的溶扩作用（Hoagland等，1965）。无论如何，在田纳西州中部硫化物沉积与早期方解石沉积相平衡，这说明含硫化物流体不可能导致石灰岩溶解（Kyle，1976）。早期细粒岩石杂基角砾说明碎屑充填的溶蚀构造与Knox群沉积后的陆上暴露有直接关系。而且石灰岩层的溶蚀作用和白云石化作用与暴露的关系也许并不是直接的。Knox地层区域性的抬升、剥蚀作用导致补给区沿着渗透带向Knox群顶部之下的地层供给大气水。石灰岩的地下溶蚀会在这一时期发生。当海侵期侵蚀作用结束时，具备了形成不规则海水/大气水混合带的条件。也就是说，区域上的古地貌高部位作为地下（溶蚀）的补给区，同时洼地处被海水淹没。随着海水/大气水混合带的增大（Folk和Land，1975），白云石化会成为主要的成岩过程，会产生溶蚀残余的白云石化（粗粒岩石杂基角砾）和粗晶次生白云岩。多数位于空洞（石灰岩层的溶蚀形成）之上的细晶白云岩层坍塌，直到上覆沉积物（中奥陶统Knox群上部或更年轻）出现后才发生。因此，含矿坍塌角砾岩可能是在暴露停止后很长时间才形成的。无论如何，越来越多的证据表明Knox地层上段沉积旋回中短暂的暴露在晚期角砾岩的形成中起着重要作用。

流体包裹体数据说明成矿流体温度介于80~150℃（Roedder，1971）。Hoagland（1976）已经指出这些流体源自阿巴拉契亚盆地沉积物的压实作用，通过Knox古含水层运移至成矿区。晚期角砾岩上部的闪锌矿胶结物和相关矿物的形成，经历了很长的时间。确切的成矿时间难以确定，但是在田纳西州东部，成矿时间可能在早奥陶世，而田纳西州中部的成矿时间可能在晚古生代。

二、结论

Pine Piont矿区中泥盆统和田纳西州矿区下奥陶统提供了很好的实例来说明碳酸盐岩暴露对次生孔隙形成的影响。因为碳酸盐岩沉积环境（岩相）和陆上暴露面特征的差异，所以不同地区暴露的影响有所不同。尽管如此，许多储集空间，例如次生白云岩中的高孔隙度带和坍塌角砾岩体是类似的。碳酸盐岩中矿石沉积与不整合面和短期暴露面之间这种始终如一的关系，说明与陆上暴露有关的成岩过程要比在局部矿藏勘探中所认识到的更为重要。相似的过程也可产生次生孔隙，是油气的重要储层。

致谢

我非常感谢能有机会参与到田纳西州和Pine Point矿区的勘探与研究工作中，并且感谢在工作中许多矿业公司和个人的热情帮助。还要感谢为本书出版提供帮助的位于奥斯汀的得克萨斯大学地质学基金会。

第五节 古岩溶演化

W. Martinez del Olmo

Mateu Esteban

沿着地中海地区西缘，在构造控制的中生界碳酸盐岩古地貌高部位，存在发育良好的古岩溶，并且有油气田。在西班牙北方向海上，侏罗系—白垩系不同的层位被中新世海相沉积物覆盖，虽然在一些低洼地区存在古近系陆相沉积。中生界在这一地区以石灰岩为主，内含一些重要的白云岩夹层。陆上暴露和岩溶的时间不等（40～60Ma），这取决于所处古地貌的位置。上超的中新世沉积物（碳酸盐岩、页岩和砂岩）的层位是下中新统—上中新统。

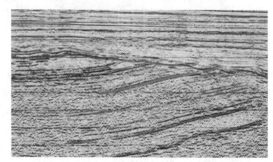

图 1-31 中生界—中新统不整合面（绿色层）解释为陆上暴露面

西班牙东北部滨岸带；黄色反射轴对应中新统上部，橙色反射轴限定了中—下中新统的位置；注意剥蚀面为拱背地貌特征

中生界—中新统的不整合面以 100m 厚的角砾岩为特征，并且在中生统和中新统地层单元之间没有明显的界线。角砾的形状和大小十分不规则（从巨石到卵石），并且被方解石和钙红土胶结。在其上段，中新世海岸对角砾的再作用普遍存在。洞穴孔隙和去白云石化作用十分发育。这些特征被解释为陆上暴露面的指示标志。这一地区所有的地震剖面（图 1-31）都在中新统上超面底部显示了特征的反射面，在局部与中生界基底呈角度不整合。这一界面可以很容易地与临近的陆上暴露面（能发现更多的暴露证据）对比（微松藻属、根管石、钙质壳剖面）。尽管不是鉴别特征，但是测井响应非常有特征，并且在地层对比中非常有用。在更典型的条件下（图 1-32），伽马曲线在角砾岩带表现为特征性地增高。在角砾岩带的顶部和底部，能够识别两个尖峰（图 1-32 中的 A 和 B），是泥岩的响应。通常来说，A 峰值要高于 B。此外，在角砾岩带还有其

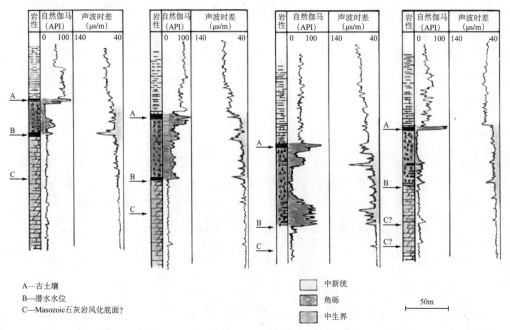

A—古土壤
B—潜水水位
C—Masozoic石灰岩风化底面？

中新统
角砾
中生界

50m

图 1-32 西班牙东北部滨岸带中生界碳酸盐岩中古岩溶独特的伽马和声波测井响应

这一陆上暴露面与图 1-30 所示为同一界面

他的不规则的小尖峰分布。声波曲线表现为从角砾岩带顶部到底部 Δt 逐渐减小（图 1-32A-B），最明显的是在上部（最初的 40～50m）。声波响应也说明了角砾岩及其下部存在裂缝。角砾化岩层的下部以低但不稳定的 Δt 值为特征。到更深层位，Δt 继续减小到 C 点，这里声波测井已经完全稳定，是未受影响的地层测井响应。

这种测井响应能够被解释为本文所描述的理想的岩溶剖面。剖面顶部（A）表现为一个高放射性峰值，解释为古土壤和渗滤带。B 层可能由潜流带上段形成，它是震荡波动的。这是溶洞形成和溶洞沉积物产生的主要层带，钻井循环液漏失主要发生在这一层段，进一步证实了上述观点。深部 B-C 层的解释，并不十分令人满意，但是显然是代表了与未受影响地层之间的过渡带，也许与本文中所说的理想剖面中的过渡带是一致的。当非碳酸盐岩地层暴露时，测井响应特征有很大不同（图 1-33），这增加了解释中生界—中新统不整合面的难度。

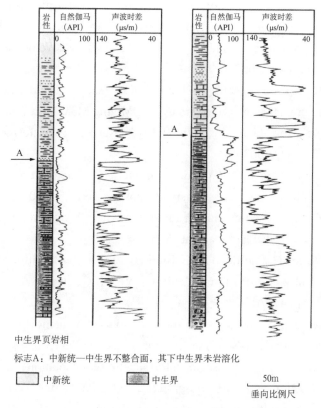

图 1-33　与图 1-30、图 1-31 中所示为同一暴露面的两个实例

未发生岩溶作用，中生界泥质岩基底，测井曲线在不整合面附近没有特征响应

参 考 文 献

Adolphe，J. P.，and G. Rofes，1973，Les concretionements calcaires dc la Levriere（Eure）：Bull. A. F. E.Q.，v. 2，p. 79-87.

Allan，J. R.，and R. K. Matthews，1977，Carbon and oxygen isotopes as diagenetic and stratigraphic tools：surface and subsurface data，Barbados，West Indies：Geology，v. 5，p. 16-20.

Allen，J. R. L.，1974，Sedimentology of the Old Red Sandstone（Siluro-Devonian）in the Clee Hills area，Shropshire，England：Sed. Geology，v. 12，p. 73-167.

Anderson，G. M.，1978. Basinal brines and Mississippi Valley-type ore deposits：Episodes，v. 2，p. 15-19.

Aristarain, L. F., 1970, Chemical analysis of caliche profiles from the High Plains, New Mexico: Jour. Geology, v. 78, p. 201–212.

Assereto, R. L. A. M., and C. G. St. C. Kendall, 1977, Nature, origin and classification of peritidal tepee structures and related breccias: Sedimentology, v. 24, p. 153–210.

Assereto, R., and C. G. Kendall, 1977, Nature, origin and classification of peritidal tepee structures and related breccias: Sedimentology, v. 24, p. 153–210.

Assereto, R., et al, 1976, Italian ore/mineral deposits related to emersion surfaces—a summary: Mineral. Deposita (Berl), v. 11, p. 170–179.

Back, W., and B. B. Hanshaw, 1970, Comparison of chemical hydrogeology of the carbonate peninsulas of Florida and Yucatan: Jour. Hydrology, v. 10, p. 330–368.

Bal, L., 1975, Carbonate in soil; a theoretical consideration on, and proposal for its fabric analysis. I. crystic, calcic and fibrous plasmic fabric: Netherlands Jour. Agr. Sci., v. 23, p. 18–35.

Bathurst, R. G. C., 1975, Carbonate sediments and their diagenesis; developments in sedimentology 12: Amsterdam, Elsevier Sci. Pub., 658 p.

Beales, F. W., and S. A. Jackson, 1966, Precipitation of lead–zinc ores in carbonate reservoirs as illustrated by Pine Point ore field, Canada: Trans. Inst. Mining Metallurgy, v. 75, p. B278–B285.

Bechstadt, T., 1974, Sind stromatactis und radiaxial–fibroser Calcit Faziesindikatoren?: N. Jb. Geol. Palaont. Mh. v, 1974, p. 643–663.

Bechstadt, T., 1975a, Lead–zinc ores dependent on cyclic sedimentation (Wetterstein limestone of Bleiberg–Kreuth, Carinihia, Austria): Mineral. Deposita (Berl), v. 10, p. 234–248.

Bechstadt, T., 1975b, Zyklische sedimentation im erzfuhrenden Wettersteinkalk von Bleiberg–Kreuth (Karnten, Oster–reich): N. Jb. Geol. Palaont. Abh., v. 149, p. 73–95.

Bechstadt, T., 1979, The lead–zinc deposit of Bleiberg–Kreuth (Carinthia, Austria); palinspastic situation, paleogeography and ore mineralzation: Verh, Geol. B.–A., v. 1978/3, p. 221–235 (Proceed. 3rd ISMIDA, p. 47–61).

Bernard, A. J., 1973, Metallogenic processes in intra–karstic sedimentation, in G. C. Amstutz and A. J. Bernard, eds., Ores in sediments: New York, Springer Verlag Pub., p. 43–57.

Bernard, A. J., 1976, Metallogenic processes of intra–karstic sedimentation, in G. C. Amstutz and A. J. Bernard, eds., Ores in sediments: Berlin, Springer–Verlag Pub., p. 43–57.

Bignot, G., 1974, Le paleokarst eocene d' lstrie (Italie et Yougoslavie) et son influence sur la sedimentation ancienne: Memoires et Documents, 1974 nouvelle scrie, v. 15, Phenomenes Karstiques, tome II, p. 177–185.

Blank, H. R., and E. W. Tynes, 1965, Formation of caliche in situ: Geol. Soc. America Bull., v. 76, p. 1387–1392.

Bogli, A., 1980, Karst hydrology and physical speleology: Berlin, Springer–Verlag Pub., 284 p.

Braithwaite, C. J. R., 1975, Petrology of palaeosols and other terrestrial sediments on Aldabra, western Indian Ocean: Philos. Trans. Royal Soc. London, v. 273, p. 1–32.

Bretz, J. H., and L. Horberg, 1949, Caliche in southeastern New Mexico: Jour. Geology, v. 57, p. 491–511.

Brewer, R., 1964, Fabric and mineral analysis of soils: New York, John Wiley and Sons, 470 p.

Brown, C. N., 1956, The origin of caliche on the northeastern Llano Estacado, Texas: Jour. Geology, v. 64, p. 433–457.

Brown, J. S., 1970, Mississippi Valley type lead—zinc ores: Mineral. Deposita, v. 5, p. 103—119.

Brown, J. S., 1970, Mississippi valley—type lead—zinc ores: Mineral. Deposita, v. 5, p. 103—119.

Burgess, I. C., 1961, Fossil soils of the upper Old Red Sandstone of south Ayrshire: Trans. Geol. Soc. Glasgow, v. 24, p. 138—153.

Callahan, W. H., 1968, Geology of the Friedensville zinc mine, Lehigh County, Pennsylvania, in J. D. Ridge, ed., Ore deposits of the United States, 1933—1967: New York, Am. Inst. Mining, Metall. Petroleum Engineers, p. 95—107.

Calvet, F., L. Pomar, and M. Esteban, 1975, Las rizocreciones del Pleistoceno de Mallorca: Univ. Barcelona, Inst. Invest. Geol., v. 30, p. 35—60.

Campbell, N., 1967, Tectonics, reefs, and stratiform lead—zinc deposits of the Pine Point area, Canada, in J. S. Brown, ed., Genesis of stratiform lead—zinc—barite—fluorite deposits in carbonate rocks: Econ. Geology Mon. 3, p. 59—70.

Carannante, G., V. Ferreri, and L. Simone, 1974, Le cavita paleocarsiche cretaciche di Dragoni (Campania): Boll. Soc. Nat. Napoli, v. 83, p. 1—11.

Carlisle, D., 1978, Characteristics and origins of uranium—bearing calcretes in Western Australia and South West Africa (abs.): Jerusalem, Israel, 10th Int. Sediment. Cong., v. 1, p. 119.

Carpenter, A. B., M. L. Trout, and E. E. Pickett, 1974, Preliminary report on the origin and chemical evolution of lead—and zinc—rich oil field brines in central Mississippi: Econ. Geology, v. 69, p. 1191—1206.

Chafetz, H. S., 1972, Surface diagenesis of limestone: Jour. Sed. Petrology, v. 42, p. 325—329.

Chenoweth, P. A., 1972, Unconformity traps, in R. E. King, ed., Stratigraphic oil and gas fields — classification, exploration methods, and case histories: AAPG Mem. 16, p. 42—46.

Choquette, P. W., and L. C. Pray, 1970, Geologic nomenclature and classification of porosity in sedimentary carbonates: AAPG Bull., v. 54, p. 207—250.

Cocozza, T., and A. Gandin, 1976, Eta' e significato ambientale delle facies detritico—carbonatiche dell' altopiano di Campumari (Sardegna sudoccidentale): Soc. Geol. Italia Boll., v. 95, p. 1521—1540.

Cohn, F., 1864, Uber die entstehung des travertines in den Wasserfallen von Tivoli: N. Jb. Min. Geol. Palaont., v. 32, p. 580—610.

Collins, J. A., and L. Smith, 1975, Zinc deposits related to diagenesis and intrakarstic sedimentation in the Lower Ordovician St. George Formation, western Newfoundland: Canadian Petroleum Geol. Bull., v. 23, p. 393—427.

Collins, J. A., and L. Smith, 1975, Zinc deposits related to diagenesis and intrakarstic sedimentation in the Lower Ordovician St. George Formation, Western Newfoundland: Canadian Petroleum Geols. Bull., v. 23, p. 393—427.

Coteaux, M., 1969, Formation et chronologie palynologique des tufs calcaires du Luxembourg belgo—grand ducal: Bull. A.F.E.Q., v. 3, p. 167—183.

Crawford, J., and A. D. Hoagland, 1968, The Mascot—Jefferson City zinc district, Tennessee, in J. D. Ridge, ed., Ore deposits of the United States, 1933—1967: New York, Am. Inst. Mining, Metall. Petroleum Engineers, p. 242—256.

D, Argenio, B., 1967, Geologia del gruppo Taburno—Camposauro (Appennino Campano): Soc. Naz. Sci. Fis. Mat., (3), v. 6, p. 1—218.

De Wit, R., et al, 1973, Tathlina area, District of Mackenzie, *in* The future petroleum provinces of Canada: Canadian Soc. Petroleum Geols. Mem. 1, p. 187—212.

Dohler Hirner, B., in prep., Unter—suchungen zur mikrofazies und geochemie des oberen Wettersteinkalkes (Nordliche Kalkalpen, Drauzuc) : Univ. Munich, West Germany, Doctoral thesis.

Donahue, J. D., 1969, Genesis of oolite and pisolite grains ; an energy index : Jour. Sed. Petrology, v. 39, p. 1399—1411.

Dunham, R. J., 1969a, Early vadose silt in Townsend mound (reef), New Mexico, *in* G. M. Friedman, ed., Depositional environments in carbonate rocks; a symposium: SEPM Spec. Pub. 14, p. 139—181.

Dunham, R. J., 1969b, Vadose pisolite in the the Capitan Reef (Permian), New Mexico and Texas, *in* G. M. Friedman, ed., Depositional environments in carbonate rocks; a symposium: SEPM Spec. Pub. 14, p. 182—191.

Durand, J. H., 1963, Les croutes calcaires et gypseuses en Algerie ; formation et age : Soc. Geol. France Bull., v. 7, p. 959—968.

Dzulynski, S., and M. Sass—Gustkiewicz, 1977, Comments on the genesis of the eastern Alpine Zn—Pb deposits: Mineral. Deposita (Berl.), v. 12, p. 219—233.

Eisenstuck, M., 1951, Die kalktuffe und ihre molluskenfauna bei schmeiechen nahe Blaubeuren (Schwabische Alb) : N.Jb. Geol. Palaont. Abh., v. 93, p. 247—276.

Enos, P., 1977, Tamabra limestone of the Poza Rica trend, Cretaceous, Mexico, *in* H. E. Cook and P. Enos, eds., Deep—water carbonate environments: SEPM Spec. Pub. 25, p. 273—314.

Esteban, M., 1974, Caliche textures and *Microcodium* : Soc. Geol. Italiana Bull, (supp.), v. 92, p. 105—125.

Esteban, M., 1976, Vadose pisolite and caliche: AAPG Bull., v. 60, p. 2048—2057.

Esteban, M., and C, F. Klappa, 1982. Subaerial exposure surfaces, *in* P. A. Scholle, ed., Carbonate depositional environments: AAPG Mem. 33, this volume.

Ferguson, J., B. Bubela, and P., J. Davies, 1975, Simulation of sedimentary ore—forming processes ; concentration of Pb and Zn from brines into organic and Fe—bearing carbonate sediments : Geol. Resch., v. 64/3, p. 767—782.

Fischer, A. G., 1974, The Lofer—cyclothems of the Alpine Triassic, *in* D. F. Merriam, ed., Symposium on cyclic sedimentation: Kansas Geol. Surv. Bull., v. 169, p. 107—149.

Folk, R. L., and E. F. McBride, 1976, Possible pedogenic origin of Ligurian ophicalcite ; a Mesozoic calichified serpentinite: Geology, v. 4, p. 327—332.

Folk, R. L., and L. S. Land, 1975, Mg/Ca ratio and salinity; two controls over crystallization of dolomite: AAPG Bull., v. 59, p. 60—68.

Folk, R. L., and R. Assereto, 1976, Comparative fabrics of length—slow and length—fast calcite and calcitized aragonite in a Holocene speleothem, Carlsbad Caverns, New Mexico : Jour. Sed. Petrology, v. 46, p. 486—496.

Freytet, P.. 1973, Petrography and paleo—environment of continental carbonate deposits with particular reference to the Upper Cretaceous and Lower Eocene of Languedoc (southern France) : Sed. Geol., v. 10, p. 25—60.

Geldsetzer, H., 1976, Syngenetic dolomitization and sulphide mineralization, *in* G. C. Amstutz and A. J. Bernard, eds., Ores in sediments: Berlin, Springer—Verlag Pub., p. 115—127.

Geurts, M. A., 1976, Genes et stratigraphie des travertins de fond de vallee en Belgique : Acta Geograph.

Lovainesa, v. 16, 66 p.

Gile, L. H., F. F. Peterson, and R. B. Grossman, 1966, Morphological and genetic sequence of carbonate accumulation in desert soils: Soil Sci., v. 101, p. 347—360.

Gilewska, S., 1964, Fossil karst in Poland: Erdkunde, v. 18, p. 124—135.

Goudie, A., 1973, Duricrusts in tropical and subtropical landscapes: Oxford, Clarendon, 174 p.

H. H. Roberts, and C. H. Moore, 1973, Black phytokarst from Hell, Cayman Islands: Geol. Soc. America Bull., v. 87, p. 2351—2360.

Harris, L. D., 1971, A lower Paleozoic paleoaquifer—the Kingsport Formation and Mascot Dolomite of Tennessee and southwest Virginia: Econ. Geology, v. 66, p. 735—743.

Harrison, R. S., 1977, Caliche profiles, indicators of near—surface subaerial diagenesis, Barbados, West Indies: Canadian Petroleum Geol. Bull., v. 25, p. 123—173.

Harrison, R. S., and R. P. Steinen, 1978, Subaerial crusts, caliche profiles, and breccia horizons; comparison of some Holocene and Mississippian exposure surfaces, Barbados and Kentucky: Geol. Soc. America Bull., v. 89, p. 385—396.

Hoagland, A. D., 1976, Appalachian zinc—lead deposits, in K. H. Wolf, ed., Handbook of strata—bound and stratiform ore deposits: Amsterdam, Elsevier Sci. Pub., v. 6, p. 495—534.

Hoagland, A. D., W. T. Hill, and R. E. Fulweiler, 1965, Genesis of the Ordovician zinc deposits in East Tennessee: Econ. Geology, v. 60, p. 693—714.

Howe, M. A., 1932, The geologic importance of the lime—secreting algae with a description of a new travertine—forming organism: U.S. Geol. Survey Prof. Paper, 170—E, p. 19—23.

Hubert, J. F., 1978, Paleosol caliche in the New Haven Arkose, Newark Group, Connecticut: Palaeogeography, Palaeoclimatology, Palaeoecology, v. 24, p. 151—168.

Irion, G., and G. Muller, 1968, Mineralogy, petrology and chemical composition of some calcareous tufa from the Schwabische Alb Germany, in G. Muller and G. M. Friedman, eds., Recent developments in carbonate sedimentology in central Europe: Springer Verlag Pub., p. 157—171.

Jaanussan, V., 1961, Discontinuity surfaces in limestones: Geol. Inst. Univ. Uppsala Bull., v. 40, p. 221—241.

Jackson, S. A., and F. W. Beales, 1967, An aspect of sedimentary basin evolution; the concentration of Mississippi Valley—type ores during late stages of diagenesis: Canadian Petroleum Geols. Bull., v. 15, p. 383—433.

Jacobson, R. L., and E. Usdowski, 1975, Geochemical controls on a calcite precipitating spring: Contrib. Mineral. Petrol., v. 51, p. 65—74.

Jakucs, L., 1977, Morphogenetics of karst regions: New York, John Wiley and Sons, 284 p.

James, N. P., 1972, Holocene and Pleistocene calcareous crust (caliche) profiles; criteria for subaerial exposure: Jour. Sed. Petrology, v. 42, p. 817—836.

Jordan, G. F., 1954, Large sinkholes in Straits of Florida: AAPG Bull., v. 38, p. 1810—1817.

Kendall, A. C., and P. L. Broughton, 1978, Origin of fabrics in speleothems composed of columnar calcite crystals: Jour. Sed. Petrology, v. 48, p. 519—538.

Klappa, C. F. and N. P. James, 1979, Biologically induced diagenesis at submarine and subaerial carbonate discontinuity surfaces (abs.), in Recent advances in carbonate sedimentology in Canada, a C.S.P.G. symposium: Calgary, Canadian Soc. Petroleum Geols., p. 16—17.

Klappa, C. F., 1978, Biolithogenesis of Microcodium; elucidation: Sedimentology, v. 25, p. 489—522.

Klappa, C. F., 1979, Calcified filaments in Quaternary calcretes; organo—mineral interactions in the subaerial vadose environment: Jour. Sed. Petrology, v. 49, p. 955—968.

Klappa, C. F., 1979, Lichen stromatolites; criterion for subaerial exposure and a mechanism for the formation of laminar calcretes (caliche): Jour. Sed. Petrology, v. 49, p. 387—400.

Klappa, C. F., 1980a, Brecciation textures and tepee structures in Quaternary calcrete (caliche) profiles from eastern Spain; the plant factor in their formation: Geol. Jour., v. 15, p. 81—89.

Klappa, C. F., 1980b, Rhizoliths in terrestrial carbonates; classification, recognition, genesis and significance: Sedimen—tology, v. 27, p. 613—629.

Knox, G. J., 1977, Caliche profile formation, Salkhana Bay (South Africa): Sedimentology, v. 24, p. 657—674.

Kobluk, D. R., et al, 1977, The Silurian—Devonian disconformity in southern Ontario: Canadian Petroleum Geol. Bull., v. 25, p. 1157—1186.

Koppel, U., and E. Schroll, 1978, Bleiisotopenzusammensetzung von Bleierzen aus dem Mesozoikum der Ostalpen: Verh. Geol. B.—A., v. 1978, p. 403—409.

Krumbein, W. E., 1968, Geomicrobiology and geochemistry of the "Nari—Lime—Crust" (Israel), in G. Muller and G. M. Friedman, eds., Recent developments in carbonate sedimentology in central Eur ope: Berlin, Springer—Verlag Pub., p. 138—147.

Krumbein, W. E., and C. Giele, 1979, Calcification in a coccoid cyanobacterium associated with the formation of desert stromatolites: Sedimentology, v. 26, p. 593—604.

Kyle, J. R., 1976, Brecciation, alteration, and mineralization in the Central Tennesse zinc district: Econ. Geology, v. 71, p. 892—903.

Kyle, J. R., 1980, Controls of lead—zinc mineralization, Pine Point district, Northwest—Territories, Canada: Mining Engineer, v. 32, p. 1617—1626.

Kyle, J. R., 1981, Geology of the Pine Point lead—zinc district, in K. H. Wolf, ed., Handbook of strata—bound and stratiform ore deposits: Amsterdam, Elsevier Sci. Pub., v. 9, p. 643—741.

Lagny, P., 1975, Le gisement plom—bo—zincifere de Salafossa (Alpes italiennes orientales); remplissage d'un paleokarst triasique par des sediments sulfures: Mineral, Deposita (Berl.), v.10, p. 345—361.

Land, L. S., and D. R. Prezbindowski, 1981, The origin and evolution of saline formation water, Lower Cretaceous carbonates, south—central Texas, U.S.A.: Jour. Hydrology, v. 54, p. 51—74.

Legrand, H. E., and V. T. Stringfield, 1973, Karst hydrology—a review: Jour. Hydrology, v. 20, p. 97—120.

Lindstrom, M., 1963, Sedimentary folds and the development of limestone in an Early Ordovician sea: Sedimentology, v. 2, p. 243—275.

Macqueen, R. W., 1979, Base metal deposits in sedimentary rocks; some approaches: Geosci. Canada, v. 6, p. 3—9.

Maiklem, W. R., 1971, Evaporative draw—down—a mechanism for water level—lowering and diagenesis in the Elk Point basin: Canadian Petroleum Geols. Bull., v. 17, p. 194—233.

Malesani, P., and S. Vannucci, 1977, Precipitazione di calcite e di aragonite dalla acque termominerali in relazione allagenesie all' evoluzione dei travertini: Atti Acad. Naz. Lincei, R.C. Cl. Sci. F, M.N. Ital. v. 58, p. 761—776.

Malloy, R. J., and R. J. Hurley, 1970, Geomorphology and geologic structure; Straits of Florida: Geol. Soc. America Bull., v. 81, p. 1947—1972.

Man fra, L., et al, 1974, Effetti isotopici nella diagenesi dei travertini: Geol. Romana, v. 13, p. 147–155.

Marker, M. E., 1971, Waterfall tufas; a facet of karsi geomorphology: Zeist. Geomorph. SupBand 12, p. 138–152.

Marker, M. E., 1973, Tufa formation in the Transvaal, South Africa: Z. Geomorph., 17–4, p. 460–473.

Martin, R., 1966, Paleogeomorphology and its application to exploration for oil and gas (with examples from western Canada): AAPG Bull., v. 50, p. 2277–2311.

Marzo, M., M. Esteban, and L. Pomar, 1974, Presencia de caliche fosil en el Buntsandstein del valle del Congost (provincia de Barcelona): Acta Geol. Hispanica, v. 9, p. 33–36.

Mathews, R. K., 1974, A process approach to diagenesis of reefs and reef associated limestones, in L. F. Laporte, ed., Reefs in time and space: SEPM Spec. Pub. 18, p. 234–256.

McCormick, J. E., et al, 1971, Environment of the zinc deposits of the Mascot–Jefferson City district, Tennessee: Econ. Geology, v, 66, p. 757–762.

Moore, C. F., Jr., 1979, Porosity in carbonate rock sequences, in Geology of carbonate porosity: AAPG Continuing Education Course Note Series 11, p. A1–A124.

Muller, G., and G. Tietz, 1971, Dolomites replacing "cement A" in biocalcarenites from Fuerteventura, Canary Islands, Spain, in O. P. Bricker, ed., Carbonate cements: Johns Hopkins Univ. Stud. Geology, v. 19, p.327–329.

Mullins, H. T., and A. C. Neumann, 1979, Geology of the Miami Terrace and its paleo–oceanographic implications: Marine Geology, v. 30, p. 205–232.

Multer, H. G., and J. E. Hoffmeister, 1968, Subaerial laminated crusts of the Florida Keys: Geol. Soc. America Bull., v. 79, p. 183–192.

Nagtegaal, P. J. C., 1969, Microtexture in recent and fossil caliche: Leidse Geol. Meded., v. 42, p. 131–142.

Newell, N. D., 1967, Paraconformities, in C. Teichert and E. L. Yochelson, eds., Essays in paleontology and stratigraphy: Lawrence, Kansas, Univ. Kansas Press, p. 349–368.

Nicolas, J., and P. Bildgen, 1979, Relations between the location of the karst bauxites in the northern Hemisphere, the global tectonics and the climatic variations during geological time: Palaeogeography, Palaeoclimatology, Palaeoecology, v. 28, p. 205–239.

Norris, A. W., 1965, Stratigraphy of Middle Devonian and older Paleozoic rocks of the Great Slave Region, Northwest Territories: Geol. Survey Canada, Mem. 322.

of paleosolic features in sediments and sedimentary rocks, in D. H. Yaalon, ed., Paleopedology; origin, nature and dating of paleosols: Jerusalem, Int. Soc. Soil Sci. and Israel Univ. Press, p. 161–172.

Ohle, E. L., 1959, Some considerations in determining the origin of ore deposits of the Mississippi Valley type: Econ. Geology, v. 54, p. 769–789.

Ohle, E. L., 1980, Some considerations in determining the origin of ore deposits of the Mississippi Valley type; part II: Econ. Geology, v. 75, p. 161–172.

Ott, E., 1967, Segmentierte Kalkschwamme (Sphinctozoa) nus der alpinen Mitteltrias und ihre Bedeutung als Riffbildner im Wettersteinkalk: Bayer, Akad. Wiss., math.–naturw. Kl., Abh., N.F. 131, 96 p.

Ott, E., 1972, Die Kalkalgen–Chronologie der alpinen Mitteltrias in Angleichung an die Ammoniten–Chronologie: N. Jb. Geol. Palaont. Abh., v. 141, p. 81–115.

Padalino, G., et al, 1976, Ore deposition in karst formations with examples from Sardinia, *in* G. C. Amstutz and A. J. Bernard, eds., Ores in sediments: Berlin, Springer—Verlag Pub., p. 209—220.

Perkins, J. H., 1972, Geology and economics of Knox dolomite oil production in Gradyville East Field, Adair County, Kentucky, *in* Proceedings of the Technical Sessions, Kentucky Oil and Gas Association Annual Meetings, 1970—71: Geol. Survey, Spec. Pub. 21, p. 10—25.

Perkins, R. D., 1977, Depositional frame work of Pleistocene rocks in South Florida: Geol. Soc. America Mem. 147, p. 131—198.

Pia, J., 1933, Die rezenten Kalksteine: Tschemarks Min. Petr. Mitt. Erg. Bd. Schnitzer, U. A., 1974, Kalkinkrusta—tionen und kalksinterknollen in Lias—Quellwassern bei Elsenberg (Bl. Erlangen—Nord): Geol. B. Nordost—Bayen, v. 24, p. 188—191.

Pirlet, H., 1970, L' influence d' un karst sous—jacent sur la sedimentation calcaire et l' interet de l' etude des paleokarsts: Ann. Soc. Geol. Belg., v. 93, p. 247—254.

Pomar, L., et al, 1975, Accion de liquenes, algas y hongos en la telodiagenesis de las rocas carbonatadas de la zona litoral prelitoral Catalana: Univ. Barcelona, Inst. Inv. Geol., v. 30, p. 83—117.

Price, W. A., 1925, Caliche and pseudoanticlines: AAPG Bull., v. 9, p. 1009—1017.

Purdy, E. G., 1974, Reef configurations; cause and effect, *in* L. F. Laporte, ed., Reefs in time and space: SEPM Spec. Pub. 18, p. 9—76.

Purser, B. H., and J. P. Loreau, 1973, Aragonitic, supratidal encrustation on the Trucial Coast, Persian Gulf, *in* B. H. Purser, ed., The Persian Gulf: New York, Springer—Verlag Pub., p. 343—376.

Quinian, J. F., 1972, Karst—related mineral deposits and possible criteria for the recognition of paleokarsts; a review of preservable characteristics of Holocene and older karst terranes: Sec. 6. 24th Internal. Geol. Cong., p. 156—168.

Quinlan, J. F., 1972, Karst—related mineral deposits and possible criteria for the recognition of paleokarsts; a review of preservable characteristics of Holocene and older karst terranes: Montreal, 24th Internat. Geol. Cong., Sec. 6, p. 156—168.

Read, J. F., 1974, Calcrete deposits and Quaternary sediments, Edel Province, Shark Bay, Western Australia, *in* Evolution and diagenesis of Quaternary carbonate sequences, Shark Bay, Western Australia: AAPG Mem. 22, p. 250—280.

Read, J. F., 1976, Calcretes and their distinction from stromatolites, *in* M. R. Walter, ed., Stromatolites, developments in sedimentology 20: Amsterdam, Elsevier Sci. Pub., p. 55—71.

Read, J. F., and G. A. Grover, Jr., 1977, Scalloped and planar erosion surfaces, Middle Ordovician limestone, Virginia; analogues of Holocene exposed karst or tidal rock platforms: Jour. Sed. Petrology, v. 47, p. 956—972.

Reeves, C. C., 1970, Origin, classification and geologic history of caliche on the southern High Plains, Texas and eastern New Mexico: Jour. Geology, v. 78, p. 352—362.

Reeves, C. C., 1976, Caliche; origin, classification, morphology and uses: Lubbock, Texas, Estacado Brooks, 233 p.

Roedder, E., 1968, Temperature, salinity, and origin of the ore—forming fluids at Pine Point, Northwest Territories, Canada, from fluid inclusion studies: Econ. Geology, v. 63, p. 439—450.

Roedder, E., 1971, Fluid—inclusion evidence on the environment of formation of mineral deposits of the Southern Appalachian Valley: Econ. Geology, v. 66, p. 777—791.

Roedder, E., 1976, Fluid inclusion evidence on the genesis of ores in sedimentary and volcanic rocks, *in*

K. H. Wolf, ed., Handbook of strata—bound and stratiform ore deposits : Amsterdam, Elsevier Sci. Pub., v. 2, p. 67—110.

Roper, H. —P., and P. Rothe, 1975, Petrology of a fossil duricrust ; the "Kerneoldolomit—Horizont", Permian, S. W. Germany (abs.) : Nice, France, 9th Int. Sediment Cong., v. 2, p. 10.

Rose, P. R., 1970, Stratigraphic interpretation of submarine versus subaerial discontinuity surfaces ; an example from the Cretaceous of Texas: Geol. Soc. America Bull., v. 81, p. 2787—2798.

Ruellan, A., 1967, Individualisation et accumulation du calcaire dans les sols et les depots quaternaires du Maroc: Cah. Off. Rech. Sci. Tech., Outre—Mer, Ser. Pedol., v. 5, p. 421—460.

Sangster, D. F., 1976, Carbonate—hosted lead—zinc deposits, in K. H. Wolf, ed., Handbook of strata—bound and stratiform ore deposits: Amsterdam, Elsevier Sci. Pub., v. 6, p. 447—465.

Schlager, W., and N. P. James, 1978, Low—magnesian calcite limestones forming at the deep—sea floor, Tongue of the Ocean, Bahamas: Sedimentology, v. 25, p. 675—702.

Schneider, H. J., 1964, Facies differentiation and controlling factors for the depositional lead—zinc concentration in the Ladinian geosyncline of the Eastern Alps: Devel. Sedimentology, v. 2, p. 29—45.

Schneider, J., 1976, Biological and inorganic factors in the destruction of limestone coasts : Contr. Sedimentology, 6, 112 p.

Scholle, P. A., and D. J. J. Kinsman, 1974, Aragonitic and high—magnesian calcite caliche from the Persian Gulf—a modern analog for the Permian of Texas and New Mexico : Jour. Sed. Petrology, v. 44, p. 904—916.

Schulz, O., 1964, Lead—zinc deposits in the Calcareous Alps as an example of submarine hydrothermal formation of mineral deposits: Devel. Sedimentology, v. 2, p. 47—52.

Scoll, D. W., and W. H. Taft, 1964, Algae contributions to the formation of calcareous tufa, Moro Lake, California: Jour. Sed. Petrology, v. 34, p. 309—319.

Semenuik, V., 1971, Subaerial leaching in the limestones of the Bo wan Park Group (Ordovician) of central western New South Wales: Jour. Sed. Petrology, v. 41, p. 939—950.

Shinn, E. A., 1969, Submarine lithification of Holocene carbonate sediments in the Persian Gulf : Sedimentology, v. 12, p. 109—144.

Skall, H., 1975, The paleoenvironment of the Pine Point lead—zinc district : Econ. Geology, v. 70, p. 22—45.

Sloss, L. L., 1979, Global sea level change ; a view from the craton, in J. S. Watkins, L. Montadert, and P. W. Dickerson, eds., Geological and geophysical investigations of continental margins : AAPG Mem. 29, p. 461—467.

Somerville, I. D., 1979, A cyclicity in the early Brigantian (D2) limestones east of the Clwydian Range, North Wales and its use in correlation: Geol. Jour., v. 14, p. 69—86.

Steel, R. J., 1974, Cornstone (fossil caliche) —its origin, stratigraphic, and sedimentological importance in the New Red Sandstone, western Scotland: Jour. Geology, v. 82, p. 351—369.

Steinen, R. P., 1974, Phreatic and vadose diagenetic modification of Pleistocene limestone ; petrographic observations from subsurface of Barbados, West Indies: AAPG Bull., v. 58, p. 1008—1024.

Stirn, A., 1964, Kalktuffworkommen und kalktufftypen der Schwabischen Alb. : Abh. Karst Hohlenkde, E, H.1, 91 p.

Sweeting, M. M., 1973, Karst landforms: London, Macmillan Pub., 362 p.

Swineford, A., A. B. Leonard, and J. C. Frye, 1958, Petrology of the Pliocene pisolitic limestone in the

Great Plains: Kansas Geol. Survey Bull., v. 130, p. 97—116.

Symoens, J. J., et al, 1951, Apercu sur la vegetation des tufs calcaires de la Belgique: Bull. Soc. Royale Bot. Belg., v. 83, p. 239—352.

Teruggi, M. E., and R. R. Andreiss, 1971, Micromorphological recognition

Thrailkill, J. V., 1968, Chemical and hydrologic factors in the excavation of limestone caves: Geol. Soc. America Bull., v. 79, p. 19—46.

Thrailkill, J., 1968, Chemical and hydrologic factors in the excavation of limestone caves: Geol. Soc. America Bull., v. 79, p. 19—46.

Thrailkill, J., 1976, Speleothems, in M. R. Walker, ed., Stromatolites, developments in sedimentology 20: Amsterdam, Elsevier Sci. Pub., p. 73—86.

Vail, P. R., R. M. Mitchum, Jr., and S. Thompson, III, 1977, Global cycles of relative changes of sea level, in C. E Payton, ed., Seismic stratigraphy—applications to hydrocarbon exploration: AAPG Mem. 26, p. 49—212.

Valeton, I., 1972, Bauxites—developments in soil science I: Amsterdam, Elsevier Sci. Pub., 226 p.

Van der Lingen, G. J., D. Smale, and D. W. Lewis, 1978, Alteration of a pelagic chalk below a paleokarst surface, Oxford, South Island, New Zealand: Sed. Geol., v. 21, p. 45—66.

Videtich, P. E., and R. K. Matthews, 1980, Origin of discontinuity surfaces in limestones: isotopic and petrographic data, Pleistocene of Barbados, West Indies: Jour. Sed. Petrology, v. 50, p. 971—980.

Walken, G. M., 1974, Palaeokarstic surfaces in Upper Visean (Carboniferous) limestones of the Derbyshire Block, England: Jour. Sed. Petrology, v. 44, p. 1232—1247.

Wallner, J., 1934, Beitrag zur kenntnis der vaucheriatuffe: Zbl. Bakteriol. Parasitenk. Infek., 2. Abt., v. 90, p. 150—154.

Wallner, J., 1934, Uber die bedeutung dertsog. chironomidentuffe fur die messung der jahrlichen kalkproduktion durch algen: Hedwigia, v. 74, p. 176—180.

Walls, R. A., W. B. Harris, and W. E. Nunan, 1975, Calcareous crust (caliche) profiles and early subaerial exposure of Carboniferous carbonates, northeastern Kentucky: Sedimentology, v. 22, p. 417—440.

Walters, R. F., 1946, Buried pre—Cambrian hills in northeastern Barton County, central Kansas: AAPG Bull., v. 30, p. 660—710.

Ward, W. C., 1975, Petrology and diagenesis of carbonate eolianites of northeastern Yucatan Peninsula, Mexico, in K. F. Wantland and W. C. Pusey, eds., Belize shelf—carbonate sediments, clastic sediments, and ecology: AAPG Stud, in Geology No. 2, p. 500—571.

Ward, W. C., R. L. Folk, and J. L. Wilson, 1970, Blackening of eolianite and caliche adjacent to saline lakes, Isla Mujeres, Quintana Roo, Mexico: Jour. Sed. Petrology, v. 40, p. 548—555.

Watts, N. L., 1977, Pseudo—anticlines and other structures in some calcretes of Botswana and South Africa: Earth Surface Processes, v. 2, p. 63—74.

Watts, N. L., 1978, Displacive calcite: evidence from recent and ancient calcretes: Geology, v. 6, p. 699—703.

Watts, N. L., 1980, Quaternary pedogenic calcretes from the Kalahari (southern Africa): mineralogy, genesis and diagenesis: Sedimentology, v. 27, p. 661—686.

Weed, W. H., 1889, Formation of travertine and siliceous sinter by vegetation of hot springs: U.S. Geol. Survey, 9th Ann. Rept., p. 619—676.

Wiefel, H.. and J. Wiefel, 1974, Zusammenhange zwischen verkarstung und travertinbildung un gebeit von weimar: Abh. Zentr. Geol. Inst. Berlin, no. 21, p. 61—75.

Winchester, P. O., 1972, Caliche—like limestones in the Lower Permian Laborcita Formation of the Sacramento Mountains, New Mexico (abs.) : Geol. Soc. America Abs. with Programs, v. 4, p. 707.

Yaalon, D. H., ed., 1971, Paleopedology; origin, nature and dating of paleosols: Jerusalem, Int. Soc. Soil Sci. and Israel Univ. Press, 350 p.

Zankl, H., 1971, Upper Triassic carbonate facies in the Northern Limestone Alps, *in* G. Muller, ed., Sedimentology of parts of central Europe, p. 147—185.

Zuffardi, P., 1976, Karsts and economic mineral deposits, *in* K. H. Wolf., ed., Handbook of strata—bound and stratiform ore deposits: Amsterdam, Elsevier Sci. Pub., v. 3, p. 175—212.

第二章　湖泊沉积环境

Walter E. Dean,
Thomas D. Fouch

湖相沉积岩在世界范围内很常见，但相对较少成为油气勘探的主要对象。大多数规模较大的油气田与海相地层有关或存在于海相地层中，海相地层充当油气源岩或油气储层。然而，在美国西部、南美洲和非洲的部分地区、印度尼西亚、俄罗斯及中国大部分地区，古代湖泊体系岩石中发现了大规模油气藏；此外，在几个其他地区的湖相地层中发现了油气显示和小型油气田。

本章的目的是阐述湖相碳酸盐岩一些最重要的特征，特别是那些形成于湖盆而且有生成油气潜力的碳酸盐岩。中国、非洲、南美洲和美国的大型湖相盆地（其大小与内陆海相当）中发育有烃源岩、储层和圈闭，一些湖泊持续了几百万年的时间，其生命特征与大多数现今湖泊有所不同。世界上古代湖盆中的含油气湖相地层主要在中国，在犹他州东北部的尤因他（Uinta）盆地是另一个大型含油气湖相盆地。和中国湖相地层主要为硅质碎屑岩不同，尤因他盆地大部分为硅质碎屑岩和碳酸盐岩，其主要油气储层是砂岩和粉砂岩，而烃源岩是碳酸盐质泥岩。

人们通常认为湖泊是淡水系统，但一般的湖水是碱性的和咸的。物理、化学及生物分析数据也证明大多数古代湖泊是动态的，沉积相反映了湖泊的化学和海洋生物分布的频繁变化。因此，反映湖泊历史的特定沉积相的特征会因不同的湖相而差别很大，湖相化石和沉积构造的分布、反映盆地水文学变化的物理和化学特征在相与相之间差别很大。由于极大的可变性，很难提出唯一的一套表述湖相泊积环境的物理、化学和生物的标准。

许多湖相泥岩的物理、化学和生物特征并不是只在湖泊沉积环境中才有的。本章所描述的一些岩石，有的是在大型湖相沉积体系中形成的，有的则是在湖相和外围的河流相的共同环境中形成的。在中国和尤因他盆地的湖相岩石中发现很多油气，但油气也存在于湖盆边缘和从湖盆外运移过来形成的岩石中，非湖相地层中的油气被认为是来源于湖相岩石和运移到边缘的岩相中。

文献中有很多关于古代和现代湖相沉积体系的描述和讨论，其中多数文章列在本章的参考文献中。然而，只有少数文章中的湖相岩石具有足够的体积或产生和保存大量的有机质，从而形成工业油气。对于在美国的西部，特别是犹他州、科罗拉多州和怀俄明州发现的古代湖相地层，有很多关于岩石沉积史方面的研究。由于作者熟知这些研究单位，所以本章中很多资料取自于我们自己和同事们对湖相岩石的研究。

第一节　沉积背景

图 2-1 说明了典型的冰期后北温带湖泊的沉积相分布，图 2-2 是反映湖面的一张照片。北方温带湖泊沉积通常包括碳酸盐和硅质碎屑沉积，这类湖泊的物理、化学和生物过程在很多方面与某些古代湖泊是相似的。已知现代湖泊中物理、化学和生物过程之间的相互关系，这将有助于理解和正确解释古代湖相层序的相关系。

一个典型中等深度（约 25m）、硬水❶、北温带湖泊沉积物的四种最重要的成分是：（1）碎屑物

---

❶硬水湖泊含有一定浓度（通常大于 1.0mEq/L）溶解的碱阳离子（大多为 Ca^{2+} 和 Mg^{2+}），湖水面经常处于 $CaCO_3$ 饱和状态，尤其在夏季。

质、（2）生物成因二氧化硅、（3）有机质、（4）碳酸盐矿物。约一万年的时间，湖泊从新充填的盆地演化到旱地的过程中，上述四种成分的相对重要性有所变化。

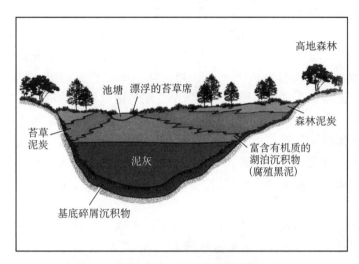

图 2-1　冰期后典型的北温带湖泊剖面示意图

图 2-2　北温带发展晚期典型的中等深度湖泊

开阔的湖水下面是漂浮的能形成苔芦泥炭的苔草和芦苇；（a）泥沼森林；（b）堆积的森林泥炭——分布在苔草泥炭周围最终取代它，而后森林泥炭周围发育的是旱地和高地森林；（c）随着湖泊有机质生产能力提高，开阔的湖泊沉积物富含有机质而形成一种橄榄色到黑色的细粒腐殖黑泥，这种腐殖黑泥可能含有碳酸盐，也可能没有碳酸盐，主要取决于湖泊系统的化学条件；适宜的湖泊系统能产生和保存含有富脂质、草本及木本有机质的沉积物

　　一般地，基底沉积物为流域盆地基岩经剥蚀而形成的砂、粉砂和黏土或运移到流域盆地的冰川冰碛，其有机质含量很低，因为此阶段湖泊为贫营养，周边陆地植物极少，有机质生产能力非常低。如果流域盆地含有石灰石或白云石，或含钙质的冰川冰碛，那么湖泊中这些物质发生淋溶作用形成溶解钙的碳酸盐沉积。一旦湖水中钙碳酸盐达到饱和，一个或多个碳酸盐矿物会沉淀而形成含有不同比例碎屑矿物的富碳酸盐沉积物（石灰泥）。

　　碳酸盐从周边地区淋滤出来的同时，营养物质也被滤出开始在湖中堆积，湖泊的有机质生产力增加，更多有机残骸混合形成沉积物或腐殖物，从而为有机质发育释放出更多的营养物质。此外，从流域盆地运移来的植物也对湖泊的有机质增加有一定的贡献。沉积在湖泊中的有机质是一种源于流域盆地的外来物质（花粉粒、叶子、针叶、种子、木本物质和其他有机碎屑）和原生物质（大部分是浮游生物藻类和水生大型植物的残骸）的混合物，外来有机质富含腐殖的、高分子质量、富碳的化合物，而原地的浮游植物碎屑含有丰富的低分子质量、富氮的脂类化合物。近年来关于湖泊沉积植物色素的研究表明，对于中—高有机质生产能力的湖泊来说，大多数有机质是原生的。因此，在湖泊发展的整个历史过程中，有机质最重要的来源是漂浮的微生物藻类和浮游植物。在湖泊有机质生产能力高（富营养）的发展阶段，沉积物可能为褐色或黑色的、富脂类的腐殖黑泥，其有机质含量通常大于20%（有机碳含量约10%）、最高可达50%（有机碳含量约25%）。如果湖泊在常年缺氧的均温层极富营养，或如果湖泊在含有硫化氢和甲烷的缺氧底部水层（永滞层）持久成层，其沉积物就有可能是黑色的、具臭味的被称为腐殖泥的污泥，这种污泥含有大量的富脂质有机质和硫化铁。

当湖泊被充填变浅时，发育水下根植物的滨湖区变宽，漂浮的苔草席开始向外发展进入湖泊，湖边周围的藻腐殖黑泥就被苔草泥炭所替代（图2-1），图2-2是该时期湖面的照片。当湖泊继续变得越来越浅时，苔草泥炭最终覆盖了腐殖黑泥。一旦苔草泥炭提供稳定的基质，沼泽森林就发育，而苔草泥炭最终被沼泽森林泥炭层所覆盖。湖泊沉积相（图2-1）之间的关系包括：（1）基底碎屑沉积物在富含碳酸盐时向上变化成泥灰岩；（2）泥灰岩向上变化成能反映湖泊有机质生产能力增加的藻腐殖黑泥；（3）腐殖黑泥向上变化成苔草泥炭；（4）当藻类有机质被来自水生和森林植物的草本有机碎屑所取代时，苔草泥炭向上变化成沼泽森林泥炭。这种湖泊体系有能力生成和保存富脂质、草本的、木本的具油气潜力的有机质。

大多数温带湖泊为二次混合发育，其特征是半年消亡一次，分别是春天和秋天，湖泊消亡是因为湖水在大约4℃时密度最大。因此当秋天水温降到4℃和春天水温升到4℃时，湖面的水就沉到底部。这种消亡是湖泊发展的动力，对维持湖泊生命的确是很重要的。湖泊消亡是给湖底水提供氧气的主要方式，类似地，在湖泊消亡期间湖面水再次储存营养物质，这些营养物质在夏天和冬天堆积在湖底水中。

在秋天湖泊消亡时，整个湖水柱是等温的，均为4℃。最后湖面水温达到0℃，湖泊结冰，不能再得到大气中的氧气，由光合作用产生的氧气达到最小值。植物呼吸和腐烂继续消耗氧气，最后湖水中的溶解氧已耗尽，氧气损耗首先发生在湖水底部，而在冬季向上移动。如果氧气损耗快速或湖面冰保持很长时间，那么整个水柱发生去氧作用，结果在冬天许多鱼窒息而死。

最终湖泊冰融化，湖面水温度又上升到4℃，此时湖泊是等温的。湖泊通过风将湖面水所含的氧气送到湖底，从而把储存在湖底水中的营养物质带回湖面。在春季和夏季，湖面水温持续升高，到六、七月份湖泊的温度剖面就与图2-3的类似。这时，根据与温度相关的密度的不同将湖水分成三大水体：上部水体为表水层，风混合作用形成恒温，其厚度大小主要取决于风混合作用的深度；中部水体为变温层，其特征是温度—深度曲线快速变化（在曲线上称为温跃层）；下部水体为均温层，其特征

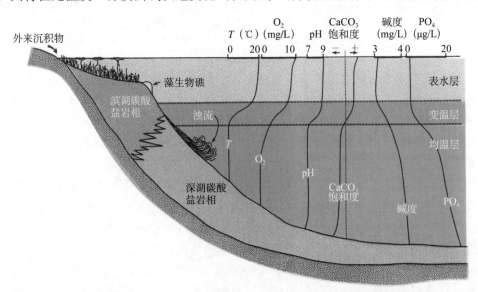

图2-3 北温带地层典型的中等深度、硬水湖泊在夏季滨湖碳酸盐和深湖碳酸盐沉积环境横截面图

按照温度，湖泊自下而上细分为均温层、变温层和表水层；剖面中温度、溶解氧、pH值、碳酸钙饱和度和磷酸盐的数据

来自于 Megard（1967，1968）

通常是温度到湖底部逐渐降低。依靠湖泊中大量的植物和风混合作用，表水层的氧气可达到饱和甚至过饱和，这些氧气来自于大气和光合作用。然而在均温层，氧气被植物呼吸和腐烂完全消耗掉。由光合作用产生氧气的深度等于植物呼吸和腐烂消耗氧气的深度，被称为补偿深度，补偿深度通常在变温层，每天都有变化。湖底发育水下根植物的部分称为滨湖区（图2-3），均温层下面的湖底部分称为深湖区，在滨湖区与深湖区之间通常有一过渡带称为亚滨湖区，亚滨湖区大多发育藻和苔藓植物。

第二节　湖泊中碳酸盐的沉积

一般地，认为泥灰湖泊的沉积物由四部分组成：碳酸盐、有机质、生物成因二氧化硅（大多为硅藻的细胞膜）和硅质碎屑，其中一个组分的相对丰度增加时，另外三个的相对丰度就降低。大多数灰泥湖泊的沉积物中，有机质、碎屑物质和生物成因二氧化硅的含量低，而有大量的碳酸钙沉淀，碳酸钙含量有时高达50%。

湖泊沉积物中碳酸盐的主要来源有：（1）沉淀的无机碳酸盐；（2）光合作用产生的无机碳酸盐（称为生物引起的碳酸盐）；（3）生物成因碳酸盐，由来源于含钙植物和动物的碎屑组成；（4）外来物质（碎屑），通常来源于流域盆地的碳酸盐岩。和海相沉积物中碳酸盐大多来自于含钙有机体的残骸不同，湖泊沉积物中碳酸盐大多是无机成因的或是生物引起的，然而富含介形动物和软体动物的沉积层例外。生物引起的碳酸盐常沉积在硬水湖泊的滨湖区，滨湖区的水下根植物可被超过植物质量的碳酸盐壳所覆盖（Wetzel，1975）。在湖泊中央的开阔水（浮游的）区域，生物引起的碳酸盐沉积很重要但较少见，因为植物为显微藻类。

一、矿物学

在泥灰湖泊的深湖和滨湖沉积物中，最丰富的碳酸盐矿物是低镁方解石，即方解石中镁的含量低于5%（mol）（图版Ⅱ-1）。文石的数量少，但通常是生物成因的，来自软体动物。据Muller和其他人的研究（1972），如果湖水中镁/钙比大于12，通常原生的文石就能形成。高镁/钙比很少发生在温带灰泥湖泊中，但在碱性盐湖中能见到（图版Ⅱ-2）。湖水中镁/钙比也能决定是否形成原生的高镁方解石（镁含量大于5%（mol））和成岩白云石。Muller等人（1972）的观察表明，当湖水中镁/钙比在2～12时，就沉淀原生的高镁方解石；而在镁/钙比为7～12时，成岩白云石作为原生的碳酸盐矿物与高镁方解石共生。Dean和Gorham（1976）曾发现美国明尼苏达州的西部和南部的半干旱的大草原中，泥灰湖泊表层沉积物存在高镁方解石和白云石。在他们研究的46个湖泊中，深湖沉积物中白云石发育的湖泊只有一个（明尼苏达州Grant县的Elk湖）镁/钙比高（达7.7）。Ean和Gorham还发现湖水的镁/钙比增加时，沉积的方解石中镁/钙比也增加。Muller（1970）、Muller和Wagner（1978）发现匈牙利Balaton湖水的镁/钙比也决定由浮游植物大量生长而沉淀的高镁方解石中镁的含量。

钠碳酸盐和重碳酸盐矿物如天然碱（图版Ⅱ-3）、苏打石（图版Ⅱ-4至图版Ⅱ-6）和泡碱在古代盐碱湖泊体系（Culbertson，1966；Hite和Dyni，1967；Bradley和Eugster，1969；Dyni，1974；Robb和Smith，1974；Eugster和Hardie，1975）及现代盐湖（Eugster和Hardie，1978；Smith，1979）的沉积物中较常见。这些矿物的沉淀需要很高的湖水盐度，大约300000mg/L（Eugster和Hardie，1978；Smith，1979），这种高盐度虽然少见，但在某些现代和古代的湖泊中可达到，例如肯尼亚Magadi湖泊中天然碱仅在湖水盐度是碱碳酸盐沉淀的250倍时才达到饱和（Jones等，1977）。含铁碳酸盐菱铁矿和铁白云石在一些古老湖泊地层中常见，如古近系绿河组（图版Ⅱ-7；Smith和Robb，1966；Robb和Smith，1974；Desborough和Pitman，1974；Desborough，1978），但在现代湖泊沉积物中没见到，菱铁矿存在于明尼苏达州北部含铁半对流的Clouds湖泊的纹泥沉积物中是一个例外（Anthony，

1977)。Anthony 发现 X 射线衍射结果接近于菱铁矿六条最强的线。菱铁矿形成于硫化物浓度极低的还原环境中，此时形成的是含铁碳酸盐而不是硫化铁（Kelts 和 Hsu，1978）。Desborough（1978）报告在绿河油页岩中有大量的钙—镁—铁碳酸盐，他认识到菱铁矿中大量镁取代铁而形成镁碳酸盐、铁取代镁而形成铁白云石和含钙铁白云石。Smith 和 Robb（1966）总结出美国科罗拉多州 Piceance Creek 盆地绿河组 Mahogany 富油带中主要碳酸盐矿物是铁白云石，其平均成分是 Ca（Mg·85Fe·15）CO$_3$ 而不是化学计量的白云石。Cole 和 Picard（1978）发现白云石和铁白云石在美国科罗拉多州 Piceance Creek 盆地绿河组 Piceance Creek 段和犹他州东尤因他盆地的远端开阔湖泊油页岩中最丰富。Callender 等人（1973）指出 Michigan 湖 Green 湾中锰碳酸盐（菱锰矿）与铁锰沉积物相关。

在下面的讨论中，我们通常用术语"碳酸盐"来表示总体的低镁方解石占优势的碳酸盐矿物，但某种文石、高镁方解石或白云石也可存在。通常在水体沉积环境中，我们有时用 CaCO$_3$ 来表示矿物是方解石，不过有含量不等的镁。此外，Jones 和 Bowser（1978）、Kelts 和 Hsu（1978）对湖相碳酸盐矿物学进行了讨论。

二、深湖碳酸盐沉积

大多数沉积在典型灰泥湖泊的碳酸盐是湖泊发育期间形成的。碎屑物进入湖泊大多沉积在滨湖区，一些碎屑物质呈悬浮状态而沉积在深湖区成为深湖沉积物，但这种情况通常很少见。再沉积的滨湖碳酸盐可能是部分湖泊深湖碳酸盐的主要来源，但不是绝对的。例如纽约 Fayetteville 地区的绿湖和圆湖的滨湖沉积物发生了大范围的再沉积（图版Ⅱ-8 至图版Ⅱ-10）。Ludlam（1974）认为绿湖 50% 的深湖沉积物是滨湖沉积物通过浊流被运移到深湖区发生再沉积而形成的（图版Ⅱ-8）。绿湖和圆湖的岸坡通常较陡（约 30°），然而大部分滨湖区周围是悬垂的藻生物礁（图版Ⅱ-11；Dean 和 Eggleston，1975；Eggleston 和 Dean，1976），在这两个湖泊的陡坡上，滑塌现象也很常见（图版Ⅱ-9、图版Ⅱ-10）。通过浊流运移到深湖区的滨湖沉积物通常容易识别，因为其颜色、粒度大小、构造、层理样式、滨湖植物和动物残骸的存在形式都有所不同。细粒碎屑和再悬浮滨湖碳酸盐呈悬浮状态运移到湖泊中心而形成深湖沉积物，它们很难同在表层水中形成的自生碳酸盐区分开，但是这两种来源的分布较少。

深湖碳酸盐与滨湖碳酸盐的主要区别在于滨湖碳酸盐含有大量的生物成因 CaCO$_3$，大部分残骸来自软体动物（图版Ⅱ-12 至图版Ⅱ-14）、介形动物（图版Ⅱ-15）和轮藻植物（图版Ⅱ-16 至图版Ⅱ-18）；而深湖碳酸盐极少含有钙质有机残骸，仅再悬浮滨湖物质有少量有机残骸。深湖碳酸盐有少数淡水浮游生物的钙质有机体，如颗石藻 *Hymenomonas*（Hutchinson，1967）和绿藻 *Phacotus*（图版Ⅱ-19；Kelts 和 Hsu，1978），但总体上深湖沉积物中含钙质有机体的碳酸盐较少。这也是深湖沉积物与远洋深海沉积物最重要的区别。

如果深湖区碎屑的和生物成因的碳酸盐占少数的话，那么通过去除 CO$_2$ 无机的和生物引起的 CaCO$_3$ 沉淀就成为深湖碳酸盐的主要来源。从理论上讲，CaCO$_3$ 只要达到饱和就可沉淀，但在几倍于理论饱和度的亚过饱和的情况下没有 CaCO$_3$ 沉淀是常见的。在大多数中—高等有机质生产能力的硬水湖泊中，控制 CO$_2$ 分配最重要的因素是植物光合作用所消耗的 CO$_2$ 与植物呼吸和腐烂所产生的 CO$_2$ 之间达到平衡。简化的光合作用—呼吸方程式为

$$能量 + CO_2 + H_2O \rightleftharpoons CH_2O + O_2$$

浮游植物光合作用去除 CO$_2$ 的速度是非常快的（在富营养的湖泊大于 1.0g/（m^2·d）），水中 pH 值增加到 9 或更高（Wetzel，1975；Megard，1967，1968）。在特殊情况下，CO$_2$ 的减少速度快于从大气中被取代的速度，CO$_2$ 的减少有利于浮游植物的生长，浮游植物利用重碳酸盐和 CO$_2$ 中的碳来进行光合作用（Wetzel，1975）。光合作用去除 CO$_2$ 引起 pH 值增加，导致 CaCO$_3$ 达过饱和而沉淀，这是生物引

起的碳酸盐沉淀的基础。生物引起的碳酸盐沉淀很难被证实，因为没有详细的光合作用实验数据，就难以说明 CO_2 去除是光合作用的结果而不是每日温度波动变化所造成的。

Megard（1967，1968）提供了生物引起的碳酸盐沉淀的最有说服力的证据，他调查研究了明尼苏达州 6 个湖泊的原始有机质生产力，同时测量水中 pH 值、碳酸盐饱和度、碱度及钙离子浓度，他观察到光合作用固化碳的速度与可能因 $CaCO_3$ 沉淀导致水中钙和碱度减少的速度之间存在一种线性关系。他的实验结果表明在这 6 个湖泊中平均 4mol 的碳被去除 1mol 而形成 $CaCO_3$ 沉淀。

图 2-3 剖面展示了开阔湖中浮游植物光合作用和碳酸盐沉淀的一些更重要的化学现象。由于表水层中纯的光合作用和均温层中纯的呼吸作用，表水层中溶解氧通常在夏季的白天达到饱和或过饱和，而在均温层中溶解氧明显下降，一般降到零（厌氧的），溶解 CO_2 剖面本质上与溶解氧剖面互为镜像关系。营养物质（图 2-3 中的磷酸盐）在表水层中被浮游植物消耗，在均温层中由于浮游植物的腐烂而被释放出来。表水层中光合作用去除 CO_2 可使水中 pH 值升高到 9.0 或更高，结果 CO_3^{2-}/HCO_3^- 比增大，$CaCO_3$ 达过饱和。表水层中碱度（和 Ca^{2+}）的减少指示了 $CaCO_3$ 的沉淀。

一些或特特殊情况下大部分在表水层中沉淀的 $CaCO_3$ 从未到达湖底，因为它在通过不饱和的均温层水时发生分解。这种分解程度比想象的低，因为有机盖层保护了 $CaCO_3$ 而使其分解速度降低。均温层水 pH 值降到 7.0 或更低和碱度（和 Ca^{2+}）增加说明碳酸盐发生了分解（图 2-3）。

结果是，在表水层开阔水中发生无机和生物引起的 $CaCO_3$ 沉淀，深湖沉积物的 $CaCO_3$ 常常主要为原地生成的。事实证明了大部分原地生成的碳酸盐是通过浮游植物光合作用而沉淀的（Megard，1967，1968；Otsuki 和 Wetzel，1974）。

成岩作用的最大影响是使碳酸盐发生分解，原因是沉积物中有机质的氧化和高镁方解石到白云石的转化导致 pH 值降低。在光合作用引起的碳酸盐沉淀的速度与高有机质生产力的湖泊碳酸盐的完全分解之间出现一种微妙的平衡。Dean 和 Gorham（1976）发现明尼苏达州中部的湖泊中有机质含量超过 39% 的深湖沉积物不含碳酸盐，而在相同水化学条件但有机质含量低的同一地区，却存在大量的碳酸盐，均温层和深湖沉积物中有机质的分解显然产生了足够的 CO_2 来溶解在表水层形成的碳酸盐。Megard（1968）总结出大多数 $CaCO_3$ 是由表水层中浮游植物在夏季发生光合作用而产生的，在不饱和的均温层未发生分解，而在接着的冬季发生分解。

大部分沉积在深湖区的沉积物的成分的丰度在一年中由于供应速率发生季节性变化会有所不同。每年的沉积物由简单的双组分耦合体（如夏季 $CaCO_3$、冬季黏土）构成，或由含有机和无机成分的复合层序构成，每一层序存在供应速率的季节性的脉冲变化。通常深湖区含氧量多到足够提供深湖底的表栖动物或内栖动物同沉积物混合而破坏一年形成的细层（纹泥），结果导致深湖区沉积物的构造不发育。然而，如果深湖区处于高度厌氧环境，深湖底的有机体就不发育，例如在半混对流湖泊中，沉积在湖底的季节性强的组分可使纹泥沉积层得以保存（Bradley，1929；McLeroy 和 Anderson，1966；Anderson 和 Kirkland，1969；Ludlam，1969；Kelts 和 Hsu，1978；图版 II-20 至图版 II-30）。纹泥对于古湖泊学家来说是强有力的解释工具，因为它们提供了高分辨率时间为确定湖泊过程的速度和定时进行校准，此外，纹泥还能提供湖盆内各层之间精确的时间对比。

总之，在灰泥湖泊深湖区沉积大量的碳酸盐是表水层 $CaCO_3$ 产生速度和不饱和均温层 $CaCO_3$ 分解速度的产物，这种碳酸盐大多数为低镁方解石，但如果镁/钙比足够高时，也可形成高镁方解石和白云石。尽管白云石通常被认为是代表高盐度环境的矿物（Eugster 和 Hardie，1978；Eugster 和 Surdam，1973），但它可形成在镁/钙比大于 1.0 的淡水环境中。

三、滨湖碳酸盐沉积

泥灰湖泊的滨湖沉积物通常含有比深湖区更多的碳酸盐，一部分是由于滨湖区碳酸盐的生产速度较大，另一部分是由于在均温层和深湖区湖底中碳酸盐发生分解。

由于每天的温度和季节的温度较高，滨湖区 $CaCO_3$ 无机沉淀的速度更大些。同样，滨湖区生物引起的碳酸盐沉淀速度也更大些，这是因为藻类和水下根植物都有去除 CO_2 的过程。滨湖区生物引起的 $CaCO_3$ 沉淀也更明显，因为包裹在水下植物外面的 $CaCO_3$ 容易被观察到。大多数碎屑沉积物被圈闭在滨湖区，如果碎屑沉积物大部分是硅质碎屑，那么滨湖区碳酸盐含量就降低；如果碎屑沉积物大部分是碳酸盐碎屑，那么滨湖区碳酸盐含量就增高。

　　生物成因的碎屑是滨湖区碳酸盐的主要来源，钙质动物特别是软体动物和介形动物的残骸很常见。生物成因的碳酸盐的另一个来源通常是轮藻、Chara 属的含钙绿藻（图版Ⅱ-16 至图版Ⅱ-18、图版Ⅱ-31）。多少年来人们已认识到轮藻是泥灰湖泊中 $CaCO_3$ 的主要贡献者，轮藻既含有内在的 $CaCO_3$，又含有表面的 $CaCO_3$。表面的 $CaCO_3$ 大多通过光合作用去除 CO_2 和 HCO_3^- 而沉淀，同样地硬水湖泊中其他有根植物通常被 $CaCO_3$ 包裹。藻细胞内部钙化量总计占植物净重的一多半。大多数来源于 Chara 的内在的 $CaCO_3$ 和表面的 $CaCO_3$ 被认为不是生物残骸，尽管有时在低能环境中保存有含钙的外皮细管。在异乎寻常的情况下，茎状的轮藻植物菌体可作为另外的无机和有机碳酸盐沉积的核心（Dean 和 Eggleston）。保存好的 Chara 雌性生殖结构（卵原细胞）的外皮发生钙化形成有特色的蛋形化石（图版Ⅱ-18、图版Ⅱ-31），这种化石在现代和古代湖泊的沉积物中都很常见。

　　藻碳酸盐岩（叠层石）常见于美国西部的碱性盐湖中，如犹他州的大盐湖、加利福尼亚州的 Mono 湖（图版Ⅱ-32）、内华达州的 Winnemucca 湖（图版Ⅱ-33、图版Ⅱ-34）和 Pyramid 湖，但在美国结冰的某些低盐度的灰泥湖泊中也能见到。藻生物礁在美国 Fayetteville 地区的绿湖和圆湖中特别发育（图 2-4、图版Ⅱ-35 至图版Ⅱ-39；Brunskill 和 Ludlam，1969；Dean 和 Eggleston，1975；Eggleston 和 Dean，1976），藻生物礁在一些古老的湖泊如绿河组（Bradley，1929；Surdam 和 Wray，1976；图版Ⅱ-40 至图版Ⅱ-48）、加利福尼亚州上新统 Ridge Basin 地群（Link 和 Osborne，1978）中也常见，湖相核形石（小囊藻豆石）存在于一些现代和古代的湖泊中（图版Ⅱ-49 至图版Ⅱ-56）。尽管藻碳酸盐岩在灰泥湖泊中不是特别常见，但通常成为滨湖区岩相的主要组成部分。

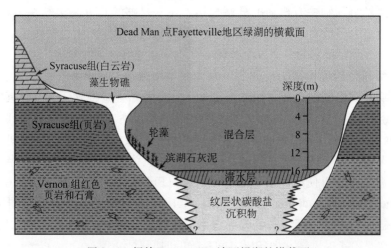

图 2-4　纽约 Fayetteville 地区绿湖的横截面

反映半对流（meromictic）湖泊中碳酸盐岩相、基岩类型及混合层与缺氧滞水层间的边缘相（化学跃层）之间的关系；绿湖半混合特征的原因是涌入了大量 17m 以下的泉水，泉水比湖面水要咸，是由于志留系 Vernon 页岩溶解的石膏所致，上覆的 Syracuse 组也是志留系的

　　Wilkinson 等人（1980）曾报告在密歇根州的 Higgins 湖边存在由低镁方解石组成的鲕石，但据我们所知，这只是在淡水湖泊中的鲕石和豆石（除了核形石外）。然而，它们确实存在于河流及一些盐湖中，如犹他州的大盐湖（图版Ⅱ-57；Eardley，1938，1966）、内华达州的 Pyramid 湖（Jones，1925）和热温泉池（图版Ⅱ-58；Risacher 和 Eugster，1979）。鲕石和豆石也见于湖相绿河组中（Bradley，1929；Picard 和 High，1972）和其他的古代湖泊地层中（图版Ⅱ-59 至图版Ⅱ-61）。

总而言之，典型的滨湖区泥灰岩通常是粗粒（粗粉砂到砂）、碳酸盐含量大于60%、含有大量的钙质植物和动物碎屑及通过藻和大型植物光合作用沉淀的碳酸盐岩，也可有大量的碎屑成分。这种碳酸盐沉积体常常形成由湖岸向外进积的、湖坡极陡的平台或泥灰岩阶地。Murphy 和 Wilkinson（1980）描述的 Michigan 浅灰泥湖泊中广泛发育的泥灰岩阶地是湖相碳酸盐岩包括核形石的一个很好的例子，他们总结出虽然湖水较深，但进积的泥灰岩阶地层序包括大量的温带湖泊沉积物（图版Ⅱ-62至图版Ⅱ-64）。

第三节　对　比　模　式

图2-5显示了存在于始新世的犹他州尤因他湖西部的沉积环境分布图（据 Ryder 等修改，1976），该图很好地反映了尤因他湖存在的时期。在怀俄明州绿河盆地和科罗拉多州 Piceance Creek 盆地特别发育的绿河组富含干酪根的湖泊地层在尤因他盆地绿河组几个不同的地层中也存在，但表示了贯穿于尤因他湖大部分发展历史的沉积条件的重大变化。尽管图2-5显示的岩石分类不适合所有的湖相泥岩，但它可作为一个实用的模式来解释地表和水下地球化学的、生物的和物理的岩石数据。此外，它将岩石分成地层，其包括可能的油气源岩、储层和圈闭。该文的目的是将图2-5中的相关系用来指导说明和解释世界上大量古代湖泊和湖泊复合体中的陆源岩石的许多物理和生物特征。

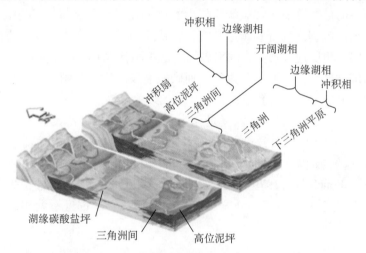

图2-5　犹他州尤因他湖西部示意简图（据 Ryder 等修改，1976）

说明犹他州尤因他湖西部早始新世开阔湖泊、边缘湖泊和冲积相的分布和解释的沉积环境；
蓝色斜线—颗粒支撑的碳酸盐岩石；蓝色实心—泥支撑的碳酸盐岩石；黄色—砂岩；自然色—黏土岩；在开阔湖泊相和三角洲前缘相中可存在一些薄的硅质碎屑浊积岩，大多数开阔湖泊相是由富含干酪根的碳酸盐单元所组成的；图中尤因他湖宽约40km，垂直放大15～20倍

尤因他盆地下始新统的陆地沉积岩可被分成三大沉积相：（1）冲积相；（2）滨湖相；（3）开阔湖相。Ryder 等人（1976）指出每一沉积相都含有一套综合反映尤因他盆地存在的不同阶段沉积环境的沉积构造和生物成分。

第四节　经　济　意　义

湖泊碳酸盐岩地层中穿插着含盐矿物，如岩盐、天然碱、苏打石和片钠铝石；一些盐类作为矿藏被开采。然而，湖相碳酸盐岩地层可能最重要的是作为石油的来源，世界上许多地区的地层中通常存在油气，且在美国西部落基山脉绿河组中形成最重要的油页岩。尽管湖相地层历史上有的矿物具有经济价值，但出版的文献和文章反映湖相碳酸盐岩的经济意义是很小的。然而，几个有意义的因素似乎

表，明古代湖相沉积体系中碳酸盐岩的沉积学和地球化学对石油勘探是特别重要的。

世界上主要的含油湖相岩石是砂岩，但大部分的石油可能形成于含干酪根的碳酸盐岩然后运移到硅质碎屑岩储层中。然而，湖相碳酸盐岩被证明是重要的储层，如巴西 Campos 盆地（De Castro 和 Azambuja）、南美洲和非洲的一些盆地（Brink，1974；Brice 和 Pardo，1980；Chignone 和 De Andrade，1970）。Campos 盆地的非海相碳酸盐岩储层显然是由淡水湖边浅水沙滩中聚集的双壳类外壳和介形类甲壳形成的。一些浅水沉积物靠近湖盆中心再沉积形成浊积岩，这些生物碎屑沉积物后来经过石化而形成颗粒支撑的岩石。含双壳类、颗粒支撑的碳酸盐岩地层也在一些中国古代的湖相地层中见到，但它们与油气的关系是不确定的。在美国，含有双壳类和介形类的粒状灰岩通常厚度小于 1m、不能成为主要的石油储层，然而，在落基山脉中部的一些湖相地层中，这种粒状灰岩含有沥青质且暴露在地表。

在中国、南非、非洲和美国，豆石、鲕石和核形石形成于盐度和碱度较大的湖泊中。尽管文献中很少提到这些粒状灰岩在非海相石油储层形成过程中的作用，但鲕石和豆石粒状灰岩可在南美洲和美国的一些地方形成小规模的石油储层。在犹他州尤因他盆地中这些粒状灰岩含有沥青质且暴露在地表。

湖泊地层中碳酸盐矿物似乎在碳酸盐岩储层和硅质碎屑岩储层孔隙的形成过程中起到重要的作用，尤因他盆地中非海相破碎的（fractured）古近—新近系砂岩孔隙大多是次生的。Fouch 和 Pitman（1981）认为大部分孔隙是由于碳酸盐矿物的淋溶作用而形成的，尤因他盆地绿河组大多主要储油层是河流相和湖相砂岩，其中碳酸盐颗粒和胶结物发生过分解（Fouch，1975；Fouch，1981）。形成于非海相富含碳酸盐的水环境的硅质碎屑岩和碳酸盐岩中的次生孔隙是主要的孔隙类型。在含有丰富 $CaCO_3$ 的溶液系统中，靠近湖边沉积的陆源和碳酸盐沉积物快速与方解石发生胶结，先于石油的形成和埋藏过程中颗粒的充分压实。相反地，那些在远离湖泊且水中不富含 $CaCO_3$ 的冲积环境中沉积的颗粒没有在充分压实之前与碳酸盐矿物发生胶结作用。然而碳酸盐胶结物的分解可在湖中或湖边经历过早期碳酸盐矿物胶结的沉积物中产生丰富的孔隙。

也许湖泊碳酸盐岩地层最大的经济意义是作为石油的烃源岩，绿河组中细粒碳酸盐形成所谓的"油页岩"。Tissot 等人（1978）指出含干酪根的碳酸盐岩在犹他州尤因他盆地古新统和始新统的绿河组大多数油田中成为主要的油源岩。此外，美国 Great 盆地白垩系和古近系的湖相碳酸盐岩地层含有大量富脂质的有机质（Fouch 等，1979）。例如，内华达州 Eagle Springs 油田中非海相 Sheep Pass 组被认为是主要的油源岩，它们来自于渐新统破碎的熔结凝灰岩、古近系湖相碳酸盐岩和硅质碎屑岩（Claypool 等，1979）（图 2-6）。

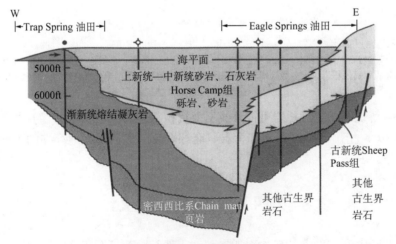

图 2-6　内华达州 Railroad 谷横截面显示从 Eagle Springs 油田到 Trap Spring 油田之间的
古近—新近系沉积岩和火山岩

石油位于 Sheep Pass 组破裂的湖相碳酸盐岩和 Eagle Springs 油田破碎的熔结凝灰岩中；Claypool 等（1979）指出 Eagle Springs 油田的
原油是 Sheep Pass 组湖相岩石的有机质发生热化学成熟作用而形成的，Ely 组属于上古生界

致谢

我们非常感谢 J. P. Bradbury，J. H. Hanley，M. H. Link 和 B. H. Wilkinson 帮助复核原稿，感谢 Louise Reif 对许多文字进行了校稿工作。

参 考 文 献

Anderson, R. Y., and D. W. Kirkland, 1969, Paleoecology of an Early Pleistocene lake on the High Plains of Texas: Geol. Soc. America Mem. 113, 211 p.

Anthony, R. S., 1977, Iron−rich rhythmically laminated sediments in Lake of the Clouds, northeastern Minnesota: Limnology and Oceanography, v. 22, p. 45−54.

Begin, Z. B., A. Ehrlich, and Y. Nathan, 1974, Lake Lisan, the Pleistocene precursor of the Dead Sea: Geol. Survey of Israel Bull. 63, 30 p.

Bradley, W. H., 1929a, The varves and climate of the Green River Epoch: U.S. Geol. Survey Prof. Paper 158, p. 87−110.

Bradley, W. H., 1929b, Algae reef and oolites of the Green River Formation: U.S. Geol.Survey Prof. Paper 158−A, p. 203−223.

Bradley, W.H., and H. P. Eugster, 1969, Geochemistry and paleolimnology of the trona deposits and associated authigenic minerals of the Green River Formation of Wyoming: U.S. Geol. Survey Prof. Paper 496−B, 71 p.

Brice, S. E., and G. Pardo, 1980, Hydrocarbon occurrences in nonmarine, presalt sequences of Cabinda, Angola (abs.): AAPG Bull., v. 64, p. 681.

Brink, A. H., 1974, Petroleum geology of Gabon Basin: AAPG Bull., v. 58, p. 216−235.

Brunskill, G. J., 1969, Fayetteville Green Lake, New York; II. Precipitation and sedimentation of calcite in a meromictic lake with laminated sediments: Limnology and Oceanography, v. 14, p. 830−847.

Brunskill, G. J., and J. D. Ludlam, 1969, Fayetteville Green Lake, New York; I. Physical and chemical limnology: Limnology and Oceanography, v. 14, p. 817−829.

Callender, E., C. J. Bowser, and R. Rossmann, 1973, Geochemistry of ferro−manganese carbonate crusts from Green Bay, Lake Michigan (abs.): Trans. Am. Geophys. Union, v. 54, no. 4, p. 340.

Claypool, G. E., T. D. Fouch, and F. G. Poole, 1979, Chemical correlation of oils and source rocks in Railroad Valley, Nevada (abs.): Geol. Soc. America Abs. with Programs, v. 11, no. 7, p. 403.

Cole, R. D., and M. D. Picard, 1978, Comparative mineralogy of nearshore and offshore lacustrine lithofacies, Parachute Creek Member of the Green River Formation, Piceance Creek Basin, Colorado, and eastern Uinta Basin, Utah: Geol. Soc. America Bull., v. 89, p. 1441−1454.

Culbertson, W. C., 1966, Trona in the Wilkins Peak Member of the Green River Formation, southwestern Wyoming: U.S. Geol. Survey Prof. Paper 550−B, p. B159−164.

Dean, W. E., and J. R. Eggleston, 1975, Comparative anatomy of marine and freshwater algal reefs, Bermuda and central New York: Geol. Soc. America Bull., v. 86, p. 665−676.

Dean, W.E., and E. Gorham, 1976, Major chemical and mineral components of profundal surface sediments in Minnesota lakes: Limnology and Oceanography, v. 21, p. 259−284.

DeCastro, J. C., and N. C. de Azambuja, F °, in press, Facues e Analise Estratigrafica da Formacao Lagoa Feia, Cretaceo Inferior de Bacia de Campos, Brasil: Actas del VIII ° Congreso Geologico

Argentino.

Desborough, G. A., 1978, A biogenic—chemical stratified lake model for the origin of oil shale of the Green River Formation; an alternative to the playa—lake model; Geol. Soc. America Bull., v. 89, p. 961—971.

Desborough, G.A. and J. K. Pitman, 1974, Significance of applied mineralogy to oil shale in the upper part of the Parachute Creek Member of the Green River Formation, Piceanace Creek basin, Colorado, *in* D. K. Murray, ed., Guidebook to the energy resources of the Piceance Creek basin, Colorado; 25th Field Conf. Rocky Mtn. Assoc. Geols., p. 81—89.

Dyni, J. R., 1974, Stratigraphy and nahcolite resources of the saline facies of the Green River Formation in northwest Colorado, *in* D. K. Murray, ed., Guidebook to the energy resources of the Piceance Creek basin, Colorado; 25th Field Conf., Rocky Mtn. Assoc. Geols., p. 111—122.

Dyni, J.R., R. J. Hite, and O. B. Raup, 1970, Lacustrine deposits of bromine—bearing halite, Green River Formation, northwestern Colorado, *in* 3rd Symposium on Salt, vol. 1; Cleveland, Ohio, Northern Ohio Geol. Soc., p. 166—180.

Eardley, A. J., 1938, Sediment of Great Lake, Utah; AAPG Bull., v. 22, p. 1305—1411.

Eardley, A.J., 1966, Sediments of Great Salt Lake; Utah Geol. Soc. Guidebook to Geology of Utah, no. 20, p. 105—120.

Eggleston, J. R., and W. E. Dean, 1976, Freshwater stromatolitic bioherms in Green Lake, New York, *in* M. R. Walter, ed., Stromatolites; Amsterdam, Elsevier Sci. Pub., p. 479—488.

Eugster, H. P., 1970, Chemistry and origin of the brines of Lake Magadi, Kenya; Spec. Paper No. 3, Mineralog. Soc. America, p. 215—235.

Eugster, H.P., and L. A. Hardie, 1975, Sedimentation in an ancient playa—lake complex; the Wilkins Peak Member of the Green River Formation of Wyoming; Geol. Soc. America Bull., v. 86, p. 319—334.

Eugster, H.P., and L.C.Hardie, 1978, Saline lakes, *in* A. Lerman, ed., Lakes—chemistry, geology, physics; New York, Springer Verlag Pub., p. 237—293.

Eugster, H.P., and R. C. Surdam, 1973, Depositional environment of the Green River Formation of Wyoming; a preliminary report; Geol. Soc. America Bull., v. 84, p. 1115—1120.

Feduccia, A., 1978, *Presbyornis* and the evolution of ducks and flamingos; Am. Scientist, v. 66, p. 298—304.

Fouch, T. D., 1975, Lithofacies and related hydrocarbon accumulations in Tertiary strata of the western and central Uinta Basin, Utah, *in* D. W. Bolyard, ed., Symposium on deep drilling frontiers in the central Rocky Mountains; Rocky Mtn. Assoc. Geols., p. 163—173.

Fouch, T.D. and J. K. Pitman, 1981, Sedimentologic and mineralogic controls on reservoir characteristics of unconventional hydrocarbon—bearing Tertiary rocks, Uinta Basin, Utah; Western Gas Sands Project Status Rept., Oct.—Nov.—Dec., p. 7. (Avail, as Rept. DOE1BC110003—18, from Nat. Tech. Inf. Service, U.S. Dept, of Commerce, Springfield, Va., 22161.

Fouch, T.D., 1979, Character and paleogeographic distribution of Upper Cretaceous (?) and Paleogene nonmarine sedimentary rocks in east—central Nevada, *in* J. M. Armentrout, M. R. Cole, and H. TerBest, eds., Cenozoic paleogeography of the western United States, Pacific coast paleogeography symposium 3; Pacific Sec., SEPM, p. 97—111.

Fouch, T.D., 1981, Chart showing distribution of rock types, lithologic groups and depositional environments for some lower Tertiary and Upper Cretaceous rocks from outcrops at Willow Creek—Indian Canyon through the subsurface of the Duchesne and Altmont oil fields, southwest to north—central parts of the Uinta Basin, Utah: U.S. Geol. Survey Oil and Gas Inv. Chart, OC—81, 2 sheets.

Fouch, T.D., et al, 1976, Field guide to lacustrine and related nonmarine depositional environments in Tertiary rocks, Uinta Basin, Utah, *in* R. C. Epis and R. J. Weimer, eds., Studies in Colorado field geology: Colo. School Mines Prof. Comnt., no. 8, p. 358—385.

Fouch, T.D., J. H. Hanley, and R. M. Forester, 1979, Preliminary correlation of Cretaceous and Paleogene lacustrine and related sedimentary and volcanic rocks in parts of the eastern Great Basin of Nevada and Utah, *in* G. W. Newman and H. D. Goode, eds., Basin and Range symposium: Rocky Mtn.Assoc. Geols. and Utah Geol. Assoc., p. 305—312.

Ghignone, J. I., and G. De Andrade, 1970, General geology and major oil fields of Reconcavo Basin, Brazil: AAPG Mem. 14, p. 337—358.

Hite, R. J., and J. R. Dyni, 1967, Potential resources of dawsonite and nahcolite in the Piceance Creek Basin, northwest Colorado, *in* 4th Symposium on Oil Shale: Colo. School Mines Quarterly, v. 62, p. 25—38.

Hutchinson, G. E., 1967, A treatise on limnology, v. 2; introduction to lake biology and the limnoplankton: New York, John Wiley and Sons, 1115 p.

Jones, B. F., H. P. Eugster, and S. L. Rettig, 1977, Hydrochemistry of the Lake Magadi Basin, Kenya: Geochim. et Cosmochim. Acta, v. 41, p. 53—72.

Jones, B.F., and C. J. Bowser, 1978, The mineralogy and related chemistry of lake sediments, *in* A. Lerman, ed., Lakes—chemistry, geology, physics: New York, Springer—Verlag Pub., p. 179—235.

Jones, F. G., and B. H. Wilkinson, 1978, Structure and growth of lacustrine pisoliths from Recent Michigan marl lakes: Jour. Sed. Petrology, v. 48, p. 1103—1110.

Jones, J.C., 1925, The geologic history of Lake Lahontan: Carnegie Inst. Washington Pub. 325, p. 3—50.

Kelts, K., and K. J. Hsu, 1978, Freshwater carbonate sedimentation, *in* A. Lerman, ed., Lakes—chemistry, geology, physics: New York, Springer—Verlag Pub., p. 295—323.

Link, M. H., and R. H. Osborne, 1978, Lacustrine facies in the Pliocene Ridge Basin Group; Ridge Basin, California, *in* A. Matter and M. E. Tucker, eds., Modern and ancient lake sediments: Internat. Assoc, of Sedimentols., Spec. Pub. No. 2, p. 169—187.

Ludlam, S. D., 1969, Fayetteville Green Lake, New York; 3. The laminated sediments: Limnology and Oceanography, v. 14, p. 848—857.

Ludlam, S.D., 1974, Fayetteville Green Lake, New York; 6. The role of turbidity currents in lake sedimentation: Limnology and Oceanography, v. 19, p. 656—664.

McLeroy, C. A., and R. Y. Anderson, 1966, Laminations of the Oligocene Florissant lake deposits, Colorado: Geol. Soc. America Bull., v. 77, p. 605—618.

Megard, R. O., 1967, Limnology, primary productivity, and carbonate sedimentation of Minnesota lakes: Univ. Minnesota, Limnology Research Center, Interim Rept. 1, 69 p.

Megard, R.O., 1968, Planktonic photosynthesis and the environment of carbonate deposition in lakes: Univ. Minnesota, Limnology Research Center, Interim Rept. 2, 47 p.

Muller, G., 1970, High—magnesian calcite and protodolomite in Lake Balaton (Hungary) sediments: Nature, v. 226, p. 749—750.

Muller, G., and F. Wagner, 1978, Holocene carbonate evolution in Lake Balaton (Hungary); a response to climate and impact of man, *in* A. Matter and M. E. Tucker, eds., Modern and ancient lake sediments: Internat. Assoc. Sedimentols., Spec. Pub. No. 2, p. 57—81.

Muller, G., G. Irion, and U. Forstner, 1972, Formation and diagenesis of inorganic Ca—Mg carbonates in the lacustrine environment: Naturwissenschaften, v. 59, p. 158—164.

Murphy, D. M., and B. H. Wilkinson, 1980, Carbonate deposition and facies distribution in a central Michigan marl lake: Sedimentology, v. 27, p.

Otsuki, A., and R. G. Wetzel, 1974, Calcium and total alkalinity budgets and calcium carbonate precipitation of a small hard—water lake: Archiv fur Hydrobiologie, v. 73, p. 14—30.

Picard, H. D., and L. R. High, Jr., 1972, Criteria for recognizing lacustrine rocks, *in* J. K. Rigby and W. K. Hamblin, eds., Recognition of ancient sedimentary environments: SEPM Spec. Paper No. 16, p. 108—145.

Risacher, F., and H. P. Eugster, 1979, Holocene pisoliths and encrustations associated with spring—fed surface pools, Pasos Grandes, Bolivia: Sedimentology, v. 26, p. 253—270.

Robb, W. A., and J. W. Smith, 1974, Mineral profile of oil shales in Colorado core hole no. 1, Piceance Creek Basin, Colorado, *in* D. K. Murray, ed., Guidebook to the energy resources of the Piceance Creek Basin, Colorado: 25th Field Conf., Rocky Mtn. Assoc. Geols., p. 91—100.

Ryder, R. T., T. D. Fouch, and J. H.Elison, 1976, Early Tertiary sedimentation in the western Uinta Basin, Utah: Geol. Soc. America Bull., v. 87, no. 4, p. 496—512.

Smith, G. I., 1979, Subsurface stratigraphy and geochemistry of late Quaternary evaporites, Searles Lake, California: U.S. Geol. Survey Prof. Paper 1043, 130 p.

Smith, J. W., and W. A. Robb, 1966, Ankerite in the Green River Formation's Mahogany Zone: Jour. Sed. Petrology, v. 36, p. 486—490.

Surdam, R. C., and J. L Wray, 1976, Lacustrine stromatolites, Eocene Green River Formation, Wyoming, *in* M. R. Walter, ed., Stromatolites: Amsterdam, Elsevier Sci. Pub., p. 535—541.

Tissot, B., G. Deroo, and A. Hood, 1978, Geochemical study of the Uinta Basin; formation of petroleum from the Green River Formation: Geochim. et Cosmochim. Acta, v. 42, p. 1469—1485.

Weiss, M. P., 1969, Oncolites, paleoecology, and Laramide tectonics, central Utah: AAPG Bull., v. 53, p. 1105—1120.

Wetzel, R. G., 1975, Limnology: Philadelphia, W. B. Saunders Co., 743 p.

Wetzel, R. G., and A. Otsuki, 1974, Allochthonous organic carbon of a marl lake: Archiv fur Hydrobiologie, v. 73, p. 31—56.

Wilkinson, B. H., B. N. Pope, and R. M. Owen, 1980, Nearshore ooid formation in a modern temperate region marl lake: Jour. Geology, v. 88, p. 697—704.

第三章　风成沉积环境

Edwin D. Mckee，William C. Ward

在世界许多地方的碳酸盐沉积区域中，经常发现碳酸盐风成沙丘砂沿海岸线排列。尽管在全新统和更新统的碳酸盐沉积中风成沙丘砂是常见的、显著的相，但很少有风成灰岩存在于古代岩石中的报道。一方面是因为沙丘沉积在较老的碳酸盐岩中很少见，另一方面是因为有极少数地质学家能够识别风成灰岩，后者可能是主要的原因。风成碳酸盐岩很难识别，特别是在地表沉积环境与沉积在高能、浅水、海相环境的碎屑灰岩有很大的相似性。

J. W. Evans（1900）在 20 世纪初识别了广泛分布的主要或全部是由钙碳酸盐岩组成的风成地层，并对印度 Kathiawar 地区的石灰岩从力学上进行了综合、详细的描述。自从 Evans 报告风成碳酸盐岩以后，特别是近几年，人们集中研究了世界上许多不同的地区如百慕大、巴哈马群岛、Yucatan、地中海海岸及其他地方的钙质风成岩。对大多数事例的研究已经证实了最原始的想法，即形成风成岩必不可少的条件是：（1）适合 $CaCO_3$ 沉积的温暖气候；（2）需要向岸风将内陆海岸碳酸盐岩运送到沉积区。

第一节　综　　述

一、基本概况

大多数风成碳酸盐岩在温暖气候下形成毗邻高能沙滩的海岸沙丘沉积，其中含有丰富的钙质砂。一般地，沙丘碳酸盐岩是由分选好、具交错层理的碎屑灰岩组成的，而石灰岩则是由从沙滩向陆地吹来的砂粒大小的碳酸盐颗粒组成，碳酸盐颗粒包括鲕粒、小球或各种大量的骨骼碎片，这要依据邻近浅海水中所产生的有机体而定。在某些地区，碳酸盐砂与石英砂合在一起。

钙质沙丘不是总分布在海岸边缘，有时也向内陆推进分布。最显著的是印度塔尔（Thar）沙漠，风将大量的有孔虫向陆地方向运移 400 多米或更远，砂中动物骨骼或壳皮的丰度逐渐减低（Goudie 和 Sperling，1977）。在沙特阿拉伯 Wahiba 沙漠中，一些地区的碳酸盐被认为是从海岸盐沼和海相台地远距离吹来的。

内地沙漠风也可能形成碳酸盐沙丘，尽管不太常见。在伊拉克南部沙漠，碳酸盐含量一般低于 30% 且富含细粒成分，Mesopotamian 平原被认为是风成碎屑的主要来源（Skocek 和 Saadallah，1972）。沿着沙特阿拉伯和伊朗的波斯湾，一些高含钙的细砂和尘土是由西北向的主风经长距离运移而来的（Emery，1956）。有些碳酸盐碎屑来源于内陆，如 Newell 和 Boyd（1955）观察到秘鲁 Ica 沙漠的沙丘大多数由始新世软体动物外壳碎片组成；Jones（1953）公布犹他州大盐湖沙漠存在来源于大型湖泊边缘沉积的鲕粒、石膏碎片、介形动物碎屑和藻粒。

二、判断标准

Glennie（1970）和 Ward（1975）已经指出钙质风成岩的沉积环境在许多地方特别难以准确识别。在古代岩石中很少有风成岩的例子，一方面是因为它的成分与其他沉积环境砂很相似，另一方面是因为成岩作用发生了很大的变化。而对印度西部及邻区 Miliolite 石灰岩的研究很好地说明了其沉积物的来源，一些地质学家认为该石灰岩为海岸海相沉积，另外一些人则认为是风成沉积。同样地，地中海沿岸 Gargaresh 石灰岩被认为是海相来源和陆源两种成因（Hoque，1975）。

因为大多数钙质风成岩的碎屑成分主要来源于海相有机体如双壳类、珊瑚和有孔虫的骨骼，或来源于无机成因的颗粒如鲕粒，它们通常与邻近海滩或沙坝的砂是同一成因的，因此碎屑成分不能作为区分两种沉积环境的可靠依据。大量完全依据某一特定动物的存在来确定沉积相的例子说明了风成沉积中海相有机体的存在无疑导致了许多错误的解释。

风成岩碎屑包括陆源动物外壳的碎片如蜗牛或脊椎动物的骨头，它们大多但并不总是代表非海相环境；当考虑风方向等因素时，可解释为风成环境。

不同类型的结构似乎是风成沉积的特征，但大多数结构在其他环境中也存在，因此结构不能作为风成沉积的证据。结构特征包括颗粒的圆度、光泽和磨蚀程度，这些特征在海滩和其他砂中同样普遍存在（Folk，1967）。由于这些特征通常反映运移的过程而不是沉积的过程，可代表二代或三代沉积过程，所以它们不是风成沉积的有效依据。大多数含钙风成岩具有好的分选性，但好的分选性不只存在于风成环境砂中。

保存完好的根结核通常见于许多风成灰岩和碳酸盐沙丘中，但在海滩或海相沉积中很少见到，如澳大利亚风成岩（Teichert，1947）、Bahaman 沉积（Ball，1967）及许多其他地区。

构造特征可能是识别具石英砂的钙质风成沉积的最主要标准，交错层理是最常见最重要的一种构造类型；但遗憾的是地质学家们很少对交错层理的倾角、前积层长度、砂体方位或其他有意义的特征进行定量描述。在已发表的文章中有 10 种描述钙质风成岩的构造，其中的 9 种如"特别的（distinctive）交错层理"、"丘状交错层理"、"发育好的伪（false）层理"或其他已用过的非定量描述。

大多数存在于石英沙丘中的交错层理特征似乎也可应用于钙质沙丘中（McKee，1979）。规模大的前积层是交错层理最常见的特征，其倾斜面长度大于 20ft，可能为 60ft 或 70ft；前积层的倾角大部分为高角度，通常为 30°，有时达 33° 或 34°；前积层的底面与下伏地层通常呈正切关系，这是大量悬浮沉积的结果。

尽管大多数风成沙丘的交错层理平面上为板状或楔状，但一些海岸碳酸盐沙丘发育具花彩形的槽状构造，如 Ball（1967）描述的巴哈马群岛石灰岩就具这种构造，它存在于两个朵叶之间的鞍部。一些钙质沙丘中也普遍发育与许多抛物线形沙丘不同的上凸前积层，这种构造在百慕大地区常见，Mackenzie（1964）进行过研究，强调只有钙质沙丘中才发育上凸前积层。

一些细小的构造，尽管相对少见，但是识别风成碳酸盐沉积最好的标准，如波纹痕迹，一般不常见，若有则是说明风成活动的极好依据。根据波纹指数和与高角度倾斜的前积层平行的波纹方向，就能很好地区分风成波纹痕迹与水成波纹痕迹（McKee，1945）。形成于干砂中的雨滴坑同样可凭借其杯形火山口状很好地被识别，McKee（1945）描述并说明了这种构造通常存在于沙丘的斜面上。

Glennie（1970）认为风成砂的前积层也可表现为褶皱的薄层。而且，特别的类型和扭曲层的组合是风成沉积砂的特征，可区分干砂、湿砂、饱和砂和结壳砂（crusted sand）的黏度，这种构造已被实验室的实验所确定（McKee、Douglass 和 Rittenhouse，1971）并被 McKee 和 Bigarella（1972）在巴西海岸沙丘所检验。

三、成岩特征

以下关于第四系风成岩特征的小结可帮助人们识别风成灰岩。

（1）几何形态：一般为细长的碳酸盐岩体，与海岸线平行，单个岩体内厚度变化较大；

（2）有关的沉积相：相似成分的海滩砂与近岸砂呈指状交错分布，在某些环境中，向陆方向的指状交错具有潟湖泥或蒸发塘（evaporite-pond）沉积物（在进积的层序中，指状交错在海滩砂之上，也可能位于潟湖沉积或钙质层之下）；

（3）成分：主要为砂粒大小的骨骼碎片、鲕粒、小球和球粒，没有较大的海相贝壳，常见于海滩和近海的碳酸盐砂中；

（4）颗粒的大小和分选：海滩沉积通常为细—中粒成分、无砾石，大多数分选好；

（5）层理：细粒层与粗粒层交错分布，一般发育大型交错层理、高角度前积层（主要向陆地方向倾斜）；

（6）早期胶结物：为渗流的胶结物，如新月形、悬垂形和针纤维状；

（7）痕迹化石：主要为绕根结核、根须层及与沙丘植物根系统有关的微孔，洞穴很少见；

（8）其他地面上沉积的依据：包括古土壤、陆地蜗牛及其他陆源化石、地面结壳（钙质层）、岩溶特征。

在这些特征之中，对地下沉积评价最有识别意义的是（2）（垂直层序）和（4）（分选好的碳酸盐岩粒不含较粗物质）结合在一起；当有岩心和倾角测量数据时，（5）（高角度交错层理）和（7）（洞穴的缺乏）结合在一起；古土壤和陆源化石有识别意义，但不常见。准同生渗流胶结物、绕根结核和钙质层在沿进积岸线沉积的海相岩粒中发育。

在地质记录中，碳酸盐沙丘的识别很重要，有以下几个原因：（1）风成灰岩的识别有利于确定古代海岸线和岛屿所在位置——这在地层分析和早期成岩作用研究中很重要；（2）风成脊对以后的碳酸盐沉积物的分布样式有着深刻的影响，因此识别岩石记录中的沙丘脊灰岩对预测上覆石灰岩沉积相分布具有重要意义；（3）风成灰岩是潜在的油气储层，因为它们早期发生胶结，但并不普遍，有一些原生孔和早期次生孔在深埋压实后被保存下来。在一些碳酸盐岩层序中，风成灰岩是上倾的岩相，与潟湖泥烃源岩呈指状交错。

四、名词术语

本章所涉及的沉积物和岩石有两个明显的特征：（1）成分——以钙碳酸盐或镁碳酸盐为主；（2）成因——风成作用。因此，包含上述两个方面的术语被确定下来并得到普遍的接受。然而，有关文献的调研表明没有一个术语得到专门的接受，大约有 20 个术语或变量（表 3-1）被应用于钙质沙丘沉积物及压实的岩石中。

表 3-1　用于描述风成沙丘的术语（主要为 $CaCO_3$ 颗粒及对应的岩石）

术　语	地　区	推荐人
钙质沙丘岩石	澳大利亚	Fairbridge（1950）
钙质沙丘组	澳大利亚	Bird（1972）
钙质低沙丘	印度	Evans（1900）
高含钙胶结的沙丘砂	印度 Thar 沙漠	Goudie 和 Sperling（1977）
风导致的灰屑岩	墨西哥尤卡坦半岛	Ward 和 Brady（1973）
风形成的钙质岩石	印度	Evans（1900）
风吹积石灰砂	百慕大	Mackenzie（1964）
碳酸盐沙丘	巴哈马群岛、利比亚、沙特阿拉伯	Ball（1967）；Glennie（1970）
碳酸盐沙丘岩石	墨西哥尤卡坦半岛	Ward（1976）
碳酸盐砂风成沙丘	墨西哥尤卡坦半岛	Ward 和 Brady（1973）
风吹积贝壳砂	百慕大	Verrill（1907）
风吹积钙质沉积物	印度	Evans（1900）

术　语	地　区	推荐人
沙丘石灰砂	委内瑞拉奥诺托环状珊瑚岛	Cloud（1952）
沙丘灰岩	澳大利亚、印度	Teichert（1947）；Shrivastave（1968）
风成的钙质岩石	印度	Evans（1900）
风成灰岩	百慕大、墨西哥尤卡坦半岛、澳大利亚、百慕大	Sayles（1931）；Ward（1975） Teichert（1947）；Verrill（1907）
风成碳酸盐砂	巴哈马群岛	Ball（1967）
风成脊，碳酸盐砂	巴哈马群岛	Ball（1967）
风成灰屑岩	澳大利亚	Bird（1972）
交错地层鲕粒岩，化石砂	突尼斯	Fabricius（1970）
有孔虫风成沉积物	印度	Goudie 和 Sperling（1977）
石膏—鲕粒沙丘复合体	美国犹他州	Jones（1953）
石膏—鲕粒沙丘	美国犹他州	Jones（1953）

正如表 3-1 所指出的，沉积物或岩石中含有 $CaCO_3$ 成分的，其名字就用钙质、碳酸盐、灰屑岩、石灰或石灰岩；当颗粒含有特殊类型的，就冠以鲕粒的或有孔虫的。根据沉积介质，则命名为风成的、风吹积的、沙丘砂或沙丘岩石。在许多描述中，有的意思是暗含着的而没有特别陈述，因此像沙丘砂、钙质砂或沙丘岩石必须根据上下文才能明确地理解其含义。

尽管现代沙丘大多数是活动的，随着时间发生胶结并稳定下来，但沙丘发生岩石化所需的时间却各不相同。一般地，活动沙丘发生在全新世，胶结的砂发生在更新世或更早的时期。

术语"风成岩"是由 Sayles 在 1929 年提出的，代表所有由风形成的、胶结的沉积岩（Sayles，1931），主要由钙质组成，因而就称为钙质风成岩。然而，任何一个特定的岩石单位是否叫作钙质风成岩或风成灰岩（强调过程或成分）似乎不那么重要，多数情况下只是强调而已。

五、地理分布

碳酸盐沙丘和风成灰岩可能在全球都有分布，尽管通常难以识别（图 3-1），然而它们主要集中在温暖气候区，而且大多形成于毗邻海岸的区域；在内陆沙漠中不常见，但在局部冲积扇提供碳酸盐沉积物源或早期发生钙质颗粒堆积时可发育碳酸盐沙丘和风成灰岩。表 3-2 展示了全球范围内记录的碳酸盐风成岩所处的主要海岸位置（地点）。

表 3-2　含有碳酸盐沙丘和风成灰岩的主要海岸地区一览表

地　区	推荐人
百慕大	Verrill（1907）；Sayles（1931）；Mackenzie（1964a，b）
巴哈马群岛	Newell 和 Rigby（1947）；Illing（1954）；Ball（1967）
尤卡坦半岛海岸	Ward 和 Brady（1973）；Ward 和 Wilson（1974）
加利福尼亚半岛	Anderson（1950）；Phleger 和 Ewing（1962）
印度西北部	Chapman（1900）；Glennie（1970）；Lele（1973）
波斯湾	Evans（1900）
突尼斯	Fabricus（1970）
利比亚海岸	Glennie（1970）；Hoque（1975）

地　　　区	推荐人
埃及	Selim（1974）
以色列	Yaalon（1967）
希腊、马耳他	Hoque（1975）
阿尔及利亚、意大利	Hoque（1975）
澳大利亚西部	Teichert（1947）；Fairbridge（1950）；Malek Aslani（1973）
澳大利亚维多利亚	Bird（1972）
澳大利亚南部	Von Der Borch（1976）
Dnotoa 环状珊瑚岛，Gilbert 岛	Cloud（1952）
Christmas 群岛	Fosberg（1953）
爱尔兰 Galway	Evans（1900）
南非开普敦	Evans（1900）
大盐湖沙漠	Jones（1953）
印度 Thar 沙漠	Goudie 和 Sperling（1977）
伊拉克南部沙漠	Skocek 和 Saadallah（1972）
秘鲁 Ica 沙漠	Newell 和 Boyd（1955）
阿曼	Glennie（1970）

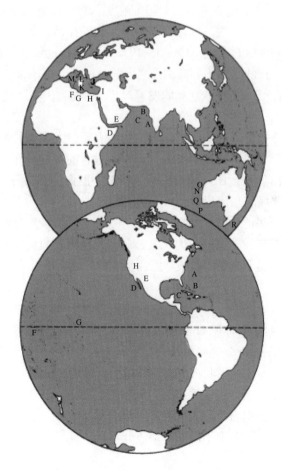

图 3-1　全球风成碳酸盐岩和风成石灰岩
主要分布地区

西半球：A—百慕大；B—百慕大群岛；C—尤卡坦半岛海岸；D—加利福尼亚半岛；E—Carmen 岛；F—Gilbert 岛；G—Christmas 岛；H—大盐湖沙漠；I—秘鲁海岸；东半球：A—印度 Kathiawar；B—印度 Kutch；C—印度 Saurchtra；D—波斯湾；E—阿拉伯海岸；F—突尼斯 Gabes 湾；G—利比亚海岸；H—埃及；I—以色列；J—希腊；K—马耳他；M—阿尔及利亚；N—Houltman 蘑菇形堡礁；O—鲨鱼湾；P—北奥尔巴尼；Q—Point Peron；R—Nepean 半岛（维多利亚）；S—开普敦；T—爱尔兰 Galway；U—伊拉克南部沙漠

第二节 沉 积 背 景

一、沙丘的位置与发育

典型的钙质风成岩是纯 $CaCO_3$ 发生物理沉积而形成的，或是由石英砂和其他碎屑颗粒按不同比例混合而成的。其主要特征是结构简单，成分包括化石碎屑（生物碎屑）、鲕粒、球粒、微化石如有孔虫或其混合物。大多数碳酸盐沙丘的基本构造是交错层理，有两种主要类型：低角度迎风倾斜和高角度前积层。在石英沙丘中，逆风地层大部分在沙丘发育过程中遭到破坏，只有背风处的高角度交错层理通常被保存下来。一般地，碳酸盐风成岩在其发育早期主要受成岩变化尤其是胶结作用的影响。

沿海岸地区形成的沙丘在早期阶段表现为由海滩干砂或沙坝经向陆的风而形成一个或多个平行于海岸线的沙脊。在墨西哥尤卡坦半岛（图版Ⅲ-1 至图版Ⅲ-3），这些沙脊毗邻加勒比海，通常将潟湖与大海分隔开来（Ward 和 Brady，1973），而在巴哈马群岛（图版Ⅲ-4），长的沙丘脊则形成低的岛屿（Illing，1954）。在澳大利亚维多利亚南海岸，主风西风促使内陆砂形成，沙脊峰至海平面之上 200 多英尺（Bird，1972）。在澳大利亚西部（图版Ⅲ-5），大量平行排列的海滩沙脊表现为"沙丘脊的组成单元"（Fairbridge，1950）。据说巴哈马群岛多数岛屿的高地是由多个向海沙脊形成的（Ball，1967），这些沙脊与坡折尤其是海滩和沙坝平行，最大的沙丘是逆风分布的，处于近源台地的西侧，而最小的沙丘是顺风分布的（Ball，1967）。在加利福尼亚半岛，沙丘分布与沿岸的障壁岛平行（Phleger 和 Ewing，1962）。

在印度西部的海岸，沙坝上的钙质风成岩脊很常见，高度为海平面之上约 10ft（Verstappen，1966）。据报道，早期沙丘脊是在更新世海洋的发展过程中在老的岸线上形成的（Shrivastava，1968）。

在太平洋的环状珊瑚岛地区，碳酸盐沙丘形成于砾石保护的潟湖一侧，其中含有孔虫的砂是由邻近的礁坪吹过来的（Cloud，1952），Cloud 记录了与礁坪有关的沙丘位置（图版Ⅲ-2）。大多数环状珊瑚岛沙丘的高度不到高潮线之上的 2 ~ 3m（Fosberg，1953）。

在很多钙质沙丘脊的发育过程中，胶结作用和稳定化过程几乎是同时发生的，所以在早全新世和更新世，沙丘已发生岩化。

交错层理的矢量方向图清楚地表明，大多数钙质风成岩是由主风形成的或由至少相对稳定的向陆风所形成的，表现为与沙丘脊方向垂直的横向分布，通常发育的沙丘类型包括横向形的、抛物线形的和突出形的。Hoque（1975）详细测量了利比亚海岸风成岩的方位角，结果表明存在两个方向的风，即东北风和东南风。

一些地质学家（Sayles，1931）认为百慕大、印度、尤卡坦半岛和一些其他地区的钙质风成岩与土壤带交替成层的原因，其控制因素是更新世海平面的变化。由于冰原的形成导致海平面发生周期性下降，利于更多的砂被暴露而形成沙丘，至少在百慕大地区已识别出冰期—间冰期的地层。

二、沙丘类型

美国地质调查专业文献 1052 建议对全球砂质海岸的风成灰岩的沙丘进行分类（McKee 等，1979）。这一分类将沙丘分成不同形式及相关的、特定的沉积环境，该分类的依据是沙丘的两个主要特征——沙体的形状或形式、沙体上滑落面（陡的背风面）的位置和数目。

尽管该分类主要是从内陆沙漠的石英沙丘的研究发展而来的，但是根据有效的过程和后来的沙丘形式可识别石英为主的沙丘与碳酸盐为主的沙丘之间的差异。多数情况下，这种差异表现在每个沙丘类型的比例大小不同，即是成分不同。

因为差不多所有广泛沉积的风成灰岩形成于温带或干旱的气候下近海的陆地表面，所以这些沙丘类型大部分与那些具石英砂沉积的海岸地区的相同。大部分沙丘是由单向向陆风运送碳酸盐砂发生碎屑的再沉积而形成的，这些碳酸盐砂包括骨骼碎片、有孔虫、鲕粒或其他类型，它们来源于近岸海域尤其是海滩。

横向沙丘（图 3-2a）是文献中提到的最常见的碳酸盐风成岩沙丘类型，因为大多数相对较直的平行于岸线的沙丘脊通常被认为是横向沙丘。向岸方向倾斜具前积层的沙脊在巴哈马群岛较常见（Ball，1967）、在尤卡坦半岛海岸的海滩也存在（Ward，1975）。沿着利比亚海岸（Hoque，1975），更新统沙丘较发育，碳酸盐海滩物质被向陆风运来而形成横向沙丘。Mackenzie（1964）说明了百慕大地区横向沙丘向新月形沙丘转化的关系，是从小沙丘的组合到形成沙脊的发展过程。在大盐湖沙漠，大型侧向碳酸盐沙丘被认为是一种与新月形沙丘相邻的横向沙丘类型（Jones，1953）。

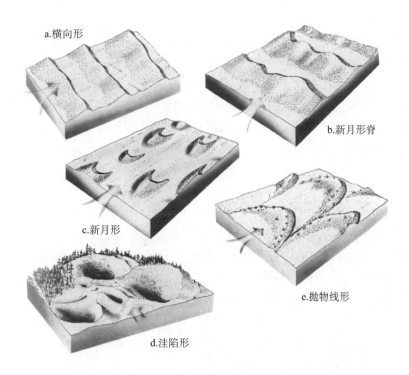

图 3-2　不同类型沙丘简图（据 McKee 等，1979）

新月形沙丘（图 3-2c）可能是最基本的类型，主要形成于单向风和砂相对少的环境中。在伊拉克南部沙漠中，风成砂相当发育，很多地方都有，但这种砂的碳酸盐含量相对较低，不超过 30%（Skocek 和 Saakallah，1972），它们不是沿海岸分布的。Phleger 和 Ewing（1962）报告在加利福尼亚半岛毗邻潟湖的障壁岛存在广泛分布的新月形沙丘，大多数高达 100ft，但该区砂的碳酸盐含量很低，有孔虫和礁的含量仅约 1%，因此它们不能称为风成碳酸盐岩。其他的例子也说明了新月形沙丘不是典型的碳酸盐风成岩。

现对特别的沙丘类型进行详述。在所推荐的沙丘分类中，有一种沙丘代表了特别的演化过程，其形成条件是单向风、逐渐减少的砂。这种特征层序包括沙丘类型从横向沙丘到新月形沙脊再到新月形沙丘的变化。在许多植被稀少的内陆沙漠中，这种层序是很典型的（McKee，1966）。在含有钙质风成岩的海岸地区，植被大量发育，同样的层序就发展成抛物线形沙丘和成排的抛物线形复合体，而不是新月形沙丘和新月形沙脊。因此，在一些沙丘稳定的区域，复合抛物线形沙丘包括"U"形和"V"形沙丘，成排分布而形成沙脊；它们似乎与沙漠新月形沙脊相当。

成排复合抛物线形沙丘似乎在印度 Thar 沙漠地区特别发育，被称作"耙形沙丘"（McKee 等，1979），因为其形状处于近乎平行的纵臂和耙齿之间。此类沙丘中碳酸盐砂的数量没有报道，但它们在印度西北部的广泛发育可能反映出该区的砂移动起控制作用，而砂移动是由季风雨和植被所产生的。在靠近 Bikaner 地区的 Rajasthan 沙漠西部，该类沙丘被描述成很稳定的，包括钙碳酸盐层（Saxena 和 Singh，1976），它们大多结合在一起形成一连串分布，长度 1 ～ 2km，Singh（1977）就用术语"复合抛物线形沙丘"来描述它们。

在巴哈马群岛的海岸地区，沿钙质沙脊分布的朵叶体类似于抛物线形沙丘的鞍部，Ball（1967）称它为"溢出风成朵叶体（eolian spillover lobes）"，一些形成于海岛的多个向海沙脊大部分是由这种朵叶体构成的。部分朵叶体的植物根较稳定，交错层理从中心到台地的倾角约 180°，这种特征与抛物线形沙丘类似。

同巴哈马群岛一样，百慕大地区的沙脊也是由朵叶体组合形成的。Mackenzie（1964a）描述了由朵叶状砂体组成的单个沙丘结合在一起形成不规则的横向沙脊，在这些沉积中，迎风的一面明显地呈长形不规则状、并常见冲刷充填及充填的风穴面，因此这些沙脊代表了复合抛物线形沙丘类型。

在某些碳酸盐砂的海岸地区，常见洞穴（图 3-2d）和抛物线形沙丘（图 3-2e），特别是植被很丰富、砂较稳定的地区。在百慕大地区，朵叶砂体具向上凸的前积层和逆风凹的波峰曲线，被解释成痕迹抛物线形沙丘或"U"形沙丘（Mackenzie，1964）。

在印度 Thar 沙漠，沙丘主要由一串抛物线形组成，砂为高含钙胶结的沙丘砂和有孔虫风成沉积物（Goudie 和 Sperling，1977）。

三、沙丘间

因为大部分碳酸盐沙丘形成滩脊，所以可以预测在它们之间狭长的沙丘间的沉积。沙丘间的形成过程包括悬浮物沉淀或被波潮运移来的细粒物的沉积、未分选的碎屑和局部地区含碳植物残骸，其分布范围及最终的保存主要取决于穿过沙丘间表面的沙丘运移速率（McKee 和 Moiola，1975）。

然而，关于沙丘间的结构和构造极少有记录。在墨西哥尤卡坦半岛，沙丘沉积分布广泛，Ward（1975）将沙丘间构造描述成近于水平的地层。在犹他州的大盐湖沙漠，据说碳酸盐岩风成交错地层被近水平的风积物岩层所覆盖（Jones，1953），这些岩层被认为是沙丘间。但在某些地区，当泥质沉积物和潮坪发育时，短暂的湖泊具有类似的特征。Hoque（1975）描述沿利比亚海岸分布的沙丘间沉积物是棕红色的，黏土和泥的含量高，无交错层理。

沙丘间沉积物的厚度显然是被侵入沙丘埋藏前求得的时间的函数，因此，由于胶结作用和成岩作用，沙丘间早期趋于稳定，有大量的细粒沉积，而后风化作用使沉积物发展成泥土。在百慕大地区，在沙丘沉积物之间识别出 5 种泥土，它们被解释为海平面较高的时候间冰期的产物（Sayles，1931）。同样地，在利比亚海滩沙丘层序内识别出古土壤（Hoque，1975）；在澳大利亚东南部和其他地区也存在与沙丘呈互层分布的古土壤。

沿着 Gilbert 岛的 Onotoa Atoll 低沙丘区，沙丘—沙丘间层序与现代沙丘砂相似（Cloud，1952），但它含有少量的腐殖质层。尽管盐沼、短暂湖泊和其他水体（潮水、淡水）发育沙丘间，但不是所有这些盆地的沉积都称作沙丘间。它们也许仅仅代表毗邻风成沉积的一个环境，但其风成作用过程是相当独立的。巴哈马群岛的沙脊之间海流泛滥，形成复杂的三角洲形状的分布形式（Ball，1967）。

在澳大利亚南部 Coorong 地区，微晶白云石（从小于 10μm 到 20μm）被认为是在障壁岛之间、沙丘间坪之下形成的早期或准同生的产物（Von Der Borch，1976），白云石与构造相关联，它表示浅水来源到地面来源，如干燥裂纹、内成碎屑灰岩角砾岩和鸟眼孔。

四、钙质沙丘的高度及风成灰岩的厚度

现代钙质沙丘的大小很难准确地测量到。在许多地方，该类沙丘发生在胶结的沙丘岩石的顶部（表3-3），大多数可能是更新统的，但较老的沙丘不能总是同全新统未岩化或部分岩化的沙丘区分开来。在资料稀少的情况下，认为海岸钙质沙丘与许多大型内陆沙漠的石英沙丘相比是较小的，其高度通常小于100ft（表3-4）。

现在世界上主要研究更新统海岸地区的风成灰岩。但是，一般地，这些石灰岩不能代表整个时间段，甚至在许多地方只代表更新统的一部分。主要风成灰岩层的厚度图显示一般厚度范围在100～200ft之间（表3-5），尽管在某些地区如百慕大风成岩的最大厚度很大（Verrill，1907），这里的总厚度明显地代表几个风成砂沉积的总和，每个风成砂层受基准面变化的控制，同时被土壤或其他非沉积的产物所隔开。

表3-3 一些钙质岩石之间的关系

序号	地区	推荐人	相互关系
1	尤卡坦 Isla Mujeres	Ward (1975)	年轻的更新统沙丘在较老的沙丘之上
2	尤卡坦 Isla Cancun	Ward, Brady (1975)	活动沙丘位于更新统沙丘岩石的顶部
3	澳大利亚东南部维多利亚	Bird (1972)	现代沙丘在较老岩化的沙丘之上
4	澳大利亚西部 Point Peron	Fairbridge (1950)	全新统沙丘位于较老胶结的沙丘岩石之上
5	澳大利亚西部 Abrolhos 群岛	Teichert (1947)	部分胶结的沙丘覆盖在更新统沙丘之上
6	突尼斯南部海岸台地	Fabricius (1970)	靠近现代海岸线边缘的岩石属于全新统
7	利比亚 Tripoli 海岸西部	Glennie (1970)	未胶结的全新统沙丘位于岩化的更新统沙丘之上

表3-4 典型的钙质风成岩的高度

地区	高度（ft）	推荐人
澳大利亚西部	88	Fairbridge (1950)
加利福尼亚半岛	> 100	Phleger 和 Ewing (1962)
尤卡坦半岛 Isla Blanca	12	Ward 和 Brady (1973)
尤卡坦半岛 Isla Cancun	50	Ward (1981)
百慕大	< 100	Verrill (1907)
Christmas 岛 Joe 山	45	Fosberg (1953)
犹他州大盐湖沙漠	10～30	Jones (1953)

表3-5 一些有特征的风成灰岩的地层厚度

地区	地层	厚度（ft）	推荐人
尤卡坦 Isla Mujeres	更新统沙脊	> 90[①]	Ward (1975)
尤卡坦 Isla Mujeres 西侧	更新统沙脊	> 18[①]	Ward (1975)
尤卡坦半岛 Isla Cancun	第四系	80	Ward, Brady (1973)

地区	地层	厚度（ft）	推荐人
百慕大	第四系	几百	Sayles（1931）
百慕大	第四系	200 ~ 268，最大 350	Verrill（1907）
澳大利亚维多利亚	较老的岩化沙丘	> 200	Bird（1972）
利比亚 tripoli 西部	Gargaresh 灰屑	约 90	Hoque（1975）
利比亚	全新统	90	Fabricius（1970）
突尼斯	全新统	9 ~ 30	Fabricius（1970）
阿拉伯阿布扎比	第四系，单元①	20.1	Evans 等（1969）
印度卡提瓦半岛	Miliolite 组	200	Biswas（1971）
印度 Kutch	Miliolite 组	200	Biswas（1971）
印度卡提瓦半岛	Miliolite 组	海岸 900，Veraral 138 ②	Lele（1973）
澳大利亚 Abrolhos 群岛	沙丘灰岩	30	Teichert（1947）

注：①海平面之上的高度；②钻孔。

五、由植物形成的古土壤及其稳定性

不仅颗粒的部分胶结或完全胶结使碳酸盐沙丘砂稳定，而且植物尤其是根发育的植被也使其得以稳定（图版Ⅲ-6）。根部特征如 Kindle（1923）描述的绕根结核或 Glennie 和 Evamy（1968）描述的保存较好的固定沙丘在一些地区证明其部分稳定性，这些地区包括百慕大（Verrill，1907）、巴哈马海岸（Ball，1967）和澳大利亚维多利亚（Bird，1972）。此外，在地中海西部 Balearic 岛沙丘也发育钙化的根系（图版Ⅲ-7）。

在许多地区，古土壤在风成灰岩层序中成层出现（图版Ⅲ-8）或作为小型的充填物（图版Ⅲ-9）。在澳大利亚东南部的沙丘沉积物中，古土壤将两个或更多的风成交错地层层序分隔开。Bird（1972）描述了古土壤与风成沉积砂的不同，主要在以下几方面：（1）颜色为红色、氧化铁的棕色或黄色，局部含碳质呈黑色；（2）结构是砂质粉砂或粉砂质黏土；（3）都存在下伏不规则钙质结砾岩面。与碳酸盐沙丘有关的澳大利亚土壤带大部分厚 1 ~ 2ft。Goudie 等（1973）指出印度 Thar 沙漠中类似的古土壤将两个干燥相带分隔开来而代表相当潮湿气候的时间间隔，上述两个地区的沙丘中均存在保存好的根化石。

在百慕大地区的一个相当大的地层剖面中，Sayles（1931）识别出 5 种含钙风成岩和 6 种土壤单元，每个单元都有一个当地的名字，他认为这些广泛发育的沙丘代表冰期，当海平面低而陆地表面相应地较高时，暴风雨较多而植被稀少；而古土壤被认为是代表间冰期，其颜色为深红色，通常几英尺厚。

六、海平面变化与气候的关系

Sayles（1931）认为百慕大碳酸盐沙丘岩石是在冰期沉积的，海平面降低，内大陆架露出，发生风蚀作用；他识别出百慕大更新统风成层序中的 5 个古土壤带，并指出每个化石土壤代表温暖间冰期气候期间风化作用的时间；然而，Fairbridge 和 Feichert（1953）认为澳大利亚海岸沙丘是在温暖的、干燥的、间冰期的环境中海平面处于不同的高位时形成的；这些地质学家总结出风成岩可能是在海退

阶段或在海进阶段形成的。根据 Bretz（1960）和 Land 等人（1967）的研究，百慕大地区的风成岩是在间冰期海平面高位时沉积的；Yaalon（1967）对以色列沙丘岩石进行研究，指出由于气候在时空上发生不规则的变化，所以无论是风成岩还是埋藏的土壤都不能作为判断第四纪特定气候带的标准。

Fairbridge（1971）认为大部分第四系风成岩是在海退的开始快速形成的，此时气温下降导致更加干燥，因此海岸风成岩是代表冰期开始的好指标。沿着尤卡坦半岛的东北海岸，风成岩沉积于晚更新世海退的早期和全新世海进最大时期（Ward，1970，1975）。

总之，一些地质学家（如 Sayles，1931）认为，百慕大、印度、尤卡坦及其他一些地区的钙质风成岩与土壤带交替层序的控制因素是更新世海平面的变化，海平面周期下降，形成冰原，有利于形成更多沙丘的砂暴露，至少在百慕大地区识别出了冰期—间冰期的地层层序。

第三节　碳酸盐砂的来源和特征

一、砂的来源

碳酸盐沙丘的发育和保存明显地受钙质砂的来源充分程度及主风搬运砂和沉积砂的能力所控制。到目前为止，碳酸盐砂最大的来源是沿着海的边缘，海相生物碎屑、鲕粒和有孔虫易形成和堆积。海滩可能是风成钙质砂最重要的直接来源，沿岸流不断地补充砂的供应，当砂变干时，海岸风完成在内陆的运动。

有大量的实例说明碳酸盐砂来源于海滩或其他海岸沉积物：在印度西部的 Thar 沙漠，西南向的季风季节性地将大量的砂从 Cutch 的 Rann 和相邻的海岸带进内陆（Wadia，1953）；Evas（1900）和 Qadri（1957）报告印度的钙质风成岩来源于滨海沉积；沿着非洲的地中海海岸，结构和骨骼成分相似的砂被认为是海滩砂，大量的风成灰岩是在更新世主风为西北风的条件下形成的（Hoque，1975）；此外，如巴哈马群岛（Ball，1967）和百慕大（Sayles，1931；Mackenzie，1964）的沙丘也是由海滩砂发展而成的。

在一些地区沿着海岸边缘的钙质沙丘向内陆方向发展，最明显的是印度 Thar 沙漠，风将大量的有孔虫向内陆方向运移长达 400km 以上，砂中骨骼和介壳的丰度逐渐减少（Goudie 和 Sperling，1977）。在沙特阿拉伯的 Wahiba 沙漠中，碳酸盐碎片被认为是风从海岸盐沼和海相台地吹过来的，有些地区风吹的距离还很远。

内陆沙漠风也可形成碳酸盐沙丘，尽管这类沙丘相对地不太常见。在伊拉克的南部沙漠中，风成碎屑的主要来源被认为是 Mesopotamian 平原（Skocek 和 Saadallah，1972），其碳酸盐含量一般小于30% 且主要为细粒成分；沿着沙特阿拉伯和伊朗的波斯湾，一些细砂和尘土中含钙量高，是主风从西北方向长距离运移而来的（Emery，1956）；此外，Newell 和 Boyd（1955）观察到秘鲁 Ica 沙漠沙丘主要来源于始新世软体动物外壳碎片；Jones（1953）记录犹他州大盐湖沙漠所有的鲕粒、石膏碎片、介形动物碎屑和藻颗粒都来源于大型湖泊边缘的沉积物。

Sayles（1931）对百慕大岛屿的风成岩进行了大量的研究，注意到尽管风成岩主要由瓣鳃动物外壳碎片组成，但含有一些有孔虫、螃蟹壳的碎片和藻类，具有不能溶解的残余物，包括 8 种由 E. S. Larsen 确定的基本矿物。这些矿物具有特殊性质，因为尽管辉石、钙钛矿、镁和玻璃可能来自岛屿下伏的火山岩台地，但石英、正长石、锆石、金红石和电气石则是典型的陆地矿物，对这些矿物的分布还没有满意的解释。

二、砂的特征

大多数地区碳酸盐沙丘砂的特征与作为碎屑沉积主要来源的邻近海滩或浅海地区的砂极其相

似。风成沉积砂与近海岸或海滩砂颗粒间的相似性发生在以下地区，如利比亚、非洲北部的海岸（Glennie，1970）、巴哈马群岛的风成岩（Ball，1967）、尤卡坦海岸沙丘（Harms 等，1974）和百慕大沙丘灰岩（Mackenzie，1964）。

在海相碎屑沉积物中，形成风成沉积物的主要成分有：（1）动物外壳碎片，通常指骨骼矿物；（2）有孔虫的介壳，风能将其运移到很远的距离；（3）鲕粒沉积，在合适的环境下可形成大规模纯碳酸盐沉积；（4）早期石灰岩侵蚀而形成球形颗粒。在钙质风成岩中可同时存在所有这 4 种类型颗粒，但每一类型的比例在不同地区变化很大。

1. 骨骼矿物

一些地区大多数风成岩是由骨骼矿物碎片（生物碎屑）组成的（图版Ⅲ-10b）。在利比亚海岸的沉积物中，75% ~ 88% 为钙碳酸盐，Hoque（1975）称之为"介壳灰岩矿物"。在百慕大一些地区的沙丘砂几乎全是由破碎的动物外壳组成的（Verrill，1907）；在加利福尼亚半岛，风成沉积物是由圆—次圆的动物外壳碎片所组成的（Anderson，1950）。在一些地区，存在骨骼矿物中其他几种具外壳碎片的类型混合在一起的情况，如在澳大利亚西海岸，海胆、珊瑚、有孔虫和苔藓虫的碎片被认为与软体动物外壳有关（Teichert，1947；Fairbridge，1950）；在印度西部，风成砂被描述成具软体动物碎屑的鲕粒、有孔虫、分泌的小球和棘皮动物的脊柱的混合物（Chapman，1900）。

2. 有孔虫

某些小的海相动物的外壳通常被冲刷但没破碎，可以形成一些碳酸盐岩的主要组成成分，有孔虫就是一个很好的例子。在印度西部的 Miliolite 石灰岩，许多地质学家认为是风成成因的，其中的有孔虫外壳特别丰富（Shrivastava，1968；Lele，1973），用于石灰岩的名字指的是其中粟孔虫的丰度。在加利福尼亚半岛的单个砂质含钙风成岩中，记录有 15 个代表开阔海洋的有孔虫种属（Phleger 和 Ewing，1962）。在百慕大地区，一种典型的细粒风成砂岩中发现有 34 个有孔虫种属（Sayles，1931）。

Glennie（1970）认为海岸风成沉积砂中有孔虫的保存情况通常要好于海相环境的沉积物。而且，有孔虫容易受风长距离搬运的影响，Goudie 和 Sperling（1977）描述印度 Thar 沙漠来源于近海 400km 的有孔虫外壳通常至少在两个地区出现；同样有意义的记录有爱尔兰 Galway 海岸的大型钙质沙丘，含有大量的在温和气候下沉积的有孔虫矿物。

Cloud（1952）曾引用该类沙丘的例子，太平洋环状珊瑚岛的小岛风成沉积物最显著的特征是主要由有孔虫外壳组成的碳酸盐沙丘，海滩大多是由几种这种动物的种属所组成。在印度的西部（Kathiawar 和 Kutch）及别的地方（Shrivastava，1968；Biswas 等，1971），风成灰岩砂中有孔虫的含量很高。Goudie 和 Sperling（1977）报告远离印度 Thar 沙漠的内陆存在大量的有孔虫外壳，其主要成分是 rotalid 和粟孔虫，与含石英的砂混合在一起。一些纺锤虫外壳出现在大多数碳酸盐风成岩的地区，包括澳大利亚、百慕大、加利福尼亚半岛和地中海海岸。爱尔兰 Galway 地区温和气候下形成的钙质风成岩含钙量高，含有大量的有孔虫矿物（Evans，1900）。

3. 其他海相动物

除了有孔虫以外，在海岸风成碳酸盐岩中发现特征的海相动物是腹足动物和介形动物。Shrivastava（1968）报告在靠近印度 Saurashtra 海岸的 Miliolite 石灰岩中存在这两种动物，与现今生活在海边的动物很相似。腹足动物 *Strombus bubonius* 存在于利比亚海岸的风成灰岩中（Hoque，1975）和突尼斯地区（Fabricius，1970），在现今远离 Senegal 海岸和 Canary 岛的局部热带水中仍存在这种腹足动物，但在现今的地中海中不存在。

4. 陆地动物

碳酸盐沙丘和风成灰岩通常含有陆地动物的骨骼残骸。在百慕大（Sayles，1931）、巴哈马群岛（Ball，1967）、大盐湖沙漠（Jones，1953）及其他地方，陆地腹足动物大量发育。在邻近南非开普敦的假层理风成砂中，一些地区的风成沉积物包括陆地动物的骨头，这些陆地动物分布在大量粉碎的海相贝壳之中（Rogers、Schwarz 和 Evans，1900）。Bird（1972）发现在澳大利亚东南部维多利亚的风成灰岩中存在一种已灭绝的大袋鼠的种属。

5. 鲕粒

鲕粒在许多地区沙丘形成中是碳酸盐物质最重要的来源。尽管鲕粒是从更早时期鲕粒沉积物风化而成的，但通常指示浅水、动荡水的沉积环境。在尤卡坦海岸的风成岩中，其主要成分是鲕粒（图版 Ⅲ-11），形成一条洁净的碳酸盐沙带（Ward 和 Brady，1973；Ward，1975）；Fabricius（1970）认为突尼斯地中海海岸的鲕粒是海底和海岸的鲕粒发生再沉积而形成的；埃及海岸平原的鲕粒可能形成于动荡的海水中（Selim，1974）。Selim（1974）总结了埃及地区几个年代石灰岩的组成成分，表中显示鲕粒在前两个石灰岩脊中占 50% 的比例；鲕粒在印度西部的风成岩中也是重要的组成成分（Chapman，1900；Shrivastava，1968；Biswas，1971）。然而，在大盐湖沙漠的鲕粒风成岩则不同，它们来源于 Bonneville 湖的湖水，与石膏晶体、石英细粒和一些贝壳碎片相关联，代表的是一种凉爽气候，但为沙漠环境（Jones，1953）。

6. 碳酸盐尘粒

尽管大多数沙漠地区的尘粒主要是从沙丘沉积物运移而来然后带入空气，但一些地区的碳酸盐沙丘和风成灰岩都含有大量的隐晶 $CaCO_3$。Emery（1960）认为尘土是风从西北方向经波斯湾运移而来的，其中钙含量 83%；在伊拉克南部沙漠，主要沿着 Euphrates 河流冲积平原的西缘，沙丘是由于较大的空气湿度使得砂物质运移中止而形成的（Skocek 和 Saadallah，1972）；虽然这些沉积物中碳酸盐含量大多在 10%～15% 范围内，但碳酸盐含量随颗粒大小的增大而减小，表明其主要来源是沙漠泥土和 Mesopotamian 平原的冲积沉积物。

7. 混合颗粒

石英与其他含碳酸盐的不溶颗粒混合，以不同比例出现在许多风成岩中。Biswas（1971）描述在印度西部海岸沉积物不含石英，但内陆沉积物石英含量为 60%～90%；Evans（1900）也描述在印度存在与碳酸盐有关的石英、斜长石、火成岩物质和含铁碎屑；Evanst 等（1969）确定沿阿拉伯海岸的沙丘砂有 25%～40% 含有光泽、磨圆好的石英和长石颗粒，它们存在于主要由钙碳酸盐碎屑组成的沉积物中；Bird（1972）计算出澳大利亚东南部碳酸盐沙丘是由 50%～90% 含有石英的钙质砂所组成的。

第四节　颗粒结构特征

一、颗粒主要特征

风成岩中碳酸盐砂的基本结构特征包括颗粒大小、分选、磨圆度、颗粒表面特征和颗粒的方位。对于近源的风成岩，其大多数结构特征都相似，因为砂来源于海滩或近海环境。因此，大多数风成岩沉积物是由细—中粒、分选好、中等—好磨圆的碳酸盐颗粒组成的；但也有例外，许多地区存在异常来源的物质、不同的运移距离和沉积介质的混合等现象。

二、颗粒大小

在风成碳酸盐岩中，细—中粒大小是最常见的（表 3-6）。Newell 和 Boyd（1955）描述秘鲁 Ica 沙漠存在强风条件下形成的非常粗的沉积，这些滞留沉积大部分来源于始新世分解的软体动物外壳。其他很粗粒的风成碳酸盐砂出现在犹他州大盐湖沙漠，小颗粒状的藻碎片层厚 1/2～1in，与石膏砂屑岩砂层呈互层（Jones，1953）。这些粗粒层被认为是"重复最大风速间隔"的指标。

表 3-6　钙质风成岩颗粒大小的分布范围

地区	大小					推荐人
	很粗	粗	中等	细	很细	
百慕大			×			Mackenzie (1964)
巴哈马群岛				×		Ball (1967)
尤卡坦半岛			×	×		Ward，Brady (1973)
尤卡坦半岛			×	×		Harms 等（1974）
加利福尼亚半岛				×		Phleger，Ewing (1962)
Onotoa 环状珊瑚岛			×	×		Cloud (1952)
利比亚			×			Hoque (1975)
阿布扎比				×	×	Evans 等（1969）
印度 Kutch			×	×		Biswas (1971)
印度 Thar			×			Goudie，Sperling (1977)
维多利亚			×	×		Bird (1972)

　　另一个极端情况是一些风成沉积物含有大量尘粒大小的碳酸盐物质，当风从内陆将钙质层表面或钙质沙漠扇的碳酸盐沉积物吹向海时，可带来许多含钙质尘土。例如，Emery（1960）记录了主风向为西北的风越过波斯湾带来钙含量为 83% 的尘土，波斯湾尘土样品的分析（Emery，1956）表明细砂含量 1.6%、粉砂含量 78.9% 和黏土含量 19.7%。Skocek 和 Saadallah（1972）对伊朗碳酸盐尘土进行了研究，发现沙丘的颗粒大小分布呈现宽阔的双峰状，是经沙尘暴运移来的细粒沉积渗透的结果。

三、颗粒的分选性

　　事实上，所有风成碳酸盐砂都有极好的分选性。Ball（1967）描述巴哈马群岛钙质沙丘砂的特征是分选好；尤卡坦沿岸 29 个样品的分析结果表明 28 个分选性为非常好—好（Ward 和 Brady，1973）；印度 Kutch 的碳酸盐沙丘具很好的分选性，其形状和颗粒大小均一致（Biswas，1971）。同样地，在澳大利亚（Bird，1972）、波斯湾沿岸（Evans 等，1969）及其他许多地方，钙质沙丘砂具有很好的分选性。

四、颗粒的磨圆度

　　Glennie（1970）认为风作用对碳酸盐砂颗粒的侵蚀速度比石英颗粒快 2～4 倍。因此，如果 $CaCO_3$ 成分相对较纯且来源于遭受磨蚀作用的海滩，那么大多数碳酸盐风成岩的颗粒磨圆度较好，从而碳酸盐和石英砂混合的沙丘具有混合的颗粒磨圆度。

　　Evans 等人（1969）的研究证实上述总结是正确的，他们发现在波斯湾的阿布扎比地区粉碎的贝壳颗粒具有好的磨圆度，而石英和长石颗粒的磨圆度仅为中等；Shrivastava（1968）对印度 Saurashtra 海岸的粟孔虫岩石进行研究，结果表明其中的石英颗粒通常为次棱角—次圆形，而相关的贝壳碎片和鲕粒则是圆形和有光泽的。一些颗粒的磨圆度是继承来的，可代表海滩磨蚀作用的产物。

五、颗粒的表面特征

　　由于含有 $CaCO_3$ 成分，一般地，钙质沙丘或风成灰岩的颗粒不发育明显的诸如光泽度好、磨砂面（frosting）、突出的擦痕等表面特征。Evans 等人（1969）曾报告在波斯湾的阿布扎比地区粉碎的贝壳中存在磨圆度好、有光泽的颗粒，但是总的来说，这些特征在大多数地区并未见到。Biswas（1971）描述印度西部有孔虫的介壳、细小的腹足动物及瓣鳃动物的外壳经风长距离搬运发生滚动和磨损从而被磨穿。

Folk（1967）对尤卡坦海岸碳酸盐颗粒的光泽度进行了详细的研究，结果表明与磨圆度一样，光泽度主要是波浪能直接作用的结果，因为未发现化学作用导致好的光泽度。尽管没有特别提到沙丘沉积物，但海滩来源的风成砂在岛的迎风一侧呈现出极好的光泽度，而在背风一侧的颗粒光泽度则不好。控制尤卡坦砂光泽度的两个因素是：（1）颗粒大小，事实上，颗粒大于 50mm 或小于 0.15mm 时，不存在光泽；（2）颗粒的类型，密度大的黑色石灰岩比珊瑚碎片和仙掌藻小薄片更容易产生光泽。

六、颗粒的偏度

很少有人注意到偏度的特征，可能是其意义不大。Hoque（1975）对利比亚海岸砂的偏度进行了测定，16 个样品中，9 个是负的、7 个是正的，偏度值范围 +0.21 ～ −0.34，为近乎对称的平均偏度。

第五节 沉 积 构 造

一、交错层理

碎屑岩石中的成分和结构分别反映其来源和运移方式，可沉积构造能很好地反映沉积环境，因为它们是在颗粒沉积过程中形成的。在碳酸盐沙丘和风成灰岩中，交错层理是最有特征和最突出的构造。石英砂沙丘中识别出主要交错层理类型是平板状、楔状、花形槽状和水平状交错层理，也有程度不同地出现在碳酸盐沙丘中。

1. 交错层理类型

大多数碳酸盐沙丘是沿海岸形成的，向岸风将沙丘发展成平行于海岸线的沙脊（图版Ⅲ-12）。因此，其常见形式是具有向陆倾斜的滑落面的平面构造（图版Ⅲ-13 至图版Ⅲ-16）。Yaalon（1967）描述该类构造在以色列海岸可形成几米长的直的平行组合；在利比亚的地中海海岸，大多数发育平板状交错层理（Hoque，1975）；在巴哈马群岛的许多地方，单一大型沙波可形成大型的前积层交错层理，含有平板状构造；Verrill（1907）和 Mackenzie（1964a）说明在百慕大地区存在板状构造（图版Ⅲ-17、图版Ⅲ-18）。

许多海岸横向沙丘中常见楔状构造（图版Ⅲ-19、图版Ⅲ-20）。Biswas（1971）认为印度西部海岸沉积物大多数构造特征是楔状层理；Harms 等人（1974）描述尤卡坦海岸的风成沉积物主要是楔状构造而不是板状的，Isla Mujeres 海崖的楔状构造的高度从几米到十多米；Jones（1953）描述大盐湖沙漠内陆沙丘在方向上明显的一致，由楔状交错层理构成。

许多碳酸盐风成岩中存在一种特别的构造类型，为形成花形样式的槽状类型，它在内陆沙漠沙丘中不常见，但见于利比亚（Hoque，1975）、尤卡坦半岛（Ward，1975）、百慕大（Mackenzie，1964）和巴哈马群岛（Ball，1967）的海岸碳酸盐沙丘中。然而，关于这些构造的大小和性质很少有记录（图 3-3、图版Ⅲ-21）。Ward 认为它们具不同的规模，分布于沙丘的核心；Ball 和 Mackenzie 描述成鞍状，分布在沙丘脊的溢出朵叶之间（图版Ⅲ-22）。至于 Frazjer 和 Osanik（1964）、Bernard 和 Major（1973）如何将这些构造同曲流河的花形沟槽相比，以及 Smith（1970）如何将之同辫状河相比，就不得而知了。

一些碳酸盐沙丘复合体中记录有水平状地层。在非洲北部海岸沉积物中，Hoque（1975）认为此类地层是现在的但不常见，他没有指出其是否为迎风顶积层或是沙丘间沉积物。

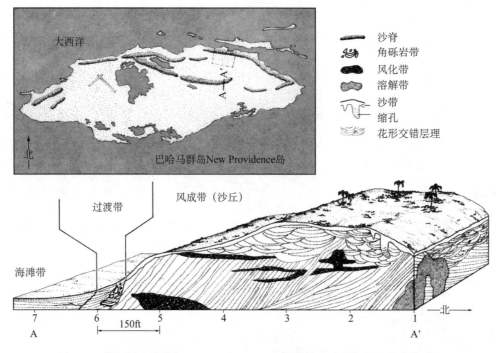

右侧图例：
- 沙脊
- 角砾岩带
- 风化带
- 溶解带
- 沙带
- 缩孔
- 花形交错层理

大西洋

巴哈马群岛New Providence岛

北

风成带（沙丘）

过渡带

海滩带

7　6　150ft　5　4　3　2　1

A　　　　　　　　　　　　　　　　　A′

北

图 3-3　横切巴哈马群岛 New Providence 岛更新世碳酸盐沉积的综合构造图

左边的海滩碳酸盐岩较年轻，地层越过部分的钙质沙丘之上，整套地层现在已岩石化；下面的板状交错层理是从北面来的风形成的，
上面的交错层理是从东面或西面来的风形成的；T. S. Ahlbrandt 作图

2. 前积层的倾角

大多数碳酸盐风成岩的前积层倾角与由石英砂形成的沙丘类似。一般地，滑落面的前积层的倾角
较大（图版Ⅲ-12、图版Ⅲ-13、图版Ⅲ-15、图版Ⅲ-16），干砂接近静止角，约 34°，迎风面为低
角度，低于 15°。表 3-7 显示了对一些地区进行详细研究而记录的倾角测量结果，Hoque（1975）指
出利比亚沙丘滑落面的前积层倾角较低，但它们仅是平均值，最大倾角值是未知的，这些倾角值是根
据 321 个读数得出的，55% 为高角度、大于 20°，40% 为低角度、小于 20°。

表 3-7　不同地区沙丘的前积层和迎风面纹层的倾角记录

地区	推荐人	前积层倾角（°）	逆风倾角（°）
犹他州大盐湖沙漠	Jones（1953）	最大值 30 ~ 32	
百慕大	Mackenzie（1964）	30 ~ 35	10 ~ 15
印度 Kutch，卡提瓦	Biswas（1971）	很缓（>5）到 20 ~ 30	
利比亚	Hoque（1975）	24 个地区平均 17 ~ 27	
澳大利亚西部	Fairbridge（1950）	32	
尤卡坦东北部	Ward（1975）	最大值 28 ~ 39	< 10

3. 地层的测量

有关碳酸盐风成岩组和交错地层规模的资料是很少的，百慕大风成灰岩前积层的长度为 1 ~ 50ft
（Mackenzie，1964），尤卡坦海岸风成岩仅被描述成大规模和较陡的倾角（Ward，1975）。

风成岩组的厚度也极少受关注，尽管它容易与古代岩石构造进行对比。Harms 等（1974）指出尤
卡坦半岛风成岩组的厚度为几米到十多米不等；利比亚海岸风成岩组的平均厚度为 148cm，厚度范围
77 ~ 308cm（Hoque，1975）；百慕大地区风成岩组的厚度为 1 ~ 75ft（Mackenzie，1964）。

4. 前积层的痕迹

人们非常关注交错地层中剖面的形状和前积层的方向。高角度、倾斜的表面与下伏平面呈锐角接触，但通常它同基底呈相切关系（Mackenzie，1964；Ward，1975），相切接触的原因可能与在石英砂沉积物中的相似，或是砂分选不好、细的颗粒形成底积层，或是在崩塌沉积物前面悬浮物沉积了大量的砂。

前积层痕迹的第二个突出的特征是曲率，它见于与风方向平行的垂直面上。大多数风成的前积层和水成的前积层是向上凹的或近于直线的，因为其处于或接近于静止角。在碳酸盐沙丘中，一些前积层是向上凸的（Hoque，1975；Mackenzie，1964）。Mackenzie（1964）认为向上凸的沙丘早期较稳定，因此上凸性被认为是钙质砂的典型特征。然而，类似的构造存在于美国新墨西哥州白色沙漠的石膏沙丘中（McKee，1966）及怀俄明州 Killpecker 地区的硅质沙丘中（Ahlbrandt，1975），它们仅出现在抛物线形沙丘中，且伸出的前沿被削蚀。因此上凸前积层被认为是抛物线形沙丘侧风底切的结果，而不被砂的成分所控制。

Hoque（1975）注意到利比亚的前积层痕迹在平面上切割碳酸盐沙丘，呈强烈的弓形状，代表花形或槽状构造。

5. 方位角样式和古水流方向

人们能确定一些风成碳酸盐岩分布地区交错地层倾角的平均倾角方向矢量和发散度。Hoque（1975）研究利比亚近海岸交错地层石灰岩，指出其平均方位角为 102°，标准偏角为 80°，矢量图代表双模式分布：东北向扇形和东南向扇形分布。同样地，Ward（1975）对尤卡坦半岛海岸的风成岩进行了研究，测量了 205 个前积层，显示较宽的倾角方向，大多数在约 90°的弧内。Ball（1967）认为巴哈马群岛溢出朵体的风成岩交错层理倾角沿沙脊散开分布，总的范围在台地中心约 180°的弧内。所以这些研究似乎证实了沙丘地区砂运移方向的一致性。

6. 纹层和薄层的厚度

钙质沙丘的纹层厚度、长度和分选性与同一环境中的硅质沙丘相似，总体上，大量砂在运移过程中，分选性极好。对彩色的砂进行实验（McKee、Douglass 和 Rittenhouse，1971），结果表明在沙丘滑落面上，砂发生明显的大小粒级分选形成纹层，长达几英尺。此外，由于大多数钙质沙丘形成于近物源的海滩或其他近岸沉积中，因此可以见到外来的大颗粒混合物，如未破碎的贝壳、珊瑚碎片或海滩垃圾等。

Glennie（1970）认为细粒与粗粒碳酸盐纹层互层是风成砂的典型特征，是由磨蚀的交错地层运移而形成的。一般沙丘纹层相对较薄，在百慕大地区，其厚度为 2mm 到几厘米（Mackenzie，1974）；在大盐湖沙漠，鲕粒沙丘前积层厚 2 ~ 8mm（Jones，1953），而颗粒大小的藻碎片层厚达 1.3 ~ 2.6cm 且与薄前积层互层。

Ball（1967）描述巴哈马群岛沙丘交错层理为"像纸一样薄"，指出纹层的厚度小并且大规模的交错层理在该区的海相碳酸盐岩中不常见。

二、细小的构造

1. 波痕

波纹是风成石灰岩的标志性构造，但相对不常见。尽管这些构造经常在现代钙质沙丘和活动石英沙丘的迎风面见到，偶尔见于背风面，但波痕却很少被保存下来。沙丘的迁移几乎破坏所有迎风沉积的地层，只有那些背风处相对不常见的波纹被崩落的砂埋藏而得以保存下来。McKee（1945）描述大峡谷二叠系 Coconino 砂岩存在背风处沉积物被选择性地保存下来，这似乎也应用于大多数沙丘沉积。

风成波纹的两大特征似乎具识别功能并且可用于区分水下波纹。Kindle（1917）提出波纹指数或波长与波纹高之比，风成波纹以波纹小为特征，所以其波纹指数就高。Bagnold（1943）认为砂的分选程度控制波纹指数，对该区进行的实验结果说明颗粒非常一致的砂的波纹指数通常为 1 ~ 70。

风成波纹第二个具识别功能的特征是波纹的方向——平行于沙丘背风面高角度前积层的倾角方向，在交错地层的表面可见一系列平行沙脊和波谷具有这一特征；在沙丘岩石保存的地方，波纹方向是典型的反映成因的好指标。

地质文献中相对较少记录碳酸盐风成岩具有波纹痕迹。Ward（1975）描述尤卡坦半岛沿岸的沙丘沉积物发育大量的交错层理而极少见波纹痕迹；Mackenzie（1964）提出在百慕大地区存在波纹痕迹，还有根部特征和其他细小构造；Newell 和 Boyd（1955）描述秘鲁粗砂波纹高 0.15 ~ 0.30m，相距 1.0 ~ 1.5m。这些波纹砂被认为是风化作用和风蚀作用的产物，更细的颗粒被选择性地除去；在局部地区，是由始新世软体动物化石碎片所构成（Newell 和 Boyd，1955）。Yaalon（1967）报告在以色列海岸风成岩的沙脊（crest）存在发育好的含粗粒的波纹。

2. 角砾岩和裂缝

McKee、Douglass 和 Rittenhouse（1977）在实验室重现和研究了具裂缝的纹层和角砾岩的沙丘沉积构造，此类构造似乎一定是砂体黏度的函数。大多数角砾岩存在于湿砂中，干砂上的潮湿表层通常粉碎成裂缝，在巴西湿海岸一些石英砂中常见这两种现象（McKee 和 Bigarella，1972）。

一些地方的碳酸盐沙丘和风成石灰岩中，存在角砾岩和裂缝，它们沉积在相对潮湿的海岸地区。Mackenzie（1964）发现百慕大风成岩单元内和之间存在角砾岩化现象；Ball（1967）认为巴哈马群岛剖面的几个地层中存在由交替的风成岩碎片构成的角砾岩；Harms 等（1974）报告在尤卡坦半岛也存在钙质层角砾岩，认为其与钙质层面的发育有关；在巴哈马群岛局部悬崖基底也存在钙质层角砾岩（图版Ⅲ-15）。

3. 扭曲层理

不同类型的扭曲层理在碳酸盐沙丘和石英沙丘中都很常见，特别是在湿度大和强降雨量的地区，使得高角度滑落面滑动（图版Ⅲ-23）。McKee、Douglass 和 Rittenhouse（1971）识别出多种扭曲层理类型并通过实验室试验进行了描述，大多数扭曲层理存在于巴西湿海岸沙丘中（Bigarella、Backer 和 Duarte，1969；McKee 和 Bigarella，1972）。

Hoque（1975）记录利比亚碳酸盐沙丘沉积物中存在扭曲层理，并将之描述成"准同生滑动构造"；Ward（1975）描述尤卡坦半岛的扭曲层理为"沙丘坡上过载滑动（overload slumping）"。在非洲北部海岸风成石灰岩的前积层中，存在一些纹层发生褶皱现象，指示在近代邻近沙丘的侧面上存在滑动现象。

4. 绕根结核或根迹

名词"绕根结核"是 Kindle 在 1923 年提出的，"固定沙丘（dikaka）"是 Glennie 和 Evamy 在 1968 年提出的，二者均反映以钙质层形式保存的沙丘植被根部构造特征（图版Ⅲ-7、图版Ⅲ-10）；Sherman 和 Ikawa（1958）及 Ward（1975）后来用术语"钙质结砾岩绕根结核"来代表根部构造特征。这些根系在钙质风成岩和其他沙丘沉积物中显然是常见的，如百慕大地区（Mackenzie，1964）、尤卡坦半岛海岸（Harms 等，1974；Ward，1975）、利比亚海岸（Glennie，1970）及许多其他沙丘地区。Harms 等人（1974）将之描述成丛式根带，Glennie（1970）描述为胶结的植物根模（cemented plant root molds）。

Bird（1972）将澳大利亚东南部风成岩的根系统描述为圆柱形的钙质结砾岩，通常表示风成灰屑岩中古土壤的存在。在澳大利亚的西部，同心的钙碳酸盐岩广泛存在根部构造（Teichert，1947）。在印度的 Rajasthan 地区，钙质结砾岩沙丘内大量的根部特征存在于 56% ~ 68% 的钙碳酸盐岩中（Goudie 等，1973）。Ward（1975）详细描述了尤卡坦半岛更新统风成岩，发现在大多数分支的和网状的绕根结核中存在钙质层的固体核心。其硬的、空的外壳的根部特征也存在，但不常见。在全新世的沉积物中，具硬核心的绕根结核很少见，尽管胶结作用使根洞充填而形成一些水平的和垂直的根特征。

Ward（1975）仔细描述和研究了尤卡坦半岛海岸更新统风成岩中微晶钙的小的细管特征。这些细管被称为"根须外壳（root-hair sheaths）"，其有三个不同的可能来源：藻类细丝、小根细胞的延长部分和真菌菌丝。Ward（1975）解释其很可能是沙丘植物根须周围的沉淀物。

5. 由动物引起的生物扰动构造

生物扰动作用被定义为沉积物通过生物发生破坏和混合作用，它常见于许多沙丘地区，尤其是内陆沙漠的沙丘（Ahlbrandt、Andrews 和 Gwynne，1978）。在许多海岸碳酸盐沙丘地区，普遍存在由植物根系产生的生物扰动构造，如前面所述的绕根结核（Kindle，1923）或固定沙丘（Glennie 和Evamy，1968）等根部构造。相反地，动物引起的生物扰动构造在许多碳酸盐沙丘似乎并不常见或识别不出。

Ball（1967）描述巴哈马群岛沙丘中风成碳酸盐岩极少有洞穴，而根部特征则很常见；Fairbridge（1950）认为在澳大利亚西部风成岩存在溶解管的昆虫蛹壳和化石茧并具大量根部特征；Glennie（1970）提出在碳酸盐砂中存在孔构造。然而，一般地说，钙质风成岩中洞穴是极少见的，可能是因为早期成岩作用和胶结的外壳发育一种不利于洞穴存在的环境，许多地质学家如 Ahlbrandt、Andrews 和Gwynne 勉强解释在内陆沙丘的风成沉积物中也可能存在洞穴。

由于某一动物的分泌物胶结或粘结沙管，因此不太容易区分根模（绕根结核）和洞穴或孔洞。然而，Ahlbrandt、Andrews 和 Gwynne（1978）及 Ball（1967）证实区分根模和动物洞穴的有效方法是其不同的形状特征及反映选择性氧化的颜色特征。

第六节　早期成岩组构

早期胶结物和在渗流带形成的成岩组构是风成岩的主要特征。经过碳酸盐沙丘过滤的雨水中$CaCO_3$在文石和镁方解石颗粒发生部分溶解作用下达到过饱和，许多进入溶液的 $CaCO_3$ 作为沙丘砂孔隙中低镁方解石胶结物而沉淀下来。因此，碳酸盐沙丘在 $CaCO_3$ 沉积的同时几乎发生岩石化，风成岩的早期成岩组构大多与降水量、蒸发作用、沙丘植物准同生沉积所引起的蒸腾作用相关。

一、早期胶结物

大多数风成岩早期胶结物的渗流特征易被识别，其标志特征之一是极大的变化性（Dunham，1969）。第四系风成岩的胶结物在大小、形状和分布上变化极大，甚至在单一岩石中几毫米的区域内都有变化。细粒层比粗粒层趋于胶结更彻底，而且不同年代或地区的风成岩胶结类型是不同的，特别是在晶体大小方面（Ward，1973，1978）。除典型的变化性以外，风成岩早期胶结物的另一特征是渗流类型占大多数，如新月形的、悬垂形的和针纤维状的胶结物很发育，而纤维颗粒镶边胶结物则不发育。

1. 颗粒接触和新月形胶结物

一般地，风成岩的胶结物在颗粒接触处优先沉积，表面张力使过滤雨水的小水滴得以保存。颗粒接触的胶结物可为微晶，但通常为细—粗粒结晶方解石。颗粒接触的胶结物的生长受限于保存在孔隙一角的水的外边界或新月形水面（Dunham，1971）。在晶体生长过程中，胶结物的孔表面呈现出新月形，使孔隙的一角变圆。许多风成岩的新月形胶结物很发育（图版Ⅲ-24、图版Ⅲ-25）。

2. 悬垂形胶结物

方解石胶结物优先沉淀在颗粒的底部，这种现象在一些风成岩中较常见（图版Ⅲ-18、图版Ⅲ-26）。这一胶结物类型通常被称为"悬垂形胶结物"，在渗流带胶结物中广泛存在。在尤卡坦半岛第四系风成岩中，具悬垂形胶结物的颗粒的比例变化很大，一些层为0，而另一些地区高达65%。

3. 针纤维状胶结物

方解石胶结物的针状晶体在尤卡坦半岛更新统风成岩中较常见（图版Ⅲ-27），特别是靠近古风化面和绕根结核的地方。针纤维状胶结物（Ward，1970）、须状晶体（Supko，1971）和针状纤维（James，1972）与新月形胶结物和悬垂形胶结物样，可作为反映渗流带胶结作用的指标。

这一胶结物在粒间孔和颗粒间溶解空隙均存在，为无定向的直纤维状，长约200m，宽通常小于4m。针状纤维是混合晶体，由一系列叠瓦状变平的菱形方解石所构成（图版Ⅲ-28）。

4. 微晶外壳胶结物

在一些风成岩中，颗粒被不规则的微晶方解石（1～2μm）外壳所包围，微晶方解石向孔方向逐渐发育成叶片状和菱形的方解石晶体，最大不足25μm（图版Ⅲ-29）。在百慕大地区风成岩中，该类胶结物被称作颗粒外壳胶结物（Land等，1967）。在胶结物为细粒结晶方解石的岩石中，粒间孔很少是完全充填的。

5. 孔堵塞胶结物

在尤卡坦半岛全新统风成岩中，分散的孔隙中可完全由方解石胶结物所充填，但邻近孔却无胶结物（Ward，1975）。孔堵塞胶结物的晶体大小和形状变化较大，包括细粒结晶的他形的短晶石、细—粗粒刃状晶簇和呈现粒间孔形状的大型单个晶体。此外，棘皮动物碎片产生较大的共生加大，堵塞了部分孔隙空间，细粒层和致密的碎片更易于孔隙的堵塞。在以色列中更新统风成岩中，孔隙空间整个被晶簇方解石胶结物所塞满（Gavish和Friedman，1969）。

二、与植物根有关的成岩组构

在一些风成岩中，胶结物类型和其他的早期成岩特征与沙丘植物的根系有关。例如在尤卡坦半岛的风成岩中，针纤维状胶结物和微晶外壳胶结物在靠近根痕迹和古土壤的地区特别丰富，但亮晶方解石胶结物却很少见（Ward，1975），其他典型的成岩组构是由根和根须周围方解石沉淀而产生的。

1. 绕根结核

绕根结核或根特征（图版Ⅲ-30）可在岩心中识别出来，以水平的和垂直的管状构造存在于硬的褐色的微晶方解石中，其直径从几毫米到几厘米，内部构造一般由微晶方解石的波状纹层（像钙质层）所构成，与管状构造的长轴为同一中心。绕根结核的核心可自然地保存根的一些细胞构造。

2. 根须外壳

在一些风成岩的间隙孔中存在丰富的微晶方解石的小管（图版Ⅲ-31、图版Ⅲ-32），这些空的外壳直径为5～15μm，壁厚1～2μm，它们尤其在靠近绕根结核处很丰富，可能是根须的钙化复制品（Ward，1975）。大多数外壳是由类似于微晶外壳胶结物的细结晶方解石所组成（图版Ⅲ-31），一部分是由长轴与管相切的针纤维构成。

3. 微松藻属

在一些更新统的风成岩中形成的成岩构造是由呈球形体、椭圆形体或席状体（图版Ⅲ-33）排列的方解石棱柱所组成的（Ward，1975；Calvert等，1975）。这些构造广泛存在于石灰岩和钙质层中，被称作微松藻属，Klappa（1978）的研究表明它们是菌根（根加上真菌）群丛钙化的产物。

4. 显微孔

邻近绕根结核的颗粒被直径15～25m（？）的管状孔所侵入而成洞状构造（图版Ⅲ-34），这些洞大小与根须外壳（部分保存在洞中）的大约相同，可能是碳酸盐颗粒的根须和小根渗透的结果。

许多与绕根结核和根须外壳有关的颗粒也含有直径1～2m（？）直的、长的真菌孔。真菌菌丝的生长与沙丘中根系有着密切的关系（Webley等，1952），它为存在于地下浅水环境的细丝状植物。

5. 陆上外壳

在一些地区第四系风成岩上和内部发育钙质层或钙质结砾岩外壳（图版Ⅲ-35、图版Ⅲ-36）

（Johnson，1967；Ward，1970；Read，1974；Semeniuk 和 Meagher，1981）。

三、渐进的早期成岩作用

人们对百慕大（Land 等，1967）、以色列（Gavish 和 Friedman，1969）和尤卡坦半岛（Ward，1970，1975）地区风成岩进行了早期成岩组构渐进发展的研究。大多数尤卡坦半岛全新统沙丘岩化很弱，总体上，在渐进的老全新统风成岩中，亮晶方解石胶结物占据了更多的孔隙空间。虽然岩石被粗结晶体胶结时粒间孔大量减少，但年轻的风成岩中胶结物不太发育，因而不能完全堵塞孔隙。全新统风成岩的孔隙度约 25% ~ 40%，在这些灰屑岩中几乎不存在颗粒发生溶解作用。

在百慕大地区，最年轻的更新统风成岩未胶结或仅在颗粒接触处发生胶结，已胶结的孔隙度约20%；中更新统沙丘岩石通常是以颗粒外壳（微晶外壳）来胶结的，孔隙度 30% ~ 45%；最老的更新统风成岩发生广泛胶结，文石颗粒产生溶解，孔隙度为 36%，溶解与胶结几乎达到平衡。

以色列较年轻的碳酸盐沙丘未胶结。上更新统风成岩在颗粒与颗粒接触边缘处发生胶结，大多数粒间孔被保留，部分石英和其他硅酸盐颗粒被方解石取代；在中更新统风成岩中，粒间孔空间全部被晶簇状方解石胶结物堵塞，文石碎片被分解，形成方解石充填的铸模；晚更新统风成岩的成岩组构与中更新统的沙丘岩石相同。

尤卡坦半岛更新统风成岩至少有三个稍微不同的时代，但所有风成岩大概都为晚更新世。最年轻的上更新统风成岩主要是以微晶外壳和具更多亮晶方解石的针纤维而胶结的，孔隙度稍小。尤卡坦半岛最老的风成岩比其他岩石具有更多的亮晶胶结物和较低的孔隙度（小于 25%）。Calvert（1979）、Calvert 等人（1980）发现 Mallorca 不同地区的全新统和更新统风成岩的成岩路径和速率是不同的，这取决于原始成分和气候条件。

第七节　碳酸盐风成岩的形成年代

一、更新统风成岩

大多数碳酸盐沙丘和风成石灰岩依据时代被分为全新世的或更新世的。尽管所有或近乎所有的未岩化的活动沙丘是现代或全新世的，而不是更新世的，但在岩化程度与年代之间没有明显的关系。然而，许多全新统沙丘是部分胶结的，更新统沙丘可为弱胶结或为强胶结，但所有的沙丘至少是部分岩化的（图版Ⅲ-10）。

在许多地区，广泛存在更新统稳定沙丘、沙脊或台地，而现代活动的碳酸盐沙丘也是存在的。这两种时代的沙丘可以一个在另一个之上（表 3-3），如在利比亚海岸 Tripoli 的西部，未胶结的全新统沙丘覆盖在岩化的更新统沙丘之上（Glennie，1970）；在澳大利亚，松散的全新统沙丘在海岸石灰岩的固结沙丘岩石的顶部（Fairbridge，1950）。

在大多数风成碳酸盐沙漠地区，包括印度西部、尤卡坦半岛海岸和别的地方，早期沙丘石灰岩的残余位于较高的位置或比今天活动海岸沙丘高的不同位置。此外，百慕大是存在大量的更新统风成岩的几个地区之一，其中现代的碳酸盐沙丘不常见。活动沙丘的缺失是由于岛屿树木很发育、漂流的砂很少所造成的（Sayles，1931）。

Verrill（1970）指出在百慕大 Harrington Sound 具交错层理的风成石灰岩悬崖部分发生淹没。

广义的年代指定如"早更新世"、"晚更新世"、"次近代（sub-recent）"、"早全新世"和"晚第四纪"被不同的地质学家用来描述某一地区的碳酸盐风成岩。一些地方仅可得到放射性碳定年资料，Evans 等（1969）用放射性碳方法对波斯湾阿布扎比地区 36 个晚更新世和全新世风成砂样品进行了年代测定。放射性碳方法被用来解释发生在最近 7000a 以上的事件，包括晚更新世发育的风成砂、海平面上升的较晚时间及砂与水下碳酸盐的混合等。

在突尼斯南部海岸台地的现代砂中发现了晚更新世的鲕粒，这说明了仔细挑选测年的碳酸盐砂样品的必要性。^{14}C 测量表明这一现代鲕粒砂的年代是距今 2 ~ 3Ma（Fabricius，1970），反映鲕粒砂为再沉积物质，在该区不是现今形成的。

在广泛存在源岩沉积物的地区，产生了大量的更新统风成石灰岩。例如在百慕大，95% 裸露的陆地是由这种岩石组成的（Mackenzie，1964）。在一些地区，大概是由于海平面的变化，更新统的沙丘现在被水淹没，一个显著的例子是在澳大利亚鲨鱼湾，在海平面低位时形成的沙丘如今上升在海平面之上，将鲨鱼湾与印度洋分隔开来（Malek-Aslani，1973）。

二、古代风成岩

前更新统的碳酸盐岩很少被解释成风成石灰岩，其主要原因是很难识别风成碳酸盐沉积物及难以将它们与其他近海环境的碳酸盐砂区分开来。当一个沙丘有可能来源于另一个沙丘时，沙丘成分和结构通常与邻近的海滩或沙坝是一样的，这一特征突出体现在百慕大（Mackenzie，1964）、巴哈马群岛的沿岸（Ball，1967）、利比亚的地中海海岸（Glennie，1970）和其他许多地区。

属于风成来源最古老的碳酸盐岩之一的是美国田纳西州东部 Ocoee Supergroup 的上前寒武系（upper Precambrian）Wilhite 组，据说该组含有大量的可很好地与现代浅水沉积相比的碳酸盐岩，解释其包括水下沉积物。Hanselman 等（1974）描述在别的地方部分碳酸盐沉积物在水下环境中发生了演变。尽管这种碳酸盐岩的许多沉积构造在成岩再结晶作用下发生破坏，但所保留下来的构造足以识别其沉积环境。

一些二叠系的岩石被解释成风成碳酸盐岩，其中包括 Glennie（1970）描述的英格兰 Derbyshire 郡 Scarcliffe 的 Magnesian 石灰岩，它可能开始以 Zechstein 海的沙漠海岸上的碳酸盐沙丘形式沉积下来，而后发生了白云石化作用。

许多年以前（1900 年），Evans 认为英格兰侏罗系的大鲕状岩是风成来源的，因为交错层理和显微切片表明其与印度 Kathiawarin 的风成石灰岩和印度西部的风成岩很相似。然而后来研究表明这些岩石不是风成的，而可能代表潮下沙坝和沙洲（Klein，1965）。覆盖在侏罗系鲕粒层之上的地层含有爬行动物蛋，同样被认为是风成来源的（Evans，1900）。

致谢

感谢 Sarah Andrews 在收集大量广泛的数据和综合本书材料的准备工作方面所提供的帮助！对 William Chesser 起草了一些文中的图件及 T. S. Ahlbrandt 提出了大量建设性的评论一并表示谢意！

参 考 文 献

Ahlbrandt, T. S., 1975, Comparison of textures and structures to distinguish eolian environments, Killpecker dune field, Wyoming: Mtn. Geologist, v. 12, no. 2, p. 61-63.

Ahlbrandt, T. S., S. Andrews, and D. T. Gwynne, 1978, Bioturbation in eolian deposits: Jour. Sed. Petrology, v. 48, no. 3, p. 839-848.

Anderson, G. A., 1950, 1940 E. W. Scripps cruise to the Gulf of California, Pt. I, Geology of islands and neighboring land areas: Geol. Soc. America Mem. 43, 53 p.

Auden, J. B., 1952, Some geological and chemical aspects of the Rajasthan salt problem: Proc. Symp. Rajasthan Desert, Natl. Inst. Science India Bull., v. 1, p. 53-67.

Bagnold, R. A., 1943, The physics of blown sand and desert dunes : New York, William Morrow and Co., 265 p.

Ball, M. M., 1967, Carbonate sand bodies of Florida and the Bahamas : Jour. Sed. Petrology, v. 37, p. 556−591.

Becher, J. W., and C. H. Moore, 1976, The Walker Creek Field ; a Smackover diagenetic trap : Trans., Gulf Coast Assoc. Geol. Socs., v. 26, p. 34−56.

Bernard, H. A., and C. F. Major, Jr., 1963, Recent Meander Belt deposits of the Brazos River ; an alluvial "sand" model: AAPG Bull., v. 47, p. 350.

Bigarella, J. J., R. D. Becker, and G. M. Duarte, 1969, Coastal dune structures from Parana [Brazil] : Marine Geology, v. 7, no. 1, p. 5−55.

Bird, E. C. F., 1972, Ancient soils at Diamond Bay, Victoria : Victorian Naturalist, v. 89, no. 12, p. 349−353.

Biswas, S. K., 1971, The miliolite rocks of Kutch and Kathiawar, western India : Sed. Geology, v. 5, p. 147−164.

Bramkamp, R. A., and R. W. Powers, 1958, Classification of Arabian carbonate rocks : Geol. Soc. America Bull., v. 69, p. 1305−1318.

Bretz, J. H., 1960, Bermuda ; a partially drowned, late mature, Pleistocene karst : Geol. Soc. America Bull., v. 71, p. 1729−1754.

Calvert, F., 1979, Evolucio diagenetica en els sediments carbonatats del Pleistoceno Mallorqui : Univ. Barcelona, Ph.D. thesis, 273 p.

Calvert, F., F. Plana, and A. Traveria, 1980, La tendencia mineralogica de las eolianites del Pleistoceno de Mallorca, mediante la aplicacion del metodo de Chung : Acta Geologica Hispanica, v.15, p. 39−44.

Calvert, F., L. Pomar, and M. Esteban, 1975, Las rhizocrecioues del Pleistoceno de Mallorca : Univ. de Barcelona, Inst. Invest. Geology, v. 30, p. 35−60.

Carter, H. J., 1849, On foraminifera, their organization and their existence in a fossilized state in Arabia, Sindh, Kutch, and Khattyawar: Jour. Bombay Branch, Royal Asiatic Soc., v. 3, pt. 1, p. 158.

Chapman, F., 1900, Mechanically−formed limestones from Junagash (Kathiawar) and other localities : Geol. Soc. London Quart. Jour., v. 56, p. 559−583, 588−589.

Chimene, C. A., 1976, Upper Smackover Reservoirs, Walker Creek Field area, Lafayette and Columbia Counties, Arkansas, in North American oil and gas fields: AAPG Mem. 24, p. 177−204.

Cloud, P. E., Jr., 1952, Preliminary report on the geology and marine environments of Onotoa Atoll, Gilbert Islands : Pacific Science Board, Natl. Research Council, Atoll Research Bull., no. 12, p. 1−73.

Dunham, R. J., 1969, Early vadose salt in Townsend mound (reef), New Mexico, in G. M. Friedman, ed., Depositional environments in carbonate rocks—a symposium: SEPM Spec. Pub.14, p. 139−181.

Dunham, R. J., 1971, Meniscus cement, in O. P.Bricker, ed., Carbonate cements : Johns Hopkins Univ. Studies in Geology, no. 19, p. 197−300.

Emery, K. O., 1956, Sediments and water of Persian Gulf: AAPG Bull., v. 40, p. 2354−2383.

Erwin, C. E., D. E. Eby, and V. S. Whitesides, 1979, Clasticity index ; a key to correlating depositional and diagenetic environments of Smackover reservoirs, Oaks Field, Claiborne Parish, Louisiana : Trans., Gulf Coast Assoc. Geol. Socs., v. 29, p. 52−62.

Evans, G. V., P. B. Schmidt, and H. Nelson, 1969, Stratigraphy and geologic history of the Sabkha, Abu Dhabi, Persian Gulf: Sedimentology, v. 12, p. 145—159.

Evans, J. W., 1900, Mechanically—formed limestones from Junagarh (Kathiawar) and other localities: Geol. Soc. London Quart. Jour., v. 56, p. 559—583, 588—589.

Fabricius, F. H., 1970, Early Holocene ooids in modern littoral sands reworked from a coastal terrace, southern Tunisia: Science, v. 169, p. 757—760.

Fairbridge, R. W., 1950, The geology and geomorphology of Point Peron, western Australia: Royal Soc. Western Australia Jour., v. 34, p. 35—72.

Fairbridge, R. W., 1971, Quaternary shoreline problems at INQUA, 1969: Quaternaria, v.15, p. 1—18.

Fairbridge, R. W., and C. Teichert, 1953, Soil horizons and marine bands in the coastal limestones of Western Australia: Jour. and Proc. Royal Soc. N.S. Wales, v.86, p. 68—87.

Folk, R. L., 1967, Carbonate sediments of Isla Mujeres, Quintana Roo, Mexico, and vicinity, in A. E. Weidie, ed., 2d ed., Field trip to peninsula of Yucatan guidebook: New Orleans Geol. Soc., p. 100—123.

Folk, R. L., M. O. Hayes, and R. Shoji, 1962, Carbonate sediments of Isla Mujeres, Quintana Roo, Mexico and vicinity, in Yucatan field trip guidebook: New Orleans Geol. Soc., p. 85—100.

Fosberg, F. R., 1953, Vegetation of central Pacific atolls, a brief summary: Pacific Science Board, Natl. Research Council, Atoll Research Bull., no. 23, p. 1—26.

Frazier, D. E., and A. Osanick, 1961, Point—bar deposits, Old River locksite, Louisiana: Trans., Gulf Coast Assoc. Geol. Socs., v. 11, p. 121—137.

Gavish, E., and G. M. Friedman, 1969, Progressive diagenesis in Quaternary to late Tertiary carbonate sediments; sequence and time scale: Jour. Sed. Petrology, v. 39, p. 980—1006.

Glennie, K. W. and B. D. Evamy, 1968, Dikaka—plants and plant—root structures associated with aeolian sand: Palaeogeography, Palaeoclimatology, Palaeoecology, v. 23, p. 77—87.

Glennie, K. W., 1970, Desert sedimentary environments, in Development in sedimentology 14: Amsterdam, London, New York, Elsevier Sci. Pub., 222 p.

Goudie, A. S., B. Allchin, and K. T. M. Hedge, 1973, The former extensions of the Great India Sand Desert: Geog. Jour., v. 139, pt. 2, p. 243—257.

Graf, D. L., 1960, Geochemistry of carbonate sediments and sedimentary carbonate rocks; part 1, carbonate mineralogy and carbonate sediments: III. State Geol. Survey, Circ. 297, 39 p.

Hanselman, D. H., J. R. Conolly, and J. C. Horne, 1974, Carbonate environments in the Wilhite Formation of central eastern Tennessee: Geol. Soc. America Bull., v. 85, p. 45—50.

Harms, J. C., P. W. Choquette, and M. J. Brady, 1974, Carbonate sand waves, Isla Mujeres, Yucatan, in Field seminar on water and carbonate rocks of the Yucatan Peninsula, Mexico; northeastern coast: Ann. Mtg. Field Trip Guidebook, Geol. Soc. America, p. 122—147.

Hedge and C. H. B. Sperling, 1977, Long distance transport of foraminiferal tests by wind in the Thar Desert, northwest India: Jour. Sed. Petrology, v. 47, no.2, p. 630—633.

Hoque, M., 1975, An analysis of crossstratification of Gargaresh calcarenite (Tripoli, Libya) and Pleistocene paleowinds: Geol. Mag., v. 112, no. 4, p. 393—401.

Illing, L. V., 1954, Bahaman calcareous sands: AAPG Bull., v. 38, p. 1—95.

James, N. P., 1972, Holocene and Pleistocene calcareous crusts (caliche) profiles; criteria for subaerial exposure: Jour. Sed. Petrology, v. 42, p. 817—836.

Johnson, D. L., 1967, Caliche on the channel islands: Mineral Inf. Service, Calif. Div. Mines and Geology, v. 20, p. 151–158.

Jones, D. J., 1953, Gypsum–oolite dunes, Great Salt Lake Desert, Utah: AAPG Bull., v. 37, p. 2530–2538.

Kindle, E. M., 1917, Recent and fossil ripple mark: Canada Geol. Survey Museum Bull. 25, 121 p.

Kindle, E. M., 1923, Range and distribution of certain types of Canadian Pleistocene concretions: Geol. Soc. America Bull., v. 34, p. 609–648.

Klappa, C. F., 1978, Biolithogenesis of Microdocium; elucidation: Sedimentology, v. 25, p. 489–522.

Klein, G. deVries, 1965, Dynamic significance of primary structures in the Middle Jurassic Great Oolite Series, southern England: SEPM Spec. Pub.12, p. 173–191.

Land, L. S., F. T. MacKenzie, and S. J. Gould, 1967, Pleistocene history of Bermuda: Geol. Soc. America Bull., v. 78, p. 993–1006.

Lele, V. S., 1973, The miliolite limestone of Saurashtra, western India: Sed. Geology, v. 10, p. 301–310.

MacKenzie, F. T., 1964a, Geometry of Bermuda calcareous dune crossbedding: Science, v. 144, no. 3625, p. 1449–1450.

MacKenzie, F. T., 1964b, Bermuda Pleistocene eolianites and paleowinds: Sedimentology, v. 3, no. 1, p. 52–64.

Malek–Aslani, M., 1973, Environmental modeling; a useful exploration tool in carbonates: Trans., Gulf Coast Assoc. Geol. Socs., v. 23, p. 239–244.

McKee, E. D., 1945, Small–scale structures in the Coconino Sandstone of northern Arizona: Jour. Geology, v. 53, no. 5, p. 313–325.

McKee, E. D., 1966, Structures of dunes at White Sands National Monument, New Mexico (and a comparison with structures of dunes from other selected areas): Sedimentology, v. 7, 69 p.

McKee, E. D., and J. J. Bigarella, 1972, Deformational structures in Brazilian coastal dunes: Jour. Sed. Petrology, v. 42, no. 3, p. 670–681.

McKee, E. D., and R. J. Moiola, 1975, Geometry and growth of the White Sands dune field, New Mexico: U.S. Geol. Survey Jour. Research, v. 3, no. 1, p. 59–66.

McKee, E. D., ed., 1979, A study of global sand seas: U.S. Geol. Survey Prof. Paper 1052, 429 p.

McKee, E. D., J. R. Douglass, and S. Rittenhouse, 1971, Deformation of leeside laminae in eolian dunes: Geol. Soc. America Bull., v. 82, p. 359–378.

Newell, N. D., and D. W. Boyd, 1955, Extraordinarily coarse eolian sand of the Ica Desert, Peru: Jour. Sed. Petrology, v. 25, no. 3, p. 226–228.

Newell, N. D., and J. K. Rigby, 1957, Geological studies on the Great Bahama Bank, in Le Blank and Breeding, eds., Regional aspects of carbonate deposition—a symposium: SEPM Spec. Pub., no. 5, p. 15–72.

Phleger, F. B., and G. C. Ewing, 1962, Sedimentology and oceanography of coastal lagoons in Baja California, Mexico: Geol. Soc. America Bull., v.73, no. 2, p. 145–182.

Qadri, S. M. A., 1957, Wind erosion and its control in Thar; symposium on soil erosion and its control in the arid and semiarid zones: Karachi, Joint auspices of F.A.C.P. and U.N.E.S.C.O., p. 169–173.

Read, I. F., 1974, Calcrete deposits and Quaternary sediments, Edel Province, Shark Bay, Western Australia, in B. W. Logan, et al, eds., Evolution and diagenesis of Quaternary carbonate sequences,

Shark Bay, Western Australia: AAPG Mem. 22, p. 250–282.

Saxena, S. K., and S. Singh, 1976, Some observations on the sand dunes and vegetation of Bikaner district in western Rajasthan: Annals of Arid Zone–15, p. 313–322.

Sayles, R. W., 1931, Bermuda during the Ice Age: Proc., Am. Acad. Arts Sciences, v. 66, p. 382–467.

Selim, A. A., 1974, Origin and lithification of the Pleistocene carbonates of the Salum area, western coastal plain of Egypt: Jour. Sed. Petrology, no. 44, p. 757–760.

Semeniuk, V., and T. D. Meagher, 1981, Calcrete in Quaternary coastal dunes in southwestern Australia ; a capillary–rise phenomenon associated with plants: Jour. Sed. Petrology, v. 51, p. 47–68.

Seth, S. K., 1963, A review of evidence concerning changes of climate in India during the protohistorical and historical periods: Proc., Rome Symposium, UNESCO and World Meteorol.Organ., p. 443–450.

Sherman, G. D., and H. Ikawa, 1958, Calcareous concretions and sheets in soils near South Point, Hawaii: Pacific Science, v. 12, p. 255–257.

Shrivastava, P. K., 1968, Petrography and origin of Miliolite Limestone of western Saurashtra coast : Jour. Geol. Soc. India, v. 9, no. 1, p. 88–96.

Singh, S., 1977, Geomorphological investigation of the Rajasthan Desert : Jodhpur, Central Arid Zone Research Inst., Mono. 7, 44 p.

Skocek, V., and A. A. Saadallah, 1972, Grain–size distribution, carbonate content and heavy minerals in eolian sands, Southern Desert, Iraq: Sed. Geology, v. 8, p. 29–46.

Smith, N. D., 1970, The braided stream depositional environment ; comparison of the Platte River with some Silurian clastic rocks, north–central Appalachians : Geol. Soc. America Bull., v. 81, p. 2995–3014.

Supko, P. R., 1971, "Whisker" crystal cement in a Bahamian rock, in O. P. Bricker, ed., Carbonate cements: Johns Hopkins Univ. Stud, in Geology, no.19, p. 143–146.

Teichert, C., 1947, Contributions to the geology of Houtman's Abrolhos, Western Australia : Proc., Linnean Soc. South Wales, v. 71, p. 145–196.

Verrill, A. E., 1907, The Bermuda Islands ; part IV–geology and paleontology : Trans., Conn. Acad. Arts and Sciences, v. 12, no. 145, p. 45–203.

Verstappen, H. T., 1966, Landforms, water, and land use west of the Indus Plain : Nature and Resources, v. 2, no.3, p. 6–8.

Von Der Borch, C. C., 1976, Stratigraphy and formation of Holocene dolomitic carbonate deposits of the Evorong area, South Australia: Jour. Sed. Petrology, v. 46, no. 4, p.952–966.

Wadia, D. N., 1953, Geology of India, 3rd ed.: London, MacMillan & Company, 531 p.

Ward, W. C., 1970, Diagenesis of Quaternary eolianites of N.E. Quintana Roo, Mexico: Houston, Rice Univ., Ph.D. dissert., 206 p.

Ward, W. C., 1973, Influence of climate on the early diagenesis of carbonate eolianites : Geology, v. 1, p. 171–174.

Ward, W. C., 1975, Petrology and diagenesis of carbonate eolianites of northwestern Yucatan Peninsula, Mexico, in K. F. Wantland and W. C. Pusey III, eds., Belize Shelf carbonate sediments, clastic sediments, and ecology: AAPG Stud. in Geology, no. 2, p. 500–571.

Ward, W. C., 1978, Indicators of climate in carbonate dune rocks, in W. C. Ward and A. E. Weidie, eds., Geology and hydrogeology of northeastern Yucatan: New Orleans Geol. Soc., p. 191–208.

Ward, W. C., and M. J. Brady, 1973, High–energy carbonates on the inner shelf, northeastern Yucatan

Peninsula, Mexico: Trans., Gulf Coast Assoc. Geol. Socs., v. 23, p. 226—238.

Webley, D. M., D. J. Eastwood, and C. H. Gimingham, 1952, Development of a soil microflora in relation to plant succession on sand dunes, including the "rhizosphere" flora associated with colonizing species: Jour. Ecology, v.40, p. 168—178.

Yaalon, D. H., 1967, Factors affecting the lithification of eolianite and interpretation of its environmental significance in the coastal plain of Israel: Jour. Sed. Petrology, v. 37, no. 4, p. 1189—1199.

第四章　潮坪沉积环境

Eugene A.shinn

无论是碎屑岩还是碳酸盐岩，古代潮坪在地质记录中的识别大多依赖于沉积和成岩作用研究的现代类比分析。1954 年 Van straaten 开展了北欧碎屑岩潮坪的分类研究，1965 年 Evans 开展了英国冲积区的潮坪研究，最终 Reineck 对特殊环境的各种沉积过程的精细刻画开创了对潮坪认知的新时代。Klein（1971，1972）对碎屑岩潮坪过程进行了进一步的细化改进，由碎屑岩研究发展并延伸到古代碳酸盐岩潮坪沉积区域的这一思路和概念体系进一步加深了对这些岩石的地质理解。对现代碎屑岩潮坪体系与古代碳酸盐岩潮坪的相似性和差异的认识激发了人们对现代潮坪沉积体系研究的兴趣。对碳酸盐岩潮坪体系研究的工作者当中，更应归功于 Black（1933）对现代叠层石的研究。这些工作早于对潮坪体系经济重要性的认识。随后 Illing、Newell 和 Rigby 开展了巴哈马滩的研究，推动了对安德罗斯岛潮坪的关注。然而，两个发现的"转折点"助推了对潮坪研究的兴趣并加速了其后对潮坪研究的聚焦。第一个发现是白云石正形成于现代碳酸盐岩潮坪环境中，并且这些环境的物理化学条件与下列这些潮坪相似，例如波斯湾的卡塔尔半岛、巴哈马（Illing 等，1965）；波斯湾（Wells，1962）；荷兰的安德罗斯（Deffeyes 等，1965）。直到这时，所有类型的白云岩都是一个难解的谜，因为没有现代的实例类比。第二个发现是 Roehl 发现并记录了古代潮坪环境中可形成具有经济价值的油气聚集（1967）。这一研究使得许多古代产油潮坪更加容易识别。

由于以上突破，对于潮坪沉积过程与成岩的研究进展非常迅速。Kendall 和 Skipwith（1969）、Kinsman（1964）、Butler（1965）、Evans（1966）、Evans 等（1969）以及 Schneider（1975）等人对波斯湾停战海岸开展了研究工作。荷兰皇家壳牌集团在 Trucial 海岸和卡塔尔半岛开展了研究（Purser 和 Evans，1973；Shinn，1973a）。Logan 等（1964）对西澳大利亚类似的干燥气候环境开展了研究，其中还有 Hagan 和 Logan（1975）。Shinn 等（1969）在巴哈马地区的安德罗斯岛开展了潮湿气候下的潮坪研究。八年以后，Hardie（1977）写了一本配有很多插图的书。荷兰皇家壳牌集团和其他人在波斯湾研究的干旱环境的成果被 Purser 汇编成了一本综合性潮坪图书。最近 Ginsburg 编著了关于潮坪环境的专题汇编集，内容包括现代和古代的碎屑岩和碳酸盐岩内容。

许多年来地质学家在地质记录中识别泥裂，并把它们的出现作为海平面附近或海平面以上沉积的指示。现在，由于地质学家具有了更加全面的知识，我们了解了其他的成岩指示标志，会同其他的从岩石样品中获得的信息可以确定古代地质环境、几何形态以及与这些古沉积环境相伴生形成的地层圈闭。例如，潮坪一般呈条带状并平行于陆地，并且以广海或盆地相为边界，这些环境可以充当油源区来提供油源。我们也知道在潮坪体系中存在不同的相带：比如潮间带、潮上带和潮道沉积可以形成储层和盖层，其分布范围是可预测的。然而，由于与其他岩石相伴生，因此运用这些知识的关键是精确的识别指示潮坪沉积的各种沉积构造。

本章的目的是将大量的但分散的各种不同类型潮坪的知识进行归纳，既有现代潮坪也有古代潮坪，并且以图形化的方式来描述最具鉴别意义的沉积构造和层序。因为现代的实例能够提供潮坪基础知识的认知，因此在本章中将会频繁地使用现代实例。此外，将尽最大努力推测和描绘潮坪环境中各不同部位地层圈闭是如何形成的。

第一节　潮坪环境与沉积作用

潮坪是一个完整的体系。除了由风暴潮控制的潮汐外，所有的潮坪体系都是由三个基本沉积环境构成：朝上带、潮间带和潮下带。在这些环境内具有许多亚环境。在图4-1中展示的这些基本环境分区包含如下：（1）潮上带环境，其沉积在正常或平均高潮线之上，并且由于它们仅在大潮或者风暴潮时被淹没，因此大部分时间暴露于地表条件下，大潮每月一般发生两次，并且所有潮汐中最大的风暴潮仅偶尔发生于某些季节，且频率极低；（2）潮间带沉积，它位于正常高潮线和正常低潮线之间，它们每天暴露一次或两次，主要取决于潮汐范围和当地风的条件；（3）潮下带沉积，即使偶有暴露也很少暴露于大气中。本文的写作目的中，术语"潮下带"严格限定于潮坪体系中或体系内海平面以下的沉积物，比如在潮汐水道内的沉积物。

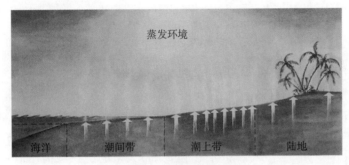

图4-1　沉积环境示意图

沉积环境与海平面和毛细管蒸发作用的相对数量相关，从潮下带到陆地相变在逐渐过渡，
陆地到潮下带的转变是三者中渐进的、细微的

本章所提供的潮坪知识主要基于两种模式，一种是潮湿、海侵或上超的安德罗斯岛模式（图4-2）；另外一种是干旱、海退的波斯湾模式（图4-3）。在这两种模式中，潮上坪的主体形成了一个平行于陆地的带（安德罗斯岛的潮上沼泽和波斯湾的"萨布哈"），潮上带在高于最大风暴潮的固定位置与陆地沉积相衔接过渡。少数潮上坪环境天然堤的形式发育在潮间带弯曲潮道转弯外侧或发育在下伏滩脊的右侧。潮上带中延伸最广阔以及最可能保存下来的是潮上沼泽或干旱条件下与其相当的"萨布哈"。

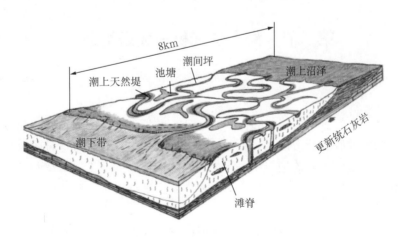

图4-2　安德罗斯岛水进潮坪相模式下主要相带的立体示意图

棕色的为潮上带，其中之一主要是潮上沼泽相，由于是上超沉积，除被潮道侵蚀迁移外，其下部几乎完全为潮坪沉积体系

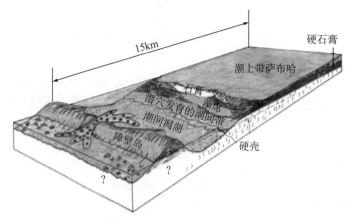

图 4-3　波斯湾海岸退覆沉积的潮坪相模式立体示意图

潮上带主要为萨布哈沉积，干旱气候相当于潮上沼泽，潮上带萨布哈沉积与石膏、藻席垫、潮间带的潜穴和潮下带的潟湖沉积相伴生，
　　与在许多地方形成于潮下带上部或潮间带下部的胶结壳合并为海退层序；石膏层侧向上能够在萨布哈沉积之下追踪到硬石膏层，潮汐
　　三角洲主要由形成于潮汐通过交错层状障壁岛砂体形成的鲕粒组成；障壁岛由蟹守螺属腹足动物砂体和含有分散珊瑚碎屑的鲕粒组
　　成；珊瑚礁的生长为障壁岛的向海方向，但很少对着潮汐三角洲；在海底条件下大部分潮汐三角洲的鲕粒被胶结掉了，特别是在向海
　　一侧，但障壁岛砂体上海滩岩是很丰富的；在障壁岛下的沉积相组成，珊瑚礁和潮坪不是尽人皆知的，然而一个薄层海峡胶结壳形成
　　了控制生物礁生长的基质

　　由于潮上带沉积的机制，形成于天然堤和海滩脊中的沉积构造与潮上沼泽和萨布哈中的沉积构造
有一个本质的差异（Hardie，1977）。天然堤和海滩脊频繁地被携带很少沉积物的大潮所淹没，因此，
沉积层是很薄的（图版Ⅳ-1）。尽管风暴潮可能能够携带大量的沉积载荷，但它们在这些环境中堆积
很少，因为这些沉积载荷物是软的，当水体快速通过这些沉积物时，片状的沉积物不容易稳定下来。
然而，在潮上沼泽带，高的沉积物充填水体最终趋向于稳定，超过 2cm 厚的沉积物可能在几小时内就
能沉积下来（图版Ⅳ-2；Shinn 等，1969），在风暴潮期间，大量的沉积物暂时停留在潮间坪和潮下
坪，但由于生物扰动作用，很少的薄层能够保留下来。然而，一些薄层能够在干旱的潮间带保存下来
的，是因为它们含非常高的碱。

　　潮上沼泽内的风暴层几乎毫无例外的在层与层之间都夹有三明治结构的富含有机碳的藻纹层，是
因为在风暴潮与风暴潮较长的间歇期藻纹层发生增殖作用。个体的藻纹层或风暴层可以侧向追踪数十
米。这种厚层的藻类物质在天然堤或者滩脊环境中一般是不存在的，并且单个的薄层也几乎不能进行
侧向追踪达到几厘米（Shinn 等，1969）。

第二节　潮上带沉积—成岩构造

一、泥裂

　　可能没有任何其他单一的沉积构造能够像多边形分布的泥裂一样为人所知或可以很好地指示沉积
环境，它是由碳酸盐岩泥的收缩所形成的（图版Ⅳ-3、图版Ⅳ-4）。尽管这种收缩作用也可以形成于
远离海洋的湖盆之中。但它们更多的是与以海洋为边界的潮坪中的潮上带环境相伴生。脱水收缩泥裂
看上去与干燥泥裂相似，干燥裂缝是形成于灰质沉积中。这种缝目前在碳酸盐岩沉积的文献中还没有
记录。

　　收缩缝一般可以在现在的潮间环境中观察到。但很少有证据可以表明它们保存在这个环境中，相
当多的可用信息表明泥裂可以很好地保存在潮上带环境，潮间带的上部也有可能出现。

　　厚的风暴层干裂并收缩产生大的泥裂和泥多边形，而薄层收缩形成小的泥裂和多边形。当厚风暴
层沉积物在缺乏丰富的藻垫的区域沉积时，收缩缝很难刺穿它们自身并向上穿越其他层。然而，当存

在藻垫的情况下，收缩缝易于在空间广泛分布，并向上刺穿每一个连续沉积的藻纹层或沉积薄层，即使这个层很薄。因此，在藻类很富集的地方，规律是厚层导致大的干燥缝的形成，薄层形成小的泥裂缝，事实上通常这种小泥裂缝不能保留。由藻类控制的沉积物中的裂缝可能很大（图版IV-5），也可能很小（图版IV-6）或者不存在。目前还不清楚造成这些差异的原因是什么，但可能与暴露长度和藻垫内单个风暴层的厚度有关。潮间坪常常缺少藻垫或者收缩缝，主要是由于有机物的活动（图版IV-7）。

典型的泥裂是"V"字形的，所有的泥裂初始均为这种形态，但对于碳酸盐岩"V"字形泥裂经常发生形变。在暴露期间，多边形泥裂的边缘由于受到侵蚀风化变成圆形。这种结果在剖面上为一种香肠状的特征。就像非常著名的古代石灰岩中的香肠构造（图版IV-8、图版IV-9），正是由于风化侵蚀，致密的且非渗透的多边性泥裂可以嵌入到由风化作用形成的孔隙和渗透性都相对更发育的沉积物中。这个过程的一个重要方面就是选择白云岩化，Shinn（1968a）报道过佛罗里达礁岛下部围岩为石灰岩多边形泥裂的渗透性沉积物选择性白云岩化（图版IV-10）。早期选择性白云岩化这种方式被认为是在古代白云岩中许多石灰岩层、透镜体、扁平砾岩形成的原因，这种特征在古生代的潮坪中是特别普遍的（图版IV-9）。

二、层理

潮坪沉积物中的层理通常是由河流回春作用或者风暴潮沉积形成的（Ball 等，1963）。正如早期所提及的，尽管厚层理和薄层理组合可以在该体系的任何位置形成，但向陆方向或更远距离层理趋于变厚（潮上沼泽或萨布哈；图4-2，图4-3，图版IV-2），而向海方向变得更薄（图版IV-1）。然而在向陆方向的干旱萨布哈环境中的厚层理常常被干旱作用所破坏。现代和古代的潮坪沉积物为砂砾级的泥粒层，尽管这些泥粒可能被白云岩化或者压实作用所破坏，它们甚至形成微型交错层理。分级泥粒常常出现在潮上带的风暴层（图版IV-1b）。波痕，限定粗粒粒度和细粒粒度沉积的典型特征，并且一般将其作为一个水下现象，在潮上带很常见（图版IV-11）。

水平层理，无论是粒序的还是非粒序的、厚的还是薄的，无论有没有交错层，是被用作界定现代潮坪和那些晚古生代到新生代潮坪的潮上和潮间的上部环境。这些层理的出现间接地由穴居生物所控制。正如由Garrett（1970）和Hofman（1969）所提及的，在元古代的晚期和古生代早期的岩石中，当时大量的海底生物和穴居生物还未出现，在所有沉积环境中的沉积层理有可能被保存下来。尽管风暴在潮下带和潮间带的下部可能沉积形成风暴层，然而在这些环境中繁殖的大量潜穴生物迅速的几乎将所有主要的层理进行了搅拌和均一化作用。另一方面，仅少数生物能够忍受潮上带沉积环境的强烈暴露作用和盐度的波动。因此，这里的主要沉积特征基本没有受到破坏。在这里植物的生存也受到严格的限制，特别是在干旱的潮坪或萨布哈环境；因此相比沉积构造而言，植物根很不丰富，几乎完全被破坏掉了。然而，植物的生存和因此形成的植物根效应，在相对隆起的部位或者向陆的方向的确是增多了，在这里潮上带沉积物与陆相沉积物相连接。这样一个过渡带可能也是与转变到碎屑岩沉积环境相一致，在新墨西哥州和得克萨斯州西部二叠系的潮坪中从潮上碳酸盐岩到碎屑岩红层的变化是很常见的。

三、藻丛构造

由于Black（1993）在安德罗斯岛和巴哈马地区开展的工作，藻垫和藻丘的环境意义已经很清楚。Black的研究激发了人们对藻构造的兴趣以及导致出版物对藻丘构造的关注。但直到Logan等人出版了关于对藻的描述及其各种环境意义的出版物后，才使得非专业人员可以很简单地对其进行识别和分类。Logan等人识别了藻的三种基本样式：（1）平层状（一般指藻垫）；（2）单独的半球形或者棒形穹隆状；（3）侧向相连的半球形。这些样式的实例在古生代到全新世的潮坪聚积物中均有发现（图版Ⅳ-12、图版Ⅳ-13）。这些实例已经被许多作者所描述，包括 Hofman（1969）、Hoffman（1967）和 James（1977）。

由于藻类的出现，潮坪层理的正确解释可以很复杂。一些层理完全是由藻成因形成的，然而其他层理可能完全是沉积成因。因为层理内藻很久前就已经腐烂了，所以古代层理的成因确定起来是相当困难的。必须寻找线索，如反重力构造（例如，沉积在近垂直一侧的丘），来确定藻是否对沉积有帮助。图版Ⅳ-14 中来自西得克萨斯州圣安德罗斯的二叠系白云岩展示了氧化的潮上带层理，粒序由上向下变成潮间或者潮下灰泥的沉积物。不同的层状丘构造，清晰地展示了其藻成因性。强有力地表明：在藻丘中越是水平纹理越是与藻成因相关。如果没有丘状构造的出现，实际上是很难判断水平纹层是物理成因的还是藻成因的。藻管也提供了藻成因的证据。但如果发生白云岩化，它们可能保存不下来。潮坪中各种类型的藻席展示在图版Ⅳ-5 至图版Ⅳ-7 中。

波斯湾地区无数藻席实例的观察表明：它们作为粘结剂俘获风尘物质。一年数次的北风产生西得克萨斯型尘暴，其从伊朗的扎格罗斯山搬运细粒物质越过波斯湾，这种风被称为下马风，在数小时内，这种风沙就会覆盖了藻席垫，形成一种灰黄色，在一两天内，藻再次统治了地面，因此形成碎屑物质的不同纹层。图版Ⅳ-6b 中厚的棕色的层被解释为风成成因。如果图版Ⅳ-6b 的地层是从水中沉积出来的，它将主要是文石质的。相反，它就主要由灰泥、石英粉砂和大约 60% 的碎屑白云岩所组成。在多个沙尘暴期间，凡士林覆盖的玻璃显微薄片揭示了风沙的特征，并检查了其附带颗粒的岩石学特征。典型情况下，这种风沙含有大约 60% 的碎屑白云岩。晶体大约 30μm 宽，石英砂的尺寸与其大体相当。其余的物质成分主要由灰泥组成。

明确的结论是干旱地区的潮上藻纹层既可以由洪水与海相沉积物交替作用形成也可以由藻席的生长或风成沉积物和藻的生长交替所形成。

四、鸟眼构造

鸟眼构造，一个古老的美国术语，最近进行了重新定义，被 Tebbutt（1964）和其他学者称为窗格孔，当其主要出现在泥岩中时，被认为是潮坪环境可靠的指示器，鸟眼或者窗格被认为等同于收缩孔或菲舍尔收缩孔。这些孔的特征是形成于潮上沉积物中小的微米级的孔洞，由于收缩和膨胀作用，气泡形成后，气体在洪水期或在藻席的收缩过程中发生逃逸作用（Shinn，1968b），在古代石灰岩中，鸟眼孔一般是被方解石或者无水石膏所充填。它们常常含有内部示顶底沉积。如 Grover 和 Read（1978）曾描绘的奥陶系，真实的潮上鸟眼构造不应该与其他的方解石充填的孔隙相混淆，它们二者经常是非常类似的。Shinn 通过实验和检查佛罗里达、巴哈马和波斯湾地区数百个现代沉积的岩心发现，鸟眼孔可以分成两种不同的类型：第一种是平面型的，孔隙基本不连通（图版Ⅳ-15），这种孔隙倾向于形成平行的或者单个的纹层，第二种为随机分布的气泡孔，后者基本总是形成在潮上沉积物中，缺少沉积纹层或者藻纹层。鸟眼孔可能可以形成于潮间甚至潮下沉积物中，但证据表明在这些环境中它们鲜有保存。然而，这些特征在潮间带上部是有保留的，并且随着向上过渡到潮上沉积，其数量更加丰富。潮上的鸟眼孔得以保存是因为它们形成于活跃的成岩环境中，在这些环境中早期的岩石化作用较普遍，且孔隙快速被碳酸盐胶结物、内源沉积物或蒸发岩所充填。图版Ⅳ-16 展示了安德罗斯岛地区现代白云岩壳层中的鸟眼孔隙被方解石充填了。图版Ⅳ-14 中的二叠系鸟眼孔隙被无水石膏所充填，石膏可能是形成于准同生期沉积的。一些鸟眼构造可能形成于潮上蒸发岩的演变过程（Illing，1959）。现对于 Shinn 等早期形成的结论——在未胶结沉积物中的鸟眼孔可能在压实过程中遭到破坏（图版Ⅳ-17、图版Ⅳ-18）——被近期的压实试验所证实。因此鸟眼孔的出现及古代石灰岩和白云岩中保存很好的球粒结构被认为是潮上沉积和早期胶结的证据（Shinn 等，1980）。

五、假鸟眼或窗格构造

一些古代潮坪环境的岩石中含有近垂直的管状窗格孔，Read 在泥盆系中描述过这种现象，Noger（1976）在肯塔基的奥陶系中也提及过这种现象。尽管可能与平面状或者似泡状孔隙成因不同，然而这些特征无论在现代或者古代潮上环境中都是很常见的。

Shinn 提议潜穴或植物根的识别标志不应该包含在鸟眼或者窗格孔的分类下，即使它们与真实的平面的或者泡状窗格孔伴生（鸟眼或者窗格孔）。潜穴或者植物根管能够形成于其他环境，因此，它们可能不能单独用于指示潮坪环境。然而，正如本节后面所展示的，当它们与其他暴露标志相伴生时，它们可以用作潮坪环境的辅助判别标志。在这种条件下，术语"伪鸟眼"、"假窗格"或者"假收缩孔"是认为比较好的。真假鸟眼或者窗格孔也是形成于现代泥泞的潮下环境的，但由于压实作用，它们不能够很好地保存下来，它们在古代的潮坪环境中可能很少。图版Ⅳ-17a 中箭头指示了垂直孔隙。尽管很普遍，但它们的成因从来没有进行过比较翔实的解释。作者注意到，在佛罗里达地区 1960 年的 Donna 风暴过程中形成的厚层的灰泥岩层中（达 10cm）的这些标志形成在数周的时间内。这些灰泥岩层的厚度一般在 1 ~ 3mm 之间，并且具有一个拱形的向上终止形态。不同于潜穴生物作用形成的管状孔。这些孔隙很少穿透到地表。然而这些特征表面上看起来都很类似，无论是生物潜穴孔还是植物根孔，以及由潮下龟背草—海龟草形成的植物根孔。

尽管这些生物潜穴和植物根孔的标志很类似，在新鲜的风暴沉积形成的沉积物的孔隙中观察不到蠕虫或者根系。图版Ⅳ-19 展示了奥陶系中的假鸟眼孔与在 Donna 风暴层中看到的基本相同。白垩系的一个简单实例展示在图版Ⅳ-8 中这是一个非常清晰的厚的风暴层。标注在图版Ⅳ-18 中的暗色的垂直的缝合线可能指示其是图版Ⅳ-17 中的垂直孔隙压实作用的结果。

六、内碎屑

早期所有沉积物标志归属于剥蚀或再沉积形成不同的沉积构造。内碎屑，可能主要是由于风暴的剥蚀或者再沉积形成，发生在两个主要的部位，潮上坪和潮下水道中，在这些部位它们成为底部潮道滞留沉积的一部分。潮道沉积及其沉积产物将在后面讨论。由于潮坪中的泥质沉积的坚硬化和胶结作用通常限定于潮上环境，因此这种环境提供了大部分潮坪内碎屑。另一方面，来自于潮上和潮间环境的剥蚀物质主要以单个的球粒葡萄石的形式存在，或者泥级的颗粒和化石。并且由于大部分碎屑来自于潮上环境。因此它们含有沉积特征的鉴别标志，比如沉积纹层和藻纹层，另外还有鸟眼孔。

泥岩多边形形成于干燥作用，容易受到剥蚀或者再沉积作用。前后的观察表明扁平砾石砾岩几乎是在 1960 年的佛罗里达湾的 Donna 飓风作用的瞬间就沉积在了潮上坪上（图版Ⅳ-20）。其主要是由重新沉积的多边形泥岩所组成。类似的内碎屑可以在图版Ⅳ-1a 中展示的潮上天然堤岩心上部观察到。在两个实例中的内碎屑都以沉积透镜体的方式沉积，其厚度一般为 1 ~ 6cm，长度一般不到 1m。

如图版Ⅳ-21 所示，内碎屑也可以是白云岩化硬壳的碎片再沉积。这些碎片在图版Ⅳ-21 中显示以叠瓦状样式排列于沿着巴哈马地区 Abaco 岛附近一个已经基本报废的潮道的滨岸。类似的沉积物堆积在安德罗斯岛潮坪的岸线泥滩脊也有零星分布。图版Ⅳ-22 和图版Ⅳ-23 展示了一些潮坪内碎屑的古代实例。

七、土壤碎屑

这是一种特殊类型的不规则形状的内碎屑形式。由潮上沉积物被抬高到远高于盐水顶面从而可以供养充足的植物生活的形成。在现代潮湿到半干旱环境中，植物一般为草和棕榈木。在这些地区多因素的组合造成沉积物组分内部的变化，比如湿润和干旱环境的交互、收缩和压缩作用、根系导致的破裂作用和伴生的潜穴生物等等。例如层发生断裂且可能表现为似乎被水流或者风搬运过。土壤学家非常熟知，这种土壤过程可能是钙质壳层形成的初级阶段。这种形式的内碎屑层实例在现代和古代岩石中均有展示（图版Ⅳ-24 和图版Ⅳ-25）。

第三节　潮间带沉积

潮间带沉积物沉积于正常高潮线和正常低潮线之间，通常作为潮上带向海方向与潮下带向陆方向的一个聚集带。许多潮坪，特别是在安德罗斯岛上，上超或者海侵的堆积物（图4-2），被一个复杂的潮道体系所切割。波斯湾半岛下超或者海退堆积物的潮间坪发育相对较少的潮道。一般在现代和古代潮间带堆积物中成岩沉积层理和构造都比较缺乏，在此环境中层理的缺乏是完全由于穴居生物的均一化作用，除了典型的氧化色及化石多样性较低以外，潮湿环境的潮间带沉积物实际上与邻近的潮下带是难于分辨的，然而它们与潮下带的潮道沉积是可区别的，它有规律性地定期切割了潮间带的沉积物。波斯湾地区气候是干旱的，潮间带上部蒸发带的出现阻止了大部分潜穴生物的出现。潮间带中部至下部（潮差 2m 左右）受控于潜穴的招潮蟹和虾虎鱼科的小鱼，它们在低潮期钻孔和游弋在潮坪上抓蟹。如图4-3 所示，藻纹层沉积物形成在潮上带上部并延伸到上覆的潮上带。

由于高盐度和加积作用沉积物的迅速埋藏，硫化氢的还原和聚集是比较普遍的。在这些加积环境中，仅潮间带的上部显示了氧化的迹象。鸟眼孔隙可能出现在藻席比较缺乏的潮间带上部地区（图版Ⅳ-26），一般为似气泡型。如果藻席存在，孔隙主要是平面分布。

一、毗邻的海相沉积物

除了潮汐水道，潮下带形成了一个沿潮间带向海的一个带（图4-2、图4-3），这个带一般为泥质沉积物，对于潮坪沉积体系而言是很重要的，因为它是侧向加积生长所需要沉积物的来源。对于本书而言，从潮间带到泥质潮下带的极限距离是 5km。这主要取决于地理环境，潮下带在某些情况下可能向海延伸数百千米，且含有鲕粒坝、珊瑚礁、斜坡等沉积物。斜坡是由胶结的或者未胶结的粒状石灰岩组成且为深水盆地相沉积。然而，一般情况下邻近海相 5km 以内的泥质沉积是浅水低能条件，因此在风暴条件下很容易受到搅拌悬浮而运载到较平的部位。

潮下沉积物主要是由片状泥岩组成，尽管它们在颗粒尺寸、组成和硬度上有较大的变化，这些泥质沉积物基本上被潜穴生物作用而均一化且缺少原始的沉积构造。尽管从不暴露到地表的情况下，这些沉积物也会收缩且具有斑点灰色的特征（图版Ⅳ-27）。

在一些地区，比如波斯湾停战海岸的潟湖向海区（图4-3）和卡塔尔地区（Shinn, 1973），在潮下带上部和潮间带下部的漂选颗粒灰岩层通过胶结作用形成抗浪壳。这些壳的渗透率很低，因此，当它们联合成为一个向外增生的潮坪时，流体的垂向运动能够得到有效阻止，同等重要的是这种抗浪壳能够常常阻止流体向下切割潮道，因此限制了潮道在潮间带的沉积。另外这些薄的近岸的壳体在 3 ~ 4m 的深度开始发育，潮下带比远离水下的部位形成更彻底的胶结壳（Shinn, 1969）。这些深的且厚层的壳体侵蚀着上部表层，可能最终以一种进积环境下伏在潮坪沉积物之上。这些壳体向海可以追踪达数千米至水深 15 ~ 20m，并且它们仅仅几毫达西的低渗透率（Shinn, 1969）也能够有效地阻挡流体的垂向运动。在古代潮坪中类似层的存在也能对油或水的运移有一个较大的影响。

二、潮汐水道

潮汐水道是潮下带有独特动力学特征的亚环境。波斯湾停战海岸的潮道分布范围从 0 ~ 15m，甚至更长。巴哈马地区的安德罗斯岛上的潮道一般 0 ~ 3m。无论它们的最大深度是多少，所有的潮道向陆方向将逐渐变浅直至最后消失。

安德罗斯岛的岩心和地下观察表明潮道以类似流体系统的方式进行侧向迁移（Shinn 等，1969）。这种相似性引出了这个概念，就是高度潮道化的潮坪可以与河流三角洲的侧向迁移反方向进行类比。也就是，是海而不是陆地为沉积物源，且潮道及它们的分支向陆方向为沉积物的输送提供通道。

当潮道弯曲改道及侧向迁移时，一个点坝堆积形成了，类似但不同于河道，它是向下游沉积的。随着持续的迁移，潮道沉积可能会覆盖一个较大的区域。考虑时间和缺乏向海加积或向陆的上超，潮道可能无数次改道并完全改造了潮间带。

碳酸盐岩潮道与碎屑岩河流中形成的沉积结构的主要差别是潜穴生物的存在。经典的河流点坝堆积以底部粗砾或卵石层开始（包括太阳晒干的黏土内碎屑），它们的粒度向上逐渐变细，花环状交错层，紧接着沉积的是细粒的平行层理，含有黏土盖层（薄层的黏土沉积于洪水间歇期的安静条件下）。

在海相潜穴生物不活跃的位置可能形成如类似的堆积潮坪环境中的碳酸盐岩潮道中，在安德罗斯岛所观察的层序描绘于图版IV–28 和图 4–4 中，开始在底部沉积的是晒干的潮上带沉积物，碎屑、片状的潮上白云岩壳以及下伏的更新统基底的零碎沉积。在潮道天然堤上形成的白云岩化和非白云岩化的硬壳（图版IV–29、图版IV–30），为潮道滞留沉积的碳酸盐岩屑提供了局部的物源。这些碎屑由拟蟹守螺属腹足类的基质砂形成，它们的粒度向上变为细粒的碳酸盐岩砂和含有无数的多种属的有孔虫组合的泥粒灰岩（图版IV–31），大多数的原生层理已经被潜穴生物所破坏。然而，应该指出的是尽管生物扰动的层理在一个80cm 直径的岩心中很难看到，但在较大的野外露头上可能更明显。如图 4–4 所展示的，迁移的河道沉积最终会被含有潜穴的潮间带沉积物所覆盖，并且随着持续的侧向迁移，无潜穴的层状潮上沉积物将覆盖此序列。

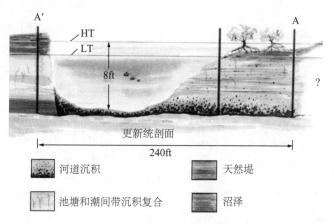

图 4–4　潮道港湾剖面

注意具有潮道滞留沉积的似点坝序列粒序向上变为潜穴发育的潮间相；底部河道滞留沉积物主要含有拟蟹守螺属腹足类且局部含有丰富的源自天然堤侵蚀的白云岩碎屑；除了整个序列包括潮道天然堤外，注意在过潮道 A′ 的岩心底部的潮上沼泽沉积，由于潮道由右向左的迁移经历了侵蚀，考虑到时间、沉积物供给及稳定的海平面，整个潮间带可能被潮道改造过许多次，因此聚集的白云岩分布在天然堤上，此外其从相对非渗透的潮间坪转变为渗透性好的层状沉积物

在安德罗斯岛的现代实例中，下伏的基岩阻止潮道向下切割超过 3m，然而沿着停战海岸一些潮道切穿了海底的胶结壳，向下延伸的切割深度达到 18m 或更深。下伏前全新统基岩时代和组成不能够确定。但在一些潮道中，底部分散沉积着大的片状的全新统海底硬壳，厚度达 30cm，宽度超过 1m。

碳酸盐岩潮坪沉积物的重要方面是其底部沉积物的多孔性和渗透性以及其周围被低孔渗的沉积物所围绕。而不是其是否含有潜穴。它们的延伸或多或少地垂直于潮上带或者潮间带，因此可以作为孔隙流体的运移通道。

第四节 成 岩 作 用

一、白云岩化

碳酸盐岩潮坪既有原地的成岩矿物又有外来的成岩矿物。最具经济意义的矿物是白云石，因为其通常对提高孔隙度和渗透率相关联。白云岩不仅可以形成于潮坪环境的成岩过程中，而且正如前面所讨论的，可以在这些环境中的风成作用过程中发现碎屑白云岩的痕迹。

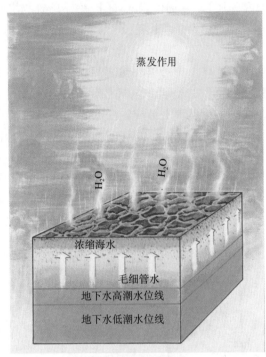

图 4-5 卤水浓缩示意图

蒸发作用及由于地下水位变化波动的海水持续供给导致靠近潮上带表层卤水的浓缩，白云石化和地层的蒸发作用形成于潮上带，仅比平均潮坪线高数厘米，在潮水泛滥的季节，这一区域一个月至少被回淹两次；安德罗斯岛在潮湿情况下，蒸发矿物被雨水和早晨的露水周期性地溶解，例如石膏

关于现代潮坪的白云石化作用已经写过很多内容（Well，1962；Illing 等，1965；Deffeyes 等，1969；Shinn 等，1965；Shinn 等，1969；Hardie，1977；Kinsman，1964；McKenzie 等，1980），尽管白云石化的化学过程还存在很多争议，许多控制参数是已知的，特别是潮坪白云岩，目前是地质纪录中最容易识别的一种。白云岩倾向于形成在潮上坪的上部，高于正常高潮线数厘米。在此环境中，下层的海水通过毛细管作用进入表层，或者由风暴期的风暴作用提供表层海水，且通过蒸发作用形成高浓度的卤水（图 4-5），通过石膏和文石的沉淀，钙被选择性地析出，因此其镁钙比要比正常海水的值高好多倍，随着蓝绿藻的光合和呼吸作用改变着海水的 pH 值，同时氧化作用和地下水涨落的泵吸作用可能也是潮坪白云岩化的控制因素。尽管不能明确其化学性质，但这种白云岩常与不同的沉积构造和小的结晶晶体相伴生，因此在现代和古代的岩石中是很容易识别的。现代潮坪白云岩通常由尺寸在 2 ～ 4 μm 的小晶体所组成，由于其较差的有序度和高的钙镁比常常被称为"原白云岩"。在类似的古代潮坪中，白云岩晶体也是很小的，但一般在 5 ～ 10 μm 左右，且晶体的晶格是很有序的。较大的白云岩晶体也存在，然而，主要与海相或者潮道沉积相伴，这些部位的初始渗透性是很高的。无论古代潮坪的化学性质差异有多大，也无论高镁钙比的白云岩有序度有多差，白云岩随时代变得有序的原因是未知的。

正如 Adams 和 Rhodes（1960）曾提到的，白云石化作用也可能通过富镁的表层盐水渗透到下伏的潮上带、潮间带和潮下带沉积物而发生。Deffeyes 等（1960）认为波内尔岛上大多数的盐池以下沉积物中的白云岩都是由这种机制形成的（荷兰安德罗斯群岛）。Steinen 和 Halley（1979）报道过佛罗里达海湾泥岛地层之下的原白云岩，他们相信其为回流渗透成因。Shinn（1973b）和 DeGroot（1973）曾讨论过波斯湾的盐水下多孔石英砂萨布哈内的一个地下原生白云岩的实例。

碎屑白云岩、石英粉砂岩和各种黏土矿物存在于波斯湾地区的大部分沉积物中，碎屑白云岩不仅仅污染该区域的潮上白云岩，而且实际上污染类似颗粒大小的海相沉积物。Pilkey 发现了波斯湾中心轴部地区的细粒潮下沉积物中含有 10% 的碎屑白云岩，其出现并不意外。在波斯湾海上工作期间，笔者研究发现船身常常被棕黄色的淤泥、黏土、白云岩覆盖达数小时。这其中的一些成分被报道为来自波斯湾潮坪的现代白云岩，其很可能是碎屑成因。因此似乎碎屑白云岩在许多古代的潮坪环境中应该很丰富。特别是在非常干旱的时期所沉积的沉积物中，比如二叠纪。

二、石膏化与硬石膏化

一些蒸发矿物，像岩盐、石膏、硬石膏会出现在所有的现代干旱潮坪环境中，许多古代潮坪含有大量的硬石膏和岩盐，特别是二叠系。石膏可以在像巴哈马地区安德罗斯岛的潮湿环境的潮坪中临时形成。它常常在干旱季节期间存在，在潮湿季节消失，因此在地质记录中没有得以保存，古潮坪不含有在地质历史中的湿润时期的机制形成的蒸发矿物。在波斯湾潮坪中，这里的年降雨量不到2cm，石膏软泥构成类似于冰淇淋盐形的晶体，形成了一个广泛分布达30cm厚的层。石膏软泥形成于潮间和潮上环境的转换地带（图4-3、图版Ⅳ-32；Kinsman，1964；Butler，1965；Kendall 和 Skipwith，1969）。向陆方向石膏层的粒度侧向变为扭曲的、粉晶无水石膏（图版Ⅳ-33、图版Ⅳ-34）。在这个部位其上覆地层为潮上白云岩、无水石膏和石英砂。下部埋藏的无水石膏层中含有常见的网状结构，这种结构在许多古代的石膏和无水石膏沉积物中是很普遍的。网状结构层的粒度向上变为扭曲的层状粉晶无水石膏（图版Ⅳ-33—图版Ⅳ-35）。多少无水石膏是原生的以及多少是由石膏的替代作用形成的都是未知的。向陆方向，这个位置的萨布哈受到洪水的冲刷作用及陆源地下水的注入，局部地区的无水石膏被还原为含水石膏（Butler，1965；Kendall 和 Skipwith，1969）。

石膏也可以以宽数厘米的大的孤立玫瑰花样式存在。这种晶体随机散布在潮间带的各个部位和无水石膏下的藻席层中。玫瑰花式石膏在向陆方向其数量和尺寸都有所增加，且似乎与石膏软泥和无水石膏的成因不同。

天青石，一种不稳定的（临时的）蒸发矿物，有时与无水石膏相伴生。这种矿物一般不能够保存下来，它对本书的写作而言是不重要的。

三、胶结作用

胶结作用主要发生在潮坪的四个主要地区：（1）在潮上带的下部和天然堤上的硬表层常常白云石化；（2）沿着潮汐通道的边缘区域的潮堤主要是由碳酸盐岩砂组成（图版Ⅳ-30）；（3）作为潮间带的沙脊和沙嘴的海滩岩；（4）潮下带上部和潮间带下部的近水平的沙坪部位。所有这四种胶结物，最后三种可以认为是形成于潮间海滩岩。这些砂级的沉积物在稳定堆积、湿润且受每次潮汐作用的部位胶结起来。笔者在波斯湾地区的观察指出由文石和镁钙作用发生的海滩岩类的胶结可以进行许多年。正如早前所描述的，胶结作用在波斯湾潮坪潮下环境的向海方向也会发生（Shinn，1969）。

所有的胶结形式产生的岩石为岩屑的形成提供了物源。海滩岩重新改造并重新组合为底部潮道和沙嘴沉积（Shinn，1973），然而沿着潮道方向的胶结物被底部潮道沉积物的侧向迁移和堆积所破坏。在潮道天然堤的部位发生两种形式的胶结作用——海滩岩形成，在这里潮道沉积物是粗粒的，因此最终岩石没有发生白云岩化（图版Ⅳ-30），白云石和文石的胶结作用发生在天然堤后部的泥质区。白云石和文石胶结天然堤壳发生在接近较大的高潮线附近（Shinn 等，1969）。这些碎壳为潮道滞留沉积提供扁平的白云岩角砾岩屑（图版Ⅳ-29）。正如前面所指出的，潮间带的下部的碎壳（图4-3）能够有效限制向下切割潮道沉积。图版Ⅳ-36a展示了潮上萨布哈潮道沉积物的废弃和充填。图版Ⅳ-36b部分展示了一个15m的沟穿过一个潮道。在图版Ⅳ-36b中的沟由于胶结物壳的阻挡不能挖得更深。这个壳的渗透性很差，因此即使它的底部已经过了海平面，这个沟依然是干的。当把这个壳破坏掉以后，水涌入到沟内，达到的深度大约高出这个壳30cm。尽管它暴露在沟中的长度达15m。却没有观察到壳体未破碎部位的渗漏。因此，这样的壳体不仅仅限制了潮道的冲刷作用，而且毫无疑问的对盐水的毛细管作用和回流渗透作用这样的成岩现象有一个控制作用。

具有低渗透性的海底硬壳也形成在波斯湾的较远海洋部位（Shinn，1969）。考虑到时间因素，不同的波斯湾潮坪的许多部分随着海底胶结物壳的作用将向海增长。因此，潮坪体系可以合并且也受其他渗透隔层的控制，类似的壳体毫无疑问的是许多古代潮坪的一个组成部分。主要通过纤维状的方解石或白云石胶结物来识别。由于它们表层的钻孔和侵蚀，很容易被错误地解释为暴露不整合。

四、超咸化钙结岩与豆粒

层状壳形成在波斯湾的许多潮上区域，类似于美国西部的以及由 Multer 和 Hoffmeister（1968）、Robbin 和 Stipp（1979）所描述的佛罗里达地区的淡水渗流钙质壳。豆粒与该类壳体相伴生（Purser 和 Loreau，1973）或者作为单独的颗粒漂浮在未胶结的潮上沉积物之上（Shinn，1973b）。

Scholle 和 Kinsman（1974）展示了这些包壳的特征，本质上这些渗流钙质壳形成于超咸盐水的沉淀作用而不是形成于淡水。Scholle 和 Kinsman（1974）也展示了证据，这些现代沉积物的特征与非常出名的与潟湖相和潮坪相相关的西得克萨斯州和新墨西哥州二叠系 Capitan 灰岩礁复合体地层中的豆粒和豆粒壳的特征是可对比的。类似的与潮坪相伴生的豆粒相在西得克萨斯州二叠盆地的台地区地下是很普遍的（Longacre，1980）。在波斯湾的现代环境中，层状壳和豆粒形成于更新统基岩上的潮上环境中（Scholle 和 Kinsman，1974）和海滩岩上的潮间—潮上区域高部位或者在潮上带下部的未固结碎屑岩沉积物中（Shinn，1973）。在所有实例中，萨布哈是地层向海的部分波浪和大浪或者风暴潮的位置。如果它们在古代潮坪中的成因是类似的话，那么就可以认为它们的出现对于预测相带关系可能是一个有用的指示器。二叠系中的古豆粒和豆粒壳，通常与锥形帐篷构造相伴生，推测其形成于潮下潟湖或者入海域 2km 以内。

五、蒸发作用与硅质胶结

蒸发岩、玫瑰花状石膏或者带状的无水石膏（图版Ⅳ-33、图版Ⅳ-34）可以认为是一种胶结物。这些蒸发岩可能通过充填鸟眼孔或者在某些情况下通过充填粒内孔隙空间而形成坚硬的岩石，而导致一些沉积物的胶结作用。无论这些胶结物形成坚硬岩石与否，这些并不重要。因为它们能够有效地影响基岩孔隙度和渗透率，并且它们可以流动而不是压实过程形成的裂缝或者构造变形。潮上萨布哈含有蒸发岩，因此可以形成有效的封盖。如果在后期成岩过程中受到淡水的淋滤，就可能形成极好的孔隙度和渗透率。

乳白色的硅质岩或者燧石被反复地在古代潮上沉积环境中观察到，尽管还没有见过来自现代潮坪硅质胶结物的报道。潮坪中的硅质胶结物可能不是很重要，因为它们很少延伸很广以形成有效的渗透层。

第五节　经　济　意　义

潮坪体系不同相带的孔隙度和渗透率差异很大。现代和古代不同实例的综合研究表明孔隙度和渗透率在潮下和潮间相带是很发育的，其中最发育的是潮道沉积，潮上沉积似乎显示孔隙度和渗透率的发育潜力最低。孔隙度和渗透率相对不发育被认为可能归因于以下四方面：（1）早期胶结作用；（2）微晶白云岩的形成（常伴生文石和镁方解石的胶结）；（3）蒸发岩的形成；（4）藻席垫的发育。

一、构造圈闭

无论是寻找构造圈闭或是地层圈闭，渗透率变化与相带变化的识别知识可以为地下勘探工作者所用。

文献记载的与构造相关的古代实例是由 Roehl（1967）记录的西威利斯顿盆地的奥陶系的

Stony Mountain 地层和 Interlake 地层。希腊的 Cabin 油田是一个背斜构造，隆起的岩石地层完全代表了一般的潮坪相，因此识别最有勘探经济价值区域的一个重要的判别标准是找到石油。希腊的 Cabin 油田的相带预测是很好的，但该相带的孔隙度的预测结果很差，可能是由于早期的地表暴露对所有相带形成了一个成岩孔隙度的叠加改造。Roehl（1967）也曾指出尽管所有相带被白云岩化，但晶体尺寸越大，孔隙度和渗透率越好，且与潮下和潮间带的连通孔隙相伴生的部位孔隙度达 20%，渗透率接近 2.5mD。

含有现代潜穴的沉积物颗粒一般比周围的沉积物要粗（Shinn，1968）。充填的孔隙可以传输流体，因此要比基质白云岩化更快。这样的白云岩颗粒尺寸可能要比周围基质中的白云岩颗粒大。正如前面所提及的，高孔隙层严格限定为潮下（Roehl，1967）与潮间带上部相带。Roehl 认为粗粒的潮道沉积物形成于潮间带，甚至潮上带。特别是那些含有丰富的内碎屑的部位，也含有用于生产的油和充足的孔隙度，但这些部位却被解释为受到早期地表淋滤。人们应该记得倾伏于沉降盆地中的潮坪不太可能经历暴露和淋滤。

基于现代的潮坪模式（安德罗斯岛和波斯湾），且排除早期暴露和淋滤影响的考虑，孔隙形成的最好位置是潮下海、潮道和潮间带沉积物中。早期胶结和蒸发作用使得潮上沉积物形成储层的概率最小。如果潮坪岩石地层发生构造抬升，可以期待在原始孔隙发育区会形成最好的储层。如果多套潮上带的非渗透性层段分割和封盖了被构造抬升的多孔和渗透性的潮下和潮间相沉积物，那么多套储层形成的机会甚至会增多。这些知识对于潮坪相的油田而言是特别重要的，在这些位置二次发现是很必要的。当构造变形时，如前面所讨论的，潮间和海底胶结物壳，由于这些岩石很容易形成脆性的岩石裂缝，可能不能够提供有效的封堵。然而，蒸发的潮上地带，可能塑性更强，因此可能更少的形成裂缝和泄漏。

二、地层圈闭

潮坪主要是一种特别的滨岸沉积，容易受到整个时代反复的海侵和海退（上超和退覆）影响。在沉陷的陆表海和盆地一侧，这些特别的滨岸沉积物有形成可预测的储层和盖层的潜力。图 4-6 展示了其简化的概念模式，基于古代和现代的研究实例表明孔隙和非孔隙相带的关系以及关于盆地或邻近地块的趋势。

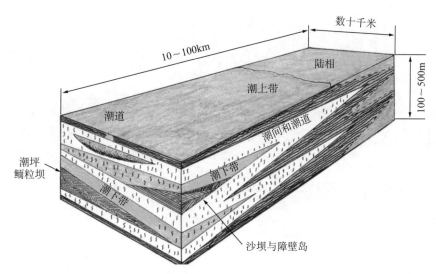

图 4-6　兼有上超和下超特征的安德罗斯岛和波斯湾潮坪的理想模式

展示了地层圈闭和相关的孔隙发育区；圈闭条件形成在潮间和潮道相中，向下倾方向尖灭于相对非渗透的潮上带；在大多数古代实例中潮上带被无水石膏和其他蒸发矿物所覆盖，其他类型的储层可能形成于位于潮上带向海方向或者陆方向的潮坪三角洲、潮道和障壁岛；在大部分古代实例中潮上带由相对非渗透的微晶白云岩组成，然而潮下带倾向于由渗透型的粗粒白云岩所组成

Meissner（1974）描述了水动力和地层圈闭条件控制圣安德罗斯地区 Milnesand 和 Slaughter–Levelland 油田、新墨西哥州和得克萨斯州及北特拉华盆地等二叠系白云岩。按照 Meissner（1981）的描述，这些最初孤立的油田现在由一个非渗透性的东西向潮上带和向北的陆相沉积相互连通和控制。油从 Delaware 盆地的南部深部位运移过来，被多孔渗性的潮下—潮间沉积物地带所捕获，该带向北尖灭于非渗透的潮上相带（萨布哈型）。这些相带之间的接触关系展示在图 4–7 中。主要沉积相带的岩心薄片见图版Ⅳ–37。

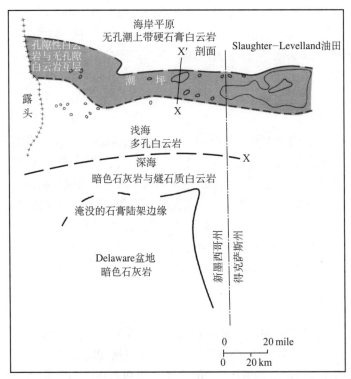

a. 平行于 Delaware 盆地北部边缘的潮坪体系（中二叠世圣安德罗斯期）（由 Fred Meissner 提供）

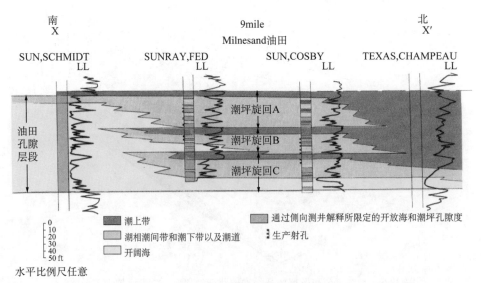

b. 南北向剖面展示了向北部三套储层被非渗透的潮上带硬石膏所封盖

图 4–7　相带接触关系

在图中沿着这个方向分布的几个油田，由于存在一个油气从西部流动的动力组合，向北孔隙尖灭于潮上带的含无水石膏的白云岩层；这些油田中最大的 Slaughter–Levelland 油田含有 35×10^8 bbl 的石油储量（Fred Meissner，1981）

Rogers（1971）描述了怀俄明州 Bighorn 盆地 Cottonwood 油田二叠系 Phosphonà 组的潮坪相以及它对储层和地层圈闭的控制作用。Rogers 的地质解释类似于 Meissner（1974）的认识。Cottonwood 油田（自从 1951 年油田发现共从将近 100 口井中生产超过 3.7×10^7 bbl 的含硫原油），产层是颗粒支撑的潮间相的白云石化沉积物，包括潮道沉积物。盖层是东北部的蒸发潮上层（图 4-8a）。多孔地层指状交叉到非渗透性的潮上层，如图 4-8b 所示（Rogers，1971）。Rogers 指出潮坪相可以通过岩屑识别，但岩心对于确定垂向的相序是很必要的。作者观察了许多打穿西得克萨斯州圣安德罗斯潮坪二叠系岩石的井的岩屑和岩心，非常支持 Roggers 的结论。当地质家对这类岩石开展研究时，通过许多井的岩心、辅助电测井来识别相带的相关关系，如果在井的空间距离很近的情况下，岩屑应该是很值得使用的。可以通过岩心提取大量的相细节，图 4-9 展示了一个 22m（70ft）的岩心。从中可以识别出来超过 15 个潮上区域。对于类似岩石岩屑的后续研究表明，氧化的棕色对于区别潮上、潮间岩石与灰色的潮下岩石是特别有用的。图版IV-38 展示了一张由 Halley（1975）描述的内华达州 Carrata 组（寒武系），图上显示即使是在这些非常古老的岩石中，潮上带依然能够通过它的氧化色来区别。

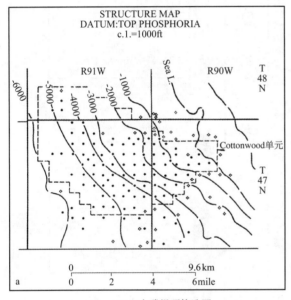
a. Phosphoria含磷组顶构造图

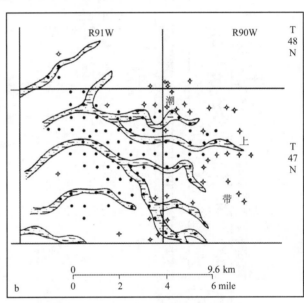
b. Park City组沉积相图

图 4-8　怀俄明州 Bighorn 盆地 Cottonwood 油田组顶部构造图及 Park City 组沉积相图

a—标注了干井位于上倾的东北部，产油井位于下倾的西南部；该油田自 1971 年产了 3.7×10^7 bbl 原油（Rogers，1971）；b—展示了下倾的渗透性潮间带的多孔潮道沉积延伸到上倾的海相非渗透性潮上带沉积；潮道识别的认知程度有助于潮坪储层油气勘探

Longacre（1980）描述了在西得克萨斯州二叠盆地中央盆地台地东侧的北 McElroy 油田二叠系 Grayburg 和 Queen 组复合构造和地层方面的内容。在北 McElroy 油田，台地边缘的断裂作用提供了油气从盆地烃源岩区进入到台地内无数的上超和退覆的潮坪层序中的运移通道。盖层是无水的潮上带，而储层是浅缓坡和暴露坪（可能与潮下带或者潮间坪是同义的），其向西尖灭于潮上相带之下（Longacre，1980）。选择的北麦克尔罗伊油田的实例见图版IV-39。北 McElroy 型储层可能沿着盆地中部的台地东侧和西侧许多位置发生重复。Flannigan 油田更远的北部地区是一个储层由潮坪相沉积形成的比较典型的实例（Jerry Lucia，1981），是无数位于 Delaware 盆地北部边缘油田中的一个（Allan Thompson，1981）。

这其中的许多油田已经接近枯竭并多年经历着水淹和其他二次采油项目，尽管地质文献很少提及，勘探地质学家常常讨论这些在水淹过程中工程生产上所遇到的问题。这些问题基本上是由于对无数水平渗透层无法识别所导致的。因此了解潮坪沉积特点并识别其相带变化，对于石油工程师将是非常有用的。

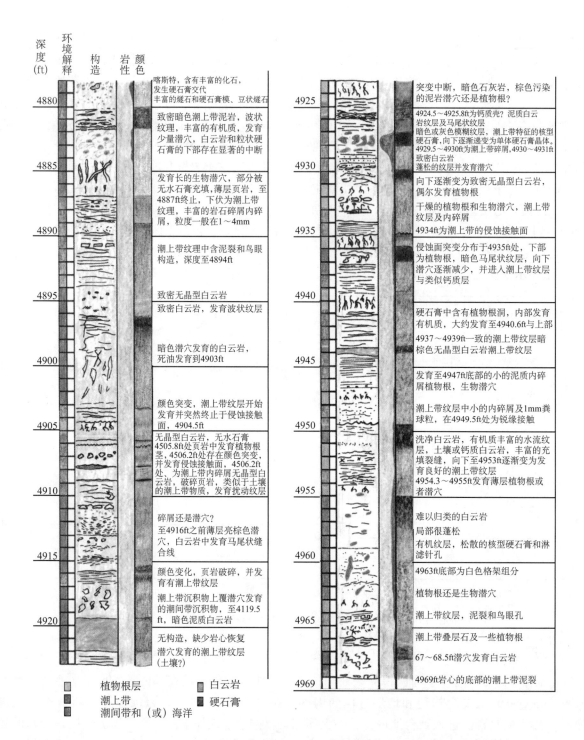

图 4-9 西得克萨斯州二叠系圣安德罗斯白云岩的部分岩心显示相带

岩心至少记录 18 个潮上带层段（由环境解释柱状图上的红色所指示）；潮间或者海相岩石被标为蓝色，且底部层段（潮间带或者潮上带的高部位）被标注为绿色；小的不整合是比例尺；由于暴露常与潮坪沉积物相伴，潮坪沉积序列中有意义的部分在下个沉积单元沉积以前可能就已经遭受剥蚀；因此如图 4-11 中展示的那种完整的旋回在地质记录中是很少见的；可见从棕色的氧化色到灰色的潮上白云岩的持续变化

三、露头实例

肯塔基州奥陶系的岩石露头研究报道了由潮上带控制的岩石到由潮下带和潮间相带控制的岩石的相类似的转变（Cressman 和 Noger，1976）（图 4-10）。尽管环境的解释是截然不同的，Howe（1968）

— 106 —

对 Francois 山地区的寒武系的潮坪相侧向尖灭也提出了一个类似的解释（图 4-11）。其他的潮坪岩石实例在浩瀚的地质文献中并没有阐述，其中较著名的一个是 Fischer（1964）描述的北意大利阿尔卑斯山的 Lofer 潮坪。选择这篇文献实例的目的是基于其经济重要性和区域地层延伸。

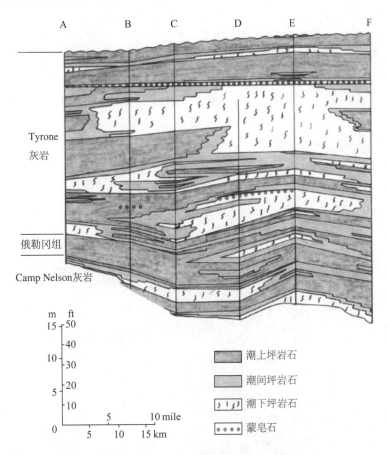

图 4-10　过肯塔基州奥陶系 Tyrone 石灰岩理想的南—北向地层剖面（据 Cressman 和 Noger，1976）

标注了许多地层尖灭点，在这些位置潮间带和潮下带的岩石尖灭于潮上带的白云岩；如果在含潜穴的潮下带和潮间带岩石是多孔的且渗透性很好的情况下，就可以形成多套储层；潮上带的岩石可以形成封盖层

图 4-11　Howe（1968）描述的寒武系 Missouri 阶地层解释

Howe 所称的平面叠层石单元被解释为代表退覆的潮上带沼泽或相当于萨布哈，因此可能作为盖层；倾向于盆地方向的整个剖面中，储层可能将仅限于被解释为类似的潮间带和潮上带岩层中潜穴发育的泥单元

四、古代潮坪的沉积与成岩识别标志

没有任何单一的沉积结构能够起到作为解密或表征古代潮坪出现的判别标志。沉积构造层序的识别与在一般潮坪环境下形成的相序比任何单一沉积特征更重要。图4-12和图4-13试图将已知的现代和古代潮坪组合为一个有用的沉积构造层序。图4-12展示了这个层序和波斯湾型的潮坪的潮下带的变化。而图4-13展示了所有已知潮坪旋回的重要属性组合。

应该清楚说明的是很多且重要的变化能够发生。其中的许多变化指示图4-6中的上超—退覆模式以及展示在图4-12和图4-13中的沉积层序。地质学家在任何地质盆地中所遇到的可能是不同的,其取决于构造类型、气候、时代和纬度。因此不能企图展示所有可能形成的构造和成岩变化组合。这种努力是不可能的且超出本章的范围。因为对于大多数地质问题,每一个地区有其自身的独特性和不同之处,只有通过彻底的地质研究才能够搞明白。这里提供模式作为地质研究开始的基础。为了更好的理解,勘探和发现这类经济重要性的沉积体系,任何特定区域模式的修改是很必要的。

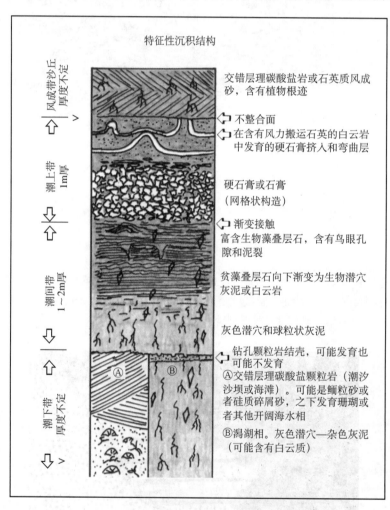

图4-12　理想退覆层序

这种复杂的层序很难出现在地质记录中,因为沉积过程中会发生地表侵蚀。另外,还可能发生多种变化。首先,注意风成砂在潮上带沉积,而这些砂通常覆盖并保留萨布哈相。在干旱气候下,这些砂往往在沉积过程中或者沉积之后不久就会运移到潮上带。在波斯湾现代潮坪上,这种风成砂的运动和保护作用非常普遍。其次,注意潮下带在不同的局部环境中会从交错层理碳酸盐砂(常呈鲕粒状)变成珊瑚礁。在地质记录中,珊瑚虫可能会被层孔虫、厚壳蛤或其他造礁生物所替代,但是鲕粒相是非常普遍的。潮下带也可能由球粒或生物潜穴泥组成。在潮下带内部或者之上都可能出现硬质壳,之上发育钻孔或者剥蚀面。然而,最具特征意义的相是干燥藻叠层石带和结核或者网状硬石膏带

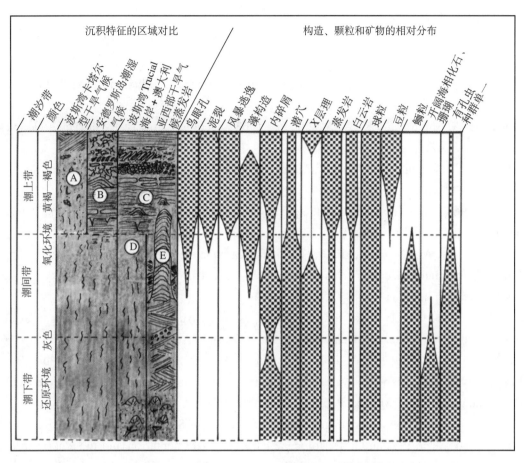

图 4-13　与碳酸盐岩潮坪沉积相伴生的相变化综合图

（A）波斯湾卡塔尔半岛周边潮坪层序。注意由于降雨量比 Trucial 海岸稍多，因此珊瑚藻丛或者硬石膏带发育不完整；（B）沉积构造，包括土壤、潮流沉积内碎屑、小型藻盖和藻丘、泥裂，发育在巴哈马安德罗斯岛这样的潮湿气候下；（C）与干旱潮坪环境（如波斯湾 Trucial 海岸或澳大利亚西部鲨鱼湾地区）相伴生的沉积特征，注意在鲨鱼湾地区最大的差异是存在结核状或者网格状的硬石膏，潮间带可能从氧化泥变成珊瑚礁（D）再变为波状交错层理砂（E；含有大型棒状礁构造；图版Ⅳ-12a、图版Ⅳ-12b）。右边的剖面是笔者基于文献调研和对现代和古代层序的亲自观察，来尝试展现不同沉积构造、颗粒、矿物和化石的相对含量。应该强调指出，此处展示的所有特征不可能会有实际地质剖面与之完全对应

致谢

作者非常感谢美国地质调查局的 Robert B.Halley 与 Peter A.Scholle 的建设性建议及其与他们的讨论。要特别感谢 Barbara Lida，他在整个文稿的准备过程中进行了文稿的编辑、准备插图以及及时地校对工作，本书中所涉及的现场工作内容和本书中的许多思路都是作者受聘于美国壳牌开发公司和荷兰的皇家壳牌实验室时所完成的和所形成的。

以下人员提供的样品或者薄片对本书的质量具有很大的贡献，他们是壳牌开发公司的 Jack Moore（两张图）；美国地质调查局的 Earl cressman（许多彩色照片）；迈阿密 Fisher Island 分局的 Robert N.Ginsburg；路易斯安那州立大学的 Clyde H. Moore（白垩系潮坪地层的样品）；Dennie Cody 准备了彩色相片；美国埃克森公司的 Godfrey Butler 向作者介绍了 Trucial 海岸的蒸发岩，并作为作者在此地区的向导；Bird 公司的 Fred Meissner 提供了潮坪沉积岩油气生产的相关材料和信息；Lehigh 大学的 Edward Evenson 提供了图版Ⅳ-13b 中的土壤岩壳层。Getty 勘探公司的 Susan Longacre 提供了北 McElroy 油田的样品。

还要感谢美国地质调查局 Fisher Island 岛分局的 DanielM.Robbin 和 J.Harold Hudson 在手稿准备过

程中给予的鼓励及共同的讨论。

参 考 文 献

Adams, J. E., and M. L. Rhodes, 1960, Dolomitization by seepage refluxion: AAPG Bull., v. 44, p. 1912−1920.

Ball, M. M., E. A. Shinn, and K. W. Stockman, 1963, Geologic effects of Hurricane Donna: Abs., AAPG Bull., v. 47, p. 349.

Black, M., 1933, The algal sediments of Andros Island, Bahamas: Phil. Trans. Royal Soc. London, Series B, v. 222, p. 165−192.

Butler, G. P., 1965, Early diagenesis in the recent sediments of the Trucial Coast of the Persian Gulf: London Univ., Ph.D. dissert., 251 p.

Cressman, E. R., and M. C. Noger, 1976, Tidal−flat carbonate environments in the High Bridge Group (Middle Ordovician) of central Kentucky: Lexington, Univ. Kentucky, Kentucky Geol.Survey, Series X, Rept. of Invest. 18, p. 1−15.

Davies, G. R., 1970, Algal−laminated sediments, western Australia, in B. W. Logan et al, eds., Carbonate sediments and environments, Shark Bay, Western Australia: AAPG Mem. 13, p. 169−205.

Deffeyes, K. S., F. J. Lucia, and P. K. Weyl, 1965, Dolomitization of Recent and Plio−Pleistocene sediments by marine evaporite waters on Bonaire, Netherlands Antilles, in Dolomitization and limestone diagenesis: SEPM Spec. Pub. 13, p. 71−88.

DeGroot, K., 1973, Geochemistry of tidal flat brines at Umm Said, S.E.Qatar, Persian Gulf, in B. H. Purser, ed., The Persian Gulf−Holocene carbonate sedimentation and diagenesis in a shallow epicontinental sea: Heidelberg, Berlin, Springer−Verlag Pub., p. 377−394.

Evans, G., 1965, Intertidal flat sediments and their environments of deposition in the Wash: Quart. Jour., Geol. Soc. London, v. 121, p. 209−245.

Evans, G., 1966, The recent sedimentary facies of the Persian Gulf region: Phil. Trans. Royal Soc. London, Series A, v. 259, p. 291−298.

Evans, G., et al, 1969, Stratigraphy and geologic history of the sabkha, Abu Dhabi, Persian Gulf: Sedimentology, v. 12, p. 145−159.

Fischer, A. G., 1964, The Lofer cyclothems of the Alpine Triassic, in D. F. Merriam, ed., Symposium on cyclic sedimentation: State Geol. Survey Kansas Bull. 169, v. 1, p. 107−149.

Garrett, P., 1970, Phanerozoic stromatolites— non−competitive ecologic restric−tion by grazing and burrowing animals: Science, v. 169, p. 171−173.

Ginsburg, R. N., 1975, Tidal deposits, a casebook of Recent examples and fossil counterparts: New York, Spring−Verlag Pub., 428 p.

Grover, G. Jr., and J. F. Read, 1978, Fenestral and associated vadose diagenetic fabrics of tidal flat carbonates, Middle Ordovician New Market Limestone, southwestern Virginia: Jour. Sed. Petrology, v. 48, no. 2, p. 453−473.

Hagan, G. M., and B. W. Logan, 1975, Prograding tidal−flat sequences — Hut−chinson Embayment, Shark Bay, Western Australia, in R. N. Ginsburg, ed., Tidal deposits, a casebook of Recent examples and fossil counterparts: New York, Springer−Verlag Pub., p. 215−232.

Halley, R. B., 1975, Peritidal lithologies of Cambrian carbonate islands, Carrara Formation, southern Great Basin, in R. N. Ginsburg, ed., Tidal deposits, a casebook of recent examples and fossil counterparts: New York, Springer-Verlag Pub., p. 279-288.

Hardie, L. A., 1977, Sedimentation on the modern carbonate tidal flats of northwest Andros Island, Bahamas: Baltimore, The Johns Hopkins Univ. Press, The Johns Hopkins Univ. Stud, in Geology, no. 22, 202 p.

Hoffman, P. F., 1967, Algal stromatolites-use in stratigraphic correlation and paleocurrent determination: Science, v. 157, p. 1043-1045.

Hofman, H. J., 1969, Stromatolites from the Proterozoic Ahimikie and Sibley groups, Ontario: Geol. Survey of Canada Paper 68-69, 55 p.

Howe, W. B., 1968, Planar stromatolite and burrowed carbonate mud facies in Cambrian strata of the St. Francois Mountain area: Missouri Dept.Business Admin., Div. of Geol. Survey and Water Resources, Rept. of Invest. 41, 113 p.

Illing, L. V., 1954, Bahamian calcareous sands: AAPG Bull., v. 38, no. 1, p. 1-95.

Illing, L. V., 1959, Deposition and diagenesis of some Upper Palaeozoic carbonate sediments in western Canada: Proc., Fifth World Petroleum Cong., Sec. 1, Paper 2.

Illing, L. V., A. J. Wells, and J. C. M. Taylor, 1965, Penecontemporary dolomite in the Persian Gulf, *in* L. C. Pray and R. C. Murray, eds., Dolomitization and limestone diagenesis—a symposium: SEPM Spec. Pub. 13, p. 89-111.

James, N. P., 1977, Shallowing upward sequences in carbonates: Geoscience Canada, v. 4, no. 3, p. 126-136.

Kendall, G. St. C., and Sir P. A. D' E. Skipwith, 1969, Holocene shallow-water carbonate and evaporite sediments of Khor al Bazam, Abu Dhabi, southwest Persian Gulf: AAPG Bull., v. 53, p. 841-869.

Kinsman, D. J. J., 1964, The recent carbonate sediments near Halat el Bahrani, Trucial Coast, Persian Gulf, *in* Deltaic and shallow marine deposits-developments in sedimentology, v. 1: Amsterdam, Elsevier Sci. Pub., p. 185-192.

Klein, G. V., 1971, A sedimentary model for determining paleotidal range: Geol. Soc. America Bull., v. 82, p. 2585-2592.

Klein, G. V., 1972, Determination of paleotidal range in clastic sedimentary rocks: Proc., 24th Internat. Geol. Cong., Sec. 6, p. 397-405.

Logan, B. W., R. Rezak, and R. N. Ginsburg, 1964, Classification and environmental significance of algal stromatolites: Jour. Geology, v. 72, p. 68-83.

Longacre, S. A., 1980, Dolomite reservoirs from Permian biomicrites, *in* R. B. Halley and R. G. Loucks, eds., Carbonate reservoir rocks: Denver, SEPM Notes for core workshop no. 1: p. 105-117.

Matter, A., 1967, Tidal-flat deposits in the Ordovician of western Maryland: Jour. Sed. Petrology, v. 37, p. 601-609.

McKenzie, J. A., K. J. Hsu, and J. F. Schneider, 1980, Movement of subsurface waters under the sabkha, Abu Dhabi, United Arab Emirates and its relation to evaporative dolomite genesis: SEPM Spec. Pub. 28, p. 11-30.

Meissner, F. F., 1974, Hydrocarbon accumulation in San Andres Formation of Permian Basin, southeast New Mexico and west Texas: Abs., AAPG Bull., v. 58, no. 5, p. 909-910.

Multer, H. G., and J. E. Hoffmeister, 1968, Subaerial laminated crusts of the Florida Keys: Geol. Soc. America Bull., v. 79, p. 183-192.

Newell, N. D., and J. K. Rigby, 1957, Geologic studies in the Great Bahama Bank, *in* Regional aspects of carbonate deposition: SEPM Spec. Pub. 5, p. 15—79.

Pilkey, O. H., 1966, Carbonate and clay mineralogy of the Persian Gulf: Deep—Sea Research, v. 13, p. 1—16.

Purser, B. H., 1973, The Persian Gulf—Holocene carbonate sedimentation and diagenesis in a shallow epicontinental sea: Heidelberg, Berlin, Springer—Verlag Pub., 471 p.

Purser, B. H., and G. Evans, 1973, Regional sedimentation along the Trucial Coast, SE Persian Gulf, *in* B. H. Purser, ed., The Persian Gulf—Holocene carbonate sedimentation and diagenesis in a shallow epicontinental sea: Heidelberg, Berlin, Springer—Verlag Pub., p.211—213.

Purser, B. H., and J. P. Loreau, 1973, Aragonitic, supratidal encrustations on the Trucial Coast of the Persian Gulf, *in* B. H. Purser, ed., The Persian Gulf—Holocene carbonate sedimentation and diagenesis in a shallow epicontinental sea: Heidelberg, Berlin, Springer—Verlag Pub., p. 343—376.

Read, J. F., 1975, Tidal—flat facies in carbonate cycles, Pillara Formation (Devonian), Canning Basin, Western Australia, *in* R. N. Ginsberg, ed., Tidal deposits, a casebook of Recent examples and fossil counterparts: New York, Springer—Verlag Pub., p.251—256.

Reinick, H. E., 1967, Layered sediments of tidal flats, beaches, and shelf bottoms of the North Sea: Estuaries, Am. Assoc. Advan. Science, v. 83, p. 191—206.

Robbin, D. M., and J. J. Stipp, 1979, Depositional rate of laminated soilstone crusts, Florida Keys: Jour. Sed. Petrology, v. 49, no. 1, p. 175—180.

Roehl, P. O., 1967, Stony Mountain (Ordovician) and Interlake (Silurian) facies analogs of Recent low—energy marine and subaerial carbonates, Bahamas: AAPG Bull., v. 51, p. 1979—2032.

Rogers, J. P., 1971, Tidal sedimentation and its bearing on reservoir and trap in Permian Phosphoria strata, Cottonwood Creek Field, Big Horn Basin, Wyoming: Mtn. Geol., v. 8, no. 2, p. 71—80.

Schneider, J. F., 1975, Recent tidal deposits, Abu Dhabi, United Arab Emirates, Arabian Gulf, *in* R. N. Ginsburg, ed., Tidal deposits, a casebook of Recent examples and fossil counterparts: New York, Springer—Verlag Pub., p.209—214.

Scholle, P. A., and D. J. J. Kinsman, 1974, Aragonitic and high—Mg calcite caliche from the Persian Gulf—a modern analog for the Permian of Texas and New Mexico: Jour. Sed. Petrology, v. 44, no. 3, p. 904—916.

Shinn, E. A., 1968a, Selective dolomitization of Recent sedimentary structures: Jour. Sed. Petrology, v. 38, no. 2, p. 612—616.

Shinn, E. A., 1968b, Practical significance of birdseye structures in carbonate rocks: Jour. Sed. Petrology, v. 38, no. 1, p. 215—223.

Shinn, E. A., 1968c, Burrowing in Recent lime sediments of Florida and the Bahamas: Jour. Paleontology, v. 42, no. 4, p. 879—894.

Shinn, E. A., 1969, Submarine lithification of Holocene carbonate sediments in the Persian Gulf: Sedimentology, v. 12, p. 109—144.

Shinn, E. A., 1972, Worm and algal—built columnar stromatolites in the Persian Gulf: Jour. Sed. Petrology, v. 42, no.4, p. 837—840.

Shinn, E. A., 1973a, Carbonate coastal accretion in an area of longshore transport, NE Qatar, Persian Gulf, *in* B. H. Purser, ed., The Persian Gulf—Holocene carbonate sedimentation and diagenesis in a shallow epicontinental sea: Heidelberg, Berlin, Springer—Verlag Pub., p. 179—191.

Shinn, E. A., 1973b, Sedimentary accretion along the leeward, SE coast of Qatar Peninsula, Persian

Gulf, *in* B. H. Purser, ed., The Persian Gulf—Holocene carbonate sedimentation and diagenesis in a shallow epicontinental sea: Heidelberg, Berlin, Springer—Verlag Pub., p. 199—209.

Shinn, E. A., D. M. Robbin, and R. P. Steinen, 1980, Experimental compaction of lime sediment: Denver, Abs., AAPG Ann. Mtg., p. 120.

Shinn, E. A., R. M. Lloyd and R. N. Ginsburg, 1969, Anatomy of a modern carbonate tidal flat, Andros Island, Bahamas: Jour. Sed. Petrology, v. 39, p. 1202—1228.

Shinn, E. A., R. N. Ginsburg, and R. M. Lloyd, 1965, Recent supratidal dolomite from Andros Island, Bahamas, *in* L. C. Pray and R. C. Murray, eds., Dolomitization and limestone diagenesis—a symposium: SEPM Spec. Pub. 13, p. 112—123.

Steinen, R. P., and R. B. Halley, 1979, Ground water observations on small carbonate islands of southern Florida, *in* R. B. Halley, ed., Guidebook to sedimentation for the Dry Tortugas: Southeastern Geol. Soc. Pub. No. 21, p. 82—89.

Tebbutt, G. E., C. D. Conley, and D. W. Boyd, 1965, Lithogenesis of a distinctive carbonate rock fabric, *in* R. B. Parker, ed., Contributions to geology: Laramie, Univ. Wyoming, p. 1—13.

Van Straaten, L. M. J. U., 1954, Sedimentology of Recent tidal flat deposits and the Psammites du Condroz (Devonian): Geol. Mijnbouw, v. 16, p. 25—47.

Wells, A., 1962, Primary dolomitization in Persian Gulf: Nature, v. 194, no. 4825, p. 274—275.

第五章　海滩沉积环境

Richard F. Inden 和 Clyde H.Moore

　　大多数古代碳酸盐岩地层沉积在广阔、温暖、浅水海洋陆架，是海退而不是海侵沉积时期的记录。这些层序一般包含沉积在低能、浅水、潮下—潮上带滨岸沉积区非常重要的岩石。然而，同时高能的以波浪为主的滨岸沉积物（例如海滩）在地质记录中是相当稀少的。我们认为这种现象可能是由于未被识别，而不是碳酸盐岩滨岸层序真正缺少滩相沉积物。

　　沿着海岸线由于浅水海洋硅质碎屑层序往往包含低能量潮汐坪和高能滩，我们猜想在许多碳酸盐岩层序中也存在这种现象，因为相对于盆地的水文和地形而言，不考虑海底沉积物的矿物成分沿着海岸线能量流动发生变化。两种海岸类型的唯一真正差异是碳酸盐颗粒的组分由附近海上的物源所决定，这些沉积物是通过生物化学沉淀（鲕粒、葡萄石）、碳酸盐骨架物质破裂或者是以前沉积的石灰岩或海底胶结岩层（内碎屑）的侵蚀形成的；大部分硅质碎屑滩直接由水流或由携带流水产生的沉积物的沿岸流所形成。

　　我们怀疑许多古代的生物碎屑和鲕粒砂屑灰岩浅滩沉积物是未经确认的滩相的一部分，在蒸发岩、薄板状灰泥岩和泥屑白云岩及其他石灰岩中发现很多薄层含有化石的鲕粒岩和内碎屑灰岩带都是滩相沉积物。海滩颗粒对同成岩期和早埋藏过程胶结作用，碳酸盐海滩沉积物对风化作用过程（重结晶、胶结）暴露的敏感度常常导致它们的岩化作用。因此，在侵蚀海侵事件，或由于潮汐的、冲积的冲刷，或者由于侧向同期地层及上覆岩相的分支河道作用，需要海岸层序抵抗更多的机械侵蚀过程。

第一节　概　　述

　　海滩是以波浪起主导作用由松散沉积物组成的沿岸沉积体系，它的整体形态及内部特征可能包含了由潮汐作用和/或沿岸流所引起的改造。因此，滩体顶部、底部环境所确定的界线是波浪水流不再起主导作用的地方。由于砂及更粗颗粒的相应减少和/或沿海岸线由以波浪起主导作用到以潮汐起主导作用的变化，滩侧向上过渡为潮坪。滩表面向海倾斜的角度比潮坪倾斜的角度大，这是由于滩底部破浪带强烈的湍流与向滩体上部超过冲刷带能量逐渐减少的综合作用结果。由于不断的波浪作用使细粒的沉积物被除去，而且，即使细粒沉积物不被除去，如果一个人站在它的上面，他也不能看出它有足够陡的倾角作为滩所识别的标准。被每天波浪作用所影响的活动滩带的宽度和坡度取决于波浪大小、潮汐作用（潮高度和水流强度）和组成颗粒的大小。总体的环境包括障壁岛、沙嘴和无障壁岛滩与孤立的岛滩（图5-1）。这些孤立滩体可能与区域海岸线具有某种联系，例如与平行礁系统、地垒块相联系，也可能它们随机发育在盐丘、泥丘、点礁或淹没的地形中。滩环境的变化和它们内部、几何上的特征将在下面的章节中加以阐述。

一、基本沉积模式

　　碳酸盐岩滩基本的过程—响应模式总体上与由Bernard等（1962）基于小潮差（0～2m）环境发育的滩体所提出的碎屑障壁岛模式相类似。自从那时起，许多研究其他大量（特别是碎屑滩）滩环境的沉积学家（Clifton等，1971；Hayes，1976；Ball，1967；Hubbard等，1979；Shinn，1973；Kumar和Sanders，1974）把响应于不同波浪、沿岸流和潮汐能量体制下，其基本的模式是如何变化的知识加

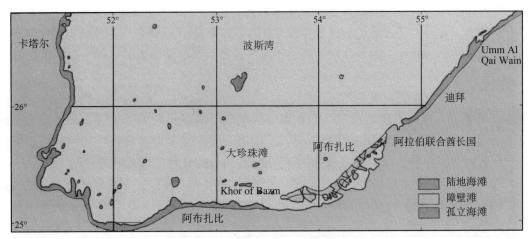

图 5-1　波斯湾沿岸滩相环境变化图

入进来。我们并不想描述由于颗粒大小、输入到海岸的能量类型和大小的变化所产生的所有沉积建造和构造层序。相反，我们的主旨是描述那些对滩定义和识别所必需的建造和层序。

　　除了后滨带外，滩沉积环境最简单形式代表向海倾斜沉积界面，沿着界面发现在碎浪带的高能量带向海（水深）方向能量逐渐减少。这个界面可以分成三个渐变亚带（图 5-2），通过作用在每个带上的主要沉积过程加以识别。前滨主要以高能波浪冲刷和相应过程为主；临滨是一个以沿岸和潮汐流作用为主的地带；外滨环境是一个低能环境，生物过程占统治地位，例如生物扰动作用；后滨环境包括沙丘、分流三角洲和风、暴风雨及潮汐作用等产生的潮上复合体。这些环境向陆方向侧向上划分为潟

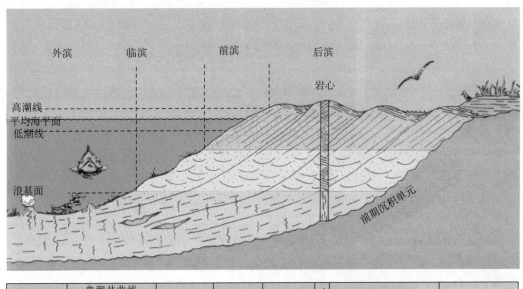

分带	典型井曲线（埋藏前）SP	颗粒大小 细　　　粗	分选 差　　好	岩性	岩心	沉积构造	过程
前滨				粒状灰岩		平行层理 小型垮塌 交错层理 细粒渐变层理 垂向生物潜穴	波浪淘洗
临滨				颗粒灰岩—泥质颗粒岩		小型—中等薄层槽状交错层理	定向潮汐和沿岸流
外滨				泥质颗粒岩—颗粒质泥岩		水平分枝状生物钻孔	生物的

图 5-2　滩沉积模式（据 Bernard 和 Majors，1962）

湖、萨布哈或者陆上环境。土壤剖面可以将主要滩与低能后滨沉积物区分开，或者它可以在滩与后滨沉积物中同时发育。在一个代表海退旋回的垂向层序中，后滨单元直接位于主体滩沉积物之上，相反向下过渡为更细粒的外滨单元。图5-2简要阐述了造成这种特殊层序原因的过程—产物相互关系。

二、垂向结构层序

横穿整个滩带，由于能量流动所产生的主体结构响应是从沉积物中移除泥，从前滨上部分选好的砂（粒屑灰岩）到深部低能量环境发生渐变。前滨单元大多数常常含有很少比例的较粗颗粒混杂在以细小、分选好占主导的颗粒群里（负偏），但是较粗颗粒也具有很好或好的分选（Folk与Cotera，1970）。总之，就像图5-2所描述的，向沉积界面方向垂直向下，颗粒变小且分选变差。然而，最粗沉积物可能位于界面的中部（Folk和Robels，1964；Folk和Cotera，1970），标志前滨下部和临滨上部之间的转换带。

现存颗粒大小和它们的组成部分是作用在滩表面波浪强度和水流能量的函数。然而，从大的范围上来说，这些参数是由生活在滩和外滨附近环境里的含壳生物的种类和个体数量所控制。确实是这样，因为这些生物是滩主要的沉积物贡献者，并且不同类型含有一种以一定的比率破碎成优选颗粒大小的壳。颗粒圆度也是输入沉积物能量和它的组分的函数，而且，一般颗粒圆度向低能量环境变差。当然，这种情况还不能说明鲕粒滩是否是滩沉积的物源。

三、沉积特征：物理特征和生物特征

古代滩体露头最明显的沉积构造是平缓向海方向倾斜（5°～15°）的大范围平面加积层（图版Ⅴ-1至图版Ⅴ-3），记录了经过更深的潮下沉积物的滩体进积过程。这些单元与记录正在进积的全新世滩和滩脊有关联。每个加积单元包含从前滨、临滨至过渡到典型低能量外滨相的滩的所有微相。在这个层序的顶部，常可以看到向大陆倾斜的后滨阶地沉积（图版Ⅴ-4），这与上覆充填的碳酸盐泥有关。

在每一个进积的加积单元里具有一套清晰的更小比例尺的沉积结构，其反映横穿沉积滩体界面能量体制的变化。层序最上部代表滩体前滨由于波浪冲蚀过程所产生的沉积（图5-2），包括细粒和粗粒交互沉积，相反有时递变，甚至具有低角度向海方向倾斜的纹层（图版Ⅴ-5、图版Ⅴ-6）。种类众多的垂直和近于垂直的软体动物、蠕虫和甲壳类动物的潜穴，具有可以刺穿这些纹层的高能、高沉积作用环境形态特征（图版Ⅴ-7、图版Ⅴ-8）。相对于梯形孔洞，滩体加积层最上部纹层常包含薄层到略有球形的洞穴（Dumham，1970；图版Ⅴ-9至图版Ⅴ-12）。这些代表着在涨潮旋回过程中，当冲刷带被海水淹没，由于空气从颗粒间孔隙逸出而直接形成于波浪冲刷带之上由残留的空气和气泡所形成的空隙。波动和水流的波痕、水流线状构造和反向沙丘出现在纹层冲刷带的加积层中，但是这些很少在古代层序中被观察到，因为在埋藏前高流态的平坦地层被加以改造（Harms，1979）。

位于垂直层序中心和冲流纹层之下的地带称作临滨（图5-2），主要被从小到大规模的薄层状弧形交错层所控制（图版Ⅴ-13、图版Ⅴ-14）。这个带代表与滩平行并且以水流流动为主的沉积（图版Ⅴ-15），大多数交错层的倾斜方向与滩加积层相垂直（Stricklin与Smith，1972）。向陆方向平的交错层也可能出现，这种情况可能代表常发育在中潮差（2～4m）滩环境被保存下来的波峰和波痕。交错层可以由覆盖在纹层带上的粗粒或细粒沉积物组成。它们或者具有一个陡的冲刷面，或者向下逐渐过渡到外滨沉积，或能与最下部的纹层状的前滨沉积物成交互层。

位于滨外沉积物之下的是典型的含生物扰动和潜穴的泥粒和粒泥灰岩（白云岩）。这些单元内部明显的潜穴痕迹或者是水平的或者是分支状的，反映外滨区域主要以低能量环境为主（图版Ⅴ-16、图版Ⅴ-17）。薄层波纹状泥粒灰岩和粒屑灰岩交互层和透镜体，常常与底部陡的冲刷面和上部生物扰动及钻孔相伴生，常直接出现在临滨带之下；它们代表位于下部和侧向同期地层通过分选所形成的风暴

沉积物。在外滨沉积物中的生物群变化很多，数量很大或者相当局限，这取决于环境条件。然而，无论怎样这与在前滨和临滨沉积物中所发现的生物群相似。

后滨环境由无数沉积亚环境组成，因为有很多过程作用于这些地层上。然而，在地质记录中，仅仅风暴溢流三角洲、薄层潮坪和潮上单元是常见的。尽管在全新统与更新统出现沙丘沉积，但在更古老的地层中很少得以保存或被识别。

风成沙丘的形成是受前滨的沉积物向陆方向强烈的风力侵蚀而沉积在后滨中间区域的结果。这些沙丘向远离后滨区域侧向上逐渐变为细粒的沙坪。在这些沙坪中的沉积物来源于沙丘和冲溢扇最上部岩层。

冲溢扇是由于波浪所产生的水流携带的沉积物溢出切割下伏滩区域的河道而产生的沉积；它们形成于强烈的风暴作用期间，组成了后滨沉积体的大部分。

扇沉积物覆盖了后滨潮上沼泽、潮坪或者潟湖平地 4km² 的区域（图版 V−18）。它们主要由平的纹层状的粒屑灰岩和泥粒灰岩组成。正常情况下，它们很薄（0.1 ～ 1m），向上颗粒变细，并且具有冲刷或突变底部界面。底部化石和富含内碎屑的滞留沉积和崩落（板状）样式交错层理沉积在扇的相对近源和远端部分是常见的（图版 V−19；Schwartz，1975）。较小的垂直的"铅笔状"潜穴和大的树枝状甲壳类动物潜穴及根常常刺穿上部的岩层。远端部分与它们之间的区域，主要以潮坪或潟湖沉积物为主，或者它们向陆方向直接过渡为萨布哈或陆地环境。潮上和／或潮间带的岩性特征变化很大（Shinn，1982），而且潮上层序一般组成了古代碳酸盐层序后滨序列滩主体。

四、成岩作用

碳酸盐滩相沉积物在沉积后不久就进入成岩过程。最终的成岩产物与滩环境略有些一致，因此这有助于作为识别滩相的标准。最常见的成岩过程是与前滨环境相联系的滩准同生胶结作用。这一早期胶结作用最明显的产物是前滨带大的向海倾斜的海滩岩板片的发育（图版 V−20）。当风暴来临时，这些板片被波浪和水流作用所底切而引起崩塌、破碎从而重新形成薄层的粗—中砾大小的滩岩碎屑（图版 V−21、图版 V−22）。在古代滩相层序中这些碎屑物通过微观结构、胶结作用、构造（杂乱纹层）和与周围滩相沉积物的颜色对比加以识别（图版 V−22）。在更小的尺度上，碎屑的边缘显示颗粒和胶结物的削截（图版 V−23），可能由于各种各样的海洋生物（蠕虫、蚌、藤壶、海绵等）钻孔的刺穿所形成。Donaldson 和 Ricketts（1979）详细描述了加拿大前寒武纪滩相层序滩岩碎屑的产状。

海滩岩胶结物沉淀的水域一般是海相的，因此胶结物的矿物成分主要是文石，偶尔是高镁方解石。文石海滩岩胶结物通常作为厚层颗粒周围针状结壳出现，有时堵塞所有孔隙空间（图版 V−24、图版 V−25）。高镁方解石胶结物作为薄叶片状等厚结壳出现（图版 V−26），更常见的是作为暗色或金褐色球粒状的微晶不规则颗粒包壳和孔隙充填物（图版 V−27、图版 V−28；Alexandersson，1972）。后者常常含有大量的微化石且可能部分上至少是由于粒间生物活动的结果（Moore，1973）。这些胶结物可能将显示微钟乳石质新月形定向组构（图版 V−29、图版 V−30），如果它们形成于滩潮间与潮上部分，这两种胶结物是渗流带的唯一产物。在低潮海水面之下，针形胶结物常常作为略微规则或等厚外壳出现（图版 V−26）。因为具有矿物不稳定性，这些胶结物在后期成岩作用过程中将被溶解或重结晶，因此，在古代滩层序中不总是被识别出来或出现。然而，在古代滩层序中胶结物的化石出现得到很好的记录（Petta，1977a；Moore 等，1972），而且提供给我们另一套标准，通过这个标准可以识别古代滩。

因为很多海滩低速率沉积，在前滨单元会发育各种泥土特征、细粒后滨潮上相带和溢流沉积物。泥土形成过程正常导致沉积物颗粒溶解、微裂隙、微晶化及原始结构和组构普遍破坏（图版 V−31、图版 V−32）。与泥土形成相伴生的成岩组构，例如渗流胶结物、豆粒和包粒出现在前滨粒屑灰岩和后滨单元上部 1 ～ 2m（图版 V−33、图版 V−34）。结核状的钙结层发育于滩沉积的外部并在顶部，丘状起伏的铁质浸染将滩与钙结层分离开（图版Ⅴ-35；Inden，1972）。纹层状的地表结壳（图版Ⅴ-36、图版Ⅴ-37；Multer 与 Hoffmeister，1968）外套使黑色和褐色微晶碎屑完全角砾化，许多沿着切割平行的前滨地层之前形成的裂缝向下延伸（Ferm 等，1971；Inden 和 Horme，1973；图版Ⅴ-38）。

五、滩的识别

海滩相层序的识别取决于结构、组构和沉积构造的垂向镶嵌结构的识别，这些标志综合起来反映整体向下逐渐从高能量（高流态）环境条件到正常低能量环境条件。暴露证据，例如细粒潮上碳酸盐岩和（或）蒸发岩、古土壤或者地表结壳一定会出现在退积层序的高能量、低角度、平行纹层前滨粒屑灰岩层之上。独特的沉积特征，例如梯形晶洞、改造滩岩碎屑和海相渗流海滩岩胶结物非常常见，一般有助于识别古代滩相层序。

第二节　沉积相及相模式变化

滩相基本模式的变化（图5-2、图5-3a）是由滩的地形和沉积环境所控制的。在下面情况下滩形成大的变化：（1）与陆地相连；（2）在向陆方向形成具有低势潮汐入口和低能量潟湖环境的障壁；（3）具有高能量（而不是低能量）外滨相当相，例如礁、生物碎屑鲕粒沙席或者滩复合体；（4）发育于低能量环境。

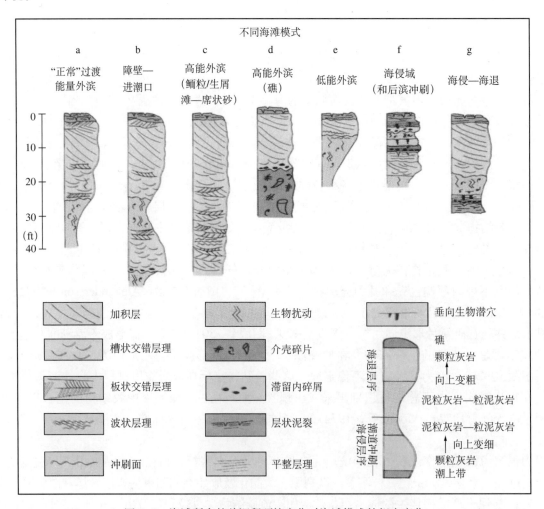

图5-3　海滩所在的总沉积环境变化时海滩模式的相应变化

一、陆地滩

陆地滩沿陆地或大的岛屿形成区域的海岸线。向陆方向同期地层是碳酸盐岩、蒸发岩（萨布哈）或者发育有赖于气候和外滨海相碳酸盐岩沉积物的相对供应速率及来源于陆硅质碎屑物的碎屑（海岸平原、冲积扇）层序。全新世的实例是沿波斯湾东北向 Trucial Coast 地区的区域滩（图 5-1；Purser 和 Evans，1973）。这个地区的海岸暴露于波斯湾深的开放水体之中，几乎与从西—西北方向吹过的西北风成直角方向。因此，没有浅滩障壁作用，例如礁或者其他构造和地形控制，在开放的海湾中产生的未受到阻碍波浪以最大的风浪冲南海岸，在这个过程中产生强烈的沿岸流。因为外滨区域生物碎屑的连续快速的产生，在全新世陆地滩向海方向层序进积 5 ~ 10km（Purse 和 Evans，1973）。这样已经导致席状砂发育，与海岸平行，达到 15m 厚、10km 宽。它们被生物扰动、细粒分选差的软体动物骨架砂（泥粒灰岩和粒泥灰岩）所覆盖。如果进积继续，它最终将被萨布哈沉积物和远端冲积扇泥和河道砂所覆盖。

陆地滩也存在于西部 Trucial 海岸（图 5-1；Purser 和 Evans，1973），但这里滩相砂体组分极端地由东部（珊瑚—藻）（这里礁存在于外滨），到西部（鲕粒）（这里滩系统强烈地被 Qatar Peinsula 所形成的风盲区所影响）。外滨沉积物在浅层（1 ~ 2m）是波浪和交错层理，在深层波浪状过渡为生物扰动构造（Purser 和 Evans，1973）。

Cow Creek 石灰岩和同期地层作为古代实例将在这章的最后加以阐述。

二、障壁岛

障壁滩层序是海滩模式中变化大，亦最常见的，相变最大的相带。主要的附加相组分是作为通过障壁岛进入障壁岛后潟湖的潮汐入口的流水活动所形成的沉积物（图版Ⅴ-39）。这些过程导致层序的发育向下变粗，与侧向相当的临滨和前滨单元厚度一致或更厚（达 12m）。结果是被略有些低能量泥粒灰岩和粒泥灰岩所隔离开的包含两个高能量端组分的粗细粒互层的形成。

因为潮汐入口沿障壁岛走向将发生迁移，下面正常沉积前积特征在沉积于小潮差（0 ~ 2m）或中潮差（2 ~ 4m）环境中的全新统和古代碳酸盐岩及碎屑岩的障壁复合体中经常可以观察到（Boutte，1969；Hayes，1976；Hubbard 等，1979）。入口处层序本身被底部的冲刷面所限制，紧临冲刷面之上是与其相关的粗粒内碎屑或化石的滞留沉积物（图版Ⅴ-40、图版Ⅴ-41）。这些被大和中规模薄层状的交错层理粒屑灰岩所覆盖，向上相反过渡为小规模薄层和弧形交错层理及波纹交错纹层沉积物。交错层倾斜方向在层序的上部和下部一般是单向的，走向与障壁岛的走向相垂直。退潮方向的交错层理一般出现在入口充填物的下部。由波浪所产生的涨潮（向陆方向）定向交错层理在它的上部分相当发育，但双向层在这个带上也是常见的。层序向外滨、潟湖或者后滨潮坪和潮上相带变细，又或者被向上变粗的临滨和前滨沉积物所覆盖，这种变化可能是突变方式，也可能是薄层外滨单元夹层形式。潮汐三角洲和潮汐入口充填物在小潮差障壁岛沉积物中罕见（图版Ⅴ-39a），但常组成中潮差障壁层序的大部分（图版Ⅴ-39b；Hayes，1976）。障壁岛在沿 Trucial 海岸中部的波斯湾地区非常发育（图 5-1；Purser 和 Evans，1973）。以 Great Pearl 滩作为参考，在全新统发育之前的构造高点产生了外滨地貌隆起（图版Ⅴ-42）。中间的凹地（现在是 Koral Baza 潟湖）将隆起与陆地隔开。当全新世沉积旋回开始时，礁开始在隆起的脊部生长，珊瑚—藻骨架砂体开始在礁周围聚集而形成小区域暴露岛屿（图 5-4a）。由于沿岸漂移而产生的侧向的持续加积，这些岛屿沿隆起走向开始延伸（图 5-4b）。当在隆起后面地形低处的潮道越来越局限时，在岛屿后面被遮挡区潮坪区域最终开始形成（图 5-4c）。生物碎屑—鲕粒砂的潮汐三角洲和潮汐入口充填物开始形成，Koral Bazm 潟湖开始充填低能量球粒状泥和潮坪沉积物（Purser 和 Evans，1973；图 5-4d）。如果出现的系统继续作用，潟湖将成为高度局限环境，随后水下的蒸发盐将开始沉淀。整个区域将最终转变为或被低能量、蒸发、潮坪—萨布哈系统所覆盖。波斯湾和它的沉积演化这部分作为 Mission Canyon 地层极好的全新统实例将在这章后面部分加以讨论。

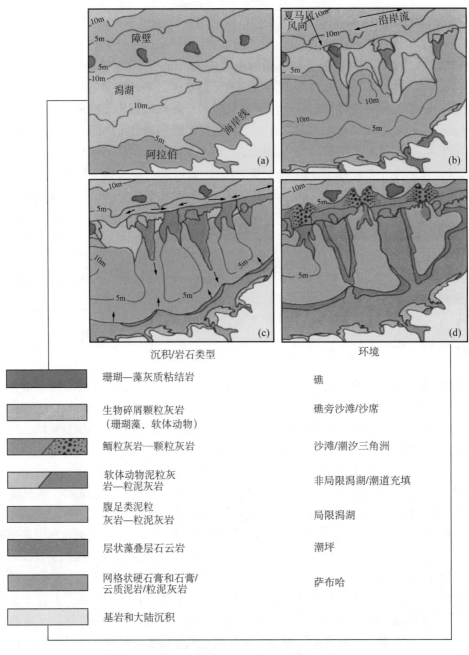

图 5-4　全新统 Trucial 海岸中部障壁岛—潟湖复合体
系统演化显示在没有向海方向进积情况下相模式和类型的演化

三、与高能陆架环境和礁相联系的滩

在碳酸盐岩地区，陆架经常是高能环境。与此陆架相联系的海岸线将不存在向下由粗到细粒转变。相反，前滨和临滨沉积滩将被鲕粒、生屑海相砂席或与形成于 Bahamian 陆架边缘附近海相砂带或潮汐坝带相似的浅滩单元（图版 V-43、图版 V-44）所覆盖（Ball，1967）。Hine（1977）和 Harris（1979）详细描述了这些系统的发育、内部特征和滩体最终覆盖潮下砂体的几何形态。

以滩体为主的岛屿也形成在礁环境中，如在宽广浅水陆架和沉积缓坡下点礁周围（Folk 和 Robles，

1964；Purser，1973；Flood，1974；Petta，1977a，1977b）或沿陆架边缘的障壁系统（Bebout 和 Loucks，1974）。这种沉积特征存在于沿 Trucial 海岸全新统开始沉积时，到岛屿发育于礁边缘的盐丘或其他构造高点的西部地区（图 5-1）仍然存在（Purser 和 Evans，1973）。构成或者环绕这些滩岛的沉积物通常由富含珊瑚藻的砂组成，反映了其来源于礁，礁之上发育了滩。滩沉积物最后渐变为各种深水、细粒沉积（例如，开阔海软体灰岩粒泥灰岩）、潟湖球粒—有孔虫灰岩（粒泥灰岩）、或者潮坝鲕粒灰岩（粒泥灰岩）—颗粒灰岩），主要取决于礁发育在何种环境中（Purser，1973）。但是，如果底流足够强，将大多数的底部沉积搬离，同时，礁在海平面附近生长，那么前滨沉积可能直接保存在岩化礁之上或者其间被薄层、高能交错层理砂或角砾带分割开来（图版 V-45 至图版 V-47）。

四、低能海滩

由于水流不畅，或者浅海海底摩擦造成的波浪能量损失很大，大型波浪和形成的沿岸流在潟湖和局限陆架地区通常不发育。形成的海滩由薄的前滨沉积体组成（0.1 ~ 1.5m 厚；图版 V-47），为生物扰动的细粒灰质或白云质粒泥灰岩—泥灰岩（图 5-3e），通常发育蒸发岩层或结核。

这些碳酸盐单元带来特定的生物，很多情况下前滨由内碎屑、不规则鲕粒、豆粒或者某个物种的微磨损壳体组成（比如腹足动物 *Battillaria* 仅在佛罗里达海湾的海滩出现）。人们认为这些海滩与上覆低能潮坪沉积和萨布哈沉积有关。它们形成平行于沉积走向的薄透镜体，或随机分布在潟湖泥丘周围。

五、化石海滩相的保存和形态学特征

海滩复合体可能为重要的烃类储集体。正因为如此，研究不同埋藏条件下海滩复合体哪个部分可能被保存下来就非常重要。

由于低能环境如潟湖、潮上的、风积的或洪泛平原环境主控的沉积物进积到每个岩相上，海滩相代表了沉积海退时期最有可能保留下来被埋藏的相位。部分与冲积或三角洲体系相关的深沟可能切割下伏海滩，但是大部分海滩还是完好的。

海退障壁岛砂体和大陆海滩砂可能延伸、平行于沉积走向排列，经历长期的稳定台地之上前积，这些沉积体可能有 5 ~ 50km 长，70km 宽（以白垩纪滨线海滩为例）。大多数海退海滩序列相对较窄，沿沉积倾向透镜状分布。不论哪种情况，它们向陆尖灭为潟湖、萨布哈或陆地，向海则沉积在更深的低能海洋环境。入潮口形成三角洲地区，障壁序列厚度可能达 15 ~ 20m，但是不受潮汐涌入影响的其他地区，障壁序列厚度小一些。入潮口砂体以微夹状垂直于障壁分布。

当向海滩供给的沉积物速率低于海平面的沉降或上升速率时发生海侵。海侵最普遍的效应是沉积饥饿的海滩前滨和滨面沉积物遭受波浪侵蚀，留下冲刷面，上覆粗粒内碎屑（滩岩碎屑）或化石碎屑滞留。这一滞留沉积上覆薄层或具潜穴的层状颗粒灰岩，为浅部近海的沉积，或上覆泥灰岩为冲溢扇环境沉积。如果沿滨线局部发生海侵，将形成广泛的向陆洪泛，发育大范围的交错层理砂。此砂体通常向上变细，发育其他低能海洋环境沉积物。尽管它会在最大海侵上倾方向尖灭，砂体厚度却因沉积地形以及局部海侵的相对速率变化而变化。Laporte（1969）研究了纽约下泥盆统海侵碳酸盐层序，其上 Coeyman 组（生物碎屑颗粒灰岩和泥灰岩）可能为滨线沉积物的再沉积，它分隔了潟湖相（Manlius 组）和深部近海相（Kalberg 组）沉积物。

本质上，海滩复合相在平均低潮线以下其沉积物的保存潜力随深度增加而增加。事实上，实际浪基面（海滩前滨和滨面）之上的所有相带的沉积物在海侵和洪泛期都被带走。最可能保存沉积物的海滩沉积相从上往下依次为：（1）涨潮层序，包括潮道和除了涨潮三角洲最顶部的所有沉积物。后者将会以长条或半圆形透镜状砂体存在，并被局部海侵的沙席覆盖，如果存在局部海侵的话；（2）最下部的退潮三角洲；（3）冲溢扇融入潟湖和后滨带（海滩如果发育在礁岩核上，或胶结坚硬的海滩之后，这些沉积相最有可能保存沉积物）。潟湖边缘的小型海滩和障壁岛的后滨一侧，由于在足够强的波浪冲刷之前，被低能的潟湖或潮上沉积物覆盖，可能也会被保存下来。但是这种保存力，像冲溢扇一样，也取决于沉降速率和海侵速率。滩岩的形成、早期淡水胶结以及海滩沉积物通过土壤层的形成稳定化，都有利于保存海滩前滨和后滨单元不被侵蚀。因此在海侵过程中它们比硅质碎屑更好保存。

六、电测响应特征

图 5-2 显示的是忽略埋藏效应时，一般海滩模式的地球物理测井响应（SP—电阻系数；Gr 射线—中子／密度）。地球物理测井形状组合为竖直的锥形，与石英碎屑的形状相同（Shelton，1973）。但是，主要由于沉积物矿物学组成的不同，碳酸盐海滩的早期成岩改造通常使孔隙度和渗透率特征产生巨大的变化，因此导致地球物理测井样式与简单海滩沉积模式截然不同。正因为如此，大多数情况下，地下地质学家为了将特定的岩石学和成岩改造与测井响应对应，必须先描述大量岩心和井剖面。如果已知一系列测井（声波、中子、密度等）波谱，那么岩石类型、岩性变化以及与特定海滩环境的相关性便可知了，人们用它来预测海滩相关的孔隙度变化趋势和范围，以及地层和／或成岩圈闭的潜力带。

第三节　作为潜在储层的海滩环境

单一的海滩海退序列通常平均 6 ~ 10m 厚，上部 2 ~ 5m 由砂组成（Shelton，1973）。在长期的前积过程中，其平行于沉积走向的长度通常以千米计，宽度约几百米到几千米。海滩序列的沉积堆积垂向上可以形成重要的碳酸盐岩海滩储层。沉积物堆积通常发生在一个枢纽点，有区域生长断层或有持续的盐构造活动，加上持续区域性沉降和适宜的沉积物供给。海滩层序堆积，潜在的储层并不连续，被破坏成一系列孤立的堆积储层，并被低能的近海和后滨相分隔，如图 5-5 阐释。主要储集岩类型为前滨和滨面相，分选很好的颗粒灰岩。由于经常发生后期成岩作用，海滩相所有的岩性均为潜在的储集岩。

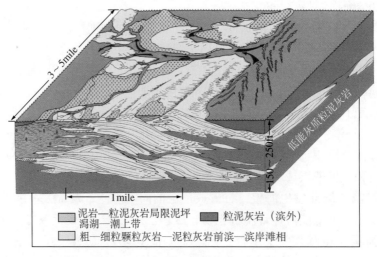

图 5-5　垂向堆积的障壁岛相和周围相关系的三维分布图

一、得克萨斯州白垩系孤岛海滩

先看一个与白垩纪厚壳蛤礁相关的孤岛海滩的例子。因其在采石场暴露很好并且发育经典的海滩构造和海滩相。出露位置在得克萨斯州，Comanche 镇 Comanche 村西北部 Round 山顶（图 5-6）。该海滩序列发育在下白垩统 Edward 组，与位于 Concho Arch 东翼的浅海陆架上的孤立厚壳蛤补丁礁有关，海滩约 1km 长，延伸入正常浅海陆架水深约 5m（图 5-7）。

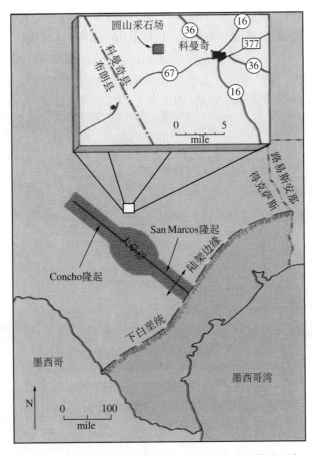

图 5-6　Round 山位置图以及主要的早白垩世构造要素

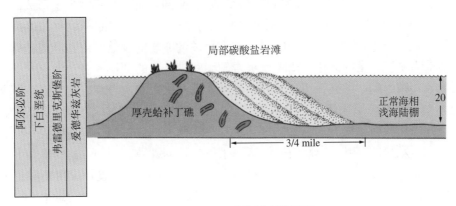

图 5-7　Round 山海滩环境图释

　　三维采石场出露可以看到地质记录中不常见的海滩地貌地形，如大规模的海滩加积体（图版Ⅴ-48），为前滨前积时期沉积。一些加积单元顶部向后滨微倾指示滨后阶地的位置（图版Ⅴ-49）。图版Ⅴ-49也可看到主加积层组间的海滩低洼地的潮上带充填发育厚层沉积。在采石场顶部附近暴露薄层海退的黏土质和泥灰质钙结石去白云岩化（图版Ⅴ-50）。这一钙结石去白云石化为白垩纪土壤剖面（Moore 等，1972）。

　　这个土壤层上覆层序是 3 ~ 7ft 厚的微晶薄层白云岩，见泥裂，撕裂碎屑（图版Ⅴ-51）和鸟眼结构。人们认为这种白云岩代表潮上后滨沉积环境，越过海滩加积段上表面后不久在土壤层上前积。这一层序发育的岩相见图 5-8，在采石场围墙照片中也可识别（图版Ⅴ-48 至图版Ⅴ-50）。图版Ⅴ-52阐释了土壤剖面和白云岩之下加积的软体动物灰质颗粒灰岩。加积层向右（向海）倾斜 8°～ 15°。

颗粒灰岩为粗粒、纹层状，并且在单个加积层具粒序（图版 V−52）。大型坍塌构造和碟形、改造的卵石（图版 V−53）反映白垩纪滩岩坍塌并被风暴打碎混入沉积物中。在薄片中，这些卵石原为文石微钟乳状滩岩胶结（图版 V−54）。前滨上部灰质颗粒灰岩向下被含软体动物的灰质泥晶灰岩和粒泥灰岩的泥质岩代替（图版 V−55）。层序下部代表了近海环境，以小规模的花状交错层理和水平面之下大量觅食潜穴为标志（图版 V−56 至图版 V−58）。图 5−8 总结了此采石场中与海滩相关沉积环境的代表性岩石。

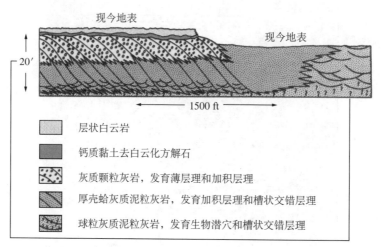

图 5−8　Round 山海滩序列岩性相类型分布（Comanche，得克萨斯州）

　　沉积期该海滩的孔隙度分布与图 5−9 中显示的相同，细粒的潮上泥有效孔隙度相对低，最大有效孔隙出现在前滨上部，向近海相方向孔隙度逐渐变低。同样的孔隙分布还出现在全新世石英碎屑海滩序列中。该序列实测的孔隙度（图 5−9）与最初推断的分布样式明显不同，表明碳酸盐层序中成岩作用对孔隙发育极其重要。潮上层序的白云岩化以及后来的残余方解石被带走形成高孔隙空间（大于 30%）和中等渗透率（30 ~ 40mD）（图版 V−59）。前滨上部，沉积期有效孔隙度最大，经过广泛的早期成岩作用，包括与上覆潮上环境中的水体注入相关的滩岩的胶结作用和早期硅化作用。如图版 V−60 所示，结果为紧密胶结的硅化灰质颗粒灰岩。潮间带之下的颗粒灰岩、泥灰岩、球粒粒泥灰岩相对不受早期成岩作用影响，因此保留最大的原生有效孔隙进入初次埋藏。沿东得克萨斯盆地边缘发育的下白垩统不整合使得该层序暴露在淡水中，在前滨下部文石的生物碎屑颗粒转化为方解石之前，形成广泛的选择性组构的印模模孔（图版 V−61）。印模在文石双壳生物（厚壳蛤类）颗粒中选择性发育。由于相邻的文石颗粒的溶解，方解石胶结堵塞了原生粒间孔隙。序列中所有原生孔隙被破坏，保存下来的孔隙绝大部分为次生孔隙。图 5−10 和图 5−11 阐释了该序列成岩作用史和造成的孔隙演化（Moore 等，1971）。

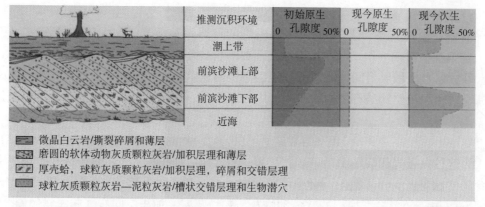

图 5−9　图解沉积环境和由此产生的岩相（Round 山采石场露头，Comanche，得克萨斯州）

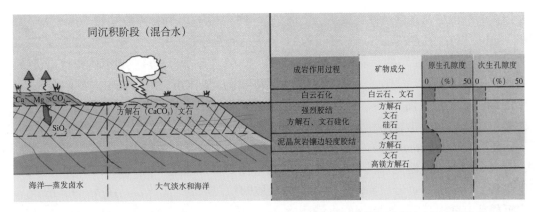

图 5-10　Round 山海滩序列成岩过程和同成岩改造的产物（特别是对孔隙度分布的改造）

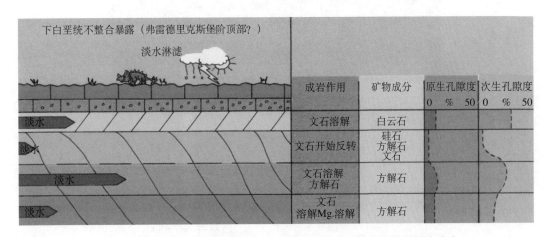

图 5-11　Round 山海滩序列的晚期成岩作用模式以及最终的孔隙度分布

　　我们将这个例子与其他古代的碳酸盐海滩层序比较，对比沉积背景、沉积物类型和成岩改造，特别是那些改造初始的原生孔隙分布的成岩作用。

二、得克萨斯州中部白垩系大陆海滩

　　大陆海滩序列的经典例子在 Cow Creek 石灰岩的露头带（图 5-12）。该单元在 Trinity 期（早白垩世）沉积在 Texas 中部 Llano 抬升边缘周围（Stricklin 和 Smith，1972；Inden，1972，1974）。Trinity 期是碳酸盐岩碎屑组合，反映了一个海侵—海退旋回形成的沉积物（图 5-13），发育在宽阔的下白垩统陆架之上，向东延伸穿过墨西哥湾。早 Trinity 期旋回中的碳酸盐岩地层反映了边缘海地区和近海地区对于靠近物源区的冲积三角洲体沉积是等时的（图 5-13、图 5-14）。

　　Cow Creek 石灰岩和 Hammett 页岩分别反映了高能海滩环境和相对低能的近海环境。海

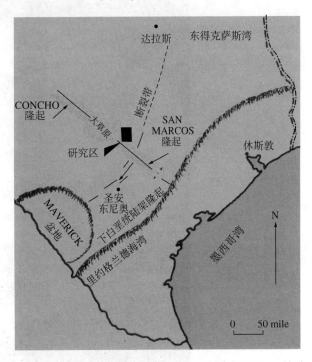

图 5-12　Cow Creek 石灰岩研究区位置图（位于 Llano 抬升东翼，San Marcos Arch 北部）

滩延伸为连续海退的席状碳酸盐砂，露头上向海最远（向东最远）延伸厚度超过 5m（图 5-15），在得克萨斯州 Marble 瀑布附近尖灭，Loucks（1977）发表的相当于这一地区的南—东南部地下。粗粒、陡倾的（8°～12°）均匀层理的灰质粒状灰岩（图版 V-61 至图版 V-64）和下伏花状交错层理的颗粒灰岩（图版 V-65、图版 V-66），表明受强烈的波浪和沿岸流作用。沉积物中大量的硅质碎屑和浅海石灰岩中的细粒石英砂（图 5-14、图版 V-67）表明近源区（Llano 隆起）大量的碎屑输入。所有沉积相中大多生物碎屑物质由牡蛎和其他软体动物组成，表明近海环境不利于鲕粒形成和礁体生长。在 Cow Creek 石灰岩和 Hammett 页岩接触处广泛分布区域的薄层牡蛎生物层，上覆灰质 / 泥粒灰质页岩沉积物，含大量 *Trigonia* 瓣膜和其他大型软体动物（图 5-14、图版 V-68），可能为大多数海滩生物碎屑提供物源。Hammett 页岩主要由泥灰质和白云质的粒泥灰岩 / 泥灰岩（图 5-14、图版 V-69）组成，表明沉积在有效浪基面之下更深的近海环境。

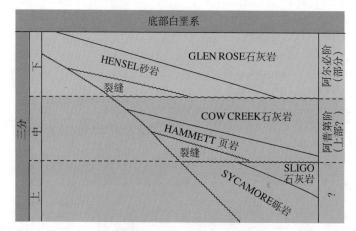

图 5-13　三叠系 Llano 抬升东翼地层关系（据 Lozo 和 Stricklin，1956）

右侧岩性段富碳酸盐，比起左侧离源区较远

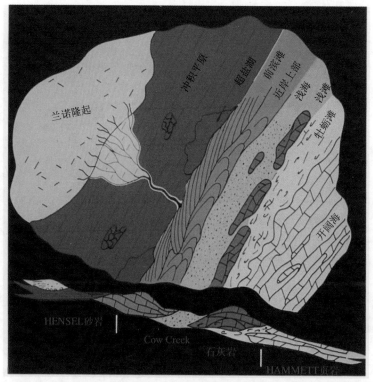

图 5-14　Hensel 砂岩—Cow Creek 石灰岩—Hammett 页岩沉积模式

Llano 抬升附近 Trinity 沉积通常适用于该模式

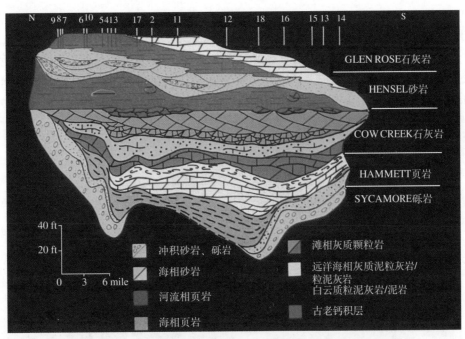

图 5-15 Trinity 中期沿 Llano 抬升东部边缘的岩石序列地层剖面

这个海滩后滨相由零星的冲溢沉积物（颗粒灰岩，图版 V-70）、结核状钙结石古土壤和极薄层破碎的潮上沼泽和湖相沉积组成（白云质 *Chara* 石灰岩，图版 V-71）。它们垂向上向陆渐变为冲积平原红色泥岩，横向上渐变为长石砂岩充填潮道沉积物（图 5-14、图 5-15）。缺乏很好的潮上沼泽相可能反映了近海环境由于能量极高或缺乏生物生产力而缺少碳酸盐泥。

接下来为海滩沉积物接受成岩改造的概述。

（1）滩岩胶结作用使得少量前滨和滨面颗粒灰岩的初始原生孔隙闭合。

（2）土壤的形成过程导致前滨上部被胶结，被泥晶灰岩和微晶白云岩取代，上覆结核状钙结石（图版 V-71）。

（3）稳定的淡水地下水透镜取代了 10～40ft 深度处沉积物中的海水，使得以下发生变化：①前滨大量的次生生物铸模孔隙，向滨面方向减少；②向下至滨面、近海相，孔隙减少，颗粒中原为文石的颗粒见重结晶/反向结构；③向下片状胶结颗粒的频率和厚度减少；④无铁的方解石胶结堵塞一些次生孔隙和小的原生孔隙（图版 V-66）。

不饱和的雨水（文石和方解石）向下渗透到层序中溶解其中的方解石，溶液逐渐饱和导致成岩变化，形成梯度，与水透镜体边缘附近的海水混合后，镁含量增加，方解石胶结沉淀。

冲积体系在海滩前积过程中，区域的地下水系统取代原来的并造成：（1）下伏 Hammett 页岩近海的泥灰质粒泥灰岩和泥岩的白云岩化，在白云石菱形晶之间形成大量的次生微晶间孔隙；（2）无铁胶结物的沉淀（在前滨）和富铁胶结物（前滨下部和下伏层）封堵了所有残余生物铸模孔和原生粒间孔隙。

三、肯塔基州密西西比系

密西西比系碳酸盐岩（Newman 组）是沉积在海滩和潮汐沙坝带的障壁复合体，位于肯塔基东部

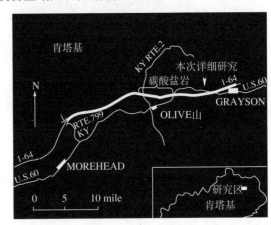

图 5-16 肯塔基东部 Newman 石灰岩障壁序列的位置图

Waverly Arch 轴附近（图5-16至图5-18）（Ferm等，1971）。它们将球粒灰质泥岩和南部潟湖来源的粒泥灰岩与北部薄层生物碎屑碳酸盐岩及红色、绿色的页岩分隔，后者为开阔海环境（图5-18）。这个障壁复合体阐释了局部构造和侵蚀地形对海滩形成（图5-18）以及海滩上和周围沉积物的早期成岩作用（Canfield，1974）的影响。Carr（1973）、Choquette和Steinen（1980）曾分别对密西西比河浅水沉积和东Illinois的Bridgeport油田进行过类似的研究。

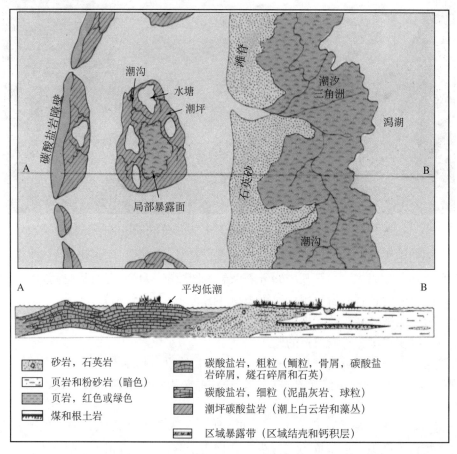

图5-17　近海、障壁岛和后障壁碳酸盐岩序列一般的沉积模式（据Ferm等，1971）

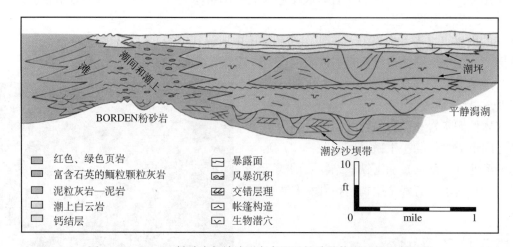

图5-18　Borden粉砂岩侵蚀地形高点周围的碳酸盐岩局部相变剖面

　　大多数障壁复合体由颗粒灰岩组成，含大量分选、磨圆好的内碎屑、鲕粒、苔藓虫和软体动物（图版Ⅴ-72、图版Ⅴ-73），单个的复合体厚20多英尺，长1km，由于缺少水平方向露头控制，其延伸宽度未知。它们中部和底部包含中等—大规模的花状交错层理。这些交错层理层向上或水平渐变为垂直于该层理的大规模、低角度（低于10°）加积层（图版Ⅴ-74），加积层通常为粒序层状，偶尔含拱形晶洞。加积层底部和末梢层通常由分选差的化石碎片石灰岩组成。海滩和潮道形成于地形高点，接近翼部处，潮道沙坝位于东部地形低点，最后由海滩相和下伏单元堆积成岛（图5-19、图版Ⅴ-75、图版Ⅴ-76）。

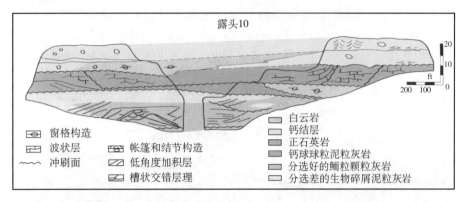

图5-19　露头照片图版Ⅴ-74和图版Ⅴ-76中的沉积特征

　　在这个复合体中的海滩相被以下单一或复合沉积覆盖：（1）向上凸起的溢流交错层理反映风暴冲刷；（2）低能潮上碳酸盐岩；（3）绿色泥质不溶残余层以及层状陆上方解石壳（图5-20），含包裹颗粒、圆锥构造（图版Ⅴ-77）和一系列渗流特征；（4）低能开阔海洋环境（红色、绿色页岩；石灰岩）或潟湖（粒泥状灰岩）相（图5-19）。低能潮上相直接覆盖海滩沉积物，海侵时期如果形成潟湖或以某种形式受保护（如沙嘴堆积，早期胶结作用）不受波浪的直接侵蚀，海滩沉积将被保存下来。

　　成岩作用历史可以概括如下：

　　（1）海滩胶结作用堵塞海滩和沙洲沉积中较小的晶内—晶间孔隙（图版Ⅴ-25）。

　　（2）沙洲和海滩沉积物在埋藏之前上部发生强烈风化作用（图5-20），造成：①厚层角砾化，部分硅化的层状陆壳，含渗流（钟乳石，弯液面）胶结物、根管和许多碳酸盐土壤特征；②窄层理面（干燥？）破裂和小型近垂直溶解通道向下延伸穿过沙洲，进入近海生物碎屑石灰岩相（图版Ⅴ-38）。

　　（3）风化期间，淡水透镜体充满沙洲和部分下伏以及周围相带，引起（图5-20）：①大量无铁、片状胶结物仅在沙洲上部沉淀（图版Ⅴ-72）；②随后侵入残余原生孔隙（图版Ⅴ-72）沉淀无铁胶结物。

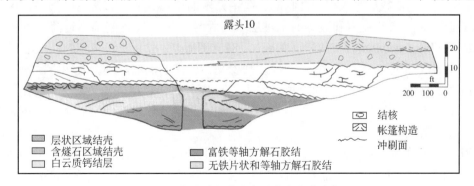

图5-20　潮汐沙坝带和海滩的成岩改造作用

持续地下水位置大约位于富铁方解石胶结和无铁片状方解石胶结的接触面

　　此成岩作用期除了上述通道溶解和碎裂，几乎没有次生孔隙生成。

　　浅埋藏期，沙洲下部和下伏泥灰岩相，在上覆前积相带来的超压作用下，经历压实（紧密包裹结构）和压溶（大量颗粒融通，微缝合线；图版Ⅴ-73）。由于胶结作用和早期成岩作用形成的紧密格架，沙洲和海滩颗粒灰岩顶部压实效应较小。稍后，富铁胶结物阻塞残余孔隙。

四、得克萨斯州白垩系陆架边缘

得克萨斯州墨西哥湾沿岸 Stuart City 延伸带的地下层系代表了阿普第阶—阿尔必阶/下白垩统陆架边缘相的相组合（图 5-6、图 5-21）。该复合体向陆架边缘一侧 Edward 组顶部多为海滩沉积（图5-21、图 5-22）。它们堆积成薄的较窄的平行于沉积走向的海退或海侵序列。这些潜在储层厚度达75m，长度 10 ～ 15km，宽达 4km，分布主要受构造高点和有机物礁丘位置的控制，他们虽很小，却对缓和海底地形非常重要，对该区域波浪和水流强烈的分选作用，以及碳酸盐砂体的汇聚、建造非常必要。

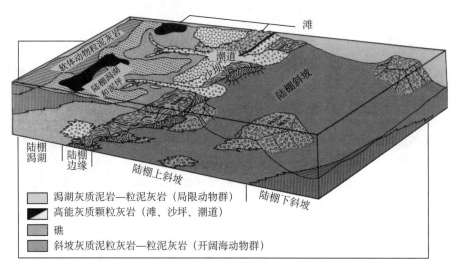

图 5-21　源于得克萨斯州墨西哥湾的下白垩统陆架边缘沉积模式（据 Bebout 和 Loucks，1974，修改）

产生的砂体形成大范围的重要的气体储层，海滩前滨和冲洗颗粒灰岩为最有利的储集体，它们平行于沉积走向，窄带状分布。这些颗粒灰岩向陆架方向尖灭为密集的细粒潮上带和潟湖单元。陆架边缘逐渐变为近海粒泥灰岩和颗粒灰岩，含有多样生物种群。

在岩心上，多孔的海滩前滨沉积物 0.3 ～ 3m 厚，通常为棕褐色，含水平层理（图版 V-78、图版 V-79）或均匀层理。由分选好或生物铸模化石碎片—内碎屑—藻席包裹壳的颗粒灰岩组成（图版V-78、图版 V-79），多数显示大型似孔状的、胶结充填的拱形孔洞。在海退序列中，这些颗粒灰岩上覆薄层潮上带藻席层灰质泥岩和破碎的土壤层（图版 V-80）。向下变细为近海、生物扰动的、藻类—*Toucasid* 和 *Chondradontid* 石灰灰岩（图版 V-81、图版 V-82）或潟湖细粒、纹层状、钙球—藻席—球粒粒泥灰岩（图版 V-83、图版 V-84）。缺少交错层理的滨面序列，表明沿岸流不存在或者沉积物卸载经后期生物扰动较弱。入潮口充填（0.3 ～ 7m 厚）总体较粗，含大量生物铸模，藻灰结核颗粒灰岩（图版 V-85、图版 V-86）。它们通常向上变细，底与各种岩性冲刷接触，上覆海滩前滨、潮上带、浅水局限潟湖沉积物。

海侵海滩序列由许多风暴冲刷组成，上覆冲刷的潮上带沉积物。单个冲刷沉积物很薄（0.3 ～ 1m厚），反映最底部薄层化石—内碎屑的石灰岩滞留，上覆细粒、分选好的前滨颗粒灰岩。其上沉积潮上带或潟湖（棕褐色钙球和 *Chondradonta* 黑色颗粒灰岩）沉积物。由于沉积物和沉积序列相同，单从岩心上不能区分海侵海滩冲刷与小的潮道沉积。

尽管这些海滩与厚壳蛤礁有着密切的关系，它们却仅包含少量的礁上生物群，表明它们在有些局限的礁后环境生成。这可能表明存在搬运阻碍，比如沉积物不可能穿越深水水道从礁体向陆架搬运。

此层序从早期到晚期成岩作用改造概述如下：

（1）障壁潮上带的沉积物经过轻微风化产生小的碎裂孔隙（图版V-80）。

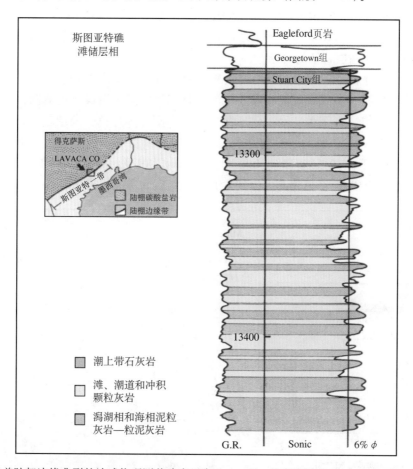

图5-22 沿着陆架边缘典型的地球物理测井响应贯穿 Stuart City 堆积海滩序列（Lavaca郡，得克萨斯州）

（2）淡水透镜体在障壁海滩复合体中形成，造成文石软体动物碎片渗滤和片状方解石早期微晶胶结作用；多数印模孔隙在最后时期被片状的胶结物充填。

（3）沉积后不久（塞诺曼期）浅埋藏时，海平面显著下降，造成下白垩统陆架几乎全部暴露；淡水取代这个地区岩石中最初的孔隙水，陆架边缘带发生大规模溶解；在海滩和潮道颗粒灰岩—泥粒灰岩相中，早期胶结物部分溶解，生成次生孔隙（图版V-86），以晶洞的形式，更重要的是，被藻席包裹的单个颗粒中的微晶间孔隙。在海滩周围的细粒潟湖相和近海相形成溶蚀通道和较大的洞穴空间。

（4）深部埋藏成岩过程中，粗粒的等大亮晶沉淀在巨大的次生孔隙空间，只留下微小的晶间孔和少量小的晶洞成为海滩序列的有效孔隙空间。Equant亮晶中油浸表明烃类迁移进入海滩序列与最后一期胶结作用几乎同时发生。

五、Williston 盆地 Mission Canyon 组

Mission Canyon 组是沉积在 Williston 盆地密西西比纪一系列海退旋回中的一期（图5-23a、图5-23b）。每个旋回具独特的亚相组和孔隙度特征，但是密西西比系盆地所有盆地边缘均发育障壁体系以及低能近海碳酸盐泥，碳酸盐泥和蒸发岩充填潟湖（图5-23b、图5-23c）。该旋回形成于与波斯湾海岸类似的沉积环境（Purser 和 Evans，1973），盆地边缘向外可能广泛分布萨布哈沉积。

这些旋回中 Mission Canyon 组是烃类生成最丰富的地层之一（图5-23c）。盆地北半部边缘产出许多油田，非常大的油田却在盆地西南部发现。Wittstrom 和 Hagemeier（1978）与 Lindsay 和 Kendall

（1980）对 Little Knife 油田 Mission Canyon 组进行了详细的研究（图 5-23a），Gerhard 等（1978）研究了 Bottineau 镇 Glenburn 油田 Mission Canyon 组。多孔隙相尖灭为 Bottineau 蒸发岩（硬石膏），加上硬石膏堵塞，是 Mission Canyon 组在两个地区最普遍的储层封堵形式。接下来讨论盆地西南部典型的地层序列期岩性特征和储层特征的总结。

　　Bottineau 硬石膏之下沉积障壁序列或潟湖碳酸盐岩（图 5-23c）。从海滩到中等、低能的潮坪环境均发育障壁岛，主要取决于滨线处波浪和潮汐水流的总能量。海滩由浅黄色磨圆、分选均好的球粒—鲕粒—内碎屑颗粒灰岩组成（图版 V-87 至图版 V-89），潮坪为棕色、分选差的石灰岩到具小孔和干裂的粒泥灰岩（图版 V-90）。最大厚度均达 6m。沉积物中鲕粒和球粒多数呈极不规则微晶灰岩薄层和放射结构，表明形成于高盐低能环境（Loreau 和 Purser，1973）；当然，有的可能由风化作用和古土壤形成（Gerhardt 等，1978）。早先有人提到含有这些颗粒的单元可能为藻礁（Hansen，1966）。

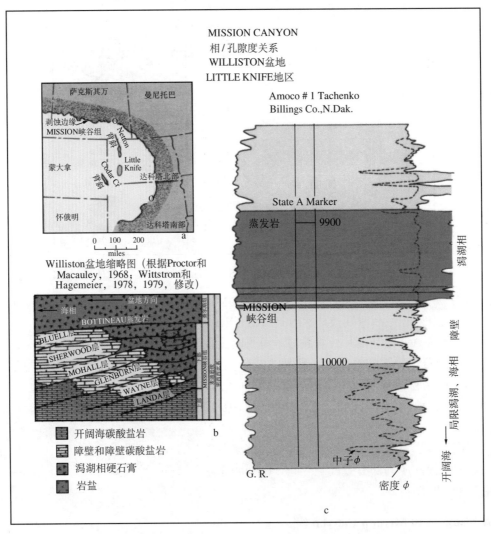

图 5-23　Mission Canyon 组位置图和地层关系

　　盆地一侧海滩和潮坪向下变为局限海，沉积深色、生物扰动的微层软体动物—骨针钙球白云质粒泥灰岩/泥灰岩（图版 V-91、图版 V-92）。下伏沉积褐色、黑色、生物扰动层状、硅质苔藓虫—腕足动物—海百合灰岩（图版 V-93、图版 V-94），推测为盆地深部开阔海环境。向陆方向，障壁体系渐变为局限潟湖相深色块状、具洞穴的钙球—球粒白云质泥岩和粒泥灰岩（图版 V-95 至图版 V-97）。近海和潟湖碳酸盐相类似于伊利诺伊盆地密西西比障壁的相关沉积（Choquette 和 Steinen，

1980）。薄层潮上带白云岩和上覆豆粒层状陆壳（古土壤）与顶部潟湖障壁相混合。

潟湖白云岩通常含大量微晶间孔和印模孔（图版 V-95、图版 V-97），成为 Rough Rider、Little Knife、Fryburg 和许多其他油田的主要储层。高能海滩序列，通常未被白云岩化，含少量、可预知孔隙。

六、Glenburn 油田 Little Knife 地区 Mission Canyon 组

以下比较两个隔开较远的储层序列的成岩作用：

（1）少量海滩岩胶结作用阻塞障壁海滩鲕粒—球粒颗粒灰岩和泥灰岩中的原生孔隙。

（2）后滨和相关的潮汐三角洲地区发生风化作用，形成陆壳，具有豆石和其他古土壤特征。

（3）一些地区（Bottineau 镇油田），障壁后潮上带发生部分白云岩化，古土壤层、潮汐三角洲、潮上带和高潮下相中产生次生孔隙，成为较好的储层。

（4）Little Knife 地区粒泥灰岩—泥粒灰岩相的原生孔隙被发育极不完全的淡水？咸水？透镜体胶结充填；少量极好的（20%）原生孔隙残留下来（图版 V-87），但是通常不可预测。Glenburn 油田海滩层序含大量原生孔隙，使得海滩颗粒灰岩成为主要的储层（Gerhard 等，1978）。

（5）Bottineau 硬石膏之下的浅埋藏期，潟湖和局限海洋化石粒泥灰岩和泥岩发生白云岩化，产生生物铸模孔隙（钙球、骨针和软体动物中）和微晶间孔隙（图版 V-91 至图版 V-97）。Little Knife 地区，这些相组成主要的储层，孔隙度达 15%，渗透率也很好。白云岩化作用以渗流输入的过程中，潟湖高密度、富镁水体通过多孔隙沉积物向海渗透，取而代之的是白云岩。

（6）白云岩化中或白云岩化后，硬石膏取代颗粒和胶结物，阻塞残余原生孔隙以及白云岩化过程中产生的一些次生孔隙。

（7）深部埋藏成岩作用导致硬石膏少量溶解，形成缝合线和裂缝。

第四节 结　论

碳酸盐岩海滩，同其他记录浅海台地沉积的灰岩序列一样普遍存在。人们很少识别碳酸盐岩海滩相，将他们与其他来源不同的钙屑灰岩归为一类，尽管从其沉积构造很容易看出它们为海滩沉积物。海滩的碳酸盐砂沉积沿构造或在地形高点附近、补丁礁周围，或在浅水处区域性分布，或沿盆地的沉积走向，或沿断块体系延伸数千米远。海滩复合体其他沉积组分（潮汐三角洲、潮道、冲溢扇）就像是碳酸盐砂的枝叶，沿沉积倾向延伸。单个海滩序列厚度可能达 10～15m，取决于能量条件和它们前积水体的深度。

在海退序列中，加积层由层状颗粒灰岩组成，标志海滩前滨（波浪冲洗）带，上覆各种岩性单元，均显示陆上暴露特征（如古土壤、泥裂、潮上带白云岩）。通常，层状颗粒灰岩之上直接覆盖分选差的层状颗粒灰岩—泥灰岩，后者显示板状交错层理和花状交错层理，代表位于海滩临滨带的沿岸流沉积。该地层中是否出现上述沉积，取决于海滩综合沉积背景（海底地形、波浪和水流能量流通）。在极低能量环境中，不会出现交错层理；在礁体环境，海滩前滨相会直接覆盖在碎石带之上，其上覆岩化礁体；在障壁岛或高能浅水环境，潮道—潮汐三角洲沉积发育厚度 5～20m 的交错层理，或者碳酸盐浅水单元，覆盖在海滩前滨相之上。以上沉积必须含有暴露标志才可确定为海滩序列。海洋的、混合的或淡水孔隙水的早期胶结作用，使得海滩砂体固结不被侵蚀带走。

海侵海滩沉积由于岸线向陆迁移带来侵蚀冲刷，很少保存完整。反之，滨岸相发育一系列化石碎片或内碎屑滞留沉积，直接覆于冲刷面之上，嵌入下伏相带（通常沉积距离陆地较近）。这一滞留沉积上覆薄层或生物扰动的碳酸盐砂，向上变细为滨外相。最后，海侵为向上变细、相对连续的沙席，在海侵范围内延伸。

除了发育在礁体上、泥丘上、盐底辟上或其他构造控制地形高点上，大多数海滩控制的层序平行于盆地边缘，通常离盆地中心越远，发育越多，厚度越大。由于近海地区能量条件以及砂粒级（或更粗）的碳酸盐含量的变化，海滩可能不总是沿沉积走向连续分布。如果不能连续穿越陆架前积，将会形成碳酸盐砂质透镜体。这些透镜体中的油气生成通常来自地层圈闭，因为海滩上覆水平方向上倾为非渗透性的蒸发岩、灰质和白云质泥岩或页岩。如果海滩控制的滨线长期连续前积，将会产生连续的席状砂体，分隔陆侧相和开阔海相。

胶结作用和其他早期成岩作用过程如新生变形作用和溶解作用，使得海滩相孔隙空间分布产生剧烈变化，渗透率特征发生改变。由于白云石化作用和溶解作用，大多数原始有效孔隙（中—粗粒、分选好的粒状灰岩和泥灰岩）转变为具有较好储层潜能，细粒的（分选差的颗粒灰岩和泥岩）成为潜在盖层。海滩序列的孔隙发育或孔隙破坏没有成岩历史固定的样式，每个地层单元的内部样式是唯一的，必须这么认为。但是，一些原生因素决定了成岩作用的类型和趋势，形成海滩序列的孔隙空间在某种程度上是这样：

（1）原始的矿物组成：许多来源于钙质碳酸盐的早期成岩胶结物从淡水中沉淀，沉积物中含有的文石同时溶解供应钙质碳酸盐。低镁和高镁方解石与文石相比在淡水环境不易于溶解，因此富集于文石鲕粒、珊瑚或藻粒中的海滩砂。经历早期淡水成岩作用，孔隙度和渗透率特征极有可能发生变化，例如海滩砂由方解石软体动物、海百合或苔藓虫颗粒组成。

（2）海滩背景：海退海滩序列在早期埋藏作用期间，经历不同的水体环境，取决于是否与陆地相接，其后是否沉积潟湖，又或是否发育在环礁或近海的构造上。例如，与陆地相接的海滩可能经历溶解和胶结过程，这个过程首先发生在滩脊的地下水体系，然后是淡水地下水流充满大陆海岸地区。环礁上的海滩受局部淡水透镜体成岩作用影响，但在早期埋藏时期不会进入海洋孔隙水体系。

（3）气候：在湿润气候下，早期埋藏过程中，大量淡水可能越过障壁和大陆海滩；干燥气候条件下，后滨潮坪、潟湖形成蒸发岩，海滩向陆侧形成萨布哈沉积。这些环境中的高盐度水在向盆地流动过程中，穿过海滩相，在原生孔隙和早期次生孔隙中沉淀蒸发岩，也可能白云岩化近海相的细粒沉积物。形成的白云岩可能形成储层或封堵储层，取决于白云岩化程度和交代形成白云石晶体的大小以及其他因素。

（4）每个成岩环境的停留时间：海滩序列在每个成岩环境（海洋渗流、潜水、混合海洋和局部淡水的渗流和潜水）中交代程度很大程度上取决于海滩层序所在地区的沉积和沉降速率。例如，长期海滩前积地区（沉积速率远大于沉降速率），海滩体系可能长期经历浅埋藏成岩环境和孔隙流体作用，但是当海滩沿脊线堆积（沉积速率等于沉降速率），它们经历浅成岩环境的时间就短得多，然后很快进入区域孔隙流体体系。

参 考 文 献

Alexandersson, T., 1972, Mediterranean beachrock cementation; marine precipitation of Mg-calcite, *in* The Mediterranean Sea; a natural sedimentation laboratory: Stroudsburg, Pa., Dowden, Hutchinson, and Ross Pub., p. 203-223.

Allen, S. H., 1970, Stratigraphy and diagenesis of carbonate beach complexes, central Texas: Baton Rouge, La. State Univ., unpub. Master's thesis.

Ball, M. M., 1967, Carbonate sand bodies of Florida and the Bahamas: Jour. Sed.Petrology, v. 37, p. 556-591.

Barwis, J. H., 1976, Internal geometry of Kiawah Island beach ridges, *in* M. O. Hayes and T. W. Kana, eds., Terrigenous clastic depositional environments: AAPG Field Course, Univ. South Carolina Tech. Rept. No. 11-CRD, p. II/115- II/125.

Barwis, J. H., and J. H. Makurath, 1978, Recognition of ancient tidal inlet sequences; an example from the Upper Silurian Keyser Limestone in Virginia: Sedimentology, v. 25, p. 61–82.

Bebout, D. G., and R. G. Loucks, 1974, Stuart City Trend, Lower Cretaceous, south Texas, a carbonate shelf–margin model for hydrocarbon exploration: Austin, Tex., Bureau Econ. Geol.Rept. No. 78, 80 p.

Bernard, H. A., R. J. Leblanc, and C. F. Major, 1962, Recent and Pleistocene geology of southeast Texas, *in* Geology of the Gulf Coast and central Texas and guidebook of excursions: Houston, Tex., Houston Geol. Soc.–Geol. Soc. America Ann. Mtg., p. 175–205.

Boutte, 1969, Callahan carbonate–sand complex, west–central Texas, *in* C. Moore, ed., Depositional environments and depositional history, Lower Cretaceous shallow shelf carbonate sequence, west central Texas: Dallas, Tex., Dallas Geol. Soc., p. 40–74.

Campbell, C. V., 1971, Depositional model–Upper Cretaceous Gallup beach shoreline, Ship Rock area, northwestern New Mexico: Jour. Sed. Petrology, v. 41, p. 395–409.

Canfield, J. C., 1975, A depositional model for the Middle and Lower Newman Formation near Olive Hill, Kentucky: Columbia, Univ. South Carolina, unpub. Master's thesis, 35 p.

Carr, D. D., 1973, Geometry and origin of oolite bodies in the St. Genevieve Limestone (Mississippian) in the Illinois Basin: Indiana Dept. Nat. Resources, Geol. Survey Bull. 48, 81 p.

Choquette, P. W., and R. P. Steinen, 1980, Mississippian non–supratidal dolomite, Ste. Genevieve Limestone, Illinois Basin; evidence for mixed–water dolomitization: SEPM Spec. Pub. 28, p. 163–196.

Clifton, H. E., R. E. Hunter, and R. L. Phillips, 1971, Depositional structures and processes in the non–barred high–energy nearshore environment: Jour. Sed. Petrology, v. 41, p. 651–670.

Cussey, R., and G. M. Friedman, 1977, Patterns of porosity and cement in ooid reservoirs in Dogger (Middle Jurassic) of France: AAPG Bull., v. 61, p. 511–518.

Davies, D. K., F. G. Ethridge, and R. R. Berg, 1971, Recognition of barrier environments: AAPG Bull., v. 55, p. 550–565.

Donaldson, J. A., and B. D. Ricketts, 1979, Beachrock in Proterozoic dolostone of the Belcher Islands, Northwest Territories, Canada: Jour. Sed. Petrology, v. 49, p. 1287–1294.

Dunham, R. J., 1970, Meniscus cement, *in* O. Bricker, ed., Carbonate cements: John Hopkins Univ., Stud. Geology, no. 19, p. 297–300.

Ferm, J. C., et al, 1971, Carboniferous depositional environments in northeast Kentucky : Ann. Spring Field Conf., Geol. Soc. Kentucky Guidebook, 30 p.

Flood, P. G., 1974, Sand movements on Heron Island; a vegetated sand cay, Great Barrier Reef province, Australia, *in* A. M. Cameron et al, eds.: Brisbane, Australia, Proc., 2nd Int. Coral Reef Symp., v. 2, p. 387–394.

Folk, R. L., and A. S. Cotera, 1970, Carbonate sand cays of Alacran reef, Yucatan, Mexico, *in* Sediments: Washington, D.C., Smithsonian Inst. Atoll Research Bull. No. 137, 16 p.

Folk, R. L., and R. Robles, 1964, Carbonate sands of Isla Perez, Alacran reef complex, Yucatan : Jour. Geology, v. 72, p. 255–291.

Gerhard, L. C., S. B. Anderson, and J. Berg, 1978, Mission Canyon porosity development, Glenburn Field, North Dakota, Williston basin: 24th Ann. Williston Basin Symp., Mont. Geol. Soc., p. 177–188.

Hanford, C. R., 1976, Sedimentology and diagenesis of the Monteagle Limestone (Upper

Mississippian) —a high energy oolitic carbonate sequence in the southern Appalachian Mountains : Baton Rouge, La. State Univ., unpub. Ph.D. dissert., 209 p.

Hansen, A. R., 1966, Reef trends of Mississippian Ratcliffe zone, northeast Montana and northwest North Dakota : AAPG Bull., v. 50, p. 2260–2268.

Harms, J. C., 1979, Primary sedimentary structures : Ann. Review Earth and Planetary Sci., v. 7, p. 227–248.

Harris, P. M., 1979, Facies anatomy and diagenesis of a Bahamian ooid shoal : Miami, Sedimenta VII, Univ. Miami, Rosenstiel School of Marine and Atmospheric Sci., 163 p.

Hayes, M. O., 1976, Transitional—coastal depositional environments, *in* M. O. Hayes and T. W. Kana, eds., Terrigenous clastic depositional environments : AAPG Field Course, Univ. South Carolina Tech. Rept. No. 11–CRD, p. I /32– I /111.

Hine, A. C., 1977, Lily Bank, Bahamas; case history of an active oolite sand shoal : Jour. Sed. Petrology, v. 47, p. 1554–1581.

Hobday, D. K., and J. C. Horne, 1977, Tidally influenced barrier island and estuarine sedimentation in the Upper Carboniferous of southern West Virginia : Sed. Geology, v. 18, p.97–122.

Hubbard, D. K., G. Oertel, and D. Num–medal, 1979, The role of waves and tidal currents in the development of tidal—inlet sedimentary structures and sand body geometry ; examples from North Carolina, South Carolina, and Georgia : Jour. Sed. Petrology, v. 49, p. 1073–1092.

Iden, R. F., 1974, Lithofacies and depositional model for a Trinity Cretaceous sequence, central Texas, *in* B. F. Perkins, ed., Aspects of Trinity division geology, geoscience and man, vol. 8 : Baton Rouge, La. State Univ., p.37–52.

Iden, R. F., and H. Kohn, 1979, Dolomitization of offshore carbonate deposits in Hammett Shale, Lower Cretaceous, Texas (abs.) : AAPG Bull., v. 63, p.472.

Iden, R. F., and J. C. Horne, 1973, Caliche soil horizons on oolitic shoals and car—bonate mud mounds in Carboniferous (Neuman Limestone) of eastern Ken—tucky (abs.) : AAPG Bull., v. 57, p. 785–786.

Inden, R. F., 1972, Paleogeography, diagenesis, and paleohydrology of a Trinity Cretaceous carbonate beach sequence, central Texas : Baton Rouge, La. State Univ., unpub. Ph.D. dissert., 264 p.

Kerr, R. S., 1977, Facies, diagenesis and porosity development in a Lower Cretaceous bank complex, Edwards Limestone, northcentral Texas, *in* D. G. Bebout and R. G. Loucks, eds., Cretaceous carbonates of Texas and Mexico : Austin, Tex., Bureau Econ. Geology Rept. No. 89, p. 138–167.

Kraft, J. C., 1978, Coastal stratigraphic sequences, *in* R. A. Davies, Jr., ed., Coastal sedimentary environments : New York, Springer—Verlag Pub., p.361–384.

Kraft, J. C., and J. J. Chacko, 1979, Lateral and vertical facies relations of trans—gressive barrier : AAPG Bull., v. 63, p. 2145–2163.

Kumar, N., and J. E. Sanders, 1974, Inlet sequences ; a vertical succession of sedimentary structures and textures created by the lateral migration of tidal inlets : Sedimentology, v. 21, p.291–323.

Land, C. B., Jr., 1972, Stratigraphy of Fox Hill Sandstone and associated formations, Rock Springs uplift and Wamsutter arch area, Sweetwater County, Wyoming ; a shoreline—estuary sandstone model for the Late Cretaceous : Quart. Colo. School Mines, v. 67, no.2, p. 69.

Laporte, L., 1969, Recognition of a trans—gressive carbonate sequence within an epeiric sea ; Helderberg Group (Lower Devonian) of New York State : SEPM Spec. Pub. 14, p. 98–119.

Lindsay, R. F., and C. G. Kendall, 1980, Depositional facies, diagenesis and reservoir character of the

Mission Canyon Formation (Mississippian) of the Williston Basin at Little Knife field, North Dakota, *in* R. B. Halley and R. G. Loucks, eds., Carbonate reservoir rocks: Denver, Colo., Notes for SEPM Core Workshop No. 1, p.79—104.

Loreau, J. P., and B. H. Purser, 1973, Distribution and ultrastructure of Holocene ooids in the Persian Gulf, *in* B. H. Purser, ed., The Persian Gulf: New York, Springer—Verlag Pub., p. 279—328.

Loucks, R. G., 1977, Porosity development and distribution in shoal—water carbonate complexes, subsurface Pearsall Formation (Lower Cretaceous) south Texas, *in* D. G. Bebout and R. G. Loucks, eds., Cretaceous carbonates of Texas and Mexico: Austin, Tex., Bureau Econ. Geol. Rept. No.89.

Lozo, F. E., and F. L. Stricklin, 1956, Stratigraphic notes on the outcrop Basal Cretaceous, central Texas: Trans., Gulf Coast Assoc. Geol. Socs., vol. VI, p. 67—78.

Moore, C. H., 1971, Holocene cementation on skeletal grains into beachrock, Dry Tor—tugas, Florida, in O. Bricker, ed., Carbonate cements: John Hopkins Univ., Studies in Geology, no. 19, p. 25—26.

Moore, C. H., 1973, Intertidal carbonate cementation, Grand Cayman, West Indies: Jour. Sed. Petrology, v. 43, p. 591—602.

Moore, C. H., Jr., J. H. Smitherman, and S. H. Allen, 1972, Pore system evolution in a Cretaceous carbonate beach sequence, *in* Stratigraphy and sedimentology: Proc., Sec. 6, Internat. Geol. Cong., no. 24, p. 124—136.

Multer, H. G., and J. E. Hoffmeister, 1968, Subaerial laminated crusts of the Florida Keys: Geol. Soc. America Bull., v. 79, p. 183—192.

Petta, T. J., 1975, Tidal sediments and their evolution in the Bathonian carbonates of Burgundy, France, in R. N. Ginsburg, ed., Tidal deposits: New York, Springer—Verlag Pub., p.335—343.

Petta, T. J., 1977a, Diagenesis and paleo—hydrology of a rudist reef complex (Cretaceous), Bandera County, Texas: Baton Rouge, La. State Univ., unpub. Ph.D. dissert., p. 212.

Petta, T. J., 1977b, Diagenesis and geochemistry of a Glen Rose patch reef complex, Bandera County, Texas, *in* D. G. Bebout and R. G. Loucks, eds., Cretaceous carbonates of Texas and Mexico: Austin, Tex., Bureau Econ. Geol. Rept. No. 89, p. 138—167.

Petta, T. J., and G. Evans, 1973, Regional sedimentation along the Trucial Coast, S. E. Persian Gulf, *in* B. H. Purser, ed., The Persian Gulf: New York, Springer—Verlag Pub., p. 211—231.

Purser, B. H., 1973, Sedimentation around bathymetric highs in the southern Persian Gulf, *in* B. H. Purser, ed., The Persian Gulf: New York, Springer—Verlag Pub., p. 157—178.

Randazzo, A. F., G. C. Stone, and H. C. Saroop, 1977, Diagenesis of Middle and Upper Eocene carbonate shoreline sequences, central Florida: AAPG Bull., v. 61, p. 492—503.

Roberts, H. H., T. Whelan, and W. G. Smith, 1977, Holocene sedimentation at Cape Sable, south Florida: Sed. Geology, v. 18, p. 25—60.

Schwartz, R. K., 1975, Nature and genesis of some storm washover deposits: U.S. Army Corps of Engineers, Tech.Memo. No. 61, p. 69.

Shelton, J. W., 1973, Models of sand and sandstone deposits; a methodology for determining sand genesis and trend: Norman, Okla. Geol. Survey Bull. No. 118, p. 122.

Shinn, E. A., 1973, Sedimentary accretion along the leeward, S.E. coast of Qatar peninsula, Persian Gulf, *in* B. H. Purser, ed., The Persian Gulf: New York, Springer—Verlag Pub., p. 199—209.

Shinn, E. A., 1982, Tidal flat environments *in* P. A. Scholle, D. G. Bebout, C. H.Moore, eds., Carbonate depositional environments: AAPG Mem. 33, this volume.

Shinn, E. A., R. M. Lloyd, and R. N. Ginsburg, 1969, Anatomy of a modern carbonate tidal flat, Andros Island, Bahamas: Jour. Sed. Petrology, v. 39, p. 1202—1228.

Stricklin, F. L., and F. E. Lozo, 1972, Environmental construction of a carbonate beach complex, Cow Creek (Lower Cretaceous) Formation of central Texas: Geol. Soc. America Bull., v. 84, p. 1349—1368.

Stricklin, F. L., Jr., C. I. Smith, and F. E. Lozo, 1971, Stratigraphy of Lower Cretaceous Trinity deposits of central Texas: Austin, Tex., Bur. Econ. Geol., Rept. no. 71, p. 63.

Taylor, J. C. M., and L. V. Illing, 1971, Development of Recent cemented layers within intertidal sand—flats, Qatar, Persian Gulf, *in* Owen Bricker, ed., Carbonate cements: John Hopkins Univ., Studies in Geology, no. 19, p. 27—31.

Taylor, J. C. M., and L. V. Illing, 1971, Variation in Recent beachrock cements, Qatar, Persian Gulf, *in* Owen Bricker, ed., Carbonate cements: John Hopkins Univ., Studies in Geology, no. 19, p. 32.

Thomas, G. E., and R. P. Glaister, 1960, Facies and porosity relationships in some Mississippian carbonate cycles of Western Canada basin: AAPG Bull., v. 44, p. 569—588.

Wittstrom, M. D., Jr., and M. E. Hage—meier, 1978, A review of Little Knife field development, North Dakota: 24th Ann. Williston Basin Symp., Mont. Geol. Soc., p. 361—368.

第六章 陆棚沉积环境

PaulEnos

现代背景下，可以根据几何学和水动力学特征充分定义局限陆棚、海湾或潟湖环境。在地质记录中，尤其是当向海方向发育明显的障壁或在侧方表现出强烈局限作用的沉积相，例如在蒸发或者静海（富含有机碳）的地层中，这些术语往往被滥用而造成针对低能、浅水碳酸盐岩的"废纸篓"式的分类。

地理上，海湾和潟湖为局部受限水体。海湾是岸线内凹部分或者沙嘴之间的入水口。碳酸盐岩背景下，沙嘴可由现今沉积旋回的沉积地貌形成，也可以由早期旋回的剥蚀或沉积地貌形成。潟湖更加接近完全封闭（例如被障壁岛或礁体所封闭），结果潟湖与海洋的连通被严格限制。尽管某些大型环礁中的潟湖可深达70m，但是潟湖通常较浅；海湾则没有特定的深度含义。

局限陆棚可定义为陆棚或岛架中因水循环慢而造成盐度异常、养分匮乏或温度极端的部分。降低正常波浪和潮汐能量局限作用可能的成因包括由礁、岛、骨骼或鲕粒浅滩构成的物理障壁和浅水广泛扩张造成的阻尼效应。受控于气候和与地表径流的连通性，局限作用造成的异常盐度可能被增强、稀释或者发生季节性波动。局限水体，尤其是水体较浅时，往往具有或高或低的异常温度、缺乏氧气和养料。

在古代背景下，可以利用与现代背景描述相似的古地理地层学证据推测局限陆棚、海湾或潟湖沉积环境，例如一方面通过向礁滩或沙滩（鲕粒、骨骼、陆源）沉积的转变，或者另一方面向蒸发相变迁。如果缺乏地层学证据，可以通过动物群的枯竭或岩相（如泥质沉积，特别是当其中含有大量有机质、黄铁矿或者蒸发岩）来推测局限环境。

笔者对判别标准进行了总结。没有一种标准可单独用于判别像局限陆棚、海湾和潟湖这样变化多端的环境。层序与相变为最可靠的指导。侧向单向或多向转变为障壁相（例如转变为礁、障壁坝/岛或者鲕粒滩），加上在其他方向过渡到低能海岸相的现象非常典型。表6-1重点给出了一些可能发生的相变迁。

表6-1 限制陆棚、海湾、潟湖环境的典型横向转换

向海方向或迎风环境				向陆方向或背风环境	
环境	实例（年代）		环境		实例（年代）
礁	Belize 礁（全新统）(Wantland 和 Pusey, 1975) El Abra 组（中白垩统）(Carrillo, 1971)	局限陆棚、海湾或潟湖	潮坪		大巴哈马滩，安德罗斯朵叶体（全新统）(Shinn 等, 1969) 黑河群（奥陶系）(Walker, 1972)
鲕粒滩	小巴哈马滩（全新统）(Hine, 1977) Smackover 组（侏罗系）(Wilson, 1975)		盐坪（萨布哈）		Persian 湾（全新统）(Purser, 1973) Edwards 群（上白垩统）(Rose, 1972)
骨屑滩	佛罗里达陆棚边缘（全新统）(Enos, 1977)		蒸发相		El Abra 组（中白垩统）(Carrillo, 1971)
障壁岛	No. Biscayne 湾，Fla.（全新统）(Enos 和 Perkins, 1979)		静海相（陆棚盆地）		Edwards 群 McKnight 组（下白垩统）(Rose, 1972)

向海方向或迎风环境			向陆方向或背风环境		
泥滩	So. Biscayne 湾，Fla.（全新统） （Wanless，1969） 西佛罗里达湾（全新统） （Enos 和 Perkins，1979）	局限陆棚、海湾或潟湖	沼泽 （泥炭、煤层）	佛罗里达湾湿地（全新统） （Enos 和 Perkins，1979）	
			海滩	Pearsall 组 Cow Creek 段（下白垩统） （Loucks，1977）	
岛屿 （前地形）	佛罗里达湾（全新统） （Enos 和 Perkins，1979） 大巴哈马滩（全新统） （Enos，1974b） Shark 湾，W. Austr.（全新统） （Logan 等，1970）		侵蚀海岸	大巴哈马滩，Eleuthera 朵叶体（全新统）	
			喀斯特平原	Campeche 岸和 Yucatan（全新统）	

　　垂向层序可用于推测横向接触关系。典型的垂向层序为低能、向上变浅的旋回（图 6-1），包括基底海侵单元、含有衰退动物群的泥质碳酸盐岩、由潮间或潮上沉积形成的覆盖层。尽管尚未被目前的沉积模式所重视，许多含有局限地层的旋回都是海侵或者含有海侵地层。在这些旋回中，不整合面、潮坪沉积或者岸线相被低能、半局限沉积覆盖，之上又被高能、较为开阔的海相沉积覆盖。

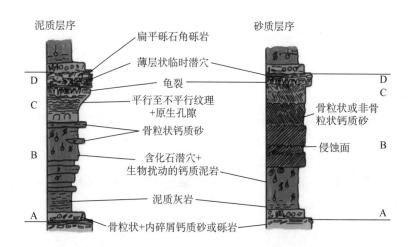

图 6-1　相对低能环境（左图）和相对高能环境（右图）向上变浅旋回示意图（据 James，1977）
A—底部海侵滞留沉积；B—潮下带、局限至开阔海环境；C—潮间带；D—潮上带

　　清晰的层序或旋回不发育时，局限环境中形成的岩石可能具有"相镶嵌"的特征，其中泥质、低能相和（或）衰退有机生物群之间或多或少的相互转换。这种转换在海水极浅地区很普遍，这里海平面或者沉积地形的微小变化都会造成环境的巨大变迁。与之相反，某些地势起伏很小的开阔背景中（例如在现代大巴哈马滩内部）仅发育泥质相，这种沉积相侧向可以延伸数百千米、垂向可以延伸数米。生物群落贫乏是局限环境的一种普遍而重要的线索。局限环境中的动物群多样性往往很低，但是适应该环境的少数生物可能数量很大。个体大小的降低（小体动物群）和不规则的生长形式同样可以指示不利环境。极为不利的环境可能会造成生物所剩无几。

　　尽管不具必然联系，但是丰富的虫孔仍然可以作为局限潮下沉积的特征。虫孔具有一种或者几种不同的类型，指示一种局限的动物群，可能具有模糊杂色或旋转形的沉积物，指示大范围生物扰动现象。最后的单元是完全均质的沉积，其中缺乏单独的虫孔，结果会造成潜穴作用直接证据的缺失。但是，并非浅水局限环境中所有构造都是生物成因的。在大型底生生物数量严重下降或者缺失的背景中，薄纹层即可保存下来。细粒毫米级薄层是厌氧环境的典型特征（Byers，1977）。在超高盐度地区，薄层或纹层往往因间隙内的晶体生长、脱水收缩作用或者蒸发岩的溶解而发生形变。

非骨架颗粒组成不是判别半局限浅水环境的确切指标，但是不同来源的粪球粒和似球粒则是特征性的沉积颗粒；他们在局部几乎可以组成整段沉积。"葡萄石"集合体和小内碎屑也是常见组分。

即使是亚稳定的沉积矿物集合被保留下来，矿物学仍不足以反映沉积环境。但是，蒸发岩和准同生白云石常见于陆棚上更为局限的部分和潟湖或者侧向相关沉积中。

第一节　侧向相关系

在岩石记录中识别局限陆棚、潟湖或海湾沉积最为可靠的证据是侧向相关系。许多实例中，向海或迎风方向的沉积会造成局限环境，但是向陆或背风方向的沉积物则能够更清晰地记录局限环境。两种沉积都会产生可鉴别的相，这一点优于代表半局限潮下环境的普通无特征的岩石。

侧向沉积相代表更为开阔的水体环境（表 6-1）包括礁复合体和由鲕粒、骨骼颗粒甚至是石英形成的沙滩。例如，在南佛罗里达陆棚边缘内部（图 6-2）为长达 5km 的大型陆架坡折内的半局限、低能陆棚。局限的直接成因是骨骼沙滩，尽管这些很可能直接依赖于骨骼产率和波浪从更靠近陆架坡折的礁体处对骨骼颗粒的搬运作用（Enos，1977）。从具交错层理骨骼砂岩到具虫孔泥质沉积转化是突变的（Swinchatt，1965），尤其是在地形发生明显变化的地方（从水深 1～4m 的沙滩到水深 5～15m 的平底潮下泥）。

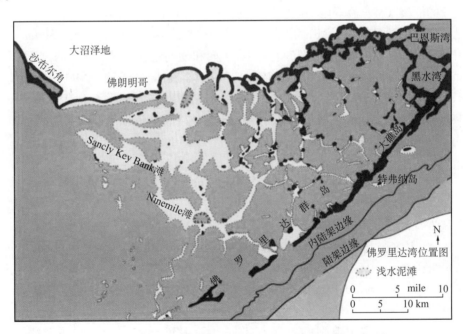

图 6-2　佛罗里达湾受更新世珊瑚灰岩局限形成佛罗里达群岛

（据 Enos 和 Perkins，1979）

由沉积作用或同生剥蚀地形又或早期沉积幕形成的岛屿同样可能造成局限环境。由沉积物加积作用（例如与障壁坝或礁相伴生的砂体或角砾沙洲）形成的岛屿实际上只是局限体的一小部分；水下沙洲或礁体生长构成了主体。岛屿的成因包括老山的剥蚀残留、风成沙丘、沙滩，或者是先前沉积幕形成的礁体。由先存的沉积地貌形成的、循环受限岛屿的实例包括：上佛罗里达群岛，它是由轻微剥蚀的、封闭佛罗里达湾一翼的更新世珊瑚礁构成的（图 6-2；Enos 和 Perkins，1979）；佛罗里达群岛下部，它是由更新世鲕粒坝构成的（Perkins，1977），背风方向发育碳酸盐岩滩（Jindrich，1969；Basan，1973）；巴哈马主岛，它是由更新世背风方向（巴哈马滩最局限的部分）的风成沙脊组成

（图6–3；Enos，1974b）；Bermuda，同样是由更新世风成沙丘组成，该风成沙丘将Harrington Sound（Neumann，1965）和Great Sound（开阔海背景下的半局限环境）围限起来。由于碳酸盐岩台地边缘通常隆起（由喀斯特剥蚀作用或碳酸盐岩差异聚集形成），因此在许多古代背景中，岩石岛屿可能会造成局限环境。由于侧向上相变为非沉积环境，因此，古岛通常比相变迁更加难以识别，尤其是碳酸盐岩陆棚边缘相的展布非常复杂。识别不整合面的标准正在引起重视（Perkins，1977；Read和Grover，1977；Esteban和Klappa，1982）。

局限环境在没有明显地貌障壁的情况下同样可以发生。浅水的大面积分布（就像在陆表海中所表现出的情况）可以抑制潮汐和波浪能量。水体变化可能表现如下形式：长期的蒸发作用导致的超盐度、由降雨或径流导致的稀释，或者由强烈的季节性或气候变化造成的盐度振荡。沙滩水体可能随着空气温度变化而发生巨大的温度振荡。水体长时间驻留在浅水陆棚上，由于循环性差，可以造成严重的养分匮乏。Shaw（1964）和Irwin（1965）研究了理想陆表海中的相模式。基本上，低能、泥质碳酸盐岩（或混合陆源泥）沉积在现代开阔深水中。高能、簸选沉积物聚集成为底部斜坡横断波浪底（由Ahr（1973）给出的一个碳酸盐岩斜坡的几何学术语）。极浅水、局限环境发育在背风或者向陆方向更远的地方，并且可能覆盖面积广泛而没有发生相变。从这种低起伏局限环境往侧向的转化可能是渐变的，而且可能随时间发生位置往复。

从局限陆棚和潟湖开始的陆地方向的相变是由潮下环境变为海岸环境。海岸环境可能是沙滩沉积复合体狭窄条带，然后过渡到碎屑沉积（三角洲或河流相）或者无沉积面（喀斯特平原）。可能在岸线处由于局部波浪的汇聚（甚至在局限潟湖中也会发育）而发育高能相（常为贝壳砂）。

更为常见的岸线变迁是从局限潮下环境变成潮坪复合体。这些不同的沉积（Shinn，1982）可能包括从潮湿盐沼到具有高盐度孔隙水的萨布哈。多次垂向和横向迁移形成了典型的潮下和潮坪相频繁间互。纽约Manlius组（下泥盆统）（Laporte，1967）和Lofer旋回（Fischer，1964）都发育典型实例。

尽管没有发现明显的从石灰岩侧向相变为煤的实例，但是几处发育现代亚热带碳酸盐岩潟湖的边界为红树林沼泽，泥炭正在快速聚集。佛罗里达海湾和邻近的大沼泽地就是一个著名的例子（Spackman等，1964；Enos和Perkins，1979）。

第二节　沉积几何学特征

局限碳酸盐岩背景的沉积几何学可以从全新世大巴哈马滩为例，从简单的底部扩张变化到以佛罗里达湾（Ginsburg，1956；Enos和Perkins，1979）、古巴北海岸的岸线潟湖（Price，1967）和Belize潟湖（Wantland和Pusey，1975）为例的发育沉积礁体的复杂分隔环境。分隔环境可能产生较为罕见的侧向或垂向相突变，Laporte（1967）将其形象地称为"相镶嵌"。尽管小范围内存在复杂多样性，但是大范围的进积或海侵样式还是可以识别的（Laporte，1967）。

相反，这种陆表海沉积中典型的单调水平底部消退可以被称为"单调消褪"。得克萨斯州Ellenburger群（下奥陶统）为典型实例（Cloud和Barnes，1956）。类似的席状几何形态在大型的孤立海岸内部或者台地内部比较常见，这些台地可能发育相变剧烈的边缘，但是其内部缺乏发育广阔的平坦台地。现代大巴哈马滩、中白垩统（Albian—Cenomanian）Valles–San Luis Potosi、墨西哥中部黄金巷台地（Carrillo，1971；Enos，1974a）和位于得克萨斯州与新墨西哥州的二叠盆地西北陆棚的中二叠统（Meissner，1972）都是典型实例。这些沉积单元宽约数十至上百千米，覆盖了数千平方千米，其内部相变微弱。较为常见的岩相是泥灰岩，泥球粒泥粒灰岩和粒泥灰岩以及有孔虫（粟孔虫、纺锤䗴）粒泥灰岩。在深水环绕的孤立台地内上，岛屿和潮坪复合体往往发育在抬升的台地边缘，台地内部的水体则相对较深、相变很小。如果台地整体地势平缓，其内部往往发育蒸发相，这种情况可见于墨西哥的中白垩统台地（Viniegra，1971）。现代沉积中，巴哈马滩迎风侧明显发育隆升台地边缘

（图 6-3），造成背风侧不对称沉积相分布，并且发育了临近大型迎风侧大岛屿中最为封闭的沉积环境和泥质含量最高的沉积物质（Smith，1940）。然而，现代巴哈马半潮湿、亚热带环境中，盐度仅为约 42‰，比正常海水高出 20%，远远少于形成蒸发盐聚集所需的量。该相模式表现为一种简单的从最局限地区的软似球粒泥变化至背风滩边缘的硬球状砂。在沉积缓慢地区，这些似球粒相互粘结形成"葡萄石"集合体。

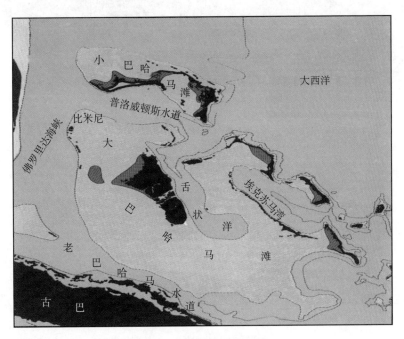

图 6-3 现代半局限环境

巴哈马滩，展示了最局限环境地区（用点表示）

随着岸线海湾化和（或）沉积地形分区化，沉积几何外形变得愈加复杂。佛罗里达湾较为熟知的现代沉积实例（图 6-2）。地势低平的佛罗里达大陆构成了三角形海湾的北边。东南部被更新世珊瑚灰岩脊围限，西南部边界则由全新世沉积形成并升至海平面的、宽阔的泥岸沉积凸起构成。海湾内部被网格化线状泥岸分割成浅水盆地。泥质被周期性风暴潮从盆地携带出来并在水体较浅、植被覆盖的岸上沉积。结果在盆地中形成底部贝壳状滞留沉积以及垂向上含有所有沉积物质的泥岸。这些滩地势规模很小（约 2m）、坡度很缓（< 1°），但是尽管如此，还是会造成许多相差异（图 6-4）。堤岸狭窄的迎风侧边缘由贝壳状泥粒灰岩组成；但是，沉积物整体被软体动物扰动产生似球粒状粒泥灰岩，局部发育层状似球粒泥岩或者极细粒泥粒灰岩槽。负向微地势（可能是侵蚀谷）充填、柔软且低密度似球粒在中、低幅沙丘中发生的牵引流沉积均可形成这种槽（Enos 和 Perkins，1979）。发育潮上藻坪和红树林的岛屿点缀在泥岸之上。形成的沉积物包括透镜状叠层石、泥裂似球粒粒泥灰岩和富有机质灰泥或泥炭。随着岛屿沙滩化，滞留沉积和潮道中的沙波切穿泥岸，低缓溢流沉积被风暴流从迎风边缘搬运扩散到岸顶，局部高能的贝壳透镜体发育起来。在海湾朝海边缘的较开阔环境中，滩边缘起的小型陆架坡折的作用，其上生长着指状珊瑚为特征的浅滩边缘生物群。最终形成的沉积物质为泥质骨骼砂砾岩。

发育在佛罗里达湾和 Biscayne 湾内潮道之上的潮汐三角洲具备佛罗里达湾泥岸特征相中的大部分特征（Ebanks 和 Bubb，1975）。当然，整体几何外形存在差异；发育典型三角洲所具备的三角形平面图和楔形剖面图。相对的低能三角洲复合体中其他的相组合还包括潮道（活动的和废弃的）、天然堤（可能发育红树林和小岛）。随着浅滩边缘指状珊瑚生物群和粗粒沉积的发育，三角洲向海一侧的边缘也会形成小型陆架坡折（Enos，1977）。

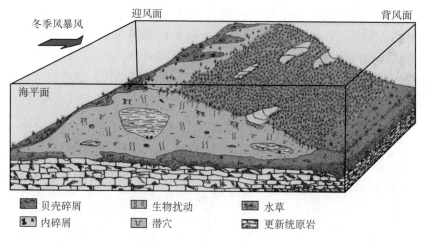

图中标注：

冬季风暴风　迎风面　背风面　海平面

图例：
贝壳碎屑　生物扰动　水草
内碎屑　潜穴　更新统原岩

图 6-4　佛罗里达湾泥滩示意图（垂向放大约 100 倍）

第三节　现代沉积环境

尽管三维数据体往往很少（图版VI-1），但是可以发现其他现代半局限碳酸盐岩环境明显地落在以下两个极端之间：平坦潮下巴哈马滩和分割化的佛罗里达湾。但是，沉积地形起伏的沉积模式仍然变化显著。

在南佛罗里达陆棚边缘内部受限程度较轻的环境中，沉积地形更为平缓，但是仍然对相模式产生重要影响。缺少线性网状泥滩沉积，但发育一些大型、低平滩。Rodriquez Key 滩是最著名的实例（Turmel 和 Swanson，1976）。它是一个顶部平坦的泥岸，沿沉积走向延伸，横切发育良好的向海浅滩边缘生物群，该生物群落建造出一条线性骨骼砂砾岸。指状珊瑚通过红藻和造板绿藻分支的形式在该弱局限环境中发育。泥质、顶部覆盖植被的滩内部是穴居幽灵虾优势发育场所（图版VI-1），这些场所转变成了潜穴构造遗迹（Shinn，1968b）。Rodriquez 滩向陆边缘附近发育的一个小型红树林岛已经生成了泥炭透镜体。在临近 Tavernier 滩的一个红树林岛上发育由骨屑砂形成的风暴脊。点缀在佛罗里达内陆棚边缘的其他较深水的泥岸上发育补丁礁盖；其中一个补丁礁盖已经发育成为波纹骨屑砂形成的浅滩，周围被平底潮下泥所环绕（Enos，1977）。相差异很小的更大片的泥质沉积包含在低缓楔形体内，该楔形体从佛罗里达群岛向海增长。这些楔形体范围从沿海岸线港湾、地势起伏仅数分米，变化至向海延展数千米、地势起伏可达 5m 甚至更大（Enos，1977）。

Batabano 湾（古巴南海岸的一个大型海湾）部分被障壁礁阻塞，但是整体盐度趋于正常。海湾近一半的表层沉积物（< 62μm；Daetwyler 和 Kidwell，1959）含泥量超过 50%。长 50km、宽数千米的几个泥质浅滩蜿蜒穿过海湾。很遗憾的是，没有沉积厚度方面的数据。而这些浅滩可能会反映下伏岩层的构造。

Belize 潟湖被封闭在 Yucatan 半岛大陆和西半球最长的障壁礁之间，但是盐度并没有高于正常海水盐度值（Wantland 和 Pusey，1975）。来自临近高地的大量径流造成微咸海水而非潟湖近岸部分和蒙皂石泥覆盖的潟湖底部分的高盐度海水。陆源泥向海渐变成来自礁发育区的钙质泥。潟湖向海一侧和南部地区点缀着陡壁"塔"礁和微型环礁或者生长在更新统塔礁之上的"faroes"（Purdy，1974b），更新统岩石又反映了深水构造。因此，此处的全新世沉积地形只是将先前可能喀斯特化的地形进行了强化（Purdy，1974b）。

西澳大利亚鲨鱼湾是超盐度（盐度可达 70‰，为正常海水的两倍）潟湖的实例（Logan 等，1970）。该海湾被更新世钙质风成岩脊从开阔的印度洋分离开来，只有北部边缘两者相连。尽管鲨鱼湾处在东南季风带上并且在其逾 12000km² 范围内具有巨大的风浪区，但是，朝北的开口使得运动水体的总量主要受潮汐影响而波浪的影响则较为次要。海湾平坦海底上的沉积物为砂至粉砂粒级的骨屑（有孔虫—软体动物细粒介壳灰岩）。围绕海湾的浅水边缘，骨屑沉积中掺有石英砂和鲕粒。海湾中大部分沉积物聚集在一个植被覆盖的滩中，这个滩沿着位于海湾东北边缘的大陆延伸（Davies，1970）。该滩为楔形沉积，长 130km、宽约 8km，向海一侧边缘厚 9m。向海一侧边缘水深小于 2m，并且该滩逐渐浅滩化变成一个延展的潮坪。大量潮道和天然堤切断该滩。滩和天然堤沉积含有约 30% 的泥（< 62μm），主要由有孔虫和镶饰了海草的红藻组成。砂级颗粒包括有孔虫（约 50%）、软体动物（约 25%）、珊瑚藻、似球粒和石英砂（Davies，1970）。潮道和潮间沉积几乎不含微粒而含有相对较多的石英。潮坪沉积发生进积，在潮下滩沉积的向陆一侧将其超覆，从而产生了浅滩化和向上变粗的层序。

波斯湾也发育超盐度（开阔海湾中盐度为 40‰ ~ 45‰），沿着阿拉伯海岸发育高能碳酸盐岩区（Purser，1973）。海湾底部向东北方向发生倾斜，形成一个沿着伊朗海岸发育的、深度超过 80m 的海槽，在海湾北部边缘，该海槽接受来自伊朗扎格罗斯山和底格里斯河—幼发拉底河三角洲的陆源沉积物。沿波斯湾阿拉伯一侧发育的浅水海岸带为萨布哈，小型潮汐潟湖、潮道、鲕粒坝和沙滩、礁的复合体。将在本书的其他章节对此进行讨论。海上沉积为一系列更为有序的层状骨屑砂，向海方向泥质（既有碳酸盐岩泥又有陆源泥）含量逐渐增加（Houbolt，1957；Purser，1973）。垂向上，广阔陆棚上唯一的凸起是由活动盐丘隆升造成的，盐丘产生了簸选骨屑砂和（或）生物礁构成的沙洲。

沉积地形表征并深刻影响着如此之多的现代泥质碳酸盐岩环境，以至于可以推测沉积地形同样是影响许多古代局限环境的因素。但是，与泥岸伴生的平缓地形难以在古代岩石中记录下来。大多数公认的岩石记录中滩和丘都是具较陡边缘的生物建隆，发育完好的侧翼相。鉴于现代沉积环境中的泥岸丰度和类似的低缓地形特征，看起来许多古代碳酸盐岩层序可能受到准同生沉积地形的影响，特别是受到发育相镶嵌的沉积地形的影响。

第四节　沉　积　微　相

现代和古代局限潮下环境中的相以数量有限的颗粒类型为特征，这些类型包括：碳酸盐泥或陆源泥、粪球粒、似球粒、葡萄石、内碎屑和有限范围的骨屑组分。似球粒（图版Ⅵ-2）是卵球形微晶颗粒，其成因多样，包括：骨屑和鲕粒的微晶化；生物成因（包括排泄物、灰泥凝聚）；碳酸盐泥或成岩化泥岩的机械剥蚀。在沉积速度缓慢的地区，所有这些来源的颗粒通过磨圆、微泥晶化和硬化等作用（颗粒间胶结）聚合起来，结果导致往往无法确定其成因方式。葡萄石（图版Ⅵ-3）是碳酸盐岩砂粒通过包壳有孔虫、丝状藻类、微晶胶结粘结在一起形成的团块（Windland 和 Matthews，1974）。这些形成的团块往往是直径 1cm、内部蓬松多孔的碎片。"包壳团块"、"组分颗粒"、"有机集合体"、"集合体"和"团块"被不同作者所用，实际上是同义词。这些颗粒典型发育于浅水环境，沉积速率缓慢。特征骨屑组分（表 6-2）包括底栖有孔虫（例如粟孔虫，图版Ⅵ-4；纺锤𰀉）；介形纲；腹足类（尤其是高螺旋类）；双壳类（如牡蛎和厚壳蛤）（图版Ⅵ-5）；藻类似核形石；龙介蠕虫（图版Ⅵ-6）；舌形贝类腕足动物。机械磨蚀、再改造、磨圆和分选程度极弱，反映了低能沉积环境。相反，微晶化作用、潜穴、金属氧化物染色、包壳和其他聚集速率缓慢的指标大量存在。

Wilson（1975）罗列了一些典型局限碳酸盐环境的标准微相（SMF）类型如下：似球粒状灰岩（图版Ⅵ-2），局部具介形亚纲动物或有孔虫（SMF16）；葡萄石—似球粒—内碎屑颗粒灰岩（SMF17，图版Ⅵ-3）；有孔虫或具似球粒的粗枝藻颗粒灰岩（SMF18）；层状至生物扰动球粒泥灰岩或粒泥灰岩（图版Ⅵ-7 至图版Ⅵ-9），局部发育窗格组构（SMF19）；似核形石粒泥灰岩或浮石（SMF22）和均质无化石泥岩、石膏壳或铸模（SMF23）。这些只是许许多多上述组分的组成和结构组合的一个抽样。骨屑组分随地质年代的变化（表 6-2）大大增加了这些可能的情况。这是正确的，只有一个事实

表6-2 骨屑组分随地质年代的变化

骨屑		前寒武系	寒武系	奥陶系	志留系	泥盆系	密西西比	宾夕法尼亚系	二叠系	三叠系	侏罗系	白垩系	古近—新近系	第四系
藻类		蓝绿藻[1]		似核形石[12] (吉尔文藻属)[12]	直管藻属[17]	似核形石[9] Litania[17] CALCSHERES e.g. 伞轮藻属[10] Radiosphaera[10]		(吉尔文藻属)	似核形石[7] (吉尔文藻属)[15] DASYCLADS[7] Anthraporella[17]	似核形石[5,6] 双孔藻属[6]	盾藻属[4]	DASYCLADS Thoumotoporella[14]		
有孔虫纲					细小的、单一的、砂状的有孔虫	拟砂护虫属 (ENDOTHYRIDS)[8]		(FUSULINIDS)	(复通道蜓属)[7]			MILIOLIDS[2,3] 圆锥虫属[2]	大量具刺壳类 盘状的及纺锤状的、瓷状的 含钙有孔W/PILLARS.e.g ROTALIIDS CALCARINIDS	串珠虫属 MILIOLIDS 希望虫属
海绵类				古杯属[13]										
STROMOTOPOROIDS?					双孔层孔虫属[10] 薄层状 STROMOTOPOROIDS									
珊瑚类				四壁珊瑚属[12]	(刺毛虫属)[10]									
苔藓虫类				(刺毛虫属)[10]		(隐口类属)								
腕足类			舌形贝类	(扭月贝属)[12] (轭螺贝属)[12] Diaphelasma[13] 准共凸贝属[13]	舌形贝属[11] 圆凸贝属[11] (郝韦尔石燕属)[11]	Chanetes[18]		(接合贝属)[12]						
软体动物				(TENTACULIDS)[9] 腹足类、尤其是高螺旋形 Loxoplocus[12] Phombella[13] Lecanospira[13] 羽蛤属[11]				(掘足类)[7] (腹足类)[7] (包螺旋属)[7] (神螺属)[7] (燕海扇属)[7] (裂齿蛤属)[7]	(腹足类)[5,6] (MEGALODONTS)[5]		牡蛎类[2,3] 牡蛎属[2] (Chondrodonta)[3] (REQUENIDS)[2,3] (MONOPLEURIDS)[2]	腹足类[3]	高螺旋形腹足类 牡蛎类
蜗杆						自由鄂牙形石属[16] (牙形石)		SERPULIDS[7]			SERPULIDS[2]		
节肢动物	三叶虫			EURYPTERIDS 深沟虫属[12] 豪猪虫属[13]		Rhabdotichus[10] (鳃足类)								
	介纲形动物亚物		OSTRACODS[12] 豆石介属[12]	OSTRACODS[11] 真克罗登介属[11] Herrmannina[11]	OSTRACODS[9,10]	OSTRACODS[8]					OSTRACODS[2,3]		
遗迹			Phytopsis[12]			(根珊瑚迹) (管枝迹)			(蛇形迹) (似海藻迹)				

— 146 —

为例外，那就是相对原始的、适应性强的、能够应对局限环境的生物可以在已知的、最为稳定的相化石中发现。

闭塞环境或富含有机质的碳酸盐岩系列相往往不归因于局限潟湖、陆棚和海湾。这些局限环境可能发育成微咸水、缺氧沼泽（例如现代红树林沼泽）或者发育成高盐度陆棚盆地（Rose，1972）。尽管充足的淡水和富含有机质、产酸沉积肯定不是碳酸盐聚集最为适宜的环境，但是他们在地质记录中视为缺乏，可能部分归咎于疏忽大意。典型的岩相是黑色、层状或微潜穴灰泥岩、富含有机质、几乎不含或只含特定化石（如介形亚纲、舌形贝类腕足动物或者薄皮双壳类）。

第五节　沉　积　层　序

岩相组合比单一岩相更易识别，尤其是在发育有序的垂向序列中。正如 Johannes Walther 很早之前所指出的那样（Walther，1894），岩石记录中的垂向相序反映了沉积环境的横向序列，这个原理被称为沃尔索相律。该原理在井资料有限地区进行地下相解释时尤为重要，并已经得到了广泛应用。沃尔索相律在局限环境中形成的碳酸盐岩来说也极为重要，因为侧向等效沉积相往往比局限相本身更易识别。

碳酸盐岩陆棚中沉积的向上变浅序列已经引起了极大关注（James，1977；Wilson，1975）。典型层序（图 6-1）始于"底部海侵滞留"，代表了相对海平面上升速率高于堆积速率。上覆单元往往代表层序中最深水和最低能的环境。垂向加积或侧向进积造成浅滩化，最终可能会延伸到潮间带。进一步增长会导致潮上沉积，还可能伴随层序发生地表相变。一个特定层序中所表现出来的实际要素特征差别迥异，部分取决于浅滩化造成能量衰减还是能量汇聚。因此，旋回的浅水部分可能为反映相对高能的海滩沉积，或者是反映能量逐渐减弱的潮坪沉积。James（1977）分别将这些实例定义为"颗粒层序"和"泥质层序"。这个术语非常恰当，因为它承认诸如"向上变细"和"向上变粗"这样的定名并不普适于碳酸盐岩，碳酸盐岩中的颗粒原地生成，其粒度、形态和水力密度差异显著。因此，粒度大小参数并不可靠，不能任意使用。

底部滞留单元在颗粒层序和泥质层序中均具可比性。具体实例包括浮石粘结成的砾石和含有较粗颗粒薄夹层的泥。典型颗粒有内碎屑、来自下伏层序的碳酸盐岩屑、骨屑。缓慢的堆积速率造成了颗粒的潜穴、破碎、结壳和金属氧化物染色普遍发育。事实上，由原地产率慢导致的堆积速率慢和／或周期性的簸选作用可能比 James（1977）提出的激浪带再作用更具代表性。

潮下沉积可能包括上述任意岩相系列。必须仔细区分层序中的局限沉积和深水开阔陆棚沉积。两者最终都可能会继承潮间层序；向上变浅序列的能级可以为向海障壁或层序下部局限环境提供线索。高能砂递变为海滩沉积或者演化成海上沙洲（鲕粒沙坝）说明不发育明显的障壁。但是，在局限环境（如封闭潟湖的陆地一侧）中可能会发育狭窄的贝壳沙滩带。沙滩可能在低能环境的某些位置发育，例如南佛罗里达 Biscayne 湾、佛罗里达湾中的海岛、佛罗里达西海岸、巴哈马安德罗斯岛的潮坪边缘。海滩沉积可能被潮上沉积覆盖，从泥质藻复理石或含炭沼泽沉积到风成沙丘，沉积物类型的不同主要取决于气候和能级。无沉积的风化带可能会覆盖在层序顶部。这种不整合的典型特征是植物根模、土壤构造、土壤角砾岩、层状钙结核、钙质壳等（Perkins，1977；Esteban 和 Klappa，1982）。

在局限的潮间环境中，海滩沉积往往不太发育，而泥质沉积则相对更易发育，其特征有层理、沼泽、核形石、泥裂、垂向潜穴。泥质潮上带特征有叠层石、泥裂、扁平砾石砾岩、层间白云石和蒸发岩。其他形成于局限潮下环境的向上变浅层序类型包括补丁礁或礁后生物礁层序或环礁潟湖。

局限环境中向上变浅层序相关实例的描述包括：加拿大落基山寒武—奥陶系（图版Ⅵ-10、图版Ⅵ-11 Aitken，1978）、西威利斯顿盆地奥陶系 Stony Mountain 组（Roehl，1967）、威利斯顿盆地泥盆系 Duperow 组（Wilson，1967）、Maritime 省中石炭统温索尔碳酸盐岩（Schenk，1969）、二叠盆地二叠系 San Andres 组（Chuber 和 Pusey，1967；Meissner，1972）、南阿尔卑斯山上二叠统 Bellerophon 组（Bosellini 和 Hardie，1973）、阿尔卑斯三叠系（Assereto 和 Kendall，1971；Bosellini 和 Rossi，1974）、波斯湾侏罗系（？）Arab/Darb 组（Wood 和 Wolfe，1969）、得克萨斯南部下白垩统 Sligo-Hosston 组（Bebout，1977）、得克萨斯中部下白垩统 Edwards 群（图 6-5；Rose，1972），波斯湾附近的阿布扎比全新世沉积物（图 6-6；Mckenzie 等，1980）。

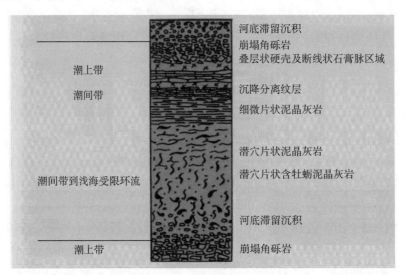

图 6-5　得克萨斯州中部 Edward 群（下白垩统）代表局限环境的典型沉积旋回

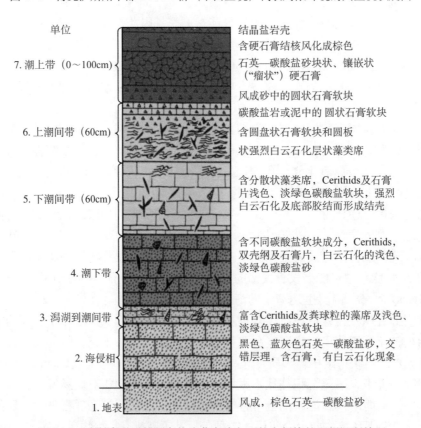

图 6-6　波斯湾附近的阿布扎比萨布哈之下的全新统的理想沉积旋回

2、3、4 单元主要沉积于局限潮下带环境；根据 Mckenzie 等（1980）的多种资料综合而成

向上变深或海侵旋回代表了一些局限环境的特征。阿尔卑斯北部上三叠统 Dachstein 障壁礁后发

育的潟湖沉积中的 Lofer 韵律层是一个著名的实例（Fischer，1964）。在这些旋回中，红色或绿色的球粒风化残余（图 6-7 中的 A）上覆并充填在旋回的最深水部分（双壳类伟齿蛤灰岩）的孔洞中（C）。风化残余可以形成泥质部分、充填溶解孔和收缩孔，或者形成底砾岩基质。后续的"潮间"沉积（B）含有波状层状叠层石、扁平砾石角砾岩、窗格构造、棱柱状泥裂、板状裂隙和由有孔虫、腹足类、介形虫等组成的极局限环境动物群。该层序最厚部分往往是上覆的泥质至钙质灰岩（C），其中含有相对多样的生物群，主要有伟齿蛤、红绿藻、似核形石、结壳有孔虫，可将其解释为水深数米的局限潮下环境（Fischer，1964）。该旋回突然终止于风化残余现象。

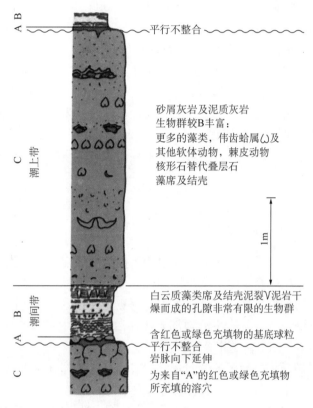

图 6-7　阿尔卑斯地区钙质"Lofer 韵律层"示意图（上三叠统）（据 Fischer，1964）

在全新世发生海侵时，佛罗里达群岛海上的佛罗里达南部陆棚边缘内部形成了局限程度逐渐变小和向上逐渐变深的层序（Enos，1977）。软体动物碎屑、岩屑滞留沉积物上覆在微喀斯特更新世珊瑚灰岩的风化面上。滞留沉积被泥质细粒似球粒沉积覆盖（粒泥灰岩结构），其中含有稀少的有孔虫动物群、几乎不含大化石及潜穴。该层序渐变为球粒—骨骼"粒泥灰岩"（利用岩化同义词）并最终渐变为泥粒灰岩。两种岩性都普遍发育生物扰动并且含有各种软体动物和有孔虫动物群、绿藻、海草根茎。颗粒支撑沉积物代表目前陆棚边缘内部半局限环境的沉积机制。

含有薄层海侵层和海退（进积）层的不对称层序记录了全新世发生在佛罗里达湾内佛罗里达群岛向陆一侧的海侵事件（图版Ⅵ-12、图版Ⅵ-13）。泥岸被红树林覆盖而形成岛屿的地方，下伏层序包括（1）淡水湖泊中形成的底部钙质泥岩；（2）海岸红树林沼泽中形成的泥炭；（3）泥岸之间的开阔海湾和浅水盆地中形成的文石骨骼泥粒灰岩滞留沉积；（4）泥岸中形成的骨骼—球粒粒泥灰岩，含有小型层状球粒泥岩和骨骼泥粒灰岩；（5）stomatolitic 球粒粒泥灰岩，局部含有来自潮上岛屿的泥炭透镜体（Enos 和 Perkins，1979）。理想化的层序海侵部分包括层序 1 至 3，海退部分包括泥岸和潮上海岛相（相对更厚）。

阿巴拉契亚盆地的黑河（中奥陶统）和 Helderberg（下泥盆统）群为保存完整的海侵向上变深层

序（Walker，1972；Laporte，1969；Walker 和 Laporte，1970）。两套层序厚约几十米。两者都始于潮间—潮上相镶嵌，向上渐变为浅水、潮下泥灰岩，其中发育相对多样化的生物群。Helderberg 群底部 Manlius 组含有复合互层状球粒泥岩、粒泥灰岩和白云岩，其中发育叠层石、泥裂、内碎屑、垂向潜穴和局限环境动物群，包括层孔虫和腹足类（Laporte，1967）。低能潮下、潮间和潮上沉积环境分别进行了描述。后续的 Coeymans 组为含有许多海百合化石的高能沉积，这些化石后来形成了骨屑沙滩和海滩（Anderson，1972）。上覆的 Kalkberg 组为硅质钙质泥粒灰岩和粒泥灰岩，其中含有多种动物群，包括腕足动物、苔藓虫和三叶虫，这些沉积主要发育在低能、浅水的"开阔陆棚"之上。Kalkber 组向上渐变为泥质含量更多、富含海绵的 New Scotland 组（Laporte，1969）。

最近，正在进行中的更为细致的研究说明整个海侵层序大部分或者全部都是由小型（几米）向上变浅地层组成的（图版Ⅵ-14、图版Ⅵ-15；Anderson 等，1978）。这些地层或者"间断性加积旋回"代表进积事件叠置在水体逐渐加深、局限程度逐渐减弱的环境之上。Bebout（1977）在普遍海侵的 Hosston-Sligo（下白垩统，得克萨斯南部）层序中发现了一套相似的、向上变浅的小型旋回。该旋回再次强调了始于浅水潮下环境的向上变浅旋回的重要性，但是并未改变整体海侵单元在大范围中的重要性，也未否定小型海侵旋回发育的可能性。

在恰当的古地理背景中，浅水潮下石灰岩中所阐释的各种层序和旋回性的重要性被给予了适当的评估。

第六节　沉　积　构　造

潜穴是局限潮下环境中最为常见的构造。局限潮下碳酸盐岩潜穴的发生率从稀少或缺乏变化到完全生物扰动。实际上，与发生完全生物扰动作用的杂色或均质沉积相比，保存完好、不连续潜穴的存在可能预示着更低的造孔生物种群数量，或者比沉积速率更慢的潜穴速率。潜穴底栖动物可以在缺氧环境中存活，甚至在氧匮乏的连贝壳状表生动物都无法存活的环境中存活（贫气相；Byers，1977）。尚未开展诸如盐度的其他环境限制条件的相关研究。

局限陆棚、海湾和潟湖环境跨越了 Seilacher（1967）提出的部分浅水至潮间"石针迹"遗迹化石相和浅水陆棚"二叶迹"遗迹化石相。浅水碳酸盐岩通常情况下以"蛇形迹"（二叠纪至今；"石针迹"相）、"似海藻迹"（三叠纪至新近纪）、"根珊瑚迹"（寒武纪至新近纪）、"管枝迹"（寒武纪？、奥陶纪至新近纪）、所有的"克鲁兹迹"相为特征（图 6-8）。但是，在这种水深范围内，尚未识别出能够代表局限碳酸盐岩环境的一套遗迹化石（Kennedy，1975）。Rhoads（1967）注意到，被极浅水和间断性暴露施压的环境中，垂向潜穴远比水平潜穴和觅食痕迹发育得多。在许多有利的环境中，垂向潜穴确实更为常见（Laporte，1969）。黑河群的小型向上变浅旋回说明了从潮下岩石中的水平觅食痕迹到潮间岩石的垂向长潜穴的交替更迭（图版Ⅵ-14）。

Shinn（1968b）描述了现代浅水碳酸盐岩环境中的潜穴结构。虾（特别是"美人虾属"和"鼓虾属"）能建造各具特色的潜穴（图版Ⅵ-16、图版Ⅵ-18），尽管这些潜穴能够在水深小于 10m 的陆棚边缘保存，但是，他们却主要集中于半局限环境中（Shinn，1968b）。"美人虾属"潜穴尤为有趣，因为这种复杂的、具有长廊和放射状顶端封闭管道的螺旋状潜穴（图版Ⅵ-1）局限发育在泥质环境中。在砂质沉积中，"美人虾"建造平直或以垂向管道为主的网络体系，发育厚层球粒泥涂衬在内壁上。"美人虾属"利用一种颗粒（例如粗骨粒、草叶或粪粒）来填塞潜穴一端的生活习性进一步加深了我们的认识。"美人虾属"的多孔圆柱状球粒（图版Ⅵ-19）有助于识别潜穴。至少早在"Favreina"组之下的三叠纪就有了类似的球粒。遗迹化石"蛇形迹"包括 callianassid 潜穴，但却涵盖更广的环境范围，而且其他生物也可能制造这些遗迹化石（Frey 等，1978）。"蛇形迹"概念的基础是瘤状潜穴机理，而不是潜穴模式（图 6-8a）。

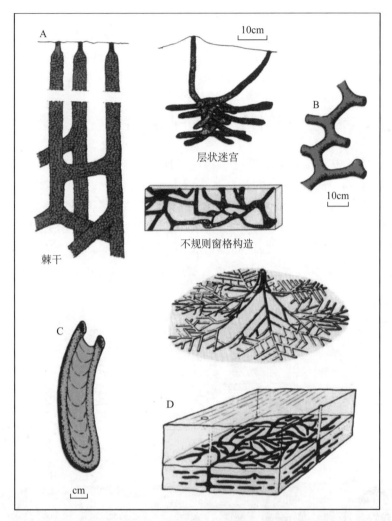

图 6-8　常见于浅水碳酸盐岩环境包括半局限环境中的遗迹化石（据 Frey 等，1978）

A—蛇形迹，展示了某些形态特征；B—似海藻迹；C—根珊瑚迹；D—管枝迹；B 至 D 据 Hantzschel，1975

　　潮间带和潮上带沉积物中发育的纹层结构比潮下带沉积物更为典型，但是，他们也偶尔发育在现代潮下带沉积物和古代可解释为潮下带的沉积物中。纹层结构通常发育在富含有机质石灰岩中，这种石灰岩形成于匮乏潜穴生物的缺氧环境中（Byers，1977），但是大部分已知实例都来源于盆地而非局限陆棚。得克萨斯南部 McKnight 组（白垩系）（Rose，1972）和德国南部下侏罗统 Holzmaden 层可以作为局限陆棚环境的代表。在许多超盐度潟湖中，底栖动物同样缺乏或者数量十分有限。这里的纹层或层理往往因石膏的脱水收缩或者蒸发岩的溶解而扭曲变形。层状碳酸盐泥透镜体在佛罗里达湾这种局限程度较轻的地区局部发育。其成因可能是在局部坳陷中悬浮物的沉积作用，也可能是低密度、集群化沉积物（球粒）的潮流改造作用，是略为开阔背景下的一种牵引毯状沉积（图 6-4；Enos 和 Perkins，1979）。负向地形或正向地形特征控制下形成的沉积物将表现为粗粒、生物扰动、球粒—骨骼粒泥灰岩中的小型球粒或凝块、层状泥岩透镜体。

　　窗格或"鸟眼"构造（细长的同沉积孔隙通常大于周围颗粒，缺乏明显的格架支撑）相似，通常都与潮上沉积相伴生，但是也有的发育在局限潮下岩层中。其中的一个实例是来自于新墨西哥 Guadalupe 山上二叠统 Tansill 组的"无簸选陆棚碳酸盐岩"（Tyrrell，1969）。Tansill 岩是球粒、葡萄石和内碎屑白云质泥粒灰岩，尽管其颗粒与结构更接近于大巴哈马滩内部沉积物，但却应将其解释为与佛罗里达南部被植被所覆盖的内陆棚边缘沉积可对比（Tyrrell，1969）。Shinn（1968a）对现代沉积中窗格孔隙分布进行了如下评述"……他们保存在潮上沉积中……有时在潮间沉积中……从未出现在潮下沉积中……"，虽然存在少量特例，但是这种观点可作为一个普遍规律。

总之，沉积构造不是局限潮下环境的最佳标志，可能存在一些特征的潜穴类型作为特例。实际上，典型特征为缺乏流体动力构造和潜穴。

第七节 测井响应特征

在包含邻近相的旋回中常见局限陆棚沉积物通过典型机械测井响应特征应该是可以识别的。但是，在极少数已发表的、具高分辨率测井资料的实例中，测井响应是由中断旋回的非碳酸盐物质组成的。得克萨斯西部 Reeves 油田中的 San Andres 组（得克萨斯—新墨西哥二叠盆地瓜达鲁普阶）无论在陆棚边缘高能碳酸盐岩中，还是在相应的低能"后陆棚沉积"中都发育明显的旋回（Chuber 和 Pusey，1969）。特征的测井响应是伽马曲线上的正向峰值和中子曲线上的负向"密集"偏转（图 6-9）。该相特点是由后陆棚旋回底部的一套富含有机质的页岩层造成的。

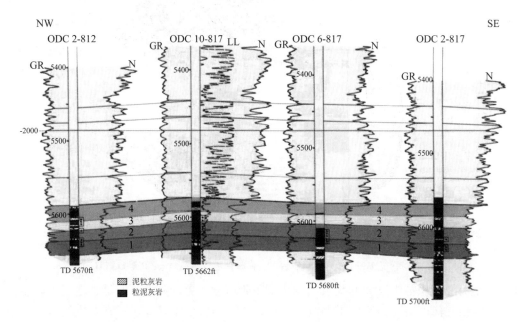

图 6-9 得克萨斯西部 Reeves 油田 San Andres 组（二叠系瓜达鲁普阶）碳酸盐岩旋回中的测井响应
（据 Chuber 和 Pusey，1969）

Reeves 油田向陆地部分每口井底部用数字标注的四个层段为"后陆棚旋回"；旋回 4 顶部对应主要孔隙发育带的顶部；
测井曲线为自然伽马（GR）、中子（N）和侧向电阻率测井（LL）

与 Pearsall 组（得克萨斯下白垩统；Loucks，1977）陆棚碳酸盐岩相对比之后，R. G. Loucks（私人通讯，1979）注意到：只有在含陆源碎屑注入的潮坪沉积物的上倾部分，才能在机械测井上识别出旋回或叠置。

威利斯顿盆地 Duperow 组（上泥盆统弗拉阶）下部特征表现为：发育完好的，从局限海环境变化到蒸发不含化石环境的白云岩和硬石膏的正常海水碳酸盐岩旋回（Wilson，1967）。白云质硬石膏可以产生伽马值尖峰，而且尽管白云岩局部的孔隙度可以超过 10%，但通常还是可以在中子测井上产生致密响应（图 6-10）（Wilson，1967）。硬石膏岩性很单一，但是，白云岩通常含有少量碎屑黏土和粉砂，这些岩性会造成高伽马值。每个单元中的旋回都会发育诱人的外形（典型的钟形或漏斗形）曲线，但是这些形状在各旋回中的表现各不相同（图 6-10）。

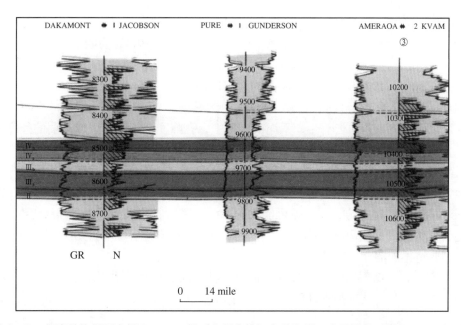

图 6-10　北达科他州西南部 Duperow 组（上泥盆统）自然伽马—中子测井（据 Wilson，1967）

罗马数字表示伽马—中子测井确定的旋回单元，以蒸发岩和粉砂质白云岩为界

第八节　经 济 意 义

　　从孔隙度潜力方面来讲，通常情况下，存在争议的局限相的经济学潜力较低。碳酸盐泥原始孔隙度很高（60% ~ 75%；Enos 和 Sawatsky，1981），但是从原生窄长或不规则的文石颗粒变化到古代灰泥中典型的等轴、圆面包状钙质结晶的新生转化过程中，这些原始孔隙不易保存（Folk，1965）。此外，原始沉积渗透率相对较低，在佛罗里达湾潮下沉积物中只有 0.6 ~ 100mD（Enos 和 Sawatsky，1981）。球粒沉积不具更高的渗透率和孔隙度保存潜力，除非有大量鲕粒十分坚硬并起砂粒的作用。大巴哈马滩球状砂具有 40% ~ 50% 的骨架支撑孔隙度，初始渗透率可达 1 ~ 10mD，其上限可以接近于鲕粒砂。局限碳酸盐岩与陆源黏土或蒸发岩往往伴生，这会造成流体运移的障碍，进一步降低了储层潜力。此外，蒸发岩通常会通过准同生成岩作用造成初始孔隙空间的次生堵塞。因此，大多数具有经济价值的局限环境形成的碳酸盐岩之所以具备产能，是因为成岩作用过程或者构造作用过程。

第九节　常见的成岩类型

　　海平面对于早期成岩作用而言十分重要，在许多实例中是决定最终经济潜力的主要因素。在所有的海水下成岩作用过程中，胶结作用是与储层潜力关系最密切，通常情况下，这种关系在浅水的、海滩岩石背景的最高点要更加强烈。这些作用可以广泛堵塞孔隙空间（Shinn，1969）或者形成格架来帮助原生孔隙的保存（Purser，1969）。地表作用过程同样可以促进（淋滤作用）或者破坏（胶结作用）孔隙度和渗透率的发育。

　　此处所研究的局限环境中的碳酸盐岩为潮下沉积，因此，与海岸相和各种建造（如礁和沙洲）相比，受到暴露作用的影响较小。但是，许多浅水碳酸盐岩的旋回特征往往导致每个旋回结束时的地表暴露和由此引起的成岩作用。因此，旋回下部（正常的局限潮下沉积）可能在淡水透镜体的演变过程中表现出相似的行为特征，即使他们并未真正发生地表暴露。当然，初始的低渗透率将持续延缓成岩转变。

Wilson（1975）将其三类陆棚旋回中的一类表征为"具强烈成岩作用"的台地旋回。在旋回顶部（通常为潮上或海滩沉积物），暴露或者海平面升降所造成的影响最为明显，但是这种影响可以向下延伸到旋回的下部。这些影响包括大规模的收缩特征，例如席状裂隙（Fischer，1964）和干裂多边形（Assereto 和 Kendall，1971）、土壤和钙质壳层（Esteban 和 Klappa，1982）、层内沉积（Dunham，1969a）、土壤管、"渗流豆粒"（Dunham，1969b）、锥形帐篷构造、水成岩墙（Fischer，1964）、溶解—垮塌角砾岩、洞穴体系和白云石化。不同的实例中，孔隙度最终被加强或减弱的程度差别很大。

白云石化作用对于许多局限环境中形成的碳酸盐岩储层属性尤为重要。大多数情况下，具产能的白云岩都是粗晶、具连通晶间孔（"砂糖状"白云岩；Murray，1960）。白云石化作用通常具一定规模，而且很可能有利于渗滤—回流（Adams 和 Rhodes，1960）或混合带作用（Badiozamani，1973）。这种情况下，局限环境碳酸盐岩中的有利孔隙可能发育在沉积蒸发岩的极端局限环境下倾位置，或者发育在产生淡水透镜体的地表暴露环境附近。当然，两种作用过程也可因后期的沉积机制而相互叠置，这种后期沉积机制具有不同的相展布特征。

原本属于非有利相的储层潜力可能被加强的另一种方式是压裂。局限潮下相和与之靠近的沉积相受裂缝影响的可能性相同，特别是当其因白云石化作用而变得更具脆性。

第十节　石油圈闭潜力

最简单的情况下，圈闭潜力受控于其与沉积高点或者构造高点的关系。局限潮下相既非沉积建造亦非碳酸盐岩单元上倾端，因此，他们的原生潜力进一步降低。次生作用使原本有利的相潜力变差，而邻近地区的局限相则往往具有很好的圈闭潜力。例如，向陆一侧的相可能变得封闭，结果使向上倾方向运移的烃类被局限相捕获。Saskatchewan 省和 Dakota 州北部威利斯顿盆地东北部的 Midale 倾向（密西西比系）中的一些大油田中就有这种实例。

第十一节　局限陆棚、海湾和潟湖相中的油气产量

（1）Saskatchewan 省威利斯顿盆地 Midale 倾向（密西西比系）中的 Steelman－Lampman 油田——早密西西比世期间，威利斯顿盆地中沉积了厚约 500m 的碳酸盐岩。在盆地现今的中心位置附近的聚集量最大，大多数地区的沉积地层走向平行于盆地现今的外边界。密西西比系被前中生代不整合斜截，又被几乎不渗透的三叠系红层覆盖。

在 Mission Canyon 组，盆地中心的开阔陆棚石灰岩渐变成局限碳酸盐岩，最终变成盆地东北边缘的蒸发岩。层序通常为海退或进积。在东北边缘，进积伴生韵律性向上变浅层序（图 6-11），包括：①球粒和生物碎屑泥粒灰岩和粒泥灰岩，向地层顶部发生白云石化；其上覆②微白云岩，其中含有介形虫、似核形石和腹足类残留物；③块状硬石膏和含硬石膏夹层的微白云岩。储层发育在单元 1 的白云石化石灰岩中，其孔隙度为 10% ~ 20%、渗透率为 0.5 ~ 10mD，储层同样发育在单元 2 的白云岩中，孔隙度为 20% ~ 35%、渗透率为 5 ~ 50mD。盖层主要包括上覆的硬石膏（单元 3）和上倾方向的多孔但不渗透的"白垩状"灰质泥岩（孔隙度 15% ~ 25%、渗透率 0.3 ~ 3mD），该灰质泥岩上部又被不整合面之上的红层所封闭（图 6-12）。在 Steelman－Lampman 的这种结构的岩石中蕴含着约 6×10^8bbl 的原地石油储量。Weyburn（11×10^8bbl）和 Midale（5×10^8bbl）是两个大小相当的油田。上倾蒸发韵律为完全致密且形成一套盖层覆盖在藻—球粒灰岩（孔隙度 5% ~ 17%、渗透率 5 ~ 50mD）之上，这时则形成了另外一种类型的储层（图 6-11）。可以在 Dakota 北部的 Riva、Wiley 和 Glenburn 油田的圈闭中和 Steelman 和 Weyburn 的储层中发现这种类型的圈闭。

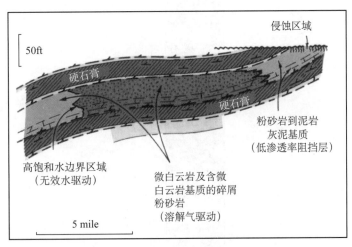

图 6-11　萨斯喀彻温省 Midale（密西西比系）中倾斜地层圈闭示意图（据 Illing 等，1967）

数字 1 ~ 3 标注的是文中所讨论的向上变浅层序中的各套地层

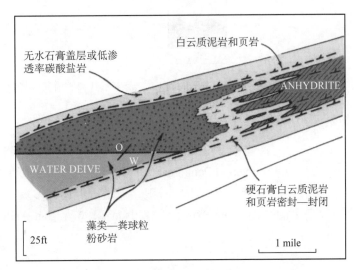

图 6-12　萨斯喀彻温省 Midale（密西西比系）中倾斜藻—球粒灰岩发生上倾方向尖灭变成白云岩—蒸发岩从而
形成盖层（据 Illing 等，1967）

　　（2）得克萨斯州 Yoakum 郡 Reeves 油田（二叠系）（Chuber 和 Pusey，1969）——在得克萨斯州
西部和新墨西哥州，许多中等大小的油藏位于 San Andres 相旋回（二叠系瓜达鲁普阶）内（Chuber 和
Pusey，1969；Meissner，1972）。得克萨斯州 Yoakum 郡 Reeves 油田是在旋回的较局限部分发育储集
相的一个实例（Chuber 和 Pusey，1969）。该油田靠近 Midland 盆地北端的陆棚边缘。陆棚边缘旋回以
4 ~ 10m 厚的白云岩层序为特征，包括：①底部潜穴有机质页岩；其上覆②暗灰色缺乏化石的白云质
泥岩；③灰色含化石较多的白云质粒泥灰岩和④白云质泥粒灰岩，再其上覆盖着⑤鲕粒和富含化石的
白云质颗粒灰岩（图 6-9、图 6-13）。进一步向陆棚上方延伸（部分在 Reeves 油田内），该旋回逐渐
变为一个，其中的页岩、白云质泥岩和白云质粒泥灰岩渐变成叠层石，并发育有收缩缝和鸟眼。石油
主要产自白云质颗粒灰岩的铸模孔、裂缝和晶间孔；通过来自邻近萨布哈旋回的硬石膏产生的次生堵
塞作用，石油被从白云质颗粒灰岩中吸取出来。覆盖平缓的前 San Andres 陆棚边缘后，该油田产生了
约 13m 的构造闭合度。在这个 2×10^7 bbl 的油田中，超过 30m 的油柱高度说明孔隙度向上倾方向尖灭
进入陆棚旋回，对于储层发育起着至关重要的作用。

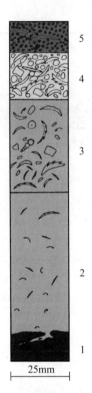

图 6-13　得克萨斯西部 Reeves 油田 San Andres 组（二叠系瓜达鲁普阶）陆棚边缘沉积旋回
（据 Chuber 和 Pusey，1969）

数字对应文章描述的地层

还有一些实例中，主要的油气产自沉积于局限海环境的岩石，这些实例包括法国 Aquitaine 盆地 Lacq 气田的纽康姆阶石灰岩（Winnock 和 Pentalier，1970）和伊朗东南部的 Asmari 灰岩的一部分（Hull 和 Warman，1970）。尽管详尽的野外研究资料有限，但是，上述许多关于向上变浅旋回的研究都源于对这些岩石的含油气潜力的兴趣（Duperow 组；Wilson，1967；San Andres，Meissner，1972；Arab-Darb，Wood 和 Wolfe，1969）。

参 考 文 献

Adams, J. E., and M. L. Rhodes, 1960, Dolomitization by seepage refluxion：AAPG Bull., v. 44, p. 1912-1920.

Ahr, W. M., 1973, The carbonate ramp, an alternative to the shelf model：Trans., Gulf Coast Assoc. Geol. Soc., v. 23, p. 221-225.

Aitken, J. D., 1978, Revised models for depositional grand cycles, Cambrian of the southern Rocky Mountains, Canada：Bull. Canadian Petroleum Geology, v. 26, p. 515-542.

Anderson, E. J., 1972, Sedimentary structure assemblages in transgressive and regressive calcarenites：Montreal, 24th Int. Geol. Cong., Sec. 6, p. 369-378.

Anderson, E. A., P. W. Goodwin, and B. Cameron, 1978, Punctuated aggradational cycles (PACS) in Middle Ordovician and Lower Devonian sequences

Ann. Mtg. Guidebook, New York State Geol. Assoc., p. 204-224.

Assereto, R. L., and C. G. St. C. Kendall, 1971, Megapolygons in Ladinian limestones of Triassic of southern Alps；evidence of deformation by penecontemporaneous desiccation and cementation：Jour. Sed. Petrology, v. 41, no. 3, p. 715-723.

Badiozamani, K., 1973, The dorag dolomitization model—application to the Middle Ordovician of Wisconsin: Jour. Sed. Petrology, v. 43, p. 965—984.

Basan, P. B., 1973, Aspects of sedimentation and development of a carbonate bank in the Barracuda Key, south Florida: Jour. Sed. Petrology, v. 43, no. 1, p. 42—53.

Bebout, D. G., 1977, Sligo and Hosston depositional patterns, subsurface of south Texas, *in* D. G. Bebout and R. G. Loucks, eds., Cretaceous carbonates of Texas and Mexico; applications to subsurface exploration: Austin, Univ. Texas, Bureau Econ. Geol., Rept. Invest. 89, p. 79—96.

Bosellini, A., and L. A. Hardie, 1973, Depositional theme of a marginal marine evaporite: Sedimentology, v. 20, p. 5—27.

Bosellini, A., and D. Rossi, 1974, Triassic carbonate buildups of the dolomites, northern Italy, *in* L. F. Laporte, ed., Reefs in time and space: SEPM Spec. Pub. 18, p. 209—233.

Byers, C. W., 1977, Biofacies patterns in euxinic basins; a general model, *in* H. E. Cook and Paul Enos, eds., Deepwater carbonate environments: SEPM Spec. Pub. 25, p. 5—18.

Carrillo, B. J., 1971, La plataforma Valles—San Luis Potosi: Asoc. Mexicana Geologos Petroleros Bol., v. 23, p. 1—101.

Chuber, S., and W. C. Pusey, 1967, Cyclic San Andres facies and their relationship to diagenesis, porosity, and permeability in the Reeves field, Yoakum County, Texas, *in* J. C. Elam and S. Chuber, eds., Cyclic sedimentation in the Permian Basin: Midland, West Texas Geol. Soc., p. 136—151.

Cloud, P. E., Jr., and V. E. Barnes, 1956, Early Ordovician sea in central Texas, *in* H. S. Ladd, ed., Treatise on marine ecology and paleoecology: Geol. Soc. America Mem. 67, v. 2, p.163—214.

Conrad, M. A., 1977, The Lower Cretaceous calcareous algae in the area surrounding Geneva (Switzerland); biostratigraphy and depositional environments, *in* E. Fluegel, ed., Fossil algae: Berlin, Springer—Verlag Pub., p. 295—300.

Daetwyler, C. C., and A. L. Kidwell, 1959, The Gulf of Batabano, a modern carbonate basin: Proc., 5th World Petroleum Cong., Geology and Geophysics, Sec. 1, p. 1—22.

Davies, G. R., 1970, Carbonate bank sedimentation, eastern Shark Bay, Western Australia, *in* B. W. Logan et al, eds., Carbonate sedimentation and environments, Shark Bay, Western Australia: AAPG Mem. 13, p. 85—168.

Dunham, R. J., 1969a, Early vadose silt in the Townsend mound (reef), New Mexico, *in* G. M. Friedman, ed., Depositional environments in carbonate rocks: SEPM Spec. Pub. 14, p.139—181.

Dunham, R. J., 1969b, Vadose pisolite in the Capitan Reef (Permian), New Mexico and Texas, *in* G. M. Friedman, ed., Depositional environments in carbonate rocks: SEPM Spec. Pub. 14, p.182—191.

Ebanks, W. J., Jr., and J. N. Bubb, 1975 Holocene carbonate sedimentation, Matecumbe Keys tidal bank, south Florida: Jour. Sed. Petrology, v. 45, no. 2, p. 422—439.

Edie, R. W., 1958, Mississippian sedimentation and oil fields in southeastern Saskatchewan: AAPG Bull., v. 42, p. 94—126.

Enos, Paul, 1974a, Reefs, platforms, and basins in middle Cretaceous in northeast Mexico: AAPG Bull., v. 58, p. 800—809.

Enos, Paul, 1974b, Surface sediment facies map of the Florida—Bahamas Plateau: Geol. Soc. America, Map Series, MC—5, 4 p.

Enos, Paul, 1977, Holocene sediment accumulations of the south Florida shelf margin, *in* P. Enos and R. D. Perkins, eds., Quaternary sedimentation in south Florida: Geol. Soc. America Mem. 147, pt. I, p.

1—130.

Enos, Paul, and R. D. Perkins, 1979, Evolution of Florida Bay from island stratigraphy: Geol. Soc. America Bull., Part I, v. 90, p. 59—83.

Enos, Paul, and L. H. Sawatsky, 1981, Pore space in Holocene carbonate sediments: Jour. Sed. Petrology, v. 51, no. 3, p. 961—985.

Esteban, M., and C. Klappa, 1982, Subaerial exposure surfaces, *in* P. A. Scholle, D. Bebout, and C. Moore, eds., Carbonate depositional environments: AAPG Mem. 33, this volume.

Fischer, A. G., 1964, The Lofer cyclo—thems of the Alpine Triassic, *in* D. F. Merriam, ed., Symposium on cyclic sedimentation: Kansas Geol. Survey Bull. 169, v. 1, p. 107—149.

Fluegel, E., 1977, Environmental models for Upper Paleozoic benthic calcareous algal communities, *in* E. Flugel, ed., Fossil algae: Berlin, Springer—Verlag Pub., p. 314—343.

Folk, R. L., 1965, Some aspects of recrystallization in ancient limestones, *in* L. C. Pray and R. C. Murray, eds., Dolomitization and limestone diagenesis: SEPM Spec. Pub. 13, p. 14—48.

Frey, R. W., J. D. Howard, and W. A. Pryor, 1978, *Ophiomorpha*; its morphologic, taxonomic, and environmental significance: Palaeogeography, Palaeoclimatology, Palaeoecology, v. 23, p. 199—229.

Ginsburg, R. N., 1956, Environmental relationships of grain size and constituent particles in some south Florida carbonate sediments: AAPG Bull., v. 40, p. 2384—2427.

Hantzschel, W., 1975, Trace fossils and problematica, in C. Teichert, ed., Treatise on invertebrate paleontology: Geol. Soc. America, Univ. Kansas Press, Part W, suppl. 1, 2nd ed., 269 p.

Heckel, P. H., 1973, Nature, origin, and—significance of the Tully Limestone; an anomalous unit in the Catskill delta, Devonian of New York: Geol. Soc. America Spec. Paper 138, 244 p.

Heckel, P. H., and J. F. Baesemann, 1975, Environmental interpretation of conodont distribution in Upper Pennsylvanian (Missourian) megacyclothems in eastern Kansas: AAPG Bull., v. 59, p. 486—509.

Hine, A. C., 1977, Lily Bank, Bahamas; history of an active oolite sand shoal: Jour. Sed. Petrology, v. 47, no. 4, p. 1554—1581.

Houbolt, J. J. H. C., 1957, Surface sediments of the Persian Gulf near the Qatar Peninsula: The Hague, Mouton, 113 p.

Hull, C. E., and H. R. Warman, 1970, Asmari oil fields in Iran, *in* M. T. Halbouty, ed., Geology of giant petroleum fields: AAPG Mem. 14, p. 428—437.

Illing, L. V., G. V. Wood, and J. G. C. M. Fuller, 1967, Reservoir rocks and stratigraphic traps in nonreef carbonates: 7th World Petroleum Cong., v. 2, p. 487—499.

Irwin, M. L., 1965, General theory of epeiric clear water sedimentation: AAPG Bull., v. 49, p. 445—459.

James, N. P., 1977, Facies models 8; shallowing—upward sequences in carbonates: Geoscience Canada, v. 4, no. 3, p. 126—136.

Jindrich, V., 1969, Recent carbonate—sedimentation by tidal channels in the Lower Florida Keys: Jour. Sed. Petrology, v. 39, p. 531—553.

Kennedy, W. J., 1975, Trace fossils in carbonate rocks, *in* R. W. Frey, ed., The study of trace fossils: New York, Springer—Verlag Pub., p. 377—398.

Laporte, L. F., 1967, Carbonate deposition near mean sea—level and resultant facies mosaic; Manlius Formation (Lower Devonian) of New York State: AAPG Bull., v. 51, p. 73—101.

Laporte, L. F., 1969, Recognition of a transgressive carbonate sequence within an epeiric sea; Helderberg

Group (Lower Devonian) of New York State, *in* G.M. Friedman, ed., Depositional environments in carbonate rocks: SEPM Spec. Pub. 14, p. 98—119.

Logan, B. W., et al, 1970, Carbonate sedimentation and environments, Shark Bay, Western Australia: AAPG Mem. 13, 223 p.

Loucks, R. G., 1977, Porosity development and distribution in shoal—water carbonate complexes— subsurface Pearsall Formation (Lower Cretaceous) south Texas, *in* D. G. Bebout and R.G. Loucks, eds., Cretaceous carbonates of Texas and Mexico: Austin, Univ. Texas, Bureau Econ. Geol., Rept. Invest. no. 89, p. 97—126.

McKenzie, J. A., K. J. Hsu, and J. F. Schneider, 1980, Movement of subsurface waters under the sabkha, Abu Dhabi, UAE, and its relation to evaporative dolomite genesis, *in* D. H. Zenger, J. B. Dunham, and R. L. Ethington, eds., Concepts and models of dolomitization: SEPM Spec. Pub.28, p. 11—30.

Meissner, F. F., 1972, Cyclic sedimentation in Middle Permian strata of the Permian Basin, West Texas and New Mexico, *in* J. C. Elam and S. Chuber, eds., Cyclic sedimentation in the Permian Basin: Midland, West Texas Geol. Soc., 2nd ed., p. 203—232.

Moore, R. C., ed., Treatise on invertebrate paleontology: Geol. Soc. America, Univ. Kansas Press, 24 parts.

Murray, R. C., 1960, Origin of porosity in carbonate rocks: Jour. Sed. Petrology, v. 30, p. 59—84.

Neumann, A. C., 1965, Processes of Recent carbonate sedimentation in Harrington Sound, Bermuda: Bull. Marine Sci. Gulf Caribbean, v. 15, p. 987—1035.

Newell, N. D., et al, 1953, The Permian reef complex of the Guadalupe Mountains region, Texas and New Mexico: San Francisco, Freeman and Co. Pub., 236 p.

Perkins, B. F., 1974, Paleoecology of a rudist reef complex in the Comanche Cretaceous Glen Rose Limestone of central Texas: Geoscience and Man, v.8, p. 131—173.

Perkins, R. D., 1977, Pleistocene depositional framework of south Florida, *in* Paul Enos and R. D. Perkins, eds., Quaternary sedimentation in south Florida: Geol. Soc. America Mem. 147, p. 131—198.

Price, W. A., 1967, Development of the basin—in—basin honeycomb of Florida Bay and the northeastern Cuba lagoon: Trans., Gulf Coast Assoc. Geol. Soc., V. 17, p. 368—399.

Purdy, E. G., 1974a, Reef configuration: cause and effect, *in* L. F. Laporte, ed., Reefs in time and space: SEPM Spec. Pub. 18, p. 9—76.

Purdy, 1974b, Karst determined facies patterns in British Honduras : Holocene carbonate sedimentation model: AAPG Bull., v. 58, p. 825—855.

Purser, B. H., 1969, Syn—sedimentary marine lithification of Middle Jurassic limestones in the Paris Basin: Sedimentology, v. 12, p. 205—230.

Purser ed., 1973, The Persian Gulf : Holocene carbonate sedimentation and diagenesis in a shallow epicontinental sea: Berlin, Springer—Verlag Pub., 471 P.

Read, J. F., and G. A. Grover, Jr., 1977, Scalloped and planar erosion surfaces, Middle Ordovician limestones, Virginia : analogues of Holocene exposed karst or tidal rock platforms : Jour. Sed. Petrology, v. 47, p. 956—972.

Rhoads, D. C., 1967, Biogenic reworking of intertidal and subtidal sediments in Barnstable Harbor and Buzzards Bay, Massachusetts: Jour. Geology, v. 75, p. 461—476.

Roehl, P. O., 1967, Stony Mountain (Ordovician) and Interlake (Silurian) facies analogs of Recent low—

energy marine and subaerial carbonates, Bahamas: AAPG Bull., v. 51, p. 1979–2032.

Rose, P. R., 1972, Edwards Group, surface and subsurface, central Texas: Austin, Univ. Texas, Bureau Econ. Geol., Rept. Invest. 74, 198 p.

Schenk, P. E., 1969, Carbonate–sulfate–redbed facies and cyclic sedimentation of the Windsorian Stage (Middle Carboniferous) Maritime Provinces: Can. Jour. Earth Sci., v. 6, p. 1037–1066.

Seilacher, A., 1967, Bathymetry of trace fossils: Marine Geol., v. 5, p. 413–428.

Shaw, A. B., 1964, Time in stratigraphy: New York, McGraw–Hill Pub., 353 p.

Shinn, E. A., 1968a, Practical significance of birdseye structures in carbonate rocks: Jour. Sed. Petrology, v. 38, no.1, p. 215–223.

Shinn, 1968b, Burrowing in recent lime sediment of Florida and the Bahamas: Jour. Paleontology, v. 42, no. 4, p. 879–894.

Shinn, 1969, Submarine lithification of Holocene carbonate sediments in the Persian Gulf: Sedimentology, v. 12, p. 109–144.

Shinn, 1982, Ancient carbonate tidal flats, in P. A. Scholle, D. Bebout, and C. H. Moore, eds., Carbonate depositional environments: AAPG Mem. 33, this volume.

Shinn R. M. Lloyd, and R. N. Gins–burg, 1969, Anatomy of a modern carbonate tidal–flat, Andros Island, Bahamas: Jour. Sed. Petrology, v. 39, no. 3, p. 1202–1228.

Smith, C. L., 1940, The Great Bahama Bank: Jour. Marine Research, v. 3, p. 1–31, 147–189.

Spackman, W., D. W. Scholl, and W. H. Taft, 1964, Environments of coal formation in south Florida: Miami Beach, Geol. Soc. America Guidebook Field Trip 5, 67 p.

Swinchatt, J. P., 1965, Significance of constituent composition, texture, and skeletal breakdown in some Recent carbonate sediments: Jour. Sed. Petrology, v. 35, no. 1, p. 71–90.

Tsien, H. H., and E. Dricot, 1977, Devonian calcareous algae from the Di–nant and Namur basins, Belgium, in E. Fluegel, ed., Fossil algae: Berlin, Springer–Verlag Pub., p. 344–350.

Turmel, R. J., and R. G. Swanson, 1976, The development of Rodriguez bank, a Holocene mudbank in the Florida reef tract: Jour. Sed. Petrology, v. 46, no.3, p. 497–518.

Tyrrell, W. W., Jr., 1969, Criteria useful in interpreting environments of unlike but time–equivalent carbonate units (Tansill–Capitan–Lamar), Capitan Reef Complex, West Texas and New Mexico, in G. M. Friedman, ed., Depositional environments in carbonate rocks: SEPM Spec. Pub. 14, p. 80–97.

Viniegra O., F., 1971, Age and evolution of salt basins of southeastern Mexico: AAPG Bull., v. 55, p. 478–494.

Walker and L. F. Laporte, 1970, Congruent fossil communities from Ordovician and Devonian fossil communities of New York: Jour. Paleontology, v.44, p. 928–944.

Walker, K. R., 1972, Community ecology of the Middle Ordovician Black River Group of the New York State: Geol. Soc. America Bull., v. 83, no. 8, p. 2499–2524.

Walther, J., 1894, Einleitung in die Geologie als historische Wissenschaft: Jena, Fischer Verlag, v. 3, 1055 p.

Wanless, H. R., 1969, Sediments of Bis–cayne Bay–distribution and depositional history: Univ. Miami (Fla.), Inst. Marine Atmos. Sci., Tech. Rept. 69–2, 260 p.

Wantland, K. F., and W. C. Pusey, III, eds., 1975, Belize shelf–carbonate sediments, clastic sediments, and ecology: AAPG Stud, in Geology No.2, 599 p.

Wilson, J. L., 1967, Carbonate–evaporite cycles in lower Duperow Formation of Williston basin:

Canadian Petroleum Geol. Bull., v. 15, p. 230—312.

Wilson, 1975, Carbonate facies in geologic history: New York, Springer—Verlag Pub., 471 p.

Winland, H. D., and R. K. Matthews, 1974, Origin and significance of grapestone, Bahama Islands: Jour. Sed. Petrology, v. 44, no. 3, p. 921—927.

Winnock, E., and Y. Pentalier, 1970, Lacq gas field, France, *in* M. T. Halbouty, ed., Geology of giant petroleum fields: AAPG Mem. 14, p. 370—387.

Wood, G. V., and M. G. Wolfe, 1969, Sabkha cycles in the Arab—Darb Formation off the Trucial Coast of Arabia: Sedimentology, v. 12, p. 165—191.

Zenger, D. H., 1971, Uppermost Clinton (Middle Silurian) stratigraphy and petrology east—central New York: N.Y. State Mus. and Sci. Service Bull. 417, 58 p.

第七章　中陆棚沉积环境

James L. Wilson

Clif Jordan

在构造不断隆起和沉降以及沉积量变化中，盆地充填的不同阶段形成了许多不同的可识别沉积样式。碳酸盐岩陆棚相就是这些样式中的一个。他们形成于浅水亚热带和热带海洋中，此处没有或者很少有陆源物质注入。沉积速率很快，而且在有的情况下能够与构造沉降保持同步。因此，在浅水陆棚环境中沉积了碳酸盐岩沉积体，这些沉积物在克拉通正向构造位置生长起来并且充填了邻近盆地。

陆棚这一术语总是在某种程度上被地质学家所广泛应用；此处是指开阔浅水环境区，其向陆一侧的边界为近岸或大陆沉积物，向海一侧边界为斜坡和盆地沉积物。Irwin（1965）首次提出理想陆棚碳酸盐岩相系列的二级划分，Wilson（1970，1974）又将这一分类扩展，定义出 9 个基本相带。陆棚相可包括其中 6 个相带（相带 4 至 9），如图 7-1 所示。一般情况下，陆棚相这个术语在这里被用于形容陆棚中部或开阔陆棚沉积。此处的沉积物是连续的、广覆式席状沉积，这些沉积物主要来自浅水环境生成的碳酸盐岩。

内陆棚（局限海）、外陆棚和斜坡中沉积物的不同之处将在本卷其他章节中讨论。中陆棚沉积（正常海水盐度）是本章讨论的重点。其常见特征包括：（1）正常盐度海水；（2）水深从几十米（实际上局部发育的突出坝或岛只高出海平面 0 ~ 2m）变化到 100m 或 200m；（3）温度从 10℃变化到 30℃（亚热带到热带）；（4）一般富氧的海水；（5）普遍位于正常浪底之下、风暴基面之上环境。

陆棚相的几个识别标准如下：

（1）包括不同种类狭盐性生物的生物群（即那些对于偏离正常海水盐度适应性差的生物），通常称之为"正常海洋动物"。

（2）碳酸盐岩结构通常为泥质，陆棚环境以泥粒灰岩和粒泥灰岩为主；但是补丁礁和沙洲也有发育，产生了局部生物粘结灰岩和骨骼颗粒灰岩聚集。

（3）不同厚度的地层，其中常见透镜状或楔状，薄层页岩可能中断陆棚灰岩或白云岩层序。

（4）沉积构造包括广泛的生物扰动、潜穴、结核状层理和压扁层理。

第一节　环　　境

从构造上讲，碳酸盐岩陆棚在克拉通板块边缘、克拉通内盆地、大型近海浅滩顶部和宽阔陆棚的局部正向构造上最为发育。陆棚沉积物厚度是相对于沉积速率而言的陆棚稳定性的函数。碳酸盐岩沉积速率高，沉降速率较低，基本上不足以抑制碳酸盐岩体系产生沉积物的能力。大多数情况下，沉积速率远远高于沉降速率。全球一些巨厚的碳酸盐岩地层中都含有发育在大陆边缘的前积陆棚相。在一到两个时期内，意大利北部三叠系白云岩和墨西哥中部白垩系的大型近海浅滩上，沉积了2000 ~ 3000m 的碳酸盐陆棚沉积物。

陆棚相中具体的沉积环境受到构造控制、外陆棚形态、地质年龄的影响。因此，陆棚边缘形成的碳酸盐岩相类型取决于造礁生物的特征，这种特征又控制了整个陆棚的循环。陆棚宽度和陆棚边缘障壁的有效性直接影响陆棚相的组成。在极为宽阔的浅水陆棚上或者在边缘障壁极为发育的陆棚上，会形成局限陆棚相（Enos，1982）。

一、地理局限

依赖障壁的存在从而形成潟湖；障壁可以是陆棚边缘礁或鲕粒沙坝、内陆棚的不规则海岸、中陆棚的浓密礁丛，抑或只是阻止水体自由循环的超出陆棚的部分。当摩擦力完全消耗掉试图将大量海水携带穿过宽广而浅水陆棚的海流能量时，就会形成最后一种类型的障壁。这些穿过陆棚潟湖的能量损失对内陆棚沉积环境中的沉积物产生主要影响。Shaw（1964）深入讨论了这种现象，重点描述了以克拉通内盆地为主的一些实例。

二、盐度局限

在地质时期中，常见陆棚边缘障壁阻碍了中陆棚和内陆棚环境之间的水体交换。盐度极端局限的大多数实例来自于内陆棚环境，其中发育典型的障壁，包括泥滩、岛、红树林、树沼、宽广停滞的陆棚潟湖。根据气候不同，盐度局限类型可以是超盐度（NaCl>36mg/L——往往发育在干旱地区），或者

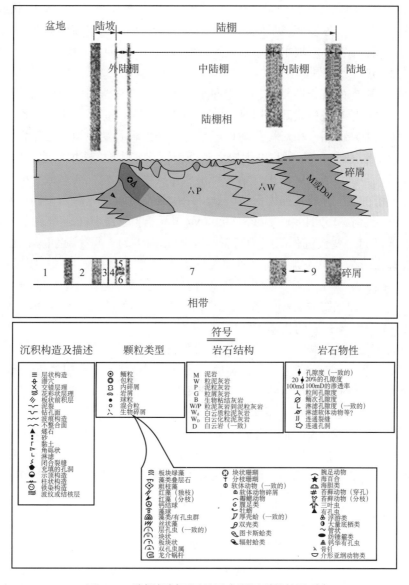

图 7-1 陆棚相剖面图及图中所用到的符号列表

展示了陆棚单元划分和中陆棚相划分，例如补丁礁（珊瑚和红藻粘结灰岩）、泥丘（藻板粒泥灰岩至泥灰岩）、颗粒灰岩沙洲
（鲕粒、球粒或生物碎屑颗粒灰岩）和碳酸盐泥充填的洼陷

低盐度（NaCl < 36mg/L——往往发育在热带地区，含有大量的淡水径流）。

三、动物群局限

地理局限和盐度局限造成沉积物中含有极少甚至不含生物，或者只含有种群单一而数量众多的化石群。一种或两种适应性强的生物在此受限环境中，不与其他生物竞争的情况下大量繁殖造成了这种现象。关于完全的动物群局限，地质记录中有许多实例属于基本不含生物碎屑的陆棚沉积。现代大巴哈马滩就是一个典型实例，球粒颗粒灰岩/泥粒灰岩相广泛覆盖了其陆棚环境的大部分地区。延伸广阔的浅水陆棚中的超盐度环境、缺乏养料、水体停滞和高温造成了动物群局限。

第二节　地层学特征

陆棚及其边缘遵循两种主要的模式，我们称之为斜坡型和跌积型。

具有斜坡型外形的陆棚发育宽阔的渐变相带。这些沉积分布广泛，以大型席状或楔状"三明治"式沉积下来。这些沉积物的等厚图应该反映相对一致的沉积速率。这些陆棚的宽度差异悬殊，延伸范围从几百千米到几千千米不等。斜坡型的相带宽度依斜坡（倾斜海底）倾角而定；平缓倾斜的斜坡通常发育在宽广陆棚上，产生不规则的相带。

具有跌积型外形的陆棚发育线性相带，其走向平行于陆棚边缘。等厚图说明跌积型碳酸盐岩相在外陆棚处厚度最大，尤其是在进积式陆棚边缘。盆地中相对较薄（更易压实）的地层在巨厚的外陆棚相一侧发育，内陆棚和中陆棚相中相对较薄的地层在另一侧发育。跌积型碳酸盐岩的内部几何形态通常反映典型海退条件下的沉积——某种程度上以大范围前积/顶积形式充填盆地。

陆棚区上发育若干可识别的地层样式。第一种是广覆式席状灰岩，或多或少的含有均匀、正常海水动物群，而且沉积相在很广阔的范围内保持一致。中—晚奥陶世得克萨斯州西部和新墨西哥州南部以及 Trenton–Galena– 红河 –Big Horn–Viola–Montoya 单元的狼营统 Hueco 灰岩是很好的实例。

第二种地层样式以向上变浅沉积旋回为特征（Wilson，1975），每个旋回早期由正常海水单元组成，向上变为局限海相，在某些实例中，上面还发育了蒸发岩层（图版Ⅶ–1、图版Ⅶ–2）。越过陆棚上的古高点和聚集了暗色层状泥质灰岩以泥质充填为主的陆棚浅水洼陷中，均匀席状和向上变浅层序都可以将沉积相转变为更加局限的海相。通常情况下，陆棚边缘的障壁附近发育狭窄的线性相带，而在浅水陆棚上则发育宽阔、不规则的相模式。

中陆棚环境中的碳酸盐岩沉积的地层样式可能明显被页岩单元中断，页岩单元的存在说明有阶段性黏土进入。这些页岩通常为灰绿色或棕色，穿插在陆棚高部位；在盆地中的页岩颜色要暗得多。

开阔陆棚内的浅水克拉通内盆地可能存在两种充填方式（Wilson，1975）。轻微、渐进但却连续的沉降造成地层单元进入盆地过程中相变不明显，但是向盆地方向其厚度增加 2 ~ 3 倍。正反旋回沉积作用形成另一种盆地充填样式。海平面处于高位时，盆地边缘发育碳酸盐岩边缘或浅水台地，其中心部分通常为沉积饥饿。与碳酸盐岩边缘对应的很薄的盆地部分埋没在相对深水中。海平面处于低位时，该盆地被陆源碎屑充填，这些陆源碎屑在陆棚上发生过路搬运。当气候适宜且局限作用较强时，可以形成厚层盆地蒸发岩。

第三节　沉积相特征

一、区域相

陆棚相以粒泥灰岩结构为主；同时常见泥岩和泥粒灰岩。陆棚碳酸盐岩的颜色典型的色泽为从浅灰到深灰，这是由于大部分的陆棚都是饱含氧的。黏土周期性的进入造成离散层状页岩，也可能是由于小距离构造抬升和剥蚀，或者临近陆块的气候变化。这些页岩往往含有钙质（灰泥），而且可能富含化石。层状陆棚灰岩和灰绿色或棕色页岩的基部聚集是陆棚环境最典型的特征。

中陆棚碳酸盐的生物群多样，说明正常海水盐度分布广泛。缺少化石或严重受限的化石多样性是恶劣环境造成的，这种环境是陆棚障壁有效限制了陆棚中水体和盐度循环而造成的。

二、微相

在大多数广阔的碳酸盐岩陆棚上，骨骼/球粒粒泥灰岩中发育三种特殊的微相。这些结构可以利用古代陆棚灰岩实例的显微照片进行说明。

1. 灰泥岩和骨骼粒泥灰岩

这些细粒碳酸盐岩沉积在陆棚的局部低地中，形成灰泥质充填洼陷。佛罗里达礁束后面的 Hawk Channel 是全新世充填灰泥质骨骼碳酸盐岩的线状洼陷的一个实例。穿过 Persian Gulf 的大珍珠滩是一个类似的、发育灰泥质碳酸盐岩的低地。

2. 颗粒灰岩和泥粒灰岩

陆棚环境中常见浅滩。主要的颗粒类型为鲕粒、球粒或生物碎屑。交错层理和浅水化石反映了相对高能的沉积环境。出露沙滩可能发育局部海滩和潮上相。中陆棚相的厚度远小于其在外陆棚所对应的相厚度。

3. 粘结灰岩和侧翼骨骼颗粒灰岩/泥粒灰岩

在碳酸盐岩陆棚环境中发育若干种局部生物建造，为后续沉积提供场所，包括坚硬的礁骨骼、礁岩屑堆、含藻板或软体动物的泥丘。这些建造可以根据其几何外形及其在陆棚上的位置进行分类。补丁礁具有不规则但平面上基本呈圆形的样式，只能发现于陆棚环境。在百慕大、佛罗里达礁束、Belize 障壁礁（Rhomboid 沙滩）后的陆棚上，其沉积相细节已经有学者进行了研究。补丁礁通常具有陡壁，而且从平坦潟湖基部骤然上升。其高度和垂向起伏受限于水深。

与此相对应，在外陆棚和斜坡的深水中发育的小型礁被称为圆丘礁。这种礁在倾角平缓的斜坡沉积中最为发育，往往表现为低起伏特征。与之形成鲜明对比的是塔礁，这种礁生长在盆地环境中，具有十分陡峭的边缘，起伏可高达数百米。不管是外形还是走向，陆棚中的补丁礁和灰泥丘的规律性都比陆棚边缘的要差。在陆架边缘，他们往往呈现长条形或面包形，而且直接平行于或者垂直于陆棚边缘。在中陆棚环境，礁的建造可能受控于下伏古地貌或者先期礁的位置；同样也可能发育成沉积堆，这种沉积堆主要来自于断层崖或者正向增长区域。这种情况下，断层下降盘或古高地的侧翼往往是厚层沉积物聚集的地方。

三、古生态特征

在具备开放式循环和正常海水盐度的陆棚沉积中发现的化石是窄盐性的。在地质时期中，这种情况适合于大部分的碳酸盐岩陆棚，除非在一些内陆棚的局限环境中生长有限的动物群（Enos，1982）。

可作为正常海水盐度标志的化石群如下：腕足动物类、海胆类、海百合类、鹦鹉螺类、菊石类以及其他化石群的许多单属。海相钙质藻的存在说明水深在透光带之内，透光带可以向下延伸到水下约100m 的位置。常见于陆棚环境的藻类包括晚古生代叶状（板状）藻和海松藻。红藻通常在正常盐度的海水中比较繁盛，但是其繁盛的水深大于海松藻所繁盛的水深。丝状蓝绿藻同样可以在正常海水环境中出现，但是适应盐度变化的能力更强，通常可以在水深小于 5m 的地方生长。Ginsburg 等（1972）和 Wilson（1975）说明了碳酸盐岩陆棚中不同类型藻的分布情况。

有孔虫和软体动物存在相似的环境。浮游有孔虫（如球轮虫属和抱球虫属）发育在白垩纪之后的盆地沉积中，而底栖有孔虫则发育在陆棚环境中，并且个体更大、种类更多、壳壁更厚。这些包括古生代的内卷虫和纺锤䗴，还包括较新地层中的粟孔虫和蜂巢虫。结壳生物如匀孔虫和可疑有孔虫管壳石需要坚硬基底来附着。这就将其分布范围限定在陆棚的补丁礁、岩崖或者海下胶结壳上。

软体动物对于陆棚上的盐度和海水能量条件同样非常敏感。基本上，厚壳、坚固、个体较大的软体动物生活在高能的沙滩环境。另一方面，小型薄壳生物生活在陆棚的泥质部分，穿过灰泥岩和粒泥灰岩结构的沉积产生潜穴。整个特提斯海地带的白垩纪碳酸盐岩中的厚壳蛤就是地质历史中软体动物分带最佳实例之一。双壳类和放射蛤生活在外陆棚至中陆棚，单侧蛤在中陆棚的灰泥质沉积中比较繁盛，牡蛎类则主要生活在内陆棚。

四、沉积构造

碳酸盐岩陆棚环境中发育为数众多的沉积构造。能够反映其形成环境的少数几个特殊鉴别标志包括地表暴露或交错层理型相关构造。

五、层理类型

不规则层理（图版Ⅶ-3）常见于陆棚环境。层理厚度从厚或块状均质地层变化到小于 30cm 的薄层。普遍发育页岩夹层。陆棚沉积地层可以是板状的，在很大面积内都可以保持一定的厚度，也有可能在几十米的距离内逐渐加厚或减薄。沉积产率或搬运的局部差异会造成不规则、透镜状地层。薄层黏土夹层造成层理面，可以分割了原本连续的沉积地层。小间断面被限定为阶段性的细粒陆源沉积物进入，这些沉积物貌似发育在快速的碳酸盐岩沉积之间。不规则层理发育的垂向层序必然是由于细粒灰泥质沉积物在陆棚上发生不规则的幕式沉积。将这种不规则层理与某些盆地地区的著名韵律层进行对比（图版Ⅶ-4）。

陆棚环境中普遍发育波状层理，由地层顶、底的简单波状面构成（图版Ⅶ-5）。这种类型的层理渐变为结核状层理，以波状形式穿过地层，使其表现出内部结核状或波浪状形态（图版Ⅶ-6）。结核和基质物质可能全都是钙质或者还含有其他组分（例如页岩中的石灰岩结核）。

压扁层理（也可称为沉积香肠或流球构造）是页岩和石灰岩非均质基质中的差异压实和溶解作用的产物（图版Ⅶ-7、图版Ⅶ-8）。页岩快速压实，而早期已发生岩化的碳酸盐岩抗压实能力强。结果形成不规则、短距离、近乎结核状的构造，这种构造是由于地层因溶解和压实而发生断裂造成的，从而形成了拉伸和流动的外貌。微缝合线构造出现在黏土夹层和碳酸盐岩体的接触部位，说明 $CaCO_3$ 的溶解作用可能是一种伴生过程。原始沉积物的非均质性可归因于潜穴、贝壳层，海底上局部聚集砾石或内碎屑。

沉积颗粒从悬浮状态中沉降形成了纹层。纹层在黏土和粉砂粒级的沉积中最为发育，但是也可以在各种粒级的沉积中发育。与水深基本无关，因为静水沉积物既可以形成于极浅水环境也可以形成于极深水环境。但是，大多数陆棚环境中的纹层都被潜穴所破坏。图版Ⅶ-9 至图版Ⅶ-12 展示了与浅水潮下至潮间环境相伴生的各种不同的纹层。

藻叠层石是指主要发育在内陆棚至潮上沉积中的一种植物成因的弯曲纹层。现代丝状蓝绿藻（裂殖植物）可以繁盛于潮间带顶部；也可以向下延伸进入近滨潮下环境。事实上，在形成叠层石的藻类中没有钙质骨骼物质。全新世藻类研究说明这些藻形成潮间席，而在退潮期则将细粒沉积捕获在其柔软延展的丝状体内。为了进行光合作用，丝藻体每天都通过捕获的沉积物薄层生长，从而形成了新的薄岩层。

补丁礁、生物礁和泥丘通过格架构造影响层理，中断了板状或波状层理。对于补丁礁而言，块状不成层礁骨骼提供沉积物源，通过剥蚀作用形成礁翼沉积物质裙（图版Ⅶ-13）。由于这些岩层超覆在礁的侧翼，因此是倾斜的；平均倾角约25°，但也可能达到45°。覆盖礁的地层向礁顶减薄，而且发育某种特殊的、能够适应阶段性暴露环境的沉积微相。一个典型实例是 cornuspirid 的普通顶面，在得克萨斯州西部和新墨西哥州南部晚宾夕法尼亚世和早二叠世顶部形成管状有孔虫粘结灰岩构成的致密而复杂的网络。图版VII-14和图版VII-15展示了古生代和中生代地层内的泥丘聚集，他们中断了浅水潮下层状灰质粒泥灰岩。

交错层理是指由风、波浪和潮汐的能量搬运沉积物质形成的一套沉积纹层。在碳酸盐岩陆棚环境中，常见的交错层理岩石结构是颗粒灰岩，常常形成在沙坝中（图版VII-16）。主要的颗粒类型有鲕粒、球粒、海百合颗粒或者其他生物碎屑（图版VII-17）。

槽状交错层理形成在厚度大于半米的地层中，一般为中型交错层理（图版VII-18、图版VII-19）。潮道受到冲刷作用，然后充填了中等强度潮流的大波痕，形成了槽状交错层理。这种层理以潮道沉积为特征，发育在沿斜坡向下的潮道内的外陆棚环境，也能发育在潮道或近滨沙席或沿岸流地带的内陆棚环境（Ball，1967）。

大波痕下游一侧沉积物的增加形成了板状、前积或加积层理。这类交错层理发育典型的移动沙坝（图版VII-20）。

波痕是交错层理在岩层顶部的一种表现方式（图版VII-21）。有两种类型：（1）对称波痕具有对称的外形和相互平行的线性波峰，这种样式就像一片褶皱了的金属板；对称波痕匀称且形成于浅水，是通过双向波浪在沙质基底上来回运动而形成的。（2）不对称波痕具有不对称的外形，短陡坡出现在下降流一侧，长缓坡则出现在上升流一侧；波痕（图版VII-22）是不对称的而且是由浅水或深水中的单向流形成的。

六、暴露面

与不整合相伴生的沉积构造可以产生各种特征，反应侵蚀风化作用、早期淡水成岩作用，或者可供近滨海洋生物有效附着的硬底，这种硬底就是潮下硬地，其上在很长时间内都没有发生沉积（图版VII-23至图版VII-26）。形成伊始，这些构造主要发育在内陆棚环境，也可以发育在陆棚上的出露沙滩和礁坪上。但是，随着海退旋回的形成，他们也可以在暴露陆棚沉积上形成。

易溶岩层的溶解作用和随后的不易溶地层的垮塌可形成塌陷角砾岩。许多塌陷角砾岩是由蒸发岩的溶解作用形成的，但是石灰岩的溶解也可能是同等重要的。尽管潮下滑塌作用可能形成一些角砾岩，但是坍塌角砾岩通常发育在暴露泥丘顶部。图版VII-2展示了石灰岩角砾的层理面，从墨西哥北部和新墨西哥州南部的宾夕法尼亚系中的开阔海中陆棚灰岩的顶部观察。

钻孔表面大多是由软体动物和蠕虫通过化学作用对碳酸盐岩进行溶解作用而形成的（图版VII-23至图版VII-25）。通常情况下，钻孔表面沿着岩石岸线最为发育，但是他们也可发育在陆棚上有硬面的任何位置。

与此相似，结壳生物也需要硬基底来附着。双壳类、珊瑚和藻类的某些属就是这种生活习性的生物，而牡蛎是最佳实例（图版VII-25、图版VII-26）。清晰的干燥特征（诸如泥裂和卷曲泥片、雹痕和雨痕）是地表暴露最明显的指标，而这种地表暴露很少在开阔陆棚灰岩中出现。

洋流和生物侵蚀，或者是大气水溶解作用可以造成表面的物理磨蚀和削截，形成了平面侵蚀带。这种表面形成方式多样，可以形成在内陆棚的暴露部位，或者在陆棚环境中经侵蚀作用而成（图版VII-23至图版VII-24）。

潜穴和生物扰动是古代陆棚灰岩中最常见的沉积构造（图版VII-27）。实际上，正常陆棚粒泥灰岩具有完全的生物扰动构造。潜穴斑块的网状痕迹可由颜色或结构上的差异，或者由白云石化作用表现出来。粗粒且渗透性较好的沉积物充填的潜穴管更易于发生白云石化（图版VII-28）。孤立潜穴和具嵌套球粒的潜穴很容易识别，只出现离散潜穴很可能说明潜穴数量少于正常情况。网状潜穴痕迹在潮下沉积中更为常见（图版VII-29），而垂直潜穴则更易发育在硬化的潮间地区。潜穴的静效应是搅匀沉积物质、破坏原始沉积构造、氧化埋藏层、排除沉积物中的有机质。

陆棚灰岩中常见许多次生或晚期成岩构造（如缝合线构造、裂缝、某些方解石充填或示顶底孔洞）。此处不对其进行讨论，因为这些并不是沉积特征，也不是正常海洋和中陆棚环境的典型特征。

第四节　全新统陆棚相实例

现代碳酸盐岩陆棚与古代陆棚沉积之间没有如想象中那么多的相似性；基本上全新统陆棚沉积中缺失了常见于古代地质记录中、广布的富含化石的灰泥。晚更新世偶发或频发的冰川和现存的非均衡环境（剧烈而突然的后威斯康星冰期海平面在18000年内上升100m或每千年上升约5m之后）说明大多数现代陆棚上的碳酸盐岩相模式都是不规则的。的确，某些开阔陆棚只是覆盖了一套薄层的钙质沉积。这种情况已经在（墨西哥）坎佩切湾、西佛罗里达陆棚和波斯湾中得到了验证。海平面稳定后的5000～7000a较短的时期，不足以填充和覆盖新近海侵形成的陆棚。尽管如此，部分现代碳酸盐岩陆棚还是有助于古代沉积环境的识别，也有助于研究建立过程/响应模型。只不过，现代陆棚可能含有因更新世海平面突发性变化造成的特殊现象。例如，佛罗里达南部与碳酸盐岩陆棚边缘标准相模式（跌积式模型）（Wilson，1974，1975）一致，由于半局限至正常海相泥发育在佛罗里达湾（内陆棚和中陆棚），正常海相骨屑泥发育在Hawk Channel内Keys的外侧（外陆棚内侧），边缘灰质砂发育在White Bank（外陆棚外侧），珊瑚藻粘结灰岩沿着陆棚边缘斑块发育，跌落进入盆地（佛罗里达海峡）（图版Ⅶ-30）。但是，有些特征（如保护性的更新世Keys、泥滩的位置、鹿角珊瑚礁的特定生物群）会降低大多数古代陆棚的相似性。

作对比时存在的另一个问题是大多数著名的现代碳酸盐岩环境（波斯湾和澳大利亚西部Shark湾除外）受到开阔海环境的强烈影响，这种环境中存在周期性季节风暴、明确的迎风/背风方向和开阔洋流。

一、大巴哈马滩跌积型陆棚

当今受到开阔海影响的滩上几乎不沉积碳酸盐泥。几次对典型碳酸盐岩滩相（大巴哈马滩）（图7-2）研究说明了这一现象。高能、正常海洋生物碎屑颗粒灰岩（珊瑚藻相）或者鲕粒颗粒灰岩围绕在滩的周围。穿过大巴哈马滩宽阔的中陆棚，发育球粒颗粒灰岩/泥粒灰岩相（Purdy葡萄石相，1961）。尽管海水盐度趋于正常（除了安德罗斯背风侧沉积球粒泥粒灰岩/粒泥灰岩相的地方以外），还是存在这种沉积相。环流足以将填隙碳酸盐岩灰泥搬运到西安德罗斯潮坪或者向西、反方向搬离巴哈马滩。

内陆棚和中陆棚环境中的沉积大多为无骨屑物质。该沉积相整体包括粪球粒、球粒、团块、凝聚体、模糊颗粒和碳酸盐岩泥。非常稀少的动物群和植物群（占沉积物的比例不到30%）包括软体动物、仙掌藻属、马刀虫属有孔虫和其他有孔虫。相反，在上新世期间，该海上滩被含有软体动物和有孔虫的骨屑泥粒灰岩和粒泥灰岩覆盖。Beach和Ginsburg（1980）认为滩上有机质产量在全新世降低的原因是生物生长因水体变凉而受到抑制，也因为更新世冰期海平面降低造成的循环受限。

更新世地形和全新世风向的综合作用是控制现代碳酸盐岩相模式的重要因素。大巴哈马滩迎风侧更新世风成沉积建造是主要的实例（可见于Exuma岛），在Exuma Sound的陆棚边缘形成了一条不连续的更新世沙脊链。随着全新世海平面的上升，沙脊高峰之间的鞍部被淹没，现在的潮流经过这些缺口流动。这时形成的瓶颈效果造成快速流和充分的搅动作用形成鲕粒以潮嘴和坝的形式沉积下来。

古地形对现代砂的控制因素不在此进行阐述。Exumas中潜在储层相的分布平行于陆棚边缘，但是表现为仅在更新世陆地之间发育的不连续朵状体模式。

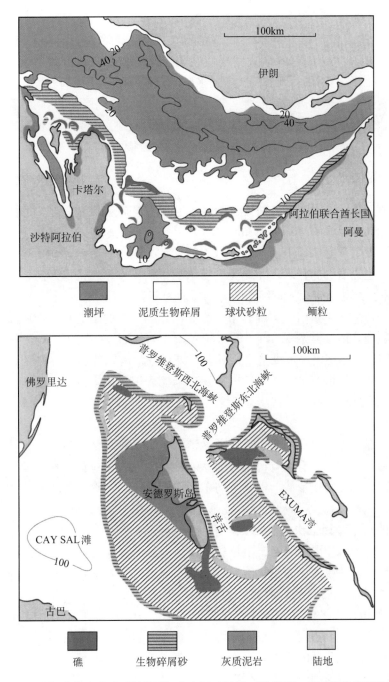

图 7-2　波斯湾大珍珠滩（斜坡型）和大巴哈马滩（跌积型）现代碳酸盐岩相对比

二、伯利兹跌积型陆棚

　　加勒比海岸西部，从危地马拉到尤卡坦东北部被狭窄的开阔海陆棚围绕，最宽可达 30 ～ 40km，最窄为 5km。伯利兹海上，陆棚可分为若干个带（图 7-3）。最外侧是发育良好的、繁盛的障壁礁，其礁顶沉积的粗粒砂和角砾几乎可以建造到海平面的高度。向陆一侧的相邻带（水深几十米）为一个宽达 35km 的台地，其上发育大量的补丁礁。礁内地区被文石泥质砂充填。

　　再往陆地上（较深水的潟湖环境），有孔虫—软体动物粒泥灰岩和泥岩发生沉积。该沉积中的细粒部分含有大量从开阔的加勒比海经过外陆棚冲洗而来的颗石。整个陆棚上的水体都是正常海水，只有近滨地区向南流动的伯利兹河支流和 Ambergris 沙洲后面的切图马尔湾（伯利兹城北部的一个有效障壁）是例外。此处循环受限半咸水中所含生物群很有限。

沿下落断块陡峭的跌积外形（Glover 滩、Turneffe Keys 和 Cinchorra 滩）和陆棚边缘高能开阔海环境基本上类似于佛罗里达南部的模式。现代碳酸盐岩模式叠合在更新世喀斯特表面上（Purdy，1974）。该模式说明开阔海循环和大风暴模式中大多数的沉积物仍属正常海并发生强烈钙化。仅在非常局限的陆棚区背风侧聚集了少量碳酸盐岩泥。这些位于海岸礁障壁砂和高能碳酸盐岩裙之后受限陆棚几乎不会与广覆席状沉积的正常海粒泥灰岩（常见于地质记录中）相类似。但是，他们的形态却酷似墨西哥湾沿岸的 Smackover 颗粒灰岩及其伴生相的弯曲线状镶边。

三、波斯湾斜坡型陆棚

波斯湾是仅存的低纬度浅水陆表海，其中的海水足够清澈而允许碳酸盐岩沉积（图 7-2）。该区域为宽阔（1000km×350km）浅海（20～80m 深），几乎完全被陆地包围，处在完全的干旱气候下，几乎不受大洋的影响。霍尔木兹海峡上涌形成的水力障壁大大限制了印度洋与地表水的连通性。波斯湾发育中等强度的潮汐，幅度约为数米。北端受到淡水的影响最小。底格里斯河、幼发拉底河和克鲁恩河为季节性河流，不会给盆地带来大量细粒陆源物质。海底明显不对称，较深水（小于 100m）轴线靠近伊朗岸线并与之平行。海湾东南部广阔分布（跨度约 200km）的是浅水大珍珠滩，在地理上酷似一些地质时期中的内陆陆表海。其水深介于 10～50m。此处的表层盐度约为 39%～40%。陆棚上海水盐度随着水深略有增加。构造上，波斯湾隶属扎格罗斯山前活动带的前渊洼陷区；其碳酸盐岩陆棚建造在阿拉伯地台上。晚更新世海平面下降造成该浅水陆棚表现出暴露特征。波斯湾东南部地区，海底地势受始新统和中新统西向单斜地层以及更新统岩溶排水和台地的控制。但是，区域倾斜度小于 0.5m/km，因而表面基本上是平坦的。

卡塔尔半岛东南部海湾（阿布扎比—迪拜—沙迦海域）发育各种碳酸盐沉积层。小型洼地发育碳酸盐泥质聚集；地势较高地区发育生物碎屑颗粒灰岩沙洲、泥质泥粒灰岩和珊瑚颗粒灰岩。这些颗粒灰岩在海底发生胶结。广义的相带从卡塔尔半岛东南部向东穿过大珍珠滩北部，一直延伸到波斯湾轴线约 200km 的海域（图 7-2）。水深从近岸的几米变化到海湾中的约 50m。

按照从浅到深的顺序，相依次为：磨圆的软体动物碎屑和腹足类颗粒灰岩、角砾状软体动物颗粒灰岩、软体动物粒泥灰岩和泥粒灰岩、暗色黏土质碳酸盐泥和粒泥灰岩。开阔陆棚（此处波浪运动可以簸选泥质并且能磨圆砂粒大小的生物碎屑）上的水深取决于其受到卡塔尔半岛的保护程度，卡塔尔半岛将这片区域遮挡起来防止受到西北风的影响，并且控制了背风侧的波浪运动。水深通常介于 10～20m。全新世沉积在该区的厚度较小，平均厚约 2m。sparker 剖面显示局部低部位的厚度可达 10～15m。沿着该剖面的动物群基本上以正常海水为主（Houbolt，1957），但是缺乏抱球虫和海松藻。

通常情况下，波斯湾东南部的相模式沿着一个极其平缓的斜坡展布，该斜坡除了有几处不规则之外，几乎是一马平川。海岸潟湖中聚集了细粒沉积，但是大部分近滨地区往往沉积粗颗粒砂体，在更远的海上地区则沉积生物碎屑粒泥灰岩。在近岸的某些地区和某些沙洲的向风一侧，开始发育裙礁。但是，自前次海侵（5000～7000a 前）以来的时间太短而沉降幅度太微弱，致使海滩斜坡的坡折上 200km 之外的海域内不能发育碳酸盐岩台地边缘（跌积型）。

第五节　地质历史中的陆棚相

地质历史中，生物演化对碳酸盐岩陆棚相的控制作用可以通过如下事实进行推测，即某些陆棚相非常典型而且可以在全球同时代地层中广泛发育。例如，在美国湾沿岸、西北欧和中东地区发育著名的侏罗系鲕粒颗粒灰岩；在特提斯海海道和墨西哥湾发育白垩系厚壳蛤生物粘结灰岩；在美国中部大陆、阿拉斯加和西欧发育密西西比系海百合颗粒灰岩；寒武系的海绿石砂岩和三叶虫混杂层。

一、早古生代

这段时期内，碳酸盐岩陆棚相主要含有生物碎屑颗粒灰岩、泥粒灰岩和粒泥灰岩（图版Ⅶ-31、图版Ⅶ-32）；鲕粒普遍发育，尤其是在北美寒武系中。早古生代，正常海水环境广布，陆棚生物碎屑以腕足动物、苔藓虫、棘皮动物和三叶虫为主，后者在寒武系和下奥陶系中尤为丰富。中奥陶世之前的补丁礁和微晶丘含有海绵动物、钙质藻、叠层石和腹足类的集合体。

二、中古生代

这一时期的陆棚相与早古生代比较相似，只是在晚奥陶世、志留纪和泥盆纪，腕足动物—苔藓动物—棘皮动物—三叶虫动物群中又加入了皱纹珊瑚类（图版Ⅶ-33、图版Ⅶ-34）。这些动物群都说明了整个陆棚环境为正常海水盐度。有意思的是，这些古生代为主的动物群的原始矿物成分都是低镁方解石，只有棘皮动物是高镁方解石。分泌文石的生物很难作为化石代表，而鹦鹉螺、腹足类和层孔虫以及托盘类除外。在中古

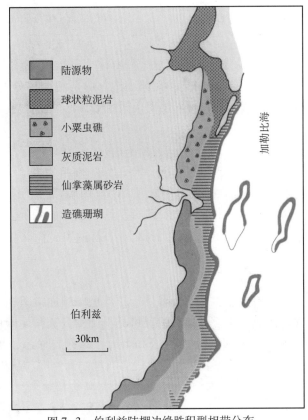

图 7-3　伯利兹陆棚边缘跌积型相带分布

（图例）
- 陆源物
- 球状粒泥岩
- 小粟虫礁
- 灰质泥岩
- 仙掌藻属砂岩
- 造礁珊瑚

加勒比海

伯利兹

30km

生代，假定的文石组分在碳酸盐岩建造内部和周围最为常见，这些建造包括泥丘和补丁礁。穿过北美克拉通，陆棚沉积的结构大多为微晶、往往表现为骨骼粒泥灰岩甚至是钙质泥灰岩沉积。两者通常都包含所有的化石。补丁礁相包括苔藓虫、床板珊瑚、皱纹珊瑚、托盘类和层孔虫生物粘结灰岩（图版Ⅶ-35）。这些生物礁中各种各样的生物群、其可观的规模和生长潜力与早古生代形成了鲜明的对比。

三、晚古生代

在密西西比纪和早宾夕法尼亚世，外陆棚相以茎秆棘皮动物（海百合和海蕾类）和苔藓虫为主，没有其他大多数无脊椎动物（图版Ⅶ-36、图版Ⅶ-37）。从宾夕法尼亚纪到二叠纪期间的早至中古生代陆棚相中，增加的生物主要有板状绿藻、纺锤䗴和其他多种多样丰富的有孔虫亚纲；他们是陆棚范围内微晶碳酸盐岩和灰泥中常见的动物群（图版Ⅶ-38）。补丁礁动物群包括大量包壳生物，例如某种管状有孔虫、藻类、水螅虫和某些生物亲族关系不明的种群（管壳石；图版Ⅶ-39；古石孔藻）。晚古生代，珊瑚虫和层孔虫数量显著降低。密西西比纪和早宾夕法尼亚世补丁礁含有苔藓虫和珊瑚虫刺毛虫、小石柱珊瑚和笛管珊瑚，但是这些珊瑚礁通常个体较小。看起来这些珊瑚都能够在泥质环境中存活。宾夕法尼亚纪和早二叠世的建造是由粒泥灰岩结构中的叶状（板状）藻形成的（图版Ⅶ-38f、图版Ⅶ-40、图版Ⅶ-41）；泥丘旁侧的地层通常含有海百合，或者由其他生物碎屑泥粒灰岩构成，或者由来自泥丘顶部种群的颗粒灰岩碎屑构成。晚二叠世礁生物群非常独特，含有许多包壳藻和类藻生物、水螅虫和大簇的海绵。这些动物群一直延续发育到三叠纪。

四、中生代

特征性的中生代陆棚相是软体动物粒泥灰岩，含有大量的海胆类和海松藻以及蓝—绿藻（*Cayeuxia*，*Lithocodium* 或 *Bacinella*）。在早中生代，海百合和腕足动物仍很丰富。大型陆棚有孔虫开

始占优，其中在侏罗纪和白垩纪中含有大型棒虫属（*Valvulinids*）和假环沙虫属（*Pseudocyclaminids*），在中生代晚期含有圆锥虫属和蜂巢虫属（图版VII-42至图版VII-44）。软体动物和珊瑚礁常见于中生界，如图版VII-45至图版VII-48所示。白垩纪早期同样发育补丁礁，其中含有珊瑚和层孔虫以及后来的各种厚壳蛤粘结灰岩，礁源碎屑地层在侧翼发育。从塞诺曼阶到丹麦阶，另一处典型的外陆棚相是深海颗石藻白垩。在侏罗纪—白垩纪交界处的特提斯海海道、Solnhofen、Oberalm、Biancone和Maiolica灰岩中，可以发现相同的相，其中发育更多的成岩转化作用。

五、古近—新近纪

骨骼粒泥灰岩是古近—新近纪陆棚相的主体，含有大量软体动物、海胆和大型有孔虫（如货币虫属和大型有孔虫属）（图版VII-49至图版VII-52）。这些大型生物构成了一种独特的外陆棚沙洲颗粒灰岩和泥粒灰岩相。珊瑚、红藻和苔藓虫形成的补丁礁和生屑滩代表地中海部分地区在古近—新近纪的气候比白垩纪更为凉爽、温和。始新世和渐新世珊瑚动物群的普遍性渐变为中生代的局部性。

六、更新世

随着全新世海平面升高，更新世陆棚通常只在外陆棚边缘发生暴露，此处往往堆积风成沉积或者快速形成边缘礁。这种情况可见于佛罗里达、尤卡坦、百慕大群岛和巴哈马。但是，近来在大巴哈马滩进行的钻探（Beach和Ginsburg，1980）显示，更新世相与上覆的全新世球粒颗粒灰岩非常相似。另一方面，前更新世相包含更为典型的骨骼泥粒灰岩和粒泥灰岩陆棚相。

第六节　古代陆棚相实例

存在几个区域性的陆棚沉积研究实例，对其进行详细描述可得到圆满解释。这些实例中的几个在下文进行阐述。

一、Leavenworth 石灰岩

晚宾夕法尼亚世（维尔吉耳），广布的陆棚碳酸盐岩以席状灰岩薄层的形式覆盖在美国中部大陆之上（图7-4）。这些石灰岩含有典型的石炭系韵律层，主要代表了海平面扩张范围最大时的淹没相。复杂曲折的海岸线大致南北向，石灰岩层上的相变则是东西向的（Wilson，1975）。因为露头的走向大致为NNW-SSE，而且只是略微向沉积走向倾斜，因此，从艾奥瓦和内布拉斯加州南部到俄克拉何马北部的维尔吉耳地层中可以追踪到一致的相序。

Toomey（1969a，b；1972）对奥丽雅德巨旋回层内1m厚的Leavenworth石灰岩进行了详细研究，描述了三个陆棚相以及藻和有孔虫的分布情况。样品采自沿露头带分布的29个点，所有的采样位置都位于中陆棚相。海岸东部地层发生剥蚀，而海水面以下延伸地区的岩性尚未深入研究。骨骼粒泥灰岩（Toomey的骨骼泥相）是陆棚沉积的主体，在整个露头区都有发育。在最北面和最南面的露头中还存在另外两个相：（1）骨骼粒泥灰岩与泥岩伴生；（2）藻包粒泥粒灰岩、粒泥灰岩和纺锤鑝生物碎屑泥粒灰岩——称为集合颗粒相。根据这个窄条露头，我们可以假定宽阔陆棚中发育广阔的不规则相。Toomey的分布图说明大多数藻类和有孔虫均匀分布在陆棚上，并呈现不规则的分布模式。上乳孔藻属（一种粗枝藻）的存在说明500km宽的整个陆棚为水深不超过5～10m的浅水环境。

总之，Leavenworth石灰岩呈整一席状、长500km、宽至少几十千米、倾向堪萨斯中西部的地下。这套石灰岩展示了中陆棚环境第二或第三级变化，但是这些相模式无整体规律可循，呈现非系统性变化。奥丽雅德大型旋回中相关石灰岩（像多伦多和普拉茨茅斯）呈现出类似的统一模式。

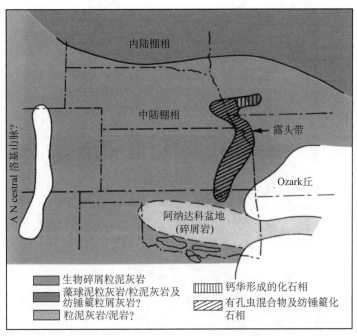

图 7-4　堪萨斯露头的上宾夕法尼亚统 Leavenworth 石灰岩区域相解释（据 D.F. Toomey，1969）

二、Hueco 石灰岩

下二叠统（狼营阶）Hueco 石灰岩以及整个新墨西哥南部、得克萨斯西部和墨西哥北部的相应地层显示了穿过奥罗格兰德盆地的斜坡剖面（Jordan 和 Wilson，1971；Jordan，1975）。图 7-5 展示了狼营阶上部、中部和下部的古环境背景。与之相对比，围绕佩德雷戈萨盆地的陆棚之上的碳酸盐岩沉积则相变迅速，在新墨西哥西南部和奇瓦瓦北部形成了一条陡斜的陆棚边缘（跌积型）。

正常海相骨骼粒泥灰岩和泥粒灰岩中陆棚沉积的主体。化石物质包括完整和破碎的海百合、腕足动物、藻片、大型有孔虫（尤其是纺锤鳋）、苔藓动物、瓣鳃动物、腹足类、介形类和三叶虫。球状粒也是常见的组分；他们大部分与软球粒相似，后者是由提供沉积物的潜穴动物和碎屑寄食者原地形成的。典型情况下，这些中陆棚相都展现出一定程度的潜穴。

得克萨斯西部（Hueco 山和阿布洛山）的上狼营阶中发育完整的浅滩环境。富集大型底栖有孔虫的生物碎屑颗粒灰岩和泥粒灰岩沉积在广阔的、佩德纳尔地块西南部的水下延伸部分之上。颗粒发生明显的磨圆作用说明了高能、浅水环境；粗枝藻碎屑的发育进一步证明了极浅水（< 20ft）环境。

第二种浅滩沉积是交错层理纺锤鳋颗粒灰岩或泥粒灰岩相。拉长的、橄榄球形状的纺锤鳋介壳以及他们总体较低的密度，使其成为理想的潮流指向标。在恰当的潮流速度和颗粒流动性条件下，纺锤鳋可以绕轴旋转并被潮流定向，使其长轴平行于潮流方向。

Hueco 中的补丁礁或生物礁相由破碎藻片和管珊瑚粒泥灰岩组成。藻片泥丘在奥罗格兰德盆地中部的中狼营阶和上狼营阶最为发育。来自北部（Abo）和东部（Powwow 砾岩）Pedernal 陆块之外的碎屑注入可能会浊化内陆棚水体，致使藻丘向外侧发育进入水体较浅的奥罗格兰德盆地。藻片起到碳酸盐岩泥的隔板作用，有助于捕获和聚集细粒物质。管珊瑚，一种包壳有孔虫（？）❶（图版Ⅶ-38f、图版Ⅶ-39）附着在藻片上，可以形成数量较大的沉积物。成岩过程早期会发生角砾化作用形成区域性角砾，整个过程是在暴露和干燥的环境下完成的。

---

❶其来源尚未确定；不同学者分别将其划为水螅虫类、有孔虫类和一种藻类。

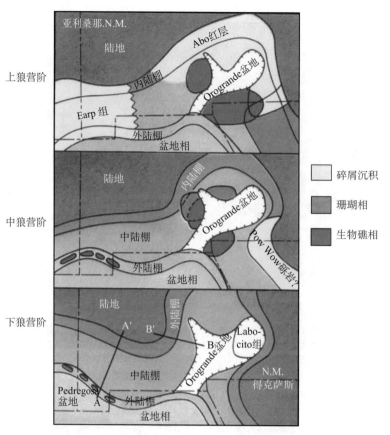

图 7-5　新墨西哥南部和得克萨斯西部狼营阶 Hueco 灰岩相

直线 A-A′ 指示从陆棚到佩德雷戈萨盆地的"跌积型"剖面；
直线 B-B′ 则指示进入克拉通内的奥罗格兰德盆地的斜坡剖面

　　整体而言，对 Hueco 陆棚相最恰当的表述是一种镶嵌相，包括灰泥基质碳酸盐岩中各种骨骼和球粒颗粒类型的混合和组合。此处包括海百合泥粒灰岩、腕足动物—海百合粒泥灰岩和球粒—骨骼泥粒灰岩，仅对某些类型进行定名。

三、Edwards 和 Glen Rose 石灰岩

　　得克萨斯中部的中白垩统（阿尔必阶）岩石沉积在宽阔的科曼奇陆棚之上（图 7-6），该陆棚覆盖了美国大部分地区。阿普第阶到塞诺曼阶期间，科曼奇陆棚向海边缘演化为陆棚边缘厚壳蛤复合体，呈现出非常平滑的曲线型，沿着从墨西哥到路易斯安娜的墨西哥湾北部边界展布。这个地带被称为斯图亚特城礁，由大量的厚壳蛤、珊瑚和藻碎屑构成。上覆碳酸盐岩和页岩中的长条形区域的存在（沿着礁带走向的条形）说明斯图亚特城礁形成一条具一定起伏的隆起。礁延伸带陆棚边缘位置向海一侧附近，海底急剧变深，在邻近的礁前斜坡上沉积了深水碳酸盐岩泥和粒泥灰岩。这一发育完好的礁和位于其后方西北部的广阔陆棚展现了一个典型的陆棚至盆地转换地带的跌积型模式。该陆棚边缘模式通常是海退的、有一些变化（Wilson，1974；Hine 和 Neumann，1977）、在许多地层层序的不同地质时期都有发育。

　　与之相对，科曼奇陆棚则代表了一种斜坡性的沉积模式。这是根据水深剖面和陆棚碳酸盐岩相逐渐加深推测而知的。在中陆棚环境，宽阔的洼陷和隆起对碳酸盐岩相沉积的厚度和类型会产生一些影响。主要洼陷包括南得克萨斯——Maverick 盆地和北得克萨斯——Tyler 盆地，两者都充填了阿尔必阶时期的蒸发岩。将两个洼陷分隔开的是宽阔加长的隆起（中得克萨斯—圣马科斯台地），从圣安吉洛附近向东南和海上延伸。圣马科斯台地在阿尔必阶海侵淹没。

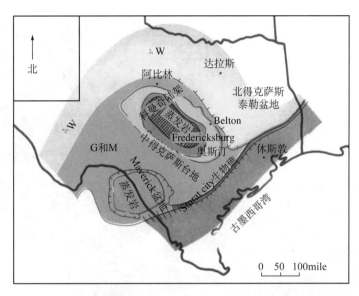

图 7-6　得克萨斯中白垩统阿尔必阶 Edward 组古地理图

主要的构造和区域沉积特征及岩石类型分布均为推测（据 Kerr，1977）；广阔的中陆棚环境以东南部陆棚边缘的斯图亚特城礁带为界（据 Perkins，1974）

　　陆棚上沉积的阿尔必阶含有许多薄层、分散、大范围可对比的单元，其中某些发生大规模的白云石化；补丁礁在穹隆形的 Llano 隆起的北部和西南部发育，该隆起位于台地的轴线上（Rose，1972；Fisher 和 Rodda，1969）。

　　暴露在圣马科斯台地上的 Glen Rose 下半部分（图版Ⅶ-53、图 7-7）提供了陆棚边缘相的典型实例。内陆棚相环绕 Llano 隆起，厚度只有 10m，向南有增厚趋势。其中含有泥质地层、藻叠层石和带波痕的球粒—软体动物颗粒灰岩。中陆棚相厚度可达 100m，主要包括骨骼粒泥灰岩、泥灰质泥岩、钙质页岩、局部礁和生物礁；顶部形成一个富含化石单元——Salenia 带。Glen Rose 补丁礁和生物礁分布带穿过内陆棚和中陆棚，礁结构中含有牡蛎和双壳类礁相，主要发育在东北至西南方向平行于先前的 Glen Rose 海岸线（图 7-8、图 7-9）。

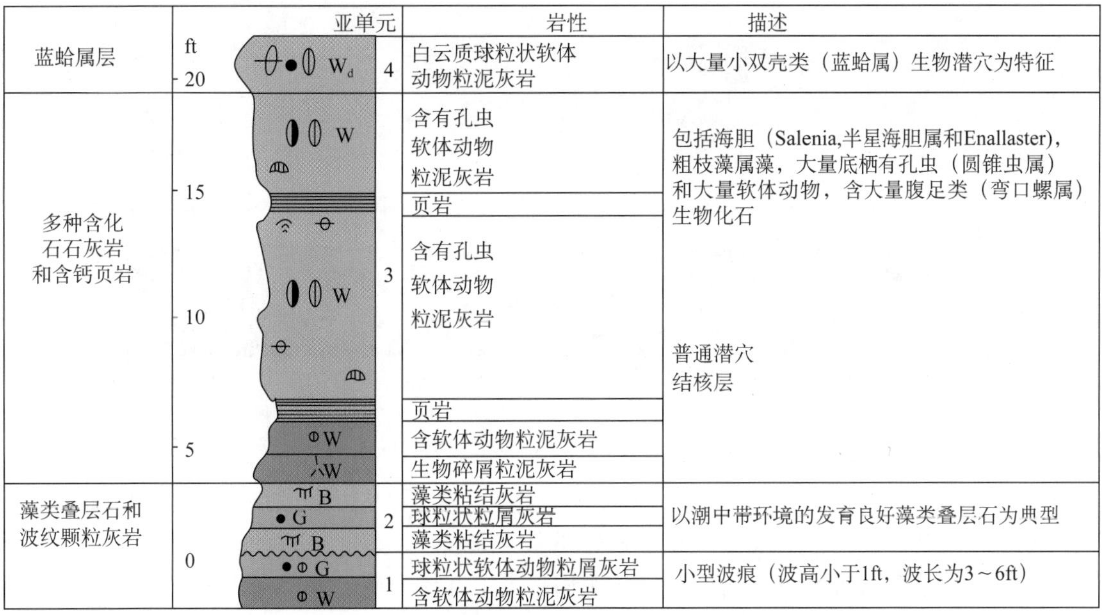

	ft		亚单元	岩性	描述
蓝蛤属层	20		4	白云质球粒状软体动物粒泥灰岩	以大量小双壳类（蓝蛤属）生物潜穴为特征
多种含化石石灰岩和含钙页岩	15		3	含有孔虫软体动物粒泥灰岩 页岩 含有孔虫软体动物粒泥灰岩	包括海胆（Salenia, 半星海胆属和Enallaster），粗枝藻属藻，大量底栖有孔虫（圆锥虫属）和大量软体动物，含大量腹足类（弯口螺属）生物化石 普通潜穴 结核层
	10 5			页岩 含软体动物粒泥灰岩 生物碎屑粒泥灰岩	
藻类叠层石和波纹颗粒灰岩	0		2	藻类粘结灰岩 球粒状粒屑灰岩 藻类粘结灰岩	以潮中带环境的发育良好藻类叠层石为典型
			1	球粒状软体动物粒屑灰岩 含软体动物粒泥灰岩	小型波痕（波高小于1ft，波长为3～6ft）

图 7-7　得克萨斯麦地那郡 Glen Rose 组 Seco Creek 上悬崖剖面下半部分的柱状图

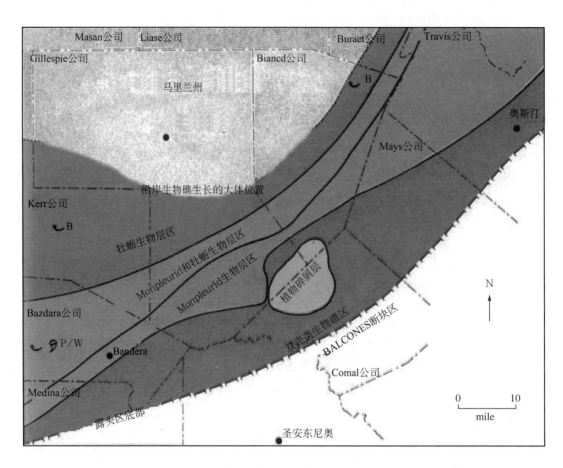

图 7-8　得克萨斯中部露头 Glen Rose 礁内部主要相分布（据 Perkins，1974）

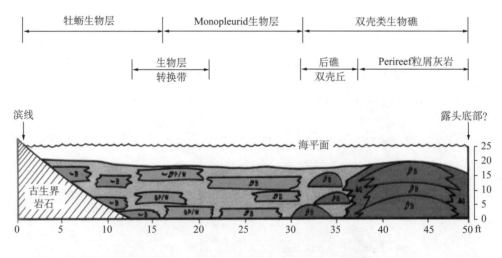

图 7-9　从得克萨斯中部 Llano 隆起到东南部（向海方向）的相剖面（据 Perkins，1974）

　　图 7-10 所示横剖面是阿尔必阶（Fredericksburg 群）高部位，倾斜穿过圣马科斯台地陆棚进入北部得克萨斯——Tyler 盆地。越过中得克萨斯高地（Llano 隆起），Edwards 相含有潮坪泥岩、白云岩、粟孔虫颗粒灰岩和 requenid 生物层。内陆棚相越过中陆棚发生进积，海上不远处发育一系列高能颗粒灰岩沙坝。图 7-11 展示了得克萨斯 Belton 附近 Moffat 丘的碳酸盐岩相和沉降环境的分布（Kerr，

1977）。滩坝厚 40m、宽数千米、长约 70km。基本上是鲕粒颗粒灰岩，北部滩坝前含有骨骼粒泥灰岩。到海上地区，圆形双壳类厚壳蛤补丁礁发育，周围被白垩质粒泥灰岩包围。滩坝后面发育分散补丁礁透镜体、礁源砂、骨骼泥粒灰岩。这些相表现出海退特征，从正常海陆棚经颗粒灰岩沙滩和厚壳蛤碎片到暴露海滩砂屑石灰岩和局限海潟湖沉积再到潮间泥坪和潮上白云岩（图 7-12）。同样的地层向南继续发育穿过圣马科斯台地直到斯图亚特城礁带，该礁带是跌积型的又一实例，最早由 Griffith 等（1969）进行了描述（图 7-13）。

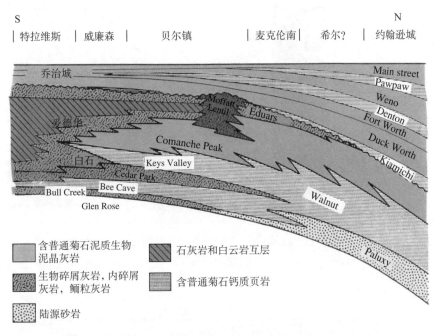

图 7-10　得克萨斯中部到北部 Fredericksburg 露头向上变浅相（据 Rose，1972）

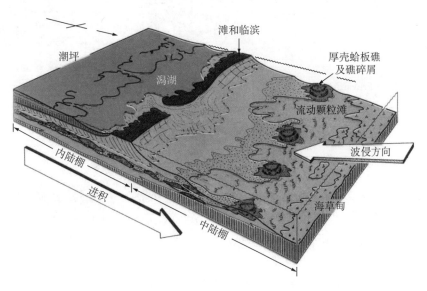

图 7-11　得克萨斯 Belton 地区 Edwards 石灰岩沉积模式（据 Kerr，1977）

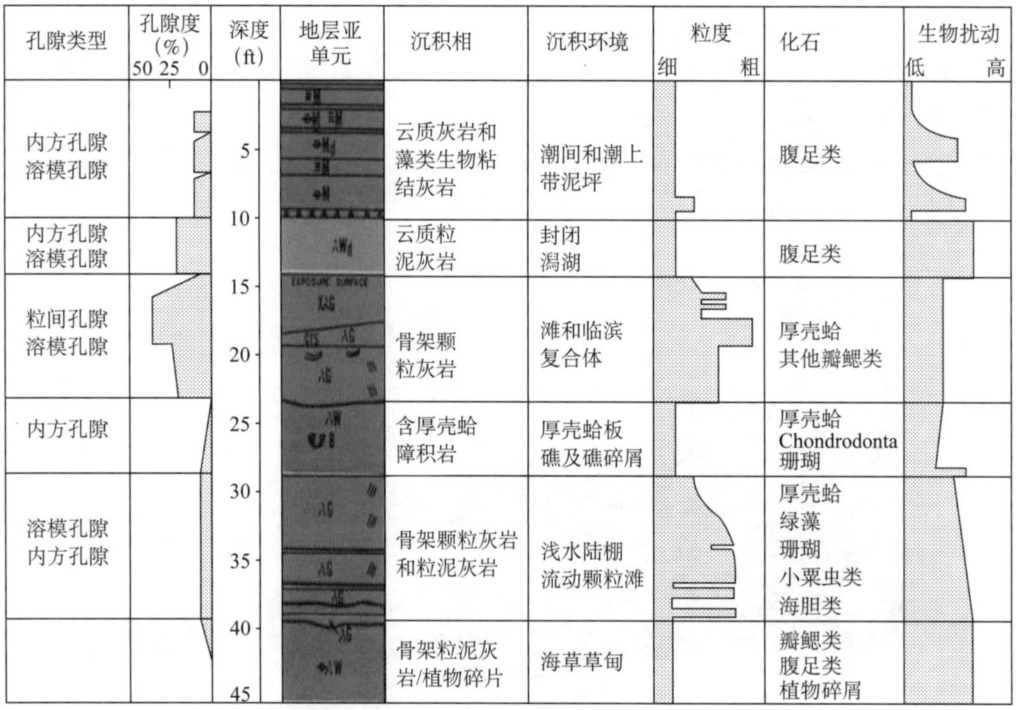

孔隙类型	孔隙度(%) 50 25 0	深度(ft)	地层亚单元	沉积相	沉积环境	粒度 细 粗	化石	生物扰动 低 高
内方孔隙溶模孔隙		5		云质灰岩和藻类生物粘结灰岩	潮间和潮上带泥坪		腹足类	
内方孔隙溶模孔隙		10		云质粒泥灰岩	封闭潟湖		腹足类	
粒间孔隙溶模孔隙		15 / 20	EXPOSURE SURFACE	骨架颗粒灰岩	滩和临滨复合体		厚壳蛤其他瓣鳃类	
内方孔隙		25		含厚壳蛤障积岩	厚壳蛤板礁及礁碎屑		厚壳蛤Chondrodonta珊瑚	
溶模孔隙内方孔隙		30 / 35		骨架颗粒灰岩和粒泥灰岩	浅水陆棚流动颗粒滩		厚壳蛤绿藻珊瑚小粟虫类海胆类	
		40 / 45		骨架粒泥灰岩/植物碎片	海草草甸		瓣鳃类腹足类植物碎屑	

图 7-12 Edwards 石灰岩综合剖面（据 Kerr，1977）

展示了岩相、沉积环境和孔隙分布情况；注意中陆棚至内陆棚环境中的向上变浅、海退层序

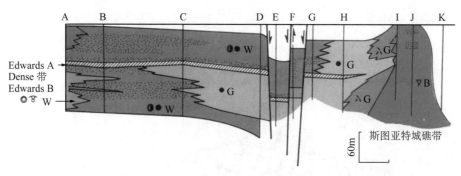

图 7-13 Edwards 石灰岩陆棚至盆地剖面图（据 Griffiths 等，1969；Wilson，1975）

西北到东南从圣马科斯穹隆到斯图亚特城礁带；黑点表示孔隙分布

第七节 经济意义

原生陆棚碳酸盐岩沉积主要由文石矿物和高镁方解石构成，以碳酸盐岩泥附带一定比例的颗粒形式存在。通常情况下，原生孔隙度较高（40% ~ 70%），而渗透率则非常低。泥质基质转变成微晶灰岩，其中含有小方解石菱形（4 ~ 10μm），其孔隙度进一步降低（5% ~ 10%），渗透率也低（< 10mD）。许多古老的陆棚相石灰岩完全致密，主要是压实作用造成的，压实作用过程中发生颗粒溶解和方解石在原始多孔沉积物中的颗粒表面发生再沉淀。中陆棚环境中只有部分沉积环境和特定成岩环境可以形成多孔渗透性油气储层。鉴于此，十分有趣的是世界上最大的整装油藏（沙特阿拉伯的侏罗系阿拉伯 D 带）发育在中陆棚相粗粒碳酸盐岩颗粒灰岩内（图 7-14）。

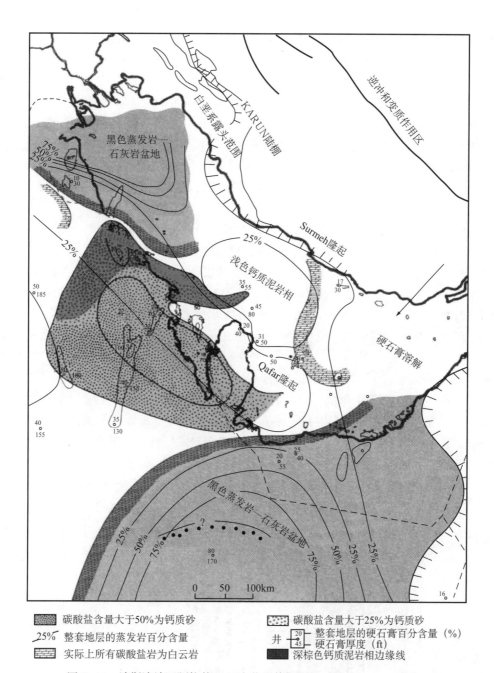

图 7-14　波斯湾地区阿拉伯 D 区上侏罗统沉积相（据 Wilson，1975）

随着碳酸盐岩陆棚上的相演化，对于石油、天然气、水和成矿流体而言潜在的中陆棚储层相包括海滩砂、补丁礁、白云岩和不整合面之下的淋滤层。广布的深海白垩形成在深水陆棚上，是中陆棚的储层目标。他们孔隙度很高（高达 45%），但极细粒的颗粒造成渗透率很低（< 2mD）。

许多陆棚碳酸盐岩发育无效孔，或者是因为在基质中散布的细小无效孔，也或者是因为生物碎屑或鲕粒溶解形成的孤立铸模孔。在这样的致密相中，发育完好的裂缝为流体流动提供主要通道，有效提高了储层质量、增加了渗透率和部分孔隙度。即使是裂缝广布的储层孔隙度最高只能提高 6%，这是由裂缝的储集能力有限造成的。

从测井响应方面来讲，传统石油工业，电物理测井在生产和开发中的应用比在勘探中的应用昂贵得多且广泛得多。通常情况下，碎屑岩层序测井分析衍生的解释比碳酸盐岩层序简单得多。其原因包括以下几点：（1）碳酸盐岩中矿物成分复杂，例如，石灰岩—白云岩的渐变、岩石类型的多样化包含层间或分散蒸发岩、页岩和粉砂岩；（2）即使是纯石灰岩层序也基本都含有非均质结构——如粒泥灰岩渐变到泥粒灰岩；（3）碳酸盐岩剖面中的成岩作用影响比碎屑岩更为严重或者显著，这是因为亚稳定的碳酸盐岩矿物更易于被地表或地下流体改造，因此成岩作用产生的孔隙分布极为复杂；（4）由于碳酸盐岩系统内的多样性，薄层响应对于机械测井的平均影响可能是非常难解的。

记住这些限制体条件，很显然利用测井系列要优于单纯依靠某一种测井响应（图 7-15、图 7-16）。正如 Asquith（1979）所描述的，有了测井系列之后就可以使用 Schlumberger 交会图来确定岩性。ISF 声波是最为高效的系列。该系列产生了下列记录：

（1）声波测井：用于孔隙度评价（低值带对应孔隙度发育），可用声波测井制作测井的合成地震记录，然后再被用来与井旁地震道相关联。

（2）自然伽马射线测井：用于利用自然高放射性来判断页岩层。

（3）感应测井：集合电阻率数据来估算流体成分和饱和度。

（4）球形聚焦电阻率测井：渗透程度很浅，用于地层评价；有助于深入渗透电阻率测井的解释；如果加上密度测井，则可以进行更为定量化的解释；在碳酸盐岩层序中，主要的密度差存在于石灰岩（2.71g/cm³）和白云岩（2.87g/cm³）；密度测井测量的总孔隙度的精确度为 1% ~ 2%。

（5）中子测井：中子测井也被广泛应用，声波和密度测井相结合，可以利用交会图技术确定岩性和孔隙度。

以大量席状沉积为主的中陆棚环境中的碳酸盐岩陆棚环境的测井响应最为均一。陆棚中的储层体包括补丁礁、颗粒沙洲和层状白云岩。机械测井指示孔隙度和基本岩性；但是，只有通过样品检测才能获得详细的相信息。例如，不能利用测井分析识别 Dunham 结构或者主要的碳酸盐岩颗粒类型；同样也不能将补丁礁中的多孔骨架结构与多孔的鲕粒颗粒灰岩区别开来。很显然，有必要将两种信息相结合来识别和描绘具有储集潜力的碳酸盐岩相。

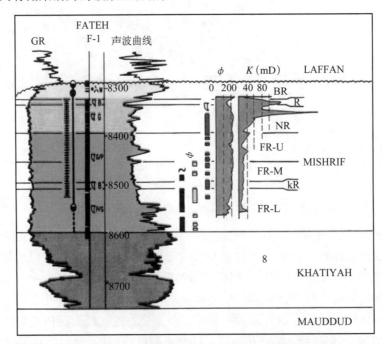

图 7-15　迪拜海上 Fateh 油田 Mishrif 灰岩岩心分析（据 Jordan 等，1981）

利用声波曲线和自然伽马曲线识别孔隙；注意渗透率与近礁粗粒侧翼层相连

一、储集相

多孔颗粒石灰岩组成的线性沙滩通常形成于外陆棚环境、陆棚边缘或其后方，也分布在平行边缘

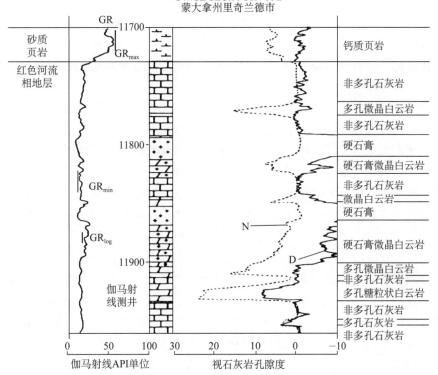

图 7-16 利用中子和电阻率曲线解释碳酸盐岩地层孔隙度（据 Asquith，1979）

斯伦贝谢综合应用蒙大拿州 Richland 郡 Alpar Resource Fed. 1-10 井的伽马曲线、补偿中子和地层密度曲线；来自奥陶系红河组，说明了岩性（由岩屑岩石学分析获得）与测井响应之间的关系

的地带（Ball，1967）。在中陆棚环境，沙滩不太发育且往往发育成不规则加长坝或者发育成广阔的次环状或环状沙滩，沉积在陆棚正向区域及其周围。波斯湾大珍珠滩的微正向单元发育这种沉积体，其中有些是生长中的盐丘。内陆棚环境的沙滩相包括潮汐三角洲、近岸沙坝、沙滩和沙丘。全新世沙洲相中的孔隙度介于 40% ~ 50%，其中的 5% ~ 10% 是推测值，因为有一些属于粒内无效孔。

内陆棚和外陆棚的颗粒灰岩体分别沉积在平行于海岸线和陆棚边缘的地带，这种排列方向可能对于预测储集岩走向非常有用。但是，中陆棚沙滩比较少而且分布更为复杂。只有在密集钻探的地区才能实现这种理解程度。沙特阿拉伯的阿拉伯带中的高产碳酸盐岩从中陆棚环境海滩砂的原生孔中生产，但是钻井间距较宽、仅沿高渗透砂体所处构造钻探，不必再对复合砂体带进行描述。

生物粘结灰岩从潟湖底建造起来形成了陡壁补丁礁。在中陆棚地区较为常见。礁骨架冲刷碎屑形成的砂被沉积凹槽或潮道捕获留在礁体本身内部。礁源沉积裙形成了侧翼层，沿下倾方向变成潟湖中的生物碎屑粒泥灰岩。这种相内的若干类型的孔隙（Choquette 和 Pray，1970）结合起来，使几乎补丁礁体系的任何部分都会形成良好储层：由生物粘结灰岩生长建造和保护的洞穴（SH）、内部多孔有机骨架中的粒内孔（WP）、颗粒之间的粒间孔（BP）、由支柱礁生长形成的真孔洞（GF）。

补丁礁相中的勘探遇到许多问题，首先是补丁礁生长伊始（补丁礁开始生长的原因为何？）尚未研究清楚。Purdy（1974）认为随着海平面上升，不规则的古地貌之上往往形成珊瑚和藻类从而形成补丁礁。水体条件（循环模式和盐度）和基底类型都会影响补丁礁的发育。在某些地区，珊瑚虫变化莫测的分布可能控制了礁体最终的形态、空间和礁带趋势——造成礁体位置的预测其实是一个古生态学问题。

补丁礁相解释中的另一个问题是"礁"这个概念在文献中模糊不清。根据 Dunham（1970），生态学意义上的礁（具备真正的生物粘结灰岩结构和典型的礁生物群）可以与结构和化石未知的地层礁区别开。Ginsburg（Wilson，1975）运用碳酸盐岩建造这个通用术语来涵盖这两类礁体。萨拉瓦蒂中新统，伊朗 Jaya 是一个典型实例。根据地震剖面上的建隆识别出的若干"礁"同样可以根据 SP 响应和其他测井响应予以推测。详细的样品检测揭示其中很少属于真正的珊瑚礁，他们中许多是泥质生物滩沉积，主要是富含珊瑚、红藻和有孔虫碎片的泥粒灰岩。其结构当然是碎屑而不是真正的生物粘结灰岩的生长骨架结构。此处的红藻为薄层枝状，而不是典型的太平洋块状粘结石枝藻，而且有孔虫为大型底栖类，例如鳞环虫和石膏虫。

补丁礁解释中的第三个问题是针对某一特定藻动物群和植物群进行正确的古生物学认识，有助于获得推测礁体的指标。补丁礁周围发育礁源碎片形成的环状带。例如，在百慕大台地上的全新世补丁礁周围，沉积物中珊瑚和匀孔虫（一种大型结壳有孔虫）富集程度在礁的附近增加、而向潟湖方向则降低（Jordan，1973）。但是大量礁体侧翼物质则是以仙掌藻为主。

白云岩主要形成在内陆棚环境、平行海岸线地带发育。这种白云岩通常形成在潮坪环境，相变复杂，包括潮道、天然堤、心滩、沙脊、水池和潮间坪沉积物。在某些陆棚中，内陆棚白云石化作用影响范围更大，可以扩展到整个陆棚甚至超过陆棚边缘之外（Harris 于 1973 年描述的田纳西州上白垩统—下奥陶统诺克斯白云岩）。

通常情况下，当富含化石的潮下正常海相发生白云石化时，原始成分为文石和高镁方解石的化石所构成的生物碎屑开始溶解；在某些情况下，方解石会被全部溶解。由此形成的铸模孔通常会因岩石基质的进一步溶解而扩大形成溶蚀孔隙。晶间孔和溶洞孔往往都跟白云石化陆棚相有关。因此，相对较早的同生白云石化作用会造成沿着潮间相发育均一的席状孔隙度。这些白云岩可能随后形成粒度较粗白云岩的不整合模式，切穿地层且代表了先前的潜水面。显然，这些是通过大气水透镜体在缝隙卤水上下运移形成的。这种白云岩的形成可能完全不受原始沉积或者颗粒渗透率控制，并且可能超过先前形成的白云石。其粗颗粒可能增加渗透率，但是过度生长的趋势和矿脉充填（加上早期方解石交代）可能会破坏早期孔隙。

裂缝可能完全控制具少量溶洞孔隙白云岩的经济前景。例如，阿纳达科盆地阿巴克尔灰岩和亨顿群中的大气田从裂缝型白云岩中产气，这些白云岩初始沉积在陆棚相中，其溶洞孔隙度只有 5% ~ 10%、晶间孔隙度则为 3% ~ 6%。

浅水中形成的白垩质结构石灰岩可能成为储层，尤其是当其中发育裂缝。原始碳酸盐岩沉积富含孔隙，因此应该考虑那些作用可以有效阻止深埋陆棚沉积物发生胶结。这些作用包括低于 1000m 的埋藏、缺少溶解压实、缺少水头导致几乎没有水流通过该体系。进一步讲，早期轻微胶结均匀镶嵌在砂屑石灰岩周围，胶结边缘可以阻止埋藏后的压溶性压实，而"闭锁结构"可能会保持高孔隙度。但是这种孔隙度常常被次生后续的洁净、块状方解石破坏。如果富镁而低钙的盐水渗入碳酸盐岩泥并且停滞在孔隙中而不是在渗透层中，那么它可能会阻止压溶性压实，在某些上覆盖层最小的情况下，沉积物会将原始高白垩质孔隙度保留下来。

二、烃源岩

碳酸盐岩烃源岩只发育在泥灰质碳酸盐岩相。不包括颗粒灰岩、颗粒含量高而泥质含量低的粒泥灰岩和大多数的生物粘结灰岩，一个值得注意的特例是富含有机质的藻叠层石。显然，这种关系是有机质保存条件的作用而不是原始有机质含量。在现代潟湖环境中碳酸盐岩泥正在聚集（佛罗里达湾和尤卡坦东北部），原始碳含量（大部分为腐殖质和藻类）介于 0.3% ~ 3%。取自佛罗里达湾的沉积岩心显示薄层、浅色氧化带，沿着海底之下数英尺延展。在此之下，存在一个灰色碳酸盐岩泥降低带，该碳酸盐岩泥产生明显的硫化氢气味。相反，现代骨骼颗粒灰岩（例如，佛罗里达礁区域）不发育这种明显的降低带。这是由于颗粒灰岩渗透率较高，允许更多的地表水在沉积物中发生交换。生物扰动程度同样会影响碳酸盐岩中有机物质的保存。

尽管内陆棚和中陆棚中的泥质灰岩可作为向邻近储集相充注的烃源岩层，但是，盆地碳酸盐岩相最有可能成为最优质的碳酸盐岩烃源岩（得克萨斯西部二叠系 Bone Springs 灰岩；Maracaibo 盆地的 Cogollo；沙特阿拉伯侏罗系 Diyab–Darb）。在佛罗里达南部的 Sunniland 地区，白垩纪的内陆棚至中陆棚泥岩相显然是上覆储集相的烃源。Palacas（1979）和 Pontigo 等（1979）的数据说明有机碳平均含量为 0.55%、$200 \sim 800 \, \mu g/g$ 的 C_{15+} 烃类，以及藻类来源干酪根属于中等成熟度。Sunniland 地区在 1977 年的总产量约 55×10^6 bbl 原油，Sunniland 油田最大的油田预测最终可采储量 18.8×10^6 bbl，而西 Sunoco–Felda 油田预测最终可采储量为 50×10^6 bbl 石油。另外，Palaca（个人通信）观察得出优势偶数碳原子个数介于 C_{20}—C_{30}。偶数碳原子这种优势分布区间可能及时的证明了碳酸盐岩烃源岩的特征，相反，碎屑岩烃源岩通常表现出奇数碳优势。

通常情况下，碳酸盐岩作为烃源岩的潜力会被低估或者忽视。但很显然，未钙化藻物质含量较高的碳酸盐岩是比碎屑岩更为高效的烃类生产者。Gehman（1962）和 Claypool 与 Reed（1976）的数据指出碳酸盐岩单元有机碳中的烃类含量比页岩高出 $3 \sim 4$ 倍。这就表明传统碎屑岩烃源岩中有机碳 1% 的下限在碳酸盐岩中应该变成约 0.25% ~ 0.3%。近期一个题为"碳酸盐岩石油地球化学和烃源岩潜力"的相关研讨会论证了细粒碳酸盐岩作为烃源岩的采纳标准的放宽（美国地质协会 1980 年年会，亚特兰大）。探讨碳酸盐岩陆棚相作为盖层捕获流体或气体的能力时，产生一些问题。陆棚沉积的席状外形和他们的"千层饼地层"当然利于形成储层的盖层。陆棚中典型的向上变浅旋回沉积中的进积模式产生上倾方向和上覆细粒碳酸盐岩及向岸一侧的萨布哈蒸发岩都有助于遮挡中陆棚储层。但是，白云岩和石灰岩的脆性超过其他的沉积岩类，因此碳酸盐岩其他的陆相碎屑岩更易于发生裂缝。这样也就不能简单地评价碳酸盐岩的遮挡能力。许多碳酸盐岩可能是中等品质并且持续泄漏流体。如果泄漏速度较慢允许流体发生短暂聚集，那么该地层就是有效盖层。

佛罗里达南部和巴哈马滩上白垩统和古近—新近系约 3000m 的碳酸盐岩评价过程中的主要难点就是缺乏具备封盖能力的地层。海水侵入在该剖面上时有发生。在巴哈马长岛的一口井中，盐水向下延伸了 5500m，这是根据总井深度内没有温度梯度来确定的（Meyerhoff 和 Hatten，1974）。但是，岩层中的重油污斑说明了剖面高部位发生过烃类运移。

三、陆棚沉积的预测地层模型

设计了若干模型来预测碳酸盐岩储集相的分布。在大多数的碳酸盐岩剖面中，主要的相模式控制了孔隙度和渗透率的分布，碳酸盐岩陆棚的描述是通过广泛的实例调查之后获得的。成岩相控制孔隙度和渗透率的地方，成岩作用的印记与主要相模式可能一致也可能不一致。两者相一致的实例发育在美国阿肯色州西南部的侏罗系 Smackover 组。在 Walker Creek 油田，Becher 和 Moore（1976）发现多孔鲕粒颗粒灰岩只分布在鲕状沙坝的高部位，局部的近地表部分受大气成岩作用影响。沙坝的残余部分由于方解石胶结而不发育孔隙。与此相反，两者不一致的实例发育在 Anadarko 盆地 Hunton 群白云岩相中，此处不规则相边界横切平行盆地走向的主方向（Amsden 和 Rowland，1967）。在蒙大拿州中部和西部的 Madison 同样可以观察到白云石化作用造成的不一致关系的实例。

最可靠有效的相预测模型是陆棚陡边缘或跌积型。在这种情况下，最有利的储集相往往发育在陆架边缘及其附近，但是内陆棚白云岩同样也是重要的储集相。中陆棚内的补丁礁和沙滩通常具有产能，但是他们的分布通常不规则。另一方面，斜坡模型中发育的不规则相是通过斜坡梯度确定的。陆表海和克拉通内盆地中发育倾角小于 1° 的极其平缓的海底。相应的相模式反映了广阔的、相变微小的广布浅水环境（Irwin，1965；Wilson，1975）。相反，在墨西哥湾沿岸 Smackover 发现的陡倾角则证明较陡的斜坡梯度造成窄而清晰的相。

许多文章都建立并讨论陆棚边缘或跌积模型，可以识别出内陆棚、中陆棚、外陆棚的基本相，而外陆棚的储集相通常是勘探靶区。

但是，真正的难题在于缺乏中陆棚的可预测沉积模型。大多数陆棚包括不规则的相带和无走向的局部补丁礁。唯一识别近似孤立生物建造的方法是邻近生物群的复杂生态学研究，而这种方法通常具有局限性。

在宽阔的中陆棚内存在两个区域地层环境有可能进行储集岩预测：

（1）进积沉积旋回（内陆棚到中陆棚）中的地层圈闭。正常的碳酸盐岩相系列（见于陆棚内向上变浅旋回）包括（依据 Walther 相律）中陆棚环境中的泥质碳酸盐岩烃源岩侧向层序紧邻内陆棚高能颗粒灰岩，后者又紧邻白云岩化的潮间泥岩。最近岸的相通常是非渗透性萨布哈硬石膏—石膏，起到有效的上倾方向盖层作用。旋回的进积层序往往造成萨布哈相的外扩，在上方和上倾方向为优质储层提供遮挡。威利斯顿盆地密西西比系和阿拉伯地台阿拉伯带的侏罗系是典型实例。

（2）区域不整合穿过陆棚的地区形成重要储层。下伏地层的淋滤和白云岩化作用往往可以将原本不渗透的泥晶沉积物转化成有效储层。圣马科斯背斜 Edwards 顶部就是这种情况的实例。大陆中部下奥陶统顶部的 Arbuckle–Ellenburger 宽阔表面是另一种实例，复杂的白云岩化相加上裂缝造成了不整合面之下的储层。

四、产油气实例

如上所述，世界上最大的整装储层（沙特阿拉伯侏罗系阿拉伯区旋回层序）发育在粗粒沙洲颗粒灰岩及其相关的中陆棚相白云岩化粒泥灰岩中。Power（1962）进行了详细描述，Wilson（1975）又对区域相进行了描述。处在阿拉伯内克拉通和东部卡塔尔—Dirang—Namak 高地（在卡塔尔半岛和伊朗海岸之下）之间的宽阔沙滩（6 个阿拉伯和 Jubaila 旋回中的每一个）包括中陆棚生物碎屑颗粒灰岩、一些鲕粒颗粒灰岩、极少量的泥岩和生物碎屑粒泥灰岩。该地区同样分隔开了北部的巴斯拉海槽和东南部的 Rub al Khali 盆地（图 7-14）。该地区的大型背斜包括加瓦尔、Abqaiq、Manifa、Khurais 和 Dukhan。这些侏罗系中的钻井产能异常大，粗粒碳酸盐岩颗粒灰岩中的初始石油产量可达 8000 ~ 12000bbl/d。卡塔尔 Dukhan 地区不太发育颗粒灰岩，井产量减半；再往东进入波斯湾海域，Id el Shargi 油田和 Maydan Mazdam 油田产层是阿拉伯区白云岩（部分潮间成因）。这些油田位于卡塔尔 –Dirang–Namak 高地和中陆棚环境之外的更为局限地区。值得注意的是，尽管该储层是由开阔陆棚环境中产生的未胶结砂构成，但是每个旋回的盖层则是由扩张进积、局限海和萨布哈蒸发岩形成的。

另一个巨大的碳酸盐岩陆棚沿 Trucial 海岸发育，北部与 Rub al Khali 盆地搭界。早白垩纪巨厚较纯的 Thamama 灰岩展布在波斯湾东部；陆棚地区的轮廓由 Wilson（1975）推测得出。层序始于 Trucial 海岸地区东西部的深海灰质泥岩（Habshan 或 Sulaiy 组），向上经过 300m 演化成白云岩化滩相，部分为潮间成因。上覆的 Lekhwair（图 7-17）和 Kharaib 单元代表总共约 500m 的白垩质、文石互层，局部致密、缝合灰质泥岩和粒泥灰岩，以及多孔的泥粒灰岩和颗粒灰岩（图 7-18）。孔隙度为粒间孔和粒内孔。颗粒类型包括：（1）含有无数团块的藻类和球粒型；（2）含有大量有孔虫的磨损生物碎屑岩屑。大量绿藻和一些红藻说明了正常海水循环和宽阔沙滩的发育。

Lekhwair 和 Kharaib 组中从东到西倾的陆棚上发育约 20 个这样的旋回（Hassan 等，1975）。该复合体被另一个旋回覆盖，该旋回发育分异性更强的相（Hawar 页岩—Shuaiba 灰岩）。Shuaiba 在 Thamama 顶部形成了独特的东西向藻台地，构成发育良好的、多孔厚壳蛤相。Shuaiba 顶部的大不整合面和深层盐丘上升的局部影响造成了 Thamama 上部沉积的大气水改造。南北方向横断 Trucial 中部海岸的台地中部蕴含着大量的油气。烃类来自 Thamama，但是在 Shaiba 和 Kharaib B 带顶部最为丰富。烃源最有可能是含沥青的 Hawar 页岩（Murris，1979）。Thamama 的一些油田（例如 Bab、Bu Hasa、Id el Shargi 和 Zakum）含有 10×10^8bbl 桶级的最终产量。发现主要集中在 1954—1970 年。

上面讨论的经详细研究的中陆棚碳酸盐岩地质实例（晚古生代 Leavenworth 和 Hueco 灰岩）为典

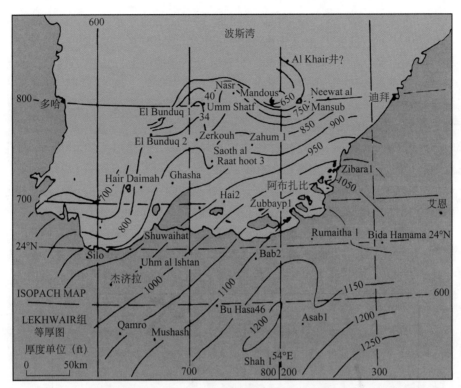

图 7-17　阿拉伯东部 Trucial 海岸下白垩统陆棚相 Thamama 群 Lekhwair 组厚度

（据 Hassan，Mudd 和 Twombley，1975）

注意：进入 Rub al Kali 盆地后厚度等值线单位翻倍

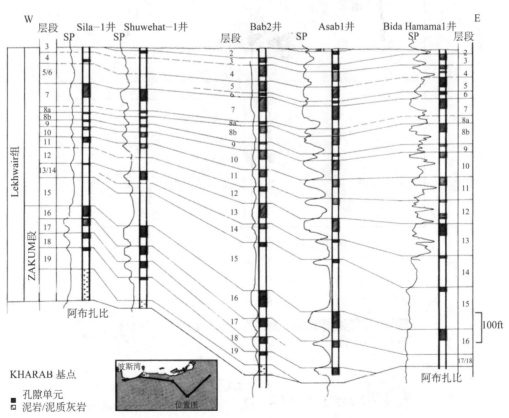

图 7-18　穿过阿拉伯联合酋长国的东西向剖面（据 Hassan，Mudd 和 Twombley，1975）

Thamama 群 Lekhwair 组；展示了早白垩世开阔陆棚颗粒灰岩和泥粒灰岩内的多套产层

型的浅水陆棚沉积，环绕着美国大陆中部和西南部的早宾夕法尼亚断块隆起。许多油田从这些碳酸盐岩地层内的生物建隆中产油。这些多孔和淋滤隆起包括得克萨斯中北部的 Scurry 郡复合体（美国大陆最大的油田）和沿陆棚边缘、陆棚内部或浅水宾夕法尼亚系盆地海上以塔礁形式分布的数以百计的小型孤立油田。宾夕法尼亚系和狼营阶陆棚大部分受控于开阔循环流，这一点可以从发现于海底灰岩和页岩中的普通腕足动物、海百合、珊瑚和苔藓虫推测出来。储集岩所含生物群更为特殊，主要包括叶状藻、结壳管状有孔虫、Tubiphytes 和刺毛虫。

Wilson（1975）和 Greenwood（再版）详细研究或阐述了许多油田。Greenwood 预计美国西南部地区宾夕法尼亚地层最终应该可以产出 80×10^8 bbl 原油。

Bass 和 Sharps（1963）对 Paradox 盆地周围宾夕法尼亚陆棚进行了很好的研究，其相分布情况参见图 7-19。该陆棚中旋回性的宾夕法尼亚地层在犹他州南部的 Monument 隆起中暴露出来。该拉腊米隆起的东部和北部，陆棚埋藏部分围绕着深层的 Paradox 蒸发盆地，含有众多的小油田（White Mesa、Desert Creek 和 Ismay）和一个大油田，Aneth（图 7-20）。储层是由大量叶状藻堆形成的，颗粒灰岩形成盖层（参见图版Ⅶ-40）。大气淡水淋滤穿过沉积物，溶解了文石组分的藻板并增加了孔隙度和渗透率。

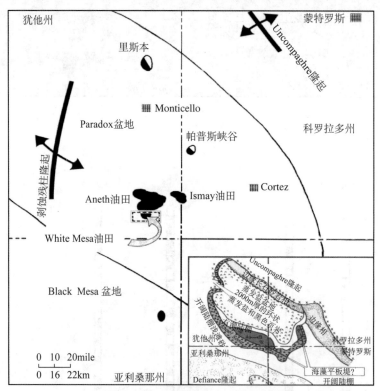

图 7-19　Paradox 盆地宾夕法尼亚期位置图和相分布

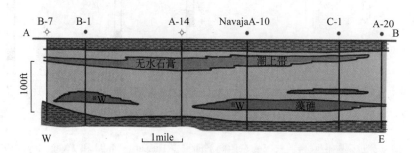

图 7-20　新墨西哥 Paradox 盆地穿过 White Mesa 油田和 Aneth 油田南部的东西向 A—B 剖面

在 Missouri 东南部的上寒武统碳酸盐岩中发育大量铅锌沉积，而这些铅锌又形成在 Ozark 隆起侧翼的鲕粒灰岩中。区域背景包括加拿大地盾南部宽阔稳定的砂质区（图 7-21）、经典的上白垩统（Croxian）地区。在南部，这些加拿大地盾沿岸砂演变成 Ozark 隆起侧翼的石灰岩和白云岩沉积，该隆起从早寒武纪到宾夕法尼亚纪发生幕式隆升（Thacker 和 Anderson，1977）。

密苏里的上寒武统剖面厚约 650m，含有底部砂 Lamotte 砂岩，之上又被以碳酸盐岩为主的巨厚层序覆盖。其中最古老的地层是含矿的 Bonneterre 组。在 Viburnum 方向，矿石的分布与 30mile 长、2mile 宽的上寒武统鲕粒带的几何外形有关（图 7-21）。这里的 Bonneterre 相是一种角砾化的、白云岩化的鲕粒颗粒灰岩。交错层理、暴露地表和丰富的内碎屑指示了鲕粒滩发生频繁出露。再往东，滩后中陆棚环境内，钻孔、白云岩化灰质泥岩和平面藻叠层石沉积在浅水、滩后潟湖中（Howe，1968）。内陆棚沉积叠置在 Ozark 隆起之上，该隆起当时的地形很高。在鲕粒滩前面沉积了灰质泥岩、粒泥灰岩和绿藻。

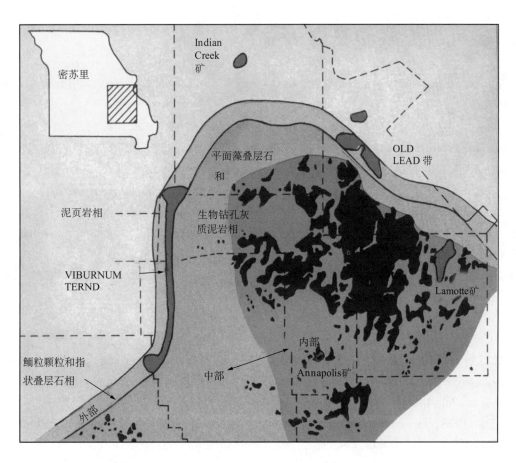

图 7-21　Missouri Lead Mining 地区东南部 Bonneterre 组（上寒武统）相展布

注意 Old Lead 带和"外陆棚环境"较新的 Niburnum Trend，它形成于 Ozark 隆起的侧翼，属于一个较大陆棚之内的小型陆棚系统；黑色区域指示前寒武系野外露头

整个体系可以被作为"陆棚中的陆棚"。因此，描述内陆棚、中陆棚和外陆棚环境的基本要素时所使用的比例是不同的。在大比例下，从加拿大地盾附近的内陆棚砂岩相到中地台区中陆棚的混合砂岩—石灰岩相存在一种进积。在 Ozark 隆起周围，陆棚中发育的类似相从隆起核心的前寒武系花岗岩中发育起来。因此，Bonneterre 鲕粒滩是一种局部外陆棚沉积，但是，从更大的尺度来看，则是一种形成在局部高地侧翼的中陆棚颗粒滩。

参 考 文 献

Amsden, T. W., and T. L. Rowland, 1967, Silurian–Devonian relationship in Oklahoma, *in* International symposium on the Devonian system, Vol. 1: Calgary, Alberta Soc. Petroleum Geols.

Asquith, G. B., 1979, Subsurface carbonate depositional models; a concise review: Tulsa, Petroleum Pub. Co., 121 p.

Ball, M. M., 1967, Carbonate sand bodies of Florida and the Bahamas: Jour. Sed. Petrology, v. 37, p. 556–591.

Bass, R. O., and S. L. Sharps, eds., 1963, Shelf carbonates of the Paradox Basin: 4th Field Conf., Four Corners Geol. Soc., 273 p.

Beach, D. K., and R. N. Ginsburg, 1980, Facies succession, Plio–Pleistocene carbonates, northwestern Great Bahama Bank: AAPG Bull., v. 64, p.1634–1642.

Becher, J. W., and C. H. Moore, 1976, The Walker Creek Field, a Smackover diagenetic trap: Trans., Gulf Coast Assoc. Geol. Socs., v. 26, p. 34–56.

Claypool, G. E., and P. R. Reed, 1976, Thermal–analysis technique for source rock evaluation; quantitative estimate of organic richness and effects of lithologic variation: AAPG Bull., v. 60, p. 608–612.

Dunham, R. J., 1970, Stratigraphic reefs versus ecologic reefs: AAPG Bull., v. 54, p. 1931–1932.

Enos, Paul, 1982, Restricted shelves, bays, lagoons, *in* P. Scholle, D. Bebout, and C. Moore, eds., Carbonate depositional environments: AAPG Mem. 33, this volume.

Fisher, W. L., and P. U. Rodda, 1969, Edwards Formation (Lower Cretaceous), Texas; dolomitization in a carbonate platform system: AAPG Bull., v. 53, p. 55–72.

Gehman, H. M., Jr., 1962, Organic matter in limestones: Geochim. et Cosmochim. Acta, v. 26, p. 885–897.

Ginsburg, R. N., R. Rezak, and J. L. Wray, 1972, Geology of calcareous algae: Univ. of Miami, Miami, Fla., Sedimenta 1, Comp. Sed. Lab., 40 p.

Greenwood, E., in press, Pennsylvanian production in southwest U.S.A.: Urbana, I 11., Proc., 9th Intern. Carboniferous Cong.

Griffith, L. S., M. G. Pitcher, and G. W. Rice, 1969, Quantitative environmental analysis of a Lower Cretaceous reef complex, *in* G. M. Friedman, ed., Depositional environments in carbonate rocks: SEPM Spec. Pub. 14, p.120–138.

Harris, L. D., 1973, Dolomitization model for Upper Cambrian and Lower Ordovician carbonate rocks in the eastern United States: Jour. Research, U.S. Geol. Survey, v. 1, p. 63–78.

Hassan, T. H., G. C. Mudd, and B. N. Twombley, 1975, The stratigraphy and sedimentation of the Thamama Group (Lower Cretaceous) of Abu Dhabi: Dubai, 9th Arab Petroleum Cong., v. 107 (B–3) p. 1–11.

Hine, A. C., and A. C. Neumann, 1977, Shallow carbonate bank margin growth and structure, Little Bahama Bank, Bahamas: AAPG Bull., v. 61, p. 376–406.

Houbolt, J. J. H. C., 1957, Surface sediments of the Persian Gulf near the Qatar Peninsula: Utrecht, Netherlands, Univ. Utrecht, Master's thesis, 113 p.

Howe; W. B., 1968, Planar stromatolite and burrowed carbonate mud facies in Cambrian strata of the St. Francois Mountain area: Mo. Geol. Survey and Water Resources, Rept. Inv. 41, 113 p.

Irwin, M. L., 1965, General theory of epeiric clear water sedimentation: AAPG Bull., v. 49, p. 445—459.

Jordan, C. F., Jr., 1973, Carbonate facies and sedimentation of patch reefs off Bermuda: AAPG Bull., v. 57, p. 42—54.

Jordan, C. F., 1975, Lower Permian (Wolfcampian) sedimentation in the Orogrande Basin, New Mexico: 26th Field Conf. Guidebook, New Mexico Geol. Soc., p. 109—117.

Jordan, C. F., and J. L. Wilson, 1971, The Late Paleozoic section of the Franklin Mountains: Field Conf. Guidebook, Permian Basin Sec., SEPM, p. 77—86.

Jordan, C. F., T. C. Connally, Jr., and H. A. Vest, in press, Upper Cretaceous carbonates of the Mishrif Formation, Fateh Field, Dubai, U.A.E., in P. O. Roehl and P. W. Choquette, eds., Carbonate petroleum reservoirs: New York, Springer—Verlag Pub.

Kerr, R. S., 1977, Development and diagenesis of a Lower Cretaceous bank complex, Edwards Limestone, north central Texas, in D. Bebout and L. Loucks, eds., Cretaceous carbonates of Texas and Mexico: Austin, Tex., Bureau Econ. Geology, p. 216—233.

Meyerhoff, A. A., and C. W. Hatten, 1974, Bahamas salient of North America: tectonic framework, stratigraphy, and petroleum potential: AAPG Bull., v. 58, p. 1201—1239.

Murris, R. J., 1979, Hydrocarbon habitat of the Middle East, in A. D. Miall, ed., Facts and principles of world petroleum occurrence: Can. Soc. Petroleum, Geols., Mem. 6, p. 765—800.

Palacas, J. G., 1978, Preliminary assessment of organic carbon content and petroleum source rock potential of Cretaceous and Lower Tertiary carbonates, South Florida Basin: Trans., Gulf Coast Assoc. Geol. Socs., v. 28, p. 357—381.

Perkins, B. F., 1974, Paleoecology of a rudist reef complex in the Comanche Cretaceous Glen Rose Limestone of central Texas, in Geoscience and man, v. 8, Aspects of Trinity Division Geology: Baton Rouge, La. State Univ. School Science, p. 131—173.

Pontigo, F. A., Jr., et al, 1979, South Florida's Sunniland oil potential: Oil and Gas Jour., v. 77, p. 226—232.

Powers, R. W., 1962, Arabian Upper Jurassic carbonate reservoir rocks, in W. E. Ham, ed., Classification of carbonate rocks, a symposium: AAPG Mem. 1, p. 122—192.

Purdy, E. G., 1961, Bahamian oolite shoals: AAPG Bull., v. 45, p. 53—62.

Purdy, E. G., 1974, Karst—determined facies patterns in British Honduras: Holocene carbonate sedimentation model: AAPG Bull., v. 58, p. 825—855.

Rose, P. R., 1972, Edwards Group, surface and subsurface, central Texas: Austin, Univ. of Texas, Bur. Econ. Geol., Rept. Invest. 74, 198 p.

Shaw, A. B., 1964, Time in stratigraphy: New York, McGraw—Hill Pub., 353 p.

Thacker, J. L., and K. H. Anderson, 1977, The geologic setting of the southeast Missouri lead district— regional geologic history, structure, and stratigraphy: Econ. Geology, v. 72, p. 339—348.

Toomey, D. F., 1969a, The biota of the Pennsylvanian (Virgilian) Leavenworth Limestone, mid— continent region, part I; stratigraphy, paleogeography, and sediment facies relationships: Jour. Paleontology, v. 43, p. 1001—1018.

Toomey, D. F., 1969b, The biota of the Pennsylvanian (Virgilian) Leavenworth Limestone, mid— continent region, part II; distribution of algae: Jour. Paleontology, v. 43, p. 1313—1330.

Toomey, D. F., 1972, The biota of the Pennsylvanian (Virgilian) Leavenworth Limestone, mid—continent region, part III; distribution of calcareous foraminifera: Jour. Paleontology, v. 46, p. 276—298.

Wilson, J. L., 1970, Depositional facies across carbonate shelf margins: Trans., Gulf Coast Assoc. Geol. Socs., v. 20, p. 229—233.

Wilson, J. L., 1974, Characteristics of carbonate platform margins: AAPG Bull., v. 58, p. 810—824.

Wilson, J. L., 1975, Carbonate facies in geologic history: New York, Springer—Verlag Pub. 439 p.

第八章 礁 环 境

生长于海床上的礁体是一个由自身创造的沉积体系。蕴藏大量有机质的大型钙质碳酸盐岩生长在祖先的遗骸上，它们或是被围绕，或是经常被生活在底部或两个礁体之间的数目众多的微小生物遗骸所掩埋。

由于礁体由生物体所组成，因此化石礁体是古生物信息的储藏室。现代礁体是研究海底生态学的天然试验室。而且，被埋藏于地表下的化石礁体包含与其他类型沉积岩相比更为丰富的油气藏。这两个相对独立的原因导致与其他类型沉积相比，生物礁被古生物学家和沉积学家更为细致的进行了研究（图 8-1）。因此，当研究这些沉积物时，可以获得大量的、丰富的研究生物礁的数据。

图 8-1 生物礁的主要沉积相（据 James，1979）

与其他类型沉积不同，礁体不完全是物理沉积的产物，更大程度上是一定期间内生长的生物集合体的物理表现。这些集合体在地质时期内发生改变，因此，任何时间形成的礁体必定不同于几百万年沉积的其他礁体。因此，任何礁体间存在着大量的不同之处，不仅仅是现代礁体和古代礁体之间的对比，而且在不同礁体之间也存在着差异性。在接下来的文字中，不同类型现代礁体的属性被刻画出来。这是大西洋哥尔本地区的例子，这个地区笔者非常熟悉。本章接下来是针对用于描述古礁体的术语方面的讨论。然后是对这些生物结构特征进行综合分析。在研究碳酸盐岩的结构和组构方面，本章应用了大量现代和古代礁体碳酸盐岩的实例。

第一节 生物礁灰岩的分类

在讨论沉积本身之前，针对不同类型生物礁体碳酸盐岩的分类必须有确定的标准。因为礁是由大量的成分组成并且由生长的生物形成，因此不是物理沉积，所以 Flok（1962）和 Dunham（1962）的分类是经不起实践考验的。Folk 认识到礁灰岩的不同并称之为生物灰岩，认为这是一个概况性的术语，这些岩石应该被精细划分。另一方面，Dunham 建议用粘结岩这一术语显示沉积过程中粘结的现象。最翔实和被广泛采纳的分类方案是 CALGARY 大学 Embry 和 Klovan（1971）对 Dumham（1962）分类进行改良提出的碳酸盐岩砂岩和泥岩的修改方案（图 8-2）。他们认为存在两种类型的礁灰岩：异地碳酸盐岩和原地碳酸盐岩。异地碳酸盐岩等同于细粒沉积，但是增加了两个大类包含着更大的颗粒。如果超过 10% 的颗粒大于 2mm 并且是基质支撑的为漂浮砾石，如果是碎屑支撑的为砾屑岩。原地生物灰岩有更多的解释，骨架岩包括原地的大量化石形成的支撑格架；粘结岩包括原地的薄层状或是纹层状的化石，它们通过在沉积过程中结壳或是把沉积物粘结在一起而形成；障积岩包括原地的、杆状化石通过障积作用捕获沉积物而形成。

图 8-2　Embry 和 Klovan（1971）所划分的不同类型的生物礁灰岩（据 James，1979）

第二节　现代生物礁

现代海洋中生物礁最常见的是种类繁多、浅水生长于大西洋哥尔本和印度—太平洋的珊瑚礁体。在地质记录中，生物礁或碳酸盐岩建造有更广泛的概念。在现代礁体研究中，不仅仅要囊括熟悉的珊瑚礁体，而且也应包括更为丰富的其他骨架钙质碳酸盐岩。这种广泛的定义包括其他浅水礁体，它们大部分为藻类、枝状珊瑚、也包括钙质藻类、大多数灰泥岩以及深水沉积的珊瑚建造和骨架沉积。

一、生物礁沉积动力学

现在任何生物礁的状态都是在大量骨架生物向上生长和这些生物由于钻孔、啃食等方式被连续破坏以及由于快速生长、快速死亡、粘结而成的丰富沉积物过程之间的平衡关系（图 8-3）。

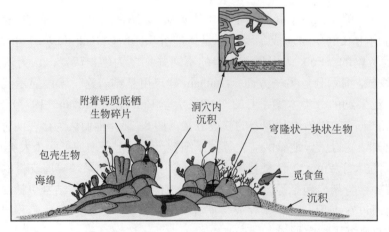

图 8-3　生物礁体上生物的多种形态（据 James，1979）

大型骨架礁体死后通常原地保存，除非是由于其发生生物侵蚀变得脆弱后由于风暴作用发生坍塌。

这些造礁生物不规则的形态和生长习性导致了礁体内屋脊状洞穴的形成，这些洞穴可能生存着更小的附着钙质生物，它们中的一部分可能完全被细小的内部沉积填充。外壳在死亡体表面生长进而有助于结构的固定。枝状造礁生物经常原地保存，但是通常在礁体周围被打碎成为砾屑。

大多数礁体沉积产生于破碎的（如古生代或中生代的海百合、新生代的绿藻）或者没有破碎的（如双壳类、腕足类、有孔虫等）礁体破碎体上，它们生长在很多大型骨架礁体隐蔽处或裂缝中。沉积物的残留物通常是由丰富的生物腐蚀礁体产生的——钻孔生物（蠕虫、海绵、双壳类）产生了许多生物泥，或者由觅食生物（海胆、鱼）牧食产生的大量碳酸盐岩砂泥（图8-4）。

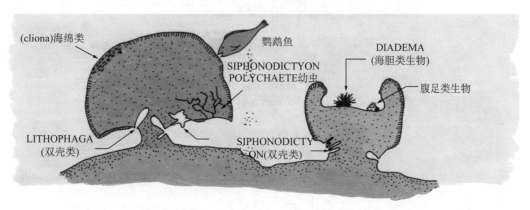

图8-4 两个珊瑚顶部及生物侵蚀特征（据 Ginsburg 和 James，1974）

这些沉积物沉积在礁体的周围作为一个围裙带，也可以过滤进入洞穴形成内部沉积充填，它们具典型的示顶底特征。

二、珊瑚—藻礁体

现代海洋广泛发育的礁体是由造礁珊瑚和钙质藻类建造。它们在常年有风作用的海岸、海岛或台地的迎风面得到最好的发育。古代礁体发育的不对称以及沉积相的分布特征都揭示了过去也是一样的情况。迎风面生物礁选择性发育的原因还尚未知晓，但沉积作用可能是最大的控制因素。

浅水造礁生物产生丰富的细粒沉积，但是主要的造礁生物由于它们是滤食或是微体捕食者，所以它们是不能容忍细粒沉积的存在。在开阔海域，迎风部位的细粒沉积将不断地被冲走。

在沿岸波浪冲洗下礁体的生长形成了天然挡风带的线性堡礁。如果陆架狭窄，这种结构仅仅沿着岸线，因此，又称岸礁。由于开阔海浪和风暴浪被这些坝体阻挡，陆架和潟湖通常是相对平静的环境，仅仅受到风、潮汐流和大洋环流的影响。这类礁体通常是单个结构叫做补丁礁或潟湖礁体。

三、补丁礁

这种礁体（图版Ⅷ-1至图版Ⅷ-7，图8-5）在百慕大的记载特别多，下面是对 Garrett 和其他地区的总结（1971）。

百慕大补丁礁最小的元素是珊瑚丘（图8-6）；他们是珊瑚、藻类以及相关生物交替生长的产物，它们通常发育在砂质海床1～3m以上最大可达5m的范围内。大型的礁石由部分丘体联合而成的。这些礁体通常是不分带的，生长在20m左右的中、低水位。这些补丁礁的形态从塔状、墙状到微环状（它们围成一个小的砂底潟湖）。

珊瑚覆盖着10%～45%的硬地，组成礁体的40%～80%。礁体的大部分由穹隆状或块状珊瑚组成。礁顶的珊瑚丘主要是 *Montastraea* 珊瑚，*Diploria* 以及 *Porites astreoides*。千孔虫，一种具有外壳和叶片的钙质水蛭，在礁体表面和礁体顶部或者海底扇的分支上以及海船上形成硬壳。分支珊瑚（如 *Oculina* 和 *Madracis decactis*）生长在礁面附近。薄的碟状珊瑚（*Agaricia fragilis*）仅仅出现在悬挂突出物的底部或后面。圆面包状的海石花和 *Isophyllia* 生长在珊瑚丘基底附近。

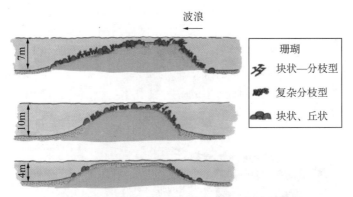

图 8-5　Glovers Atoll 潟湖珊瑚—藻补丁礁体上的主要珊瑚生物的不同发育特征
（数据来自 Wallace 和 Schafersman，1977，以及个人观察）

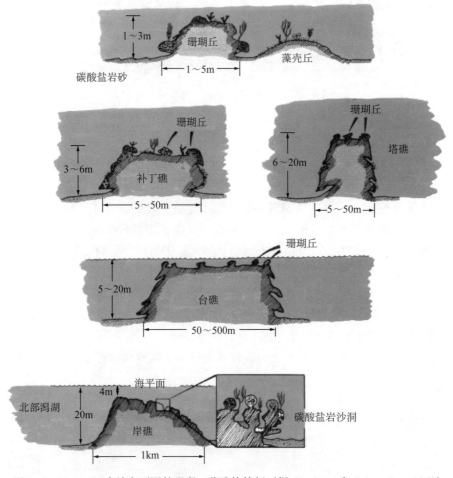

图 8-6　Bermuda 台地上不同的珊瑚—藻礁体特征（据 Ginsburg 和 Schroeder，1969）

　　多数的岩石表面覆盖着珊瑚藻，它们在死珊瑚和骨架角砾上形成结壳。其他结壳生物如苔藓动物和双壳类（猿头蛤、假旋脊、海菊蛤等）也很常见。

　　扇型藻和柔软的珊瑚生长在礁体表面。两种最常见的藻类（马尾藻和网孔贝）在地质上并不重要，因为它们没有钙质硬壳部分。类灌木钙质藻（*Stypopodium*、乳节藻、团扇藻、钙扇藻和小眼藻等）形成细粒沉积，而枝状结构（如角石藻、蟹手藻特别是仙掌藻）产生丰富的砂质沉积。低等腔肠类动物或软珊瑚（如柳珊瑚和 *Plexaurella*）也制造细砂级钙质针状凸起物。

钻孔生物可以在每一片从破碎礁体上破裂开的岩石上被发现。这些生物中最占优势的是钻孔蟹（*Lithophaga*、*Nigra*、*Spenglaria rostrada*）、多毛目环节动物、岩内藻和钻孔海绵（穿贝海绵和 Siphonodictyon）。针状棘皮动物（*Diadema antillarum*）在礁体表面牧食，而鹦鹉鱼类（*Sparisoma virde* 和 *S.abillgardi*）在植物表面牧食，从沟谷中吸食砂质，偶尔也咬食较硬的珊瑚和珊瑚藻。

这些礁体的内部有很多洞穴，它们是被生物从珊瑚内部钻孔而成或结壳生物不规则生长而形成。更大的洞穴（生长洞穴）是生物造成的，主要是珊瑚虫。在礁体内部烟囱、通道和洞穴的地下通道部分包含着不同种群的生物。在外部，洞壁是由双壳类生物（*Spondylus americanus*、珊瑚藻、龙介管藻和红色有孔虫 *Homotrema rubrum*）结壳形成的。随着礁内部凹进去部分的加深，由活生物形成的洞壁减少到零。Garrett 和一些科学家（1971）估计 30% ~ 50% 的礁体体积由开放洞穴和沉积充填占据。

礁体顶部沉积是由整块或破碎的珊瑚、珊瑚藻以及附着的 *Homotrema* 有孔虫、钙质藻类（如掌珊瑚）碎片、双壳类形成的粗—较粗的珊瑚砾屑和砂屑构成的，每一部分更大颗粒是由岩内藻以及珊瑚藻、腔肠动物和均孔虫的结壳组成的。很多礁体砂被从礁体表面冲洗并形成向潟湖坡度递减的沉积斜坡。距礁体 10m 或更远的距离，礁体成分的影响逐渐变小。沉积物的粒度沿沉积斜坡向潟湖方向迅速递减。细粒沉积或者经过滤进入礁体洞穴，那里沉积物是相当丰富的，或者在交替周围成带状散开。

在百慕大碳酸盐岩台地补丁礁上不同礁体和钙质藻类的分布具有一致性，而在其他区域则具有明显的分带性。伯利兹障壁岛和潟湖里的补丁礁以及环礁复合体都很好地显示了这种情况（图 8-6）。在很多地区，分带性是珊瑚迎风面比背风面丰富生长现象之一（Shinn 等，1977）。此外，也有人称之为结构的不对称性，珊瑚是明显分带的。

大多数情况下，补丁礁上形成的大量石灰岩主要是从格架礁体向具有示顶底洞穴充填的粘结岩转化，有时是泥粒岩。礁体为生物骨骼，主要是绿藻和红藻、有孔虫和珊瑚砾石和粒状岩石。在岩石记录中，海百合骨架颗粒通常代替钙质藻类。这些结构逐渐向更多泥质或纹层状沉积转化。

四、台地边缘礁

沿着台地边缘的礁体（图 8-7）从几乎连续的障壁转化为孤立的珊瑚礁体无规则的沿着边界分布。在很多地区，如百慕大，平台的边界在水里 5m 或更深的水域，海底被广泛生长的珊瑚覆盖（图 8-5 显示平坦的边界），大量的半球状群生于藻杯珊瑚表面。通常情况下，台地边缘礁体（如同从空中看到的一样）是真正的障壁礁、分带性好的复合礁体以及从它们产生的沉积物共同构成（图版Ⅷ-8）。复合礁体最浅的部分是礁冠，生长在破浪带。大多数的珊瑚—藻礁体在礁冠向海的方向被发现，它们不规则地生长在被称为礁前的斜坡部位。珊瑚和藻生长带向海和向盆地方向是前礁，这个地区由礁的破碎体、碳酸盐岩砂体、石灰岩块体以及珊瑚碎片共同组成，也有大量不同种类的深海生物。礁冠的背风面是一个浅水带，在低潮期经常发生冲洗，称之为礁坪。台地边缘复合体经常被交叉于礁体的潮道分隔开，骨架砂体有时向盆地方向沿这些潮道聚集（图 8-8、图版Ⅷ-9）。

1. 礁顶带

在生长期的任何阶段这部分都是礁体最高的部分，如果是在浅水里则是礁顶接受大多数风浪的能量。礁顶的成分主要是取决于风浪的等级。在风浪作用强烈的地区，只有那些结壳的生物（通常形成层状结构）才能存活。在波浪作用中等强度时，结壳结构仍然占主导地位，但也常有刃状的或具备短粗的枝状。在局部能量中等的地区，虽然群落仍然具有低多样性，半球状或块状常与枝状礁体的破碎块体同时存在。这三种情况下形成的岩性主要是粘结岩和骨架岩（图版Ⅷ-10）。

2. 礁前带

这个带从碎浪带到不确定的深度，通常不浅于 100m。现在礁体通常是陡崖，由生物骨架生长带递减到前礁的细粒沉积。直接比较现代礁体和古代礁体是困难的，这是因为现今海底从海底碎浪带到大

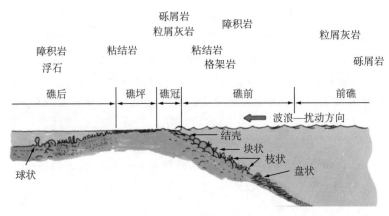

图 8-7　分带陆架礁体的横切面（据 James，1979）

显示了每个带不同的生物灰岩发育特征以及不同的造礁生物；许多现代礁体中，礁冠为大型枝状珊瑚 *Acropora palmata* 占据，
这个区域化石记录是非常稀少的

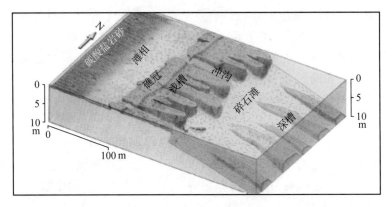

图 8-8　浅水 Belize 坝礁边缘主要的地貌要素（据 James 等修改，1976）

约 12m 深度通常由枝状结构生物（如鹿角珊瑚等）占据，这些生物仅在现代（晚更新世）发育，而在古代很少发现这种枝状结构，代替之最丰富的结构是块状、纹层状或半球状骨架，这些结构形成格架岩，有时形成粘结岩。这个地带通常有一个显著特征的地貌被称为沟槽，是由一系列的线性礁脊向海展布形成以及被沉积物输送通道相互分开。这些在浅水发育较好或者在斜坡上发育。这个区域大部分可以发育丰富的生物，这些生物形态上从半球状到枝状、柱状、分枝状、片状。次要的生物和洞穴生物（如腕足类生物、双壳类生物、珊瑚藻类和绿色碎裂钙质藻类）是常见的。现代生物礁的造礁生物主要是珊瑚，这个区域通常延伸到 30m 左右的深度。该区域主要的岩石类型依然是骨架岩但是粘结岩和障积岩也较为发育（图版Ⅷ-11、图版Ⅷ-12）。

低于 30m 左右的深度，波浪影响几乎不存在并且光线减弱。许多造礁生物的响应是增大它们的表面区域（仅仅发育较小的基座不发育大而精细的碟状形态）。这个区域的岩性看来像粘结岩。但是粘结并不占主要地位（图版Ⅷ-13 至图版Ⅷ-15）。

在现代珊瑚礁上的绿色钙质藻类和珊瑚生长的最深区域大约为 70m。这个下限可以取决于许多因素，最重要的因素也许是沉积，所以该下限在化石珊瑚礁的解释中应谨慎使用。

礁前沉积有两类：（1）礁结构内部的沉积，如石灰泥，岩石灰质泥岩加入到粒泥灰岩中胶结；（2）粗砂和砾岩沿礁间潮道向海里输送。这些后期沉积在古礁体中很少有发现。

现代礁体大量观察显示，产生于礁前的上部和礁冠上的大多数沉积物由于风暴等事件输送并聚集在礁冠的边缘部位。可是，礁前的下部和礁间的沉积物被运输到前礁带。仅仅当有潮道穿过礁体时浅水物质被分配到前礁带。

3. 礁坪区

礁坪区从层状胶结、夹杂破碎砂砾的骨架碎片到珊瑚藻瘤状沉积、灰质浅滩都有发育。砂体主要是钙质藻类如仙掌藻，它发育向海的礁顶。砂质浅滩也可能发育在礁坪的边缘。波浪的反复作用可能把砂冲刷成沙岛。这些障碍在礁顶附近创造很小的保护环境。这个区域的水很浅（最多只有几米深）并且破碎的造礁生物是很常见的。这种岩石类型有从清洁的骨架砂砾到细砾石等类型。

4. 后礁带

在礁坪的边界部位，环境相对稳定，大多数泥质为形成在礁顶的悬浮物质。这些与泥质和砂质底部生物（如钙质绿藻、腕足类生物、介形虫）共生，通常产生富泥岩性。这个环境最常见造礁生物的两种增长习惯是粗短型和枝状，经常是丛状（图版Ⅷ-16）和多节状，或者大型的球状样式（常发育于经常发生动荡和安定泥质沉积阶段的基底上）。这种岩石类型是障积岩和浮石，偶尔出现带骨架碎屑的格架岩（图版Ⅷ-17至图版Ⅷ-19）。

5. 早期成岩作用

两种过程影响着台地边界礁体沉积（在细节上和在岩石记录上可以识别）是早期胶结和生物侵蚀。

早期胶结，由镁—钙（如结晶环以及泥晶灰岩）（图版Ⅷ-20、图版Ⅷ-21）和（或）文石（如骨针和球状结构）组成（图版Ⅷ-22、图版Ⅷ-23），在向海的礁体上很常见。这些胶结物出现在礁上、礁下的岩墙上，有时候是礁前，也有时候是礁坪上的砾石（图版Ⅷ-24至图版Ⅷ-26）。

生物侵蚀（图版Ⅷ-27至图版Ⅷ-30），在潟湖礁体中十分常见，在早期成岩阶段常出现的是创造新的基底，经常随时间改变礁灰岩沉积结构（图版Ⅷ-31、图版Ⅷ-32）。这一过程包括重复的被海绵、双壳类其他石内寄生生物、死亡的生物形成的钻孔以及由于沉积作用、沉积物的石化形成的充填，之后其他生物重新钻孔而形成。

五、藻杯礁

高度10m左右和直径几十米的杯型珊瑚体（图版Ⅷ-33至图版Ⅷ-38）在百慕大、由卡坦半岛和巴西以及一些岛屿向海方向边缘部位的坡折、陆架以及台地边缘位置十分常见。

最好的例子在百慕大（Ginsburg 和 Schroeder，1973）。从空中看，这些杯型礁有圆形的、椭圆形的、扁平的或者新月形的。所有的这些例子都具有一个抬高的边缘，在低潮期遭到冲刷并且围绕着一个中心凹陷，一个微型的潟湖，经常只有几米深，有时候也可以达到5m深度（Lams，1970）。在三维上，这些生物礁是杯型或花瓶状，带着一个向内斜的边界。许多杯型礁的底部有一个砂质的凹底和许多直径在1m左右的洞穴。

观察水下杯型礁最令人印象深刻的是它们稀疏的生长状态。许多黄—棕色的千孔虫层状生长并会在直径上突出几个厘米的突起。也经常出现更小的结壳和丘型珊瑚（如 *Diploria*，*Porites astreoides*）以及丛状生长的褐藻（*Stypopodium* 和 *Sargassum*）。最常见的现象是被零星生物覆盖的块状礁体。更近的观察发现，礁体表面几乎是结壳藻珊瑚和千孔虫的活着的表皮并且有很多腹足动物生存。从杯型礁表面样本分析可以看出，碳酸盐岩组成最主要是结壳珊瑚藻（千孔虫和附着的 Vermetid 腹足类）。这些结壳生物的相对比例也是多变的，即使是在较大的手标本上。但是薄层生长的结壳藻类和镶入的腹足动物通常要覆盖 2/3 的表面积。

通过解剖一些藻杯珊瑚，Ginsburg 和 Schroeder（1973）发现它们是由结壳生物共生创造的，最主要的是结壳珊瑚藻、结壳水螅虫类（千孔虫）和附着的腹足动物（*Dentropoma irrgeularae*）。

藻杯礁体的生长格架是一个宽广的空间——大、中尺寸的格架和遮蔽孔隙、双壳类和海绵类的钻孔、粒内和粒间空隙。丰富的游走和固着生物生活在这些孔隙中（如有孔虫、*Homotrema rubrum*），大多数附着生长的洞穴生物，大量底栖有孔虫和介形虫的壳体十分常见。枝状珊瑚藻、藤壶类、双壳类、非造礁型珊瑚、苔藓虫和潜穴甲壳生物十分丰富。

活体表面下几十毫米开始，在这些大量的孔隙中充填着沉积物。礁体表面形成的粗粒骨架砂体具有典型的大型孔洞；带有浮游有孔虫和浮游藻类结壳的灰泥经常出现在小孔隙中。礁体内部的大多数样本显示多期次的内部沉积作用，它们在尺寸、组成和颜色方面都十分丰富多彩。砂级沉积物被频繁和强烈的波浪作用带入孔隙中；灰泥则在更小的洞穴中聚集，少数在水流动荡的洞穴中保持。

内部沉积物的胶结物和周围格架的生长开始于活体表面以下几厘米。这种现象十分普遍，因此大理石般坚硬的礁岩发育在礁体表面半米左右的范围内。胶结物主要是钙—镁质。杯型礁的岩石类型主要是珊瑚藻——带有大量孔隙的珊瑚粘结岩部分充填了多期具有示顶底特征的沉积。

六、滨岸沉积的枝状珊瑚和藻类

沿着佛罗里达州珊瑚礁的近岸带地区，珊瑚以一系列的浅滩为主要特征（图版Ⅷ—39 至图版Ⅷ—43，图 8-9、图 8-10），这个区域被钙质藻和枝状藻所覆盖。浅滩（3km 长和 1km 宽）大致与佛罗里达平行，仅高于周围海底 4m 左右，在低潮期发生暴露。它们被大量的礁和浅滩保护免受广海海浪的冲刷，但是它们还是被来自东北方向的风浪冲刷。

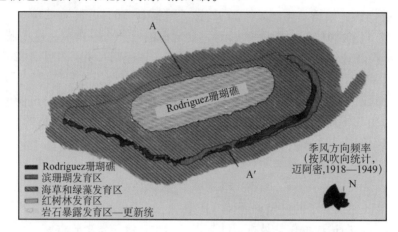

图 8-9　佛罗里达州 Rodriguez 堡礁碳酸盐岩骨架发育带

狭窄的礁缘或向风岸边缘由数量众多的小型枝状珊瑚（*Porites*）和枝状珊瑚藻（*Goniolithon*）组成；剖面 A—A' 指示的是图 8-10，由 Soc.Econ. Paleontologists 和 Mineralogists 授权

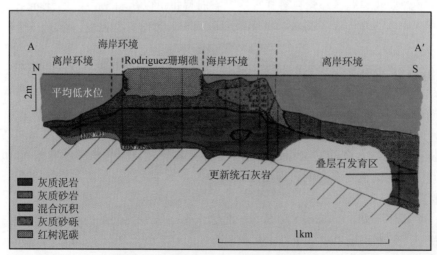

图 8-10　佛罗里达 Rodriguez 珊瑚坝的剖面（据 Turmel 和 Swanson，1976；由 Soc.Econ. Paleontologists 和 Mineralogists 授权）

所有的浅滩都显示明显的区带性（图版Ⅷ—39）。向风边界（面向东）是一个分支状指型珊瑚（*Porites porites var.divericata*）和枝状嫩枝型珊瑚藻（*Goniolithon strictum*）的发育带。浅滩的表面是

海草花园，主要是厚层海藻（*Thalassia testudinium*）、钙质绿藻（*Halimeda，Acetabularia*）、双壳类、潜洞型甲虫类。周围水域顺岸方向是相似的生物群落，但具有大量的海胆和大型海绵。

许多浅滩具有复合型的内部结构，早全新世泥质浅滩核心区镶嵌着 2 ~ 3m 的珊瑚 / 藻类沉积（图 8-10），而其他的全部都是珊瑚和藻类。

由于对浅滩沉积最有贡献的生物体是枝状的和碎片状的，通常是被打碎而沉积下来的珊瑚和藻的格架。浅滩的核心显示大多数向风边界是枝状珊瑚浮石和砾石（仙掌藻和枝状红藻），颗粒灰岩到泥灰岩充填。浅滩顶部的水下沉积是浅屑仙掌藻和角石藻以及双壳类泥粒灰岩到粒泥灰岩。

七、线性泥质浅滩

海底 3 ~ 4m 发育的灰泥在佛罗里达湾和伯利兹背风侧都有文献记载。佛罗里达湾被浅水、水下线型泥质浅滩划分成一系列的湖泊（图版Ⅷ-43、图版Ⅷ-44）。湖底包括很多软体动物的介壳碎片和更新统基岩上厚壳蛤扰动泥岩。

在低潮期浅滩顶部遭受冲洗并被厚层海草（*Thalassia testudinium*）覆盖。它们经常被红树林小岛覆盖，且经常被潮道切割。浅滩有效地截切上风向和下风向（图 8-11）；迎风向有被骨架外壳覆盖的陡坡，而背风向是由厚的海草毯和泥质沉积构成的缓坡。带有正地貌的裸露地区是带粪球泥质沉积，并且具有地貌的不对称性，并且被低地貌的条纹所分割。泥滩被风面的暗礁发育比较普遍。大多数沉积物是由根系和根状茎形成的钻孔以及穿孔骨架粒泥灰岩组成（*Thalassia*）。

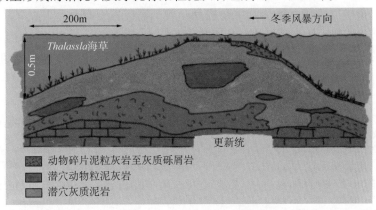

图 8-11　过佛罗里达湾的剖面（据 Enos 和 Perkins，1979，修改；美国 Geol. Soc. 授权）

八、深水碳酸盐岩建造

在这些区带的末端，应用地震、挖掘以及水下直接观察显示在佛罗里达海峡（Neumann，Kofoed 和 Keller，1977）600 ~ 700m 深度下发育的 100m 长、50m 高的隆丘（图 8-12）。这些礁丘体是表面坚硬的结壳由泥质和砂质岩化而成的，因此叫做岩礁。

礁丘从平坦的海底长出来，由硬底和波纹状、多泥质的骨骼砂体组成（远洋有孔虫和翼足类）。最常见的生物群是茎状海百合和海笔。海百合可以适应 2 ~ 7cm/s 的底流流速。

图 8-12　佛罗里达州东北部海峡 600 ~ 700m 深水碳酸盐岩泥丘或礁丘理想模型（据 Neumann 等，1977；美国 Geol. Soc. 授权）
根据深水观察艇 ALVIN 上的潜水员描述绘制的；硬底部分被泥质碳酸盐岩砂体覆盖；泥丘上生物丛生共同构成了海底岩化沉积物的结壳部分

礁丘较陡的一边，明显的较长、有光滑的边界和不规则的顶部。礁顶通常是丰富的深水生物（无茎的海百合、枝状的非造礁珊瑚、海绵和腔肠动物）聚集区。

单层或壳是 10 ～ 30cm 厚并且具有丘状的形态。每个壳体的顶部都是光滑的。在暴露的顶界面上沉积物更强烈的胶结并且向底部胶结物变少且更不规则。介壳间的孔洞由于软沉积物和钻孔作用而减少，如果后来被结晶充填，可能在岩石记录中形成似层状晶洞结构。

岩石从泥质支撑到粒质支撑珊瑚生物泥晶灰岩再到远洋浮游有孔虫最后到生物球粒泥晶灰岩。微球粒在沉积物中十分常见，岩石以锰污染为特征，示顶底充填，多期生物钻孔和沉积充填。沉积物被镁—钙微晶充填并且被海绵强烈的钻孔。

第三节　古代生物礁

一、概述

当游泳时或从飞机上向下看时很容易识别出现代礁体和浅滩，整体上在岩石记录中是很不同的（图 8-12）。有很多复杂的原因但是最复杂的因素是时间。第一，我们观察最多的是垂向上从采石场开采墙面、山体的暴露、公路切面、钻井岩心或者横切面，所有的这些都显示礁体作为石灰岩体的结构是在不同时间形成的。第二，生物是不断变化的并随着时间再演化。因此不同时期的造礁生物不同。另外一个复杂的要素是成岩作用，礁体的主要成分让我们可以区分礁体生长的不同阶段并且不同相可能多数被白云石化或被溶蚀。最后的因素是暴露—覆盖，构造和部分钻井经常导致只能看到整个结构的部分图像，因此整个礁体的几何形态很难确切识别。所有这些结果要求我们对礁体和类似礁体的描述应该十分谨慎。可能最好和最严格的方法是首先描述石灰岩的形态和尺寸。如果可能的话，在内部结构精细测试的基础上，确定它的起源、演化和构造。

导致术语上混淆的另一个因素是尺度上的误解。早古生代或白垩纪完整礁体是由多种生物形成的。显示生长的几个阶段可能只同侏罗纪和更新世的单个礁体一样大的。

正是由于这些复杂的原因，关于化石礁体命名问题的争论普遍存在于各种碳酸盐岩相关文献中。为了更细节的了解这个问题，有兴趣的读者可以参考 Nelson 等（1962）和 Heckel（1974）的学术讨论。

生物礁一词长时间以来都是十分有用的术语，用于描述镶入不同岩石内的透镜状的有机生物（图 8-13）（Cummings，1932）。这些结构应该与生物层区分开，生物层是纯粹的层状结构，比如贝壳层、富珊瑚层以及那些由沉积生物组成和建造的没有形成丘状和透镜状的结构（图 8-13），Wilson（1975）使用术语"碳酸盐岩建隆"描述局部的碳酸盐沉积，它可能被描述成地貌形态。这个术语可能没有参考这些结构的组成和尺寸，比如碳酸盐岩建隆可以由生物礁和生物层组成。

图 8-13　生物礁体之间几何形态不同的示意图

碳酸盐岩骨架层状发育，生物礁、丘呈透镜状发育在不同的岩性中

Dunham（1970）建议将岩石中不同的碳酸盐岩建造分为两类。第一种叫做地层礁体或侧面厚度有限的块状纯碳酸盐岩（图 8-14）。这个概念在于它的客观性和建隆的几何形态。另一方面，生态礁体是坚硬的、抗浪的地貌结构，是由活动的建隆和沉积粘结生物建造而成（图 8-14）。这些粘结物必须是有机的或是无机的。地层礁体包括生态阶段。

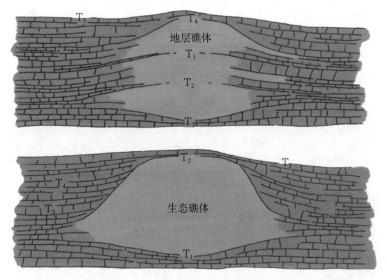

图 8-14　地层礁和生态礁示意图

地层礁是厚的，后期被块状体叠加限制，个别的暴露于海底之上；而生物礁是某一时期形成的坚硬的抗浪地貌结构

当分析岩石记录的过程时，事实上它可能是叫做地层礁体和由局部地层礁体及生长中在海底上地貌很小或很少变化的生态礁体。

生态礁经常被用到，有机建隆和抗浪地貌结构的先决条件是不平静的环境。这个概念来自于 Lowenstam（1950）在学术论文中对尼亚加拉区域志留系礁体的讨论，在那里他感觉到骨架建造的潜在生物生长和沉积粘结生物建隆的抗浪结构来定义礁体。如果这个概念生硬的被使用，许多现代礁体可能无法限定，因为大多数没有有机物的约束，特别是台地内部和深水沉积环境中（在那里没有波浪）。此外，许多生物礁是由原地生物碎屑和不是很抗浪的沉积物组成。另外一个方面，化石建隆是由精细的枝状生物组成，它们没有出现在水面，没有抗浪能力，很早被胶结并且在生长期具有坚硬的石灰岩结构。事实上，生态礁的概念应被谨慎应用和严格定义。

可能有用的另一类是用地层礁体的概念来定义，但是礁体概念的应用和礁丘在下一部分将被介绍，结构的组成已经确定了。

二、礁灰岩

很清楚，解释化石礁和礁复合体的关键在于尽可能的获得建造礁体的石灰岩的更多信息。这类礁灰岩最确切的描述是十分必要的第一步。几种其他的观察结果，比如（1）生物建造的相对多样性，（2）礁建造的生成结构，（3）内部沉积和胶结也需要完整的图片。

1. 生物建隆的多样性

根据生长形态和类型造成的多样性生物群出现了，当生物群被很好地建造和生长条件是优越的，也就说营养供应充分，而化学和物理压力比较低。在这样优越的环境下，多种生物的分类主要是由于复杂的生物控制作用。

对比之下，低生物多样性的环境通常可以分为三类：不可预测的环境、新环境（生物移聚到新的环境）以及特殊的环境（高化学和物理压力）。所有这些因素中，应力适中和化石礁体建造群落最可能的是：（1）温度和盐度的动荡，大多数现代的和古代的礁体建造生长在自然盐度的热带海水中；（2）强烈的波浪冲刷，大多数礁建造体的骨架可能被强烈的波浪打碎；（3）较低的透光性，在现代礁建造生物中，因为共生发生快速的钙质胶结，占据宿主的部分身体机能依靠光的作用；（4）进食沉积作用，所有的礁建造者都是滤食生物或微型捕食者，细粒沉积物充填的水可以阻碍进食系统。

2. 造礁生物的生长形态

有机质形态和环境的关系是生物和古生物学中最古老和最具争议的问题之一。关于造礁生物，岩石记录中有机生物和周围的沉积物（基于热带礁体现代珊瑚分布的研究）之间的关系可以让我们了解其形成环境。其次，这对于礁相分析是十分有用的（图8-15）。

生长形式		环境	
		波浪能量	沉积
	纤细、分支	低	高
	细小、纤细、盘状	低	低
	球状、球根状、柱状	中	高
	粗状、树枝状、分支状	中—高	中
	半球状、丘状、不规则、块状	中—高	低
	结壳	强	低
	薄层	中	低

图8-15 造礁生物生长形式及其最常出现的环境特征

3. 内部沉积物和胶结物

内部沉积物或滤进以及部分或全部充填洞穴的沉积物的鉴别通常是鉴别礁灰岩的关键问题。这些生物最常见的表现是被胶结物堵塞的层状洞穴充填。内部充填物既包括珊瑚或层孔虫之间的明显充填也包括由不同组分泥质组成的泥丘中的部分细小充填物。内部沉积的文献记录的这类构造中存在孔或洞的是很好的证据。这暗示着充填可能发生在海底之上，是一种由大的骨架或小的造礁生物经历早期成岩作用，发生脱水而形成不规则的结构。

在现代沉积中早期成岩作用是十分常见的，在古代也可能广泛分布。这些胶结物通常是泥晶胶结，很难同岩石记录中的泥区分开来。最容易识别的是岩石孔洞中放射轴状的（Bathurst，199）、纤状或葡萄状的钙质胶结。因为这些胶结物（或者镁—钙以及文石胶结）可能不是沉淀在海底，在确定它们是否是同沉积产物之前，需要进行更多的测试：（1）是否胶结发生在礁体而不发生在周围地层中？（2）这是胶结物在海洋内部沉积中层间充填？（3）是否胶结物上的组构以基质存在？（4）是否胶结物被生物钻孔破坏？（5）是否这些胶结物碎屑在礁体周围中可以发现？（6）胶结物是否为细晶胶结，是不是胶结物多期沉积并被大量钻孔切断？

古生界最常见的生物礁结构是层状孔洞构造。一旦想到重结晶礁建造组织，这些结构通常被认为是带有平底和不规则顶的狭窄沉积洞穴。有时候底部带有内部充填但是大多数被现代水下充填胶结新生变形成为放射轴状或纤状钙质胶结（Bathurst，1959）。

三、化石礁的内部结构

在许多古生代礁体中有一种生态的系列早已经被认识到的了，即一种造礁生物会被另一种造礁生物所代替。Walker和Alberstadt（1975）的研究认为礁体生长的年代从早奥陶世到晚白垩世，显示了从古生代和中生代的礁体与现在礁体具有一定的相似性。六射珊瑚主导的渐新世礁体这个概念的应用在某种尺度上与现代礁体具有一定的对比性。

在多数实例中，四个不同的生长阶段被识别，在这些阶段里，每种礁体建造者相对的多样性和生长样式在图8-16中被总结了。

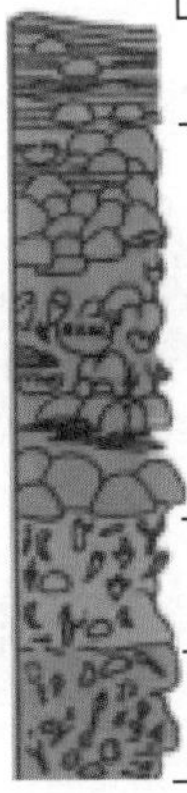

阶段	石灰岩类型	物种多样性	礁建造外形
统治	粘结岩至骨架岩	低—中	纹层状结壳
多样性发育	骨架岩（粘结岩）至粒泥灰岩杂基	高	丘状、块状、纹层状、分支、结壳
集拓殖	带有泥岩至粒泥灰岩杂基的障积岩和浮石（粘结岩）	低	枝状纹层结壳
稳定	粒屑灰岩至砾屑岩（泥粒灰岩至粒泥灰岩）	低	骨骼碎片

图 8-16　礁核相最常见的 4 种石灰岩类型并在每个阶段被相对较多的生物种类和礁体建造者占据
（据 James，1979；Geol Assoc.，加拿大）

1. 稳定阶段

第一阶段通常是古生代和中生代一系列的浅滩或其他带有棘屑或骨架灰岩以及新生代的绿藻。沉积物表面被藻类、植物以及动物占据并向下发散根系或间接固定基底。一旦稳定下来，分散的枝状藻、苔藓虫、珊瑚、软海绵和其他动物开始在稳定物之间增长。

2. 繁殖阶段

整体上礁体结构对比时，这一部分相对较薄，礁体建造生物反映了初始的繁殖特征。岩石以几个种群为特征，有时候为块状或薄层结构但更频繁的是枝状结构，经常是单一类型的。在新生代的礁石中，这个阶段礁体生长过程中，对于礁体最典型的共同点是它们能够摆脱沉积物和清洁它们的珊瑚虫，所以在高能沉积的环境下可以生长。枝状生长形势创造了许多更小的子环节或存在大量附着生物和结壳生物的洞穴——形成了礁体生态的第一个阶段。平底晶洞结构在这个阶段的岩石中十分常见。

3. 多样性发育阶段

这个阶段通常发育块状的礁体，并发育到海平面以上的位置且容易定义，周围的相态得到发育。主要礁体的数量通常比想象的多，生长习性中的多样性常常遇到。形态的变化以及格架的多样性发展、粘结结构填满了空间（表面、洞穴、角落和裂缝）进而导致碎屑结构多样性的变化。

4. 统治阶段

这个阶段礁体生长的变化经常是急剧的。最常见的岩性是由几种生活习性构成的（结壳到纹层状）石灰岩。大多数礁体显示了这个阶段被冲刷，形成了层状的粒石层。

这种生态继承性的原因是现在争论最多的话题。一些工作者感觉到控制是外部的，反映出深水生活群落被浅水生活群落所占据，即礁体向海平面生长，从而进入到更动荡的水体。但是更加丰富的证据表明前两个阶段主要发育在浅水中。另一些工作者认为控制是内在的，反映基底阶段性变化的演化序列，通过流体能量的改变，生物群落得到不断的发展，然而大量的证据表明在礁体生长过程中水体动荡程度不断增加。

5. 叠加礁体

岩石记录中生物礁的构造经常由于它们的大小令人印象深刻，不仅仅是侧向的也是垂向的。通过厚层礁体的仔细研究经常揭示这不是一种单一的构造，而是一系列叠加的礁体，它们相互生长在彼此的顶部。每个礁体的生长期通常被阶段的暴露所分割，在岩石上的反映是强烈的成岩作用，结壳地层或泥岩。当海水重新淹没那些暴露过的界面时，礁的生长开始进入多样化发育阶段，因为经常是硬底或是变化动荡。

四、礁丘

礁体发育的模型是基于现代造礁生物的发育，正如今日我们所见的热带海洋，但是显生宙中大部分都没有这方面的例子。经常被忘记而且没有它的这四个阶段。礁核能否出现的最主要因素是骨架生物，它们隐藏在巨大的、结实的、枝状的、半球状的或薄层状的骨架中。没有它们礁体在动荡的水域无法发育，因为更小和更细的结构可能被破坏和侵蚀（除非水下胶结十分迅速、普遍和近表面）。这个扰动带是礁体发育和多样性发育的优越部位，这是因为沉积物经常被带走，水是清洁的，营养物质经常遭到冲刷。大型的骨架生物经常在显生宙的某一时期发育，而每个阶段又有它自己独特的格架种群：（1）中—晚奥陶世——苔藓动物、层孔虫、床板珊瑚；（2）志留纪和泥盆纪——层孔虫、床板珊瑚；（3）晚三叠世——珊瑚、层孔虫；（4）侏罗纪——珊瑚、层孔虫；（5）中白垩世——厚壳双壳类；（6）渐新世—上新世——六射珊瑚（图8-17）。

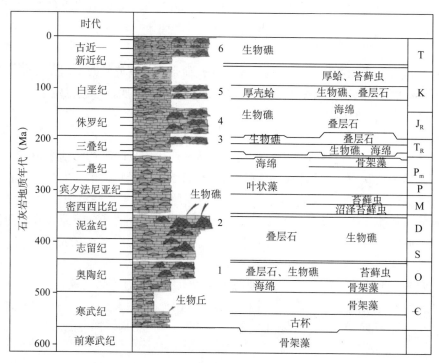

图 8-17　显生宙理想的地层柱状图

显示了没有发育生物礁（断层期）的时期，当时只发育礁丘，也显示了有的时代既发育生物礁也发育礁丘；
数量暗示造礁生物不同的联系

那么显生宙记录的其他部分有礁体发育吗？在各个地层中有几个阶段确定没有礁体发育，这些阶段是很短的并且代表着气候/构造变化期或造礁生物缺乏的阶段，即使是更小的个体（中—上寒武统）。在显生宙的大多数时期，某些学者称其为礁，也有人称为丘，另一些称为浅滩；它们缺乏对礁描述的很多特征，但是它们的确是骨架生物并且在海床上发育。这些结构，我们称之为礁丘，关于礁的问题比其他话题更容易引起争论（Heckel，1974）。当分析整个礁体模型，认为它们是半礁或全礁，因为它们仅仅代表模型的一个或两个阶段。这些结构没有发育上面的两个阶段，因为环境不利于大型造礁生物的生长，或因为在那个时期，大型造礁生物根本就不存在。

礁丘，顾名思义，平透镜体到陡峭的锥形坡度大约40°，包含少量生物碎屑的灰泥以及少量的有机粘结灰岩。这种组成，十分清楚是在静水中形成的。岩石记录发育在三个地区中：（1）缓坡型台地边缘的斜坡部位；（2）深水盆地；（3）广泛发育于礁体潟湖或广阔的滩。从剖面上看，在每个实例中礁丘显示了相似的层序特征（Wilson，1975；图8-18）。

1. 礁丘礁核相

阶段 1：基本的生物碎屑泥粒灰岩—粒泥灰岩；带生物粒屑沉积的泥质沉积但没有障积或粘结生物的沉积物。

阶段 2：灰泥岩或障积岩核心；丘的最后部分包括细弱的至树枝状的形态，顶部带有泥质杂积。石灰岩频繁的发生碎裂，部分是早期成岩作用、脱水作用和滑坡作用并且包括平底晶洞构造。每个地质年代有其独特的生物种群：早寒武世——古杯动物；早—中奥陶世——海绵和藻；中奥陶世、晚泥盆世、志留纪、早石炭世（密西西比）——苔藓动物；晚石炭世（宾夕法尼亚）和早二叠世——扁平状藻类；晚三叠世——大型丛状珊瑚；晚侏罗世——石海绵；白垩纪——厚壳生物（图 8-17）。

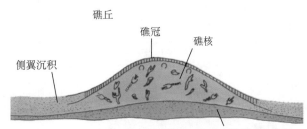

图 8-18　理想的礁丘体不同的沉积相和不同阶段之间的几何差异性

（据 James，1979，加拿大 Geol. Assoc. 授权；基于 Wilson，1975）

阶段 3：丘盖；厚的结壳或层状结构，偶尔是丘状或半球型，有时充填灰砂。

2. 礁丘侧翼相

这些块状的，由古杯动物、棘皮动物、网孔状苔藓虫、小的厚蛤、枝状珊瑚、层孔虫灰岩、枝状红藻或板状有孔虫砾屑和部分至整个岩化的灰泥岩组成。这些边缘层的体积比礁核还要大，几乎埋没了核心。在很多礁丘体里，礁核是大块的碳酸盐岩。此外，部分的地层礁丘，礁核是非均质的丘形或枕形体，通常宽 0.5～1.5m，厚 0.3～1.0m。Smith（1981b）建议术语"叠层石"作为名字去描述这些不规则的、袋状、枕状或圆面包型的、浮砾状的原地礁岩块体以及礁内和礁复合体组成。这些要素在野外露头中可以明显看出与气候有重要的联系。

总之，有些时期模型不能适用因为根本就没有礁存在，有的时候只有礁丘结构，有的时候礁丘和礁同时出现，但是在不同的环境当中。

第四节　化石礁的实例

一、叠层石建造

前寒武纪和早古生代，主要是食草类的生物，叠层石形成特征明显的建造。这些叠层石复合体建造在海床之上，且在地貌方面与以后的骨架礁体惊人的相似。

在现代海洋中西澳大利亚鲨鱼湾没有叠层石生物礁记载，那里的环境超盐度和叠层石比比皆是，叠层石地貌和环境之间的关系也有报道（Hoffman，1976）。在潮间带，柱状和棒状形态的叠层石在相隔 1m 左右被发现（图版Ⅷ-45、图版Ⅷ-46）。在相对高能量、暴露的环境，柱状的发育与波浪活动的强度相关。这些叠层石从高到低能量区逐渐消失。叠层石沿岸线方向扩大和延伸。在潮间凹地，柱状结构发育。

这种生长形态是沉积活动活跃的结果；藻席仅仅生长在稳定的基底上，因此柱状体是层状成岩；生长是局限的，在周围地区没有迁移的砂体。藻席和沉积物交互层的早期成岩作用把这种结构转换为坚固的石灰岩。移动的砂体持续冲刷着叠层石的基底。丘状或枕状在潮下带或下潮间带发育最好，向上减少，最后在活跃沉积带之上的上潮间带和层状藻席交会在一起。

这些叠层石向海方向进入潮下带环境（Playford 和 Cockbain，1976），在那里他们至少水深为 3.5m 或更深的深度。这些经常向外滨带延伸几百米。这些叠层石从小的球茎状发育成为平的藻席再发育成为大的复合丘。柱状体 1m 高左右最为常见，从锥型到棒状都有发育（图版Ⅷ-47）。一些结构是长形的，与岸线或平行或垂直。虽然叠层石的表面是柔软的，成岩作用在水面以下几毫米或几厘米开始，且内部或低一些的部位是坚硬的。

虽然前寒武纪叠层石研究较多，但是关于在礁和礁丘发育中扮演何种角色的研究还是很少。叠层石是很稀少的但是在太古宙有出现（超过2600Ma）。在Aphebian期（2600—1700Ma前），叠层石可以发育在宽泛的环境，不同种的礁体可以观察到。叠层石从台地向盆地过渡的最大变化的记载是Hoffman（1974）关于加拿大北部Great Slave湖Pethei组的记录（图8-19）。

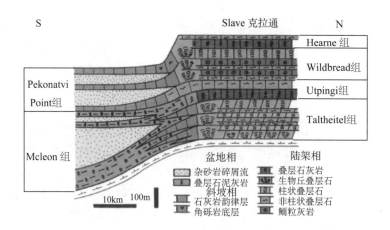

图8-19　古元古界Pethei组从Slave克拉通到Athapuscow断陷槽沉积相演化剖面（据Hoffman，1974修改）

在这个层序中，台地的边缘被一个窄带"丘与潮道带"占据，与后来形成的障壁礁相似。大的、伸长状的叠层石（3m左右的高度）被充填有交错层理和大型波纹的粗粒砂岩和砾岩的潮道所分割，并由叠层石碎片和鲕粒灰岩的碎屑组成。这一个带将台地相（层状—柱状叠层石与插入的鲕粒、内碎屑、核型石的混合沉积相带）与斜坡—盆地相（灰泥岩—含层状滑塌角砾岩的泥韵律层和包括纹层的、细小的、钙质柱状叠层石的硅质泥岩）分开。

Cecile和Campbell（1978）报道了与Kilohigok盆地Goulburn组同期发育的位于陆架边缘的叠层石垂向演化序列。带有高能沉积环境沉积特征的砾屑灰岩发育的潮下带单元被孤立的叠层石叠置而形成长形的半球状沉积（30~40cm）。建造最主要的部分是由超过1m宽、1m高的大型礁丘组成，这些礁丘侧向上厚度不断增加并被富含内碎屑的碳酸盐岩、钙质泥岩和砂岩所分割。一系列丘体累计高度可以达到10m，大致上高出2m左右。建造的上半部分是由周围相关半球状或分枝状礁体的外延板状地层所组成。这些板状和柱状被带有碎屑碳酸盐岩沉积充填的狭窄通道所切割。建造沿走向可以延伸100m并与碎屑碳酸盐岩的巨厚沉积有关（图版Ⅷ-48至图版Ⅷ-53）。

二、早古生代礁丘

最早的生物礁发育在板块破碎的某一时期，宽阔的克拉通和开放的大陆边缘。在大陆稳定沉积期的充填与相对平坦的克拉通扩展区的缓慢海侵相对应。这些浅水的、寒武—奥陶纪陆表海被狭窄的鲕粒或骨骼砂岩大陆边缘相包围；小规模的初始建造出现并发育在浅滩的下坡地带或背风处。

1. 早寒武世

礁体，更准确地说是礁丘，在西伯利亚台地最早的寒武系中也能发现，甚至早于三叶虫的出现。这些小的结构，直径上为米级，主要是由灰泥和钙藻组成（丛生藻、*Renalcis*和葛万藻）而不是相对大型的骨架生物、杯型的古杯生物，它们分散在结构内部和周围。不管怎样，大量的无柄固定的底栖钙质生物广泛发育在海床地貌上或附近地区，所以在早寒武世结束的时期，那些体型小但是结构复杂的礁丘生态环境已经表现出现代礁体的沉积外形特征，比如多样的骨骼生长、内部沉积以及早期胶结和生物侵蚀，都得到了很好的发展（图版Ⅷ-54至图版Ⅷ-63）。

单个的生物礁在早寒武世的最后阶段经常是由大量的、微体充填的丘状体组成（袋状叠层石），并且周围发育由棘屑动物和腕足生物以及软舌螺骨骼组成的骨骼砂。在这些礁丘中，古杯动物是最常见的骨架组成。这些化石骨架之间由三叶虫、软舌螺、腕足类和海绵骨针等基质充填。*Renalcis* 和丛生藻类在古杯生物上形成结壳及线性成长的洞穴墙壁。这些洞经常被纤状的同沉积胶结物充填，有时候包括来自于礁体外部的不同生物碎屑。与此同时，生物侵蚀，可能是蠕虫类，在很多骨架内十分的明显。虽然显示发育可能经历了两个阶段，但是这些结构总体上是同源的（图版Ⅷ-54至图版Ⅷ-62）。

2. 中寒武—早奥陶世

早寒武世末期古杯动物开始灭绝，礁丘失去了最主要的骨架要素。这对于礁体生长具有深远的影响，因为接下来寒武系最主要的生物建造是藻类，夹杂着无脊椎动物的碎片，但是相对于早寒武世其生物多样性减少。

陆表海的礁体最主要的是叠层石，一些显示出具有良好成层性的内部结构，而其他显示出破坏层状结构的无脊椎动物的影响。那些没有层状的凝块结构的叠层石被称之为凝块叠层石。叠层石和凝块叠层石是非钙化藻（蓝—绿藻）和钙藻的交互生长，部分是葛万藻、*Renalcis* 和丛生藻类。这意味着陆架边缘或附近的藻建造主要是由钙质藻和丰富的纤状同沉积胶结，而这些陆架上的建造主要是蓝—绿藻。

越来越多的无柄的无脊椎动物出现在晚寒武世和早奥陶世，这些占优势的藻建造逐渐以更繁盛的种群兴盛起来。这些最重要的生物是硅质海绵、类叠层石生物 *Pulchrilamina* 后生动物、托盘藻类 *Calathium*，有时候是最主要的藻类 *Lichenaria*。因此，下奥陶统陆架附近的礁再一次由大型骨骼混合体构成（图版Ⅷ-63至图版Ⅷ-70）。

三、中古生代结构

中奥陶世开始，碳酸盐岩环境发生重大变化。许多陆架边缘由于板块和造山运动所破坏，而在大陆克拉通内开始发育。直到现在沿着被动大陆边缘的新克拉通盆地仍然广泛分布。这个时期的建造最著名的是北美、西欧、北非和澳大利亚。

古生代礁体发育的顶峰期（多样化的礁体结构、地貌和地形环境、群种）出现在志留—泥盆纪。在中奥陶世开始的时候这种迹象开始出现，大型无柄的底栖生物（如珊瑚和叠层石）以不同的形式生长。这些礁体有多个群类的海绵、苔藓虫、钙质的红—绿藻、腕足类、棘皮动物组成，并且从数量和种类上从志留纪到晚泥盆世都得到长足的发展。在这期间许多重要的种群灭绝了，礁体生态环境破坏了。

通过对这些建造的认识可以解释整个礁体的类型，从台地内部的小型礁丘到外部镶边台地环礁和点礁再到台地边缘的障壁礁体直至下斜坡的丘礁和盆地中心的宝塔礁。

中奥陶世—晚泥盆世，随着生物种群的丰富，中古生界的建造普遍表现出垂向和侧向上的生态分带特征。礁丘（不管是孤立结构还是在基底上发育的更复杂的礁体）得到了很好的发展。在很多实例中，如美国西部的中奥陶统、斯堪的纳维亚的志留系、美国东部和加拿大及西欧的泥盆系。这些结构是碳酸盐岩泥丘，几乎没有骨架成分但有丰富的平底晶洞构造和早期胶结的迹象。在其他条件下，它们包括小的骨架成分。奥陶系和志留系的丘体上，骨架主要是分枝和结壳的苔藓虫，但是在泥盆系被珊瑚所代替。

复合建造中的叠层石越多，珊瑚的组成越少。叠层石在泥盆系表现为数量最多、体型最大、种类最丰富，而且显示了广泛的生长模式。在礁体的上部显示更为丰富。层状珊瑚和叠层石同时出现并且占据了多数动荡水体的下斜坡环境。它们尺寸上相对较小，但是生长习性上丰富多样，特别是泥盆系诸如 *Alveolites*，它们很像现代的 *Montastraea*。

单个的四射珊瑚最适于在柔软的基底上发育，群体的四射珊瑚依托地貌的变化，例如泥盆纪枝状或丛状的构造特征（例如 *Disphyllum*，2m 左右），它们与后期三叠纪和侏罗纪的珊瑚 *Thecosmilia* 十分相似。

虽然被无脊椎骨架组成主导，在早寒武世就开始出现的钙质藻仍然存在。特别是纤细的、空室的、结壳结构的 *Renalcis* 是一种主要的形式和判断许多陆架边缘礁体的特定组织成分。钙质藻类 *Solenopora* 和 *Parachaetetes* 也很常见但是不占主要地位。

礁体和礁丘的侧翼主要是由棘屑碎片（海百合、海蕾和海林檎）和腕足类生物所组成。海百合侧翼层在泥盆纪没有志留纪那么丰富（图版Ⅷ-71 至图版Ⅷ-117）。

四、晚古生代—中生代建隆

晚泥盆世结束的时候，志留—泥盆纪一直发育的礁体复合体生态环境破坏了。在弗拉斯期，许多在海床繁盛发育的无脊椎生物消失了。块状的珊瑚骨架和礁体建造者是最坚硬的部分；叠层石减少到只剩几个属种，四射珊瑚消失了，板状珊瑚灭绝了。虽然它们在晚古生代得到重新的发展但是再没能恢复此时的多样性。

接下来的早密西西比世几乎不发育礁建造，这一切都在珊瑚和叠层石被棘屑生物和苔藓虫取代过程中发生的。在随后的密西西比纪和宾夕法尼亚纪，新的碳酸盐岩制造者开始出现并兴盛起来。这些小型的生物从早二叠世至晚三叠世之间持续演化发展。这期间最重要的新属种是叶状钙质藻（*Archaeolithophyllum*，*Eugoniophyllum* 和 *Ivanovia*）以及 *Tubiphytes*（一种神秘的钙质生物，它在早密西西比世至晚侏罗世发育，体积纤细、层状附着结壳生长在礁体上，但主要发育期是二叠纪、三叠纪和侏罗纪的某一时期）。其他重要的形态是 *Opthalmidid-Calcitornellid* 板状层孔虫、小型枝状叠层石（例如 *Komia*）和结壳珊瑚藻（？）*Archeolithoporella*。钙质海绵也是二叠纪礁体发育的显著特征，生物正如三叠纪发育绵形水螅（叠层石）一样。最大的、块状结构的生物，六射珊瑚（现代海洋造礁生物）出现在中三叠世，和钙质海绵、叠层石一起由礁丘的建造者转而成为真正礁体的建造者。

许多晚古生代的建造出现在克拉通内盆地的内部或边缘周围。在二叠纪，随着泛大陆的解体，大的全球性的海——特提斯海逐渐发育，接下来中生界礁体的发育主要集中在这个大洋两边或内部的盆地中。

1. 密西西比纪

在泥盆纪虽然礁体生态环境破坏了，密西西比纪的礁体经常发育，在海床以上超过 150m，拥有超过 50°的沉积斜坡。它们主要发育于陆架边缘附近和深水体系。

大型骨架礁体的缺乏在这些建造中具有明显的显示。它们主要发育透镜状的丘体，这些礁体50% ~ 80% 主要由带有海白合和苔藓虫碎片的块状、团块状、球状灰泥岩组成。在比利时，这些结构来源于"*Waulsortian* 泥丘"。泥质通常是多期形成的，后期具有由部分成岩的礁灰岩形成的示顶底裂缝充填的特征。原始的洞穴经常被层状和纤状的胶结物胶结形成多层状的、形态规则的和彼此平行的平底晶洞构造。广泛的早期成岩作用也被丘岩碎片所揭示，这些碎片包裹侧翼形成的平底晶洞构造。在欧洲的例子中，侧翼地层发育但是并没有扩展；在北美，由海百合和少量碎屑形成的侧翼厚度很大，在一些时期比密西西比河厚一半以上，在晚密西西比世，这些岩礁中孤立的珊瑚成为局部的重要组成（图版Ⅷ-118 至图版Ⅷ-121）。

2. 宾夕法尼亚纪

在中宾夕法尼亚世，新发育的钙质底栖生物填入泥丘，这个阶段的结构以叶状藻为主要组成。这些建隆较小，平均来看，比在密西西比纪时一般高出骨架礁体侧翼30m 左右，并与礁核形成 25°的交角。带有碳酸盐岩结壳的叶状藻向上生长呈现丛状和簇状发育在海底地貌。在一些实例中，结壳的苔藓虫和有孔虫在丘上生长旺盛，经常与藻一样丰富。

虽然大多数建造是小型礁丘体，在水下深水盆地下形成巨大的近岸浅滩。这里典型的红藻、纺锤藻、藻钙球和海百合在向海方向十分常见，绿藻、四射藻和腕足动物经常在边缘部位发育（图版Ⅷ-122至图版Ⅷ-126）。

3. 二叠纪

在最早的二叠纪构造依然是以叶状藻丘为主但是这些植物很快丰富起来，包括凹处的、纤细的、枝状的结壳生物，如海绵、*Tubiphytes*和结壳结构*Archaeolithoporella*（可能是藻类和无机沉积），并与苔藓虫和其他钙质藻类共生。因此，多数二叠纪礁体被这些新生物群主导。

可能最著名的礁体建造是得克萨斯州西部和新墨西哥州瓜达卢普山的"二叠系礁复合体"。达拉威尔盆地的西边界隆起显示出广泛的碳酸盐岩台地复合构造，向东的水下部分是世界上最大的含油构造。这些复合体的边缘相长期以来都是个迷，因为这些在岸线上形成显著镶边的块体是带有丰富的砾石和少量结壳生物的泥质碳酸盐岩。在很多地方，甚至完全缺失格架灰岩结构。因此很难想象障壁礁和现代结构的相似性。边缘的原始高点是石灰岩沙坝复合体，礁相富存海绵、管珊瑚、线性胶结洞穴，是一种粘结礁丘体的下斜坡沉积。

这些礁丘里面仅达几厘米的骨骼是钙质海绵，特别是紧缚海绵或碎裂状生物。灰泥岩杂积甚至能占岩石体积的一半，而现今其他生物是胶结藻和有孔虫、*Tubiphytes*和原地叶状藻。大多数生长洞穴是纤状胶结物（海水胶结）的增长。这个区域早二叠世丘体显示出1/2的海相胶结。在其他区域，比如突尼斯、西西里岛和东亚，钙质海绵也是二叠纪礁丘相的主要组成。在英国东部，陆架边缘形成的富镁灰岩包含了丰富的苔藓虫和结壳生物*Archaeolithoporella*。此外，南阿尔卑斯山发育透镜状礁丘，在斜坡上厚度超过300m，主要是由*Tubiphytes*，*Archaeolithoporella*和苔藓虫组成，并包括丰富的同沉积胶结物但是缺乏海绵（图版Ⅷ-127至图版Ⅷ-138）。

4. 三叠纪

三叠纪的礁体主要沿着特提斯海的北部边界和南部边界发育，也沿着北美西海岸分布。这些礁体在阿尔卑斯山得到了深入的研究，在那里巨大的碳酸盐岩台地和边界上发育与前二叠纪相似。

目前没有早三叠世礁体发现的记录而且当时全世界范围内都表现出礁建造生物的缺乏。最早出现的三叠纪礁体，发育于中三叠世，是带有零星珊瑚和棘皮动物的小型深水碳酸盐岩建造。在接下来的中—上三叠统中广泛发育礁体复合体，最主要的造礁生物是钙质海绵、*Tubiphytes*，某些层孔虫和众多的群体珊瑚；在之前的二叠系实质上发育相同的生物群种，重要的群体珊瑚叠加。虽然包含这些生物的礁体被管珊瑚所占据。更广泛的碳酸盐岩台地在晚三叠世发育（Norian—Rhaetian），这些台地伴随着砂质浅滩和礁复合体发育的边缘相。许多这样的台地在晚三叠世破坏了并转化为碎屑沉积和少量礁体发育盆地相。

这些结构研究表明沿着北美西海岸发育着许多小型的补丁礁，没有生态分带可能是深水、非造礁生物建造。

晚三叠世最主要的生物群是珊瑚、层孔虫（水螅类）、钙质海绵和钙质珊瑚。珊瑚和钙质海绵是最重要的组成但是局限在礁体的不同部分和水能量的不同区域中；浅水珊瑚，高能环境下（特别是枝状生物*Thecosmilia*）；而钙质海绵则生活在更多保护和遮挡的礁体核心部位。这些结构中的群体珊瑚展示着同现代礁体相似的生物群。层孔虫繁盛，发育在各种不同的环境中，主要是在礁石被保护的部分中。与此同时，苔藓虫和钙质藻对礁体发育都起到重要的贡献。最主要的产生沉积的生物是腕足类、双壳类、腹足类、头足类、龙介礁、结壳类、甲骨类、海百合类、骨针类和海参类。这些建造第一次展示了双壳类和藻类产生的广泛的生物侵蚀。虽然钻孔生物在最早的礁体中就有发育，这些结构中的钻孔在礁体成岩方面仍发挥十分重要的作用。在二叠纪，很多洞穴仍然被纤状胶结物充填，这些胶结物通常认为是同沉积胶结。

同中古生代一样，晚三叠世结构展示了礁体从陆架礁丘和补丁礁到侧相十分发育的陆架边缘礁体，再到深水礁丘整个礁体相带都得到良好发育。许多礁体都具有四个阶段的发展特征，但是通常在丘状和顶峰期之后被淹死（图版Ⅷ-139至图版Ⅷ-146）。

5. 侏罗纪

生物礁，虽然有别于摩洛哥利亚斯的，仅仅成为中侏罗世特提斯海碳酸盐岩相最常见的形式，在晚侏罗世达到顶峰。在西欧浅水盆地的补丁礁和从东加拿大到中东的特提斯海北部边界以及沿着特提斯海的大而孤立的台地边缘发育的边缘相。这些结构自身显示了最孤立的深水礁以及数量众多的小型补丁礁体和礁丘。

珊瑚/层孔虫礁在浅水台地作为补丁生长，在近岸边缘则表现为补丁礁带和先前存在的海绵礁丘的顶部。在一些区域，这些礁是由珊瑚主导的并表现出很好的垂向分带性。而在另外一些领域，它们要比作为主控要素的层孔虫和结壳珊瑚 Microsolena 纤细得多。红色钙质藻类 Solenopora 和绿色粗枝藻类在晚侏罗世达到发展的高峰期。此外，Codiacean 藻和铰接生长的珊瑚的现代种群第一次在这些建造中出现。生物侵蚀在这些结构中是显而易见的，现在海绵和藻以及双壳类一起成为最主要的生物种群之一。边缘礁体经常有大约80%的骨架碎屑，它们来自于海百合、蜗牛、单体珊瑚和大型双壳类（图版Ⅷ-147至图版Ⅷ-155）。

6. 白垩纪

晚侏罗世礁建造以边界和斜坡礁体形式一直持续发育到早白垩世，并由珊瑚—藻—层孔虫共同组成。在同一时期，一组软体动物——厚壳蛤，发展迅速，是中白垩世最重要的生物组成。这些双壳类经常有一个大的壳附着于基底，而其他更小的瓣是顶盖。它们在广泛的环境中都有发育，从泥质潟湖到台地边缘再到前斜坡，在这些不同的环境中，发育的形态从扁长型和平旋型（Requinids）到高大的、扭曲并且纤细的块体（Caprinids）到大型块状和桶形个体（个体达到1.5m长）。在形态上，它们与粘皮藻、四射藻以及腕足动物极为相似。

在中白垩世（Aptian—Cenomanian 期），厚蛤分化成为几种礁体且在礁后生长，局部发育在冲浪带。中白垩系的礁体生长在广阔的陆架边缘和内陆架上，经常是被限制流通的区域。陆架边缘种类繁多的礁体是由珊瑚、藻和一些厚蛤生物形成的。厚蛤生物群主要出现在浅水、高能的礁坪区。内陆架多样性的礁体被一种或几种厚壳生物所统治。它们形成了生物丘、补丁礁或高能滨面边缘到高盐度潟湖和萨布哈地区生物层。

晚白垩世被厚蛤所统治，部分是辐射蛤，而珊瑚和钙质藻仅仅是小部分组成。向岸建造是典型的生物层碳酸盐岩而补丁礁发育在岸边缘附近。作为格架建造者的珊瑚明显地减少了，这是因为长期环境的改变，可能盐度、温度或含氧量都存在变化。厚壳生物与阿拉伯时期不同，珊瑚和厚蛤统治不同的环境（图版Ⅷ-156至图版Ⅷ-164）。

五、新生代礁体

白垩纪的灾变性生物灭绝影响着海洋底栖钙质生物的种群，但是没有完全使其消亡。厚壳双壳生物完全消失了而群体珊瑚存活下来，但是种类从大约90种降到30种。钙质海绵和层孔虫（水螅类）仍然存在，但是存活的种群数量上很少了，在礁体建造中不再起到主要的作用。

中生代的礁体与现在礁体实际上基本一致，由六射珊瑚主导。它们发育的记录不是很多，这是因为：（1）在构造稳定地区它们被埋藏在构造活跃地带，沉积相经常被断裂遮挡；（2）它们出现在热带地区露头少并受气候强烈改造。

中生代礁体的发育在时间和空间上是大洋环流变化的结果，这种变化与板块活动造成特提斯海的海侵相关。虽然古新世的礁体是由珊瑚组成的，它们中大部分是白垩系的幸存者。Solenopora，一种重要的珊瑚藻从奥陶系就开始发育了，在晚古新世消失了。在新近纪开始时，一种新的放射的造礁珊瑚发育了。看起来特提斯的减小是广泛分布的，因为西北印度洋仍与中东的地中海通过浅的海道相连。由于礁体的种类、繁盛的生长和繁多的种类这种演化持续到渐新世（新生代礁体在该时期发育达到顶峰）。礁体分布最主要的变化发生在中新世地中海作为一个分离的海出现以及极地冰盖的出现。在中新世末，在地中海没有珊瑚礁存在了。在随后的上新世，巴拿马地峡的抬升以及气候带的压缩使得局限礁发育两个区域——印度—太平洋和加勒比海，现代礁体发育的部位。

从渐新世—中新世的礁体来讲，在新生代礁体发育的顶峰期，渐新世，所有礁体的类型都被识别出来，在大多数实例中，垂向上和水平方向上区带都可以分辨出来。礁体发育的早期阶段典型的是低生物多样性的礁体并带有重量轻、多孔隙、快速生长的骨架（限制性沉积和群体发育的泥质基底），例如，*Goniopora*，枝状到结壳生物和 *Actinacis*（叠加枝状和盘装，如现代的 *Acropora Palmata*）。生长的多样性阶段是以大量物种为特征的，但是在现代加勒比海仅有 42 种之中的 7 种主导着礁体格架的发育。30 种渐新世物种（*Goniopora* 和 *Favia* 以及 *Montastraea*，*Diploria*，*Pavona*，*Colpophyllia*，*Antiguastrea*）形成礁体格架的大部分。其他的丰富的生物群，如快速增长枝状生物 *Acropora*（或 *Dendracis*），*Actinacis*，*Goniopora*，*Dictyaraea*，*Stylocoenia* 以及结核型生物 *Alveopora* 和 *Astreopora* 也发育的十分旺盛。其他的礁体寄生生物如珊瑚藻、层孔虫（特别是结壳生物）和苔藓虫与现代礁体十分相似。最主要的不同之处在于来自于 *Codiacean* 藻 *Halimeda* 产生的骨架碎片。这些颗粒，包括现代礁体产生的大多数骨架砂体，在前—中中新世相对稀少。

印度中新世礁体显示了相似的复杂多样性，但是地中海的晚中新世反映了条件逐渐变化的改造作用。这些 *Messinian* 结构沿着岛屿的陡边形成狭窄的边界。这个区域大多数的中新世礁体包括广泛的物种（5～15 种），如 *Tabellastraea*，*Porites* 和 *Montastraea*，还有其他礁体寄居生物包括海胆、双壳、腹足动物、藤壶类、层孔虫、苔藓虫和珊瑚藻。晚中新世建造主要是由滨珊瑚构成，垂向上达到 4m 高，直径达 2～3cm 长，与苔藓虫、珊瑚藻和龙介礁胶结同生。前礁沉积主要是珊瑚藻和仙掌藻。晚中新世单一物种的鼎盛可能反映了冰冷的大西洋海水进入西地中海的第一次海侵作用，预示着生物礁将从这个区域消失。

现代礁体最重要的贡献之一是礁顶域的划分，它是被快速生长种属如 *Acroporidae*，*Poritidae* 和 *Seriatoporidae* 控制，它们的生长速度达到 10～15m/Ka。这些种群在前更新世结构中没有出现，例如，虽然在始新统—上新统珊瑚群体很难大量发育，不会像现代结构一样发育厚的枝状结构，可能是发育在安静的环境中。因此，新生代礁体生长速度更慢，每 1000a 约 1～3m（图版Ⅷ-165 至图版Ⅷ-182）。

六、礁体生长周期

与造礁生物多样性发育的礁生长的趋势是与地质时间匹配的，短期的多样性可以忽略。礁体两个主要的周期可以划分为早期的短周期——Ⅰ型周期（大约 240Ma）和后期的长周期——Ⅱ型周期（大约 340Ma）（图 8-20 至图 8-22）这些周期总的特征是相同的，早期一些造礁生物开始发育，主要是小型的枝状或结壳生物，晚期是大型的骨架生物成为最重要的建造多种礁体复合体。这种总趋势的叠加是生物生长两个异常阶段，一个是早寒武世，当时 *Archaeocyathans* 是最主要的礁丘组成体；另一个是中—晚白垩世，当时厚壳双壳生物是礁和礁丘的主体。

在Ⅰ型周期早期，钙质藻类（细小、枝状或丛状）和网状结壳块体（*Epiphyton*、*Girvanella*、*Renalcis*）是最重要的礁丘元素。它们的重要地位持续到泥盆纪结束。Ⅱ型周期早期的礁体主要是小型结壳生物 *Tubiphytes* 和结壳层孔虫（今天它们仍是最基础的礁体生态环境组成部分），虽然生物结构已经发生了变化。Ⅱ型周期古生代的礁体仍然是以叶状藻作为显著的特征。

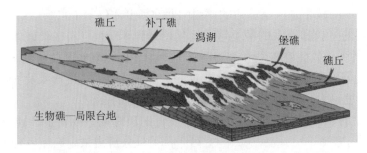

图 8-20 地质史中某一时期的碳酸盐岩陆架或台地沉积相

所有的造礁生物都是与现代生物相同（图 8-17）；台地边缘是堡礁和孤立补丁礁后浅水台地；礁丘在台地内部和礁前斜坡被发现

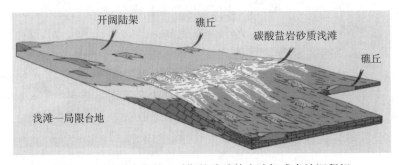

图 8-21 地质史中某一时期的碳酸盐岩陆架或台地沉积相

当时造礁生物只有无脊椎动物，造礁有潜力的生物是纤细多分枝或结壳生物，所以礁丘是唯一的建造；台地边缘是一系列的碳酸盐
砂质浅滩，礁丘局限发育于台地内部的静水区和台地前缘深水的下斜坡带

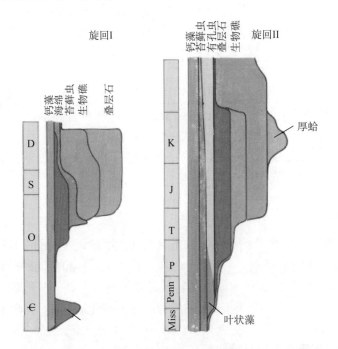

图 8-22 显生宙各地质时期碳酸盐岩生物建造总体发育规律

球体代表相对丰富和不同单元的重要性；这个图解分为两个明显的旋回，每个表现礁体发育相似的演化规律

　　两个循环中，生物群种最大的变化是海绵的大量繁盛，I 型周期早奥陶世的硅质海绵和 II 型周期
二叠纪的钙质海绵。这些要素早期和其他小型、微型生物共同进行生物建造，晚期在更多的礁体复合
体中附属于其他主要的要素或当大型礁体受到环境限制时自己形成生物礁丘。

　　苔藓虫直到 I 型周期的中期才出现，它们主宰生物丘很短的时间。除了在礁体复合体发育的早期，它一直是辅助的要素。II型周期中，苔藓虫虽然出现了，仅仅在早期作为礁丘的主要要素，而在晚期只是礁体的寄生者而不再是建造者了。

当珊瑚和层孔虫大量出现的时候，每个礁体的繁盛期出现了。在整个古生代I型周期中，层孔虫在后期控制着礁体的发育，而层状和群居的四射珊瑚是重要的，而不是主要的因素。在II型周期的中生代，六射珊瑚是最常见的礁体建造者，同绵形水螅或层孔虫和钙质海绵是重要的但不是主要的组成。接下来的晚白垩世，大型生物灭绝了，礁体主要是由六射珊瑚组成。

第五节　礁和碳酸盐岩台地几何形态

在现代陆架碳酸盐岩沉积的分析中，Ginsburg和James（1974）认识到两种陆架或台地的过渡类型：（1）开放陆架，这个部位到外陆架的沉积坡折有十几米的水深；（2）镶边陆架，沿着陆架边缘是连续或半连续的堤坝。礁体生物广泛发育期，两种陆架类型形成，镶边陆架的边缘可能是障壁礁或碳酸盐岩浅滩又或两种都有。

这些时期最复杂的台地类型是镶边礁体台地（图8-22）。堤坝具有良好的分带性，如果前缘是陡的，可能是波浪活动强烈，但是如果其前缘是缓慢变化的缓坡时分带性较弱，海水相对平静。在台地障壁礁周围的补丁礁，形态从圆形向椭圆形再向不规则的形态都有，有时候足够大到封闭整个潟湖。礁丘出现在台地内部浅水部分，在该区域正常盐度和水体动荡。角球也在较深的、障壁礁的前缘和前礁部位出现。

补丁礁或礁丘通常有广泛的岩相变化，与障壁礁对比。这些礁体的地层厚度主要依靠沉降的速率：如果沉降速率低，则礁体薄；如果沉降速率高，礁可能特别的厚。

在大型骨架生物缺乏的时期，小型生物不可能生活在陆架边缘的浅水中。因此，在陆架的边缘或台地的边缘通常是鲕粒或骨架（通常是海百合）砂浅滩和岛发育的部位。在陆架的向海斜坡方向，位于波浪活动带以下发育唯一的礁体结构是礁丘。如果条件是相对安静的，在陆架的障壁岛后面。

当记录生物丘和生物礁的时候最重要的事情是不要忘记他们是最原始的生物。这些构造是生物群落的化石构造，在某一点上持续的生长，形成沉积单元。正因为如此，一个礁体可能不同于其他礁体，即使是在相同的地层中。此外，这些分析的主题不可能有一个严格的分类来适合所有的礁体，但是可以是这些丰富多彩的结构研究的有利指导。

第六节　生物礁实例

一、得克萨斯州南部下白垩统礁

下白垩统阿普第阶、阿尔必阶和塞诺曼阶的台地碳酸盐岩聚集在宽阔区域，该区域围绕着墨西哥湾（图8-23、图8-24）。这些碳酸盐岩已知发育在墨西哥东部和得克萨斯中部的露头上以及墨西哥东部Yucatan半岛、得克萨斯东部和南部、路易斯安那中部和南部、佛罗里达南部和巴哈马的地下。

在下白垩统陆棚地区，水深从几英尺到一百或两百英尺，生长着温水海相生物。沿着该广阔陆棚区向盆地区的狭窄边缘地带，生物生长高潮以及礁、滩、坝和岛混合体发育。这些下白垩统陆棚边缘碳酸盐岩可厚达2000～2500ft，而且被认为是墨西哥湾周围近于连续的地带。

组成该陆棚边缘混合体的石灰岩（Stuart City组）是由礁和滩的碳酸盐岩构成，其中主要的构成是厚壳蛤瓣鳃动物和各种不同类型的碳酸盐岩砂体。厚壳蛤是固着瓣鳃动物群，主要附着在一起或者硬底层之上，从而形成粘结灰岩和骨架岩。其他可以帮助厚壳蛤形成陆棚边缘粘结灰岩和骨架岩的生物有结壳藻类、结壳苔藓虫、层孔虫和珊瑚。

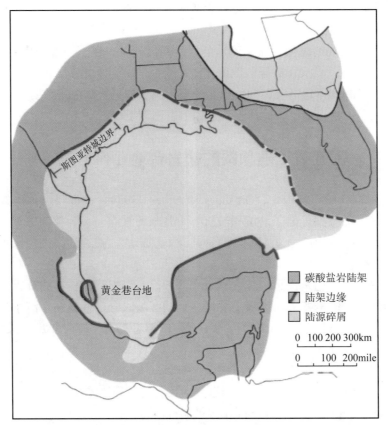

图 8-23 沿墨西哥湾下白垩统陆棚边缘相的展布情况（据 Meyerhoff，1967）

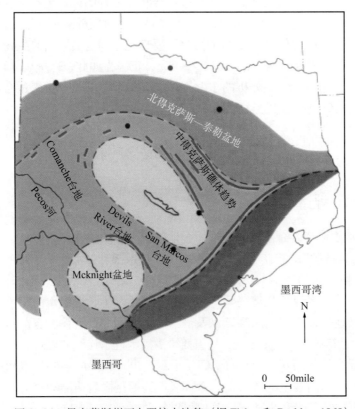

图 8-24 得克萨斯州下白垩统古地貌（据 Fisher 和 Rodda，1969）

识别出来五种主要的环境单元：开阔海、下陆棚斜坡、上陆棚斜坡、陆棚边缘和陆棚潟湖（图8-25）。开阔海环境的海底可能水深超过60ft，降低了沉积物存在的可能。硅质物质的注入量因时而异、因地而异。浮游有孔虫的介壳向下聚集在海底，同时还有小型片块、海胆的刺、小型软体动物和其他生活在这里的动物。

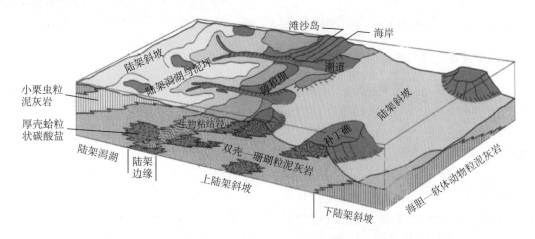

图 8-25　得克萨斯州南部横跨斯图亚特的相和解释的沉积环境（据 Bebout 和 Loucks，1974）

向陆地方向，海逐渐变浅，造成了陆棚斜坡区略微变浅的环境。在下陆棚斜坡，海胆和软体动物含量增加，个体变大。水深很可能在 30 ~ 60ft 之间；局部海底洋流将这些骨架要素聚集到潮道内，尽管洋底大部分地区都是泥。向浅水和更为富氧的环境转变的这种趋势一直向陆地方向延伸到上陆棚斜坡，此处的水深在 10 ~ 15ft 之间变化。底部仍然主要是泥，但是该地区能够生长数量更多、种类更多的动物。下陆棚斜坡中新增的主要动物群是双壳类生物以及枝状和块状珊瑚。局部地区，补丁礁和层孔虫有所发育。这些补丁礁与陆棚边缘滩和礁之间被面积广阔的、发育双壳类生物和珊瑚的泥质基底所隔离。

陆棚边缘相包括珊瑚—双壳类生物粘结灰岩、瓣鳃类粘结灰岩（图版Ⅷ-183、图版Ⅷ-184）、厚壳蛤颗粒灰岩（图版Ⅷ-185）、藻结壳粟孔虫—珊瑚—羚角蛤泥粒灰岩和羚角蛤—珊瑚粒泥灰岩（图版Ⅷ-186）。陆棚边缘的特征是由一系列的 requienid 滩和补丁礁以及伴生的厚壳蛤砂体构成。砂单元中的构造说明存在一个复杂环境结合体，包括坝、潮道、岛和沙滩。在该区域向海一侧，珊瑚—双壳类生物滩和礁时常发育。没有一个陆棚边缘单元能够形成连续区域；相反，它们是拉长了的、狭窄的个体，成排的平行于陆棚边缘，只有潮道垂直于陆棚边缘。在滩、礁和坝之间，双壳类生物厚壳蛤和枝状珊瑚生活在泥质基底之上，因此造成了双壳类生物—珊瑚粒泥灰岩相的聚集。在某些地区，巨厚藻类包裹的颗粒聚集在宽阔台地之上，其上覆盖着极浅的海水。

浅水陆棚潟湖相包括粟孔虫粒泥灰岩、软体动物粒泥灰岩、船房蛤粒泥灰岩和软体动物—粟孔虫颗粒灰岩。这些相形成于浅水低能环境中。洋流或者基底形态的局部变化会导致形成小型岛屿，这些岛屿以发育良好的鸟眼构造为特征。这些岛屿周围通常发育软体动物颗粒灰岩的镶边。葡萄石和结壳发育在宽阔的、水体很浅且稳定的台地，这些地区受到保护不被正常表流和潮流所影响。在潮汐变化的时候，海水缓慢地进入和退出台坪，小型潮道可作为通道，但是，只有大型风暴时台坪之上才会发生大量沉积物的搬运。

在这种环境中，粘结地区的洞穴中厚壳蛤或者其他软体动物的洞体中颗粒之间的胶结作用发生在不同的地区，但主要发生在陆棚潟湖和陆棚边缘相中。微晶边缘（颗粒边缘交代和藻包裹同时作用的结果）可以在颗粒灰岩相中所有的骨架碎屑和内碎屑中出现。当颗粒位于海底时，就会形成这些边缘。海相纤维状至叶片状等厚胶结沉积在孔洞内和颗粒之间，这些孔洞和颗粒发育在浅而热的水体环境中。

钟乳石和新月状胶结沉积在小型局部岛，暴露于渗流带或潮间环境的沉积物中。但是，微晶边缘、等厚胶结、钟乳石和新月形胶结只占最终钙质胶结中的很小一部分，而且只是起到部分岩化沉积物和保护其免受后期压实的作用。

陆棚边缘进一步生长之后，伴随着陆棚的缓慢沉降，这些部分胶结的沉积物被埋藏到浅层。发生文石和高镁方解石介壳的淋滤作用。地下浅水—大气淡水中沉积出来的不纯的放射状胶结物厚层中的所有孔洞线状分布。后来，随着进一步的沉降之后，残留的孔洞被等轴方解石所充填。

二、艾伯塔黄金钉礁复合体

自从在艾伯塔上泥盆统（弗拉斯阶）碳酸盐岩建造中发现了石油之后，这里已成为无数研究者的乐园。最为重要的是 Leduc 组碳酸盐岩，其中蕴含着 45×10^8bbl 石油和 17×10^{12}ft^3 的天然气。Leduc 组碳酸盐岩是由一系列的台地（生物层）、礁和生物礁、骨架滩沉积组成的，这些沉积形成于西加拿大盆地西部地下和落基山脉各种推覆体中。

本书讨论黄金钉（Leduc 组建造中的一个）的沉积史和成岩史，同时也讨论其储层物性。黄金钉礁复合体（石灰岩）位于埃德蒙顿西南部 34km 处，距离艾伯塔中部白云石化的 Leduc–Rimbey 礁延伸带仅有 4km（图 8–26）。它是其中最小的但却最富产石油的（213×10^6bbl 石油的可采储量）、加拿大西部上泥盆统碳酸盐岩复合体，其圈闭面积只有 10km^2，但是厚度从内部的 197m 减薄至翼部的不足 30m。它是在 1949 年被皇家石油公司发现的。

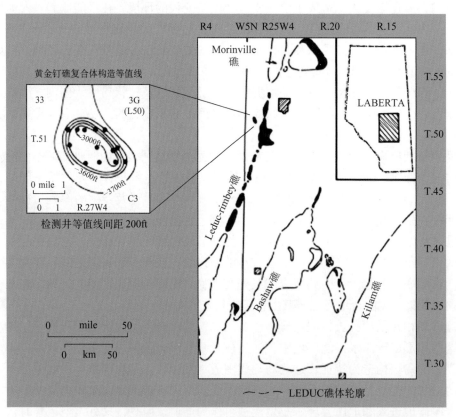

图 8–26　艾伯塔盆地黄金钉礁复合体位置（包括 Leduc 组的构造等值线图）

1. 地层：优势相

黄金钉礁复合体的岩石是上泥盆统 Leduc 组的一部分（图 8–27），被 McGillivray 和 Mountjoy（1975）及 McGillivray（1977）进一步划分为下 Leduc 组台地（或者生物礁单元）、中 Leduc 组生物礁单元和上 Leduc 组礁裙带。下 Leduc 组地层序是由 31km^2 面积的非储集岩构成的，而且向东与

Cooking Lake 组相连。主要的礁复合体（中—上 Leduc 组）相对较小（只有 10km²），在地貌上可以被进一步划分为礁缘和礁内（表 8-1、图 8-28）。盆地或者礁外沉积属于 Duvernay 组和 Ireton 组。

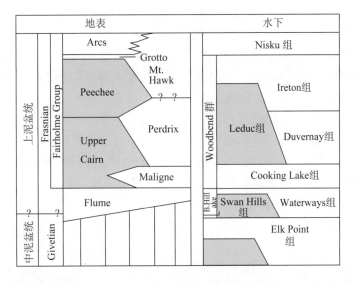

图 8-27　艾伯达 Frasnian（上泥盆统）地下和地表地层术语（礁复合体被涂成蓝色）

表 8-1　黄金钉主要相、亚相和沉积环境总结

区域	主相区	微相	总体环境
礁缘	礁翼	珊瑚碎屑	礁体向海生长：低角度浅水礁前斜坡
		薄层叠层石	礁前与礁碎片相似但是更多生长样式
		泥质、骨骼碎屑	更深水礁前，带有礁前碎屑和盆地泥
	礁体	块状叠层石	浅水、礁体被冲刷良好的区域
		叠层石碎屑	侵蚀礁格架群
礁内	潮下骨骼沙坪	骨架砂岩	浅水，礁后坪：骨架碎屑沉积坪
		骨架、球粒砂岩	冲刷良好的潮下带、礁后浅滩及潟湖
	潮缘藻纹层		潮间至潮下藻泥坪
	补丁礁		潮下、潮后坪及潟湖的局部礁体发育

注：碎屑参考了不在这个部位的礁建造骨架元素。

1）礁缘

黄金钉的礁缘（图版Ⅷ-187 至图版Ⅷ-191）以礁翼（前礁）和礁相为特征。

礁翼的岩石是由分选差的骨架碎屑、小型原地层孔虫、结壳层孔虫和藻以及丰富的细粒碳酸盐岩沉积（细粒骨架灰岩、灰泥岩、钙质泥岩）混合构成。带状放射式方解石是礁翼沉积物中一种常见的"粘结"介质（胶结物）。

薄层状层孔虫相可以在大多数的礁缘井中观察到，其特征既具有碎屑状的层孔虫，又具有原地薄层状的层孔虫。Renalcid（可能是藻类或者有孔虫）常常呈现为层孔虫结壳和分散颗粒。其他化石成分包括丰富的海百合碎块和较少的普通珊瑚、腕足动物、瓣鳃动物，而腹足类则往往发现在分选差的泥粒灰岩和粒泥灰岩。海相示顶底沉积同样可常见在此相中，通常表现为在小型（5mm ~ 5cm）遮蔽物和生长格架孔中发生的完全或部分充填。薄层状层孔虫相主要发育在礁体向盆地方向的礁前斜坡低缓地形的浅水部位。

碎屑珊瑚相可以在礁缘局部发现，而薄层状层孔虫相则较为少见。主要构成成分包括珊瑚（通孔珊瑚属、共槽珊瑚属、菲利普星珊瑚属、槽珊瑚属），也包括层孔虫、海百合和较少的腕足动物、瓣鳃动物、腹足类及介形亚纲动物。碎屑珊瑚相代表了局部礁前沉积侧向演变为薄层状层孔虫相。

泥质骨架角砾相包括块状和薄层状层孔虫、不规则状和薄层状珊瑚，还包括泥质灰质泥粒灰岩基质中的海百合碎屑。绿色至棕黄色钙质泥岩遍布于该相之中，可以作为基质、示顶底沉积，而薄层部分很可能以悬浮卸载自附近盆地钙质泥岩的形式沉积。

礁相的岩石是由块状和薄层状层孔虫构成，往往发育在分选较差的钙质颗粒岩（砾灰岩）或泥粒灰岩（图版Ⅷ-190）。块状层孔虫粘结灰岩和层孔虫角砾相构成了礁带。粘结灰岩可以在礁缘的所有井中局部发育，但却极有可能发育在边缘西北部地区的井中。它们表现出规模很大而少见薄层状的层孔虫。一些实例中可见发育良好的生长格架孔洞体系，通常被原始沉积和（或）胶结充填。

粘结灰岩中发育粗粒骨骼颗粒岩（层孔虫角砾相）夹层，是由分选差的块状和枝状层孔虫、珊瑚以及海百合组成的（图版Ⅷ-191）。

2）礁内

在黄金钉，礁内（图版Ⅷ-192至图版Ⅷ-194）被定义为潮下带至其后的潮上带沉积，部分地区被增生礁缘所包围。礁内的主要相类型包括潮下骨骼沙坪、礁缘藻纹层岩和小型层孔虫补丁礁。

潮下骨骼沙坪是粗粒和细粒颗粒骨骼、似球粒颗粒灰岩和泥粒灰岩组成的厚层沉积（图版Ⅷ-192）。骨骼成分包括强磨蚀层孔虫和珊瑚，还包括海百合、腕足动物、腹足类、瓣鳃动物、介形类和钙结球。粗粒颗粒骨骼颗粒灰岩常常发育细粒、分选好的似球状颗粒灰岩夹层（图版Ⅷ-193）。这些沉积代表了浅水潮下部分被海水充分冲洗的礁坪或发育来自礁缘骨骼物质的沙滩中的沉积。

潮缘藻纹层岩在上 Leduc 组中极为常见（图版Ⅷ-194），它们的特征表现为浅灰至棕黄色层状、似球粒钙质泥岩和细粒似球粒钙质颗粒灰岩（图版Ⅷ-194）。藻纹层是不连续的、波状的微晶带状，平行层理中含有"捕获"或束缚似球粒和骨骼颗粒。纹层状、薄层状和不规则网格状（鸟眼）遍布整个相。这些纹层岩代表了潮下带至潮上带半局限环境中的沉积。该相中保存了若干侧向不连续的古暴露地表。

补丁礁是通过骨骼沙坪相中孤立发育的块状和枝状（穗层孔虫属）层孔虫来识别的。补丁礁厚度可达 10m，代表了局部生物礁在骨骼砂沉积的礁后地区中的生长。

2. 沉积史

在黄金钉地层中上 Leduc 组小型礁复合体孤立的发育在泥质盆地中。其沉积史与艾伯塔上泥盆统其他礁具有许多相似之处（Andrichuck，1958；Klovan，1964，1974；Mountjoy，1967；Noble，1970；Mountjoy 和 MacKenzie，1973）。上述相的分布情况可以看出（图 8-29）：（1）下 Leduc 组"泥质"台地（礁基）之上的浅水环境；（2）中 Leduc 组底部的广布礁相；（3）礁内相展布于浅水沉积，穿过中 Leduc 组，向海方向生长的潮下骨架沙坪造成了上 Leduc 组复合体边缘局部礁的生长；（4）上 Leduc 组中部（潮缘纹层岩相）时而暴露的边缘处相对连续的沉积；（5）礁生长的中止和最终盆地的充填及其被 Ireton 页岩的充填。

3. 储层性质

黄金钉中发育的储层包括几种沉积和成岩过程，这些过程主要影响（扩大的或减小的）原生孔隙度。在礁缘、遮蔽孔、生长格架孔、粒内和粒间孔常常充填有胶结物和内碎屑，这些导致原生孔隙的损失（表 8-2）。另一方面，礁内部的骨架、似球状颗粒灰岩和层状窗格状泥岩常常呈现出粒间孔和窗格孔，因溶蚀作用而增大，也会因为碳酸盐胶结作用而造成减小（表 8-2）。

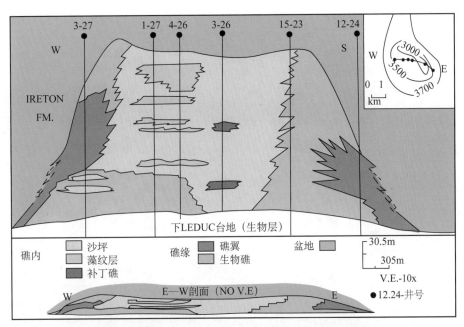

图 8-28　横穿黄金钉东西向的剖面展示了主要的沉积相（地层是 Beaverhill Lake 群的顶）

表 8-2　黄金钉中不同相的储层孔隙度及对储层孔隙度和渗透率有影响的主要成岩作用

储层		孔隙度（ϕ）		渗透率		主要成岩作用对孔渗的影响作用	
		中值（%）	理论值（%）	中值（mD）	理论值（mD）	孔渗增长	孔渗减少
礁缘	礁碎屑	4	2	1	1	少量溶蚀	放射性和纤状钙质胶结
	层状叠层石	5.5	4	10	5	少量溶蚀	内沉积中的放射性和纤状钙质胶结
	块状叠层石和叠层石碎屑	10	8.5	100	10,000	铸模溶蚀	清洁的不含铁的钙质胶结
礁内	骨架、球粒砂岩	12.5	10	50	20	铸模溶蚀	纤状不含铁和含铁的钙质胶结
	藻纹层	7	6	60	10	网格孔溶解扩大	微钟乳石胶结，不含铁和含铁的钙质胶结

孔隙分布情况表明整个礁复合体的若干趋势（表 8-2）：

（1）在边缘，孔隙度（尤其是礁翼相，有一些例外）相对较低。薄层状层孔虫灰岩和碎屑珊瑚相展示了一些由于边缘内碎屑的胶结和沉积造成孔隙度堵塞而形成的最低孔隙度。泥质骨架角砾相通常含有较低的原生孔，主要是基质（泥质）支撑结构。

（2）礁相显示出溶蚀作用扩大原生孔，胶结作用降低原生孔，也包括不变的原生孔。

（3）礁内的孔隙度各不相同。礁复合体中潮下骨架沙坪沉积的孔隙度最高，这是由于原生粒间孔的保存以及窗格孔、早期胶结物的溶解和原生孔的溶解加大。

4. 成岩作用对储层物性的控制

黄金钉礁的成岩演化史是复杂的，但是可以进一步分成至少四个阶段（图 8-30）：（1）海底和早期埋藏（海相）；（2）地表（暴露时期，特别是在上 Leduc 组）；（3）中或过渡埋藏；（4）晚或深埋藏。

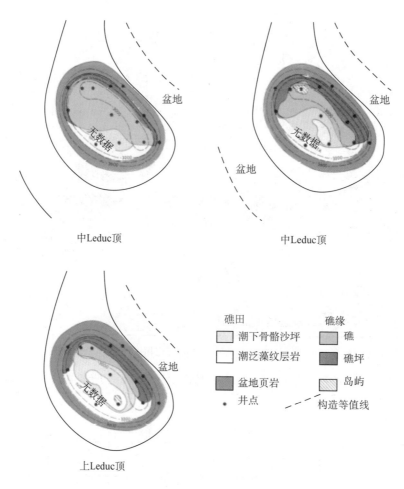

图 8-29 黄金钉礁复合体的沉积史平面图

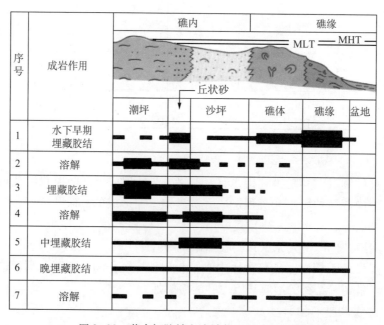

图 8-30 黄金钉胶结和溶蚀作用的不同阶段

基于不同胶结物的某些成岩结构特征、分布情况、叠置及其与相关沉积的关系，可以解释这些阶段。对于黄金钉的详细讨论参见 Walls（1977）和 Walls、Mountjoy 和 Fritz（1979）。

黄金钉礁体中孔隙的分布受到胶结作用和溶解作用的影响，这些作用可以在这四个成岩阶段中发生。在礁内和礁缘这些过程对于减小和增加孔隙的重要性如下：

（1）礁内：①海相胶结物的少量沉淀（纤维状方解石胶结和早期埋藏，非铁质方解石胶结）；②这些早期胶结物和伴生沉积在暴露阶段的部分溶解所形成的洞和铸模孔；③渗流和（或）潜水纤维状、微钟乳石和非铁质方解石胶结，之后又发生了进一步的地表溶解和中埋藏阶段的清水方解石胶结，还包括晚埋藏阶段的含铁方解石胶结；④少量晚期溶解及伴生的缝合线构造及裂缝。

（2）礁缘：①在大型联通礁体、生长骨架和"层状孔洞构造"型孔洞体系中，海底纤维胶结沉淀表现为放射状方解石；②海底和早期埋藏（海相）非铁质共轴增生（在海百合上）和少量清水方解石的沉淀；③少量早期溶解（地表）影响了礁相但是通常并不影响礁翼相；④中和（或）晚埋藏成岩阶段非铁质和少量铁质方解石胶结；⑤少量晚期溶解及伴生的缝合线构造和裂缝。

海底和陆表胶结阶段对原生孔隙早期阻塞（压实之前）十分重要。但是，礁内高孔隙带主要是溶解作用的结果，溶解作用部分或者完全将一些早期胶结物清除，同时扩大了其他的原生孔隙。多孔岩石带内部夹层含有胶结岩石带，发育在整个礁内部，这些胶结带形成了垂向上的渗透率隔层。胶结作用造成的渗透率隔层是烃类开采的障碍；因此，充分认识碳酸盐岩储层的成岩历史，对于高效管理很有必要。

5. 结论

黄金钉是上泥盆统石灰岩储层，是发育在浅水开阔海盆地中的一个小型礁复合体，距离一个较大线形障壁礁（Leduc–Rimbey礁带）约4km。尽管只有10km²的闭合区域，却含有213×10⁶bbl的石油可采储量。

黄金钉主要相类型包括礁缘、礁和礁内。礁缘包括：（1）礁翼，薄层状层孔虫、碎屑珊瑚和泥质骨架角砾；（2）礁，块状层孔虫生物粘结灰岩和层孔虫碎屑。礁内包括潮下骨架沙坪，潮缘包括藻纹层岩和补丁礁。

礁缘相中的孔隙度尽管变化多样，但是通常都比礁内低。礁翼中的大型礁和生长骨架孔往往被"早期"胶结和示顶底沉积所充填。另一方面，潮下骨架沙坪沉积和礁内示顶底纹层岩中，由于原生粒间孔和窗格孔的保存、原生孔的溶蚀加大和早期胶结物的溶解，造成了其中发育一些高孔隙度带。

黄金钉中孔隙的分布受到四个常见成岩阶段中的胶结作用和溶解作用程度的影响：（1）海底和早期埋藏（海相）；（2）地表；（3）中或过渡埋藏；（4）晚或深埋藏。

海底和早埋藏胶结显著降低了礁缘孔隙度。在礁内，周期性暴露和伴生的区域成岩作用产生了致密（胶结了的）和多孔岩石过渡带。

三、Paradox 盆地板状藻礁丘

美国西南部上古生界（中宾夕法尼亚统—狼营阶）陆棚碳酸盐岩中发育礁丘，这些扁平礁丘中叶状藻对于碳酸盐岩沉积建隆的建造过程十分重要。根据 Wilson（1975），通常沿着这些区域的陆棚边缘发育，形成于西墨西哥和犹他州、得克萨斯州和俄克拉荷马州地下产油气盆地的边缘，暴露在科罗拉多州（Eagle 盆地）和新墨西哥州（Orogrande 盆地）盆地边缘的露头中。

在 Paradox 盆地（美国西南部）（图 8-31），扁平藻碳酸盐岩泥粒灰岩和颗粒灰岩礁丘建隆引起特别关注，这是由于它们在 24 个油田中已经成为重要的油气储集岩。这些油田中最大规模的是 Aneth 油田，截至 1978 年底已经生产了约 292×10⁶bbl 石油和 281×10⁶ft³ 凝析气（石油数据系统，能源部，1981）。其他油田，如 Desert Creek、Barker Dome、Cahone Mesa、White Mesa、Ratherford 和 Ismay，累计产量相对较小，大概是 1×10⁶ ～ 10×10⁶bbl 石油和 10×10⁸ft³ 天然气。这些油田特别是礁丘储层经济的重要性难于估计，这是由于在大多数的实例中，其他碳酸盐岩相也会产油而且产量也相当大的。因此，Paradox 盆地礁丘储层中今后的石油和凝析气产量很可能高达数亿桶。

1. 常规背景和发育情况

沿 Paradox 盆地西南边缘发育礁丘，其覆盖区长约 180km、宽 50 ~ 60km（图 8-31）。Paradox 盆地是一个宽阔而不对称的晚古生代坳陷。在狄莫阶，盆地中部沉积了 2000m 的蒸发岩（包括盐岩和石膏），其中还发育黑色页岩韵律层，这个层序是 Paradox 组。宽阔的礁带和伴生碳酸盐岩及旋回性重复的薄层黑色页岩相当于这一层序，盆地西南边缘的厚度 300 ~ 700m，被称为 Hermosa 组。硅质碎屑岩沉积至少从一个边缘陆块（Uncompahgre 隆起，图 8-31）进入盆地，但是在沿着盆地相反的边缘发育的藻礁丘带、硅质碎屑岩岩屑局限在黑色页岩中，并且分散在碳酸盐岩颗粒中。

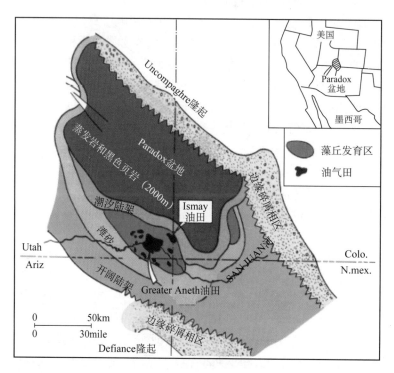

图 8-31　Paradox 盆地中宾夕法尼亚统（狄莫阶）相简化图（修改自 Wilson，1975；Choquette 和 Traut，1963）

展示了板状藻礁丘的面积

2. 礁丘的一般特征

Wilson（1975）综合了中宾夕法尼亚世碳酸盐岩建隆的区域关系和一般特征，他描述了地质背景、分布、形态和几何外形以及岩性的一些变化，这些变化也被其他研究 Paradox 盆地（Wengerd，1951，1955，1963；Peterson，1959；Peterson 和 Ohlen，1963；Pray 和 Wray，1963；Choquette 和 Traut，1963；Elias，1962，1963；Gray，1967；Hite 和 Buckner，1981）和 Orogrande 盆地（Wilson，1967，1972，1975）的许多学者所描述。通常情况下，礁丘表现为底平顶凸透镜状的，最高起伏高度可达 30m，通常为起伏状的顶面。Pray 和 Wray（1963）报道了板状藻颗粒灰岩生物滩中的大规模交错层理或加积层理，颗粒灰岩生物滩暴露在 San Juan 河的"鹅颈管"中，Aneth 油田西部约 110km 的一系列大型下切河道。尽管许多建隆属于生物成因，与其厚度相比，它们的侧向延伸范围很大，但是，有些礁丘的顶部和侧翼边缘局部地区的坡度仍可高达 25° ~ 30°。礁丘可能被富含鲕粒颗粒灰岩所覆盖，后者在许多 Paradox 盆地的油田中同样可以成为重要的储集岩，也可能被含有大量纺锤鎏和有孔虫或者结壳生物（眼形虫）的颗粒灰岩和泥粒灰岩所覆盖；后者同样可以发育在一些丘的边缘，而且可能部分代表了来自丘的碎屑。有些丘向上中止成为板状藻灰岩，被解释成为剥蚀不整合。丘间相通常发育细粒泥岩和粒泥灰岩，其中富含海绵骨针。有些礁丘已经发生了白云岩化，但是许多仍然还是石灰岩。礁丘的一个典型特征是发育其中的角砾和藻板物质及产生的细粒碳酸盐岩堆积体，说明了部分硬化及之后的建隆沉积的滑塌或滑动间断。另一个特征是礁丘岩性伴生着以海琴页岩和碳酸盐泥为基底的向上变浅多级旋回，顶点则过渡为潮缘或高能沙洲碳酸盐岩又或者暴露地表。

Wilson（1975）相信狄莫阶板状藻礁丘集中分布于一些坡下部位（盆地方向），称为"构造诱导沙滩"的物质。古斜坡看似平缓，很少超过2°～3°，而且逐渐年轻的礁丘向盆地方向发生相互叠置。海底上隐蔽地势起伏可能足以造成个别叶状板藻的初殖与拓殖。Pray 和 Wray 经过对沿着 San Juan 河发育的典型露头进行仔细观察发现，藻板生物滩层序的发育被偶生建隆的侧面聚集所打断。

3. Ismay 油田中的礁丘：实例分析

Ismay 油田中一系列叠置藻礁丘被作为了向外扩张的核心，位于 Aneth 东北部 5km 处，靠近之前画出的藻丘边缘（图 8-31）。Elias（1962，1963）描述了这些建隆，而 Choquette 和 Traut（1963）详细描述了这些建隆，其中许多后述结论都被加以引用。与 Aneth 和 Paradox 盆地中许多其他油田相比，Ismay 是一个相对较小的油田，1978 年以来已经产出了大约 9.7×10^6 bbl 的高重度（41° API）石油和凝析油、16.5×10^6 ft³ 的低含硫天然气。尽管如此，那里的礁丘与前面指出范围内的美国西南部其他的中宾夕法尼亚统建隆具有相似的特征。

1）背景和大型化特征

Ismay 油田的礁丘发育在向上变浅、海洋至潮缘带旋回中，其中含有三个主要的 Paradox 组 Ismay 带中的隔夹层。隔夹层被局限于所谓的 A2、A2.5、A3 和 B 层（图 8-32）。图 8-32 所示总结的剖面中只发育两个礁丘，在旋回中作为 1 和 4。展示的旋回剩下部分被解释为丘内层序。我们在研究了礁丘其他方面之后将回到这些旋回的目标之上。

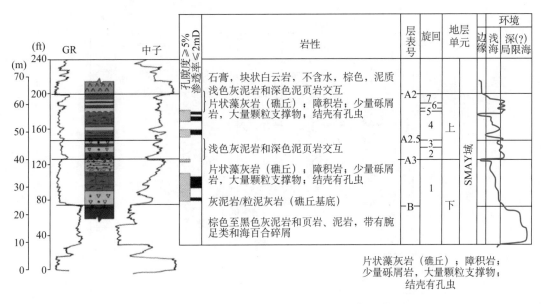

图 8-32　Ismay 油田 Paradox 组 Ismay 带中含有两个藻礁丘建隆的碳酸盐岩旋回（据 Choquette 和 Traut，1963，修改）

井是 Pure 石油公司（联合石油）东 Aneth28 号 D-128 剖面 NW1/4NW1/4、T35、R26E；旋回 1 和 4 含有礁丘，并且在此处或该区大部分地区中止于局部暴露；第三个丘旋回，在 A2.5-A3 层分别由两个丘内旋回代表，他们在该区的其他许多地方也有发育

油田本身沿着北西方向倾伏背斜轴线展布，定义在 B 层（图 8-33）。现有井资料显示礁丘为底平薄透镜状、生物堆积，其厚度可达 15m。在 A3-B 层中的一些建隆宽度 0.75～1.5km、长至少 3km、东北—西南延伸，几乎与背斜轴线相平行（图 8-34）。在 Ismay 带较年轻地层中的建隆（图 8-35 所示的 A2-A2.5 等值线图），表现出更广阔的特征，其宽度 2～3km，北西—南东方向延伸长度至少 9km。这些丘同样表现出一种"斜行排列"，几乎与主走向一致。斜行排列可能是源自一些潮流和季风

综合作用的结果。在区域古地貌已知的情况下（图8-31），看起来潮流在盆地边缘处来回摆动。近来出版的板块—构造重建（Scotese等，1979）显示，在中宾夕法尼亚时期盆地位于古赤道附近。与现今全球风模式相对比后可以看出，当时该区可能并不发育强季风。

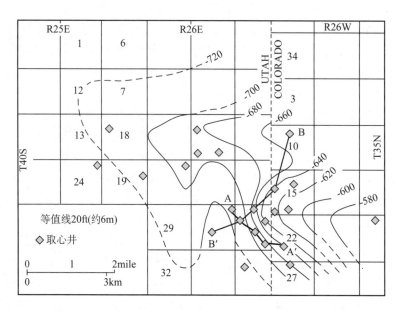

图8-33 下Ismay带页岩顶部构造之上绘制的取心井图（图8-32中的B层）（据Choquette和Traut，1963）

碳酸盐岩建隆沿着构造轴线分布

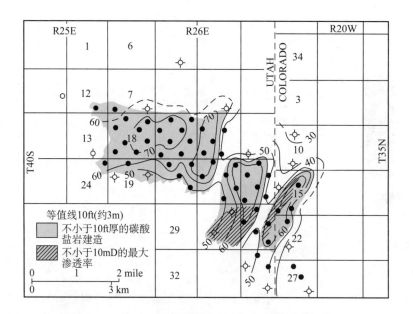

图8-34 A3-B层厚度图（据Choquette和Traut，1963）

厚层区域展示了藻礁丘；薄层沟渠状区域含有骨针泥岩和细粒钙质石英砂岩；

A3-B层被暗色页岩覆盖并被蒸发岩从东部和北部上超（见图8-36）

2）礁丘相

在剖面上（图8-36），平底形的礁丘出现在最为古老的建隆上。剖面A-A′中两个高部位的建隆出现波状，这可能是压实覆盖在下部礁丘上的结果。

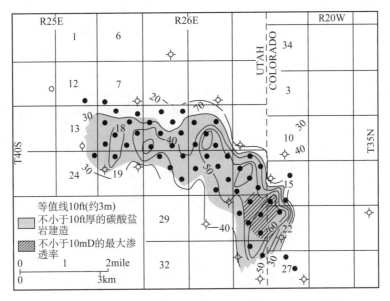

图 8-35　A2—A2.5 层厚度图（据 Choquette 和 Traut，1963）

厚层区域是厚层藻礁丘；礁丘被暗色页岩和蒸发白云岩所覆盖，向上渐变为蒸发岩并被其覆盖

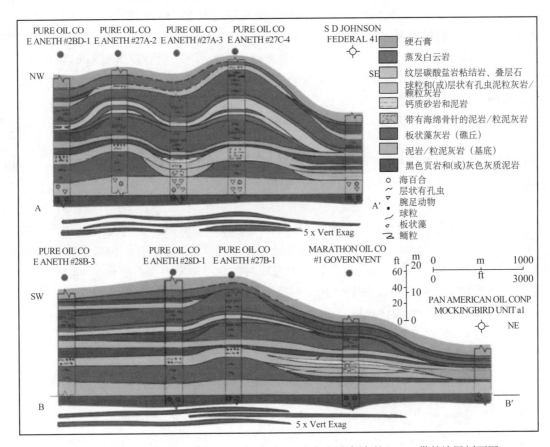

图 8-36　沿着大致平行于（A—A′）和（B—B′）沉积倾向的 Ismay 带的地层剖面图
（据 Choquette 和 Traut，1963，修改）（图 8-34、图 8-35）

此处的井都是全井取心；注意即使垂向放大 5 倍，建隆也是隐蔽低起伏的；剖面 A—A′；上部礁丘的下陷很可能反映了丘内沉积的
差异压实，在 Pure Aneth 东部 27B-3 号，27-40S-26E

礁丘的主要岩性是藻障积岩（Embry 和 Klovan，1971），其中薄片状或叶片状叶状藻 *Ivanovia* 的松散至致密压实的骨架作为"构建"要素。Pray 和 Wray（1963）提供了可能生物形式和沉积阻滞以及藻沉积捕获效果的解释方式。*Ivanovia* 很有可能是一种垂直叶状海相植物，已经发生钙化，已经死亡、破碎，有些坚韧、刚性但并不脆、片状骨架。由于其广阔、波状，这些碎片成为了被灰泥、球粒状和其他颗粒所捕获的沉积物（图版Ⅷ-195、图版Ⅷ-196）。板状骨架同样可以作为遮挡"伞"，其下的遮挡孔洞没有发生沉积充填。这些原生孔的一部分免遭压实和胶结充填；其他的孔则被沉淀胶结所充填，沉淀胶结物主要为块状方解石刺和（或）粗粒硬石膏（图版Ⅷ-197 至图版Ⅷ-200）。Choquette 和 Traut（1963）很好地描述了各种粒间孔被部分充填或阻塞的、遮蔽孔隙的障积岩结构。

礁丘中其他生物成分除了 *Ivanovia* 之外还包括少量穿孔苔藓虫，可以作为沉积挡板、柄棘皮动物碎屑，偶见纺锤鎽、介形虫和眼形虫有孔虫。眼形虫很少出现在介壳 *Ivanocia* 碎块包壳生物发育的位置，但却常以松散骨架颗粒形式存在。球粒和微晶是仅有的常见非骨架成分。

如前所述，常见同沉积来源的礁丘角砾岩。通常情况下，其主要由灰质泥岩和（或）球粒状泥粒灰岩或一端被叶状藻板粘结的颗粒灰岩棱角碎屑组成（图 8-236）。这些碎屑的性质说明碎屑聚集时只有部分发生固结。角砾性质说明一些被风暴和丘外斜坡打碎物质的综合可能是其成因。

3）礁丘和相关旋回

在 Ismay 地区发育 *Ivanovia* 礁丘的最厚和最完整的层序位于 Ismay 带的下部，称为旋回 1，如图 8-32 所示。该层序始于一套广布的黑色页岩和暗灰褐色灰泥岩，其中含有碎屑海百合茎节和含磷酸腕足动物，即所谓的"B 页岩"（图版Ⅷ-199）。该岩性说明缺氧海相环境覆盖了面积广阔，但却不一定很深的盆地范围，地势起伏不大。向上渐变为浅色灰质泥岩（或者某些地方的粒泥灰岩），其环境贫氧且含有更多的正常海动物群或者薄壳钙质腕足动物。这种浅色泥质岩性被 Choquette 和 Traut（1963）定义为"介壳灰泥岩"，它们成为基底，其上发育旋回 1 的藻礁丘发生定殖和拓殖。这种岩性的一个实例，展示在图版Ⅷ-200 和图版Ⅷ-201 中。这种岩性向上转变为礁丘相藻灰岩的过程各不相同，但是通常情况下这种变化在几毫米或几厘米的范围内突然发生，而且实际上常常被缝合线所遮蔽（图版Ⅷ-201）。

碳酸盐岩"砂"（或泥粒灰岩或颗粒灰岩）通常遮盖了旋回 1 的礁丘及更为年轻的礁丘（图 8-36 中的 A-A′）。这种岩性通常情况下含有纺锤鎽、眼形虫、球粒和偶见的叶状藻、苔藓虫和腕足动物的碎片。很少情况下，也会发育小头孔刺毛虫珊瑚。这种岩性类似于 Pray 和 Wray（1963）所描述的遮盖相。在许多方面，它也与 Peterson 和 Ohlen（1963）描述的 Aneth"鲕粒"盖层相类似，该岩性后来又被 Wilson（1975）描述为富含"管状"（眼形虫）有孔虫和淋滤"鲕粒"。淋滤颗粒铸模确实常见于旋回 1 的盖层相（图版Ⅷ-201），而且当其发生溶解时很有可能发生文石质化、可能成为鲕粒。上覆碳酸盐砂沿斜坡向下从礁丘斜坡发生约 1km 或更近的短距离溢出，给泥质锤雏晶和硅质碎屑粉砂岩及细粒砂岩让路。这些岩性同样充填了丘之间的浅"潮道"（图 8-36 中的 A-A′），向盆地方向发生短距离扩张（图 8-36 中的 B-B′）。这种遮盖碳酸盐砂被暗色海百合灰质泥岩突然覆盖（看似不整合），可以解释为下一个年轻旋回（图 8-32 中的旋回 2）中的底部缺氧单元。

年轻礁丘通常向上尖灭成（或者也可能间杂有）层状似球粒灰岩（或白云岩），其中含有泥裂、泥屑堆积体、窗格结构和其他间断暴露高潮间台地沉积产物。这些潮坪岩性在有些地区会被白云质泥岩所覆盖，其中有一些富含有机体和钻孔（图版Ⅷ-202），其他则具有丰富的瘤状硬石膏。

与前述旋回发育相似岩性的旋回比之前列举的"理想"礁丘旋回的蒸发性更强（图 8-32A3-B 建隆）。类似的蒸发旋回可见于礁丘向盆地方向的附近地区。此处旋回含有更厚层的暗色页岩和碳酸盐泥岩、蒸发白云岩及块状至层状硬石膏。这些旋回的硬石膏单元向盆地方向增厚，方向大致为西北向（图 8-36）。礁丘之间的（而不是沿着礁丘走向的）非蒸发层序本身较薄，始于下部页岩和礁丘旋回中的底部泥岩单元，但是被更为暗色的泥岩覆盖。这些泥岩是由海绵状骨针和含有泥晶灰岩的其他细粒骨架碎屑所构成。薄单元硅质碎屑岩和细粒至极细粒砂岩同样可以发育在丘间旋回，特别是在 Ismay 带下部（图 8-36A-A′剖面）。硅质碎屑层可能是当细粒碎屑从南部陆地进入盆地时下降了的海平面所形成的产物。

4）成岩作用和礁丘的孔隙度

如前所述，某些旋回中藻礁丘发育，通常中止于局部暴露。不整合常常发育在这些旋回的顶部（图 8-32）。这些旋回中的石灰岩展示出溶解的特征，选择性溶解作用发生于一些原生颗粒中，很可能发生文石化。铸模孔非常普遍，特别是在灰—泥含量高的礁丘相，此处的叶状藻发生选择性溶解（图版Ⅷ-197），也常见于遮盖灰岩中，此处鲕粒和可能文石质似球粒（？）也发生溶解（图版Ⅷ-201）而留下微晶或早期完整胶结。但是，礁丘中的这些铸模通常被块状潜水块状方解石所充填（图版Ⅷ-203）。胶结物充填的铸模孔常见于礁丘的下部而不是上部或遮盖石灰岩中，这说明块状方解石的胶结可能开始较早，很可能在下一旋回沉积之前。

叶状藻颗粒灰岩至少发育两期碳酸盐岩胶结——较早一期细粒放射状方解石，沿着藻板外表面的边缘厚达 0.2 ~ 0.3mm（图版Ⅷ-204、图版Ⅷ-205）；较后一期粗粒块状方解石，充填或者部分充填了残余孔隙空间（图版Ⅷ-203 至图版Ⅷ-206）。放射状方解石往往被判断为海相来源。通过对一些被块状方解石胶结的颗粒灰岩薄片的阴极发光观察发现，不同地带的方解石荧光不同。这说明通过阴极发光进行细致研究将揭示一个更为复杂的胶结史，很有可能在后续旋回发育时发生重复暴露。

粗粒硬石膏胶结同样常见于礁丘碳酸盐岩中，特别是颗粒灰岩和暴露的角砾岩（图版Ⅷ-196、图版Ⅷ-198、图版Ⅷ-206），完全堵塞了原生孔隙和溶解孔隙。这种蒸发胶结延迟了块状方解石的胶结。这可能是在 Ismay 地区向盆地方向或者在 Ismay 油田礁丘上覆蒸发岩中，硫酸盐从蒸发岩旋回循环水中再沉淀的结果。需要对礁丘和伴生岩石进行更细致的成岩作用研究来检测这种可能性和可替代模型。同样，针对白云石化的分布和成因理解不多，已经影响了部分礁丘，下伏基底原地灰质泥岩加强了两者的储集岩质量（Choquette 和 Traut，1963）。

4. 结论

在沉积—建造生物的礁丘中，板状或叶状藻是美国西南部中宾夕法尼亚旋回碳酸盐岩层序的重要特征。在 Paradox 盆地，藻礁丘主要发育在西北倾向的"航道"（Wilson，1975），其宽度达 40km，沿着盆地西南边缘长达 85 ~ 90km（图 8-31）。许多这样的礁丘成为油气储集岩，油气储量从小（如 Ismay 油田）到大（如 Aneth 油田）。

生物成因的礁丘最厚可达 10m，覆盖区域在任一方向上都可超过几千米。主要由藻障积岩构成（颗粒灰岩—泥粒灰岩），其中弱压实半硬化 Ivanovia 遮挡和捕获碳酸盐岩沉积，造成原生遮蔽孔和粒间孔较高，而且同沉积角砾是由藻灰岩内碎屑构成的。富含微晶灰岩的叶状藻粒泥灰岩和泥粒灰岩也很常见，特别是在礁丘中的低部位。角砾岩看似是唯一重要的"礁翼"物质，而且这些角砾岩紧邻原地伴生障积岩，未将这些障积岩单独绘图。颗粒灰岩和泥粒灰岩主要由纺锤鎝、眼形虫、有孔虫和球粒构成，是礁丘之上常见的盖层。

礁丘发育在非对称、向上变细旋回中，厚度 30 ~ 40m，开始于宽阔基底暗色页岩和缺氧海相来源的灰质泥岩，中止于浅海至沙滩或沙丘来源的有孔虫—球粒—鲕粒碳酸盐岩砂或者潮间碳酸盐岩。局部暴露常见于旋回终止处。礁丘中许多成岩改造包括早期文石化颗粒的选择性淋滤（渗流？）和后期块状方解石（潜水？）和（或）粗粒硬石膏的部分至完全胶结。许多礁丘中也会发生部分白云石化。

致谢

作者感谢纽芬兰 Memorial 大学 Noel P. James 的鼓励，在他的建议下，完成了 John D. Traut 早期工作和我自己工作的总结。Susan C. Hartline 和 Marathon 石油公司研究中心制图部其他成员完成了制图。Marathon 石油公司允许出版。

参 考 文 献

Adey, W., and R. Burke, 1976, Holocene bioherms (algal ridges and bank—barrier reefs) of the eastern Caribbean: Geol. Soc. America Bull., v. 87, p. 497—519.

Ahr, W. M., 1971, Paleoenvironment, algal structures and fossil algae in the Upper Cambrian of central Texas: Jour. Sed. Petrology, v. 41, p. 205—216.

Aitken, J. D., 1967, Classification and environmental significance of cryptalgal limestones and dolomites with illustrations from the Cambrian and Ordovician of southwestern Alberta: Jour. Sed. Petrology, v. 37, p. 1163—1187.

Andrichuck, J. M., 1958, Stratigraphy and facies analysis of Upper Devonian reefs in Leduc, Stettler, and Redwater areas, Alberta: AAPG Bull., v. 24, p. 1—93.

Bathurst, R. G. C., 1959, The cavernous structure of some Mississippian *Stromatactis* reefs in Lancashire, England: Jour. Geology, v. 67, p. 506—521.

Bathurst, R. G. C., 1975, Carbonate sediments and their diagenesis: Amsterdam, Elsevier Sci. Pub., 658 p.

Bebout, D. G., and R. G. Loucks, 1974, Stuart City trend, Lower Cretaceous, south Texas: Austin, Tex., Bureau Econ. Geol. Rept. No. 78, 80 p.

Bebout, D. G., and R. G. Loucks, 1974, Stuart City Trend, Lower Cretaceous, South Texas—a carbonate shelf—margin model for hydrocarbon exploration: Austin, Univ. Texas, Bur. Econ. Geology Rept. Inv. 78, 80 p.

Bosellini, A., and D. Rossi, 1974, Triassic carbonate buildups of the dolomites, northern Italy: SEPM Spec. Pub. 18, p. 209—233.

Bourque, P. A., 1979, Facies of the Silurian West Point reef complex, Baie des Chaleurs, Gaspesie, Quebec: Geol. Assoc. Canada Field Guidebook B—2, 29 p.

Burchette, T. P., 1981, European Devonian Reefs: a review of current concepts and models, *in* D. F. Toomey, ed., European fossil reef models: SEPM Spec. Pub. No. 30, p. 85—143.

Cecile, M. P., and F. H. A. Campbell, 1978, Regressive stromatolite reefs and associated facies, middle Goulburn Group (Lower Proterozoic) in Kilohigok Basin, N.W.T.; an example of environmental control of stromatolite form: Bull. Canadian Petroleum Geols., v. 26, p. 237—267.

Chappell, J., and H. A. Polach, 1976, Holocene sea—level change and coral—reef growth at Huon Peninsula, Papua New Guinea: Geol. Soc. America Bull., v. 87, p. 235—239.

Choquette, P. W., and J. D. Traut, 1963, Pennsylvanian carbonate reservoirs, Ismay field, Utah and Colorado, *in* R. O. Bass and S. L. Sharps, eds., Shelf carbonates of the Paradox basin, a symposium: 4th Field Conf., Four Corners Geol. Soc., p. 157—184.

Copper, P., 1974, Structure and development of early Paleozoic reefs: Proc., 2nd Internat. Coral Reef Symp., v. 6, p. 365—386.

Cotter, E., 1965, Waulsortian—type carbonate banks in the Mississippian Lodgepole Formation of central Montana: Jour. Geology, v. 73, p. 881—888.

Cummings, 1932, Reefs or bioherms?: Geol. Soc. America Bull., v. 43, p. 331—352.

Dabrio, C. J., M. Esteban, and J. M. Martin, 1981, The Coral Reef Model of Nijar, Messinian (uppermost Miocene) Almeria Province, southeast Spain: Jour. Sed. Petrology, v. 51, p. 521—541.

Darwin, C., 1842, Structure and distribution of coral reefs: repr. by Univ. of Calif. Press, from 1851 ed.,

214 p.

Davies, G. R., 1970, A Permian hydrozoan mound, Yukon Territory: Canadian Jour. Earth Sci., v. 8, p. 973–988.

Davies, G. R., ed., 1975, Devonian reef complexes of Canada, I and II: Canadian Soc. Petroleum Geols. Repr. Ser. No. 1, 229 and 246 p., respectively.

Dunham, R. J., 1962, Classification of carbonate rocks according to depositional texture, in W. E. Ham, ed., Classification of carbonate rocks: AAPG Mem. 1, p. 108–122.

Dunham, R. J., 1970, Stratigraphic reefs versus ecologic reefs: AAPG Bull., v. 54, p. 1931–1932.

Dunham, R. J., 1972, Guide for study and discussion for individual reinterpretation of the sedimentation and diagenesis of the Permian Capitan Geologic Reef and associated rocks, New Mexico and Texas: Permian Basin Sec., SEPM Pub. 72–14, 235 p.

Elias, G. K.,, 1963, Habitat of Pennsylvanian algal bioherms, Four Corners area, in R. O. Bass and S. L. Sharps, eds., Shelf carbonates of the Paradox basin, a symposium: 4th Field Conf., Four Corners Geol. Soc., p. 185–203.

Elias, G. K., 1962, Paleoecology of lower Pennsylvanian bioherms, Paradox basin, Four Corners area: Guidebook, 27th Ann. Field Conf., Kansas Geol. Soc., p. 124–128.

Eliuk, L. S., 1979, Abenaki Formation, Nova Scotia Shelf, Canada; a depositional and diagenetic model for Mesozoic carbonate platforms: Canadian Petroleum Geology Bull., v. 24, p. 424–514.

Elloy, R., 1972, Reflexions sur quelques environments recafaux du paleozoique: Bull. Centre Rech. Pau-SNPA, v. 6, p. 1–105.

Embry, A. F., and J. E. Klovan, 1971, A Late Devonian reef tract on northeastern Banks island, N.W.T.: Bull. Canadian Petroleum Geology, v. 19, p. 730–781.

Embry, A. F., and J. E. Klovan, 1971, A Late Devonian reef tract on northeastern Banks Island, Northwest Territories: Canadian Petroleum Geols. Bull., v. 19, p. 750–781.

Emery, K. O., J. I. Tracey, and H. S. Ladd, 1954, Geology of Bikini and nearby atolls: U.S. Geol. Survey, Prof. Paper 260–A, 265 p.

Enos, P., 1974, Reefs, platforms, and basins of Middle Cretaceous in northeast Mexico: AAPG Bull., v. 58, p. 800–809.

Enos, P., and R. Perkins, 1979, Evolution of Florida Bay from island stratigraphy: Geol. Soc. America Bull., pt. 1, v. 90, p. 59–83.

Esteban, M., 1979, Significance of the Upper Miocene coral reefs of the western Mediterranean: Paleogeography, Paleoclimatology, Paleoecology, v. 29, p. 169–189.

Fisher, J. H., ed., 1977, Reefs and evaporites—concepts and depositional models: AAPG Stud, in Geology No.5, 196 p.

Fisher, W. L., and P. U. Rodda, 1969, Edwards Formation (Lower Cretaceous), Texas—dolomitization in a carbonate platform system: AAPG Bull., v. 53, p. 55–72.

Flugel, E., 1981, Lower Permian *Tubiphytes/Archaeolithoporella* buildups in the southern Alps (Austria and Italy), in D. F. Toomey, ed., European fossil reef models: SEPM Spec. Pub. No. 30, p. 143–161.

Flugel, E., 1981, Paleoecology and facies of Upper Triassic reefs in the northern Calcareous Alps, in D. F. Toomey, ed., European fossil reef models: SEPM Spec. Pub. No. 30, p. 291–361.

Folk, R. L., 1962, Spectral subdivision of limestone types, in W. E. Ham, ed., Classification of carbonate rocks: AAPG Mem. 1, p. 62—85.

Forman, M. J., and S. O. Schlanger, 1957, Tertiary reefs and associated limestone facies from Louisiana and Guam: Jour. Geology, v. 65, p. 611—627.

Frost, S. H., 1977, Cenozoic reef systems of Caribbean—prospects for paleoecological synthesis: AAPG Stud, in Geology No. 4, p. 93—110.

Frost, S. H., 1977, Ecologic controls of Caribbean and Mediterranean Oligocene reef coral communities, in D. L. Taylor, ed., Miami, Fla., Proc. 3rd Internat. Coral Reef Symp., p. 367—375.

Frost, S. H., 1981, Oligocene reef coral bio—facies of the Vicentin, northeast Italy, in D. F. Toomey, ed., European fossil reef models: SEPM Spec. Pub. No. 30, p. 483—541.

Frost, S. H., M. P. Weiss, and J. B. Saunders, 1977, Reefs and related car—bonates—ecology and sedimentology: AAPG Stud, in Geology, No. 4, 421 p.

Garrett, P., et al, 1971, Physiography, ecology and sediments of two Bermuda patch reefs: Jour. Geology, v. 79, p. 647—668.

Ginsburg, R. N., and J. H. Schroeder, 1969, Notes for NSF seminar on carbonate cements, Bermuda Biological Station: unpub.

Ginsburg, R. N., and J. H. Schroeder, 1973, Growth and submarine fossilization of algal cup reefs, Bermuda: Sedimentology, v. 20, p. 575—614.

Ginsburg, R. N., and N. P. James, 1974, Holocene carbonate sediments of continental shelves, in C. A. Burk and C. L. Drake, eds., The geology of continental margins: New York, Springer—Verlag Pub., p. 137—157.

Ginsburg, R. N., and N. P. James, 1974, Spectrum of Holocene reef—building communities in the western Atlantic, in A. M. Ziegler et al, eds., Principles of benthic community analysis (notes for a short course): Univ. of Miami, Fisher Island Station, p. 7.1—7.22.

Ginsburg, R. N., J. H. Schroeder, and E. A. Shinn, 1971, Recent synsedimentary cementation in subtidal Bermuda reefs, in O. P. Bricker, ed., Carbonate cements: The Johns Hopkins Press, p. 54—56.

Goreau, T. F., 1959, The ecology of Jamaican coral reefs; I. Species, composition and zonation: Ecology, v. 40, p. 67—90.

Goreau, T. F., and N. I. Goreau, 1973, The ecology of Jamaican coral reefs; II. Geomorphology, zonation and sedimentary phases: Bull. Marine Sci., v. 23, p. 399—464.

Gray, R. S., 1967, Cache Field—a Pennsylvanian algal reservoir in southwestern Colorado: AAPG Bull., v. 51, p. 1959—1978.

Gwinner, M. P., 1968, Carbonate rocks of the Upper Jurassic in southwest Germany, in G. Muller, ed., Sedimentology of parts of central Europe: Heidelberg, 8th Internat. Sedimentol. Cong., p. 193—207.

Gwinner, M. P., 1976, Origin of the Upper Jurasic limestones of the Swabian Alb (southwest Germany): Contrib. Sedimentology, v. 5, 75 p.

Hartman, W. D., J. W. Wendt, and F. Widenmayer, 1980, Living and fossil sponges: Univ. Miami, Sedimenta VIII, Comparative Sedimentology Lab., 274 p.

Heckel, P. H., 1974, Carbonate buildups in the geologic record; a review, in L.F. Laporte, ed., Reefs in time and space: SEPM Spec. Pub. No. 18, p. 90—155.

Heckel, P. H., and D. O' Brien, eds., 1975, Silurian reefs of Great Lakes Region of North America: AAPG Repr. Ser. No. 14, 243 p.

Heckel, P. H., and J. M. Cocke, 1969, Phylloid algal mound complexes in outcropping Upper

Pennsylvanian rocks of mid—continent: AAPG Bull., v. 53, p. 1084—1085.

Hileman, M. E., and S. J. Mazzulo, 1977, Upper Guadalupian Facies, Permian Reef Complex, Guadalupe Moutains New Mexico and Texas: Permian Basin Sec., SEPM Pub. 77—16, 508 p.

Hite, R. J., and D. H. Buckner, 1981, Stratigraphic correlations, facies concepts and cyclicity in Pennsylvanian rocks of the Paradox basin, in D. L. Wiegand, ed., Geology of the Paradox basin: Rocky Mtn. Assoc. Geols., p. 147—160.

Hoffman, P., 1974, Shallow and deep—water stromatolites in lower Proterozoic platform—to—basin facies change, Great Slave Lake, Canada: AAPG Bull., v.58, p. 856—867.

Hoffman, P., 1976, Stromatolite morphogenesis in Shark Bay, Western Australia, in M. R. Walter, ed., Stromatolites: Amsterdam, Elsevier Sci. Pub., p. 261—273.

Iams, W. J., 1970, Boilers on Bermuda's South Shore, in R. N. Ginsburg and S. M. Stanley, eds., Reports of research, 1969, seminar on organism—sediment in—terrelationships: Bda. Bio. Stn. Spec. Pub. No. 6, p. 91—99.

James, N. P., 1979, Reefs, in R. G. Walker, ed., Facies models: Geosci. Canada Repr. Ser. 1, p. 121—133.

James, N. P., and D. R. Kobluk, 1978, Lower Cambrian patch reefs and associated sediments, southern Labrador, Canada: Sedimentology, v. 25, p. 1—32.

James, N. P., and F. Debrenne, 1980, Lower Cambrian bioherms; pioneer reefs of the Phanerozoic: Acta. Palaeontologica Polonica, v. 25, p. 655—668.

James, N. P., and R. N. Ginsburg, 1979, The seaward margin of Belize Barrier and Atoll Reefs: Internat. Assoc. Sedimentologists Spec. Pub. 3, 196 p.

James, N. P., C. S. Steam, and R. S. Harrison, 1977, Field guidebook to modern and Pleistocene reef carbonates, Barbados, West Indies: Univ. of Miami, 3rd Internat. Coral Reef Symp., Fisher Island, 30 p.

James, N. P., et al, 1976, Facies and fabric specificity of early subsea cementation in shallow Belize (British Honduras) reefs: Jour. Sed. Petrology, v. 46, p. 523—544.

Jansa, L. F., and N. R. Fischbuch, 1974, Evolution of a Middle and Upper Devonian sequence from a clastic coastal plain—deltaic complex into overlying carbonate reef complex and banks, Sturgeon—Mitsue area, Alberta: Geol. Survey Canada Bull. 234, 105 p.

Kauffman, E. G., and N. F. Sohl, 1974, Structure and evolution of Antillean Cretaceous rudist frameworks: Verhandl. Naturi. Ges. Basel., v. 84, p. 399—467.

Klappa, C. F., and N. P. James, 1980, Small Lithistid sponge bioherms, Early Middle Ordovician Table Head Group, western Newfoundland: Bull. Canadian Petroleum Geology, v. 28, p. 425—451.

Klovan, J. E., 1964, Facies analysis of the Redwater reef complex, Alberta, Canada: Canadian Soc. Petroleum Geols. Bull., v. 12, p. 1—100.

Klovan, J. E., 1974, Development of western Canadian Devonian reefs and comparison with Holocene analogues: AAPG Bull., v. 58, p. 787—799.

Klovan, J. E., 1974, Development of western Canadian Devonian reefs and comparison with Holocene analogues: AAPG Bull., v. 58, p. 787—799.

Korniker, L. A., and D. W. Boyd, 1962, Shallow water geology and environment of Alacran reef complex, Campeche Bank, Mexico: AAPG Bull., v. 46, p. 640—673.

Krebs, W., 1971, Devonian reef limestones in the eastern Rhenish Shiefergebirge, in G. Muller, ed.,

Sedimentology of parts of central Europe: Guidebook, Heidelberg, 8th Internat. Sedimentol. Cong., p. 45–81.

Krebs, W. and E. W. Mountjoy, 1972, Comparison of central European and western Canadian Devonian reef complexes: 24th Internat. Geol. Cong., sec. 6, p. 294–309.

Krivanek, C. M., 1981, New fields and exploration drilling, Paradox basin, Utah and Colorado, in D. L. Wiegand, ed., Geology of the Paradox basin: Rocky Mountain Assoc. Geols., p. 77–81.

Laporte, L. F., ed., 1974, Reefs in time and space: SEPM Spec. Pub. No. 18, 256 p.

Lees, A., 1964, The structure and origin of the Waulsortian (Lower Carboniferous) "reefs" of west-central' Eire: Phil. Trans. Royal Soc. London, Ser. B., No. 740, p. 485–531.

Leonardi, P., 1967, Le Dolomiti; geologic dei monti tra Isarco e Piave: Rome, Nat. Research Council, v. 1 and 2, 1010 p.

Logan, B. W., et al, 1969, Carbonate sediments and reefs, Yucatan shelf, Mexico: AAPG Mem. 11, p. 1–196.

Lowenstam, H. A., 1950, Niagaran reefs in the Great Lakes area: Jour. Geology, v. 58, p. 430–487.

Maiklem, W. R., 1970, The Capricorn Reef complex, Great Barrier Reef, Australia: Jour. Sed. Petrology, v. 38, p. 785–798.

Malek–Aslani, M., 1970, Lower Wolfcamp reef in Kemnitz Field, Lea County, New Mexico: AAPG Bull., v. 54, p. 2317–2335.

Manten, A. A., 1971, Silurian reefs of Gotland, in Developments in Sedimentology, No. 13: Amsterdam, Elsevier Sci. Pub., 539 p.

Maxwell, W. G. H., 1968, Atlas of the Great Barrier Reef: Amsterdam, Elsevier Sci. Pub. Co., 258 p.

Mazzullo, S. J., and J. M. Cys, 1979, Marine aragonite sea floor growths and cements in Permian phylloid algae mounds, Sacramento Mountains, New Mexico: Jour. Sed. Petrology, v. 49, p. 917–937.

McGillivray, J. G., 1977, Golden Spike D3A pool, in I. A. Mcllreath and R. D. Harrison, eds., The geology of selected carbonate oil, gas, and lead–zinc reservoirs in western Canada: Canadian Soc. Petroleum Geols., p. 67–88.

McGillivray, J. G., and E. W. Mountjoy, 1975, Facies and related reservoir characteristics, Golden Spike reef complex, Alberta: Canadian Soc. Petroleum Geols. Bull., v. 23, p. 753–809.

Mesolella, K. J., H. A. Sealy, and R. K. Matthews, 1970, Facies geometries within Pleistocene reefs of Barbados, West Indies: AAPG Bull., v. 54, p. 1899–1917.

Meyerhoff, A. A., 1967, Future hydrocarbon provinces of Gulf of Mexico–Caribbean region: Trans., Gulf Coast Assoc. Geol. Socs., v. 17, p. 217–260.

Mountjoy, E. W., 1967, Factors governing the development of Frasnian Miette and Ancient Wall reef complexes (banks and biostromes), Alberta, in D. H. Oswald, ed., International sym–posium on the Devonian system: Calgary, Alberta Soc. Petroleum Geols., v. 2, p. 387–408.

Mountjoy, E. W., and R. Riding, 1981, Foreslope Renalcis–stromatoporoid bioherm with evidence of early cementation, Devonian Ancient Wall reef complex: Sedimentology, v. 28, p. 299–321.

Mountjoy, E. W., and W. S. MacKenzie, 1973, Stratigraphy of the southern part of the Devonian Ancient Wall carbonate complex, Jasper National Park, Alberta: Geol. Survey Canada, paper 72–70, 121 p.

Mullins, H. T., et al, 1981, Modern deep–water coral mounds north of Little Bahama Bank; criteria for recognition of deep–water coral bioherms in the rock record: Jour. Sed. Petrology, v. 51, p. 999–1013.

Nelson, H. F., C. W. Brown, and J. H. Brineman, 1962, Skeletal limestone classification, *in* W. E. Ham, ed., Classification of carbonate rocks: AAPG Mem. 1, p. 224–253.

Neumann, A. C., J. W. Kofoed, and G. H. Keller, 1977, Lithoherms in the Straits of Florida: Geology, v. 5, p. 4–11.

Newell, N. E., et al, 1953, The Permian Reef complex of the Guadalupe Mountains region, Texas and New Mexico: San Francisco, Freeman and Co., 236 p.

Newell, N. E., et al, 1976, Permian Reef Complex, Tunisia: Brigham Young Univ. Geol. Stud., v. 23, p. 75–112.

Noble, J. P. A., 1970, Biofacies analyses, Cairn Formation of Miette reef complex (Upper Devonian), Jasper National Park, Alberta: Canadian Soc.Petroleum Geols. Bull., v. 18, p. 493–543.

Palmer, T. J., and F. T. Fursich, 1981, Ecology of sponge reefs from the Upper Bathonian (Middle Jurassic) of Normandy: Palaeontology, v. 24, p. 1–25.

Pedley, H. M., 1979, Miocene bioherms and associated structures in the Upper Coralline Limestone of the Maltese Islands; their lithification and paleoen–vironment: Sedimentology, v. 26, p. 577–593.

Perkins, B. F., 1974, Paleoecology of a rudist reef complex in the Comanche Cretaceous Glen Rose Limestone of central Texas, *in* B. F. Perkins, ed., Aspects of Trinity Division Geology, Geoscience and Man VIII: La. State Univ., p. 131–173.

Peterson, J. A., and H. R. Ohlen, 1963, Pennsylvanian shelf carbonates, Paradox basin, *in* R. O. Bass and S. L. Sharps, eds., Shelf carbonates of the Paradox basin, a symposium: 4th Field Conf., Four Corners Geol. Soc., p. 65–79.

Peterson, J. A., 1959, Petroleum geology of the Four Corners area: Proc., Fifth World Petroleum Cong., Sec. 1, Paper 27, p. 499–523.

Philip, J., 1972, Paleoecologie des formations a rudistes du Cretace Superior–l' example du sud–est de la France: Paleogeography, Paleoclimatology, Paleoecology, v. 12, p. 205–222.

Pitcher, M., 1961, Evolution of Chazyan (Ordovician) reefs of eastern United States and Canada: Canadian Petroleum Geology Bull., v. 12, p. 632–691.

Playford, P. E., 1980, Devonian "Great Barrier Reef" of the Canning Basin, Western Australia: AAPG Bull., v. 64, p. 814–840.

Playford, P. E., and A. E. Cockbain, 1976, Modern algal stromatolites at Hamelin Pool, a hypersaline barred basin in Shark Bay, Western Australia, *in* M. R. Walter, ed., Stromatolites: Amsterdam, Elsevier Sci Pub., p. 389–413.

Playford, P. E., and D. C. Lowry, 1966, Devonian reef complexes of the Canning Basin, Western Australia: Geol. Survey Western Australia, Bull. 118, 50 p.

Pray, L. C., and J. L. Wray, 1963, Porous algal facies (Pennsylvanian), Honaker Trail, San Juan Canyon, Utah, *in* R. O. Bass and S. L. Sharps, eds., Shelf carbonates of the Paradox basin, a symposium: 4th Field Conf., Four Corners Geol. Soc., p. 204–234.

Pray, L. C., J. L. Wilson, and D. F. Toomey, 1977, Geology of the Sacramento Mountains, Otero County, New Mexico: West Texas Geol. Soc. Guidebook, 216 p.

Pusey, W. C., 1975, Holocene carbonate sedimentation on northern Belize Shelf, in K. F. Wantland and W. C. Pusey, eds., Belize Shelf–carbonate sediments, clastic sediments, and ecology: AAPG Stud, in Geology No. 2, p. 131–234.

Riding, R., 1979, Origin and diagenesis of lacustrine algal bioherms at the margin of the Reis Crater,

Upper Miocene, southern Germany; Sedimentology, v. 26, p. 645—681.

Riding, R., 1981, Composition, structure and environmental setting of Silurian bioherms and biostromes in northern Europe, *in* D. F. Toomey, ed., European fossil reef models; SEPM Spec. Pub. No. 30, p. 41—85.

Ross, R. J., V. Jaanson, and I. Friedman, 1975, Lithology and origin of Middle Ordovician Calcareous mud—mound at Meiklejohn Peak, southern Nevada; U.S. Geol. Survey Prof. Paper No. 871, 45 p.

Rutten, M. D., 1956, The Jurassic reefs of the Yonne (southeastern Paris Basin); Amer. Jour. Sci., v. 254, p. 363—371.

Scoffin, T. P., 1971, The conditions of growth of the Wenlock reefs of Shropshire, England; Sedimentology, v. 17, p. 173—219.

Scotese, C. R., et al, 1979, Paleozoic base maps; Jour. Geology, v. 87, p. 217—277.

Scott, R. W., 1979, Depositional model of Early Cretaceous coral—algal—rudist reefs, Arizona; AAPG Bull., v. 63, p. 1108—1128.

Semikhatov, M. A., et al, 1979, Stromatolite morphogenesis—progress and problems; Canadian Jour. Earth Sci., v. 16, p. 992—1016.

Shaver, R. H., et al, 1978, The search for a Silurian reef model; Great Lakes Area; Spec. Rept. No. 15, Indiana Geol. Survey, 36 p.

Shinn, E. A., et al, 1977, Topographic control and accumulation rate of some Holocene coral reefs; south Florida and Dry Tortugas, *in* D. L. Taylor, ed., Proceedings of third international coral reef symposium, Miami; Geology, p. 1—9.

Smith, D. B., 1981a, The Magnesian Limestone (Upper Permian) Reef Complex of northern England, *in* D. F. Toomey, ed., European fossil reef models; SEPM Spec. Pub. No. 30, p. 161—187.

Smith, D. B., 1981b, Bryozoan—algal patch reefs in the Upper Permian Magnesian Limestone of Yorkshire, northeast England, *in* D. F. Toomey, ed., European fossil reef models; SEPM Spec. Pub. No. 30, p. 187—203.

Stanley, G. D., 1979, Paleoecology, structure and distribution of Triassic coral buildups in western North America; Article 65, Univ. Kansas Paleontol. Contrib., 58 p.

Stanley, S. M., 1966, Paleoecology and diagenesis of Key Largo limestone, Florida; AAPG Bull., v. 50, p. 1927—1947.

Stoddart, D. R., 1969, Ecology and morphology of recent coral reefs; Biol. Rev., v. 44, p. 433—498.

Taylor, D. E., ed., 1977, Proceedings of Third International Coral Reef Symposium, Miami Florida; 2. Geology; Miami Beach, Fla., Fisher Island Station, 628 p.

Toomey, D. F., 1970, An unhurried look at a Lower Ordivician mound horizon, southern Franklin Mountains, west Texas; Jour. Sed. Petrology, v. 40, p. 1318—1335.

Toomey, D. F., 1981, European fossil reef models; SEPM Spec. Pub. No. 30, 545 p.

Toomey, D. F., and H. D. Winland, 1973, Rock and biotic facies associated with a Middle Pennsylvanian (Desmoinesian) algal buildup, Neca Lucia Field, Nolan County, Texas; AAPG Bull., v. 57, p. 1053—1074.

Toomey, D. F., and M. H. Nitecki, 1979, Organic buildups in the Lower Ordovician (Canadian) of Texas and Oklahoma; Fieldiana N. Ser. 2, 181 p.

Toomey, D. F., and R. M. Finks, 1969, The paleo—ecology of Chazyan (lower Middle Ordovician) "reefs" or "mounds" and Middle Ordovician (Chazyan) mounds, southern Quebec, Canada;

Plattsburg, N.Y., New York Assoc. Guidebook to Field Excursions, College Arts, Scies. (a summary rept.), p. 121–134.

Turmel, R., and R. Swanson, 1976, The development of Rodriguez Bank, a Holocene mudbank in the Florida Reef Tract: Jour. Sed. Petrology, v. 46, p. 497–519.

Walker, K. R., and K. F. Ferrigno, 1973, Major Middle Ordovician reef tract in eastern Tennessee: Am. Jour. Sci., v. 273–A, p. 294–325.

Walker, K. R., and L. P. Alberstadt, 1975, Ecological succession as an aspect of structure in fossil communities: Paleobiol., v. 1, p. 238–257.

Wallace, J., and S. D. Schafersman, 1977, Patch–reef ecology and sedimentology of Glovers Reef Atoll, Belize, in S. H. Frost, M. P. Weiss, and J. B. Sanders, eds., Reefs and related car–bonates–ecology and sedimentology: AAPG Stud, in Geology No. 4, p. 37–53.

Walls, R. A., 1977, Cementation history and porosity development, Golden Spike reef complex (Devonian), Alberta: Montreal, McGill Univ., Ph.D. thesis, 307 p.

Walls, R. A., E. W. Mountjoy, and P. Fritz, 1979, Isotopic composition and diagenetic history of carbonate cements in Devonian Golden Spike reef, Alberta, Canada: Geol. Soc. America Bull., v. 90, p. 963–982.

Warme, J. E., R. G. Stanley, and J. L. Wilson, 1975, Middle Jurassic reef tract, central High Atlas, Morocco: Proc. Internat. Assoc. Sedimentol., Theme VIII, 11 p.

Wengerd, S. A., 1951, Reef limestones of Hermosa Formation, San Juan Canyon, Utah: AAPG Bull., v. 35, p. 1038–1051.

Wengerd, S. A., 1955, Biohermal trends in Pennsylvanian strata of San Juan canyon, Utah, in Geology of parts of the Paradox, Black Mesa, and San Juan basins: Field Conf. Guidebook, Four Corners Geol. Soc., p. 70–77.

Wengerd, S. A., 1963, Stratigraphic section at Honeker Trail, San Juan Canyon, San Juan County, Utah, in R. O. Bass and S. L. Sharps, eds., Shelf carbonates of Paradox basin, a symposium: 4th Field Conf., Four Corners Geol. Soc., p. 235–243.

Wilson, J. L., 1967, Cyclic and reciprocal sedimentation in Virgilian strata of southern New Mexico: Geol. Soc. America Bull., v. 78, p. 805–818.

Wilson, J. L., 1972, Influence of coral structure in sedimentary cycles of Beeman and Holder formations, Sacramento Mountains, Otero County, New Mexico, in J. C. Elam and S. Chuber, eds., Cyclic sedimentation in the Permian Basin, 2nd ed.: West Texas Geol. Soc., p. 41–54.

Wilson, J. L., 1975, Carbonate facies in geologic history: Heidelberg, Springer–Verlag Pub., 471 p.

Wilson, J. L., 1975, Carbonate facies in geologic history: New York, Springer–Verlag Pub., 471 p.

Zankl, H., 1971, Upper Triassic carbonate facies in the northern Limestone Alps, in G. Muller, ed., Sedimentology of parts of central Europe: Heidelberg, Guidebook 8th Internat. Sedimentol. Cong., p. 147–185.

第九章　海滩边缘沉积环境

Robert B. Halley, Paul M. Harris 和 Albert C. Hine

　　碳酸盐岩中达到储层级别的砂体聚集通常发育在向海边缘的海岸、台地及陆架之上或其附近，也可能发育于台地内部或者深水区域的局部高点上，但与前者相比，后者并不常见。沿向陆或者向海方向 1km 范围内海岸—边缘砂体渐变为其他沉积环境，因此，它在倾角方向的横向延伸范围并不广阔。这些砂体聚集与碳酸盐储层一样，特征鲜明且富有经济价值，因此有必要对其详加论述。本文提供现代和古代碳酸盐砂体的概要，并为读者展示碳酸盐砂研究方方面面的细致工作。

　　海岸—边缘碳酸盐砂在地质记录中反复出现，是碳酸盐岩相模型的重要组成部分（图 9-1）。Shaw（1964）和 Irwin（1965）在陆表海模型中将来识别出来，认为它是将低能量、深水沉积从低能量、浅水潟湖沉积中区分开来的向海方向的高能量区域。

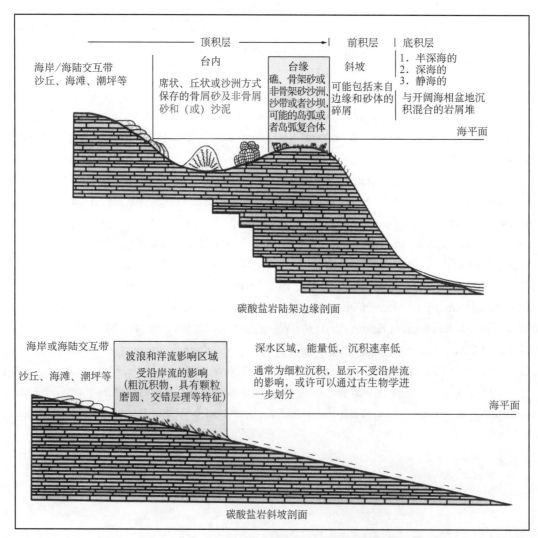

图 9-1　碳酸盐岩陆架边缘沉积剖面和斜坡沉积剖面

无论是陆架边缘还是斜坡带海岸边缘砂体（黄色区域）在地质模型中都起重要作用

近代由 Heckel（1972）、Lees（1973）以及 Wilson（1975）提出的一些模型强调碳酸盐砂堆积区域的重要性。实际上，砂体聚集特征并不明显，也并未与其他相截然分开，本章节与其他涉及礁体、海滩、岛屿以及潟湖的章节之间存在重叠。我们对于碳酸盐砂体沉积的认识偏重于海岸—边缘沉积，因为绝大多数现在研究都集中于此，巴哈马群岛便是其中一例，图 9-2 展示了海岸—边缘砂体沉积分布图。该图尝试通过"将今论古"的思维解释古代沉积但是我们必须提醒自己：巴哈马群岛只是个例，并不能代表地质记录中所有的碳酸盐砂堆集。在这观点指导下，我们鼓励读者去了解其他区域的碳酸盐砂的研究工作，尽管绝大多数现代研究来自巴哈马群岛。因为这些研究拓展了我们对碳酸盐砂沉积多变性的认识。举例来说，波斯湾（阿拉伯湾）提供了一个良好的例子：碳酸盐砂沉积于缓斜坡陆架或者斜坡上（Ahr，1973），但相对于巴哈马群岛对这些沉积的研究要少得多。

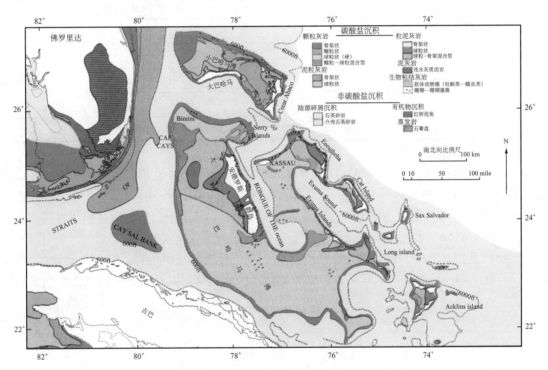

图 9-2 佛罗里达南部及巴哈马群岛的位置与沉积分布图（据 Enos，1974）

该图表明骨架颗粒灰岩、鲕粒颗粒灰岩以及鲕粒状—球粒状混合颗粒灰岩占据碳酸盐岩台地边缘的绝大部分区域

第一节 概 述

20 世纪来临之前，绝大多数现代碳酸盐沉积研究都集中在礁上。1900 年以后，对其他类型碳酸盐沉积的研究才越来越细致。Illing（1954）对上述研究进行了部分总结。而对碳酸盐砂更细致的基础研究工作直到 1950 年才开始，其动力主要来自学术界及石油行业对碳酸盐砂的强烈兴趣。

20 世纪 50 年代及 60 年代早期，碳酸盐砂的研究十分重视颗粒分析及砂聚集形态。巴哈马群岛及佛罗里达州南部广阔区域内碳酸盐砂的组成、来源、大小、外形及分布都被记录在册。

该工作的大部分源自 Norman D. Newell、Leslie V. Illing、Robert N. Ginsburg 等项目成果。20 世纪 60 年代晚期及 70 年代早期，研究重点转移到砂的内部结构与颗粒的早期成岩作用上。碳酸盐砂体方面研究的领军人物包括 John Imbrie、Edward G. Purdy、Mahlon M. Ball、Hugh Buchanan 和 Paul Enos。

20 世纪 70 年代晚期，研究进入了另一阶段，碳酸盐砂移动的水动力学研究成为重点（Hine，

1977；Harms 等，1978）。如果这些研究能够持续推进，他们应该能够为碳酸盐砂与硅质碎屑砂的对比提供坚实的基础。

Illing（1954）提出将钙质砂细分为骨架砂与非骨架砂（表 9-1）。读者都会熟知多数分类，可能除非骨架颗粒类型——颗粒、块体以及集合体之外。这些颗粒是未知来源的文石质、泥晶质颗粒。集合体是弱胶结而易分开的砂粒块体。块体是胶结良好的颗粒集合体，包含形似葡萄的丛簇（葡萄石）、葡萄状块体、结壳块体以及不规则状块体。Purdy（1963）、Winland 与 Matthews（1974）证明在集合体和块体之间不存在成因上的区别。

表 9-1　碳酸盐砂颗粒主要类型（据 Illing，1955，修改）

骨架颗粒	非骨架颗粒
钙藻	鲕粒
软体动物	粪球粒
有孔虫	结块
珊瑚虫	晶粒
	集合体

Milliman（1974）、Bathurst（1975）以及 Scholle（1978）已图例说明了碳酸盐颗粒类型。但是，识别现代非骨架颗粒的一些标准并不适用于古代碳酸盐岩。McKee 和 Gutschick（1969）建议使用"球状粒"这个术语来概括所有不明来源的隐晶质颗粒。诚然，该术语已被证明在描述古代石灰岩方面极为有效。Illing（1954）定义的颗粒类型包含了 90% 以上的现代浅水碳酸盐砂颗粒。除了 Illing 列出的四种骨架颗粒类型，有助于形成碳酸盐砂的其他有机体包括棘皮类动物、腕足类动物、节肢动物、环节动物、外肛动物及海绵动物。其中，棘皮类动物、腕足类动物以及节肢动物是古生代碳酸盐砂尤为重要的生产有机体。

第二节　现　代　砂　体

最近研究表明与海岸、台地或者陆架边缘相关的现代碳酸盐砂体能够反映这些边缘的方向、照射量以及地形的复杂程度。风、波浪、洋流、潮汐、生物障壁岛以及岩石脊或者沿着特定边缘的阶地可以控制沉积物的类型、产率、运移以及砂体的几何形态、排列方向与大小。

对于地下古环境分析最重要的是认识后三个特征，因此对现代碳酸盐砂体的论述遵从 Ball（1967）的分类，其强调几何形态和排列方向，而未采取基于物理过程或者海岸—边缘照射量等因素的分类体系。

Ball（1967）将巴哈马岛群和佛罗里达南部的砂堆集划分为四组：（1）潮汐沙坝带；（2）海洋沙带；（3）风成隆起（沙丘）；（4）台地内部平覆层。沙丘和台地内部砂体在本章的其他部分已有论述，此处不再赘述，本章重点阐述沿碳酸盐岩海岸—边缘发育的潮汐沙坝和海洋沙带的多样性上。

对于线型砂带潮汐沙坝和海相砂类型，二者主要差异在于它们相对于海岸—边缘走向的排列方向。潮汐沙坝带沿着垂直于边缘的方向发育，而海洋沙带则沿着平行于海岸—边缘的方向发育。这两种沙带类型基本上都是响应每天的潮流以及波浪和风暴产生的洋流；但也存在显著差异，这种差异也同样存在于每种沙带内每个单独的砂体聚集上。这种差异是由先前的地形控制造成的，与海平面变化、风暴、床沙形态分布、成岩作用、底栖生物群体的发展、沉积物类型、沉积物厚度以及横向相变等相对应。

决定砂体是发育成潮汐沙坝带还是海洋沙带的最关键因素是每天潮流的控制程度。当潮流的峰值比较大（大于100cm/s），则砂体沿平行于潮流的方向发育。

当潮流的峰值不太大（50cm/s），但是仍然高于临界门槛值时，沙带与潮流方向正交且平行于海岸—边缘发育。沿着海岸边缘方向，高潮流在海岸边或者其附近形成潮汐沙坝带，但受摩擦效应影响潮流能量在海岸顶部减弱。因此，与海岸正交的潮汐沙坝带可能会与平行于海岸的海洋沙带交会于一起。

沿着海岸、台地或者陆架边缘发育的现代砂体堆积不会与沙带一样发育。呈舌状的潮汐三角洲发育在潮流流过的岛屿之间的间隔内。同样，礁后区砂可能会运移到潟湖中呈舌状。最后，形成展现几种端元类型属性的复合砂体。

第三节　潮汐—沙坝带

经典的碳酸盐潮汐沙坝带位于Tongue of the Ocean（TOTO）南端及巴哈马群岛大巴哈马海岸的Exuma海峡北端（Schooner礁区域，图版IX-1）（图版IX-2）。这两处的潮汐沙坝带对海岸边缘的控制范围十分广阔，前者达100km，后者约45km。

Newell（1995）、Newell和Rigby（1957）、Ball（1967）、Dravis（1977）及Palmer（1979）对上述砂体进行了详细研究，并对潮汐沙坝带的沉积构造与沙坝形态进行了简单总结（图9-3）。

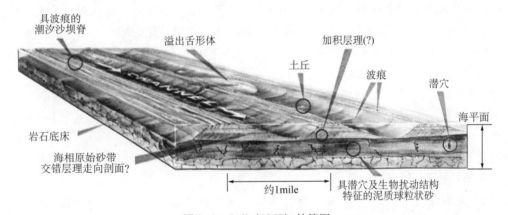

图9-3　Ball（1967）的简图

可以看到，潮汐沙坝的典型沉积构造与分布在Tongue of the Ocean（TOTO）南部及埃克苏马海峡东北部边缘相类似

这两个区域详细的潮汐流数据尚未见到，但可以确定的是每日潮流能够控制这些海岸—边缘环境。数据显示流速曾达到200cm/s。另外，这些砂体的几何形态和大小与硅质碎屑砂体砂体特征相类似，后者在已知的潮控陆架已有发现，如环北海海湾（Off，1963；Houboldt，1968；Caston，1972；Hayes，1979）。Exuma海峡的北端与TOTO南端是开放型海湾（没有岛屿边缘），这种环境扩大了潮汐范围，进而增大了海岸边缘附近与海岸正交的潮流（Southard和Stanley，1976）。在潮汐沙坝带内，单个潮汐沙坝的宽度介于0.5～1.5km之间，长度范围为12～20km，厚度范围为3～9m（图版IX-3、图版IX-4）。潮汐沙坝由1-3km宽的水道相隔。这些水道由潮流控制，一般深2～7m，通常以海草和藻类为底板。

尽管潮流的速度很高，但在这些水道的底床也只有极少数地方发育沙坡（Boothroyd和Hubbard，1975）。

沙波是覆盖潮汐沙坝的主要底床形态（图版IX-5）。沙坝的轴向支撑大型对称沙波，沙波峰脊方向与沙坝轴向斜交或大致平行。小尺度巨型波痕波痕控制了底床形态的侧翼。沙波的存在表明几乎不会发生净运移，而当潮流反生时，沙坡背流面重新定向，沙坡很可能为沙坡背流面提供支撑。同时，底床形态的方向也表明潮汐沙坝顶部的潮流与其走向斜交或者正交。即使受潮汐驱动的大量海水沿平行于沙坝的方向流动，沙坝附近的水流也会朝它们的峰脊方向发生折射，从而形成目前我们观察到的底床形态方向和分布。在有些地方，规模更小的潮道会切穿这些砂体，形成侧向突起或者溢出舌状体（Ball，1967）。

在更深水域，不对称沙坡沿潮汐沙坝的侧翼为上坡方向的沙脊提供物源（图版IX-6、图版IX-7）。这种底床形态分布说明砂体任何一边的潮道是由涨潮流或落潮流控制的。潮流发生分离及相应的时间—速度不对称性是形成和维持这些沉积单元的重要因素。

风暴对潮控砂体（如潮汐沙坝带）的影响我们仍知之甚少。切穿独立沙坝的小水道及溢出舌状体的发育都可能是风暴控制事件。

对于环绕巴哈马的潮汐沙坝带的海岸—边缘地区，对其表层沉积及生物群的变化记录十分翔实。沿向海方向，潮汐沙坝带沉积物从鲕粒砂突变为骨架砂、球粒砂、聚合砂的混合物。该区域内海底由于水体较深，受搅动作用影响较小，有利于各种海草和藻类的生长。在鲕粒坝的向岸一侧也有相似的植物群落，但该区域内沉积物是球粒砂或泥，并伴有强烈的生物钻孔作用。一般情况下，向岸方向的沉积物变化比向海方向更为平缓。

下面再介绍一些其他例子。巴哈马地区仍发育其他潮汐沙坝带，包括Joulters鲕粒沙滩和Frazers Hog礁的部分区域，大巴哈马海岸安德罗斯岛北部、小巴哈马海岸北部边缘附近Lily海岸线型沙脊。这些沙脊，最长约5km，变化幅度高为2～5m，间距为200～600m，与沿Exuma海峡与TOTO分布的沙脊相比，规模要小得多。这些沙脊现在部分被海草覆盖，因次被认为是残留面，或许只有在遇到强飓风时才会变得活跃。表层砂绝大部分是块体和泥晶化的鲕粒，含有一些球状粒和骨架碎片。沙坝的排列方向，大致与海岸边缘正交（实际上从凹口向外呈放射状），这表明它们曾受潮汐和风暴潮的影响。

另一个潮控区域位于大巴哈马岛与小巴哈马海岸的大Abaco岛之间。这些沙脊与沿Exuma海峡与TO TO分布的沙脊十分相似，只是规模偏小。从峰脊和侧翼处清晰可见的对称型与不对称型沙波来看这些沙脊既与落潮流又与涨潮流相呼应。

巴哈马群岛之外，碳酸盐潮汐沙坝带一个典型实例是沿着Trucial海岸形成的线型沙滩，它位于波斯湾东部的阿布扎比外滨。

鲕粒沙滩坐落在近海岛屿与大陆之间的区域，区域内潮流作用强烈，形成了大量（Loreau和Purser，1973）碳酸盐潮汐沙坝带，这些沙坝带比较小，呈线形，平行于潮流分布，在潮差幅度较大的区域尤为发育。虽然如此，巴哈马仍然规模最大、记录最为完备并可加以类比的现代范例 。

第四节　海 洋 沙 带

海洋沙带是与海岸、台地或者陆架边缘平行排列的线形砂体，与潮汐沙坝带相比，它们在几何形态、大小、沉积物类型及来源方面具有更大的多变性，并且在海岸—边缘的迎风处和背风处均可发育，可能由骨架砂或者非骨架砂组成。

巴哈马群岛有详细记录的海洋沙带主要有三个：（1）Bimini南部沿大巴哈马海岸西部边缘发育的Cat鲕粒沙滩（Purdy，1961；Ball，1967；图版IX-8）；（2）Berry岛屿后面的台地内（Buchanan，1970；Hine et al，1981；图版IX-9）；（3）位于小巴哈马海岸北部的Lily海岸（Hine，1977；图版IX-10）。海洋沙带的沉积构造与沙坝形态见示意图9-4。研究表明沙带宽度范围为1～4km，长度范围为25～75km。主要受每天的潮流控制，同时也受暴风影响（Perkins与Enos，1968；Hine，1977）。暴风流可能会形成与砂体轴向正交的水道，这些水道距离很短，受控于落潮或涨潮，通常终止于溢出舌状体（图版IX-10）。对称型与非对称型沙坡是主要的底床形态，间距范围在10～100m之间，高约

0.5 ～ 4m。而在沙波的迎风坡普遍发育小型波痕与巨型波痕。

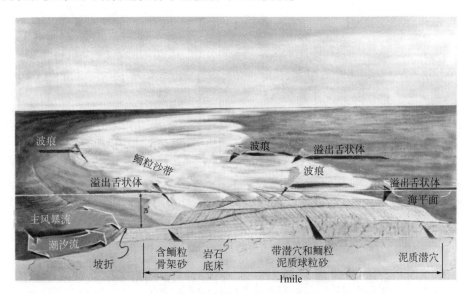

图 9-4　源自 Ball（1967）的简略图

反映典型海洋沙带的沉积构造和颗粒类型，该沙带与那些沿着大巴哈马海岸西部和小巴哈马海岸北部的沙带类似

　　与潮汐沙坝相似，前人对临近海洋沙带的海岸—边缘进行了大量研究，其中重要的海底与沉积物变化都已记录翔实。沿向海方向，沉积物是由球粒砂、团块砂以及包鲕砂组成混合物，并且混杂有骨架颗粒砂。底床稳定，长有海草和绿色藻类。在沙带的向岸方向，底床虽也被海草和藻类覆盖，但潜穴发育，沉积物主要由灰泥或者泥质球粒以及表面覆盖鲕粒的砂构成。不管是向海还是向岸方向，沉积物在沙带的边缘处都会发生突变。

　　下面再介绍另外一些实例。沿巴哈马群岛开阔背风坡的边缘，来自沙洲内部的碳酸盐砂可能会被运移到海岸边缘，堆集形成平行海岸的沙带。除藻类和软体动物外，主要的颗粒类型包括块体、球状粒以及微晶化鲕粒。如大型沙波所示，沉积物被由风暴生成的离岸水流迁移至海岸边缘，并形成厚达21m的沙楔（Hine 与 Neumann，1977；Palmer，1979）。

　　绝大部分浅水砂被从边缘海岸搬运到碳酸盐台地较深的侧翼处并发生沉积。

　　沿着迎风面边缘，尤其是那些面向大型岛屿（如小巴哈马海岸的大巴哈马岛）的地方，海洋沙带在海岸边缘水深30 ～ 50m的范围内发育。在这些地方，骨架砂（绝大部分为藻类）由风暴产生的水流搬运过海岸边缘。而沿海岸边缘在更深水域发育的礁体可能会形成水坝，使在其后砂体聚集形成厚达7m的沉积（图9-5）。据推测，风暴期间，海水在大型岛屿之前逐渐累积，并在底床形成向海方向的回流。这种回流与带坡降的海洋底床共同作用将骨架砂搬运到海岸边缘，进而搬运过陡坡。

　　海洋沙带也可发育在大型岛屿的近滨区域其形成机制与沿岸流的搬运作用有关。在 Puerto Rico 东部 Viegras 岛屿附近的 Escollo de Arenas 发育的碳酸盐岩—陆源混合砂体便是一个很好的例子（Rodriguez，1979）。该砂体位于岛屿西端6km处，最大宽度为1km，最厚达15m（图版IX-11）。沙滩的顶部离水平面约4m，由一系列宽阔的对称沙波控制，这些沙波的形成与落潮和涨潮有关，二者影响相等。海平面较低时，近岸流将硅质碎屑砂搬运到岛屿西端。而当海平面升高淹没台地时，这些砂体便被留在陆架上，这种形成方式与美国东海岸陆架处海角毗连沙滩或者海角后退形成的地块类似（Swift 等，1972）。砂体经潮汐流再次搬运后，形成较大的沙波区域，而碳酸盐（主要为藻类和软体动物）则从陆架潟湖搬运至此。

　　沿澳大利亚的 Shark 湾东北部海滨发育的碳酸盐海岸（Davies，1970），也可以认为是沙带。该沉积体宽7 ～ 12m，长约100km，包含平行于海滨线的连续潮间带沙席，沙带被外滨前部发育的大量潮

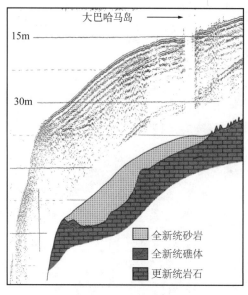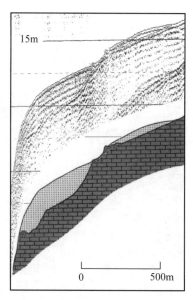

图 9-5 位于小巴哈马海岸的大巴哈马岛向海方向的地震剖面

全新世骨架砂被运移到浅部海岸，沉积在礁后深水区域；形成厚达 7m 的砂堆积

汐水道所切割。沉积成分上，该海岸主要由石英、藻类、有孔虫、鲕粒以及软体动物砂组成，泥质含量较少。

第五节　潮汐三角洲

在岛间峡谷或基岩入潮口对面发育由鲕粒或骨架砂组成的朵状或扇状涨潮、落潮三角洲。沿着碳酸盐沙滩边缘的小岛通常都已岩化。因此，这些岛之间的通道和峡谷有着稳固的位置，不会随时间改变。与之相关的砂体，同沿着海岸硅质碎屑障壁发现的潮汐海湾砂体也没有确定的相似性。

潮汐三角洲的最浅位置取决于每日潮流情况，这一区域为普遍发育。含有鲕粒砂的底床形态（波痕、巨波痕以及沙波）。而在更深部位则由骨架砂组成，部分由海草和水藻固定。底床和对称沙波的分布表明在正常的潮汐事件中潮汐三角洲并没有发生显著迁移。在风暴事件中，水体在岛屿之前累积形成很极高的水力梯度，从而使三角洲发生迁移。因此，岛屿之间的水道内，容易产生强水流。潮汐三角洲在风暴间隙基本上十分稳定，但三角洲最浅部是一个例外，其原因是流经该地的水体速度变快了。

Purser 和 Evans（1973）于波斯湾 Trucial 海岸区域发现了一种落潮控制的大型潮汐三角洲，该三角洲距岸 1～2km，宽 5～6km。从其上叠覆的大量潮下带的沙坝可以看出它们是由波浪改造形成的。三角洲发育的鲕粒砂被搬运到临近的岛屿上。很多潮汐三角洲都非常小，有时仅有 1km³，例如 Jindrich（1969）和 Basan（1973）文中 Florida 群岛南部的三角洲。

就巴哈马海岸上无数的小岛与岛链而言，潮汐三角洲的数量的确比较大。最好的例证是小巴哈马海岸东北部的 Carter 及 Stranger 礁区域（图版 IX-12）以及大巴哈马海岸的 Exuma 海峡（图版 IX-13）。

第六节　礁　后　砂

由于礁体常常产生大量砂，所以砂体经常发育于礁的向陆方向。白色海岸，在佛罗里达 Key Largo 东部大约 5km 的白色海岸，就发育这样的一种砂体（Enos，1977）。藻类、软体动物以及珊瑚砂形成一个宽 1～2km、长 40km 的条带（图 9-6）。尽管条带的很大部分被海草覆盖，但也普遍发育具白色波痕的砂（图9-7）。活跃型底床和稳定型底床的发育环境相似，水深都在1～3m，这说明分散型大型沙波肯定是由局限的水文条件造成的。从剖面上看砂体并不对称，潟湖一侧较为陡峭说明砂是向海岸方向搬运的。

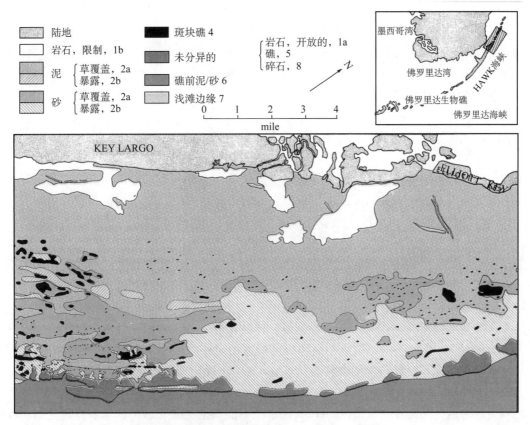

图9-6　佛罗里达陆架地质图（据Enos，1977）

该区域全部为砂粒（白色斜条带），与White Bank相对应；可以看到活跃的礁体以及死亡的"碎石"
礁体用红色显示，斑块礁用黑色显示

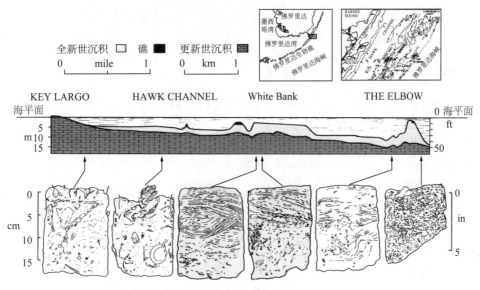

图9-7　佛罗里达陆架横截面（据Enos，1977）

可以看到由盒式取心反映出的沉积物厚度（黄色区域）与沉积构造；White Bank盒式岩心（黄色区域）反映出干净的骨架砂具交错层理；在右侧岩心的底部，部分沉积构造被潜穴和草根破坏（引自Paul Enos，1977）

Bermuda 的礁后潟湖中也发育大型狭长的藻类砂舌状体（Garrett 和 Scoffin，1977；Garrett 和 Hine，1979），其长达 4km，宽约 1km，厚为 15m。砂粒而非藻类的小型礁在舌状体的顶部十分常见。地震数据表明舌状体的位置在某种程度上，受更新世基岩高部位的形态所控制。

在 Belize 障壁礁向陆方向发育砂体的范围更加广阔（图版IX-14），尽管其宽度只有 100～200m，但其分布连续而均匀，总长度约为 160km，其中，砂体在水下 1.5m 处与障壁礁相连，连续段约为 30km。这一特征可能要归因于紧临其向海处发育的障壁礁。砂体的沉积面非常平坦。

往西降斜进入到陆架潟湖中。降斜坡度约 35°，有些地区域砂体似乎要完全覆盖潟湖内斑块礁。岛屿发育于砂带内部，且通常位于障壁礁的间断处。

第七节　混杂砂体

在碳酸盐海岸和台地内部的，活跃沙滩通常为鲕粒滩，主要分布于地形高部位或其附近。这些砂体的形成主要与风成洋流相关；实际上，潮流在台地上流经 20～50km 时能量已严重减弱。巴哈马群岛大巴哈马海岸北部的 Mackie 沙滩即是一个极好的例子。地震资料显示这是一个 1.5km 宽、7m 厚、30km 长的线型沙滩，其大小受附近岩石脊控制（Hine 等，1981）。

在墨西哥湾和波斯湾的构造隆起上发育礁体及沙滩，这些沉积覆盖在由盐的底辟作用形成的构造上，如得克萨斯州 Galveston 南部—东南部的 Flower Gardens 礁（Edwards，1971）。Purser（1973）将波斯湾的海底高地划分为三类：外部高地（在盆地中心位置），中间高地（图版IX-15）以及内部高地（海岸的）。这些高部位上的沉积物随其位置而变化。在盆地中心，它们以开阔的海洋、有孔虫或者珊瑚虫/藻类砂为特征。在处于海岸附近的高地，沉积物由球粒状砂、含有限动物群的碳酸盐泥、藻类叠层石以及蒸发岩组成。这种高地的宽度超过 5km，双沉积物沙嘴或者"牛角"状弯曲沿着障壁沙脊延伸。这些长尾沙嘴在构造中心形成有掩护的潟湖环境。许多这样的沙滩上会形成岛屿，暴露的沉积物在与淡水接触时遭受成岩作用改造。而 10m 深水以下的高地上发育砂体因未暴露而在海相胶结物作用下发生岩化。

前述砂体的几何形态（舌形或者线型）相对简单，在可能的碳酸盐砂沉积形态的连续体系中仅代表一个端元。毫无疑问，许多碳酸盐砂堆集的特征十分独特不能归到上述分类中；它们的几何形态由其独特的地理位置控制。例如位于墨西哥 Yucatan 半岛之外的陆架边缘砂体聚集（Harms 等，1978；图版IX-16）。其他砂体可能是两个或者多个端元形态的组合，或者可能含有大面积不活跃、稳定态砂粒。

第八节　影响砂体的因素

海滩边缘是吸收海水能量的主要区域，而物理能量的量级与持续时间会由于海岸方向和地形的变化而波动，因此砂体大小、几何形态以及沉积物类型的重要变化也会显现。前面的讨论也指出存在这样的变化。

简单来讲，砂体的发育需要砂级沉积物的供给以及将小于砂级沉积物去除的机制。在浅碳酸盐海滩、台地或者陆架上，砂粒来源几乎总是附近区域（即原地形成）。其可能是生物或者物理化学成因。陆架斜坡的变化可能会增加碳酸盐砂的产量，影响因素包括波浪对底床的撞击、水流上涌、强潮流以及生物活动增强。如果一个坡折面外水深超过 10m，那么这里的波能足以冲刷掉比砂还细的颗粒。给定以下两个普遍属性——沉积物源和去除细粒物质的机制，砂体即能够在陆架边缘附近发育。其他几个因素有助于不同属性砂体的形成。

对砂产量与碳酸盐砂体发育有突出影响的因素包括：（1）先成地形；（2）物理作用——潮汐、风及浪成水流；（3）海平面变化；（4）成岩作用。

以上因素相互影响，协同作用，形成控制环境的强大综合体系。任一因素都须在考虑其他因素影响的条件下加以观察。

一、先成地形

砂体在海岸、台地或者陆架边缘上分布的位置可能是由水下地形决定的，该地形能够控制被搅动的水底环境的范围。

先成地形具有多种形式，包括海底岩石脊、岛屿间的间断、海岸—边缘内部的凹口、海岸—边缘区域的梯度和高程及其他砂体的遮蔽效应。例如，大巴哈马海岸的 Cat 礁鲕粒沙滩（图 9-11）形成于海底岩石脊上，该岩石脊将沿边缘分布的更新世小型岛屿连接起来。岩石脊在水平面上升时被淹没并将海岸附近的潮汐流集中约束在小区域内。这会促进鲕粒生成，使砂体开始发育。另一个例子是在下 Florida 礁更新世岛屿之间的河口处形成的潮汐三角洲（Jindrich，1969）。岛屿之间的间断或者通道是先成地形控制潮汐三角洲位置与发育的典型例子。

有些沙滩的位置、大小或者排列方向似乎与先成地形无明显的关系，但可能存在某些重要的成因联系。地震剖面显示小巴哈马海岸的 Lily 海岸并不是由水下岩石构造所控制。但是，外部海岸—边缘之内的先存地形在沙滩发育过程中发挥了重要作用，该地形形态是两个宽阔洼地或者凹口（图版 IX-10）。沿着边缘迎风面的高能量窗为沙滩搅动底床的形成提供了必需的水流。

不管基岩地形与初始沉积之间的关系是否可以记录，这种影响可能仅在沉积物堆积、覆盖基岩不规则之处短暂存在而已。显然地，随着足量砂体聚集，砂体自身的特征越来越明显，因此全新世砂体最终的大小和排列方向在很大程度上是由水动力动态及相关的沉积建造决定的。

二、物理作用

相对于盛行风、波浪、潮汐以及风暴，滩边缘的排列方向对砂体类型有着重要的影响。水体运动的持续时间、量级以及方向控制沉积体的外形，并产生能够保存到岩石记录中的物理特征。

海岸边缘可被划分为以下几种类型：（1）迎风型；（2）背风型；（3）潮控型。这里常发育礁后的骨架沙席、沙带以及舌状体在开阔的边缘迎风处，砂体通常是向岸搬运。在小型岛屿存在的地方，鲕粒潮汐三角洲通常在岛屿内间隔的相反方向发育。由于由风暴潮作用，涨潮三角洲的规模更大。如果凹口沿着较浅的海岸边缘发育，潮汐和风暴流可以生成广阔的潮汐沙坝带或者海滩沙带。沿着由大型岛屿控制的迎风面边缘，礁前环境内生成的骨架砂可能会朝向海方向被搬运到边缘陡坡上，随后在多岩石的障壁后堆集或者沿向海方向再被搬运到深水中。而在背风坡，开阔边缘的砂粒向离岸方向搬运，在海滩边缘发育宽阔的非骨架沙带或沙席。在海湾的顶端，潮流加速，形成典型的潮汐沙坝带。

三、海平面变化

浸过滩体的水体深度控制了输入到某一区域的物理能量的水平，海平面变化能显著地控制碳酸盐砂体的位置和发育。海平面的快速变化可能隔离甚至淹没大陆架不同部位的砂体，而缓慢地变化可能产生广泛分布的席状砂。例如，大约 0.02Ma 前在东佛罗里达半岛大陆架边缘的更新世鲕粒沉积位于现今海平面下 62m 处。在大约 0.13Ma 前的高水位期，迈阿密鲕粒岩的鲕状沉积物在大陆架边缘向岸 16～24km 处形成。这些砂体呈孤立状分布，短时内快速沉积，究其成因源于海平面的快速波动。相比之下，纽约州分布的 Becraft 海百合灰岩要归因于泥盆纪海百合灰岩砂体在相对海平面变化时期的缓慢移动（Laporte，1969）。

小巴哈马滩的 Lily 海岸（Hine，1977）和大巴哈马滩的 Joulters 鲕粒浅滩（Harris，1979）的地质历史都与全新世海平面上升密切相关。这两个实例中，当海平面仅浸过滩顶几米时便形成了宽阔的活跃沙席，沙席的底床与水流平行，具有大型沙波，也有部分砂体在垂向上的建造不及海面上升速度快，这些砂体便残留下来并被植被固定。尽管如此，确实存在一部分活跃的砂体。现今的 Lily 海岸是一个移动的沙带，如今它的宽度已经被大大的削减；以 Joulters 为例，活跃沙滩在向岸方向搬运了大量的砂粒，形成一个大型的沙坪，而其在垂向上的建造已超出海平面（图版IX-17）。

四、成岩作用

当碳酸盐砂仍处于沉积环境时，成岩过程也可能会大大改变它们的特征。这些过程发生在最终沉积之前或者稍后，主要是颗粒蚀变和胶结作用，而这时砂粒位于原始沉积表面 1m 处或者 1m 之内。

颗粒蚀变基本上是在颗粒形成时开始的，在砂粒堆集过程中这是一个持续但又不定时发生的过程。通过不断形成微孔且充填微孔，颗粒蚀变能够彻底破坏原始颗粒的结构（Purdy，1968；Harris 等，1979）。这种蚀变通常仅限于颗粒边缘，能够形成微晶包壳（Bathurst，1966）。微晶的边缘也可以通过在颗粒表面增加细粒物质来形成（Kobluk，1977）。添加物通常是文石或者镁方解石，这种添加的物质将粒间孔隙桥接起来形成粒间胶结（Dravis，1979；图版IX-18）。

与硅质碎屑砂体不同，碳酸盐滩边缘砂体可能会发生同沉积期的水下胶结。这种胶结作用在浅海水体中能形成碎屑、硬灰岩层以及"帐篷"构造（Shinn，1969）。尽管对硫酸盐岩无机海相胶结作用的细节还不清楚，但能够促进这一作用的一般过程有：（1）良好的水循环（相对于主要的碳酸盐矿物，覆盖碳酸盐沉积物的浅海水是过饱和的）；（2）高沉积物渗透率；（3）低沉积速率；（4）超盐度。

胶结作用对随后的砂体发育具有重要影响。水下硬灰岩层通常发育于沙坝侧翼而岩化层形成于海滨上可以抵抗侵蚀，这对于陡峭斜坡的保存十分重要（图 9-8）。同样地，这种硬化的底床也有利于形成的深海生物群体的形成，这类群体在不稳定底床上根本无法存活。

Bliefnick（1980）记述了大巴哈马滩的海绵类及苔藓虫类群体的生长发育过程，这些生物即堆积在 Joulters 鲕粒沙滩的胶结底床上。在沙滩北部，开阔的海岸—边缘从活跃潮汐沙坝环境转变为具有稳定底床并广泛发育岩化层及斑块礁的稳定环境。还有一种模式可以解释鲕粒沙滩与某些许多研究者报道过的有机物之间的关系，例如，与加拿大 Archipelago 的前寒武纪晚期鲕粒岩有关的叠层生物丘（Young 和 Long，1977）；内华达州西部古杯类—肾形藻生物丘与 Poleta 组下寒武统鲕粒岩的互层沉积（Rowland，1978）；以及阿巴拉契亚边缘古陆中心的丛生藻属生物粘结灰岩与寒武纪与奥陶纪鲕粒沙滩（Pfeil 和 Read，1980）。

海水物理化学胶结物通常以纤维状文石或者泥晶镁方解石的形式存在。针状文石胶结物的狭窄镶边足以将碳酸盐砂岩化成脆性碎屑及硬灰岩层（图版IX-19、图版IX-20），由于胶结物竞相向孔隙空间发育，纤维状等厚胶结物会形成环绕颗粒的多边形胶结缝合线（Shinn，1975；图版IX-21）。微晶镁方解石即可作为岩石的底部胶结物，又可与文石胶结物伴生成为文石之后的二级胶结物（图版IX-22）。镁方解石也会呈纤维状或者刃状，但是这种形状在全新统砂中并不常见。在岩石形成的早期，胶结物的持续生长将大大降低孔隙度及渗透率，并破坏沉积砂体储层物性。

淡水胶结物也会显著地影响沙滩的发育。在巴哈马鲕粒沙滩上，岛屿和沙脊因快速胶结而具有耐侵蚀的特征。在岛屿向海一侧，海滩开始形成。同样，它们可能会通过形成坚硬障壁及背风坡能量波影区的方式来改变水流类型与沉积环境。这些岛屿也可作为淡水的汇集区域，或使淡水与海水形成环绕岛屿的混合区域。

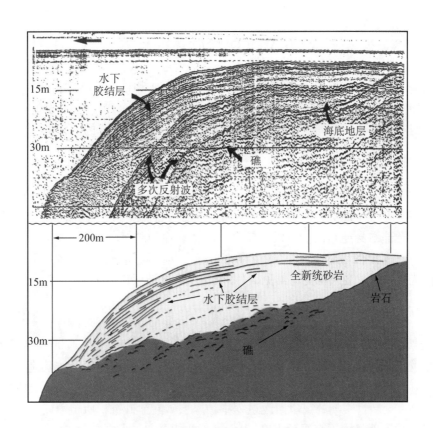

图 9-8　巴哈马群岛沿着背风处海岸—边缘的地震剖面及其解释

厚砂岩聚集内部存在大量的反射层，这是硬灰岩层以及其他未胶结砂粒内侧向上持续岩化的薄层造成的；这种硬灰岩层是由碳酸盐砂的水下胶结物形成

尽管研究一直持续，人们相信方解石胶结、溶解作用以及可能的白云石化作用是与岛屿形成有关的成岩作用。地下水在化学组成上与环绕岛屿的海水相比存在很大的差异。而岛屿可以作为地下水的容器，与百慕大相似，在岛屿下部通常发育可被清晰识别的水文区域。这些区域包括：（1）渗流带（高于常驻地下水位之上的部分）；（2）潜水带（地下水位之下的由地下水饱和的沉积物）；（3）混合区域（地下水与海水的混合区域）。上述区域的几何形态由沉积物的物性及水文条件控制，但不属本文范畴。然而，有些早期淡水胶结产物的例子可与碳酸盐储集岩进行类比。

地下淡水中的碳酸盐砂通常会在潜水面之上发育弯月形胶结物（Dunham，1971；图版Ⅸ-23）。孔隙水被粒间毛细管力束缚，这些胶结物即形成于这种环境。潜水面以下，源自文石颗粒的溶解及方解石胶结物再沉淀的胶结物结晶体在颗粒之间的孔隙水中自由生长（图版Ⅸ-24）。在某种程度上，上述过程是由于文石在淡水中的溶解度大于方解石所造成的（Land，1967）。

由于孔隙中文石溶解及胶结物沉淀形成次生孔隙，沉积物的总孔隙度基本不变。但是，这种早期胶结作用会使渗透率显著下降（Halley 和 Harris，1979）。

混合区域可能使白云石化作用或者方解石的溶解与沉淀作用局部发生（Runnels，1969）。这种混合在砂体发育历史的早期或者晚期都可能发生（Hanshaw 等，1971）。当然，混合区域并非白云石化作用唯一的机理，当超咸的地下水渗透砂体时也可能会发生白云岩化作用（Adams 和 Rhodes，1960），但是该过程在全新世并未记录下来。Hsu 和 Schneider（1973），在波斯湾发现当沙坪上的蒸发率极高使海水向陆移动时，沿南部海滨就会发生白云石化作用。

第九节　现代砂体的保存

现代砂体的地质记录为我们提供了沉积标准，为利用露头和地下岩心数据进行环境重建奠定了基础。Buchanan（1970）、Hine（1977）、Harris（1979）以及Palmer（1977）对巴哈马群岛开展的研究工作大大增强了我们对鲕粒及相关沉积物的沉积相、沉积构造和几何形态的认识。

一、表面沉积物

表面沉积物的早期研究记录了有机物、表面构造、颗粒类型、颗粒大小以及泥质含量的变化，这些是沙滩控制的海岸—边缘的典型特征。这种变化十分复杂且随区域不同而变化，但其总体趋势仍可识别。例如，沙滩脊部本身通常缺少有机物及生物建造，而物理沉积构造在纯净且分选良好的鲕粒砂中占主导（图版IX-25至图版IX-28）。在沙滩的向海及向岸侧鲕粒砂与其他类型颗粒及泥混合在一起，这里的生物扰动作用及潜穴也更为常见，（图版IX-29至图版IX-32）。

二、近地表沉积相关系

地震剖面及沉积物取心调查表明，巴哈马群岛的现代砂体厚度小于20m，且大多数小于10m。在地质历史中，随沉积物运移方向的变化在向陆一侧和向海一侧均有砂体建造。Hine和Neumann（1977）及Palmer（1979）图示说明过台地边缘的复杂性，并展示了背风边缘处地震与岩心数据，揭示早全新世珊瑚礁在全新世晚期的离岸搬运过程中被厚层碳酸盐砂沉积所覆盖（图9-9）。这种随时间而产生的变化很大程度上是由于海平面上升期间大范围碳酸盐台地被淹没造成的。海平面的持续动荡导致海岸边缘发生多次加积（包括横向和垂向；图9-10）。

沉积相的镶嵌结构在表面沉积物研究时可较易识别但在三维空间中的表现形式更为复杂。这种复杂性源自沉积物变化，这种变化是由地形的不规则性、局限的沉积中心以及沉积类型改变造成的，其中沉积类型的变化尤为重要。巴哈马鲕粒砂具有多种形成环境，并以舌状或者狭长水下坝为主，但也可形成于岛屿间局限通道的潮汐三角洲中，而在上述位置形成有关的众多亚环境中均可形成砂粒堆积。鲕粒沙滩就是由海平面上升期间随着时间变化生成的一系列沉积环境所组成的。

在安德罗斯岛的大巴哈马滩从岩心即可观察到，随时间发生的沉积作用的变化。Buchanan（1970）发现，在Frazers Hog礁附近的沉积作用最初受抬升的更新世石灰岩边缘的影响，该石灰岩沿着台地的向海一侧发育，并在台地被淹没早期，有效地限制了水流循环。而在脊部后的潟湖中形成了灰泥堆积。随着海平面上升脊部被淹没，形成石灰砂岩。台地边缘鲕粒沙滩和骨架砂发育，向岸一侧球粒、有机物集合体以及葡萄石砂发育。该沉积模式与附近的Joulters鲕粒沙滩类似。

现今的Joulters沙滩既非潮汐沙坝带也不是海洋沙带，而是一个宽广的沙坪，以镶边状发育，在面向海洋的边界处发育鲕粒。Harris（1979）记述了沙滩的形成过程，并揭示了一种沙坝及沟道演化模式，该模式在其他地方也可见到。另外，沙滩形成的地貌可以被冲刷掉——沙坝—河道被消除并充填，干净的鲕粒砂通过生物潜穴与其他沉积物混合形成沙坪，因此，Joulters沙滩作为范例的意义十分重要。

不同沉积相的鲕粒砂发生堆积导致Joulters鲕粒沙滩在附近海底底床之上的变化起伏。横剖面（图9-11）显示沙滩的两个基本组成：（1）鲕粒粒状灰岩的狭窄镶边；（2）大面积沉积层序，层序的底由岩屑泥粒灰岩和（或）球粒粒泥灰岩组成，中部由球状粒泥粒灰岩组成，顶部由鲕粒泥粒灰岩组成。鲕粒泥粒灰岩形成一个楔状体，且向海方向逐渐变厚，而球状粒泥粒灰岩则是台地内部岩席较厚的部分，该岩席向海一侧逐渐变薄。

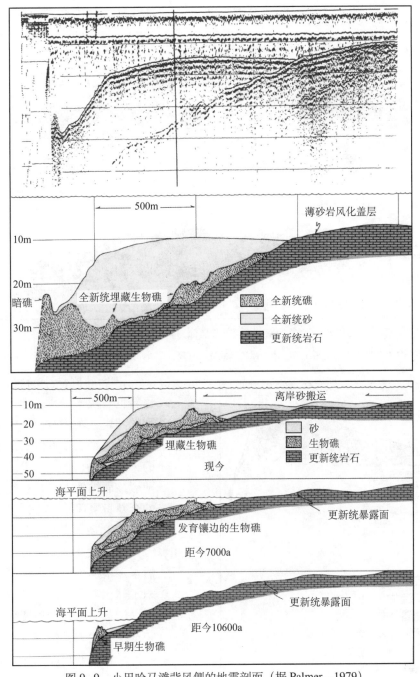

图9-9 小巴哈马滩背风侧的地震剖面（据Palmer，1979）

解释剖面及其发育模型表明晚更新世砂覆盖了早期的珊瑚礁；这些砂在海平面上升期间被淹没，然后在台地上形成；大巴哈马滩环绕TOTO的部分台地也被认为和这种情况类似

三、向上变浅的层序

除巴哈马更新世石灰岩岩心之外，Joulters鲕粒沙滩与其他全新世实例的岩心上，识别出的沉积层序也有下述特征——每个层序单元连续沉积在逐渐变浅的水体中。这一特征在很大程度归因于浅水位置为碳酸盐岩发育提供了最佳的物理化学条件及生物条件，因此台地碳酸盐沉积物的堆积速率通常大于相对沉降区的速率，且能够持续朝海平面及其以上建造。这是一种向上逐渐变浅的层序，发育可识别的沉积相，推测与全新世存在的沉积环境有关联，这种层序古代台地碳酸盐厚层沉积序列中无数次重复出现，这为解释其成因机制提供了重要的线索（图9-12）。

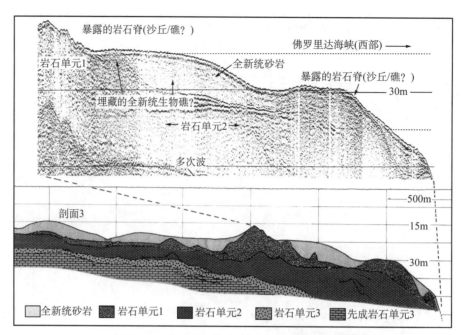

图 9-10　小巴哈马滩背风侧滩边缘的地震剖面

覆盖在更新统石灰岩之上的全新统增生体由滩边缘的砂及礁复合而成，既有未岩化的也有岩化的碳酸盐岩砂

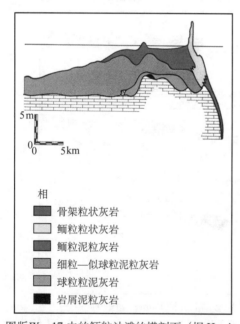

图 9-11　图版 IX -17 中的鲕粒沙滩的横剖面（据 Harris，1979）

从右侧开始，剖面从海岸—边缘处延伸 35km 进入滩内环境；海底之上的沙滩建造源自几个沉积相的鲕粒砂聚集；沉积相之间的关系反映出沉积环境随着时间迁移的变化（引自 P.M. Harris，1979）

巴哈马群岛全新世的相层序沉积在更新世石灰岩风化表面上。该表面具有典型的凹坑且覆盖有一层钙质壳，这套钙质壳里在海平面较低时长期暴露于地表形成的，可作为区域上可以识别的不连续面。随后该面被淹没，接受便形成了向上变浅的全新世层序。

这套层序最初沉积了粗介壳灰岩或者岩屑泥粒灰岩的海侵基部蚀余沉积。随后水深增加形成了潮下带的潟湖环境，沉积了球粒灰泥岩以及粒泥灰岩。随着水流循环增强，生物群也变得更为多样，沉积物逐渐转变为具生物扰动且富含有孔虫及软体动物壳的粒泥灰岩，局部地区发育泥粒灰岩。在大量潮汐流开始穿过台地后出现了发育在搅动底床上的局限性鲕粒地层沉积。鲕粒砂可能会与环绕沙滩的潟湖沉积物混合。如果海侵或者进积作用使得沙滩覆盖到潟湖沉积上，垂向层序就会变为

层状潮间鲕粒粒状灰岩。由于存在沙坪沉积，也可能出现具生物潜穴的、浅潮下带鲕粒砂。当沉积物供给量较大时，便会发育海滨脊或者沙丘沉积的层状叠覆潮鲕粒颗粒灰岩以作为层序的盖层。

在巴哈马群岛碳酸盐台地淹没期间形成的沉积模型中，沉积物朝海面建造而其表面已出露在海平面之上。在垂向上，由下而上是一个向上变浅的层序。要解释沉积时的水体深度，则须从颗粒类型、沉积构造、沉积结构（含泥百分含量）以及成岩作用等方面寻找线索。

粒状灰岩	鲕粒	沙丘	潮上带
		滩脊	
粒状灰岩	鲕粒	海滩	潮间带
粒状灰岩		活跃沙滩	
粒状灰岩	鲕粒	沙坪	潮下带
	球粒	潟湖	
泥粒灰岩	骨架砂		
	球粒		
粒泥灰岩		浅潟湖	
泥岩	灰泥	- - - - - - - - - - -	潮间带
基底蚀余沉积	介壳灰岩		
路上暴露面		钙质壳	潮上带

图 9-12　向上变浅的沉积层序的岩性综合柱状图

该沉积层序位于已识别出的巴哈马群岛更新统石灰岩中（Pierson，1980）；沉积环境解释基于全新世对应岩性的研究结果

第十节　古代砂体

砂体的几何形态及大小、古地理位置及排列方向还有内部构造是用于解释碳酸盐砂体的主要依据。一般来说，这些因素直到区域勘探的后期才能确定。因此，最初仅能通过颗粒类型进行沉积解释。例如，鲕状岩形成鲕粒沙滩，海百合灰岩形成海百合海滩，羚角蛤砂岩形成厚壳蛤石灌丛。在出现更多的资料之前，这是最好的解释，这些解释可用于指导最初的勘探。在全面勘探以后，水下砂体便能揭示出单个沙坝或者礁后砂的几何形态。例如，有些砂体的沙坝形态已被记录，如 Illinois 盆地的密西西比 McClosky 砂，（Carr，1973）和侏罗纪墨西哥湾沿岸的侏罗系 Smackover 组（Erwin 等，1979）。

一、更新统

碳酸盐岩露头为古代碳酸盐砂体提供了最直接且最容易辨认的实例。在海平面下降沉积物暴露期间，更新世露头绝大部分的形态都能保留下来。以佛罗里达州南部的更新世迈阿密鲕粒岩为例，海相沉积的几何形态与现代砂体的模拟结果非常相似（Hoffmeister 等，1967；Halley 等，1977）。

根据区域性不连续面佛罗里达州南部更新统可以分成五个海相单元（按照从老到新，从第四纪的 Q_1 到第四纪的 Q_5），（Perkins，1977）。Q_4 单元的上表面发育的古地形形成了一个轻微倾斜的台地，其上沉积 Q_5。Q_5 沉积期间，南佛罗里达东部海岸的绝大部分地区都发育潮汐沙坝沉积。沉积物为鲕粒颗粒灰岩及泥粒灰岩，局部含砂质，常与粪球粒相混合。在鲕粒岩坝后被掩护的水域沉积了具广泛潜穴的球粒砂。

在露头上，淡水胶结及溶解作用大大提高了迈阿密鲕粒岩沉积构造的识别度（图版 IX-33、图版 IX-34）。发育大型交错层海相坝沉积的典型特征。

巴哈马群岛的更新统露头拓宽了我们对沉积环境的认识。New Providence 岛的海相坝、滨海以及陆上沙丘均暴露于地表（Garrent，未发表资料）。坝脊或者不规则土丘上发育鲕石，这在露头上可能预示了一种向上逐渐变化的序列，即从具交错波痕的加积沙坝沉积转变为包含位移的海滩岩块体的层状滨海沉积（图版IX-35至图版IX-38）。沙丘由风及风暴从滨海处搬运来的海相砂组成。这种沉积构造实际是由向台内方向呈不对称状的砂石聚结而成的，发育清晰的具低角度层理的后积层，在向岸方向上，向上凸起并溢出，并逐渐变化为较为陡峭的前积层。前积层在横向上转变为具生物扰动砂体，砂体发育位置处于沙丘的背风侧。

二、墨西哥湾侏罗系

墨西哥湾的上侏罗统（牛津阶）Smackover 组浅水碳酸盐岩是记录最完备的古代实例之一，油气储集在碳酸盐砂体中，前人对 Gluf 海岸的侏罗系 Smackover 组的沉积环境及岩性（Imlay，1943；Dickinson，1968；Akin 与 Graves，1969；Badon，1974）、区域内油田地质（Bishop；1968，1971；Ottman 等，1973；Chimene，1976；Becher 与 Moore，1976）均进行了大量的研究。Smackover 组勘探前景良好并已有油气产量（Newkirk，1971）。长期以来的勘探目标都围绕与盐运动有关的构造圈闭，目前勘探目标转移到隐蔽地层圈闭上。这种圈闭闭合度较小，且可能无法在地震剖面上检测。因此，现代碳酸盐砂体研究成果对指导 Smackover 组勘探思路具有十分重要的意义。

阿肯色州南部及路易斯安那州北部的 Smackover 组沉积发育于近滨到盆地相环境（图 9-13）。Smackover 组上倾方向的边界沉积了石英砂及细粒碳酸盐石，在下倾方向远端含泥岩和砂岩的盆地相石灰岩。

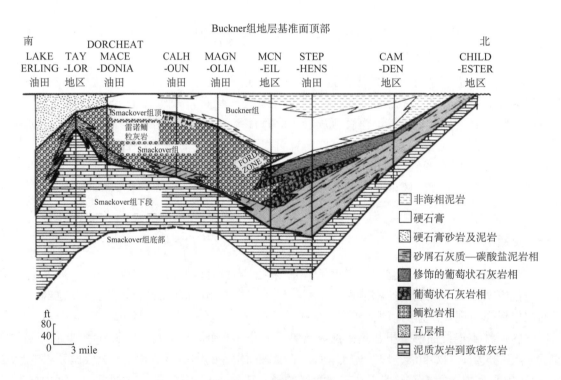

图 9-13　上侏罗统 Smackover 组与阿肯色州及路易斯安那州 Haynesville 组 Buckner 段地层横截面
（据 Akin 和 Graves，1969）

雷诺鲕粒岩，厚层具高能量的含油碳酸盐砂聚集，向上倾方向变为海侵沉积（葡萄状灰岩）以及碳酸盐泥；Buckner 段的泥岩以及硬石膏可以作为 Smackover 组储层的封盖层

这种盆地相沉积一直延伸到北部并被横跨阿肯色州南部的、浅水高能碳酸盐带所覆盖。陆架沉积基本上为潮汐坝及河道、海滨、岛屿中鲕粒颗粒灰岩，该区域即 Reynolds 鲕粒岩（图版IX-39 至图版IX-41）。由于沉积物中含有碳酸盐泥，且在干净颗粒灰岩中也会发生充填孔隙的胶结作用，致使储层孔隙度存在较大变化。

地质历史中，Smackover 组的高能量陆架碳酸盐岩以及 Haynesville 组 Buckner 段的上倾潮汐沙坪同期地层是随时间逐渐向南部进积的，Smackover 组上部含储层段颗粒灰岩体的发育位置及连续性十分复杂。在阿肯色州南部的 Walker Creek 油田，由井测压力梯度至少定义出三套独立的储层（Chimene，1976）。Becher 及 Moore 已对其中的几个孔隙岩进行了详细说明（1976；图 9–14），并对其沉积环境由进行了预测（图 9–15）。Oaks 油田的南北向剖面测井曲线对比，表明 Smackover 组上部的多孔段是由孔隙带与致密带组成的（图 9–16）。储层是彼此堆叠的岩屑单元，厚度沿向下倾方向快速变薄，在上倾方向尖灭到 Buckner 组硬石膏泥岩中（Erwin 等，1979）。

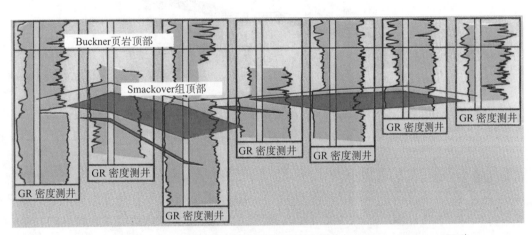

图 9–14 Walker Creek 油田横剖面多孔相带关系（引自 Bechor，Moore，1976）

橘色区域孔隙度大于 4%，与油田内的不连续面有关系

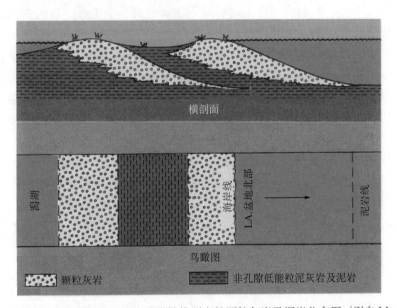

图 9–15 由 Smackover 组内的孔隙度分带性推测出的颗粒灰岩及泥岩分布图（引自 Moore，1980）

对于预测 Smackover 组及许多其他古代碳酸盐砂的孔隙度来说，了解层序与成岩作用发生时间与认识沉积环境之间的关系，是同等重要的。根据晶体形态及分布，显示 Smackover 组含有早期胶结物，该胶结物与近代的淡水胶结物相似（Harris，1980）。

这些块状的方解石胶结物会大大缩减原始的粒间孔隙度，并在上 Smackover 组内部形成区域性盖层。这种相同的淡水环境也可能发育鲕穴状孔隙带，这种孔隙带的孔隙度高（高达 35%），但渗透率非常低，而常只有几个毫达西（图版Ⅸ–42）。

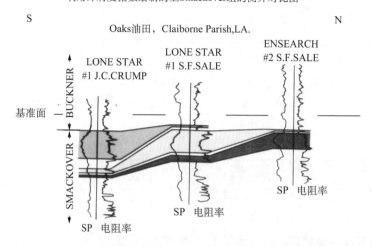

图9-16 路易斯安那州北部 Oaks 油田 Smackover 组测井对比（据 Erwin，Eby 和 Whitesides，1979，修改）

根据测井曲线对比及细致的岩相观察而来；三个独立的孔隙带，每个都在 Smackover 组内向下倾方向尖灭，上倾方向进入到上覆的潮坪沉积，该沉积属于 Haynesville 组的 Buckner 段

尽管 Smackover 组颗粒灰岩中的胶结物不如淡水胶结物那样常见，但也存在发育于海洋潜水带的胶结物（图版Ⅸ-43）。在水体较浅的盐水岸边湖泊与潮坪中，海水蒸发作用使溶解的盐类进一步浓缩形成石膏和白云岩。石膏在埋藏期间转化为硬石膏，而硬石膏可能会含有被置换颗粒的残余物，且经常为石膏假晶。

在古代碳酸盐岩中，一些原始孔隙度并不是由同沉积期的淡水及海洋胶结物所破坏，而是受晚期成岩作用影响而进一步降低。晚期成岩作用过程是正在研究的一个主题，目前在碳酸盐岩石学家中未达成共识。甚至"晚期"包括什么作用类型也存在争论。通常来说，"晚期"意味着包含了发生于一定深度及升高到一定程度的温度条件下的成岩作用，即 Choquette 与 Pray（1970）认为的中深成岩区域。但是一些晚期过程，例如压力溶解作用，可能在较浅的深度就已经开始了，且随着埋藏深度增加持续进行。碳酸盐砂埋藏过程中发生的成岩作用包括物理压实、化学压实、胶结以及溶解作用。晚期成岩作用改变的重要变量有：相的纵横向连续性、成岩过程、埋藏历史、孔隙流体的性质、早期成岩历史、地热史以及与非碳酸盐岩包括富含有机质的沉积物有关的流体。

或许次生孔隙度的发育是最重要的晚期成岩作用事件之一，近来 Moore 及 Druckman（1980）对 Smackover 组的这种情况进行了记录。虽然对这一过程的认识不够完全，但该过程的最终结果会导致碳酸盐颗粒以及早期和晚期碳酸盐胶结物发生溶解。由此形成的孔洞性孔隙增加了残余粒内孔隙度，使鲕粒颗粒灰岩的储层物性得到提高。

三、古代实例中的变化

尽管现代及前述侏罗纪实例中的砂体具有很多相同的属性，但是不同时代不同地理位置形成的砂体在内部细节上千差万别。例如，如果原始沉积物受生物钻孔有机物影响发生均化作用，则许多砂堆积具有的典型交错层理就会缺失。如果砂粒的分选特别好，其颗粒大小就不会有太大的变化便不会形成明显的交错层理。如果胶结作用太强，则可能会掩盖掉原始的沉积特征。

细微的颜色变化可能是由颗粒大小、颗粒组成及胶结作用类型的微小变化引起的（图版Ⅸ-44、图版Ⅸ-45）。有些实例可能会保留一些小尺度交错层理存在的证据，但是砂体沉积的大尺度证据在露头的底床形态中保存下来（图版Ⅸ-46、图版Ⅸ-47）。白云岩化作用才能消除掉原始颗粒结构，但即使存在大范围的白云岩化作用，层理特征也会保留下来（图版Ⅸ-48、图版Ⅸ-49）。

碳酸盐砂体几乎在每一个地质时期的岩石中都有发育，但是在密西西比系、二叠系、侏罗系以及白垩系的岩石中最为发育同时也含有较多的油气藏。砂体发育的时间跨度导致形成碳酸盐砂的有机物种组成差异。例如，海百合砂是密西西比纪的典型沉积，软体动物或者有孔虫是白垩纪砂体的典型特征（图版IX-50至图版IX-52），反之，密西西比纪软体动物砂以及白垩纪的海百合或者有孔虫砂都极为少见。Wilson（1975）对这种动物群演化上的变化以及它们对碳酸盐沉积物造成的影响进行了详细总结。

碳酸盐砂体中的次生孔隙度十分常见，如图版IX-42所示，但即使在很深的位置原始孔隙也可以保留下来（图版IX-53、图版IX-54）。在这种孔隙性岩石中，早期大气降水成岩作用是显而易见的（图版IX-55、图版IX-56），且人们常常认为早期成岩作用是孔隙得以保存的重要因素（Becher及Moore，1976）。

尽管不同时期发育的砂体在组成及成岩方面都存在较大的变化，但依据前面描述的古地理位置、几何形态、层理以及结构特征，可将这些砂体比较直接地识别出来。

第十一节　总　结

海岸边缘砂体是碳酸盐陆架和台地的典型特征，主要发育在礁体的向岸位置。如果礁体不发育，砂体就会向海方向延伸至海岸边缘或者坡折处。它们由鲕粒和骨架砂构成，如果潮汐流很强（大于100cm/s），砂粒会形成平行于水流的砂体；如果潮汐流很弱（大约50cm/s），砂体则与水流正交。海岸边缘之间的间隔形成像潮汐三角洲那样十分重要的砂体堆积。砂体同样也会在海岸边缘向海方向形成构造隆起，或者进入到盆地内部，这取决于构造地形的幅度以及盆地的深度。对产砂量以及碳酸盐砂体发育具有重要影响的因素包括：（1）先成地形；（2）物理过程——潮汐、风以及浪成水流；（3）海平面变化；以及（4）成岩作用。这些因素并不是单独作用，而是相互影响形成一个平面上拼接的相，且该相在三维空间内更为复杂。

然而，对于巴哈马现代砂体的研究，可获得一些概括性结论。特征性砂体通常发育于向上变浅的层序中，在其下部发育潟湖沉积，上部则为潮上带、海滨以及风成沉积。在迎风面边缘，砂粒向岸迁移，在台地上形成广泛分布的沙席。在背风侧边缘上，砂粒会在向海侧建造，进而掩蔽礁体并将砂粒运送到陆架边缘以下更深的水体中。

沙滩复合体活跃部分的典型特征是发育干净、具波痕的交错层理砂岩，缺少海草及大部分穴居生物。沙滩不活跃的部分成为海草的发育地，并在几十年内都有生物扰动作用发生。在地表暴露及碳酸盐砂埋藏期间发生演化过程及成岩作用改造会导致碳酸盐砂组成发生变化，尽管如此，可从特征性结构、沉积构造、层理类型、几何形态以及古地理位置上将古代砂体从碳酸盐岩相分布区中较易识别出来。

致谢

感谢以下研究人员为本章做出的贡献：

Mahlon Ball, Tom Bay, Donald Bebout, Jeff Dravis, David Eby, Paul Enos, Richard Inden, William Meyers, Clyde Moore, Kathy Nichols, Peter Scholle 及 Gene Shinn。他们提供的资料和意见极大提高了本章的学术水平。

参 考 文 献

Adams, J.E., and M.L. Rhodes, 1960, Dolomitization by seepage refluxion：AAPG Bull., v.44, p. 1912-1920.

Ahr, W.M., 1973, The carbonate ramp; an alternative to the shelf model: Tran., Gulf Coast Assoc. Geol. Socs., v. 23, p. 221–225.

Akin, R.H., and R.W. Graves, 1969, Reynolds Oolite of southern Arkansaa: AAPG Bull., v. 53, p. 1909–1922.

Badon, C., 1974, Petrology and reservoir potential of the Upper Member of the Smackover Formation, Clark County, Mississippi: Tran., Gulf Coast Assoc. Geol.Socs., v. 24, p. 163–174.

Ball, M.M., 1967, Carbonate sand bodies of Florida and the Bahamas: Jour. Sed. Petrology, v. 37, p. 556–591.

Basan, P. B., 1973, Aspects of sedimentation and the development of a carbonate bank in the Barracuda Keys, south Florida: Jour. Sed. Petrology, v. 43, p. 42–53.

Bathurst, R. G. C., 1975, Carbonate sediments and their diagenesis: New York, Elsevier Sci. Pub., 658p.

Bathurst, R. G. C., 1966, Boring algae, micrite envelopes, and lithification of molluscan biosparites: Geol. Jour., v. 5, p. 15–32.

Bay, T. A., 1977, Lower Cretaceous stratigraphic models from Texas and Mexico, in D. G. Bebout and R. G. Loucks, eds., Cretaceous carbonates of Texas and Mexico, application to subsurface exploration: Austin, Univ. Texas Bureau Econ. Geol. Rept. Of Invest. No.89, p. 12–30.

Becher, J. W., and C. H. Moore, 1976, The Walker Creek Field, a Smackover diagenetic trap: Trans., Gulf Coast Assoc. Geol. Socs., v. 26, p. 34–56.

Bishop, W. F., 1968, Petrology of Upper Smackover limestone in North Naynesville Field, Caliborne Parish, Louisiana: AAPG Bull., v.52, p. 92–128.

Bishop, W. F., 1971, Geology of a Smackover stratigraphic trap: AAPG Bull., v. 55, p. 51–63.

Bliefnick, D. M., 1980, Sedimentology and diagenesis of bryozoan–and sponge–rich carbonate buildups, Great Bahama Bank: Santa Cruz, Univ., Ph.D.dissert., 289 p.

Boothroyd, J. C., and D. K. Hubbard, 1975, Genesis of bed forms in mesotidal estuaries, in L. E. Cronin, ed., . Estuarine research, v. 2, geology and engineering: New York, Academic Press, p. 217–234.

Buchanan, H., 1970, Environmental stratigraphy of Holocene carbonate sediments near Frazer Hog Cay, British West Indies: New York, Columbia Univ., Ph.D. dissert., 229 p.

Carr, D. D., 1973, Geometry and origin of oolite bodies in the St. Genevieve Limestone (Mississippian) of the Illinois Basin: Ind. Dept. Natural Resources, Geol. Survey Bull. 48, 81 p.

Caston, V. N. D., 1972, Linear sand banks in the southern North Sea: Sedimentology, v. 18, p. 63–78.

Chimene, C. A., 1976, Upper Jurassic reservoirs, Walker Creek Field area, Lafayette and Columbia counties, Arkansas, in J. Braunstein, ed., North American oil and gas fields: AAPG Mem. 24, p. 117–204.

Choquette, P. W., and L. C. Pray, 1970, Geologic nomenclature and classification of porosity in sedimentary carbonates: AAPG Bull., v. 54, p.207–250.

Davies, G. R., 1970, Carbonate bank sedimentation, eastern Shark Bay, Western Australia, in B. Logan, ed., Carbonate sedimentation and environments, Shark Bay, Western Australia: AAPG Mem. 13, p. 85–168.

Dickinson, K. A., 1968, Upper Jurassic stratigraphy of some adjacent parts of Texas, Louisiana, and Arkansas: U.S. Geol. Survey Prof. Paper 594, p. E1–E25.

Dravis, J. J., 1977, Holocene sedimentary depositional environments on Eleuthra Bank, Bahamas: Miami, Fla., Univ. Miami, M.S. thesis, 386 p.

Dravis, J. J., 1979, Rapid and widespread generation of Recent oolitic hardgrounds on a high energy Bahamian platform, Eleuthra Bank, Bahamas: Jour. Sed. Petrology, v. 49, p. 195—208.

Dunham, R. J., 1971, Meniscus cement, *in* O. P. Bricker, ed., Carbonate cements: Baltimore, Md., Johns Hopkins Univ., Stud, in Geology No. 19, p. 297—300.

Edwards, G. S., 1971, Geology of the West Flower Garden Bank: College Station, Tex., Texas A&M Univ., Sea Grant Program Pub. TAMU—SG—71—215, 199 p.

Enos, P., 1974, Surface sediment facies of the Florida—Bahamas Plateau: Geol. Soc. America Map, 5 p.

Enos, P., 1977, Quaternary sedimentation in South Florida, Part I, Holocene sediment accumulations of the South Florida Shelf Margin: Geol. Soc. America Mem. 147, 198 p.

Erwin, C. R., D. E. Eby, and V. S. Whitesides, 1979, elasticity index; a key to correlating depositional and diagenetic environments of Smackover reservoirs, Oaks Field, Claiborne Parish, Louisiana: Trans., Gulf Coast Assoc. Geol. Socs., v. 24, p. 52—62.

Garrett, P., and A. C. Hine, 1979, Probing Bermuda's lagoons and reefs (abs.): AAPG Bull., v. 63, p. 455—456.

Garrett, P., and T. P. Scoffin, 1977, Sedimentation on Bermuda's atoll rim: Miami Fla., Univ. Miami, Proc., Third Internat. Coral Reef Symp., p. 87—96.

Halley, R. B., et al, 1977, Pleistocene barrier bar seaward of ooid shoal complex near Miami, Florida: AAPG Bull., v. 61, p. 519—526.

Halley, R. B., and P. M. Harris, 1979, Fresh—water cementation of a 1, 000—year—old oolite: Jour. Sed. Petrology, v. 49, p. 969—988.

Hanshaw, B. B., W. Back, and R. G. Deike, 1971, A geochemical hypothesis for dolomitization by groundwater: Econ. Geology, v. 66, p. 710—724.

Harms, J. C., P. W. Choquette, andM. J. Brady, 1978, Carbonate sand waves, Isla Mujeres, Yucatan, in W. C. Ward and A. E. Weidie, eds., Geology and hydrology of northeastern Yucatan: New Orleans Geol. Soc., p. 60—84.

Harris, P. M., 1979, Facies anatomy and diagenesis of a Bahamian ooid shoal: Miami, Fla., Univ. Miami, Sedimenta VII, Comparative Sedimentology Lab., 163 p.

Harris, P. M., 1980, Freshwater cementation of Holocene and Jurassic grainstones (abs.): AAPG Bull., v. 64, p. 719—720.

Harris, P. M., R. B. Hailey, and K. J. Lukas, 1979, Endolith microborings and their preservation in Holocene—Pleistocene (Bahama—Florida) ooids: Geology, v. 7, p. 216—220.

Hayes, M. O., 1979, Barrier island morphology as a function of tidal and wave regime, *in* S. P. Leatherman, ed., Barrier islands, from the Gulf of St. Lawrence to the Gulf of Mexico: New York, Academic Press, p. 1—28.

Heckel, P. H., 1972, Recognition of ancient shallow marine environments, *in* J. K. Rigby and W. K. Hamblin, eds., Recognition of ancient sediment environments: SEPM Spec. Pub. No. 16, p. 226—286.

Hine, A. C., 1977, Lily Bank, Bahamas; history of an active oolite sand shoal: Jour. Sed. Petrology, v. 47, p. 1554—1581.

Hine, A. C., and A. C. Neumann, 1977, Shallow carbonate—bank—margin growth and structure, Little Bahama Bank, Bahamas: AAPG Bull., v. 61, p. 376—406.

Hine, A. C., R. J. Wilber, and A. C. Neumann, 1981, Carbonate sand bodies along contrasting shallow—bank margins facing open seaways; northern Bahamas: AAPG Bull., v. 65, p. 261—290.

Hoffmeister, J. E., K. W. Stockman, and H. G. Multer, 1967, Miami Limestone of Florida and its Recent Bahamian counterpart: Geol. Soc. America Bull., v. 78, p. 175–190.

Houboldt, J. J. H. C., 1968, Recent sediments in the southern bight of the North Sea: Geol. Minjbouw, v. 47, p. 245–273.

Hsu, K. J., and J. Schneider, 1973, Progress report on dolomitization–hydrology of Abu Dhabi sabkhas, Arabian Gulf, *in* B. H. Purser, ed., The Persian Gulf, Holocene carbonate sedimentation and diagenesis in a shallow epicontinental sea: New York, Springer–Verlag Pub., p. 409–422.

Illing, L. V., 1954, Bahamian calcareous sands: AAPG Bull., v. 38, p. 1–95.

Imbrie, J., and H. Buchanan, 1965, Sedimentary structures in modern carbonate sands of the Bahamas, *in* G. V. Middleton, ed., Primary sedimentary structures and their hydrodynamic interpretation: SEPM Spec. Pub. No. 12, p. 149–172.

Imlay, R. W., 1943, Jurassic formations of Gulf region: AAPG Bull., v. 27, p. 1407–1533.

Irwin, M. L., 1965, General theory of epeiric clear water sedimentation: AAPG Bull., v. 49, p. 445–459.

Jindrich, V., 1969, Recent carbonate sedimentation by tidal channels in the lower Florida Keys: Jour. Sed. Petrology, v. 39, p. 531–553.

Kobluk, D. R., 1977, Micritization and carbonate grain binding by endolithic algae: AAPG Bull., v. 61, p.1069–1082.

Land, L. S., 1967, Diagenesis of skeletal carbonates: Jour. Sed. Petrology, v. 37, p. 914–930.

Land, L. S., 1973, Contemporaneous dolomiti–zation of Middle Pleistocene reefs by meteoric water, North Jamaica: Bull. Marine Sci., v. 23, p. 64–92.

Laporte, L. F., 1969, Recognition of a transgressive carbonate sequence within an epeiric sea; Helderberg Group (Lower Devonian) of New York State, *in* G. M. Friedman, ed., Depositional environments in carbonate rocks: SEPM Spec. Pub. No. 14, p. 98–118.

Lees, A., 1973, Les depots carbonates de Plate–forme (Platform Carbonate Deposits): Bull. Centre Rech. Pau–SNPA, v. 7, p. 177–192.

Loreau, J. P., and B. H. Purser, 1973, Distribution and ultrastructure of Holocene ooids in the Persian Gulf, *in* B. H. Purser, ed., The Persian Gulf, Holocene carbonate sedimentation and diagenesis in a shallow epicontinental sea: New York, Springer–Verlag Pub., p. 279–328.

McKee, E. D., and R. C. Gutschick, 1969, History of Redwall Limestone of northern Arizona: Geol. Soc. America Mem. 114, 726 p.Milliman, J. D., 1974, Marine carbonates: New York, Springer–Verlag Pub., 375 p.

Moore, C. H., and Y. Druckman, 1980, Burial diagenesis and porosity evolution, Upper Jurassic Smackover, Arkansas and Louisiana: La. State Univ., Dept. Geology, Applied Carbonate Research Program Tech. Ser. Cont. No. 5, 79 p.

Newell, N. D., 1955, Bahama platforms, in The crust of the earth, a symposium: Geol. Soc. America Spec. Paper 62, p. 303–315.

Newell, N. D., and J. K. Rigby, 1957, Geological studies on the Great Bahama Bank; *in* R. LeBlanc and J. G. Breeding, eds., Regional aspects of carbonate sedimentation: SEPM Spec. Pub. 5, p. 15–72.

Newkirk, T. F., 1971, Possible future petroleum potential of Jurassic, western Gulf Basin, *in* Future petroleum provinces of the U.S., their geology and potential: AAPG Mem. 15, p. 927–953.

Off, T., 1963, Rhythmic linear sand bodies caused by tidal currents: AAPG Bull., v. 47, p. 324–341.

Ottmann, R. D., P. L. Keyes, and M. A. Ziegler, 1973, Jay Field—a Jurassic stratigraphic trap: Trans., Gulf Coast Assoc. Geol. Socs., v. 23, p. 146—157.

Palmer, M. S., 1979, Holocene facies geometry of the leeward bank margin, Tongue of the Ocean, Bahamas: Miami, Fla., Univ. Miami, M.S. thesis, 199 p.

Perkins, R. D., 1977, Quaternary sedimentation in south Florida, part 2, depositional framework of Pleistocene rocks in south Florida: Geol. Soc. America Mem. 147, 198 p.

Perkins, R. D., and P. Enos, 1968, Hurricane Betsy in the Florida—Bahamas area; geologic effects and comparison with Hurricane Donna: Jour. Geology, v.76, p. 710—717.

Pfiel, R. W., and J. F. Read, 1980, Cambrian carbonate platform margin facies, Shady Dolomite, southwestern Virginia: U.S.A.: Jour. Sed. Petrology, v. 50, p. 91—116.

Plummer, L. N., et al, 1976, Hydrogeochemistry of Bermuda; a case history of ground water diagenesis of biocalcaren—ites: Geol. Soc. America Bull., v. 87, p. 1301—1316.

Purdy, E. G., 1961, Bahamian oolite shoals, in J. A. Peterson and J. C. Osmond, eds., Geochemistry of sandstone bodies: AAPG Spec. Vol., 232 p.

Purdy, E. G., 1963, Recent calcium carbonate facies of the Great Bahama Bank; petrography and reaction groups, sedimentary facies; Jour. Geology, v.71, p. 334—355, 472—497.

Purdy, E. G., 1968, Carbonate diagenesis; an environmental survey: Geologica Romana, v. 7, p. 183—228.

Purser, B. H., 1973, Sedimentation around bathymetric highs in the southern Persian Gulf, in B. H. Purser, ed., The Persian Gulf, Holocene carbonate sedimentation and diagenesis in a shallow epicontinental sea: New York, Springer—Verlag Pub., p. 157—177.

Purser, E. G., and G. Evans, 1973, Regional sedimentation along the Trucial Coast, southeastern Persian Gulf, in B. H. Purser, ed., The Persian Gulf, Holocene carbonate sedimentation and diagenesis in a shallow epicontinental sea: New York, Springer—Verlag Pub., p. 211—231.

Rodriguez, R. W., 1979, Origin, evolution and morphology of the shoal, Escollo de Arenas, Viegras, Puerto Rico, and its potential as a sand source: Chapel Hill, Univ. N.C., M.S. thesis, 71 p.

Rowland, S. M., 1978, Environmental stratigraphy of the lower member of the Poleta Formation (Lower Cambrian), Esmeralda County, Nevada: Santa Cruz, Univ. Calif., Ph.D. dissert.

Runnells, D. D., 1969, Diagenesis, chemical sediments and the mixing of natural waters: Jour. Sed. Petrology, v. 39, p. 1188—1201.

Scholle, P. A., ed., 1978, A color illustrated guide to carbonate rock constituents, textures, cements, and porosities: AAPG Mem. 27, 241 p.

Shaw, A. B., 1964, Time in stratigraphy: New York, McGraw—Hill Pub., 365 p.

Shinn, E. A., 1969, Submarine lithification of Holocene carbonate sediments in the Persian Gulf: Sedimentology, v. 12, p. 109—144.

Shinn, E. A., 1975, Polygonal cement sutures from the Holocene; a clue to recognition of submarine diagenesis (abs.): AAPG Ann. Mtg. Abs., v. 2, p. 68.

Southard, J. B., and D. J. Stanley, 1976, Shelf—break processes and sedimentation, in D. J. Stanley and D. J. P. Swift, eds., Marine sediment transport and environmental management: John Wiley and Sons Pub., p. 351—377.

Swift, D. J. P., 1972, Holocene evolution of the shelf surface, central and southern Atlantic Shelf of North America, in D. J. P. Swift, D. B. Duane, and O. H. Pilkey, eds., Shelf sediment transport; process and pattern: Stroudsburg, Pa., Dowden, Hutchinson, and Ross, p. 499—574.

Wilson, J. L., 1975, Carbonate facies in geologic history: New York, Springer—Verlag Pub., 469 p.

Winland, H. D., and R. K. Matthews, 1974, Origin and significance of grapestone, Bahama Islands: Jour. Sed. Petrology, v. 44, p. 921—927.

Young, G. M., and D. G. F. Long, 1977, Carbonate sedimentation in a Late Precambrian shelf sea, Victoria Island, Canadian Arctic Archipelago: Jour.Sed. Petrology, v. 47, p. 943—955.

第十章　礁前斜坡沉积环境

Paul Enos　Clyde H.Moore

第一节　概　　述

由于礁前斜坡沉积和以礁体为主的大陆边缘存在不同特征，并且礁及环礁沉积存在明显的经济重要性，礁前斜坡相已经从碳酸盐岩斜坡沉积的范围中被独立出来（Cook 和 Mullins，1982）。骨架及生态礁的快速垂向生长潜力通常产生高的陡峭斜坡边缘，但并非是一成不变的（图版 X-1）。浅水热带环境和礁的建设性格架有利于快速沉积同期的海底胶结，其通常延伸到礁前相。热带背景及典型的高度发达的礁的生态结构有利于强烈的生物剥蚀及建构、沉积产物及粘接。所有这些与礁相关的产物都在近礁沉积中留下了痕迹。

McIlreath 和 James（1978）对碳酸盐岩斜坡沉积有一个很好的总结，将碳酸盐岩边缘分为过路边缘和沉积边缘。过路边缘通常是各种来源的海底悬崖形成的陡峭斜坡，通过这些悬崖，沉积物从浅水区搬运至深水区，在斜坡部分没有明显的沉积；沉积边缘是平缓的，共生斜坡逐渐与盆地底部合并。在这两种类型的边缘中，浅水的部分都可能由珊瑚礁或碳酸盐岩砂岩浅滩形成（McIlreath 和 James，1978）。这里强调了珊瑚礁边缘可能是陡峭的悬崖或相对平缓的斜坡。反之，不是所有的陡峭的大陆架边缘都含有礁的增长。如同所有的分类，它不强调礁与非礁边缘在时空上的转换。现代边缘表现为一些礁体穿插至碳酸盐岩礁沙浅滩或者是陆源碎屑沉积中。事实上，许多大片的珊瑚礁是由零星分布的立体透镜状礁组成，而不是连续分布的礁壁。例如，现代的美国佛罗里达州的礁（Enos，1977b），以及墨西哥中白垩统的礁体（Griffith、Pitcher 和 Rice，1969）。其他的转换一般包括从迎风到背风的转变和来自断断续续的岛屿和屏障的保护（Ginsburg 和 Shinn，1965），基底的变化，海平面的波动，以及其他一些控制礁体生长的因素。在地质时期，斜坡沉积的变化取决于形成礁体的几度兴衰的有机体（Heckel，1974；Eilson，1975；James，1978），有的只有丘状堆积（无构造）或者根本没有礁形成（James，1978，1982）的阶段。

礁前斜坡沉积物有两种成分的混合，或是搬运过程中的颗粒，或是初始状态的颗粒。主要的搬运过程是直接重力作用导致的堆积（由于山麓堆积、滑塌、沉积重力流）和"不畏重力的"悬浮沉积。这些颗粒可能来自浅水碳酸盐岩沉积环境，尤其是礁，或来源于其他地方，尤其是水中的（浮游的），但也可能是更深水域的底栖生物或是非碳酸盐来源。据 Laporte（1979），因为缺少更好的术语，浅水碳酸盐岩环境被作为浅海处理，而将剩余的环境说成是海洋或盆内沉积。这些来自不同观点的分类相似但又有不同。悬浮沉积物包括来自于邻近陆棚的碳酸盐泥和重力引起的，包括经较高的斜坡改造形成的悬浮沉积。非碳酸盐沉积物的形成可同时出现在各背景中。

一、定义

（1）定义：礁前斜坡沉积列入斜坡沉积的范围，位于朝海的边缘镶礁的陆棚，台地或环礁。它们在这里被视为与重力引起的浅海沉积物输入有关，这种沉积物的范围可能与斜坡范围并不一致。它们可能延伸至超过或停止于斜坡的下端。换言之，该斜坡可能不完全受控于楔形浅海沉积物的堆积。此外，斜坡向海延伸的部分在古代的例子中是很难定义的，甚至在现在的例子中定义也存在一些随意，如那些与盆地底部逐渐合并的斜坡。"有意义的输入"这个限定词排除了少量实际上来自大洋或盆地的浅水成因的碳酸盐岩浊积岩沉积。

二、鉴别特征

斜坡沉积以宽泛的岩性为特征，从被搬运的礁与陆棚的陆源碎屑混合物到盆地泥成互层沉积。山麓堆积块体、滑塌沉积、碎屑流沉积和浊流沉积都有贡献。也许最需鉴别的沉积物是含有礁岩块体角砾岩层，对于实际存在的礁块，如何将礁前斜坡从其他类型的斜坡沉积中区分出来至关重要。斜坡的标记包括：形成于滑塌与塑性变形的同沉积褶皱；低角度的截断面，可能代表滑塌痕迹；在最初的空白处出现的花瓣状沉积物，表明盖住的地层是以与水平面有一定角度沉积的。

第二节　环　　境

按定义来讲，礁前斜坡的位置依赖于礁的位置，斜坡的自然属性直接受相关珊瑚礁环境的影响。有关礁的控制因素 James（1982）曾论述过。全球控制海洋的温度与环流。因拥有急转的纬度方向上的第四纪温度梯度，珊瑚礁几乎限于热带，且受热带地区向西风向和洋流模式的影响，珊瑚礁优先出现在海洋的西边。对于预测潜在储层位置比较重要的局部控制是当地的洋流模式、构造背景、沉降速率和模式、配置的基底位置、预先存在的构造或侵蚀地形，以及陆源沉积物的输入和分布格局。

现代礁前斜坡的最广泛研究是大洋或内克拉通盆地的陡峭珊瑚礁边缘，其中一些与板块边缘或构造区带一致。例子有牙买加北部（（Goreau 和 Goreau，1973；Goreau 和 Land，1974；Moore、Graham 和 Land，1976；Land 和 Moore，1977；Land，1979；Land 和 Moore，1980）、伯利兹（James 和 Ginsburg，1979）、巴哈马浅滩（Mullins 和 Neumann，1979；Schlager 和 Chermak，1979）和大开曼岛（Hannah 和 Moore，1979）。 但是，自从 Emery、Tracy 和 Ladd（1954 年）的开创性工作以来，已没有承担环礁斜坡沉积物的现代研究。现代平缓斜坡沉积的研究几乎不存在，有些数据来自佛罗里达州南部附近的大陆架（Ginsburg，1956；Enos，1977b）和波斯湾（Purser，1973）的研究。

北方牙买加、伯利兹、巴哈马河岸（东部的小巴哈马河岸和大洋沙嘴）、大开曼岛的现代斜坡，它们都以非常陡峭的支路地带为特征，且由向盆底方向的陡峭沉积斜坡向海（图版 X−2，图 10−1）与盆底合并。在支路区域的上方是拥有尖坡槽沟和较陡的"礁前堤坡"（牙买加；Moore 等，1976 年）或"阶梯"的真正的礁。礁通常是被四周的砂覆盖形成斜坡（"礁前斜坡"，Moore 等，1976），它到了"谷地"（伯利兹）变得更陡峭，或在支路斜坡的顶部"剥落"（牙买加），被命名为"墙"（伯利兹）或"陡峭的礁前"（牙买加）。位于支路斜坡之上的坝礁局部捕获浅水沉积或将其导进过路斜坡中的沟谷里（Goreau 和 Land，1974）。

边缘最陡的部分是过路斜坡或墙，拥有 30°的斜坡近垂直或局部突出（图 10−1）。这种构造可能会从 40m 深延续到 160m 深。这种地带利于珊瑚、钙海绵及海藻的生长，形成一层泥或骨架砂体，绿藻和仙掌藻占主导。通常波状面上抛光的小槽指示了沉积搬运的通道（Moore 等，1976）。虽然事实上所有沉积物途经这个地带，慢速的增长确实是从骨骼的生长和骨架与沉积物的原地胶结中发生。

边缘上的这些浅的、陡峭的部分在特征上是与快速冰川期相关的海平面波动引起的残留有关，因此，可能是典型地质记录的一部分，在某种程度上这是一个有争议的问题。没有一个有关支路斜坡或墙的古代例子被描述过（Schiager 和 Chermak，1979）。它们有可能存在于墨西哥的中白垩统（Enos，1974b）、白云石山脉的三叠系（Bosellini 和 Rossi，1974）及其他一些地方，但是关键的发现或决定性的研究还缺乏。

在墙下面的沉积斜坡被源于礁体的岩屑堆（直径长达 10m）覆盖，斜坡角度达 45°。在墙的褶皱处岩屑堆形成小的锥体（图版 X−2、图版 X−3）。岩屑堆地带具独特的、狭窄的特征，它陡峭的下边界被后坡磨圆度好的沉积物所覆盖。后坡指的是如 30°一样陡，但逐渐变缓且多泥，最后与盆底或深海平原合为一体，并在某种程度上难以察觉。后坡的表面逐渐变平（图 10-1；Tobacco 礁，Discovery 湾），但它有可能被峡谷切割（牙买加；Land，1979）或被小的溪谷破坏（巴哈马海底岬；Schlager 和 Chermak，1979）。

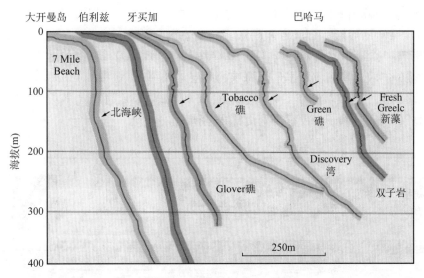

图 10-1　加勒比地区礁边缘及上部礁前斜坡代表性剖面（据 Rigby 和 Roberts，1976；James 和 Ginsburg，1979）

箭头指向礁前沉积的顶部，支路斜坡的底部；垂直扩大了 1.75 倍

这些特征表示，尽管后坡不断积聚，大量的沉积物还是被残留到低的斜坡和盆地上。溪谷就是一个线型的沉积物来源，形成侧向的连续沉积物区带（Schlager 和 Chermak，1979），而峡谷是点型的沉积物来源。如意料中的，没有沉积物锥体或海底扇综合体，这些已经从现在背景和地层记录方面描述过。斜坡可能也散落岩石块体（图版 X-4），一些足够大（数十米）到担当了阻碍沉积作用（James 和 Ginsburg，1979）。大幅下降或断裂引起的小陡斜坡可能也捕获或阻碍沉积（Land，1979）。

佛罗里达州南部带有断断续续的大陆边缘礁，其碳酸盐岩大陆架向海斜坡是缓的沉积斜坡的一个现代例子。当地坡度不超过 10°，并且总体上斜坡大约在 1°（Enos，1977b）。地层的起伏限定在斜坡 35m 以上，沉没的全新统礁体线形拱壁出现在总体斜坡约 25m 以上（图 10-2）。在斜坡最陡的部

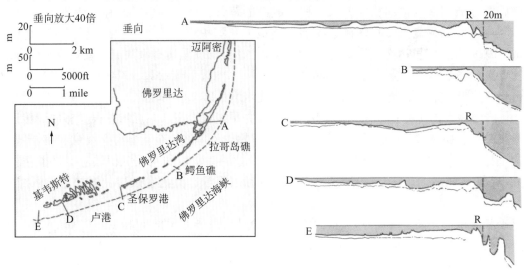

图 10-2　大陆架及礁前斜坡的反射剖面（据 Enos，1977b，有修改）

位于佛罗里达州南部的大陆架边缘；注意垂直的扩张，最深的斜坡是 100m；剖面 A、D 是有海岬的，而 E 是淹没的全新统珊瑚礁；地表下的反射是更新统的岩石，也是珊瑚礁大陆架边缘，被剥蚀做了轻微的修饰；更新统在剖面 A、C 下 20m 有出露；在剖面上的 "R" 标出了活的大陆架边缘礁的位置

分，现代珊瑚礁生长已经包裹了暴露的更新世（礁）岩石，可能在全新世随着海平面的上升，浪蚀作用破坏了已成形的岩石（图10-2中的A、C）。在活的礁体区域附近，浅的斜坡上散落着礁的碎片，大部分是*Acropora cervicornis*（珊瑚的一类）柱状枝杈，但大量的礁碎片是向陆地方向搬运（Ball、Shinn 和 Stockman，1967；Enos，1977b）。多数斜坡是一个平滑泥纹层堆积的楔状体。斜坡被大量出露地表的中新世（？）喀斯特石灰岩和磷灰岩（Uchupi 和 Emery，1967；Burnett 和 Gomberg，1974；Enos，1977b）阶丘断成两个区域（图10-3中的A、B、D）。在别的地方后中新世沉积已经将这些阶丘化为平缓的斜坡，直到佛罗里达州海峡的底层（如图10-3中的C）。

这种相对和缓的沉积斜坡可能在内克拉通盆地和大陆海具礁石环绕的斜坡中比较典型，它们包含大量的地层信息。但现在的例子中没有得到更深入的研究。

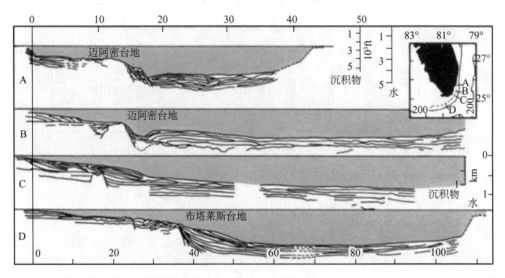

图10-3　佛罗里达礁西南部前斜坡的地震反射剖面（据 Uchupi 和 Emery，1967；Enos，1977b）

第三节　侧向相变关系

礁前碳酸盐岩斜坡的横向相变关系是和生成礁的背景一样多种多样。在热带地区边缘，如南佛罗里达和巴哈马，活珊瑚点缀在陆棚边缘的斜坡地形和沉积相带的骨屑砂或鲕粒浅滩上（Muffin 和 Neumann，1979）。佛罗里达南部陆棚横向上（向北）途经佛罗里达高原两侧，直到根本没有来自海平面下部的贝壳和残余鲕粒的表层沉积（Gould 和 Stewart，1955；Enos，1974a）。

热带和亚热带暴露的无构造区，如佛罗里达和尤卡坦半岛，是年轻的（古近—新近纪和第四纪）石灰岩低起伏岩溶地表，具典型的、小的地表水系。地势平坦和地表水系意味着很少有岩屑传送到陆棚，那里一般是一些长距离搬运来的陆源碎屑。如沿佛罗里达海岸线，全新世海岸线供应使岩屑局限于海岸线和内陆棚。碳酸盐岩台地几乎缺乏海谷，负向的峡谷为斜坡和盆地沉积供应提供了路径。因此，在陆架和活跃的碳酸盐产生区域接受几乎纯的碳酸盐岩沉积，然而在碳酸盐岩缺乏的区域几乎没有沉积。

大堡礁和障壁礁侧向上（南方）有相当多的补给是从内陆进入腹地陆源沉积物输入区。过渡区域在滨岸区和潟湖区具有陆源沉积的特点，而在陆架边缘和斜坡区具有碳酸盐沉积的特点。

第四节　岩相与沉积相

礁前相分布最简单的格局来自现代的例子，由 Emery 等提出（1954），是太平洋中部的 Marshall

群岛北部的环礁。它们本质上依赖深度的范围，"珊瑚砂"在含粗粒（浅海沉积）的区域小于 550m（300fm）深，在深度降至 2500m 时进入 "*Globogerina* 软泥"级。在环礁基底周围的 *Globogerina* 软泥（海洋沉积物）再进入红泥级，低于碳酸盐岩补偿深度，在 3600～5200m。最近对陆峭的礁前斜坡方面的工作已经相当精练地提炼了"珊瑚砂"的特性并强调生物成因与礁前地貌在沉积类型上的控制作用。远古斜坡序列的研究进一步提炼了现代斜坡沉积相的观察。

上述两种主要的传输类型包含了许多具相反沉积特征的重要成员。重力引起的类型包括岩屑流、滑塌、颗粒流、泥石流、浊流。这些过程生成特征各异的不同沉积物。相反，悬浮沉积只接受微粒，但是因为是多种来源，生成了一个递变的沉积类型序列。远洋生物成因产物和源于浅水的泥是碳酸盐岩的重要来源，但是这些可能会被陆源泥、火山沉积、硅质生物成因产物或盆地蒸发岩冲淡或覆盖。图 10-4 定性地展示了主要与过程相关的沉积类型在空间上的关系。

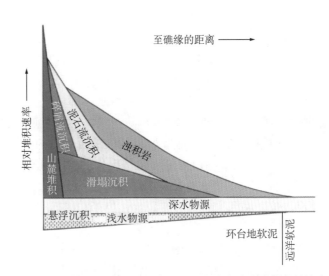

图 10-4　离珊瑚礁盆地边缘有不同距离的礁前碳酸盐岩斜坡在不同方式输入沉积物过程的贡献图

悬浮物是从原始沉积物分离出来的；特有的沉积速率与产生的沉积类型鲜为人知，并且因为在不同的沉积环境变化很大，无法确定他们的数量；山麓沉积限于斜坡的顶部；浊积岩通常延伸数千米至盆地；对数距离标度使累计量（曲线下的面积）观察起来更全面

一、重力引起的沉积

重力引起的沉积已经被 Dott（1963）、Cook 等（1972）、Middleton 和 Hampton（1973）做了分析和描述。因为有极好的关于过程和认识的参考可利用，关注将集中在礁前相的标准上。

在现代所有的实例中，山麓堆积局限于其上斜坡的狭窄区域（James 和 Ginsburg，1979；Moore 等，1976；Mullins 和 Neumann，1979；Schlager 和 Cher mak，1979）。山麓堆积在许多古代序列中被提及（Playford，1980；Tyrrell，1969）但没详细的报道。块体是骨架颗粒和礁碎块或近礁的沉积，以海底胶结或壳状有机体包裹。形成礁基体的岩石和形成于后礁环境的岩石或颗粒也可能被包括。因此，在广泛环境中形成的岩石特征及胶结会被描述。骨架颗粒随着沉积物的地质年代呈现出差异，如占统治地位的造礁生物和粘结有机体的差异。块体的排列无序、无分选，基质限于渗透进空腔的泥砂。这些沉积物通常形成坡栖锥和层状的示顶底充填（图版Ⅹ-5）。山麓沉积沿着礁边缘形成的线形的棱柱体会沿着礁边缘或在凹角处形成孤立的锥体（图版Ⅹ-2、图 10-1）。

滑塌可能源于礁或礁墙，但是只要有其他的斜坡沉积掺入，它们的沉积物就需要与山麓堆积物区分开，或为单独的"外来岩块"沉积。滑塌也可能源于斜坡的任何位置（图 10-4），但是陡坡、快速的沉积、细粒沉积以及缺乏粒间供应（比如嵌合、粘结或颗粒胶结有利于它们的形成）。头两个条件对于上部斜坡是最好的条件，后两个通常限于低斜坡。

滑塌断崖可能以上凹、低角度"层内断截面"为代表（Cook 和 Enos，1977a），尤其以一些礁前环境为代表：如北极加拿大斯维尔德鲁普盆地宾夕法尼亚—二叠系（Davies，1977），澳大利亚三叠系 Steinplatte 礁（Wilson，1969），蒙大拿州密西西比系 Lodgepole 地层（Smith，1977），新黑西哥州—得克萨斯州卡匹顿悬崖的二叠系 Bone Spring 石灰岩（图版Ⅹ-6；Wilson，1969）。正如威尔逊早期认为的称为"侵蚀充填或滑塌"（Wilson，1969），这些特征是否源于滑塌或海底侵蚀的其他类型

（Yurewicz，1977）或兼而有之尚无定论。

滑塌沉积是从连贯但不协调的块状变化到被软的沉积褶皱和断层高度扭曲的堆积。根据定义，滑塌不包括造成流体充填的内部粘合损失（Dott，1963）。不协调外来岩块的例子有：墨西哥东北中白垩统的盆地边缘厚壳蛤礁岩块（Carrasco，1977）；澳大利亚东南的下泥盆统 Nubrigyn 地层的 1km 大的藻礁（Conaghan 等，1976）；澳大利亚西部坎宁盆地泥盆统的横断面达 100m 的岩块（图版 X-7；Playford 和 Lowry，1966；Playford，1980）；意大利北部三叠系白云岩中的 "Cipit 石灰岩"（Bosellini 和 Rossi，1974）；得克萨斯州西部和新墨西哥州的二叠系 Bell 峡谷的地层（Rigby，1958）；北牙买加岛屿斜坡的 "锥形溶蚀丘" 可能是现代的例子（Moore 等，1976）；它们大、圆、岩化块状，发现于深度低于 230m 的海底，相同的岩块零乱的分布于伯利兹礁前斜坡（图版 X-5；James 和 Ginsburg，1979）。褶皱滑塌沉积的例子被 Rigby（1958）描述过，是墨西哥西部和新墨西哥州 Bell 峡谷和 Cherry 峡谷的二叠系地层。

从岩石学上来讲，礁前滑塌沉积代表了从实际的礁块到远洋石灰岩或页岩整个领域。因为滑塌强调内在的粘结、岩石的混合，所以在很大程度上限于原始沉积或连续外来滑塌体的堆积夹层。它们有区别的特征是在层态的不一致，通常是与周围的岩性有差别。内部的变形到末端可能是轻微的。当滑塌体侵入时，邻层通过拖拉或 "推" 可能是扭曲的（图版 X-7）。上覆层褶皱或者超覆滑塌体。

颗粒流沉积物已经在现在的小巴哈马滩的礁前沉积中（Mullins 和 Neumann，1979）及加拿大艾伯塔上泥盆系的前缘斜坡角砾岩到邻近的碳酸盐岩 "建造" 中（Hopkins，1977）被尝试性地识别出来。通过一个取心的例子，现代沉积是逆粒序、有悬浮碎屑、底部有浸入构造，存在颗粒流沉积中的米德尔顿和汉普顿（1973）推测的特征。礁前斜坡是颗粒流产生的背景之一，位于边缘附近斜坡以及颗粒供应（Lowe，1976）可能是持续的，但是关于颗粒流是否是有效的沉积机理仍然不确定。

泥石流形成的角砾岩层，是一些礁前斜坡中最壮观的部分（图版 X-8）。它们给出了各式各样的名称，从纯粹地描述到高度概括的起源：角砾岩层、巨角砾岩层、碎屑岩层、砾屑岩层、泥砾岩层、大量的角砾岩流、海底重力流、岩屑崩落、岩屑流动（沉积）（Mdllreath 和 James，1978）。可能为碎屑流来源的礁前角砾岩的古代例子包括：澳大利亚的新南威尔士 Nubrigyn 地层（下泥盆统）（Playford，1980）；加拿大艾伯塔 Perdrix 和 Mount Hawk 地层（上泥盆统）（Cook 等，1972）；加拿大北极区斯维尔德鲁普盆地 Hare Fiord 地层（中宾夕法尼亚—下二叠统）（Davies，1977）；得克萨斯州—新墨西哥州特拉华盆地 Bone Spring 石灰岩（二叠系）（Pray 和 Stehli，1962）；得克萨斯特拉华盆地 Cherry 峡谷和 Bell 峡谷地层（瓜达鲁普阶，二叠系）（Rigby，1958）；墨西哥东北部 Tamabra 石灰岩（中白垩统）（Carrasco，1977；Enos，1974b，1977c）。几乎没有发现现代的例子，部分由于难于获得如岩心这样的资料，但是 Crevello（1978）、Crevello 和 Schlager（1980）报道了有碎屑岩层延伸了 6400km²，位于大巴哈马滩 Exuma 海峡地层下一个深的（2000m）凹角。

碎屑岩层的厚度范围从小于 1m 到数十米，从盆地边缘可能延伸至数万米。重建沉积斜坡的倾角几乎不可能，但一些地层很明显沉积于倾角最多为 1°的斜坡上（Cook 等，1972）。要确定古代的层流是否是迁移至平坦的盆地底部仍然很困难，但是 Playford（1980）报道了碎屑层是延伸至 "紧邻盆底沉积物之上数百米"。巴哈马 Exuma 海峡现代碎屑层在盆地下延伸约 150km（Crevello，1978；Crevello 和 Schlager，1980）。大多数碎屑岩层是向三个方向扩展，但是由沟槽形成的透镜体出现在同一层序的夹层中（图 10-5；Enos，1973；Playford，1980）。碎屑层底部边界有棱角并且主要为平的（图版 X-9）。底面印痕非常少；压印模最普通。下伏地层通常未变形，但是通过剪切断裂或牵引，沟槽的侵蚀会有局部变形（图 10-5）。与上覆地层有棱角接触是常态（图版 X-10），但是一些地层递变到深海沉积（图版 X-11）。由大的突出岩块形成的丘状突起顶端是以碎屑流沉积为特征（图版 X-12），但是上部地层表面的平面是常见的（图 10-15）。侧面和正面的边缘或突然终止或变薄。

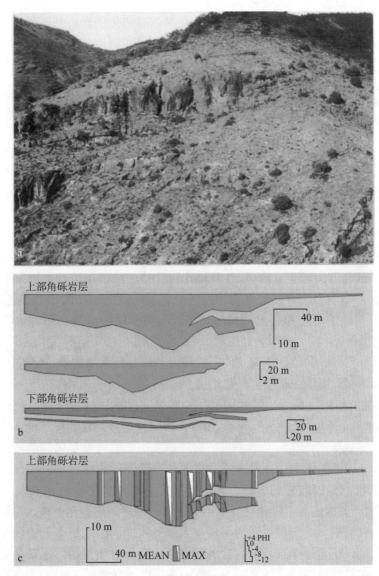

图 10-5　有河槽的岩屑河床形成于墨西哥凯勒达罗的 EI Doctor 礁前斜坡

a—有近似走向的出露地面的岩层部分，离礁斜坡 2km；上面突出的礁石和下面的礁石（箭头）是角砾岩河床，只是在旷野的左边产生了被陡峭断层褶皱截成不同槽形。在下面左边的礁石也可能是一个槽形，但是极具变形。b—被测量的（a）部分的角砾岩河床；上部混合的河床在纵向上扩大了 4 倍，下层的河床在纵向上扩大了 10 倍；绿的示意图展示的是没有在纵向上扩大的河床。c—现场测量的在合并河床上部的粒度分布

　　在内部分选极差，在最大范围内泥和小的碎屑分散于 200m 大的岩块中（图版 X-8、图版 X-9；Conaghan 等，1976；Playford，1980）。尽管在尺寸上有如此大的差别，易碎的化石和板状碎屑还是被保存下来（图版 X-13）。递变层，包括正粒序（图版 X-10、图版 X-11）和逆粒序（图版 X-12），都被报道过但不常见。颗粒取向通常是随机的（"无序的"，图版 X-14），但是取向类似于岩层边缘发生在陡坡的底部，很少在翼部或顶部（Enos，1977a）。这些是最大的流域，而一个流域的内部可能是浮物堆积如同定形的充填物（Hampton，1972）。流体中等同于"密封的"碎屑的范围有倾向性，从平行层状到几近垂直（图版 X-15）。在纽芬兰西部的 Cow Head 角砾岩（寒武—奥陶系），碎屑的叠瓦状充填也被观测到，Hubert、Suchecki 和 Callahan（1977）记录一个向下倾斜的叠瓦状构造，是正常的叠瓦状构造的反转。

角砾岩层基质充填物特别多，碎屑似乎漂浮在基质里（图版 X-13、图版 X-16a；Embry 和 Klovan 的 "浮石"，1973）。碎屑流被接受的定义是在搬运期间凭借岩石基质强度对碎屑岩的供应（对比了 Middleton 和 Hampton，1973）。然而碎屑岩的供应也常见（图版 X-11、图版 X-16b，Embry 和 Kiovan 的 "砾屑岩"，1971）。这并不意味着在搬运期间基质供应是缺乏的，虽然一些角砾岩很明显有一点原有的基质，但它们已经被解释为碎屑流沉积。显然基质的容积通过脱水会显著的缩减，如灰泥一般有大约 75% 的原生孔隙（Enos 和 Sawatsky，1981），比部分固结（脱水的）的泥质内碎屑要高一点，比部分粒状碎屑高至少 35%。基质也可能受缝合线形成过程中选择性迁移的影响（图版 X-16）。

基质由灰泥（粉砂及黏土大小）或多种成分的混合物构成，依赖于倾坡和（或）环礁的沉积物成分。基质中远洋化石的屡见不鲜（图版 X-17）表明了深斜坡环境作为一个主要的泥基质来源，同样受搬运过程中剥蚀作用或在初始流中的混合作用的影响，如通过滑塌。

碎屑岩的成分反映了源，是最好的重建源的手段，不依赖于重建的区域地质。碎屑岩通常包括来自礁、礁屑堆或环礁沉积的岩块、个别的生物碎屑或其他碳酸盐颗粒、泥质内碎屑。泥质内碎屑部分主要由斜坡派生，向盆地方向增多（Enos，1973，出版中）。颗粒岩块必须被束缚或部分粘结到经受搬运的岩体上（图版 X-17），能够反应生物构架或海底胶结，这些在礁或上部礁前斜坡是很常见的。根据早期成岩阶段，初始的形态和之前的搬运历史，岩块和生物碎屑在形态上存在从有棱角（图版 X-9、图版 X-10、图版 X-17）到圆状（图版 X-11、图版 X-16a）不等。泥质内碎屑成分上的变化依赖于斜坡沉积的成分和形成的位置。洞穴或层状灰泥和燧石是常见的岩石学特征（图版 X-16）。

虽然通常的泥质碎屑岩可能未岩化，它们通常有棱角或板状（图版 X-10、图版 X-13、图版 X-16b）。这是因为他们趋向于沿着岩层底面分层，并且通过输送过程中基质供应免于被侵蚀浊流和浊积灰岩的沉积（"allodapische Kalke," Meischner，1964）延伸至盆地比其他由重力引起的沉积类型要远；它们可能延伸到数千米，横跨基本平坦的盆地。它们能够提供最遥远的接近礁的指示标记，通过古河道的重建，指出礁源的方向。困难在于将礁源从非礁源的碳酸盐源岩中区分出来。此外，寻找礁来源的唯一的线索可能是碎屑岩的成分，除非局部的古地理指出礁源或其他，很明显，礁前沉积（上）是在夹层之间的。虽然礁源不应该仅基于小的碎屑，如果碎屑岩足够大，可以包含岩屑，那鉴定就相当容易了。如果仅呈现生物碎屑，因为可能有末端的实例，因此更多关键区域，任务成了特定年代典型礁组合体的重建，这是一个正在被讨论的问题。从另一方面来讲，礁前碳酸盐岩浊流不同于其他的碳酸盐岩浊流。它们以粒序层，局部的或完全的鲍马序列（图版 X-18），有明显的接触面或未侵蚀的底面接触，在远洋沉积中包含浅水生物群的颗粒沉积物的间互层，缺乏浅水沉积构造（对称波痕，大尺度的交错层理）或生物构造为特征。与陆源浊流相反，在碳酸盐岩浊流中，底面印痕很少被发现。是否这简单反映了碳酸盐岩浊流沉积在出露的层理面比较缺乏，尤其有远洋互层的地方占优势的同样是碳酸盐岩，或是否它反应的在碳酸盐岩和陆源泥之间剥蚀速率的不同？或碳酸盐岩浊流特点的不同，这些问题到目前还没有定论（Ives，1953）。

二、悬浮沉积

与礁或碳酸盐岩砂陆架边缘相邻的悬浮沉积是陆架衍生的碳酸盐岩泥与远洋碳酸盐岩（"环台地软泥"，Schlager 和 James，1978），通常是与它源悬浮物质如生物成因的硅、陆源泥或火山岩物质（Bosellini 和 Rossi，1974）的混合。现代环境的研究已经开始不断有文献记载向下斜坡混同各种输送历史的骨架砂体（James 和 Ginsburg，1979；Moore 等，1976），盆地周围的大陆架碳酸盐泥的潜在贡献（Neumann 和 Land，1975）和一些颗粒成分（Moore 等，1976；James 和 Ginsburg，1979）会增加泥的含量。总体特征和古深水碳酸盐岩沉积微相已经在许多细节方面被 Wilson（1969，1975）、Enos（1977b）讨论过。

碳酸盐岩泥，通常是黑色，为细纹层（图版X-6、图版X-10、图版X-19），厚且无构造的层，或有生物扰动，是一种典型的岩性。Spiculitic（硅质）石灰岩和团块状或夹层的燧石是其他常见的岩性。主导的现代远洋碳酸盐岩生物群：浮游有孔虫、翼足类和钙质超微化石，首先出现在中生代，因此更老一些的远洋石灰岩一定由其他形式辨别，如鹦鹉螺类动物、菊石、笔石、浮游海百合、钙球（至少在中生代）、丁丁虫和放射虫。

尽管现代沉积物提供了一些需要进一步调查的线索，但很少有区分台缘软泥中礁或大陆架衍生泥的贡献的标准。其特有的，粉砂粒径、面状的片屑是通过岩内海绵单调的活动而大量产生的，特别是穿贝海绵（Futterer，1974；Moore等，1976）。虽然这种颗粒不受限制，但它们可能在热带、浅水礁处最丰富（Futter，1974；Moore等，1976）。Moor等学者（1976）建议，海绵的破碎和藻类穿孔（"微型套"）可以是有用的浅水指标。独特的粉砂粒径的骨架颗粒，如匀孔虫（一种红色的，内附有孔虫）、海鞘骨针（半心形）、某些笔藻针叶（绿藻；Perkins、McKenzie和Blackwelder，1972）和仙掌藻板状体碎块（绿藻），因为粒度大小和密度也很容易悬浮输送。因此对于热带大陆架来讲这是潜在的线索，但这并不排除礁的沉积贡献。Schlager 和Chermak（1979）指出，来自巴哈马深水盆地的以有机质含量高和绿色为特征的沉积物是在海平面相对高水位期沉积的，并且以此来接受大陆架沉积贡献。低水位期沉积，尤其是远洋的，是白色的，很少有有机质。

所有这类细粒示踪标志共同的问题是它们的保存是通过成岩作用。之前提到的浅水骨架成分是由碳酸盐岩亚相，文石和镁方解石组成的，因此在稳定状态向方解石转化过程中是非常容易受影响的。相反，除了文石翼足类，远洋碳酸盐岩颗粒由方解石组成。如果识别的纹理被破坏，一个对于浅水输入的微弱线索可能永远保留在含异常高镁或锶（来自文石）成分的岩层中。

由于碳酸盐岩层出露的贫乏，如上所述，妨碍了许多类型的观察，如斜坡生物结构潜在特征或盆地环境（图版X-20b）。这种结构因为能够在剖面上被识别，特别是螺旋潜迹，是本地碳酸盐岩较好的代表，年代的范围至少从泥盆纪至古近—新近纪（图版X-21）。

在悬浮沉积中指示沉积斜坡的沉积构造是软沉积褶皱形成的下坡蠕变、同沉积石香肠（Huber等，1977）、层内截断面（图10-10）和被讨论的滑塌沉积。

第五节　地层序列

上述讨论说明了礁前斜坡沉积的极端变化。例如，粒度的范围从超微化石到已知的最大的沉积颗粒，最大尺寸超过1km。这个在线性尺寸上有9个数据级范围可能发生在同一沉积单元。虽然混乱，似乎规则，在图10-4所示的沉积类型空间分布表明，礁前斜坡的进积作用应该产生一个可识别的相序，尽管极端交错。悬浮沉积应转变为占优势的碳酸盐岩浊流，然后为碎屑流沉积、滑塌沉积、可能的颗粒流沉积、礁砾岩和礁本身。McIlreath和James（1978）提出的斜坡序列模型示意图显示，这些重复的灰泥岩（深海/半深海石灰岩）互层的总的趋势在图10-6中有了再现。图10-7是一个真实的进积陆架边缘和一个来自三叠纪海侵白云石边缘的图解，位于意大利北部。

将礁前斜坡从与斜坡相连的碳酸盐岩砂边缘区分出来的最佳方式是利用搬运的陆棚边缘大样本的岩石学特征。事实上，许多沉积物最终确认为从斜坡搬运的石块最初解释为点礁或生物丘（Pray 和Stehli，1962；Conaghan等，1976；Mountjoy等，1972）。生物碎屑的组成可能也是用来重建一个礁的组合。James（1972，1982）概述了在不同时期对骨架礁的主要贡献并强调了没有骨架礁形成的时代就没有礁前斜坡。Heckel（1974）提出过更为详细的评论。

通常的方法，可以预见，由有机结合和同沉积胶结引起的硬质骨架礁，会导致礁前斜坡序列的碳酸盐岩屑或岩块占主导地位。相反，在陆棚边缘的碎屑碳酸盐岩砂的主导地位会导致斜坡序列受控于砂屑石灰岩层，尤其是浊流。虽然地质记录似乎支持这种说法，但定量比较缺乏。还必须指出，碳酸

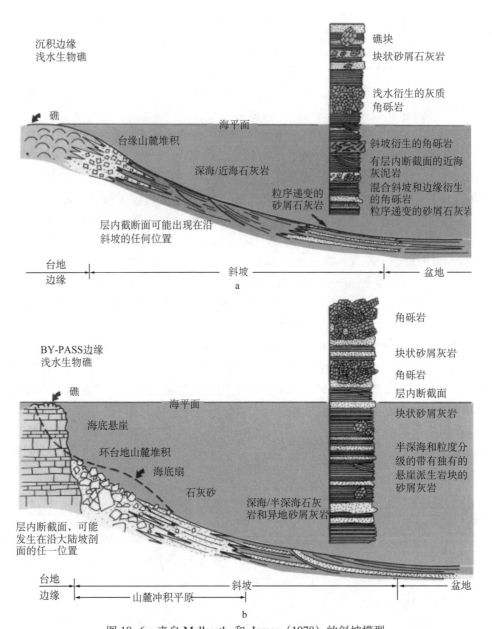

图 10-6 来自 Mcllreath 和 James（1978）的斜坡模型

a—简要的浅水模型，以礁为主，沉积的碳酸盐岩边缘和假想的坡积沉积序列；b—简要的浅水模型，以礁为主，边缘型的碳酸盐沉积

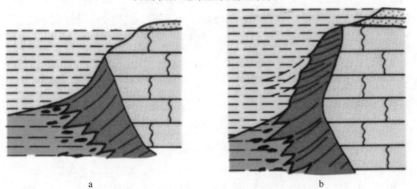

图 10-7 意大利南蒂罗尔碳酸盐岩沙堤边缘进积纵剖面（据 P.Leonardi；引自 Wilson，1975）

a——一个展开的、稳定的进积沙堤边缘；b——一个进积且当持续的垂向堆积后收缩的沙堤边缘，绿色的是厚层的白云岩，红色的是礁前山麓堆积和外来岩块，蓝色的是盆地相火山碎屑岩

盐岩砂能够通过海底机制被胶结或定期暴露于淡水，从而有助于向相邻斜坡贡献丰富的岩块。仅岩块不能说明接近礁石，岩石特征必须被仔细检查。

第六节　测 井 响 应

利用测井对比，得克萨斯州西部地形变化幅度小的二叠系礁前斜坡得以重建（图 10-8）。在墨西哥波萨里卡油气田陡坡的、边缘的盆地石灰岩内，礁前沉积的一个楔形测井解释在图 10-9 上有显示。据 Barnetche 和 Tiling（1956），一些显著的机械测井标志层是相关的，遍及波萨里卡油气田。这些标志层代表了较细粒的和非孔隙岩层，部分悬浮沉积，在一个厚壳蛤粒状碳酸盐岩和角砾岩的厚序列中，随后被解释为是来自邻近的黄金巷礁的沉积重力流沉积（观察遵循事例历史；Enos，1977c）。

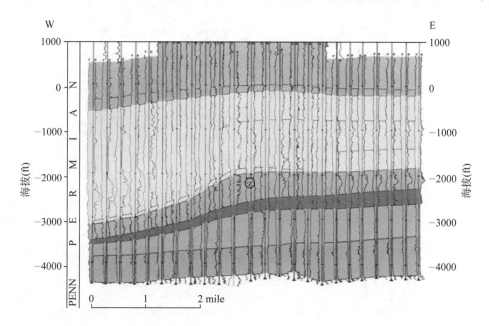

图 10-8 地形低幅度变化的礁的大陆边缘（Z）（据 Van Siclen，1958）

展示了大陆架、斜坡和盆地剖面图；位于得克萨斯州 Scurry 郡的 Diamond-M 油气田；纵向比例尺放大 4 倍

第七节　经 济 意 义

对礁有巨大经济贡献的要素被礁前斜坡最高部分直接共享。一些礁的原始结构，有构造支撑的粗粒骨架颗粒可能会因成岩作用有大的改变，起始于海底胶结。一些典型礁的背景，如大陆架边缘，由于典型礁地形高，使它们特别容易暴露于清水，通过增大孔隙和连接孔隙，会增加经济潜能，或通过胶结作用会减少孔隙度。白云石化在礁中似乎也特别的普遍。最后，盆地边缘非常有利于储油，大部分石油是在那里产生。

尽管是简化的方法，这些考虑可直接应用于最上部的礁前倾坡。大多数颗粒直接来自礁和骨架支撑的沉积，如塌方石块。在牙买加（Land 和 Moore，1977）、伯利兹（James 和 Ginsburg，1979）、墨西哥白垩纪（Aguayo，1978）、加拿大北极区泥盆纪（Davies 和 Krouse，1975）的现代礁中，在礁较高部位环境中的海底胶结尤其普遍。海底胶结最活跃的深度到目前为止还不确定。Land 和 Moore（1977）认为，在牙买加礁前中，经由镁方解石的胶结，局限于温暖的、温水层顶部以上大约 100m 的混层。来自伯利兹的证据（James 和 Ginsburg，1979）表明，不稳定的文石和镁方解石胶结发生在至

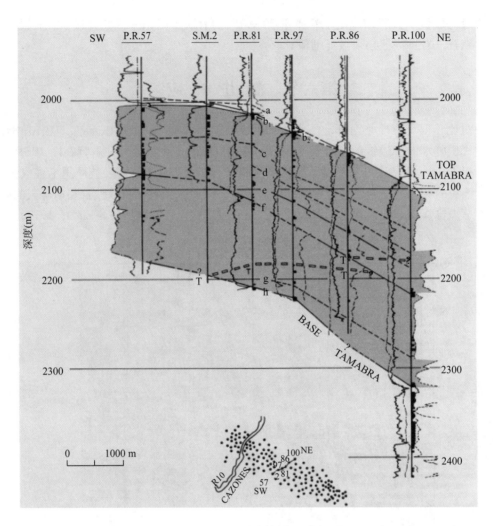

图 10-9 墨西哥 Poza Rica 油气田的代表性剖面（据 Barnetche 和 Illing, 1956）

显示了测井"反射界面"的总体特征, 其中一些是礁前碎屑内的远洋粒泥灰岩

少 175m 水深海底而镁方解石沉淀发生在至少 600m, 略高于局部温跃层的底部。在牙买加后来的工作（Land 和 Moore, 1980）也指示了在温跃层中存在重要的胶结和（或）改变。最权威的陈述必须等待进一步的研究, 特别温跃层及以下, 但是目前的迹象表明, 海底胶结普遍有害影响是最明显的表面混合层, 在温跃层内显著, 在温跃层下大大降低。但必须记住, 海底胶结确实发生在深海（Milliman, 1974）。

海平面在更新世的波动已经暴露了礁前斜坡的主要部分在渗流带和潜水带的地面成岩作用（Land 和 Moore, 1977）。声波曲线中类似的波动也发生在过去年代, 例如, 二叠纪（Dunham, 1972）和白垩纪（Ward, 1979）。

更深的礁前斜坡可直接接受向浅水带转化的早期成岩作用的影响, 这与派生于礁和上斜坡的沉积量成比例。然而, 在一般情况下, 细粒度沉积的普遍性降低水温和循环意味着低的初始孔隙和成岩作用改变较少。此外, 与占优势的亚稳定的浅水骨架岩相比, 晚侏罗世浮游的颗石藻和有孔虫的矿物成分是稳定的方解石。更深的礁前不缺乏经济潜力, 不过接下来的勘探将会说明一切。事实上, 如果长期的勘探实践并没有终止在大陆架边缘, 可能有更多的勘探。在斜坡沉积的许多经济利益集中在作为"近似标志物"的应用, 指出了到大陆边缘的方法。

由于大陆边缘和大洋火山基座（环礁）礁石的组合, 礁前斜坡沉积的矿产储量同样与相关相和可能被水热矿化方面的孔隙度演化潜能有关。在墨西伊达尔戈 Zimapan 区域, 大量的与地热相关的铜、银、铅的硫化物矿床主要出现在盆地石灰岩和礁衍生的角砾岩（P.Enos，个人观察）。但证实与沉积相无因果关系。

第八节　石油生产的成功案例

礁前石油生产最著名的例子是墨西哥韦拉克鲁斯波萨里卡走向带（Barnetche 和 Tiling，1956；Enos，1977c），波萨里卡走向带是一系列的油气田，位于中白垩统地下陡坡的盆地方向 10～20km（图 10-10、图 10-11）。预计最终开采超过 20×10⁸bbl，其中大多数来自波萨里卡区域。储层岩性为Tamabra 灰岩，一个碎屑碳酸盐岩的楔形体，它在黄金巷陡坡的底部是薄的，在盆内的灰泥岩是指状交错的，在 Tamaulipas 地层的顶部为粒泥状灰岩（图 10-12）。可能来自沉积重力流的厚壳蛤类碎片泥粒灰岩和粒状灰岩（图版Ⅹ-22），是最重要的储层。复屑角砾岩（图版Ⅹ-16），显然是碎屑流沉积，白云岩是局部有生产性。孔隙度包括一些原始的粒间孔隙，但是第二种厚壳蛤骨架的模型是最重要的类型（图版Ⅹ-23）。黄金巷陡坡的白垩系孔洞系统出露很好，深部下盘淡水循环被认为是作为生产大量次生孔隙的原因（Enos，1977d）。这表明即使是末端的礁前区域，也可能共享源自高处暴露的礁石复合体到大范围的淡水系统增加的孔隙度。

圈闭是由储集相的尖灭提供，进入致密的盆地石灰岩，与平缓背斜的覆盖一致（图 10-9、图 10-12）。封盖层由无孔隙的上覆白垩系深海灰泥岩提供，覆盖在 Tamabra 储层之上。烃源岩不确定，但是认为是侏罗纪上部的页岩而不是邻近的白垩纪盆地石灰岩，因为它的有机质含量较低（Enos，出版中）。

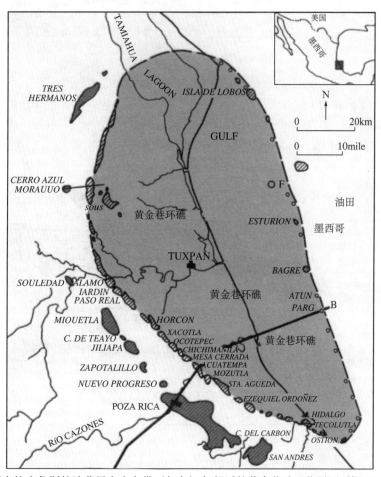

图 10-10　墨西哥韦拉克鲁斯的波萨里卡走向带（红色）与邻近的黄金巷矿区位置图（据 Guzman 修改，1967）

绿色的区域由油田镶边，是中白垩统黄金巷"环礁"；A-B 线是图 10-12 的位置；在塞罗阿苏尔的短线是图 10-11 的位置

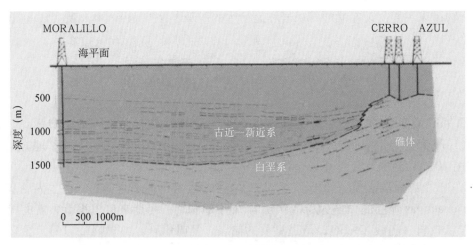

图 10-11 中白垩统典型的连井地震剖面（据 Guzman，1967）

位置是从墨西哥韦拉克鲁斯黄金巷（右）的陡坡到 Moralillo 的 Tamabra 区域，剖面的位置见图 10-10

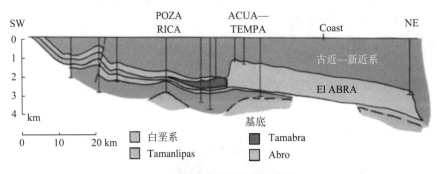

图 10-12 Tampico 海湾区域的横剖面（据 Enos，1977c）

展示了中白垩统石灰岩地层和波萨里卡区域的位置；Acuatempa 是黄金巷的一个油气田；波萨里卡的产量限于平缓背斜的东北翼；
盆地边缘的初始斜坡不能重建；黄金巷陡坡倾角绝对值，如 30° 斜坡，本质上是沉积斜坡；剖面的位置在图 10-10 中有显示

来自墨西哥南部大的新 Reforma 走向带的初期报告列举了礁前沉积和岩屑作为对储层的主要贡献

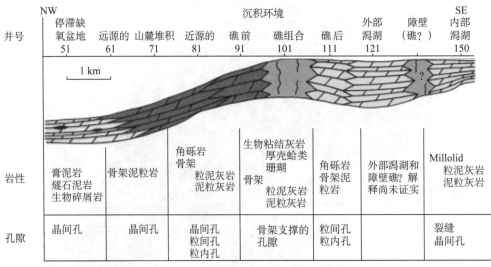

图 10-13 原理图切面（据 Flores 修改，1978）

显示了从礁台缘斜坡白云岩储层和相邻的斜坡沉积相；墨西哥，塔巴斯科和恰帕斯，特万特佩克地峡，Reforma 走向带
Sitio-Grande 地区

（图 10-13；Flores，1978；Santiago 和 Mejia，1980；Viniegra，1981）。然而盐滩流动构造看似控制了高白云岩储层聚集场所。在毗邻坎佩切湾大陆架的滨海方向，甚至获得了最为丰富的产量，来自古新世碳酸盐岩角砾岩，同样归于礁前沉积，虽然到目前为止细节很少被利用（Santiago 和 Mejia，1980；Viniegra，1981）。

在加拿大 Alberta 上泥盆系 Golden Spike 油气田的一些产量来自粗的骨架碎屑岩与黑色的石灰泥互层，从礁的边缘向盆地方向约 1km。这归功于来自礁缘的泥石流（Mountjoy 等，1972）。随着这些相的认识的增加和它的经济潜力的增加，来自礁前斜坡相的一些其他例子的产量或潜在产量是可以被预测的。

参 考 文 献

Aguayo, C., 1978, Sedimentary environments and diagenesis of a Cretaceous reef complex, eastern Mexico: An. Centro Cienc. del Mar y. Limnol., Univ.Nacional Auton Mexico, v. 5, no. 1, p. 83-140.

Ball, M. M., E. A. Shinn, and K. W. Stockman, 1967, Geologic effects of Hurricane Donna in south Florida: Jour. Geology, v. 75, no. 5, p. 583-597.

Barnetche, A., and L. V. Illing, 1956, The Tamabra Limestone of the Poza Rica oil field, Veracruz, Mexico: Mexico D.F., 20th Internat. Geol. Cong., 38 p.

Bosellini, A., and D. Rossi, 1974, Tri-assic carbonate buildups of the dolomites, northern Italy, in L. F. Laporte, ed., Reefs in time and space: SEPM Spec. Pub. 18, p. 209-233.

Burnett, W. C., and D. N. Gomberg, 1974, Uranium in phosphate deposits from the Pourtales Terrace, Straits of Florida (abs.): Geol. Soc. America Abs. with Programs, v. 6, no. 7, p. 1028-1029.

Carrasco V., B., 1977, Albian sedimentation of submarine autochthonous and allochthonous carbonates, east edge of the Valles-San Luis Potosi platform, Mexico, in H. C. Cook and P. Enos, eds., Deep-water carbonate environments: SEPM Spec. Pub. 25, p. 263-272.

Conaghan, P. J., et al, 1976, Nubrigyn algal reefs (Devonian), eastern Australia; allochtonous blocks and mega-breccias: Geol. Soc. America Bull., v. 87, p. 515-530.

Cook, H. E., and H. T. Mullins, 1982, Carbonate slopes and basin margins, in P. A. Scholle, D. G. Bebout and C. H. Moore, eds., Carbonate depositional environments: AAPG Mem. 33, this volume.

Cook, H. E., and P. Enos, 1977a, Deep-water carbonate environments—an introduction, in H. E. Cook and P. Enos, eds., Deep-water carbonate en-vironments: SEPM Spec. Pub. 25, p. 1-3.

Cook, H. E., and P. Enos, eds., 1977b, Deep-water carbonate environments: SEPM Spec. Pub. 25, 336 p.

Cook, H. E., et al, 1972, Allochthonous carbonate debris flows at Devonian bank (reef) margins, Alberta, Canada: Bull. Canadian Petroleum Geols., v. 20, no. 3, p. 439-497.

Crevello, P. D., 1978, Debris-flow deposits and turbidites in a modern carbonate basin, Exuma Sound, Bahamas: Coral Gables, Fla., Univ. Miami, M.S. thesis, 133 p.

Crevello, P. D., and W. Schlager, 1980, Carbonate debris sheets and turbidites, Exuma Sound, Bahamas: Jour. Sed. Petrology, v. 50, no. 4, p. 1121-1148.

Davies, G. R., 1977, Turbidites, debris sheets, and truncation structures in Upper Paleozoic deep-water carbonates of the Sverdrup Basin, Arctic Archipelago, in H. E. Cook and P. Enos, eds., Deep-water carbonate environments: SEPM Spec. Pub. 25, p. 221-247.

Davies, G. R., and H. R. Krouse, 1975, Carbon and oxygen isotopic composition of late Paleozoic calcite cements, Canadian Arctic Archipelago—preliminary results and interpretation : Geol. Survey Canada, Paper 75–1B, p. 215–220.

Dott, R. H., Jr., 1963, Dynamics of subaqueous gravity depositional processes : AAPG Bull., v. 47, p. 104–128.

Dunham, R. J., 1970, Stratigraphic reefs versus ecologic reefs : AAPG Bull., v. 54, p. 1931–1932.

Dunham, R. J., 1972, Guide for study and discussion of individual reinterpretation of the sedimentation and diagenesis of the Permian Capitan geologic reef and associated rocks, New Mexico and Texas : Permian Basin Sec., SEPM Pub. 72–14, 235 p.

Embry, A. F., and J. E. Klovan, 1971, A Late Devonian reef trace on northeastern Banks Island, Northwest Territories : Canadian Petroleum Geols. Bull., v. 19, p. 730–781.

Emery, K. O., J. I. Tracey, Jr., and H. S. Ladd, 1954, Geology of Bikini and nearby atolls : U.S. Geol. Survey Paper 260–A, 262 p.

Enos, P., 1973, Channelized submarine carbonate debris flow, Cretaceous, Mexico (abs.) : AAPG Bull., v. 57, p. 777.

Enos, P., 1974a, Surface sediment facies of the Florida–Bahama Plateau : Geol. Soc. America, Map no. 5, 5 p.

Enos, P., 1974b, Reefs, platforms, and basins of Middle Cretaceous in northeast Mexico : AAPG Bull., v. 58, p. 800–809.

Enos, P., 1977a, Flow regimes in debris flow : Sedimentology, v. 24, p. 133–142.

Enos, P., 1977b, Holocene sediment accumulations of the south Florida shelf margin, in P. Enos and R. D. Perkins, eds., Quaternary sedimentation in south Florida : Geol. Soc. America, Mem.147, p. 1–130.

Enos, P., 1977c, Tamabra limestone of the Poza Rica trend, Cretaceous, Mexico, in H. E. Cook and P. Enos, eds., Deep–water carbonate environments : SEPM Spc. Pub. 25, p. 273–314.

Enos, P., 1977d, Diagenesis of a giant : Poza Rica trend, Mexico (abs.), in D. G. Bebout and R. G. Loucks, eds., Cretaceous carbonates of Texas and Mexico, applications to subsurface exploration : Austin, Univ. Texas, Bur. Econ. Geol., Rept. Invest. 89, p. 324.

Enos, P., 1985, Poza Rica field, Veracruz, Mexico, in P. O. Roehl and P. W. Choquette, eds., Carbonate petroleum reservoirs; a casebook : New York, Springer–Verlag Pub.

Enos, P., and L. H. Sawatsky, 1981, Pore networks in carbonate sediments : Jour. Sed. Petrology, v. 51, p. 961–985.

Flores, V. Q., 1978, Paleosedimentologia en la zona de Sitio Grande–Sabancuy : Petroleo Internac., v. 36, p. 44–48.

Futterer, D. K., 1974, Significance of the boring sponge Cliona for the origin of fine grained material of carbonate sediments : Jour. Sed. Petrology, v. 44, no. 1, p. 79–84.

Ginsburg, R. N., 1956, Environmental relationships of grain size and constituent particles in some south Florida carbonate sediments : AAPG Bull., v. 40, no. 10, p. 2384–2427.

Ginsburg, R. N., and E. A. Shinn, 1964, Distribution of the reef–building community in Florida and the Bahamas (abs.) : AAPG Bull., v. 48, p. 527.

Goreau, T. F., and L. S. Land, 1974, Fore–reef morphology and depositional processes, north Jamaica, in L. F. Laporte, ed., Reefs in time and space : SEPM Spec. Pub. 18, p. 77–89.

Goreau, T. F., and N. I. Goreau, 1973, The ecology of Jamaican coral reefs II ; geomorphology, zonation, and sedimentary phases: Bull. Marine Sci., v. 23, p. 399–464.

Gould, H. R., and R. H. Stewart, 1955, Continental terrace sediments in the northeastern Gulf of Mexico, in J. L. Hough and H. W. Menard, eds., Find–ing ancient shorelines: SEPM Spec.Pub. 3, p. 2–19.

Griffith, L. S., M. G. Pitcher, and G. W. Rice, 1969, Quantitative environmental analysis of a Lower Cretaceous reef complex, in G. M. Friedman, ed., Depositional environments in carbonate rocks: SEPM Spec. Pub. 14, p.120–138.

Guzman, E. J., 1967, Reef type strati–graphic traps in Mexico: Proc. 7th World Petroleum Cong., v. 2, p. 461–470.

Hampton, M. A., 1972, The role of subaqueous debris flow in generating tur–bidity currents: Jour. Sed. Petrology, v. 42, p. 775–793.

Hanna, J. C., and C. H. Moore, 1979, Quaternary temporal framework of reef to basin sedimentation, Grand Cayman Island, British West Indies (abs.) : San Diego, Geol. Soc. America Ann. Mtg.

Heckel, P. H., 1974, Carbonate buildups in the geologic record; a review, in L. F. Laporte, ed., Reefs modern and ancient: SEPM Spec. Pub. 18, p.90–154.

Hopkins, J. C., 1977, Production of foreslope breccia by differential submarine cementation and downslope displacement of carbonate sands, Miette and Ancient Wall buildups, Devonia, Canada, in H. E. Cook and P. Enos, eds., Deep–water carbonate environments: SEPM Spec. Pub. 25, p. 155–170.

Hubert, J. F., R. K. Suchecki, and R. K. M. Callahan, 1977, The Cowhead Breccia ; sedimentology of the Cambro–Ordovician continental margin, Newfoundland, in H. E. Cook and P. Enos, eds., Deep–water carbonate environments: SEPM Spec. Pub. 25, p. 125–154.

Ives, C., 1953, The unanswered question: New York, Southern Music Pub. Co., 8 p.

James, N. P., 1978, Facies models 10; reefs: Geosci. Canada, v. 5, p. 16–26.

James, N. P., 1982, Reefs, in P. A. Scholle, G. Bebout and C. H. Moore, eds., Carbonate depositional environments: AAPG Mem. 33, this volume.

James, N. P., and R. N. Ginsburg, 1979, The seaward margin of Belize barrier and atoll reefs : Internat. Assoc. Sedimen–tologists Spec. Pub. no. 3, 191 p.

Land, L. S., 1979, The fate of reef–derived sediment on the north Jamaican slope : Marine Geology, v. 29, p. 55–71.

Land, L. S., and C. H. Moore, 1980, Lithification, micritization, and syndepositional diagenesis of biolithites on the Jamaican island slope: Jour. Sed. Petrology, v. 50, p. 357–369.

Land, L. S., and C. H. Moore, Jr., 1977, Deep forereef and upper island slope, north Jamaica, in S. H. Frost, M. P. Weiss, and J. B. Saunders, eds., Reefs and related carbonates—ecology and sedimentology: AAPG Stud. Geology No. 4, p. 53–65.

Laporte, L. F., 1979, Ancient environments : Englewood Cliffs, New Jersey, Prentice–Hall Pub., 2nd ed., 160 p.

Lowe, D. R., 1976, Grain flow and grain flow deposits: Jour. Sed. Petrology, v. 46, p. 188–199.

Mcllreath, I. A., and N. P. James, 1978, Facies models 12 ; carbonate slopes : Geosci. Canada, v. 5, no. 4, p.189–199. (also in R. G. Walker, ed., 1979, Facies models : Geosci. Canada, Rept. Ser. 1, p. 133–149) .

Meischner, K. D., 1964, Allodapische Kalke, turbidite in riff–nahen sedimentations–becken, in A. H. Bouma and A. Brouwer, eds., Tur–bidites: Amsterdam, Elsevier Sci. Pub., p. 156–191.

Middleton, G. V., and M. A. Hampton, 1973, Sediment gravity flows ; mechanics of flow and deposition *in* G. V. Middleton and A. H. Bouma, eds., Turbidites and deep—water sedimentation: Los Angeles, Calif., SEPM Pacific Sec., p. 1—38.

Milliman, J. D., 1974, Marine carbonates: New York, pringer—Verlag Pub., 375p.

Moore, C. H., E. A. Graham, and L. S. Land, 1976, Sediment transport and dispersal across the deep fore—reef and island slope (−55 m to −305 m), Discovery Bay, Jamaica: Jour. Sed. Petrology, v. 46, p. 174—187.

Mountjoy, E. W., et al, 1972, Alloch—thonous carbonate debris flows— worldwide indicators of reef complex, banks, or shelf margins: Montreal, 24th Internat. Geol. Cong., Sec. 6, p. 172—189.

Mullins, H. T., and A. C. Neumann, 1979, Deep carbonate bank margin structure and sedimentation in the northern Bahamas, *in* L. J. Doyle and D. H. Pilkey, eds., Geology of continental slopes: SEPM Spec. Pub. 27, p. 165—192.

Neumann, A. C., and L. S. land, 1975, Lime mud deposition in the Bight of Abaco, Bahamas, a budget: Jour. Sed. Petrology, v. 45, p. 763—786.

Perkins, R. D., M. D. McKenzie, and P. L. Blackwelder, 1972, Aragonite crystals within Codiacean algae; distinctive morphology and sedimentary implications: Science, v. 175, p. 624—626.

Playford, P. E., 1980, Devonian "Great Barrier Reef" of Canning basin, Western Australia: AAPG Bull., v. 64, p. 814—840.

Playford, P. E., and D. C. Lowry, 1956, Devonian reef complexes of the Canning basin, Western Australia: Geol. Survey Western Australia, Bull. 118, 150 p.

Pray, L. C., and F. G. Stehli, 1962, Allochthonous origin, Bone Springs "patch reefs," west Texas (abs.): Geol. Soc. America Spec. Paper 73, p. 218—219.

Purser, B. H., ed., 1973, The Persian Gulf; Holocene carbonate sedimentation and diagenesis in a shallow epicontinental sea: Berlin, Springer—Verlag Pub., 471 p.

Rigby, J. K., 1958, Mass movements in Permian rocks at Trans—Pecos, Texas: Jour. Sed. Petrology, v. 28, p. 298—315.

Rigby, J. K., and H. H. Roberts, 1976, Geology reefs and marine communities of Grand Cayman Islands, British West Indies: Brigham Young Univ., Geol. Stud. Spec. Pub. A, p. 1—95.

Santiago, A. J., and D. O. Mejia, 1980, Giant fields in the southeast of Mexico: Trans., Gulf Coast Assoc. Geol. Socs., v. 30, p. 1—31.

Schlager, W., and A. Chermak, 1979, Sediment facies of platform—basin tran—sition, Tongue of the Ocean, Bahamas, *in* L. L. Doyle and O. H. Pilkey, eds., Geology of continental slopes: SEPM Spec. Pub. 27, p. 193—208.

Schlager, W., and N. P. James, 1978, Low—magnesium calcite limestones, forming at the deep—sea floor, Tongue of the Ocean, Bahamas: Sedimentology, v. 25, p. 675—702.

Smith, D. L., 1977, Transition from deep—to shallow—water carbonates, Paine Member, Lodgepole Formation, central Montana, *in* H. E. Cook and P. Enos, eds., Deep—water carbonate environments: SEPM Spec. Pub. 25, p. 187—201.

Tyrrell, W. W., 1969, Criteria useful in interpreting environments of unlike but time—equivalent carbonate units (Tansill—Capitan—Lomar), Capitan Reef Complex, west Texas and New Mexico, *in* G. M. Friedman, ed., Depositional environments in carbonate rocks: SEPM Spec. Pub. 14, p. 80—97.

Uchupi, E., and K. O. Emery, 1967, Structure of continental margin off Atlantic coast of United States:

AAPG Bull., v. 51, p. 223—234.

Van Siclen, D. C., 1958, Depositional topography—examples and theory; AAPG Bull., v. 42, p. 1897—1913.

Viniegra O. F., 1981, Great carbonate bank of Yucatan, southern Mexico; Jour. Petroleum Geology, v. 3, no. 3, p. 247—278.

Ward, J. A., 1979, Stratigraphy, depositional environments, and diagenesis of the El Doctor platform, Queretaro, Mexico; Binghamton, State Univ. of New York, Ph.D. dissert., 172 p.

Wilson, J. L., 1969, Microfacies and sedimentary structures in "deeper water" lime mudstone, in G. M. Friedman, ed., Depositional environments in carbonate rocks; SEPM Spec. Pub. 14, p. 4—19.

Wilson, J. L., 1975, Carbonate facies in geologic history; Berlin, Springer—Verlag Pub., 471 p.

Yurewicz, D. A., 1977, Sedimentology of Mississippian basin—facies carbonates, New Mexico and west Texas—the Rancheria Formation, in H. E. Cook and P. Enos, eds., Deep—water carbonate environments; SEPM Spec. Pub. 25, p. 203—219.

第十一章　盆地边缘沉积环境

　　能源勘探需要向深海沉积环境扩展，它要求我们更好地了解斜坡环境的起源和特征，并且掌握它的工作方法。在碎屑沉积环境中，人们熟知，陆架坡折带以外的粗碎屑流沉积可以形成油气藏（Barbat，1958），并且，深水碎屑流环境很可能是未来继续勘探的目标（Hedberg，1970；Curran 等，1971；Gardett，1971；Nagel 和 Parker，1971；Yarborough，1971；Schanger 和 Combs，1975；Walker，1978；Wilder 等，1978）。随着板块构造、地震地层学理论的产生，以及地震反射技术的进步，将会出现更尖端的技术来解释陆架斜坡的发展过程（Doyle 和 Pilkey，1979）。随后，这些认识会使斜坡环境的地质历史研究和油气潜力变得更加重要。在碳酸盐岩斜坡和盆地相中发现油气的典型例子比碎屑岩少得多，几乎没有。但是，随着碳酸盐岩深水勘探和研究的进步，将很有可能会在这一地区发现油气藏。

　　本章为认识碳酸盐岩斜坡层序提供一个指导，斜坡层序位于礁前斜坡更向海的地方。Enos 和 Moore（1982）研究了礁前斜坡，他们提出的标准对于任何主动、被动或者障壁式碳酸盐岩台地边缘，都具有或者可能具有普遍性。

第一节　鉴　别　特　征

　　Dott 和 Bird（1979）对现代海洋做了恰当描述，"环境的识别至关重要，但是并不是现代碳酸盐岩的斜坡特征都能被很好地保存下来，并成为鉴别这个环境的相标志"。"古记录给我们提供了一个比较好的特征观察，但是由于岩心太小而无法展示，传统的底基剖面由于太大而难以把古记录保存下来（除非是线状阴影）。因此，很显然，最好的沉积模型是在对古代和现代实例掌握的基础上建立的。"

　　深水碳酸盐岩斜坡沉积和浅水碳酸盐岩沉积是完全不同的，因此两者之间存在一定的矛盾并不是什么大问题。但是，斜坡和盆地相不总是这样的，因为这些沉积环境同时存在几种属性。首先，有些碳酸盐岩斜坡可以很平缓地过渡到盆地相，而没有一个明显的地形界限。Cook 等（1972）、Wilson（1975）、McIlreath 和 James（1978）以及 Enos 和 Moore（本卷）对此做过描述。其次，斜坡和盆地相都是广阔的远洋或半远洋细粒沉积。第三，物质搬运和沉积通常形成的主体是斜坡、斜坡基底和陆相上升层序。

　　盆地和斜坡最大的区别之一反映在斜坡和坡脚的不稳定性。在斜坡上，沉积物由于不稳定发生流动和重新沉积导致的混沌变形构造可能非常普遍。相反，这些特征在碳酸盐岩盆地相中发生的频率和规模都要小。

　　盆地和斜坡的另一个重要区别是与重力流沉积的结构和几何形态有关。斜坡和坡脚层序通常包含底砾岩和巨型角砾岩，粒径最大超过 10m，这些沉积物通常认为是碎屑流搬运而来，他们要么是片状的，要么是几乎没有曲折的狭窄侵蚀水道。相反，盆地相的重力流沉积通常是细粒的，甚至具有良好的向上变薄且变细的层序，类似于碎屑海底扇沉积（Cook 和 Egbert，1981a，b）。

第二节　斜　坡　类　型

　　现代碳酸盐岩台地纬度通常小于 30°，在孤立的大洋洲岛屿上（例如百慕大群岛和太平洋环礁）、大型海滩（如巴哈马和伯利兹）和没有碎屑注入的半岛沿岸（如佛罗里达和尤卡坦半岛，Neumann，

1977）发现了相对纯净的碳酸盐岩沉积层序。Ginsburg 和 James（1974）将现代碳酸盐岩台地划分为两大类型：（1）开放的台地或斜坡，如佛罗里达西部和坎佩切湾；（2）镶边台地，如巴哈马沿岸、大堡礁和佛罗里达南部和伯利兹。两种类型台地的主要区别是镶边台地在台地边缘有高能的环礁或者滩，而开阔台地是开放式的，沿陆架向海方向在台地边缘没有任何能量障碍（Ahr，1973）。

现今的碳酸盐岩台地周围都是碳酸盐岩斜坡。但是只有北巴哈马地区做过详细的研究，其他地区只做过基本的观察而已。因此，本章的现代碳酸盐岩台地实例主要基于北巴哈马地区，因为绝大多数综合研究都在这个地区完成。

在北巴哈马地区（图 11-1），与碳酸盐岩斜坡相伴生的有：（1）广海（在小巴哈马海岸的北部），此处的风浪没有任何障碍物；（2）开放性水道，其两端对于洋流是开放的（如佛罗里达海峡）；（3）封闭式水道，只有一端对于洋流是开放的（海洋中的舌状岛）。这些斜坡在形态和沉积相关系上表现出巨大的多样性，他们是由几个过程的组合控制的，例如：（1）基底断裂，（2）近岸沉积物搬运的方向和规模，（3）洋流，（4）重力流和远洋沉积物，（5）生物建造，（6）海底胶结作用（Mullins 和 Neumann，1979）。

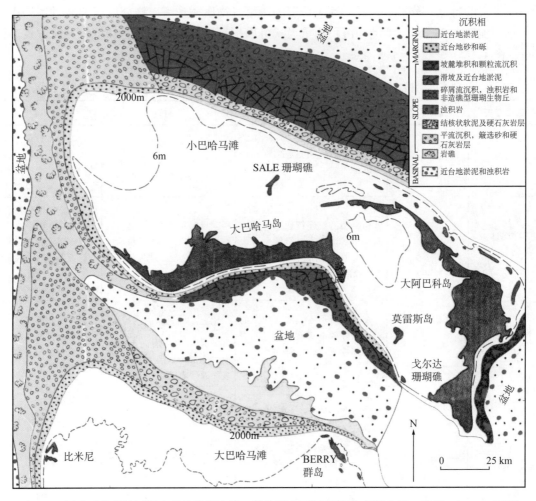

图 11-1 巴哈马北部地区深水碳酸盐岩边缘一般性近水面沉积相图（据 Mullins 和 Neumann，1979）

现代碳酸盐岩斜坡平均的坡度（5°～15°）比陆相的（3°～6°）要陡。然而，向盆地方向倾斜的斜坡坡度在具体的地区变化非常大，可以从1°到60°，局部垂直悬于陡崖（Mullins 和 Neumann，1979）。现代碳酸盐岩斜坡的宽度和高度变化也较大，宽度的最小值为 5～10km（巴哈马断崖），最大的超过 100km（小巴哈马海岸西北角），高度从最小值的 800m（佛罗里达海峡）到 4000m

（西北普罗顿斯运河）。

巴哈马北部地区的很多碳酸盐岩斜坡从形态上分为三个部分。从斜坡的顶部到底部分别是：（1）海岸崖，延伸陡峭（倾角大于45°），从陆架边缘（30～50m）到100～200m深度（图11-1中的边缘相）；（2）上部峡谷斜坡（3°～15°），通常被分解成很多小的斜谷（图11-1斜坡相）；（3）一个比较缓的（1°～5°）、光滑的且波状起伏的上或下斜坡。海岸崖的基底通常由岸源的和远洋的沉积物混合堆积而成（近台地滩相，Mullins和Neumann，1979）；上部峡谷斜坡主要由粉砂质、生物扰动构造的碳酸盐岩泥组成，且被由重力流和砂岩洪水形成的峡谷所分割；波状起伏的斜坡通常由重力流沉积物（浊流、碎屑流和颗粒流）组成，并与碳酸盐岩泥互层（Schlager和Chermak，1979）。

第三节 斜坡上的物质搬运过程

此处的物质搬运是指在重力作用下，含有一定量水的混合物沿着斜坡下倾方向的运动（Dott，1963；Cook等，1972）。关于物质搬运各方面的文献有很多，表11-1、图11-2、图11-3总结了物质搬运主要类型的特征，分类表已经受到了普遍的认可。物质搬运可以被分成三种类型：垮塌、滑动和沉积物重力流（表11-1）。滑动和沉积物重力流可以根据内在的机制行为和沉积支撑方式进行细分（表11-1、图11-3）。

表11-1 海底沉积物大量输入大陆坡的主要方式和相应的参照标准（据Nardin等，1979修改）

沉积物搬运方式		内在力学特征	搬运机制和主要沉积载体	声学特征	沉积构造和地层几何形态
塌方			单个块体沿陡倾斜坡惯性运动和滚动	底部丘形回波强，一般为双线型和侧向型回波。中部为弱、杂乱回波；无定形	颗粒由岩石骨架、变形基质支撑，杂乱排列。沿平行斜坡方向延伸，垂直斜坡方向变窄
滑坡	平移（滑动）	弹性	剪切断裂沿不连续亚平行剪切面至下伏层，顶层滑地也许表现为弹性；基底表现为塑性，侧缘减薄	中部反射层连续且无定形；终止断开。滑移断块地层相对于下沉积层可能为不整合或亚平行	地层可能无形变并平行下伏层，或是在由于碎屑堆积易形成碎屑流的底层和边缘形变。顶部丘形，轻微凹面向上，底部平行于下伏层；宽和长为10～1000m
	旋转（滑塌）		剪切断裂沿不连续凹面向上的剪切面伴随滑坡旋转，可能表现为弹性搬运或是弹性和塑性搬运	中部反射层连续且无定形的距离较短，在顶部和底部失真，顶部为凹面向上的断面，底部毗邻层为亚平行，表面通常为丘形	地层可能无形变，顶和底的接触面通常形变，中间地层相对于包裹地层为角度不整合，大小不定
沉积物重力流	碎屑流或泥流	塑性	剪切分布于整个沉积层，碎屑由基底软泥基质的粘结力和碎屑弹力支撑，可沿低角度斜坡瞬时搬运很远的距离	海底反射层可能为双线型，无规律或光滑，通常声波不能透过中间反射层，顶部减弱终止处呈丘形或透镜形，其内可能为杂乱反射	碎屑基质支撑；在整个地层中碎屑呈不规则结构或亚平行定向排列，尤其是流体单元的底和顶；可能为反粒序。碎屑粒底和基质成分变化较大。呈席状至槽状，数十米厚，100～1000m长（？）；宽度不定
	颗粒流	流体	松散沉积物由分散压力支撑，通常需要陡倾斜坡触发和维持向下的搬运		巨厚层状；碎屑的A轴平行于层流，与上升流呈叠瓦状，靠近底部可能出现反粒序层理

沉积物搬运方式		内在力学特征	搬运机制和主要沉积载体	声学特征	沉积构造和地层几何形态
沉积物重力流	液化流	流体	当松散的充填构造崩塌时松散沉积物由上升的排替流（膨胀性）支撑；形成紧密充填构造，要求斜坡＞3°	个体流动沉积非常薄；重复流可能形成一个薄层序或多个反射层	泄水构造，砂岩墙，火焰构造和负荷构造，回卷层理，均匀沉积
	液化流		松散沉积物由上升的排替孔隙流支撑，厚度薄（＜10cm），持续时间短		
	浊流		碎屑由紊流支撑，可沿低角度倾斜运移很长距离	稀疏且连续的回声高反射单元；沿斜坡上超或沿地势上升。在河道沉积中不连续、偏移、上升	鲍马序列，数十厘米厚，10～1000cm长（？）；宽度不定

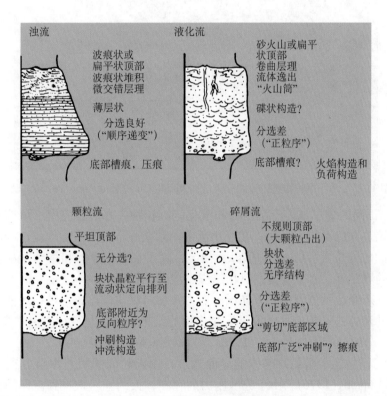

图 11-2　在深水盆地中机械搬运沉积的经典粗碎屑沉积物结构和构造的理想化序列
（据 Middleton 和 Hampton，1976，修改）

垮塌，也称之为杂乱堆积，仅在海相环境中的陡坡底部、峡谷壁以及断层崖上。这种类型的沉积搬运主要是碎屑的滚动和自由落体。

滑动又被分为平移和滚动（Varnes，1978），平移滑动的剪切面是平行底面的平面或者微小波动面，滚动具有下凹的剪切面，且通常滑塌体向后滚动。有一些滑动表现为纯粹的弹性行为，除了在剪切面底部外，原始的底面逐渐被扰动。另外一些滑动表现出弹性和塑性行为，半固结的沉积物发生变形成为倒转褶曲。一些滑动内部变形非常大，从而被改造为碎屑流（Cook 和 Taylor，1977；Cook，1979a，b，c）。

变形地层可以沿着离散剪切面滑动，也可以沿着没有明显底部剪切面滑动，很多描述古海底沉积物搬运的文献没有区分这些。而且，海底滑动的文献也经常没有把滑动再细分（表 11-1）。一些作者通常使用"滑塌"来描述没有清晰底界面的任何形式的软沉积物变形特征，因此，有些文献中的"滑塌"更多的是指平滑而非滚动，一些"滑塌"简单的指没有截然的顶、底界面的变形地层。

Middleton 和 Hampton（1976）把沉积物重力流定义为"在重力作用下沉积物向下倾方向移动……与物质流同义……"。他们根据重力搬运过程中，沉积物和水界面以上支撑颗粒的力的性质不同，划分了四种类型（图11-3）：（1）浊流，沉积物主要被向上的紊流混合物支撑；（2）颗粒流，支撑沉积物的是颗粒之间直接的相互作用（碰撞和近距离接触）；（3）液态流，颗粒在重力作用下沉淀时，颗粒之间向上逃逸的流体所支撑；（4）碎屑流，大颗粒被"基质"所支撑，"基质"就是细粒沉积物和孔隙流体的混合物，它们具有强的屈服强度。

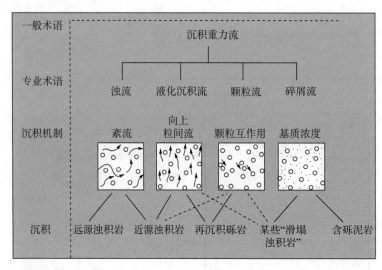

图 11-3　水下沉积物重力流的分类（据 Middleton 和 Hampton，1976，修改）

Lowe（1976a）正确区分了液态流沉积物和液化流沉积物，在液态流中，颗粒间的流体存在一个向上的运动，而颗粒本身也不向下运动；在液化流中，颗粒间水的向上运动是由于颗粒向下运动导致的，从而取代上升的水的位置。Lowe（1976a）指出，除了在火山事件和熔结凝灰岩中，逃逸的气体液化了玻璃质构造的颗粒外，水下环境的沉积过程中液态化作用一般不会发生。有机质降解过程中产生的生物气或其他气态烃，虽然能够显著降低剪切力并参与物质搬运，但是很难液化相当体积的沉积物。重力流沉积中的流体逃逸构造很可能是液化作用的结果，而不是液化作用本身。表11-1把重力流分为5种类型，区分的标准引自Lowe（1976）和Nardin等（1979）。

在颗粒流中，沉积物位于沉积物与水的界面之上，由颗粒间的相互作用力支撑（也就是分散压力，Middleton 和 Hampton，1976）。由于分散压力的存在，大的颗粒被推到流体的顶部，这里的剪切力最小（Bagnold，1954，1956）。后来颗粒沉积时，形成了反粒序，这是目前颗粒流判别的主要标准。Middleton（1970）提出，反粒序是动力筛原理的结果，在流体向上推动大颗粒的同时，小颗粒就沉积在其下部。动力筛作用过程可能产生在低密度基质沉积物中。在高密度基质的碳酸盐岩反粒序颗粒沉积中，很难解释是动力筛作用的结果。颗粒流的其他标准包括：沉积物顶部大量的颗粒排列方向平行于流动方向；沉积物顶部有大块的漂浮碎屑以及底部的注射结构。

Lowe（1976b）把"正确的"颗粒流定义为，由沉积物剪切力产生的颗粒间分散力支撑颗粒重力的一种无黏聚性重力流。这个定义的另一个地质含义是限制了分散颗粒空隙中的流体和周围运动中的颗粒流体是完全一样的。在这个条件下，真正的颗粒流需要一个18º～30º以上的斜坡来维持运动（Bagnold，1954；Lowe，1976b；Middleton 和 Hampton，1976）。Lowe（1976b）进一步推断，真正的砂岩粒级的无黏聚性颗粒流的沉积厚度不大于5cm。Bagnold（1954）使用由硬脂酸和石蜡组成的球形体完成了颗粒流实验。本文不对实验结果进行讨论。读者可以参考 Middleton（1970），Middleton 和 Hampton（1976），Lowe（1976b）等文献。

Lowe（1976b）指出，有一些过程可以帮助颗粒分散压力支撑颗粒重力：（1）颗粒孔隙中的流体可以比其周围的流体密度更大；（2）剪切作用可以由当前的流动向下传递到其表面；（3）颗粒孔隙的流体可以变成浊流；（4）逃逸的孔隙间流体可以部分液化，变成分散颗粒。上面任何一个过程起作用的颗粒流就被 Lowe（1976b）称之为"改造的颗粒流"。黏土粒级的颗粒和其空间水组成的混合物形成了改造的颗粒流。这种类型的颗粒流可以沿着 9º ~ 14º 的斜坡移动，比真正的颗粒流需要的 18º ~ 30º 以上要低得多。

碎屑流中主要的内在机械行为是塑性（沉积物和水的混合物存在一个有限力量）。液化流、液态流和浊流都被看成是流体的行为（颗粒和水的混合物没有内在强度）。颗粒流的行为表现为塑性或高度黏性。读者可以参照 Dott（1963），Cook 等（1972）。

我们想强调，表 11-1 和图 11-2、图 11-3 代表了端元特性。在搬运过程中，几个过程可以同时发生，本章的一些照片表明一个单一的沉积可以表现出多个过程的沉积结构。在大量的沉积物搬运过程中，虽然几个作用可以同时发生，但是在任何一个时间和空间上始终都是一个作用占主导。同时，我们应该时刻记住，岩石记录只是沉积、搬运和压实的最终写照，压实可以改变碎屑结构，增加颗粒定向排列的比例，且有可能影响对碎屑颗粒的搬运和沉积机制的解释。

以上讨论的术语主要通过古代沉积物的研究和实验研究得出，岩石中看到的搬运过程和通过声反射记录的现代斜坡短期沉积物特征是有差别的。

沉积搬运和分类学科的研究很活跃，变化也很快，因此，本章的一些术语可能过时，要谨慎使用。

第四节 斜坡上的主要沉积单元

在接下来的讨论中，斜坡层序被分成 4 个沉积单元：（1）无扰动的远洋和半远洋沉积物；（2）重力作用下的流体搬运沉积物；（3）底流沉积物；（4）深水生物建造。这些单元的各自比例在不同的沉积环境中变化很大，因为斜坡很容易受外界影响而无法沉积，因此，其剖面沉积物的很大比例是外来的。斜坡之上是典型的远洋沉积，因此斜坡下部通常主要沉积重力流和海底滑动沉积。

一、现代远洋沉积

细粒的、无扰动的碳酸盐泥是任何一个斜坡相的组成部分，但其对于形成斜坡上的冲沟在体积上是最重要的。当这种细粒碳酸盐沉积被底流吹散且混入重力流沉积，或者其上沉积了方解石，它在体积上就没那么重要了（Mullins 和 Neumann，1979）。

碳酸盐岩台地周围的现代泥易富集远洋的文石或含镁的方解石泥（高达 80%，Boardman，1978），以及球石藻和有孔虫组成的低镁方解石。这种半台地的泥在矿物学上由文石、方解石和含镁方解石以 3：2：1 组成。然而，远洋沉积物的贡献随着海平面的高程变化而不同，当台地处于洪水期，海面较高时，远岸沉积物的贡献最大（图版XI-1）。

近台地泥是一种大面积均匀沉积，具有近平行连续的地震反射（图 11-4），在地形上就像一层布一样盖在海底上方。从科研潜艇上观察海底露头，发现成岩的半台地白垩呈均匀、平行的连续分布，厚度有几毫米到厘米级（图版XI-2）。

现代半台地泥是细粒的（黏土质粉砂），呈浅灰色至白色，存在生物扰动构造（图版XI-3）。白垩长期暴露在沉积物—水界面处，可能需要 10 万年才能硬化，被埋藏后可以在 20 万 ~ 40 万年时间里保持原有的组成，可以在数千万年时间内不发生成岩。硬化的白垩在薄的地层剖面里（被埋藏、混合、上部破碎），是一种浮游类的有孔虫—翼足类生物泥晶灰岩，受到了高微晶方解石的胶结（图版XI-4）。在现代 700 ~ 1200m 水深以浅的开放海环境里（位于中—冷深水区），主要的胶结物是含 14% 分子的碳酸镁方解石。在更深水环境，胶结物是典型的低镁方解石（含碳酸镁分子 3.5% ~ 5%）。在

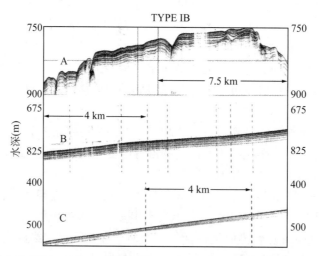

图 11-4　巴哈马地区普罗维登斯西北部的台地附近软泥的 3.5kHz 的精密度记录图片（据 Mullins 等，1979）

海底浅层连续性的平行反射明显的指示了深海沉积物的广泛分布

红海和地中海，由于特殊的温暖海环境，出现例外情况，镁胶结物出现的深度更大。

二、古代远洋沉积

Wilson（1960）、Cook 和 Enos（1977b）等详细讨论了古深水碳酸盐岩沉积物特征。纵观整个历史时期，无扰动的斜坡沉积具有很多共同点，典型的岩石类型是黑灰色至黑色灰泥岩、粉砂质灰岩、泥粒灰岩。其存在大量的不溶残留物，如有机碳、粉砂级石英、黄铁矿和黏土矿物。底部的接触关系有平整的、近平行的至数十米起伏和不连续的（图版XI-5 至图版XI-8）。斜坡沉积层是典型的毫米级薄层（图版XI-9）。这些薄层在静水环境下的保存主要取决于沉积物形成于有氧还是厌氧水体，以及它们对穴居生物的影响（图版XI-10，Byer，1977）。在沉积盆地中，只有水体的上部是富氧的，而在几百米以下的水体是缺氧的。在开放海环境，通常有三层水体，表层和较深水体都是富含氧的，而斜坡上的中深层水体含氧量极低（含氧最小值区），这个水体区的斜坡比富含氧环境的斜坡更有利于薄层的保存，穴居生物也更少。

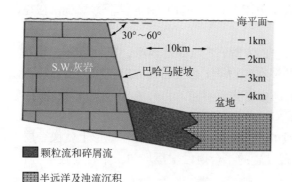

图 11-5　巴哈马斜坡现今沉积关系简图

斜坡水下观测结果表明现今存在的巨块状砾石和活塞取心的样品已经覆盖了厚层的反粒序沉积；这个斜坡相的基底已经迅速由海相向半深海相沉积和薄的浊流沉积变化

三、现代垮塌沉积

碳酸盐岩台地通常形成沿边界分布的裂谷，且通常认为台地边缘形成较深的构造断裂。受控于这种构造，在成岩早期，碳酸盐沉积物的剥蚀通常形成陡峭的悬崖（30°～60°），具有非常垂直或向外延伸的悬崖壁。这些悬崖壁通常是不稳定的，容易形成垮塌的岩石（弗瑞曼又称之为"侵蚀物"）。悬崖的底部非常不稳定，容易脱落成房子大小的卵石堆（图版XI-11），在平行悬崖的方向上形成一个狭窄的相带（图 11-5）。在巴哈马地区，沿着海岸悬崖边缘，随处可见岩石垮塌堆积物（100～200m 高；Neumann 和 Ball，1970），沿着布莱克—巴哈马悬崖分布在水深 1～4km。

四、古代垮塌沉积

图版XI-12展示了垮塌沉积的一个实例（参见 McIlreath，1977；McIlreach 和 James，1978）。Cook（1972）和 Enos 等（1982）讨论了在陡峭的悬崖如果看不到明显的地层接触关系时，用来区别垮塌沉积的砾岩和角砾岩。

五、现代滑动、崩塌、层内截断面

在古代碳酸盐岩斜坡沉积中，海底滑动沉积非常普遍。然而在巴哈马北部地区，只看到了很少的滑动沉积。这种差异到底是现代沉积的滑动本身就少，还是技术原因目前不得而知。一种可能的解释是，沿着洋流流过的深部大陆边缘，海底胶结物把碳酸盐沉积物变成非常稳定的坚硬地层（Neumann，1974）。例如，小巴哈马北部海岸，只有在没有固结成岩的沉积物表面发现海下滑动。

有时，高分辨率的地震反射界面可以分辨现代海下滑动沉积的内部结构（图版XI-13、图版XI-14）。这些沉积在地震剖面上展示了典型的扭曲无序的地震相，表明滑动的塑性变形，周围通常是无变形的平行反射波。遗憾的是，巴哈马北部地区没有滑动沉积的岩心数据。然而，在墨西哥湾的坎佩切湾坡折带，岩心数据清楚地表明了海下物质传输。岩心上的地层具有明显的变形，表明传输中发生了塑性变形。

现在还不清楚图11-6、图11-7中的滑动沉积到底是来自转换带的滑动还是垮塌沉积，因为没有数据证实他们基底的剪切面是转换面还是反转面。但是，来自小巴哈马北部海岸的3.5kHz地震剖面解释为旋转断崖。这些断崖的破坏面呈现凹面向上，表明在破坏过程中的滑动经历了一定角度的翻转（图11-8）。这种类似于凹面向上和低角度"层内截断面"（Cook 和 Enos，1977a）的特征同样出现在古代深海石灰岩沉积层序中。

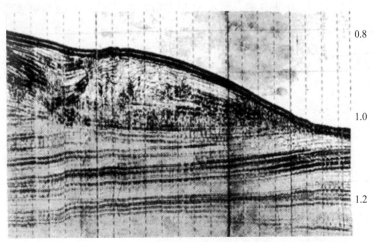

图 11-6　巴哈马滩西北角佛罗里达海峡斜坡基底的地震反射剖面（据 Mullins 和 Neumann，1979）

注意那些歪斜的不整合反射与平行反射；这个反射结构指示上层变形岩层已经被海底斜坡沉积物覆盖；削截的反射结构指示斜坡沿着基底遭受侵蚀；右边的数字与双程旅行时间相对应；照片的水平距离是 20km

来自西佛罗里达斜坡的低位层序地震反射界面揭示了大规模的海下滑动的存在（米查姆，1978，图11-9），鉴别标志是其圆丘状外表和斜坡上的悬崖有陡峭的截断层。

六、古代滑动、崩塌、层内截断面

在滑动和垮塌特征时，其厚度的变化范围从几厘米到几十米甚至更多（图版XI-13至图版XI-17）。古代海下滑动的最大几何规模由于其暴露的局限性而没有精确数据。滑动内在变形的尺度范

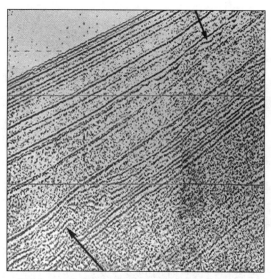

图 11-7 大巴哈马滩北部斜坡的地震反射剖面
（据 Mullins 和 Neumann，1979）

形成于所有变形的"S"形分布的阶梯状的台地上部，
反射是规则的，与形成于海底浅层海底斜坡的变形不
整合反射一样

围可以是轻微的、中度的、甚至地层的完全破裂。当沉积物的剪切力超过极限后，地层发生完全破裂，块体发生塑性变形，像粘性碎屑流一样快速流动。不但在古代滑动中会出现内在变形的张力逐渐变化，而且在一个简单的滑动中都会出现不同程度的变形。在美国西部大陆斜坡的碳酸盐岩沉积中，位于上寒武统到下奥陶统，有一个出露较好的滑动例子，展现了滑动发生的各个连续的阶段，一直到最后的破裂呈碎屑流。图版XI-18 至图版XI-24 展现了这些滑动的不同部分，图 11-10 至图 11-13 展示了滑动在向下坡方向运动不断加剧时，可能出现的各种变形方式。这些数据表明滑动的底部和细楔形的边缘最先失去剪切力的（Cook，1979，a，b，c）。

图版XI-25 至图版XI-28 展示了碳酸盐岩斜坡沉积物的层内截断面特征。所有的这些例子都代表了滑动的断面，或者可能起源于其他某种类型的摩擦过程。Yurewicz（1977）认为图版XI-25 的表面是摩擦成因的。图版XI-26 来自得克萨斯州西部的瓜达卢普山脉的二叠系，展示了一个小但是清楚的紧邻截断面之上的地层

变形。这表明截断面之上的地层经历了软沉积物变形，是底部滑动剪切带的一部分。这种变形与图版XI-21 的底部剪切带非常相似，但是没有被明确的定义。Wilson 认识到在欧洲和蒙大拿州以及得克萨斯州西部瓜达卢普山脉灰质泥岩中相似的"切割和充填"。大卫（1977）对于图版XI-27、图版XI-28 的截断面提出了明确的观点，认为是由重力滑动机制形成，而不是目前的冲刷或者其他的剥蚀过程。

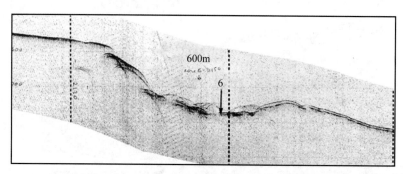

图 11-8 小巴哈马滩北部斜坡的熔岩沉陷崖的 3.5kHz 的 PDR 说明图（据 Mullins，1978）

凹陷处至表面的缺失指示了斜坡经历了某种程度的下移式旋转；交会图的比例是 5km；数字 6 对应于一个活塞核心的位置

七、重力流沉积

在巴哈马北部地区的碳酸盐岩斜坡钻井，进行了大量的活塞式取心，记录了重力流沉积的例子。然而，现代碳酸盐岩斜坡上的粗碎屑流主要是浊流和碎屑流机制。在古代沉积中，盆地相和斜坡相中最常见的是碳酸盐岩重力流沉积，它在世界范围内的地质柱状图上非常普遍。确实，使用外源沉积物的标志寻找碳酸盐岩底部斜坡层序是极其常见的。在碳酸盐岩重力流沉积中的五个端元类型中，浊流和碎屑流的记录最频繁，似乎是沿斜坡搬运体积庞大的沉积物和水的混合物的主体。在现代和近代的碳酸盐岩中找不到液态流和液化流的例子。

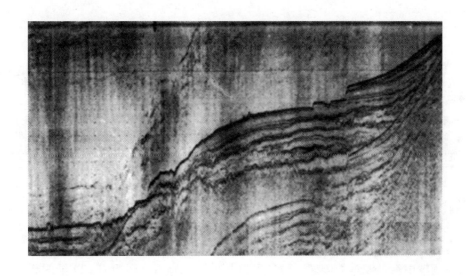

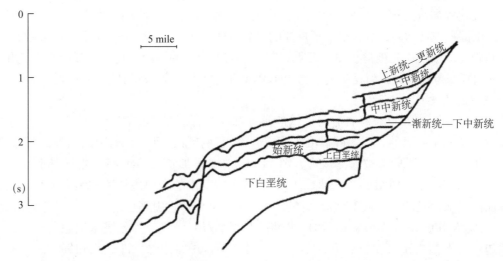

图 11-9　显示大规模滑塌面和沉积面的佛罗里达州西部斜坡地震反射剖面（上部）以及剖面解释
（下部）（据 Mitchum，1978）

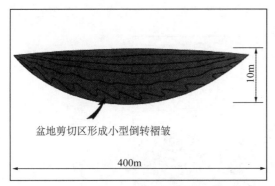

图 11-10　半固结滑坡滑动至斜坡的渐进变形模型：
阶段 1（由 H. E. Cook 绘制）

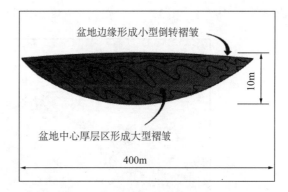

图 11-11　半固结滑坡滑动至斜坡的渐进变形模
型：阶段 2（由 H. E. Cook 绘制）

1. 现代碎屑流沉积

在碎屑流中，沉积物与水界面之上的沉积物主要有基质力量和浮力支撑（Cook 等，1972），这就使得大型的碎屑漂浮在泥质基质中。识别现代碳酸盐岩斜坡碎屑流沉积的标准是大规模的，缺乏分选

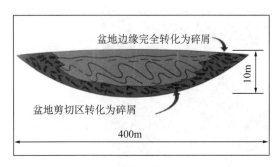

图 11-12　半固结滑坡滑动至斜坡的渐进变形模
型：阶段 3（由 H. E. Cook 绘制）

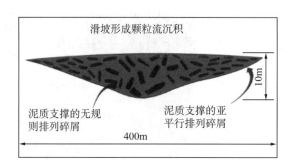

图 11-13　半固结滑坡滑动至斜坡的渐进变形
模型：阶段 4

该阶段滑塌物已经完全改造成碎屑物和泥岩并以
泥石流的方式移动

的，泥质支撑的颗粒中常见漂浮的碎屑，粒径可以从砂岩到碎石（图版XI-29 至图版XI-31）。偶尔，也可以见到现代碎屑流沉积被大量的有粒序分选的碳酸盐质砂岩覆盖（图版XI-29、图版XI-30），它表明在支撑顶部颗粒流动时，湍流扮演了重要的角色（Hampton、Cook 等，1972）。几何学上，Exuma海峡地区的碎屑流被描述为被褶状的，表明侧向和下切方向上的颗粒直径和组成有较大变化。这种碎屑流沉积在斜坡下方最常见，但是到离开物源 100km 附近的洋底就找不到了。

2. 古代碎屑流沉积

片状和条带状形式的粗粒碎屑流与层状的远洋和半远洋斜坡相的暗色灰质泥岩形成了鲜明的对比。这种对比是非常明显的，因为碎屑流沉积有一个反面特征，且比它周围的其他沉积相颜色要亮。表 11-1 中的碎屑流鉴别标志被广泛认可。图 11-14 总结了加拿大 Devonian 地区的碎屑流沉积的主要特征，由浅水和深水碎屑组成（Cook，1972）。在全球范围的台地边缘相的地质柱状图上，碎屑流的这些特征都是很常见的。海底滑动改造源于深水碎屑流全部是由暗色的灰质泥岩碎屑组成（Cook，1979a，b，c）。McIlreath 和 James（1978）建议根据两个端元模式来划分浅水碳酸盐岩边缘相，一个是沉积型边缘，即边缘和斜坡的地貌高度相当；另一个是过路边缘，即边缘和斜坡之间有一个明显的陡坡或海底悬崖，在地貌上相差 100～300m 或者更多。两种类型的边缘都可以形成碎屑流。来自加拿大艾伯塔盆地的泥盆纪碳酸盐岩建造的油田数据，很好地展示了典型的碎屑流，碎屑横截面都在 25m×50m 以上，它们来自于沉积型边缘，粗粒碎屑的搬运距离在 10km 以上，坡度一般小于 1°（Cook 等，1972）。图 11-15、图版XI-32 至图版XI-37 展示了这些来自"沉积型边缘"的泥盆纪碎屑

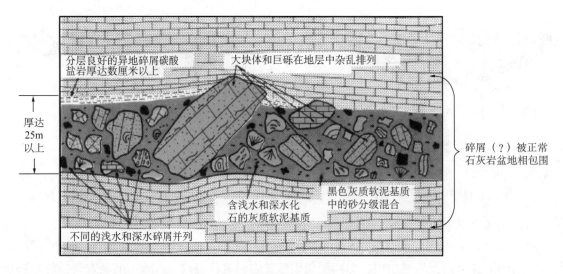

图 11-14　加拿大艾伯塔盆地落基山脉上泥盆统的碳酸盐岩碎屑流沉积（据 Cooket 等，1972）

流地层。加拿大育空地区中泥盆统广泛分布的碎屑流沉积席状体进一步例证了碎屑流的移动性。这个岩墙式（图版XI-38）的席状体分布在深水笔石灰泥岩中，实际上是由两个以上的碎屑流复合体组成，并被浊积体分开（图11-16）。碎屑流源于50～75km远的缓坡层孔虫海滩边缘，碎屑流席状体中的浅水碎屑颗粒横截面可达7m×7m以上（图11-16、图版XI-39）。

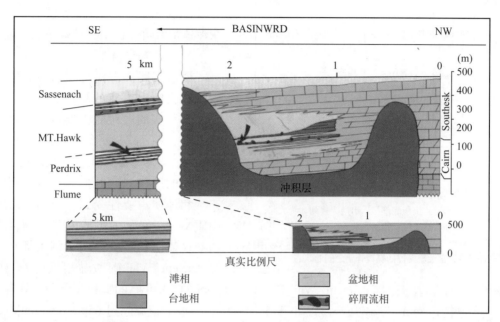

图 11-15　加拿大艾伯塔盆地上泥盆统 Ancient Wall 复杂碳酸盐岩地层剖面（据 Cook 等，1972，修改）
接近礁滩边缘的箭头指向与图版XI-32、图版XI-33的泥石流岩床指向一致，且与图版XI-34、图版XI-35一致；箭头最远可以从礁
滩边缘指向图版XI-37中的一系列重力流沉积

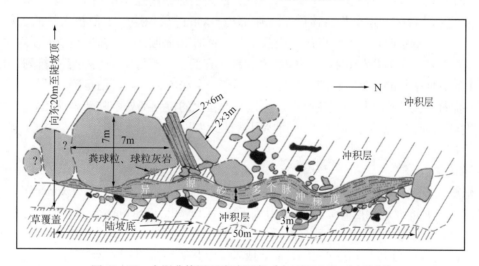

图 11-16　中泥盆统泥石流碎屑席（由 P.N.McDaniel 绘制）

　　在同一地区，中泥盆统的深水笔石灰质泥岩被宽100～150m、深50～75m的大型水道所切割（图版XI-40、图版XI-41），这些水道被来自50～60km之外的缓坡边缘浅水碎屑所充填。在加拿大的寒武纪和墨西哥的白垩纪都有发育很好的陡坡支路边缘。图版XI-42至图版XI-50展示了其他的碳酸盐岩碎屑流沉积。

　　3. 现代颗粒流沉积

　　理论上，只有较大坡度的陡坡（18°～30°以上）才能满足启动和维持颗粒间的作用力。因此，未经改造的"真实"颗粒流不具备长距离搬运的动力学机制。改造的颗粒流沉积只发现于陡坡的底

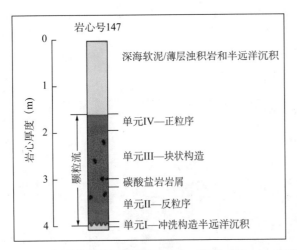

图 11-17　沉积构造的图解（据 Mullins 和 Van Buren，1979）

该沉积构造是小巴哈马东部的巴哈马岛崖的 4000m 水深活塞取心的碳酸盐岩颗粒流沉积的构造；沉积底部显示出逆序排列，为大量的大至漂浮的岩屑级别的物质；这个沉积物的顶部为正粒序结构，几乎是形成于过渡状态；该状态是从流体的基底部分的分散压力所支撑的颗粒骨架到顶部浊流支撑的颗粒骨架之间的状态

部，形成与碳酸盐岩陡坡走向平行的狭长相带（图 11-5、图 11-17，Mullins 和 Van Buren，1979）。Mullins 和 Van Buren 所描述的颗粒流顶部为浊流，因为沉积物具有正粒序结构。另外，颗粒流中有灰泥。在层的底部，浊流和灰泥体都有可能提供支撑颗粒的分散作用力。

4. 古代颗粒流沉积

根据实践，古代沉积物很难依据碳酸盐岩沉积推断出真实的颗粒流。也许这种情况是由于真实的颗粒流需要坡度非常大的斜坡来支撑，从而不能形成厚层沉积体（Lowe，1976a）。陡坡在区域上受地质环境的限制，而且地层的厚度只有几厘米，这使得颗粒流的产状和地质重要性受到了限制。图版 XI-51、图版 XI-52 展示了可能受灰泥的存在所改造的颗粒流沉积物。这两个例子都来自上泥盆统 Ancient Wall 碳酸盐岩复合体（Cook 等，1972）。图版 XI-51 展示了距离 Ancient Wall 建造边缘 800m 的 50cm 厚的颗粒流沉积，具有反粒序结构，最大碎屑粒径达 8cm。堤岸边缘坡度小于 5°～10°，水平距离超过 650m（Mountjoy，1967）。坡度向盆地方向迅速下降到 1°～2°（图 11-15）。图版 XI-52 为反粒序结构，最大粒径超过 5cm。这个颗粒流地层距 Ancient Wall 建造边缘 4km（Cook 等，1972）。颗粒流当时的启动坡度 5°～10°，但是搬运 1km 距离后，坡度很快降为 1°～2°，其最大搬运距离还不得而知。图版 XI-53 展示了可能来自颗粒流的一些特征。这个集合体展示了底部约 10cm 的反粒序，上部被大量的正粒序所覆盖，扁平状碎屑颗粒呈平行定向排列非常清晰。图版 XI-54 更加明确地展示了扁平颗粒的反粒序排列特征。其上覆地层是波状的、具有砂岩粒径的碳酸盐岩颗粒，它们呈平行底部地层的定向排列，且其地层上部呈与斜坡上倾方向平行的叠瓦状构造。这些砾岩都有一个泥质集合体，但是碎屑颗粒的含量非常大。可能这些颗粒流都被泥质集合体和浊流改造过。这些颗粒流的位置都处于陆架斜坡和斜坡环境的底部，但是具体坡度不得而知，根据其他相关的间接因素推断坡度可能小于 5°～10°（Cook 和 Taylor，1977；Cook，1979a）。

5. 现代浊流沉积

浊流沉积物比较常见，体积上是碳酸盐岩斜坡相下部的重要组成部分。在 Exuma 海峡，斜坡下部的沉积物中，上部 10m 厚的地层有 25% 是重力流沉积（Crevello 和 Schlager，1980）。这些沉积物轮廓清晰，与下部呈侵蚀接触，正粒序，具有鲍马（1962）序列（图版 XI-55 至图版 XI-58）。依据鲍马序列（1962），斜坡下部的浊流沉积通常由 a，a-b 或者 a-c 序列组成（图版 XI-57）。底部削截浊流（图版 XI-58：b-e，c-e，d-e）在斜坡下部是罕见的。然而在相邻的盆地，薄层（10～30cm）细粒的底部削截浊流普遍分布，约占盆地上部 10m 地层组成的 35%（Bornhold 和 Pilkey，1971；Mullins 和 Neumann，1979）。

因为整个浅水碳酸盐岩斜坡边缘堤岸沉积都可以为相邻的斜坡相供应物源，使得物源的供给呈"线状"而不是"点状"（Schlager 和 Chermak，1979；Crevello 和 Schlager，1980），这是陆源海底扇沉积的普遍特征。因此，通常发育的碳酸盐岩斜坡下部相模式是浊积"裙"或者"席"（图 11-18），且与台地边缘平行（Schlager 和 Chermak，1979）。形态上，这些浊积"裙"或者"席"与点物源供给的海底碎屑扇具有明显的差异，因为点物源的扇沉积缺乏扇状形态，侧向比较连续，没有系统的发育

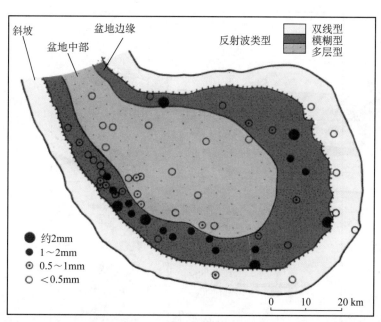

图 11-18 巴哈马群岛"海舌"间废弃水道浅层（晚更新世—全新世）浊积岩相和 3.5kHz PDR 回声类型分布图（据 Schlager 和 Chermak，1979）

绘制的粒度是某一部分粗浊积岩粗粒部分的目视估测；可以看到沿盆地边缘不透明反射特征与超粗砂和碎石分布间良好的相关性

扇根、扇中和扇端。

6. 古代浊流沉积

碳酸盐岩浊流在斜坡及其底部，乃至更远端的盆地相都是很常见的（图版XI-59）。在碎屑浊流中，碳酸盐岩浊积体类型繁多，沉积物的结构、构造、颗粒类型、地层形态和物源都不相同。含鹅卵石的碳酸盐岩浊积体通常只发育在斜坡和靠近斜坡的区域，这些地方的坡度最大（图版XI-60 至图版XI-63）。图版XI-64 展示的是一个例外情况，厚15cm 含卵石和浅水碎屑的浊积体被搬运距离台地边缘至少 75km（参见 Crevello 和 Schlager，1980）。在斜坡和盆地相都可以看到砂岩粒级到含卵石粒级的浊流沉积（图版XI-65 至图版XI-69）。一些砂岩粒级的浊积体成因可能与碎屑流有关，代表碎屑流最上部被强烈稀释的浊积体（图 11-14、图版XI-70、图版XI-71；Cook 等，1972；Krause 和 Oldershow，1979）。碎屑流和浊流复合体的这两种机制成因受到了碎屑流实验数据的支持（Hampton，1972）图版XI-66 砾石层上部的波状叠置的正粒序结构可能是浊流的产物，但是下部可能是颗粒流和浊流条件共同形成的。碳酸盐岩浊流是海底扇沉积的一部分，在本章的后面结合模型来讨论。

八、底流沉积

1. 现代底流沉积

沿着巴哈马北部地区的广海，强烈的底流（速度超过 60cm/s）和风力作用的表面循环相结合在斜坡沉积中具有重要作用。这种底流可以引起大量的碳酸盐岩砂的分选、流动、重新分布和沉积作用。佛罗里达北部的 Straits 地区等深图（图 11-19）清晰表明了半锥形的沉积物延伸长 100km、宽 60km 和厚 600m，分布在大、小巴哈马地区的西北角海域。这些沉积物的地震反射剖面揭示了其在经度剖面上呈楔形几何形态（图 11-20），横剖面呈滩状形态，其在不整合面之上的延伸和下倾方向的内部反射非常模糊（图 11-21）。内部和表面的取样分析数据表明这些特征的沉积物具有砂质粒径（图 11-22），主要由滩源和远洋物质混合而成（Mullins 等，1980a）。滩源砂被暴风浪和洋流带到了巴哈马海岸的西侧临近的斜坡之上（Hine 和 Neumann，1977），具有沙浪和波痕层理（图版XI-72），然后再沿着斜坡

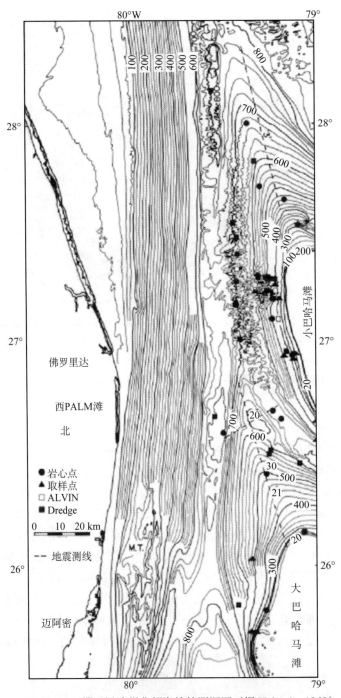

图 11-19 佛罗里达州北部海峡的测深图（据 Uchupi，1969）

可以看到大小巴哈马海滩西北角那个大的半圆锥形斜坡（沉积物漂移）；等深线单位为米

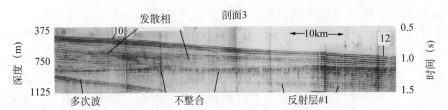

图 11-20 沿小巴哈马堤泥砂漂移顶部的 5in 地震反射剖面（据 Mullins 等，1980a）

楔形体向北进积横跨于中中新统（？）的剥蚀/沉积间断不整合面；内部反射层为斜积，下超于下伏的平行反射
层并向北收敛（变薄），表明沉积物源来自南方

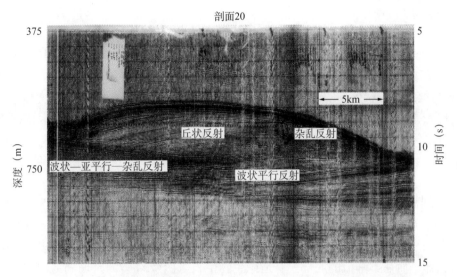

图 11-21　沿图 11-19 大巴哈马滩泥砂漂移由横向到纵向的 5in 汽枪地震反射剖面 20（据 Mullins 和 Neumann，1979）
可看到剖面整体呈丘形；内部反射层为斜积；杂乱地震相为滑塌沉积，波状—亚平行到杂乱地震相为浊积岩沉积，丘形剖面由等深线
和流水筛选的碳酸盐砂组成

搬运，最终变成沉积物堆积下来。这种堆积物形成的岩石具有粗粒的、颗粒支撑结构，通常展示出粗糙的交错层理的迹象，反映了强烈风暴流的作用。（图版XI-73；Wilber，1976；Mullins 等，1980a）。

2. 古代底流沉积

碳酸盐岩底流沉积的详细记录实例非常少。在没有精确的古代洋流数据、清晰的相组合与斜坡的具体形态的情况下，可能的底流沉积被归因为其他成因。图版XI-74 认为是典型的薄层碳酸盐岩底流沉积（Cook 和 Taylor，1977；Cook 和 Egbert，1981b）。这些灰屑岩发生在北倾的古生代大陆架斜坡上部，与远洋和半远洋的灰泥层间互。这些灰屑岩颗粒由浅水的海藻颗粒组成。

根据存在洋流纹理的灰屑岩得到的洋流数据表明，来自北方的洋流与古斜坡平行（也就是与碳酸盐岩搬运物质的古洋流方向垂直）。Cook 和 Taylor（1977）以及 Cook 和 Egbert（1981b）指出，纹理灰屑岩不会与泥质浊流一起出现。以下表明了他们来源的不同：（1）接近完美的水动力分选；（2）通常缺乏泥质；（3）顶底明显的分界；（4）侧向与洋流纹理是连续的；（5）搬运方向与斜坡平行。这些沉积物极有可能是早期沉积物被强烈的底部席卷的风暴流改造形成的，在白垩系陆架斜坡上有很多类似的石灰岩层沉积被描述为平流沉积（Bein 和 Weiler，1976）。

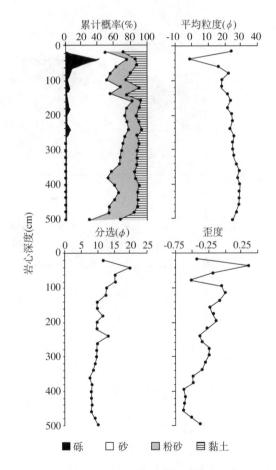

图 11-22　来自大巴哈马滩泥砂漂移 519m 水深处 30 号岩心的粒度数据和统计参数（据 Mullins 等，1980a）

可以看到，该岩心 50% ~ 80% 的沉积物粒度为砂或比砂更大

3. 现代生物建造

当今很多生物学家仍然认为珊瑚建造的丘或者礁是一个很好的范围，表明温暖、浅水和热带的环境，虽然 ▔ichert（1958）警告说造礁珊瑚只能在深的冷水中造礁。在佛罗里达海峡，大量岩化的更新世珊瑚丘，正式术语为岩礁，发现于小巴哈马滩的西部水深在 600 ～ 700m 的斜坡下部（Neumann 等，1977），这些断断续续的带状延伸的洋流成因的岩礁长 200km、宽 10 ～ 15km、厚度超过 70m，与台地边缘平行，是巴哈马地区最大的珊瑚礁（图 11-22，Mullins 和 Neumann，1979）。在布莱克高原和小巴哈马滩的斜坡北侧低部位同样发现类似的未岩化的生物礁（Stetson 等，1962；Neumann 等，1981）。一些深水的造礁生物类型也是多样的，包含 11 类 16 种，许多是孤立或者脆弱的种类（Neumann 等，1981）。

在地震反射剖面上，生物礁呈丘状或者杂乱反射，这些通常会被解释为水下滑动沉积（图 11-23）。但是，详细的观察会发现这些剖面的珊瑚丘是由原始平行反射分开的杂乱体（图 11-24），表明这些珊瑚丘具有原地建造特点。来自深潜研究车（DSRV ALVIN）的岩礁底部照片表明造礁生物密集生长在上升流的底部，而在下降流的底部没有造礁生物生长（图版XI-75）。珊瑚形成的有机骨架会捕获碳酸盐颗粒（图版XI-76 至图版XI-80）。这些颗粒被镁方解石胶结形成向地构造（图版XI-78）。这种沉积物地质建造断续延伸和水下胶结物一起构成"洋葱皮"状的内部构造（图版XI-75a）。

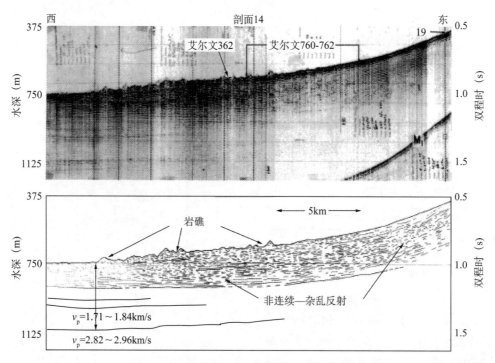

图 11-23　小巴哈马海佛罗里达州西部海峡 5in 汽枪地震反射剖面的照片（上）和线性解释
（据 Mullins 和 Neumann，1979）

可以看到丘状反射特征是斜坡基底岩礁的响应；还可以看到斜坡上部不具有类似特征；ALVIN 下潜点位置也标出

4. 古代生物建造

与现代相对应，古代也有大量的深水造礁珊瑚建造的例子，保存在岩石中的类似沉积却非常少。实际上，文献上出现的只是一小部分例子，虽然这种差异代表了实际上古代缺乏深水造礁生物或者是对化石的错误解释，但是，考虑到与现代例子的共同点，可能会有更多的古代生物礁即将被发现（Neumann 等，1981）。

岩石记录中的这些例子（时代为侏罗纪至古近纪），表明深水生物礁的形状常常是透镜状的灌木

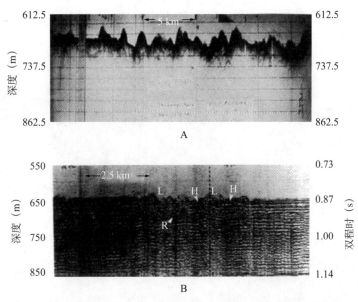

图 11-24　小巴哈马海滩西部岩礁的 12kHz PDR 剖面（上）

可以看到堤的密度及海底以上的水深（20～40m）；左右两边水深刻度是米；岩礁反射剖面的放大图（下）；可以看到，堤（L）形成的杂乱反射层不连续体与未受干扰的反射层（H）相分离；从水平反射层（R）来看，堤的垂直高度约 70m（由 H. T. Mullins 拍摄）

丛式，其骨架由单种珊瑚建造而成（Squires，1964；Coates 和 Kauffman，1973）。这些建造中不乏体积庞大的珊瑚碎屑，表现为横向洋流环境中形成的。新西兰古近纪的珊瑚群厚 3.4m、长 36.6m、直径达 75m（Squires，1964），除了珊瑚本身，还有很多其他的钙质无脊椎动物常出现在这些沉积中（Stanley，1979）。图版XI-79 是一例古代碳酸盐岩斜坡生物建造（Coates 和 Kauffman，1973）。

第五节　早期成岩特征

一、现代

由于底流和岩石间的生物相互作用以及化学不稳定性，加之碳酸盐岩矿物的活跃性，早期成岩特征有水下胶结球、硬底以及次生鸟眼孔隙，这些在现代和古代碳酸盐岩斜坡环境中都是常见的。在大巴哈马海岸斜坡的北部，活塞式岩心揭示了原地水下胶结球的存在，它们漂浮在砂质泥岩中（图版XI-81，Mullins 等，1980b）。球的直径有 6cm 且形状不规则，有大量的完整颗粒凸出（图版XI-81），颗粒成分完全是远洋的，如有孔虫、翼足类及生物内碎屑灰岩。颗粒由典型的无定形和偶尔的叶片状的镁方解石胶结而成（图版XI-82）。这些球状物形成于斜坡的中间平缓部位（1°～2°），这些地区的底流和生物扰动作用活跃（Mullins 等，1980b）。沿着斜坡向下相关关系指示逐渐变化，由硬底（深度在 375m 以上）到球状物（深度在 375～500m），再到软性半台地灰泥（深度大于 500m，图 11-25）。

水下胶结的硬地有典型的凸的或者包壳的上表面，这些在巴哈马北部地区，沿着底流冲刷的广海碳酸盐岩斜坡广泛分布（图版XI-83、图版XI-84）。这些硬底较细（不到 20cm），但是他们广泛分布于胶结物表面（Wilber，1976），结构上属于颗粒支撑，岩性上由镁方解石胶结（图版XI-85）。水下胶结物的表面被钻穿的生物孔形成大量宏观图版XI-86、图版XI-87 和微观图版XI-88 的钻孔碎屑，它们可以提供 50% 以上的次生孔隙（Wilber，1976；Wilber 和 Neumann，1977；Zeff 和 Perkins，1979）。钻孔海绵也是重要的颗粒来源，据 Moore 等报道，在 Jamaica 斜坡超过沉积物总量的 5% 以及粉砂级颗粒的 24% 由偏体海绵片组成。

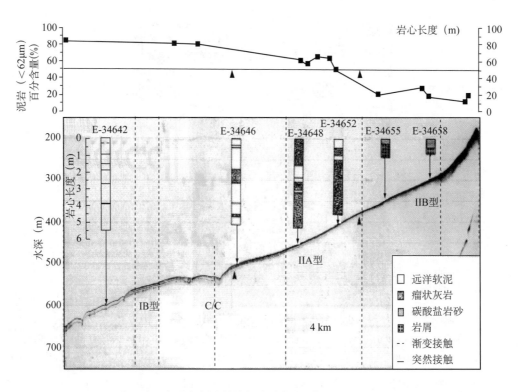

图 11-25　大巴哈马岛北部斜坡结核状碳酸盐岩（据 Mulling 等，1979，1980a）

来自样品表面的岩心的描述和泥的百分数重叠在一个 3.5kHz PDR 剖面；IB，IIA 和 IIb 三种类型指示了反射的形式由 Damuth 和 Hayes（1977）确定。注意到下坡的相的转变是从深部到上部层之间结核沉积，同时也从深海的浮游沉积到纯粹的深海沉积；这些转变与地形轮廓基底的潮流有着紧密的关联

二、古代

斜坡沉积的早期胶结程度从斑状假颗粒（Hopkins，1977）到球体密集网络（Snavely，1981），再到完全一致的胶结，正如海底滑动到碎屑的改造过程（Cook，1979a，b，c）。Snavely（1981）最近报道了在埃及始新世碳酸盐斜坡上形成了球状灰岩，这些早期的成岩球粒非常相似图版XI-89 至图版XI-93，且在现代斜坡也有这样的形状（Mullins 等，1980b；图版XI-81、图版XI-82），斜坡上的球状灰岩和似角砾岩很可能比现在识别的更普遍（Hopkins，1977）。在一些斜坡，早期的海相胶结是非常普遍的，就如普遍存在的半固结的远洋与半远洋泥岩存在于海相斜坡中。斜坡搬运了最上部 1～10m 的沉积物，因此半固结特征并不是压实所独有的结果。在 Cook 等（1972）讨论的加拿大泥盆纪，早期的海相胶结为颗粒的形成和砾岩物质流的启动发挥了重要作用。Snavely（1981）最近展示了形成于始新世碳酸盐斜坡的颗粒灰岩和硬底位于斜坡下部的碎屑流中。

第六节　物质搬运相相序、相组合与相模式

直到 20 世纪 70 年代早期，很少有碳酸盐岩被解释为沉积物重力流沉积（Cook 等，1972；Mountjoy 等，1972）。Cook 等（1972）强调了在加拿大泥盆纪海岸和生物礁边缘的浅水物质流沉积中识别和正确解释深水沉积物的潜在价值。他们强调这些再沉积的碳酸盐岩和它们内部的碎屑是有用的：（1）帮助确定一个地区的生物礁或建造的存在；（2）作为建造和礁缘的大致标志；（3）有利于生物建造的成岩作用和地貌发展的成因解释（即碎屑大多数是石灰岩的，有利于确定建造边缘是否是海岸或

者生物礁，确定成岩的时间，尤其是胶结和白云石化）；（4）为碳酸盐建造和周围盆地相的关系提供有利的岩性标志；（5）有利于确定某些碳酸盐岩盆地的储层潜力。Cook 等最近讨论了碳酸盐岩物质流沉积作为石油勘探目标的价值。

一、物质搬运相

在最近的十年里，整个地质时期世界范围内的碳酸盐盆地物质搬运相的产状已经被明确地建立起来了（如 Pray 和 Stehi，1962）。这一章展示了这些相发生于滑动和断崖、巨型角砾岩、砾岩、灰屑岩和钙质粉砂岩。所有这些相在碎屑类型（浅水与深水边缘，或者两者的混合），碎屑大小（一些巨砾岩直径达数十米）和形状（球状鲕粒和藻粒至斜坡的盘形碎屑和潮上泥岩）方面是截然不同的，一些出现了大量随机排列的层状碎屑漂浮在泥岩基质中，而其他则表现为明显的层状，扁平的碎屑呈平行的定向或叠瓦状排列。鲍马序列和反粒序在古代沉积物中非常普遍，他们的形状从片状体覆盖上百平方公里至侵蚀河道中的碎屑深达 200m。

二、相序和相组合

Walker 和 Mutti（1973）认为相序和相组合具有相同的含义，因而相组合为首选的或通常的序列是纯粹描述性的，由此产生的岩相序列没有任何环境解释。随意的海底滑动和巨砾岩产状就是一个相组合，把描述性的相序安排到具体的沉积环境中就是解释的第一步，解释的第二步是识别相组合，同样的滑动和巨砾岩相序可能被认为是斜坡下部环境，而被定义为斜坡下部相组合。虽然碳酸盐岩物质搬运相在许多盆地边缘和盆地相序非常常见，但是它们识别的相序的组织以及模型都是很少见的。这一层次的识别和解释正在进行，但是其发展速度明显慢于再沉积的碎屑相。研究的范围很广，从海岸和礁缘的精细相的侧向追踪至海进台地边缘层序厚度测量（图 11-26 至图 11-29），这使得我们可以对相组合和相序进行归纳（Thompson 和 Thomsson，1969 等）。物质搬运相的发展趋势从海底滑动和巨砾岩相至砾岩和灰屑岩相，最近被灰屑岩和钙质粉砂岩相所延续（Cook，1982）。当然也有典型的例外，就是含巨砾的碎屑流薄层可以搬运几十千米到海底平原的环境。McIlreah 和 James（1978）在一个关于碳酸盐岩斜坡的著名摘要中展示了一系列的沉积剖面，分别从台地边缘到斜坡再到平原环境。在这些剖面里，他们特意粗略的摆放了物质搬运相序（Enos 和 Moore，1982）。

三、相模式

Cook 等（1972）给出了一种早期的低位台地边缘模式，这一模式是基于加拿大艾伯塔盆地上泥盆统的数据（图 11-30），分别来自加拿大 Yukon 地区奥陶纪到泥盆纪的地表和地下研究结果（Cook 和 McDaniel）、得克萨斯州西部 Marathon 盆地的宾夕法尼亚纪、得克萨斯州西部 Guadalupe 山的二叠系、以及 Midland 和 Delaware 盆地的二叠系研究。图 11-30 的模式是不同特征的综合，首先，盆地边缘相有丰富的物质流沉积，但是这些碎屑不能形成相似的碎屑海底扇相序，而且这些物质更倾向于随机分布，形成薄层的水道和片状的灰屑岩浊流沉积，以及体积上非常庞大碎屑流，代表海岸和生物礁边缘的主要时期事件。该模式还可用于现代巴哈马台地间的低谷碳酸盐岩席状、楔形和裙状碎屑流沉积（Schlagrer 和 Chermak，1979）。因此，一个碳酸盐斜坡和盆地包括了大量的两个端元的二次沉积物。一个端元是薄层的灰屑岩浊流沉积构成，在台地边缘非常连续的分布；另一个端元由厚的、广泛分布的含巨砾碎屑流沉积，这是台地边缘主要时期沉积的主体部分。这些体积巨大的碎屑流是在一次事件中沿着斜坡搬运超过 100km 进入海底平原环境的近百千米毯状分布的。这些随机分布或者间歇性体积巨大的碎屑流难以形成系统的海底扇相层序，这些层序形成于许多碎屑沉积环境（Cook 和 Egbert，1981a；Cook，1982）。

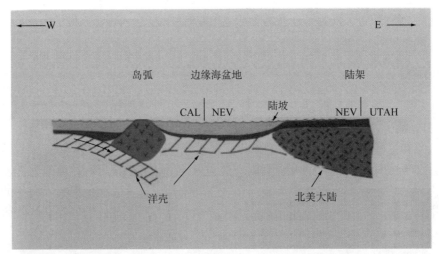

图 11-26 内华达州中部大陆边缘层序

a—早古生代草图（据 Burchfiel 和 Davis，1972；Churiin，1974；Stawart 和 Poole，1974，修改）；b—1500m 厚大陆边缘层序。
照片上的宽度约 2km；箭头指向的是 10m 厚的基底；上寒武统—下奥陶统

　　一些作者在讨论碳酸盐岩物质流相时随意地使用术语"扇"或者"海底扇"，而没有指出清晰的扇相存在的证据。许多碳酸盐岩块体流相很容易形成简单的席状或楔形沉积（图 11-15、图 11-30），而不是系统的具有扇根、扇中和扇端的扇相层序。术语"海底扇"和识别它的定义标准在文献中非常容易使人迷惑，且被粗略使用。没有理由让我们认为所有的碳酸盐岩物质流都形成海底扇。很多作者（Cook 等，1972；McIlreah，1977；Schlarge 和 Chermak，1979；Crevello 和 Schlager，1980）认识到他们所描述的物质流沉积没有形成系统的海底扇相。这些作者提及这些沉积时使用席状、楔形和裙边状等，而没有使用海底扇。

　　直到最近（Cook 和 Egbert，1981a，b，c），文献才没有把碳酸盐块体流的侧向和垂向层序与碎屑海底扇层序类比。在早古生代，美国西部的大陆边缘是朝海进积的层序（图 11-26，Cook 和 Talyor，1977）。Walker（1978）指出，很少有完整的海底扇相描述，其所指的是在进积斜坡部位，来自海底扇相的海进层序，向上通过扇沉积进入粉砂质泥岩沉积。Cook 等所描述的进积大陆边缘层序是特殊的、暴露良好的、1500m 厚的碳酸盐岩剖面，这个层序包括海相平原、海底扇、斜坡和台地边缘层序

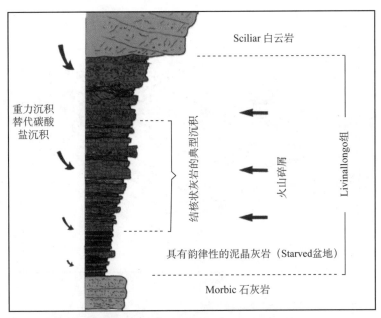

图 11-27 意大利北部三叠系海进碳酸盐岩台地边缘草图

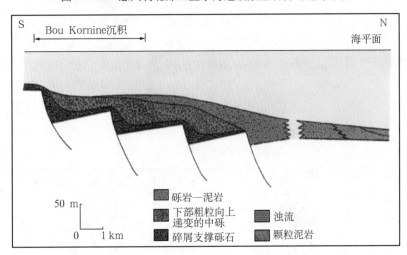

图 11-28 中巴通阶的岩性关系（据 Cossey 和 Ehrlich，1979）

模型是通过测量和对比小而且好的沉积层序建立的

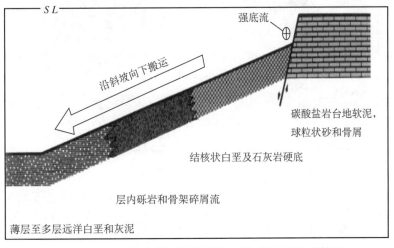

图 11-29 埃及红海岸底比斯组的主要岩性地层分布特征

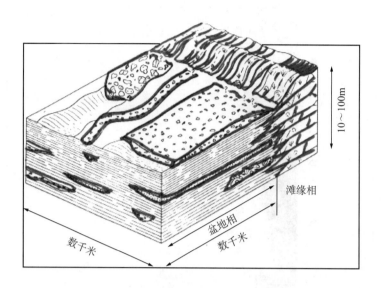

图 11-30　滩和珊瑚礁边缘大规模碳酸盐沉积（据 Cook 等，1972）

沉积中大部分地方发生了大范围的块体流；单个岩屑流在盆地中的沉积范围超过 100km²；注意到缺失了垂向上的海底扇沉积

（图 11-26）。这里既没有沉积环境的垂向连续记录，而且扇能沿着侧向沉积走向追踪数公里（图 11-26b）。图 11-31 至图 11-33 是初步的本地沉积模式，总结了大陆边缘和碳酸盐岩海底扇的主要相组合和相序。扇相层序由以下组成：与海底生物滑动有关的内部扇状供应水道、扇中为辫状分流河道（图 11-34、图版 XI-92 至图版 XI-94）；外部扇形席状层（图 11-35、图版 XI-95、图版 XI-96）和扇缘以及盆地平原相（图版 XI-97）。这些系统的扇层序与事件性的随机分布的碎屑流和灰屑浊流、片流形成了鲜明的对比，后者一般分布在盆地的边缘层序中（图版 XI-98）。

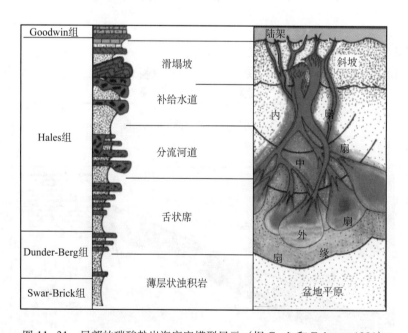

图 11-31　局部的碳酸盐岩海底扇模型显示（据 Cook 和 Egbert，1981）

沉积扇来源于两个浅水大陆架区域和通过更深的水道的改造以及滑动和滑塌进入块体流，大规模地滑动和沟道化通道砾岩，这些通道发生于内扇，钙质岩在不发生沟道化的中扇，和薄层的淤泥细砂大小的碳酸盐岩体的扇边缘和盆地平原；陆坡和扇相厚约 500m，盆地平原相厚约 1000m。模型基于在内华达州寒武系和奥陶系的研究

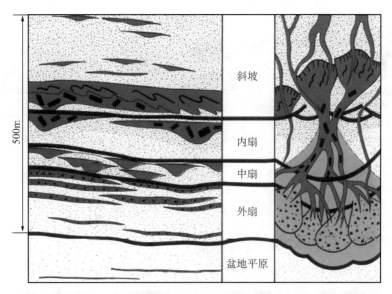

图 11-32　原形碳酸盐岩海底扇沉积模型（据 Cook 和 Egbert，1981a）

图解显示垂向上层序和侧向上层序发生在海进时期；模型基于内华达州寒武系和奥陶系的研究

Ktause 和 Oldershaw（1979）在加拿大寒武纪研究的基础上针对碳酸盐角砾岩提出了一个海底重力流模式（图 11-36、图 11-37）。这个模式和 Walker（1975，1978）提出的碎屑砾岩模式主要区别之一是对反粒序的砾岩和角砾岩的建议下降流位置。在 Ktause 和 Oldershaw 的模式中，反粒序碳酸盐岩占据了下降流位置，而 Walker 模式基于理论角度，发现反粒序碎屑更多的发生在上升流位置。

碳酸盐岩斜坡上由半固结灰泥的海底滑动可以逐渐地改造成砾岩沉积物重力流（Cook 和 Talyor，1977；Cook，1979a，b）。图 11-33 至图 11-37 的模式展示了碳酸盐岩海底滑动所经历的改造和变形阶段的总结。

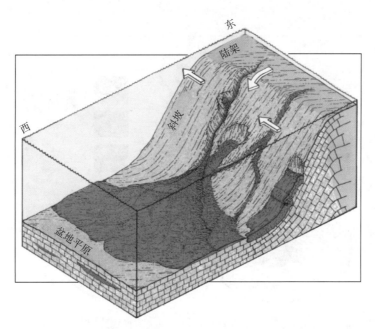

图 11-33　内华达州晚寒武世和早奥陶世关于大陆斜坡盆地向平原转变的解释模型（据 Cook 和 Egbert，1981a）

模型显示斜坡被切出大量的沟道，但不是大峡谷；碳酸盐岩水下扇发育在斜坡底和盆地平原；该水下扇的沉积物是由水下陆架的碳酸盐岩和深水滑脱碎屑混合而成；等高线向北沿上斜坡延伸

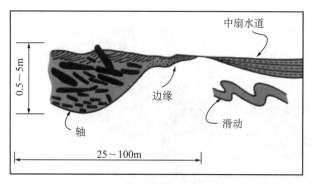

图 11-34　中扇分流水道的特点模型

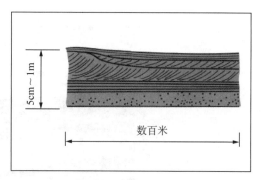

图 11-35　外扇边的浊积层，图版XI-102和图版XI-103单独描述了其沉积结构

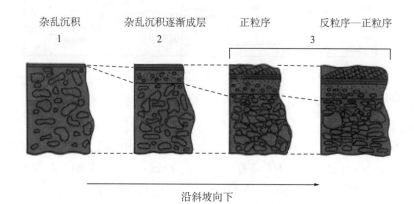

图 11-36　角砾岩类型分类

①杂乱层，角砾岩碎屑由杂乱的基质和颗粒支撑；②杂乱的层，杂乱的角砾碎屑基质和颗粒支撑上部覆盖角砾；③正粒序和反粒序，基质主要由破碎的角砾组成

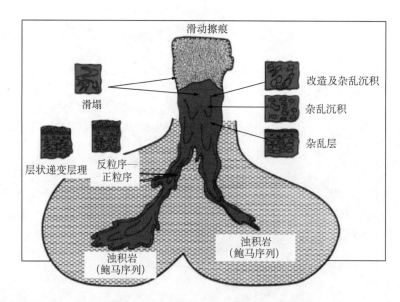

图 11-37　假设的海底沉积—碳酸盐岩角砾岩层沉积重力流模式（据 Krause 和 Oldershaw，1979）

这个过程开始于海底滑动和斜坡沉积物（碳酸盐岩角砾岩）的滑动；块体流作为一个液化的悬浮物，分散和重组；产生无定向的碎屑岩沉积物；水分不多的沉积物重力流和混合着上覆水体重力流继续向下滑动在流体的顶部产生了一个浊流

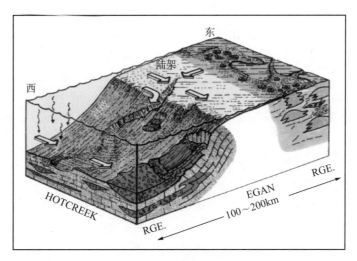

图 11-38 早古生代重力流砾岩及水下滑坡产生的角砾岩

（展示了美洲西部大陆边缘沉积模式；据 Cook 和 Taylor，1977）

第七节　对油气生产的意义

　　正如 Enos 和 Moore（1982）所讨论的，对碳酸盐岩斜坡进行油气开发最著名的例子来自于墨西哥湾的白垩系（Enos，1977a），其储层主要为碳酸盐岩重力流沉积。在得克萨斯州西部地区的 Delaware 和 Midland 盆地的二叠系，发育了来自斜坡和边缘沉积物的碳酸盐岩浊流和碎屑流，其储层含油气性与墨西哥湾白垩系相似，但产能略低（图版 XI-105，Cook 等，1972）。这些油气田离大陆架边缘约 15 ~ 30km，储层主要由三种类型的浅水来源的碎屑所组成：（1）碳酸盐巨型角砾岩碎屑流，单个颗粒直径有 6m；（2）鹅卵石至圆石型的碎屑流和浊流沉积；（3）灰屑岩浊流。这三种沉积物重力流储层孔隙都发育，但是灰屑岩浊流的渗透率最好。

　　这些二叠系的灰屑岩浊流的大多数的孔隙是沉积后成因的，主要的孔隙类型为粒间溶蚀，选择性的溶蚀了海百合和藻类颗粒间的灰泥，其他类型的孔隙包括生物内碎屑和溶蚀生物印模、裂缝和溶蚀裂缝。和灰屑岩浊流储层相比较，砾石质碎屑流的颗粒和暗色灰泥质通常都发生了强烈的白云化，至少泥质的白云化作用发生在沉积后。因此，白云化泥质孔隙是粒间或裂缝溶蚀，碎屑的孔隙有晶间、晶内和裂缝孔隙。

　　当勘探进入深水碳酸盐岩斜坡和盆地环境，更多这种类型的储层会被寻找和发现，因此，掌握深水碳酸盐重力流沉积物的属性、成因和相组合会变得更加重要（Cook，1982）。Cook 和 Egbert（1981a）在其碳酸盐岩海底扇相的描述中提出："碳酸盐岩盆地中的物质搬运虽然是普遍的，但是通常是呈席状或碎屑楔状分布的…"（图 11-11、图 11-23）。他们认为碳酸盐岩海底扇相类似于碎屑岩扇层序的认识具有新颖性，同时提出了几个问题：（1）碳酸盐岩盆地中什么样的沉积和构造条件有利于扇的发育？（2）这些条件和碎屑岩扇的发育条件相似吗，或者说碳酸盐岩扇发育有特殊的条件？识别了碳酸盐岩海底扇和控制沉积模式的地质条件，就可以用预测的最大沉积物的堆积面积来帮助勘探深水碳酸盐岩环境的油气储层。

致谢

　　我们集成了一个图集，记录了斜坡层序地理和地层学上的多样性和普遍性。图集选自很多人，我们非常感谢他们，如果没有他们的帮助，这样一个大量插图的文章是难以完成的。

参 考 文 献

Ahr, W. M., 1973, The carbonate ramp: An alternative to the shelf model: Trans., Gulf Coast Assoc. Geol. Socs., v. 23, p. 221—225.

Bagnold, R. A., 1954, Experiments in the gravity—free dispersion of large spheres in a Newtonian fluid under shear: Royal Soc. London Proc., Ser. A, v. 225, p. 49—53.

Bagnold, R. A., 1956, The flow of cohesionless grains in fluid: Trans., Royal Soc. London Phil. Ser. A, v. 249, p. 235—297.

Bagnold, R. A., 1966, An approach to the sediment transport problem from general physics: U.S. Geol. Survey, Prof. Paper 422—1, 37 p.

Ball, M. M., 1967, Tectonic control of the configuration of the Bahama Banks: Trans., Gulf Coast Assoc. Geol. Socs., v. 17, p. 265—267.

Barbat, W. F., 1958, The Los Angeles Basin area, California, in Habitat of Oil: AAPG Spec. Pub., p. 62—77.

Bein, A., and Y. Weiler, 1976, The Cretaceous Talme Yafe Formation; a contour current shaped sedimentary prism of calcareous detritus at the continental margin of the Arabian craton: Sedimentology, v. 23, p. 511—532.

Bloomer, R. R., 1977, Depositional environments of a reservoir sandstone in west—central Texas: AAPG Bull., v. 61, p. 344—359.

Boardman, M. R., 1978, Holocene deposition in Northwest Providence Channel, Bahamas; a geochemical approach: Chapel Hill, Univ. of North Carolina, Ph. D. dissert., 155 p.

Bornhold, B. D., and O. H. Pilkey, 1971, Bioclastic turbidite sedimentation in Columbus Basin, Bahamas: Geol. Soc. America Bull., v. 82, p. 1341—1354.

Bosellini, A., and D. Rossi, 1974, Triassic carbonate buildups of the Dolomites, northern Italy, in L. F. Laporte, ed., Reefs in time and space: SEPM Spec. Pub. 18, p. 209—233.

Bouma, A. H., 1962, Sedimentology of some flysch deposits: Amsterdam, Elsevier Sci. Pub., 168 p.

Bouma, A. H., et al, 1976, Gyre Basin, an intraslope basin in northwest Gulf of Mexico, in Beyond the shelf break: AAPG Marine Geol. Comm. Short Course, v. 2, p. E—1 toE—28.

Burk, C. A., and C. L. Drake, 1974, Geologic significance of continental margins, in C. A. Burk and C. L. Drake, eds., The geology of continental margins: New York, Springer—Verlag Pub., p. 3—10.

Burne, R. V., 1974, The deposition of reef—derived sediment upon a bathyal slope; the deep off—reef environment, north of Discovery Bay, Jamaica: Marine Geol., v. 16, p. 1—19.

Byers, C. W., 1977, Biofacies patterns in euxinic basins; a general model, in H.E. Cook and P. Enos, eds., Deep—water carbonate environments: SEPM Spec. Pub. No. 25, p. 5—17.

Carter, R. M., 1975, A discussion and classification of subaqueous mass—transport with particular application to grain—flow, slurry—flow, and fluxoturbidites: Earth Science Rev., v. 11, p. 145—177.

Coates, A. G., and E. G. Kauffman, 1973, Stratigraphy, paleontology, and paleoenvironment of a Cretaceous coral thicket, Lamy, New Mexico: Jour. Paleont., v. 47, no. 5, p. 953—968.

Conaghan, P. J., et al, 1976, Nubrigyn algal reefs (Devonian), eastern Australia; allochthonous blocks and mega—breccias: Geol. Soc. America Bull., v. 87, p. 515—530.

Cook, H. E., 1979a, Ancient continental slope sequences and their value in understanding modern slope development, *in* L. S. Doyle and O. H. Pilkey eds., Geology of continental slopes: SEPM Spec. Pub. No. 27, p. 287—305.

Cook, H. E., 1979b, Small—scale slides on intercanyon continental slope areas, Paleozoic, Nevada (abs.) : Geol. Soc. America Ann. Mtg., v. 11, p. 405.

Cook, H. E., 1979c, Generation of debris flows and turbidity current flows from submarine slides (abs.) : AAPG Bull., v.63, p. 435.

Cook, H. E., 1981c, Late Cambrian—Early Ordovician deep water carbonates, Hot Creek Range, central Nevada, *in* M. E. Taylor, ed., Cambrian stratigraphy and paleontology of the Great Basin and vicinity, western United States : 2nd In—ternat. Symp. on Cambrian System Field Trip Guidebook No. 1, p. 51—770.

Cook, H. E., and M. E. Taylor, 1977, Comparison of continental slope and shelf environments in the Upper Cambrian and Lowest Ordovician of Nevada, *in* H. E. Cook and P. Enos, eds., Deep—water carbonate environments: SEPM Spec. Pub. No. 25, p. 51—82.

Cook, H. E., and P. Enos, 1977a, Deep—water carbonate environments—an introduction, *in* H. E. Cook and P. Enos, eds., Deep—water carbonate environments: SEPM Spec. Pub. No. 25, p. 1—3.

Cook, H. E., and P. Enos, eds., 1977b, Deep—water carbonate environments: SEPM Spec. Pub. No. 25, 336 p.

Cook, H. E., and R. M. Egbert, 1981a, Carbonate submarine fans along a Paleozoic prograding continental margin, western United States (abs.) : AAPG Bull., v.65, p. 913.

Cook, H. E., and R. M. Egbert, 1981b, Late Cambrian—Early Ordovician continental margin sedimentation, central Nevada, *in* M.E. Taylor, ed., 2nd International Symposium on the Cambrian System Proceedings: U.S. Geol. Survey, Open—File Rept. 81—743, p.50—56.

Cook, H. E., et al, 1972, Allochthonous carbonate debris flows at Devonian bank ("reef") margins, Alberta, Canada: Bull. Canadian Petroleum Geology, v. 20, p. 439—497.

Cossey, S. P. J., and R. Ehrlich, 1979, A conglomeratic, carbonate flow deposit, northern Tunisia ; a link in the genesis of pebbly—mudstones: Jour. Sed. Petrology, v. 49, p. 11—22.

Crawford, G. A., 1981, Allochthonous carbonate rocks in toe—of—slope deposits (Permian, Guadalupian), Guadalupe Mountains, west Texas (abs.) : AAPG Bull., v. 65, p. 914.

Crevello, P. D., 1978, Debris—flow deposits and turbidites in a modern carbonate basin, Exuma Sound, Bahamas: Coral Gables, Univ. of Miami, M.S. thesis, 133 p.

Crevello, P. D., and W. Schlager, 1980, Carbonate debris sheets and turbidites, Exuma Sound, Bahamas: Jour. Sed. Petrology, v. 50, p. 1121—1147.

Curran, J. F., K. B. Hall, and R. F. Herron, 1971, Geology, oil fields, and future petroleum potential of Santa Barbara Channel area, California, *in* Future petroleum provinces of the United States—their geology and potential: AAPG Mem. 15, p. 192—211.

Damuth, J. E., and D. E. Hayes, 1977, Echo—character of the east Brazilian continental margin and its relationship to sedimentary processes: Marine Geology, v. 24, p. 73—95.

Davies, G. R., 1977, Turbidites, debris sheets, and truncation structures in Upper Paleozoic deep—water carbonates of the Sverdrup Basin, Arctic Archipelago, *in* H. E. Cook and P. Enos, eds., Deep—water carbonate environments: SEPM Spec. Pub. No. 25, p. 221—247.

Dill, R. F., 1966, Sand flows and sand falls, *in* R. W. Fairbridge, ed., Encyclopedia of

Oceanography: New York, Rheinhold, p. 763—765.

Dott, R. H., and K. J. Bird, 1979, Sand transport through channels across an Eocene shelf and slope in southwestern Oregon, in O. H. Pilkey and L. S. Doyle, eds., Geology of continental slopes: SEPM Spec. Pub. No. 27, p. 327—342.

Dott, R. H., Jr., 1963, Dynamics of subaqueous gravity depositional processes: AAPG Bull., v. 47, p. 104—128.

Doyle, L., and O. H. Pilkey, eds., 1979, Geology of continental slopes: SEPM Spec. Pub. No. 27, 374 p.

Enos, P., 1977c, Flow regimes in debris flow: Sedimentology, v. 24, p. 133—142.

Enos, P., 1977a, Tamabra Limestone of the Poza Rica Trend, Cretaceous, Mexico, in H. E. Cook and P. Enos, eds., Deep—water carbonate environments: SEPM Spec. Pub. No. 25, p. 273—314.

Enos, P., 1977b, Diagenesis of a giant: Poza Rica Trend, Mexico (abs.), in D. G. Bebout and R. G. Loucks, eds., Cretaceous carbonates of Texas and Mexico, applications to subsurface exploration: Austin, Texas Bur. Econ. Geol., Rept. Inv. 89, p. 324.

Enos, P., 1985, Poza Rica field, Veracruz, Mexico, in P. O. Roehl and P. W. Choquette, eds., Carbonate petroleum reservoirs; a casebook: New York, Springer—Verlag Pub.

Ewing, M., et al, 1969, Initial reports of the deep—sea drilling project: Washington D.C., U.S. Govt. Printing Office, v. 1, 672 p.

Fischer, A. G., and R. E. Garrison, 1967, Carbonate lithification on the sea floor: Jour. Geology, v. 75, p. 488—497.

Fisher, R. V., 1971, Features of coarsegrained, high—concentration fluids and their deposits: Jour. Sed. Petrology, v. 41, p. 916—927.

Flores, V. Q., 1978, Paleosedimentologia en la zona de Sitio Grande—Sabancuy: Petroleo Internacional, v. 26 (Nov. 1978), p. 44—48.

Freeman—Lynde, R. P., et al, 1979, Defacement of the Bahama Escarpment: EOS, v. 60, no. 18, p. 286.

Gardett, P. H., 1971, Petroleum potential of Los Angeles, California, in Future petroleum provinces of the United States—their geology and potential: AAPG Mem. 15, p. 298—308.

Garrison, R. E., and A. G. Fischer, 1969, Deep—water limestones and radiolarites of the Alpine Jurassic, in G. M. Friedman, ed., Depositional environments in carbonate rocks: SEPM Spec. Pub. No.14, p. 20—56.

Ginsburg, R. N., and N. P. James, 1974, Holocene carbonates of continental shelves, in C. A. Burk and C. L. Drakes, eds., Geology of continental margins: New York, Springer—Verlag Pub., p. 137—155.

Hampton, M. A., 1972, The role of subaqueous debris flow in generating turbidity currents: Jour. Sed. Petrology, v. 42, p. 775—793.

Hampton, M. A., 1975, Competence of fine—grained debris flows: Jour. Sed. Petrology, v. 45, p. 834—844.

Hampton, M. A., 1979, Buoyancy in debris flows: Jour. Sed. Petrology, v. 49, p. 753—758.

Hana, J. C., and C. H. Moore, 1979, Quaternary temporal framework of reef to basin sedimentation, Grand Cayman, British West Indies: Geol. Soc.America Abs. with Programs, v. 11, p.438.

Hedberg, H. D., 1970, Continental margins from the view point of the petroleum geologist: AAPG Bull., v. 54, p. 3–43.

Heezen, B. C., and C. D. Hollister, 1971, The face of the deep: New York, Oxford Univ. Press, 659 p.

Hine, A. C., and A. C. Neumann, 1977, Shallow carbonate bank margin growth and structure, Little Bahama Bank, Bahamas: AAPG Bull., v. 61, p. 376–406.

Hopkins, J. C., 1977, Production of foreslope breccia by differential submarine cementation and downslope displacement of carbonate sands, Miette and Ancient Wall buildups, Devonian, Canada, in H. E. Cook and P. Enos, eds., Deep–water carbonate environments: SEPM Spec. Pub. No. 25, p. 155–170.

Hubert, J. E., R. K. Suchecki, and R. K. M. Callahan, 1977, The Cowhead Breccia; sedimentology of the Cambro–Ordovician continental margin, Newfoundland, in H. E. Cook and P. Enos, eds., Deep–water carbonate environments: SEPM Spec. Pub. No. 25, p. 125–154.

James, N. P., and R. N. Ginsburg, 1979, The deep seaward margin of Belize barrier and atoll reefs: Internat. Assoc. Sedimentols. Spec. Pub. 3, 191 p.

Johns, D. R., et al, 1981, Origin of a thick, redeposited carbonate bed in Eocene turbidites of the Hecho Group, south–central Pyrenees, Spain: Geology, v. 9, p. 161–164.

Keith, B. D., and G. M. Friedman, 1977, A slope–fan–basin–plain model, Taconic sequences, New York and Vermont: Jour. Sed. Petrology, v. 47, p. 1220–1241.

Kier, J. S., and O. H. Pilkey, 1971, The influence of sea–level changes on sediment carbonate mineralogy—Tongue of the Ocean, Bahamas: Marine Geology, v. 11, p. 189–200.

Krause, F. F., and A. E. Oldershaw, 1979, Submarine carbonate breccia beds—a depositional model for two–layer, sediment gravity flows from the Sekwi Formation (Lower Cambrian), Mackenzie Mountains, Northwest Territories, Canada: Canadian Jour. Earth Sci., v. 16, p. 189–199.

Land, L. S., 1979, Chert–chalk diagenesis; the Miocene island slope of north Jamaica: Jour. Sed. Petrology, v. 49, no. 1, p. 223–232.

Lowe, D. R., 1976a, Subaqueous liquefied and fluidized sediment flows and their deposits: Sedimentology, v. 23, p. 285–308.

Lowe, D. R., 1976b, Grain flow and grain flow deposits: Jour. Sed. Petrology, v. 46, p. 188–199.

Lowe, D. R., 1979, Sediment gravity flows; their classification and some problems of application to natural flows and deposits, in L. S. Doyle and O. H. Pilkey, eds., Geology of continental slopes: SEPM Spec. Pub. No. 27, p. 75–82.

Lowe, D. R., 1982, Sediment gravity flows; II.depositional models with special reference to the deposits of high–density turbidity currents: Jour. Sed.Petrology, v. 52, p.279–297.

Mattick, R. E., et al, 1978, Petroleum potential of U.S. Atlantic slope, rise, and abyssal plain: AAPG Bull., v. 62, p. 592–608.

McDaniel, P. N., and L. C. Pray, 1967, Bank to basin transition in Permian (Leonardian) carbonates, Guadelupe Mountains, Texas (abs.): AAPG Bull., v. 51, p. 474.

McGovney, J. E., 1981, Resedimented deposits and evolution of Thornton (Niagran), northeastern Illinois (abs.): AAPG Bull., v. 65, p. 957.

McIlreath, I. A., 1977, Accumulation of a Middle Cambrian, deep–water limestone debris apron adjacent to a vertical, submarine carbonate escarpment, southern Rocky Mountains, Canada, in

H. E. Cook and P. Enos, eds., Deep-water carbonate environments: SEPM Spec. Pub. No. 25, p. 113-124.

McIlreath, I. A., and N. P. James, 1978, Facies models 12; carbonate slopes: Geoscience Canada, v. 5, no. 4, p. 189-199.

Meischner, K. D., 1964, Allodapische Kalke, Turbidite in riff-nahen Sedimentatins-becken, in A. H. Bouma and A. Brouwer, eds., Turbidites: Amsterdam, Elsevier Pub., p. 156-191.

Middleton, G. V., 1970, Experimental studies related to problems of flysch sedimentation, in J. Lajoie, ed., Flysch sedimentology in North America: Geol. Assoc. Canada Spec. Paper 7, p. 253-272.

Middleton, G. V., and M. A. Hampton, 1973, Mechanics of flow and deposition, in G. V. Middleton and A. H. Bouma, eds., Turbidites and deep water sedimentation: Anaheim, Calif., SEPM Pacific Sec. Short Course, p. 1-38.

Middleton, G. V., and M. A. Hampton, 1976, Subaqueous sediment transport and deposition by sediment gravity flows, in D. J. Stanley and D. J. P. Swift, eds., Marine sediment transport and environmental management: New York, John Wiley and Sons, p. 197-218.

Milliman, J. D., and J. Muller, 1973, Precipitation and lithification of magnesian calcite in the deep-sea sediments of the eastern Mediterranean Sea: Sedimen-tology, v. 20, p. 29-46.

Milliman, J. D., D. A. Ross, and T. H. Ku, 1969, Precipitation and lithification of deep-sea carbonates in the Red Sea: Jour. Sed. Petrology, v. 39, p. 724-736.

Mitchum, R. M., Jr., 1978, Seismic strati-graphic investigation of West Florida Slope, Gulf of Mexico: AAPG Stud, in Geology No. 7, p. 193-223.

Moore, C. H., E. A. Graham, and L. S. Land, 1976, Sediment transport and dispersal across the deep fore-reef and island slope ('55 m to '305 m), Discovery Bay, Jamaica: Jour. Sed. Petrology, v. 46, p. 174-187.

Morgenstern, N., 1967, Submarine slumping and the initiation of turbidity currents, in A. F. Richards, ed., Marine Geotechnique: Urbana, Univ. of Illinois Press, p. 189-220.

Mountjoy, E. W., 1967, Factors governing the development of the Frasnian, Miette and Ancient Wall, reef complexes (banks and biostromes), Alberta, in D. H. Os ward, ed., International Symposium on the Devonian System: Calgary, Alberta Soc. Petroleum Geols., 1967, v. 2, p. 387-408.

Mountjoy, E. W., et al, 1972, Allochthonous carbonate debris flows—worldwide indicators of reef complexes, banks, or shelf margins: Montreal, 24th Internat. Geol. Cong., Sec. 6, p. 172-189.

Muller, J., and F. Fabricius, 1974, Mag-nesian-calcite nodules in the Ionian deep-sea; an actualistic model for the formation of some nodular limestones: Internat. Assoc. Sedimentol Spec. Pub. No. 1, p. 235-247.

Mullins, H. T., M. R. Boardman, and A. C.Neumann, 1979, Echo-character of off-platform carbonates: Marine Geology, v. 32, p. 251-268.

Mullins, H. T., 1978, Deep carbonate bank margin structure and sedimentation in the Northern Bahamas: Chapel Hill, Univ. of North Carolina, Ph.D. dissert., 166 p.

Mullins, H. T., and A. C. Neumann, 1979, Deep-carbonate bank margin structure and sedimentation in the northern Bahamas: SEPM Spec. Pub. No. 27, p. 165-192.

Mullins, H. T., and G. W. Lynts, 1977, Origin of the northwestern Bahama platform; review and reinterpretation: Geol. Soc. America Bull., v. 88, p. 1447—1461.

Mullins, H. T., and H. M. Van Buren, 1979, Modern modified carbonate grain flow deposit: Jour. Sed. Petrology, v. 48, p. 747—752.

Mullins, H. T., et al, 1980a, Carbonate sediment drifts in the northern Straits of Florida: AAPG Bull., v. 64, p. 1701—1717.

Mullins, H. T., et al, 1980b, Nodular carbonate sediment on Bahamian slopes; possible precursors to nodular limestones: Jour. Sed. Petrology, v. 50, no. 1, p.171—131.

Mullins, H. T., et al, 1981, Modern deep—water coral mounds north of Little Bahama Bank: Criteria for the recognition of deep—water coral bioherms in the rock record: Jour. Sed. Petrology, v. 51, p. 999—1013.

Mullins, H. T., et al, 1982, Geology of Great Abaco Canyon; observations from the research submersible ALVIN: Marine Geology, v. 48, in press.

Mullins, H. T., et al, Anatomy of a mod—dern open ocean carbonate slope; Northern Little Bahama Bank: Jour. Sed. Petrology.

Mullins, H. T., et at, 1978, Characteristics of deep Bahama channels in relation to hydrocarbon potential: AAPG Bull., v. 62, p. 693—704.

Nagel, H. E., and E. S. Parker, 1971, Future oil and gas potential of onshore Ventura Basin, California, in Future petroleum provinces of the United States—their geology and potential: AAPG Mem. 15, p. 254—297.

Nardin, T. R., et al, 1979, A review of mass movement processes, sediment and acoustic characteristics, and contrasts in slope and base—of—slope systems versus canyon—fan—basin floor systems, in O. H. Pilkey and L. S. Doyle, eds., Geology of continental slopes: SEPM Spec. Pub. No. 27, p. 61—73.

Neumann, A. C., 1974, Cementation, sedimentation, and structure on the flanks of a carbonate platform, northwestern Bahamas, in Recent advances in carbonate studies (Abs. V): Fairleigh Dickinson Univ., West Indies Lab. Spec. Pub. 6, p. 26—30.

Neumann, A. C., 1977, Carbonate margins: NSA—NRC Rev. of Geology of Continental Margins, 13 p.

Neumann, A. C., and M. M. Ball, 1970, Submersible observations in the Straits of Florida; geology and bottom currents: Geol. Soc. America Bull., v. 81, p. 2861—2874.

Neumann, A. C., J. W. Kofoed, and G. H. Keller, 1977, Lithoherms in the Straits of Florida: Geology, v. 5, p. 4—10.

Pauli, C. K., and W. P. Dillon, 1980, Ero—sional origin of the Blake Escarpment; an alternative hypothesis: Geology, v.8, p. 538—542.

Pfeil, R. W., and J. F. Read, 1980, Cambrian carbonate platform margin facies, Shady Dolomite, southwestern Virginia, U.S.A.: Jour. Sed. Petrology, v. 50, p. 91—116.

Pray, L. C., and F. G. Stehli, 1962, Al lochthonous origin, Bone Springs "patch reefs," west Texas (abs.) : Geol. Soc. America Spec. Paper 73, p. 218—219.

Read, J. F., 1980, Carbonate ramp—to—basin transitions and foreland basin evolution, Middle Ordovician, Virginia Appalachians: AAPG Bull., v. 64, p. 1575—1612.

Schanmugam, S., and G. L. Benedict, 1978, Fine—grained carbonate debris flow, Ordovician basin margin, southern Appalachians: Jour. Sed. Petrology, v. 48, p. 1233—1240.

Schlager, W., and A. Chermak, 1979, Sediment facies of platform—basin transi—tion, Tongue of the Ocean, Bahamas, in O. H. Pilkey and L. S. Doyle, eds., Geology of continental slopes: SEPM Spec ʾub. No. 27, p. 193—208.

Schlager, W., and N. P. James, 1978, Low—mag nesian calcite limestones forming at the deep—sea floor, Tongue of the Ocean, Bahamas: Sedimentology, v. 25, p. 675—702.

Schlanger S. O., and J. Combs, 1975, Hydrocarbon potential of marginal basins bounded by an island arc: Geology, v. 3, p. 397—400.

Schlee, J., et al, 1977, Petroleum geology on the U.S. Atlantic Gulf of Mexico margins, in Exploration and economics of the petroleum industry: Proc., Southwestern Legal Found, v. 15, p. 47—93.

Scholle, P. A., 1977, Chalk diagenesis and its relation to petroleum exploration; oil from chalks, a modern mir—cale? AAPG Bull., v. 61, p. 982—1009.

Sheridan, R. E., 1974, Atlantic continental margin of North America, in C. A. Burk and C. L. Drake, eds., Geology of continental margins: New York, Springer—Verlag Pub., p. 391—407.

Smith, D. L., 1977, Transition from deep—to shallow—water carbonates, Paine Member, Lodgepole Formation, Central Montana, in H. E. Cook and P. Enos, eds., Deep—water carbonate environments: SEPM Spec. Pub. No. 25, p. 187—201.

Snavely, P. D., Ill, 1981, Early diagenetic controls on allochthonous carbonate debris flows— examples from Egyptian lower Eocene platform—slope (abs.) : AAPG Bull., v. 65, p. 995.

Squires, D. F., 1964, Fossil coral thickets in Wairarapa, New Zealand: Jour. Paleontology, v. 38, no. 5, p. 904—915.

Stanley, D. J., and E. Kelling, eds., 1978, Sedimentation in submarine canyons, fans, and trenches: Stroudsburg, Pa. Dowden, Hutchinson and Ross, 395 p.

Stanley, G. D., 1979, Paleoecology, structure, and distribution of Triassic coral buildups in western North America: Univ. Kansas Paleontol. Contrib. Art. 65, 58 p.

Stauffer, P. H., 1967, Grain flow deposits and their implications, Santa Ynez Mountains, California: Jour. Sed. Petrology, v. 37, p. 487—508.

Stetson, T. R., D. F. Squires, and R. M. Pratt, 1962, Coral banks occurring in deep water on the Blake Plateau: Am. Mus. Novitates, no. 2114, p. 1—39.

Teichert, C., 1958, Cold—and deep—water coral banks: AAPG Bull., v. 42, p. 1064—1082.

Thompson, T. L., 1976, Plate tectonics in oil and gas exploration of continental margins: AAPG Bull., v. 60, p.1463—1501.

Thomsom, A. F., and M. R. Thomasson, 1969, Shallow to deep water facies development in the Dimple Limestone (lower Pennsylvanian), Marathon region, Texas, in G. M. Friedman, ed., Depositional environments in carbonate rocks: SEPM Spec. Pub. No. 14, p. 57—78.

Uchupi, E., 1969, Morphology of the continental margin off southeastern Florida: Southeastern Geology, v. 11, p. 129—134.

Varnes, D. J., 1978, Slope movement types and processes, in R. L. Schuster and R. J. Krizek, eds., Landslides; analysis and control: Transportation Research Board, Natl. Acad. Sci., Spec. Rept. 176, p. 11—33.

Walker, R. G., 1975, Generalized facies models for resedimented conglomerates of turbidite association: Geol. Soc. America Bull., v. 86, p. 737—748.

Walker, R. G., 1978, Deep–water sandstone facies and ancient submarine fans; models for exploration for stratigraphic traps: AAPG Bull., v. 62, p. 932–966.

Walker, R. G., and E. Mutti, 1973, Turbidite facies and facies associations, in G. V. Middleton and A. H. Bouma, eds., Turbidites and deep water sedimentation: Anaheim, Calif., SEPM Pac. Sec. Short Course, p. 119–158.

Wange, F. F. H., and V. E. McKelvey, 1976, Marine mineral resources, in G.J. S Govett and M. H. Govett, eds., World mineral supplies: New York, Elsevier Sci. Pub., p. 221–286.

Weeks, L. G., 1974, Petroleum resource potential of continental margins, in C. A. Burk and C. L. Drake, eds., The geology of continental margins: New York, Springer–Verlag Pub., p.953–964.

Wilber, R. J., 1976, Petrology of submarine lithified hardgrounds and lithoherms from the deep flank environment of Little Bahama Bank (northeastern Straits of Florida): Durham, N.C., Duke Univ., M.S. thesis, 241 p.

Wilber, R. J., and A. C. Neumann, 1977, Porosity controls in subsea cemented rocks from deep–flank environment of Little Bahama Bank: AAPG Bull., v. 61, p. 841.

Wilde, P., W. R. Normark, and T. E. Chase, 1978, Channel sands and petroleum potential of Monterey deep–sea fan, California: AAPG Bull., v. 62, p. 976–983.

Wilson, J. L., 1969, Microfacies and sedimentary structures in "deeper water" lime mudstone, in G. M. Friedman, ed., Depositional environments in car–bonate rocks: SEPM Spec. Pub. No.14, p. 4–19.

Wilson, J. L., 1975, Carbonate facies in geological history: Berlin, Springer–Verlag Pub. 471 p.

Worzel, J. L., et al, 1973, Initial reports of the Deep–Sea Drilling Project: Washington, D.C., U.S. Govt. Printing Office, v. 10, 748 p.

Yarborough, H., 1971, Sedimentary environments and the occurrence of ma–jor hydrocarbon accumulations (abs.): Trans., Gulf Coast Assoc. Geol. Socs., v. 21, p. 82.

Yurewicz, D. A., 1977, Sedimentology of Mississippian basin–facies carbonates, New Mexico and west Texas—the Ran–cheria Formation, in H. E. Cook and P. Enos, eds., Deep–water carbonate environments: SEPM Spec. Pub. No.25, p. 203–219.

Zeff, M. L., and R. D. Perkins, 1979, Microbial alteration of Bahamian deep–sea carbonates: Sedimentology, v. 26, p. 175–201.

第十二章　深海沉积环境

Peter. A.Scholle Michael A. Arthur Allan A. Ekdale

准确定义"深海相"并非易事，因为深海沉积物中包含有生物和非生物成因的多样组分，而且"深海"一词也没有特定的深度内涵。我们采用 Jenkys（1978）的描述，"pelagic"一词是指开放海环境的沉积物，无论是在陆表海和陆架外侧区，还是在洋壳之上的深海区域，如抗震中脊、洋中脊、淹没平原、深海平原等（图 12–1），同时也指那些栖息在开放海并被排除在边缘海相环境外的有机体。通常，深海沉积不包含陆源碎屑沉积物。这一章主要讨论碳酸盐沉积物的沉积过程以及对碳酸盐岩沉积相的识别，也讨论其他相关的深海沉积（如生物硅酸盐、红泥等）和半深海沉积（如颗粒分选较好的陆源碎屑沉积物）。深海沉积包含颗粒缓慢沉降过程中出现在地表水中的生物化学物质，而半深海沉积则以再沉积物为特征，不是在斜坡上掺入悬浮的浊流沉积物，就是从底部流或雾状流沉降下来的沉积物。

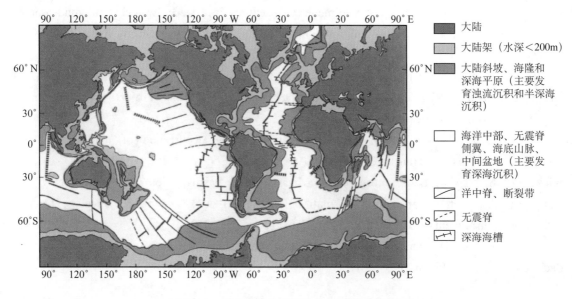

图 12–1　世界海洋盆地地质特征及沉积区划图

深海沉积的组分通常比较简单，含有不同比例的生物成因组分。然而，由于海洋学因素和靠近大陆等原因，深海相沉积物各组分的相对含量随时间、空间的不同而改变。本文所举的实例发育于晚中生代至新生代之间，该时期深海植物主要是含钙质的浮游生物，尤其是球状植物。据估计，目前有67% 的被海相有机质粘结的钙质碳酸盐岩被合并为钙质微型浮游生物介壳（Hay 和 Noel，1976），超过 50% 的海底覆盖有碳酸盐岩（图 12–2）。古生代至早新生代，海洋陆架区主要发育碳酸盐岩台地、页岩、层状燧石，而深盆区发育"欠补偿盆地"相。尽管海底消减不利于深海相的保存，但在古生界岩石中仍广泛发育钙质深海沉积物和钙质浮游微生物。深水沉积物中发现的大量碳酸盐组分代表来自分隔陆架的碳酸盐碎屑。在古生代浮游生物最初主要表现为有机墙、磷酸盐岩、硅质岩等多种形式。尽管菊石、鹦鹉螺、竹节石和其他组分可为古生代深海相提供碳酸盐骨架，但这些物质的体积和分区还是有限的。因此，我们可能会把某一时期（如奥陶纪—泥盆纪）的陆架燧石看作是古生界石灰岩。

这比较强调了生物演化在确定深海沉积物年代中的作用。然而，我们还是严重忽略了这些因素，而是重点关注水深、海平面变化、气候、海洋环境、水化学等深海沉积的影响因素。

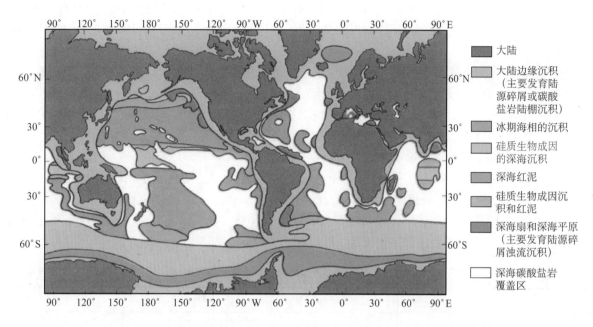

图 12-2　世界海洋盆地主要沉积类型分布图（据 Beger，1974；Davies 和 Gorsline，1976）

图例：
大陆
大陆边缘沉积（主要发育陆源碎屑或碳酸盐岩陆棚沉积）
冰期海相的沉积
硅质生物成因的深海沉积
深海红泥
硅质生物成因沉积和红泥
深海扇和深海平原（主要发育陆源碎屑浊流沉积）
深海碳酸盐岩覆盖区

第一节　识　别　标　准

沉积组分（特别是动、植物构成的沉积物）是识别深海沉积的关键。尽管广泛的成岩作用之后往往不易识别，但是浮游有孔虫、颗石藻、翼足类、海洋硅藻、放射虫类或其他种群海洋浮游生物以及自游生物大规模的发现仍是深海来源最为直接的线索。其他可以指示深海成因沉积物的标准包括：（1）低沉积速率形成的凝缩层或者大量散布的裂缝；（2）标志着海底硬化事件及伴生裂缝的复合硬底层；（3）细粒、成层性好的沉积物，侧向延展性好、横向相变慢；（4）粪球粒、小型纹层或厘米—米级厚的韵律层（白垩—灰泥旋回），波痕和其他小型层理特征也可能出现，但是大型沉积构造通常很少出现或者极为罕见；（5）由蠕虫迹、古网迹、螺旋潜迹、针管迹和深水环境中的球粒陨石，以及海生迹和浅水环境中的球粒陨石等种群形成的潜穴集合体。

有很多理由说明深海相的识别和研究具有重要意义。这些相往往是大陆边缘环境中重要的烃源岩，最近我们已经开始认识到其作为储层的重要性（例如，在北海和美国墨西哥湾），其化学组分和生物群也为古海洋的旋回模式和化学变化提供线索。

第二节　深海沉积的组分和结构

与浅海沉积物相比，深海沉积物是简单的化学和矿物系统。然而，深海沉积往往含有大量的生物成因和非生物成因的组分。这些组分包括浮游的、自游的和底栖生物、内源物质或者陆源、火山、碳酸盐岩陆棚或其他来源的碎屑颗粒。这些现代和古代深海沉积的主要组分以及它们的矿物构成在表12-1、表12-2中进行了总结，其中一些重要的生物来源组分在图版XII-1至图版XII-5中展示。

在过去的 100 ~ 150Ma 中，深海碳酸盐沉积主要是深海有孔虫、圆锥颗石和附属非化石种群。因此，中生代和新生代深海沉积均为细粒沉积，只有被强洋流簸选的地区除外。来自陆棚和深海环境的深海石灰岩通常发育多峰态的颗粒分布，其主峰对应主要颗粒及其破碎产物的平均大小。因此，许多白垩和相关石灰岩颗粒峰值高达约 0.5 μm（可能为分解了的颗石藻钙质短枝）、5～20 μm（对应于较大的颗石藻、颗石球和粉碎有孔虫及其他骨架碎屑）、25～64 μm（对应于许多完整有孔虫）、大于 64 μm（有孔虫、叠瓦蛤属棱柱和其他大化石碎片）(Hakansson 等，1974；Black，1980；Hancock，1980)。

很显然，这些峰值所占比例将随着不同样品所处环境的不同而变化，但是，对富含颗石藻的白垩纪深海陆棚白垩的粒度分析发现其平均大小介于 2～5 μm 之间，其中超过 90%（wt）的颗粒粒径小于 64 μm (Hakansson 等，1974)。这种小颗粒说明孔喉直径将落在 0.1～1.0 μm 的范围内 (Price 等，1976)，即使是高孔白垩的基质渗透率也相对较低。通常情况下，孔隙度为 40% 的白垩渗透率约为 5mD，孔隙度为 20% 的白垩渗透率平均为 0.4mD 或者更低 (Scholle，1977a)。深海石灰岩（由于其颗石藻含量较低而有孔虫含量较高）往往具备相对较粗的平均颗粒直径，相应的渗透率也较高。

中生界和新生界深海石灰岩的主要组分为低镁方解石，文石质翼足类动物除外（表 12-1）。由于低镁方解石是表层环境中碳酸钙的最稳定形式，中生界和新生界深海石灰岩的成岩作用和储层物性（孔隙度和渗透率）是相对稳定和可预测的 (Scholle，1977a)。

表 12-1 现代和古代深海沉积中主要的生物组分

群		属	地质时代范围	主要骨架组分
浮游	浮游有孔虫	原生动物门（肉足纲）	侏罗纪—全新世	LMC
	圆锥颗石和相关群	藻类（定鞭藻纲）	侏罗纪—全新世	LMC
	钙球	未定	深海类，晚中生代	LMC？
	翼足类	软体动物（腹足类）	白垩纪?—全新世	A
	瓮甲虫	原生动物（亲近种）	侏罗纪—白垩纪	C
	深海竹节石类	软体动物（Cricoconarida?）	泥盆纪	C
	光壳节石	软体动物（Cricoconarida?）	志留纪—泥盆纪	C
	深海瓣鳃动物	软体动物（双壳类）	中生代	C，A？
	菊石	软体动物（头足类）	泥盆纪—白垩纪	A，C
	鹦鹉螺	软体动物（头足类）	寒武纪—全新世	A，C
	箭石属	软体动物（头足类）	密西西比纪—始新世	LMC
	深海海百合	棘皮动物（海百合纲）	侏罗纪—全新世	HMC
	牙形石	未定	寒武纪—三叠纪	P
	脊椎动物碎屑（鱼类，鲸等）	脊椎动物（不同种群）	志留纪—全新世	P
	锥石类	刺胞动物门（钵水母纲?）	寒武纪—三叠纪	CP
	放射虫	原生动物（肉足虫纲）	寒武纪—全新世	OS
	海洋硅藻	藻类（硅藻门）	白垩纪—全新世	OS
	硅鞭藻	藻类（金藻类）	白垩纪—全新世	OS
	硅质鞭毛类	藻类（甲藻门）	古生代—全新世	OS
	甲藻	藻类（甲藻门）	二叠纪—全新世	Or

	群	属	地质时代范围	主要骨架组分
浮游	疑源类	未定	前寒武—全新世	Or
	塔斯马尼亚孢属	藻类（塔斯马尼亚藻）	寒武纪—中新世	Or
	笔石	原索动物门（笔石纲）	寒武纪—密西西比纪	Or
	几丁虫类	未定	奥陶纪—泥盆纪	Or
	丁丁虫	原生动物门（丁丁虫）	侏罗纪?—全新世	Or
底栖	凝集有孔虫	原生动物（肉足纲）	寒武纪—全新世	Or+C+Q
	钙质底栖有孔虫	原生动物（肉足纲）	泥盆纪—全新世	LMC，HMC，A？
	棘皮动物（如蛇尾类和海参纲）	棘皮动物（多种）	寒武纪?—全新世	HMC
	介形纲	甲壳类（介形纲）	寒武纪—全新世	LMC，HMC
	叠瓦类蛤	软体动物（双壳类）	石炭纪	LMC，A
	底栖竹节石类	软体动物（Cricoconarida）	奥陶纪—泥盆纪	C
	其他底栖大型动物（牡蛎，其他软体动物，苔藓虫，腕足动物，三叶虫，非造礁珊瑚等）	多种	多种	C，A
	硅质海绵	海绵动物（玻璃海绵和普通海绵）	寒武纪—全新世	OS
碎屑	改造型陆棚灰岩（珊瑚藻灰岩砂，骨架碎屑，文石泥等）	多种	前寒武纪—全新世	A，HMC，LMC
	粪球粒	多种	前寒武纪—全新世	A，HMS，LMS
	管状植物碎屑	多种植物群	泥盆纪—全新世	Or
	孢子	较低的植物	志留纪—全新世	Or
	花粉	较高的植物	宾夕法尼亚纪—全新世	Or

注：A—文石；C—方解石（镁含量不确定）；CP—磷灰质；HMC—高镁方解石；LMC—低镁方解石；Or—有机质；OS—蛋白石质氧化硅；P—磷酸盐（通常为含钙方解石）；Q—石英。

表12-2　现代和古代远洋沉积物中几种主要的非生物成因组分（据Berger，1974，修改）

碎屑物质

陆源矿物（石英、长石、云母、黏土类、重金属）
改造后的非生物成因浅海碳酸盐颗粒（鲕粒、一些泥质、内碎屑）

自生矿物或化学物质

氧化物和氢氧化物（锰铁结核）
硅酸盐矿物（沸石、海绿石、黏土矿物；Na、Ca、K、Fe、Mg）
重金属硫化物（Fe、Zn、Cu、Ni、Co、Pb）
硫酸盐（Ba、Sr、Ca）
碳酸盐（Ca、Mg、Mn、Fe）
磷酸盐（Ca-氟磷灰石）
氯化物（Na）

火山成因物质

由水流和风搬运而来的火山玻璃和橙玄玻璃（改造过的玻璃质），浮石及其他岩石碎片（"灰"）（另外有某些化学沉淀，以铁的氧化物为主，在活动的大洋中脊）

宇宙物质

流星球粒

但是，前侏罗系深海石灰岩的组分、颗粒大小、成岩史和储层物性难以预测，这是由于其多样性的来源所致。前侏罗纪发育一些深海碳酸盐岩建造生物体，但以大化石为主。推测古生代细粒、深水碳酸盐岩几乎全部来自陆架地区的再作用碳酸盐碎屑，它们被搬运至深海发生沉积。由此形成古生代饥饿型盆地相。古生界深海地层中同样发育广布的放射虫燧石和笔石页岩，两者是该期存在深海碳酸盐岩的又一结果。另外，古生代盆地碳酸盐岩通常反映碳酸盐岩陆棚地区附近的原生骨骼组分，并且其颗粒大小是运移机制和台地边缘至沉积区距离的函数。沉积在孤立的、前侏罗纪淹没台地（槽隆）之上的深海石灰岩以底栖和／或水底大化石（头足类动物、三叶虫、腕足动物等）为主，其颗粒大小和原始矿物组成跟浅水碳酸盐岩一样难以预测。

第三节　深海沉积物分类

深海沉积物的组成是生物作用碳酸盐岩和／或硅质碳酸盐岩相对供给与碎屑的、火山的或化学作用影响的函数。这些组分构成了大多数分类方案的基础。表 12-3、表 12-4 展示了两种较为常见的分类方案。

表 12-3　深海远洋及半远洋沉积物分类

远洋沉积（黏土和软泥）是指：其中低于 25% 的颗粒粒级大于 5 μm，成因为陆源、火山来源和（或）近岸物质；中值粒级小于 5 μm（除了自生矿物和远洋生物）

分类：	CaCO₃／硅质化石百分比：
远洋黏土	当 $CaCO_3$ 和硅质化石总量 < 30%
少量钙质	$CaCO_3$ 含量 1% ~ 10%
钙质的（泥灰质）	$CaCO_3$ 含量 10% ~ 30%
少量硅质	硅质化石含量 1% ~ 10%
硅质	硅质化石含量 10% ~ 30%
远洋软泥	当 $CaCO_3$ 和硅质化石总量 > 30%
灰泥软泥	$CaCO_3$ 和硅质化石含量 30% ~ 70%
白垩软泥	$CaCO_3$ 含量 > 70%
硅藻土（放射虫）软泥	$CaCO_3$ < 30%、硅质化石 > 30%（见下一项泥质）

半远洋沉积（泥质）是指：大于 5 μm 的颗粒占到粒级比例的 25% 以上的陆源、火山成因和（或）近岸物质；其中值粒级大于 5 μm（不计自生矿物和远洋生物）

分类：	CaCO₃／其他物质百分比：
钙质泥	当 $CaCO_3$ 含量 > 30%
灰泥	$CaCO_3$ 含量 < 70%
泥质白垩	$CaCO_3$ 含量 > 70%
有孔虫泥（或超微化石、贝壳石灰岩）	$CaCO_3$ 骨架含量 > 30%
陆源泥	$CaCO_3$ 含量 < 30%，石英（岩石命名：石英质）、长石（长石质）和云母（云母质）为主
火山来源泥	$CaCO_3$ 含量 < 30%，火山灰、橙玄玻璃为主

注：当某种组分在沉积物中占到相当大的比例时，对岩石的命名需加上该组分名称，如白云石质、碳质等，同样适用于岩化词条（如软泥、白垩、石灰岩、白陶土、燧石）。

表 12-4　在深海钻探项目（DSDP）报告中常用的深海沉积物分类特征

（据 Benson，Sheridan 等，1978，修改；最初分类由研究沉积岩石学和物理性质的 JOIDES 理事会提出）

沉积物的定义中，只有当某种组分数量上占到比例大于 10% 时才参与命名；当沉积物内存在多种组分时，含量最多的组分放在修饰词的最右边，而其他组分则按顺序往左排列

固结作用也可从命名中体现，尽管对固结程度的判断是很主观的，下面分类可提供有效指导：

（1）陆源沉积物

假如沉积物松软到其岩心使用钢丝钳就可以切开，那么命名只是用沉积物的名字（如粉砂质黏土、砂）；假如岩心只有用宽的钻石锯才能切开，那么命名时要加上后缀"岩"（如粉砂质黏土岩、砂岩）

（2）生物成因沉积物

软泥——柔软的、强度很弱并且在小铲或抹刀作用下就很容易变形；

白垩——坚固的、部分固结的钙质软泥，或用指甲或抹刀边缘轻刮就能弄碎的石灰岩；

灰岩——坚硬的、胶结的或重结晶的钙质岩石；

放射虫土、硅藻土、针锥晶——坚硬的、胶结的生物成因硅质软泥

沉积物分类的界线由各成分所占百分比确定，如下所示：

（1）陆源沉积物

超过 30% 陆源组分，小于 30% 钙质微化石，小于 10% 硅质微化石，小于 10% 自生组分；根据砂、粉砂、黏土的不同比例，此类沉积物可再分为不同结构类型

（2）火山成因沉积物

火山成因组分大于 30%；超过 32mm 的为火山角砾岩，小于 32mm 的称为火山砾，小于 4mm 的称为火山灰（固结后称为凝灰岩）

按照成分，这些火成碎屑物可描述为玻璃质的、结晶质的或岩化的

（3）远洋黏土

超过 10% 自生组分，小于 30% 硅质微化石，小于 30% 钙质微化石，小于 30% 陆源组分

（4）生物成因钙质沉积物

超过 30% 钙质微化石，小于 30% 陆源组分，小于 30% 硅质微化石；

生物成因钙质沉积物中主要成分是超微化石和有孔虫；

定量化分类如下（按有孔虫含量命名）：小于 10%，超微化石软泥（白垩、石灰岩）；10%～25%，有孔虫—超微化石软泥（白垩、石灰岩）；25%～50%，超微化石—有孔虫软泥（白垩、石灰岩）；大于 50% 有孔虫软泥（白垩、石灰岩）；

当沉积物内含有超过 50% 的成因未知碳酸钙时，称为钙质软泥，含有 10%～30% 硅质化石的钙质沉积物可按其硅质组分类型不同分为"放射虫土"、"硅藻土"或"硅质"

（5）生物成因硅质沉积物

超过 30% 的硅质微化石，小于 30% 的钙质微化石，小于 30% 的陆源组分；

当放射虫含量大于硅藻/海绵骨针时，称为放射虫软泥（radiolarite）；当硅藻含量大于放射虫/海绵骨针时，称为硅藻软土（diatomite）；当两者混合，或硅质微化石来源无法识别时，称为硅质软土；当其中硅质未定形且已成岩时，称为白陶土或燧石；

含 10%～30% 碳酸钙的硅质沉积物，根据其碳酸钙组分种类和含量的不同，可在其命名中加入"超微化石"、"有孔虫"、"钙质的"、"超微化石—有孔虫"、"有孔虫—超微化石"等描述性词语

（6）陆源—生物成因过渡型钙质沉积物

碳酸钙含量大于 30%，陆源组分大于 30%，硅质微化石大于 30%；

"泥灰质"用来描述生物成因含钙序列中的过渡型沉积物（如，泥灰质超微化石软土）；当硅质微化石含量在 10%～30% 时，使用适当的限定词（如，硅藻质泥灰白垩）

（7）陆源—生物成因过渡型硅质沉积物

超过 10% 硅质微化石，小于 30% 陆源组分，小于 30% 碳酸钙；

当硅质微化石为 10%～30% 时，称为（硅质化石名称）泥或泥岩（如 10%～30% 放射虫类＝放射虫泥岩）；当硅质微化石含量为 30%～70% 时，称为泥质（硅质化石名称）软土或（硅质化石名称）土（如，50% 硅藻＝泥质硅藻软土或硅藻土）

　　除了组分之外，岩化作用程度常在许多深海沉积物分类中起到至关重要的作用（表 12-4）。例如，广泛未固结深海碳酸盐沉积将定义为软泥（有孔虫或超微化石软泥）；同样的沉积物如果固结牢固之后将被定义为白垩；进一步固结之后，同样的沉积物将被定义为石灰岩或白垩（有孔虫或超微化石灰

岩）。类似的演化序列在硅质沉积中同样存在，其分级依次为软泥（放射虫软泥或放射虫岩）至瓷状石，最后当其经过进一步的成岩之后变为燧石。组分术语与表示成岩转化阶段的术语之间相互混杂会导致极大的复杂性和混乱。为简化起见，术语超微化石白垩或有孔虫白垩，以及放射虫岩或硅藻土应该被用来表示超微化石、有孔虫、放射虫岩或硅藻组分。修改术语如"岩化"或"未岩化"应该被用来表示成岩演化程度。

第四节　深海沉积分布主控因素

一、深海沉积的生物产率

现代海洋中的深海沉积的形成与组成主控因素众多。首先，表层海水中的深海微化石产率及其对海底的供给依赖于生态学，例如表层海水的繁殖力（来自上涌深层水的养分供给）、水温、光线和盐度。这些控制因素又依赖于纬度、区域气候、区域及局部洋流循环模式。具有矿化介壳的主要生产者（浮游植物）为颗石鞭毛类（钙质的）和硅藻（硅质的）；主要的消费者（浮游动物）为浮游有孔虫（钙质的）和放射虫（硅质的）。

大多数钙质浮游生物产生于现今相对温水的低纬度地区。因此，远洋碳酸盐岩相局限在南北纬60°之间（图12-2）。气候适宜期间（例如中生代和早新生代）深海碳酸盐岩相分布范围可能更广。硅质浮游生物主要集中（但不局限）在表层水较冷而养分供给充足（包括溶解硅酸盐）的地区。这些地区包括高纬度表层水、沿着扩散洋流（南极扩散流和赤道扩散流）伴生的上涌表层冷水和季风带中沿着大陆边缘西侧（如临近秘鲁和智利、印度和巴基斯坦、西北非、西南非地区）。深海碳酸盐和硅酸盐的供给速率直接依赖于养分的供给。因此，产率和供给在大陆边缘沿岸和大洋扩散流的上涌地区最高、在大型洋流中心地区最低。季节变化和气候同样控制着海面产率，尤其是在高纬度地区，这里冬季的光线有限并且发育冰盖限制了产率。对于深海生物的深海生态学和产率的有用研究可参见 Berger（1974，1976）、Berger 和 Roth（1975）、Tappan 和 Loeblich（1971）以及 Zeitschel（1978）。

二、溶解作用对沉积物通量的调整

大洋水体中和海底之上的深海沉积物分布与组分受到化学因素和洋流的作用。碳酸盐沉积物在海底上的聚集速率和分布是供给速率与溶解速率比值的函数。深水体往往处于方解石和文石的不饱和状态，因此，水体中和海底上都发生溶解作用。不饱和程度受控于深水体中的 CO_2 含量，后者又是水体年龄、被氧化的有机质数量和温度的函数。图12-3展示了大西洋和太平洋海水中文石和方解石饱和度与碳酸钙沉淀之间的关系。观察到的方解石大量溶解于海水的线称为"溶跃面"，而"碳酸盐补偿深度"（CCD）则是指低于其下则不产生深海碳酸盐沉积。洋盆不同位置的 CCD 不尽相同（图12-3、图12-4）。赤道位置的 CCD 较深，这里的碳酸盐物质供给充足。向大型洋流中心方向，CCD 深度逐渐变浅，此处的 $CaCO_3$ 产率较低，沿着大陆边缘有机物的产率较高。溶跃面和 CCD 的深度同样随着洋盆的不同而有所差异（Berger 和 Winterer，1974）。举例来说，目前最深的 CCD 位于北大西洋，最浅的位于北太平洋。这主要是由与从北大西洋到太平洋深海水体时代和 CO_2 含量的增长有关（Broecker，1974）。随着时代变老，由于生物消耗和有机质分解作用造成深水失氧而变得富含养分和 CO_2。通常情况下，地质年龄较年轻的洋盆底层水属于碳酸盐岩沉陷，因为深水水体对碳酸盐的溶解不明显。底层水年龄较老的洋盆富含养分且产率较高，但是碳酸盐的溶解速率更快。这种关系被定义为"盆地—盆地分级"（Berger，1970a）。

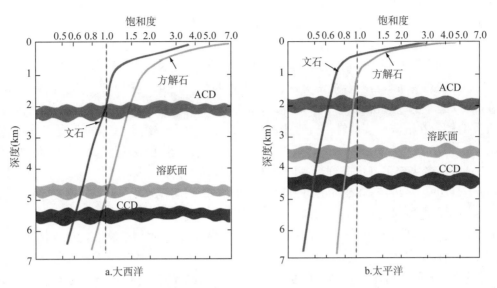

图 12-3　大西洋和太平洋海水中文石和方解石饱和度与碳酸钙沉淀之间的关系（据 Broecker，1974）

a—位于大西洋；溶跃面代表了溶解度迅速增大带的顶部；碳酸盐补偿深度（CCD）代表其下方无方解石保存下来；文石补偿深度（ACD）比 CCD 浅得多（深度大约 2000m）；b—内容同图 a，位置为太平洋

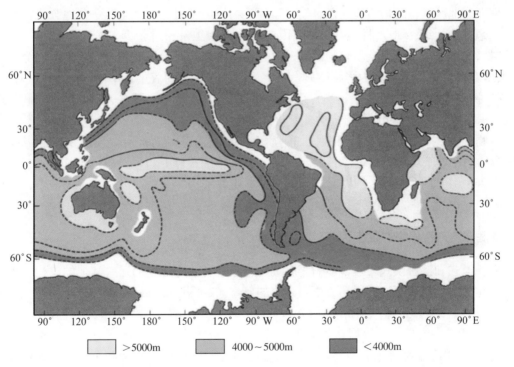

图 12-4　世界大洋碳酸盐补偿深度（CCD）分布图（据 Berger 和 Winterer，1974，修改）

在大西洋 CCD 较深；还有碳酸盐产率较高的地区，如太平洋的赤道附近，CCD 深度也较大

三、选择性溶解

碳酸盐溶解发生在水体中和海底上。海水中的文石比方解石更易溶解；因此，文石补偿深度（ACD）比 CCD 要浅。现今深水地区中文石的主要生产者是翼足类动物（图版XII-2c、图版XII-2d）。

在古生代和中生代，菊石和鹦鹉螺是深水沉积物中文石的主要生产者。即使生物体的文石部分被完全溶解，其方解石部分仍然可以保存在沉积物中，形成菊石灰岩（图版XII-2i）。

与文石质骨架相比，钙质骨架在大多数的海洋环境中通常很难溶解。另外，在水中发生沉降的过程中，以钙质颗石鞭毛类为主的细粒碳酸盐颗粒可能因为不溶性生物包壳的遮蔽而不发生溶解（Honjo，1976）。在某些深水石灰岩中常见这种粪球粒（图版XII-4i、图版XII-4j）。因此，碳酸盐碎屑往往发现在CCD之下的表层沉积层中（Adelseck和Berger，1975）。生物包壳被氧化之后，大多数此类碳酸盐将会溶解。在沉降到底的转变过程中溶解的碳酸钙数量取决于水体的不饱和程度（Peterson，1966；Broecker和Takahashi，1978），以及物质的形状、大小和密度（Lerman等，1974；Lal和Lerman，1975），后者决定了其沉降到海底的速度。深海钙质物质同样可以被掺入—悬浮浊流快速喷射到CCD以下（Hesse，1975；Scholle，1971）。由于溶解速度不足以移动这些快速侵位的碳酸盐物质，因此这些物质可能被埋藏并保存（Kelts和Arthur，1981）。

通过研究沉积物中钙质动物群和植物群的组分和保存程度，古生物学家往往可以估算先前CCD和溶跃面的深度，同样可以预测碳酸盐溶解速率的短期变化（Berger，1976；Adelseck，1977；Thunell，1976）。缺乏更为易碎的、可溶性物质，高度破碎的介壳，较低的浮游有孔虫/底栖有孔虫都是碳酸盐溶解程度增加的标志。但是，深埋成岩作用可能会造成类似的效果，对于大多数古代深海沉积而言，CCD是唯一便于识别的化学界面。

生物成因二氧化硅同样在水中和海底发生溶解。二氧化硅的聚集和溶解模式与碳酸盐岩体系中的模式不尽相同。Berger（1976）确信，生物成因二氧化硅（蛋白石）聚集模式与表层水体的产能直接相关。高产能地区沉积的物质往往含有较丰富的生物成因二氧化硅。盆地—盆地分流作用的概念同样适用于二氧化硅。现今北大西洋中生物成因二氧化硅聚集量相对较少，而在太平洋和印度洋盆地中肥沃表层水地区的硅质深海沉积较为常见，此处的深层水体时代较老且含有更多的养分（包括二氧化硅）。大多数生物成因蛋白石的溶解明显发生在温暖、未饱和的表层水中（Edmond，1974；Heath，1974）。沉积物中硅质介壳的沉积后溶解作用也是孔隙水中二氧化硅的主要来源，这种溶解作用同样可以通过从沉积物中渗滤来为深层洋流提供二氧化硅。

不同生物体的生物成因蛋白石骨架（如钙质介壳）抗溶解能力有所差异。现代生物按照最不抗溶到最抗溶的顺序如下：（1）硅鞭藻；（2）硅藻；（3）精细放射虫；（4）稳定放射虫；（5）海绵骨针（Berger，1976；Hurd和Theyer，1977）。因此，硅质生物成因相是古代表层产率的线索，是可能的古海洋化学成分变化的线索，是古代上涌和高产率位置的线索。

四、海底洋流对沉积物的改造

除了生产模式和溶解模式之外，影响深海沉积物组成和聚集速率的还有其他的过程。不论是在浅水环境还是在深水环境，深海沉积都会遭到洋流的簸选。在深海陆棚白垩环境中，周期性的簸选或剥蚀可能会形成缺乏细粒组分的相对较纯的砂屑灰岩，或者产生非沉积作用（其中包括白垩硬底）。复合硬灰岩层层序或富含黏土级碎屑物质的碳酸盐岩层与碎屑含量较低岩层交互发育的层序可能或多或少地受到深海洋流流速变化的控制，而洋流流速则与气候或者海平面相关（Kennedy和Garrison，1975）。

与以往观点不同，其实深海地区并不缺少洋流（Heezen等，1966；Heezen和Hollister，1971）。深海地区中洋流流速的测定、洋底照片的观察和现代沉积物结构的推测证明有能力搬运和（或）再悬浮及剥蚀现代深海沉积中大多数组分的洋流确实存在于洋盆的某些区域。最强劲的洋流（15～35cm/s甚至可能高达100cm/s）通常发现于北半球洋盆西侧的大陆边缘地区。这些因地球自转而造成的洋流叫作"等深流"，这是因为它们沿着大陆坡和隆起"等值线"流动。它们剥蚀和搬运大量沉积物，特别是沿着北美东海岸地区（Stow和Lovell，1979）。厚层、快速沉降的沉积堆积物通常位于等值线下降流一端，这里的流速因为地形、沉积供给或者水体分层化而降低。这种深水洋流可能簸选、剥蚀或者继续悬浮沉积物，造成粗颗粒的滞后沉积和层状或波状沉积。许多深海沉积中的硬底，包括所谓的岩礁（Neumann 等，1977；Mullins 等，1980）最终可能都是由洋流导致的剥蚀所造成的。

五、深海沉积的掺入作用

深海沉积物的组成可能会通过陆源或者其他来源的碎屑掺入而发生改变。很少有深海沉积完全不含有"污染"碎屑。即使是在太平洋中央深海海底之上，远离陆地沉积物源的CCD之下仍然沉积了深海红色黏土。其中含有少量风吹形成的、细粒石英和大量的黏土矿物（Rex 等，1969）。由来自陆源的深海生物成因物质作用的范围主要取决于深海物质的供应速率、距离大陆边缘的远近、海平面之下的距离、局部地形和纬度位置，特别是要参考主要的气候类型和风向。很显然，远离大陆的位置和位于海底高地的地方（如海山、洋中隆和海台）含有相对较少的陆源碎屑。但是，黏土矿物可以被盛行风搬运很长的距离，而且负载着极细颗粒沉积物质的雾状层（Eittreim 等，1972，1976）覆盖大部分海底，特别是在受到底流影响和（或）位于大陆边缘附近的地区。在远离干旱的、向西面对大陆边缘的、季风盛行的纬度地区海岸线的盆地中（如非洲西北部的北大西洋盆地）深海碳酸盐岩通常含有大量的风成物质，特别是黏土—细粒粉砂级石英。在较为潮湿地区，河流会携带着大量黏土、粉砂和砂，经过大陆边缘进入深海，在边缘形成大量的冲积锥或者冲积扇。印度洋中的孟加拉扇体就是一个极端实例，该扇体的来源是恒河—雅鲁藏布江。粗粒陆源物质和黏土被搬运过孟加拉扇，经过1000多千米进入临近的洋盆。在这样的地区，深海生物成因流沉积物被强烈稀释。火山物质同样起到稀释剂的作用，尤其是在线状岛链、洋中脊和孤立海岭附近地区。

六、全球气候变化、洋流循环和深海沉积模式

通过对更新世和更老的深海层序研究，特别是活塞井壁取心和DSDP岩心的研究表明深海沉积是大洋环流、产率和温度变化的敏感指针。这些变化的速率和持续时间存在差异。例如，旋回或韵律层理（图版Ⅻ-6 至图版Ⅻ-9）发育在各个时代的深海碳酸盐岩层序中。典型的更新世碳酸盐岩旋回已经被很多学者进行了深入研究（Arrhenius，1952；Berger，1973；Adelseck，1977；Adelseck 和Anderson，1978；Hays 等，1976；Climap，1976）。这些旋回包括富碳酸盐和贫碳酸盐间互层，这些间互层是由于表层水碳酸盐产率波动、深层水碳酸盐溶解和（或）陆源掺入作用造成的。在任何给定的层序中每个参数的相对重要性不同，主要取决于洋盆和沉积古纬度。碳酸盐含量的变化是与气候变化有关且相互对应的（冰期—间冰期旋回），反过来，气候变化部分依赖于地球运行轨道（米兰科维奇假说；Hays 等，1976）。碳酸盐岩旋回的特征周期通常从20000年至100000年。这种周期性在更为古老的碳酸盐岩层序中同样可以见到（Dean 等，1978；Arthur 和 Fischer，1977；Arthur，1979c；Fischer，1980）。因此，全球气候变化诱发海洋在化学和循环上的差异，同时造成了陆地沉积物注入方面的差异。这些变化在深海沉积中留下了印迹，其形式包括种类组成、不同的动物或植物群落比例、深海沉积中所含有的陆源物质的相对数量和矿物成分的短周期变化，深海相模式也发生了变化。这些变化在地质历史时期中可快（小于1Ma）、可慢（超过30Ma左右；图12-5）。

海平面在深海沉积过程中起到重要作用。首先，相对海平面影响了经大陆架搬运至深海的陆源物质的数量（Hay 和 Southam，1977）。通常情况下，低海平面与到达深海盆地的碎屑沉积物数量增加相对应（平均沉积速率增加），而广布的陆棚和陆表海倾向于将陆源物质捕获在近滨，造成深海聚集速率的降低。

其次，陆缘海面积与全球气候相结合很大程度上决定了碳酸盐体系的平衡（Berger 和 Winterer，1974）。其他因素相同的情况下，如果碳酸盐岩陆棚沉积面积明显增加，那么深海沉积物所需的碳酸盐数量将极少。因此，碳酸盐物质进入深海沉积的数量将会随着表层产率的降低和（或）溶解速率的增

加而减少。深海和CCD界面处的碳酸盐沉积物聚集速率的变化可能部分与陆棚盆地分区相关，也可能与海洋的整体化学性质相关（图12-5）。

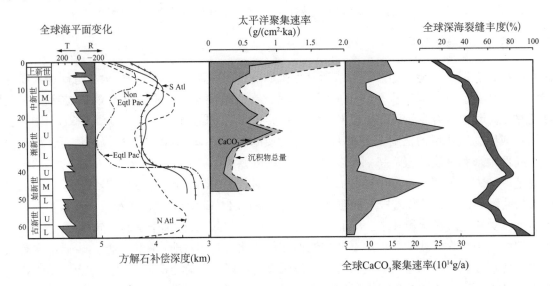

图12-5　新生代全球海平面、平均碳酸盐补偿深度（CCD）、沉积速率、沉积间断量分布图（据Arthur，1979a）
这些参数的变化存在一致性，可能与气候、海平面、洋流循环速率的变化有关

深海层序的垂向连续性反映了供给和溶解—剥蚀之间的平衡。深海沉积物中间隙的发育与海平面、气候变化和深层环流之间密切相关（Moore等，1978）。全球气候、海平面、生物多样性、深海动物群和深海沉积类型与速率等的变化彼此相关（图12-5）。因此，深海沉积随着时间的演变独具特点，这有助于理解海洋化学、环流和沉积作用与大陆位置、新海洋通道的开放（Berggren和Hollister，1977）、气候、海平面和其他参数变化（Berger和Roth，1975；Fischer和Arthur，1977；Berger，1979；Arthur，1979a）之间的响应关系。这是当前十分活跃的研究领域，更为完整的探讨已经超出本文的范畴。

第五节　深海相模式

一、陆棚海

当海平面位置较高时，陆架或者陆表海道中聚集大量的深海沉积物。这种聚集是以下几个因素共同作用的结果，包括侵蚀基准面的升高、相对海拔和可供侵蚀陆地面积的降低、海岸线的后退及相应的淹没陆棚面积的增加、气候和洋流环流模式的变化。这些变化因素的总体作用是减少到达陆棚地区的陆源碎屑数量和（或）将这些物质捕获在近滨地区。因此，尽管聚集速率相对较低，但是深海沉积可以占据陆棚大部分地区而不会掺入陆源沉积。

沉积地点与外来沉积注入相隔绝是深海沉积形成的重要条件。因为陆棚相对狭窄、海平面相对较低，全新世深海沉积主要限制在与主要的陆源碎屑注入相去甚远的深海盆地中。但是，即使现今的深海或者半深海沉积正在浅水地区发生聚集，这些地区没有深海沉积的贡献。例如，Belize陆棚潟湖中的陆源颗粒聚集在30～50m深的海槽中，潟湖中的30～60m深度的水体中含有大量的细粒颗石和礁外碳酸盐沉积（Scholle和Kling，1972）。现代水下海丘、淹没台地、无震洋脊及其他孤立但相对浅水的沉积位置同样以深海沉积为主，水足够深阻碍了浅水碳酸盐生物的生长（底栖藻类、珊瑚等）。整个显生宙时期，深海沉积为这种类型沉积环境的主要沉积类型。下古生界笔石页岩、放射虫燧石和次级石灰岩沉积在深水大陆边缘或大洋环境中，同时也可以沉积在孤立、水下、古高地或槽隆（Jenkyns，1978）之上。在上古生界地层剖面中，同样的沉积环境可以由富含头足类动物（棱角菊石）、竹节石或光壳珠胚节石的石灰岩、富含牙形石的页岩或者放射虫燧石反映出来（Tucker，1974；Jenkyns，1978）。

与之类似，中生代早于现代深海生物快速演化之前的时期同样以类似的沉积模式为特征。在整个中侏罗世之前，槽隆相（或与来自陆棚的浊流沉积相隔离的盆地地区）以较低的沉积聚集速率为标志（饥饿盆地相）。聚集起来的沉积物包括 3 种主要的类型：（1）来自陆棚的，由风、浑浊云或其他过程搬运来的陆源或者碳酸盐泥；（2）硅质深海物质，主要是放射虫介壳；（3）深海碳酸盐大型动物群（如菊石或鹦鹉螺）。不管是与同期的浅海碳酸盐沉积相比，还是与现代深海沉积群演化之后的碳酸盐深海沉积相比，前侏罗纪深海碳酸盐岩总体积都是比较小的。

那么，侏罗纪标志着深海沉积的分水岭。诸如圆锥颗石（侏罗纪）、然后是浮游有孔虫（晚侏罗世—早白垩世）种群的引入意味着真正钙质浮游生物的首次出现。这又导致从侏罗纪至全新世深海碳酸盐沉积速率高于显生宙早期。深海碳酸盐沉积会在许多宽阔陆棚、陆表海和孤立台地或槽隆环境中与陆源注入"竞争"更为平等的立足之地。因此，尽管深海沉积在快速陆相沉积地区仍然不发育，但是上侏罗统—全新统中深海碳酸盐岩的覆盖面积仍大于早期地层，尤其是在相对浅海陆棚地区。

深海石灰岩相模式比大多数的碳酸盐岩沉积模式简单，这是由于外陆棚和陆表海环境中的地形起伏相对较低。大多数发生深海沉积的陆架地区水深基本为 50m 或更深，这避免了强波浪和光线的影响，又阻止了大多数浅海碳酸盐动物和植物的生长。因而，深海陆棚石灰岩通常具有渐变的相接触关系，而且可以在成百上千平方千米范围内具有相同的岩性。

Hancock（1975a）总结了陆棚白垩相模式，该模式可以由 Hancock 给出的来自北美和欧洲的两个实例加以说明。这两个地区中，白垩代表了在水深小于几百米的广阔陆棚海中发育的深海沉积（Hancock，1975b）。

1. 北美白垩

北美西缘上白垩统含有两种主要的深海石灰岩地层（图 12-6），分别是塞诺曼阶—土仑阶 Greenhorn 石灰岩和科尼亚克阶—坎佩尼阶 Niobrara 组（Kauffman，1969）。在两个单元中，白垩相代表广泛分布的、最大海侵时期在陆缘海道中形成的深海碳酸盐沉积，这些海道以往通常以碎屑状陆源碎屑沉积为主。海道东部以相对低起伏的陆块为边界，该陆块并不是主要的沉积物源。但是，在西侧，沿着地槽西缘的一条活跃的造山带提供了超过 5000m 的陆相碎屑沉积物质（Reeside，1944）。该海道的宽度（最大海侵时期约 1500km）使深海碳酸盐沉积有时能够形成最高海平面。在最大海侵时期，粗粒陆源物质被捕获在陆相和很浅的海洋环境（内陆棚）中。黏土级沉积物从其物源区被搬运得更远，然后沉积在中陆棚或者外陆棚环境。距离陆源物源区更远的地区实际上不能获得黏土和粉砂沉积（火山灰除外）。这些地区沉积了较厚的（数百米）白垩和泥质白垩（图 12-7、图版 XII-10）。

和其他地区相同，在西缘深海石灰岩沉积的限制因素为深水生物产率与陆源碎屑物质注入速率之间的比值。白垩沉积向海沟东缘的变化是一个碎屑沉积供应（主要来自西部）不均衡的结果。最大海侵期的物源区距离（而不是其他任意水文障碍物）降低了陆源沉积向白垩沉积地区的供给速率。在这种类型的环境中，白垩相代表了隔离程度最大的地区，但是水深却不一定是最大。侧向相变是渐变的，通常发育从白垩到珊瑚或钙质页岩再到纯页岩、最终到粉砂岩和砂岩的过渡。

因为西缘海道水体相对较浅（水深可能仅有几百米），并且广泛接纳淡水径流，盆地内的水体可能会形成盐度和（或）温度分层。这种分层性可能会造成阶段性的底水环境异常，其中不含大多数的底栖尤其是内栖生物。实际上，与大多数同时代的欧洲白垩相比，西缘白垩中含有的底栖微体化石和大化石的多样性确实较低。例如，叠瓦蛤、牡蛎和其他软体动物种群的亚属实际上构成了 Niobrara 组中所含大化石的主要部分。有机碳含量高（Niobrara 组 Smoky Hill 页岩段中平均 2% ~ 3%）、钻孔生物

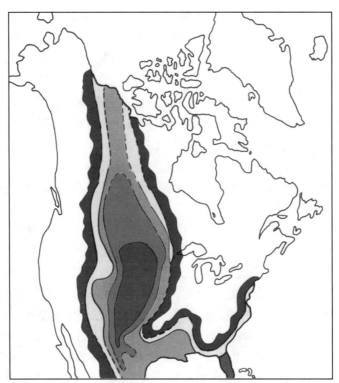

图 12-6 Greenhorn 海侵最大时期（早土仑期）北美西部内陆海道相模式分布图（据 Kauffman，1975，修改）

棕色区域代表侵蚀区或局部大陆沉积；黄色区域代表砂质为主的海岸沉积；绿色区域，颜色从浅到深分别代表由富含黏土的沉积到富含碳酸盐的远洋沉积

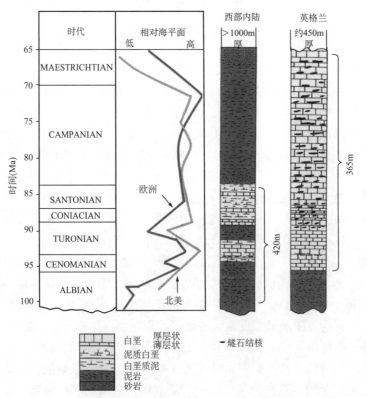

图 12-7 白垩系北美西部内陆海道地层柱状图（据 Kauffman，1977）及英格兰白垩系白垩海相地层柱状图（据 Gallois，1965）与全球海平面变化对比（据 Hancock，1975a）

注意欧洲地区纯白垩为主的地层，及西部内陆地区泥质白垩和白垩质页岩层序特征；在西部内陆地区，仅在最大海侵时期沉积了较纯的白垩

的广泛缺失、浮游和自游生物形成粪球粒的保存，以及毫米级纹层的保存同样是许多西缘白垩的独特特征（Hattin，1975，1981；图版Ⅻ-6）。

2. 欧洲白垩

欧洲上白垩统与北美在许多方面存在差异（Hancock，1975a；Wiedmann，1979；Birkelund 和 Bromley，1980）。特别是从土仑阶到马斯特里赫特阶，深海碳酸盐岩在欧洲大部分地区均有沉积（图 12-8）。此时的出露陆块（阿莫里克地块、波希米亚地块、波罗的地盾）基本上由海西期和更老的基底复合体构成，这些基底复合体已经被剥蚀成了低幅隆起。局限的陆相物源区岩体（低隆起、在欧洲晚白垩世期间以适度干旱为主的气候；Hancock，1975a），再加上当时较高的海平面（比现在高出 200 ~ 300m；Hays 和 Pitman，1973）造成了巨大的陆棚区，其中的沉积以深海碳酸盐岩为主，这是由于缺乏陆源碎屑注入所致。

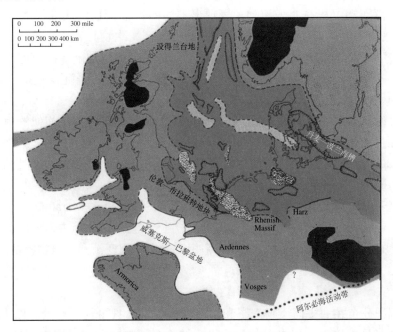

图 12-8　晚白垩世欧洲西部最大海侵时期白垩分布图（据 Hancock，1975b 修改）

与图 12-6 所示北美西部内陆环境对比；黑色区域可能为暴露断块中地势较低地区；黄绿色为间歇被海水淹没的断块区，其中沉积了白垩和过渡相（泥灰、海绿石泥灰、砂屑灰岩）的薄层序；暗绿色为白垩盆地内沉积，阴影区为晚白垩世隆升的盆地白垩沉积

整体而言，欧洲这一地区的上白垩统比北美地区要薄很多。但是，欧洲地层中白垩的分布面积和白垩的厚度要比北美洲广阔且厚得多（图 12-7）。欧洲白垩陆棚盆地地区中可以发现上白垩统白垩的厚度超过 1000m，尤其是在北海中心海槽中更为明显（Hancock 和 Scholle，1975）。

欧洲白垩相的展布范围比北美白垩大。白垩可以形成在盆地区域，也可以形成在紧邻海岸线的地区。因为受到陆源碎屑的限制，白垩相在整个上白垩统都很常见，即使是在海退时期也有发育。白垩沉积被低海平面打断的地区，这种终止事件在欧洲地区通常以薄层硬底层序为标志，而在美国西缘则以厚层海侵页岩和砂岩为标志。大多数的硬底单元集中在古地形高地或槽隆，但是在海槽地区同样发育此类地层单元。

欧洲白垩还有许多区别于北美洲白垩的独特特征。大多数北美白垩至少含有 10% 的黏土，欧洲白垩通常含有低于 1% 的不溶性残留物。欧洲陆棚与大西洋和特提斯海连通程度越强，就会造成水流循环越强，导致那里的盐度比西缘海道中更加接近正常。这样就造成了如下结果，欧洲白垩中含有更加多样化的底栖动物群，包括硅质海绵、腕足动物、软体动物、苔藓虫、棘皮动物、节肢动物和有孔虫以及其他。这些大量的底栖动物造成欧洲白垩中发育更为广泛的钻孔。欧洲白垩中燧石的丰度（主要来自于硅质海绵）是这种底栖生物多样性的又一结果。

在欧洲，正常海、碳酸盐岩为主的陆棚中侧向和横向上的相变比西缘要丰富得多。Hancock（1975a）总结了 16 种与欧洲白垩相伴生的相类型。除了西缘地区中向泥质白垩、钙质页岩、页岩和砂岩的转变之外，欧洲地层中还普遍发育向绿砂、介壳白垩、砂屑石灰岩、白云质白垩、磷酸质白垩和浓缩层（硬底）的转变。

海岸地区主要发育有骨架的分泌碳酸盐的大型动物群或者海绿石砂岩。沙滩地区不发育暴露地块，发育硬底层序，在洋流条件导致生物产率较高地区发育磷酸质白垩。但是，在西缘地区相变通常是渐变的，相变往往发生在数十千米的距离之内。在与白垩沉积一致的构造活跃区（例如北海中的补偿海槽和地堑）聚集了巨厚的白垩，这往往是白垩从邻近高地上发生滑塌所致（Hancock 和 Scholle，1975；Watts 等，1980）。在这种环境中，相变可能是突然的。

总之，尽管深海陆棚沉积在北美和欧洲表现出不同的特征，它们却都代表了对于相似主控因素的相似响应。广布的白垩系白垩反映了新演化出来的钙质浮游生物具有较高的产率，也反映了高海平面造成的陆源碎屑注入量的减少。在西缘地区，白垩与造山带提供的陆源碎屑同时沉积，并且只在最高海平面时期的一小块区域发生沉积。在欧洲，陆源注入最小而白垩沉积则是整个大陆的主要沉积类型。

尽管这里的讨论集中在白垩纪白垩沉积的两个实例上，但是可将这些相似的因素应用到大多数的深海沉积。加利福尼亚州中新统和上新统 Monterey 组硅藻土代表了部分沉积于大陆边缘孤立断陷盆地（Garrison 和 Douglas，1981）的、与现今加利福尼亚州和墨西哥北部岸线之外的大陆边缘带相似的沉积。向岸的地堑捕获了陆源碎屑，向海盆地则聚集了富含硅藻的深海沉积。与之相似，广泛分布的奥陶系至泥盆系放射虫燧石沉积在美国内部和 Appalachian-Ouachita-Marathon 带的陆壳上（Mcbride，1970；Folk 和 Mcbride，1976），可能代表了深海沉积在陆棚至盆地环境中，该环境内往往是缺乏沉积的。在白垩系白垩中，侧向延伸距离大、沉积速率相对缓慢和相变渐变是典型特征。

二、大洋地区

深水的深海沉积分布在海平面生物产率和水深框架内是极具可预测性的。图 12-9 展示了深海相的一般模式，该模式是水体养分和水深（与现代海洋中沉积物的分布（图 12-2）具有可比性）的函数。在 CCD 之下几乎没有或者完全缺失深海碳酸盐沉积，而在 CCD 之上相对低养分的地区则聚集了有孔虫—超微化石软泥（图版Ⅻ-10b）。缓慢沉积的红色黏土和锰结核形成于 CCD 之下的相对缺乏养分的大洋地区。锰结核主要形成于沉积缓慢地区，生物扰动和频繁的洋流簸选作用使结核始终处于暴露的沉积水体边界处，在这里结核能够继续生长（Elderfield，1977）。

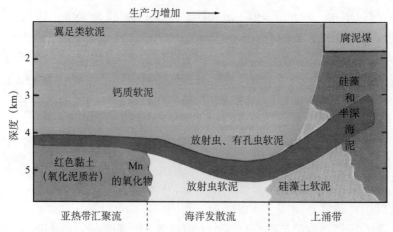

图 12-9　远洋和半远洋相与深度、产率和距离大陆边缘远近的关系图（据 Berger，1974）

在表层产率较高地区，沉积物中的重要组成部分可能包括放射虫和／或硅藻的硅质（蛋白石－A）碎屑。目前，硅质沉积沿着低纬度大陆边缘和高纬度发散区域发育。在赤道上涌区（产率高地区），CCD 在一定程度上被压低，发育了深海碳酸盐岩和生物成因硅质软泥混合相。

靠近大陆边缘，形成于表层水中的生物成因沉积物被来自陆地由风搬运来的沉积物稀释，浑浊的乳浊层则是由地转底流搬运来的沉积物（Stow 和 Lovell，1979）所稀释，也被浊流和其他机制形成的斜坡下倾方向沉积物的再沉积物质所稀释。这种陆源稀释作用的波及范围依赖于纬度、区域气候、边缘附近的地貌特征、陆棚宽度、是否发育主要河流向陆棚的注入等。

陆隆（图 12-1）以再沉积作用沉积相为主，包括深海扇相和等深流沉积相。深海碳酸盐岩中可能发育扇外环境的陆源沉积夹层，但是深海成分发生了显著的稀释。地震反射层是不连续的，隆脊部分表现为粗的、地震剖面上显而易见的区域（Tucholke 和 Mountain，1979）。厚层隆脊向海逐渐变为较薄的、以深海相为主的层序，此处对应的地震反射轴变得清晰而侧向连续性也变好。反射层通常彼此相隔，表现出与体密度变化相关的特征，这种变化是由成岩作用转化差异造成的（Schlanger 和 Douglas，1974；Berger 和 Mayer，1978）。等深流沉积堆积物同样是陆隆的特征。这些都是厚层的沉积脊，主要由底流搬运沉积物构成。它们沿强化地转流方向发育，此处的洋流速度降低，沉积物从悬浮物中沉降出来。等深流沉积堆积物可能含有数量众多的搬运深海碳酸盐岩（Mullins 等，1980）。异常高（>20mm/1000a）的沉积速率和波状纹层是等深流沉积物中沉积的深海碳酸盐岩的典型特征。

如果在附近以碳酸盐岩建隆为主的陆棚海或者孤立台地发生沉积，那么深水沉积物可能会与再沉积浅水碳酸盐岩碎屑互层。在岛弧沉积裙、线性岛链或者其他大洋海丘部位中沉积的深海相中还夹杂有火山碎屑沉积。

图 12-10 展示了任意时期和地层层序中不同点的深海相模式。新形成的洋壳随其冷却过程发生下陷（Sclater 等，1977）。扩张中心的平均洋脊海拔约为低于海平面 2700m。开始的 50Ma 中的沉降速率较快，地壳顶部此时可以到达海平面之下 5500m 的位置。假设溶跃面和 CCD 面恒定不变，典型的洋壳会在溶跃面之上开始其沉积过程，然后在 50～60Ma 之内慢慢沉降至 CCD 之下。在洋壳上的首批沉积物质要么是热液成因的含金属的黏土，要么是枕间深海石灰岩。枕状玄武岩的海下风化可能在其被沉积物所覆盖之前即已开始。后生的超微化石软泥富含浮游有孔虫（沉积在溶跃面之上），然后向上变为富含黏土，有时聚集了红色或者棕色的深海黏土（沉积在 CCD 以下）。在沿脊顶向外的侧向横切面和沿老洋壳地层向上的情况中，这是一种普遍模式。如果碳酸盐溶解层深度存在明显差异，或者如

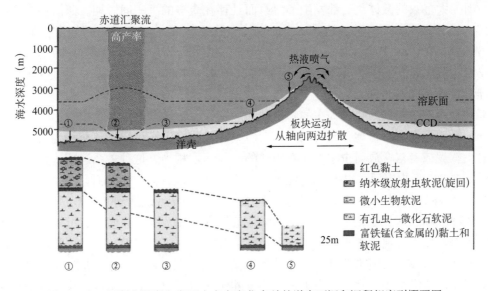

图 12-10　与海水深度和表面水产率变化有关的洋壳下沉和沉积相序列概要图

果大洋板块运动将洋壳携带至大洋扩散区之下（海平面产率较高），可能会形成更为复杂的地层。

厚层深海碳酸盐岩可能沉积在沿洋中脊的局部海槽或者盆地中，主要是来自于海下高地的再沉积作用。例如，沿着现今中大西洋洋脊可以发现阻塞深水浊积岩沉积（van Andel 和 Komar，1969）。

然而，在晚侏罗世以前（距今 140～150Ma 之前）CCD 深度相当浅（不足 2700m 深），硅质灰泥直接聚集在洋壳之上的洋脊处（Garrison，1974；Bosellini 和 Winterer，1975）。CCD 位置在大约 140Ma 以前突然加深，深海石灰岩沉积在海底上，其厚度大于 4400m。因此，洋壳到深海石灰岩再到红色黏土年龄增加的正常序列在中侏罗统至上侏罗统发生逆转，这种逆转是由于古海洋条件的变化，也可能是当时钙质深海动物群和植物群快速演变的结果。这也证实了古海洋条件的重要性，在解释深海沉积相关系时必须加以考虑（图 12-5）。

但是，地层记录中明显的 CCD 变化也可能是由深海盆地某一部分发生大规模的区域隆升所造成，例如在佛得角陆隆早—中中新世发生的 1000m 的隆升（Lancelot 和 Seibold，1978）。这种隆升可能会将大面积的洋底抬升至 CCD 之上，但却不会改变溶跃层或者 CCD 的实际深度。

当在沉积速率较高和 / 或产率较高的环境中（Muller 和 Suess，1979），在氧气稀少区域中（von Stackelberg，1972），或者是在氧气不足的盆地中（如黑海盆地）发生沉积时，深海沉积可能相对富含有机质。在过去的时间段中，例如在早—中白垩世，大面积的深水大洋都是贫氧的，富含有机碳的深海沉积分布面积更广（Arthur 和 Schlanger，1979；Jenkyns，1980）。

现今大洋中最古老的深海沉积可能形成于早侏罗世；深海钻探计划的钻孔已经钻穿了上侏罗统的深海沉积。但是，大多数古代深海沉积都消亡了。关于侏罗系和更古老深海沉积相的认识已经必将来自于山区抬升起来的沉积岩层，也来自于古代俯冲复合体（其中洋壳和覆盖其上的深海沉积发生选择性保存）（Moore，1975）。

第六节　沉　积　速　率

深海中的沉积物聚集受控于沉积供给、溶解作用和侵蚀速率。现代深海沉积速率（图 12-11）从开阔海（远离陆地）中的接近于零，变化至海岸盆地中的高达 400mm/ka，海岸盆地中的深水物质被陆源沉积所稀释。

红色或者棕色黏土聚集速率通常小于 2mm/ka。这种沉积物常见于 CCD 以下的海底地区，难以对其定年，因为大多数的微体化石都发生了溶解而且存在众多的沉积间短期。深海中洋流的沉积侵蚀和再改造作用极为常见，而且某一地质历史时期内多达 80% 的地层记录中可能发生缺失（Fischer 和 Arthur，1977；Moore 等，1978；图 12-10）。主要的沉积间断常见于沉积供给较少地区。

生物成因二氧化硅沉积速率相对较高，其范围介于 4～400mm/ka。生物硅酸质深海沉积（生物成因二氧化硅含量高于 30%）通常在大洋中富含养分地区之下具有高聚集速率。但是，现代大洋中最高的聚集速率则是由于生物硅质物质为主的物质注入，这些生物硅酸物质是冰川起因的、被河流和火山物质从南极地区搬运至海岸盆地。与之相反，大多数古代白垩沉积缓慢，甚至相当致密，其速度与现代深海放射虫软泥或者富含放射虫超微化石白垩的沉积速度相当。这种关系说明，大多数的古代放射虫壳来自于正常的放射虫繁殖，很少或基本没有被碳酸盐或陆源碎屑物质稀释。

现代深水碳酸盐（未压实）的沉积速率差异很大，其差异可以达到几个数量级（图 12-11），平均速率约为 30mm/ka。这种变化主要是由于碳酸盐溶解（例如，沉积深度）与沉积供给速率比值造成的。经过压实差异校正，现代深水海洋环境中碳酸盐沉积物的速率范围和平均聚集速率与白垩纪深海相似（图 12-11）。但是，白垩纪陆棚白垩平均聚集速率高于深海白垩，部分原因是饱和表层水中碳酸钙的保存被强化。深海沉积速率可能由于来自临近陆棚和斜坡地区的白垩进入深水区的快速再沉积而局部较高。这将解释白垩系北海地堑中高达 120mm/ka 的沉积速率（Hancock 和 Scholle，1975；Watts

等，1980）。沉积在西缘海道中的白垩纪白垩泥质含量更高，而且平均聚集速率也高于同期的欧洲陆棚白垩。但是，在 Greenhorn 和 Niobrara 组中相对较纯的白垩沉积速率低于白垩纪层序整体的平均沉积速率。

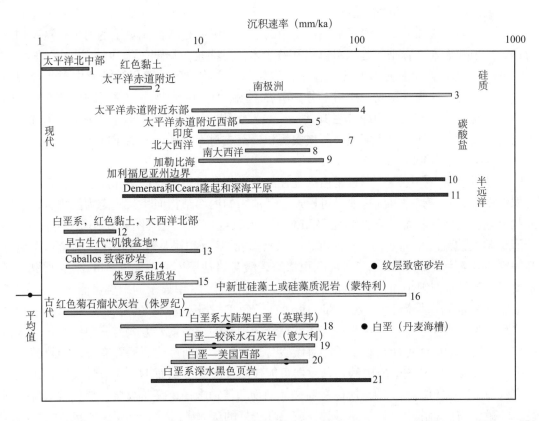

图 12-11　一些古代远洋和半远洋沉积物中沉积速率（未经压实校正）和现代沉积速率降低 60%～70% 后与古代速率对比（数据来源包括 Opdyke 和 Foster，1971；Goldberg 和 Koide，1963；van Andel 等，1975；Hays 等，1976；Hays，1965；Swift，1977；Luz，1973；Berger 等，1978；Geitzenaur 等，1976；Ericson 等，1961；Prell 和 Hays，1976；Prensky，1973；Damuth，1977；Jansa 等，1979；Jenkyns，1978；Folk 和 McBride，1976；Lowe，1976；Schlager，1974；Garrison 和 Douglas，1981；Hancock，1975a，1975b；Arthur，1979c；Kauffman，1977；大量深海钻探项目资料）

第七节　深水沉积构造

一、碳酸盐岩层序的原生沉积构造

大多数碳酸盐岩层序中的主要构造为韵律层理，沉积环境中的震荡造成了这种韵律层理。控制因素包括陆源注入变化、表层产率和/或溶解速率、洋流速率和水深。这些变化可能受控于周期性天文参数，正如前面所讨论的。旋回特征可见于不同的尺度（图版XII-6 至图版XII-9、图版XII-11、图版XII-12），从毫米级纹理，经过厘米和分米级层理或地层，直到数十米厚的层序。

毫米厚的纹层通常仅保存在底栖海底动物不发育的地区，其不发育的原因可能是厌氧至贫氧环境或者是快速沉积。层状沉积和钻孔沉积之间的过渡通常跨越数厘米，并且可能代表氧气的快速变化（图版XII-8）。大型纹层旋回（几十厘米厚）几乎是所有深海碳酸盐岩层序的共同特征，甚至在高度生物扰动的白垩中也是如此。这些纹层旋回通常是由富含黏土和缺乏黏土的白垩交互构成（图版XII-9），但是这样的旋回同样出现在相对较纯的白垩层序中（图版XII-11）。在许多层序中，旋回纹层成岩特征凸显，成岩特征包括灰泥层缝合作用或者钙质含量高区域的选择性燧石化（图版Ⅻ-12）。这种纹层旋回的周期性通常为 20000～100000a（Fischer，1980）。在某些地层中，纹层不太明显（图版Ⅻ-13），可能是由于高沉积速率和强烈的生物扰动作用。

由于在缓坡或陡坡上发生滑塌，层理可能是不连续的、中断的或者扭曲的。图版Ⅻ-14 展示了白垩层的横向尖灭和其他层理关系，说明陆棚白垩中的沿大型隆起边缘被充填了的海道。这些构造侧翼上发生滑塌。海道和插入高脊垂向起伏可以高达数十米，可能是由局部生物建隆引起的（Kennedy 和 Juignet，1974），或者是由于强烈海底洋流作用，例如那些影响位于佛罗里达海峡中现代岩礁的洋流（Neumann 等，1977）。硬底（见成岩作用部分）解释了图版Ⅻ-14 中许多白垩层理面。水更深的深水沉积层序，尤其是那些沿着大陆边缘或者其他海底高地沉积的层序，可能含有滑塌层（图版Ⅻ-15）。沿着陡崖或者斜坡底部的碳酸盐溶解损坏了坡翼沉积，造成滑塌，现代翁通爪哇平原上的侧翼滑塌就是这样形成的（Berger 和 Johnson，1976）。

深海碳酸盐岩层序中的层理并不总是由周期性的环境变化所引起。许多深海型沉积在很大程度上是由再沉积作用形成的。有些再沉积地层可以通过其清晰的内部结构而将其确定为浊积岩，包括结构递变、波状层理、底痕等特征。意大利北部 Monte Antola 组巨厚地层（图版Ⅻ-16、图版Ⅻ-17）就是一个深海碳酸盐浊流沉积的实例（Scholle，1971）。碳酸盐沉积是从邻近斜坡或者局部高地再沉积而成，几乎全部由深海生物构成。有些再沉积深海碳酸盐岩地层不具备可识别的原生浊积岩沉积构造，这是由于其颗粒特别细小和/或后期的生物扰动。图版Ⅻ-18 中显示的地层可能是形成在 CCD 之下红色黏土层序中的深海浊流沉积。图版Ⅻ-19 展示了 CCD 之下环境中的深海碳酸盐岩再沉积的又一实例。将这种类型的细粒浊积岩与正常深海碳酸盐岩区别开的一个重要方式是其中钻孔数量呈指数递减。图版Ⅻ-20 展示的旋回可能与黏土质深海碳酸盐岩层序受周期性陆源稀释有关，导致其岩性与图版Ⅻ-19 相似。细粒深海碳酸盐岩中的均匀纹层可能代表了浊流沉积而不是季节性纹层。在古生代深海石灰岩中（图版Ⅻ-21），其中的深海碳酸盐微体动物和植物未知，钙质纹层可能代表来自陆棚的细粒碳酸盐岩的微生物扰动作用。许多年轻的、成层性较好的深海碳酸盐岩层序可能包含大量的再沉积深海物质，它们很难被识别（图版Ⅻ-22）。

二、相关沉积的构造和下伏基岩

深水深海沉积通常超覆在玄武质洋壳上。顶部玄武层通常由枕状玄武岩构成（图版Ⅻ-23），说明了玄武岩的海底喷发。枕状熔岩的多孔性是水深的指示剂；多孔性越强说明喷发水深越浅。海底风化可能导致枕状熔岩的玻璃质边缘发生脱玻作用，转变成蒙皂石化黏土矿物（图版Ⅻ-24）。枕间沉积通常为富含金属元素的黏土和（或）深海石灰岩（Bostrom，1973；Scott 等，1974；Robertson，1975）。在上隆的褶皱带或者俯冲复合体中，深海相和相伴生的基底岩石可能暴露成为混杂堆积（图版Ⅻ-25）。在这类岩石中要想解释侧向相关关系是不可能的。

硅质生物成因沉积在大洋产能较高的深海相中极为常见。硅藻软泥通常被压成层状，尤其是沉积在海岸盆地和斜坡上面受到缺氧环境和强烈季节性产率影响的环境中。纹层是由于陆源黏土季节性注入叠加在季节性变化的涌流上和硅藻产能造成的（图版Ⅻ-26、图版Ⅻ-27）。纹层在没有钻孔生物的地方得以保留（Calvert，1966；Schrader 等，1980）。厚层的、块状地层夹杂着细粒浊积岩（大部分由陆源物质或者来源于临近岸边的浅水至深水碳酸盐沉积构成）。图版Ⅻ-27、图版Ⅻ-28 展示了不变的硅藻软泥。经过深埋、成岩作用，软泥转变为脆性层状柱石和燧石（图版Ⅻ-29；成岩作用见剖面）。

富含放射虫的软泥（图版Ⅻ-30）沉积在赤道涌流地区，与硅藻软泥相伴生。放射虫类同样是低产率地区中红色黏土和深海碳酸盐软泥的附属。但是，晚白垩世海相硅藻演化之前，放射虫燧石在陆架和深盆环境中分布甚广。在下白垩统和更年轻地层中几乎没有层状燧石，而侏罗纪和更早的层状放射虫燧石则更为普遍（图版Ⅻ-31）。尽管单个燧石层比碳酸盐岩层要薄，但是这些白垩纪之前的层状燧石发育的层状旋回与深海碳酸盐岩相似，这种情况反映了放射虫软泥相对较慢的聚集速率。燧石中的有些韵律层理可能是由于硅质浊积岩与深水放射虫岩互层造成的（Nisbet 和 Price，1974；Kalin 等，1979）。这些浊积岩可能是隐晶粒级的（图版Ⅻ-32）。大多数燧石中的放射虫岩保存不好（图版Ⅻ-33），单个放射虫可能发生黄铁矿化或者方解石化。

富含有机质的深海相在现代沉积中比较罕见，但是在过去某段地质时期内是比较普遍的，例如在早—中白垩世（Arthur 和 Schlanger，1979；Jenkyns，1980）。富含有机质的、毫米级大小的层状深海碳酸盐沉积广泛分布在白垩纪的陆表海中（图版Ⅻ-34），证明了海底属于弱氧化环境。下白垩统至中白垩统深水深海石灰岩地层同样普遍含有富有机质页岩和／或硅藻软泥（图版Ⅻ-35），代表了生物产率的短期升高或者深水中贫氧环境的扩张。

氧化环境中正常深海沉积物的颜色随着碳酸盐含量的降低依次从白色经棕色变至红色（图版Ⅻ-36）。这些沉积物，特别是缓慢沉积的红色黏土（图版Ⅻ-36、图版Ⅻ-37），生物扰动剧烈，原生沉积构造荡然无存。深海沉积物颜色受控于底水温度和孔隙水含氧量、痕量组分（黄铁矿、有机质、氧化铁、火山成因颗粒），以及后续的风化作用。颜色是暂时性的，会随着埋藏或者露头暴露而发生改变（Moberly 和 Klein，1976）。锰铁结合经常与红黏土相伴生（图版Ⅻ-37、图版Ⅻ-38）。结核必须在沉积水界面处保持较长时间（数百万年；Glasby，1977），这样才能长大到可观的大小（直径10～15cm）。这样的结核很难在古代地层中得到保存，因为它们很容易被埋藏过程中缺氧的孔隙水溶解，但是有些古代锰铁结核可以在红色（氧化）沉积中被发现（图版Ⅻ-39）（Jenkyns，1977）。

深海层序中的蒸发盐矿物并不常见。但是，在小型局限海盆中，例如晚中新世地中海（Hsu，1972），以及在高蒸发区，会沉积石膏、硬石膏甚至岩盐（图版Ⅻ-40）。在晚中新世（Messinian）地中海层序中，1～2km 的蒸发岩与正常深海和半深海相呈三明治式分布。在得克萨斯州西部—新墨西哥州的二叠盆地，层状蒸发岩（包括硬石膏、盐岩和钾岩）沉积在数百米深的水域中，上覆在富含有机碳的盆地碳酸盐岩和碎屑岩之上。

可能与较深水体中的深水沉积相伴生的其他碎屑相包括：冰携碎屑（图版Ⅻ-41），由分选较差的团块角砾岩构成；等深流沉积（图版Ⅻ-42），是一种具波状层理且经簸选之后的沉积，是地转底流造成的；还有分层的、陆棚碳酸盐岩或火山岩碎屑再沉积层（图版Ⅻ-43）。

第八节　生物成因构造和特征动物群

一、深海碳酸盐岩及伴生相

底栖大型生物在深海环境中所剩无几，主要是由于碳酸钙在深海海底上的溶解和软体生物在深海生物群落中的数量占优所致。遗迹化石（如生物成因沉积构造）实际上提供了大型底栖无脊椎动物唯一的化石证据。实际上，它们常常产生非常重要的生态学和行为学信息，例如悬浮物摄食者和沉积物摄食者在底栖动物群中的相对重要性，而实体化石则不会提供这些信息。在缓慢沉积的深海沉积物中，掘穴生物同样强烈影响主要沉积构造的保存或破坏。

在露头和深海岩心中的深水海相层序中，遗迹化石（包括表栖动物的足迹和爬痕、内栖动物的钻孔系统）有助于指示古水深（Seilacher，1964，1967）。但是，特定遗迹化石的水深限制（真正的化石群）变化多端，而且可以上超在其他遗迹化石之上。痕迹化石仅受其制造者所处水深或者其所处的沉积相控制，受到水体深度的影响。很可能不只是深度，还有水体性质（温度、盐度、养分、氧气含量等）和基底类型（例如流动的还是坚硬的基底）也会控制遗迹化石的分布。

可以产生遗迹化石的深海生物既有广深的（具有广阔的深度范围），又有狭深的（具有狭窄的深度范围）。广深生物中包含不同的属，如腔肠动物、星虫门、腕足动物、十足类、掘足类和蛇尾亚纲。狭深生物中的属包括海绵动物、蜕虫动物门、须腕动物门、等足类、片脚类和海星。不幸的是，现代深海中哪种生物制造哪种钻孔的可用信息几乎无所获取。

深海沉积中存在各种不同的遗迹相（图12-12），它们由一个相对的深度层序中不同的沉积体系形成。半深海环境（水深200～2000m）的特征是陡坡和快速沉积，富含再沉积物，该环境中的遗迹化石主要以动藻迹掘孔系统为主（动藻迹遗迹相；图版XII-44）。而远端浊流相有时可以延伸至深海平原（深2000～6000m），主要由细粒沉积物组成，其中由觅食潜穴沉积物形成的掘孔系统被称为"丛藻迹"（图版XII-45至图版XII-47），以黏土成分为特征，但其堆积有序，形式多样，并且层面上含有大量水平状遗迹化石（如蠕形迹、古网迹和类砂蚕迹），这也是远端浊积相的典型遗迹相（例如类砂蚕迹，图版XII-48至图版XII-51）。

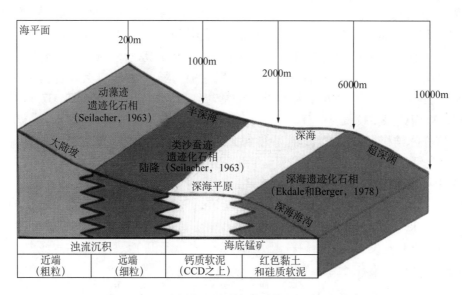

图12-12　深海沉积环境中各遗迹相之间关系示意图

Seilacher（1964，1967）年提出的动藻迹和类砂蚕迹遗迹相作为深水沉积遗迹化石的一般分布模式，应用于欧洲（Ksiazkiewicz，1970；Crimes，1973，1977；Kern，1978）和北美（Chamberlain，1971；Kern和Warme，1974）复理韵律盆地和大陆边缘沉积环境中。

Ekdale和Berger（1978）在远洋沉积物中发现了深海遗迹相，其特征与Seilacher提出的浊积岩中的动藻迹和类砂蚕迹遗迹相不同。现代远洋沉积的岩心样品及海底照片都显示出深海海底存在强烈的生物扰动作用。由于这些底栖掘孔动物的扰动作用，所有表面痕迹和遗迹，包括一些较浅的掘孔（深度＜5cm）都已经被抹掉了。例如，尽管现代海底照片可以见到类砂蚕迹类型的表面遗迹和掘孔（图版XII-52至图版XII-57；Ewing和Davis，1967；Heezen和Hollister，1971；Lemche等，1976；Kitchell等，1978），有些岩心样品中也可见到（图版XII-50b；Ekdale，1980a）；但是在远洋沉积中很难见到这样的痕迹保存下来（Ekdale，1977；Ekdale和Berger，1978；Berger等，1979）。只有在距离沉积物表面5～8cm之下的构造才可能会保存下来；因此，远洋遗迹相几乎只含有底栖动物遗迹化石。

深海岩心样品分析揭示，在远洋沉积物的表层存在三层结构的掘孔层序：最上面一层是混合层，即5～8cm厚的几乎均质、扰动沉积物，向下（穿过混合层过渡带）到过渡层；过渡层是局部沉积物混合的位置；大概从水—沉积物界面之下20～35cm的位置，几乎所有保存下来的生物成因构造都产生在这一层；最底部的层序被称为遗留层，其中不含任何穿孔，而是主要受压实作用和其他成岩作用。

特殊种类的深海钻孔能够形成并保存下来，与沉积物的强度有关，而沉积物强度又与其中黏土含量成反比关系（Berger 和 Johnson，1976；Johnson 等，1977）。随着远洋沉积物中黏土含量增加，沉积物的剪切强度降低。该相关关系又与水深强烈相关，因为在海洋水柱层分布中，位于溶跃面以下的碳酸盐矿物溶解度增大（Berger，1970b，1972，1976）。在 CCD 面下（图 12-3），沉积物强度显然远不够支撑某些种类的掘孔，这些掘孔在较浅海底富含碳酸盐矿物的沉积物中非常常见；其中最能明显反映该趋势的掘孔是那些大型的（直径 1 ~ 2cm）、开放的、垂直的掘孔，称为针管迹（图 12-13、图版XII-58、图版XII-59；Ekdale 和 Berger，1978）。尽管人们普遍认为针管迹是一种潮间带的遗迹化石，但是它也可以用来指代所有简单的、不含分支的竖直管状掘孔。在岩心和远洋淤泥中都可以观察到竖直掘孔，其含量与沉积物中碳酸钙的含量有关；而富含黏土矿物、碳酸钙含量低于 60% 的沉积物中则几乎观察不到针管迹。

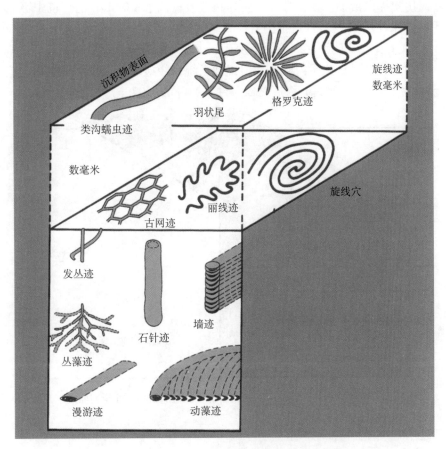

图 12-13　远洋碳酸盐岩深海遗迹化石组合示意图解
包括沉积物表面典型遗迹、沉积物表面靠下的遗迹和表面以下几厘米的典型遗迹

因此，在深海远洋沉积体系中主要有两大类遗迹相：第一类，位于 CCD 之上的碳酸盐软泥中富含大量多种多样的潜底动物遗迹化石，包括针管迹和漫游迹，并有少量的管枝迹、墙形迹和动藻迹（图 12-13、图版XII-45、图版XII-46、图版XII-58 至图版XII-62）。不同类型的掘孔之间颜色对比较强，因此不同掘孔个体易于区分。在现代沉积物中，这些远洋碳酸盐遗迹相均在岩心中发现并描述（McMillen，1974；Ekdale 和 Berger，1978；Berger 等，1979；Novak，1980），而 DSDP 钻探取得的岩心中也发现并描述了古代远洋碳酸盐岩中的这些远洋碳酸盐遗迹相（van der Lingen，1973；Warme 等，1973；Chamberlain，1975；Kennedy，1975；Ekdale，1977，1978，1980b）。

第二类深海遗迹相在位于 CCD 之下的远洋黏土中富含大量生物扰动遗迹，尽管掘孔的种类多样性和保存状态较差。此处几乎没有针管迹，管枝迹、墙形迹和动藻迹含量也非常少。该组合中最主要的遗迹是漫游迹，其掘孔边缘常常呈毛绒状或被涂抹破坏（图12-14、图版XII-63至图版XII-65）。学者们通过岩心样品（McMillen，1974）和深海钻探岩心（Ekdale，1977，1980b）资料描述了远洋黏土中的遗迹化石。

DSDP岩心中遗迹化石用于解释加勒比海白垩纪水深（Warme等，1973）、地中海古近—新近纪水深（Ekdale，1978）、菲律宾海沉积相变化（Ekdale，1980b）和大西洋南、北部中白垩世大洋缺氧事件（Arthur，1979b）等，取得有效成果。

除了水深和沉积类型外，深海遗迹化石还可用于帮助分析远洋沉积古地理环境。例如，地质历史时期，远洋沉积系统底部水体含氧量变化很大，而有些现代或古代深海盆地曾经历多次停滞（Demaison和Moore，1980）。遗迹化石可以记录底栖生物对海底附近水体内溶解氧量变化的反应，从而为了解盆地停滞历史提供帮助。大部分硬壳生物在含氧量低于1.0mL/L的环境中不能存活；而软体动物不需要使用氧气来建造贝壳，因此能在更低的氧含量中生存（低至0.1mL/L）（Rhoads和Morse，1971）。沉积物中潜穴的存在证明海底环境中至少存在一定量的氧气，而到贫氧环境中则变为以食土的软体动物为主。假如某有机质富集层内存在食土掘孔系统管枝迹，而缺少其他生物构造或底栖硬壳化石，则其很可能为（但不完全一定是）海底贫氧条件（Arthur，1979b）。

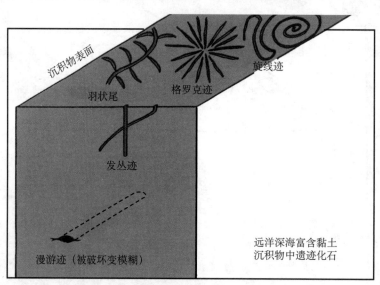

图12-14　远洋富含黏土沉积物中代表性深海遗迹相图解（包括沉积物表面至表面之下几厘米的典型遗迹）

二、陆架海远洋部分的生物扰动作用

大部分陆架海白垩存在强烈的生物扰动作用，不过可能很难分辨每个掘孔个体（Bromley，1981）。这些不可分辨的遗迹化石具有很强的多样性，一般比深海沉积多样性更强。例如，除了深海碳酸盐岩中常见的管枝迹、漫游迹、针管迹、墙形迹和动藻迹，陆架海白垩中还常常含有星瓣迹、螺圈迹、海生迹和几个其他的属种（图12-15；Frey，1970；Kennedy，1970，1975）。

在北美地区和欧洲北部，一般有两大类白垩遗迹相（Frey，1970；Kennedy，1975；Bottjer，1978）。一类是以大量海生迹为主的浅水组合，另外含一些其他的节肢动物掘孔（Seilacher的克鲁斯遗迹相）。第二类是管枝迹—漫游迹—动藻迹组合。海侵层序常常以海生迹组合向上演变为管枝迹—漫游迹—动藻迹组合为特征。

欧洲白垩地层中钻孔的、结壳的、石化的地表常常被称为硬底（Bathurst，1971）；而北美地区白垩层中并未发现这种地表（Bottjer，1980），并且一般的深海碳酸盐沉积中也没有这种硬底（Kennedy，1975；Fischer和Garrison，1967；Milliman，1974a）。硬底在古生态学中是一种很有意思的现象，因为每个硬底都包含着一套石化后的遗迹化石（钻孔）叠置在一套未石化的遗迹化石（掘孔）之上，每一种遗迹化石代表一个变化的生态环境序列（图12-16）。未石化的遗迹化石组合常常表现为由海生迹掘孔系统组成的稠密的、交织网络状（图版XII-66、图版XII-67），这是由掘孔类甲壳纲动物在较柔软的栖息地居住形成的（Bromley，1967）。有些硬底中存在两种或者多种大小和形状的海生迹（Kennedy，1967），这可能是在沉积期和早成岩期的不同阶段形成的（Bromley，1975）。成岩后钻孔作用或其他硬质基底中的钻孔（图版XII-68）常常在大小和形状上差别很大，多数可归因于穿贝海绵、贻贝和双壳类海笋科、藤壶类尖胸目，以及各种类型的蠕虫等。

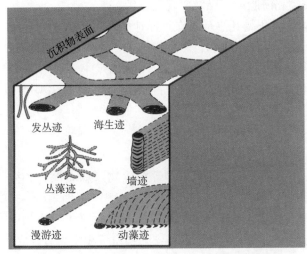

图12-15　陆架海白垩中代表性遗迹化石图解

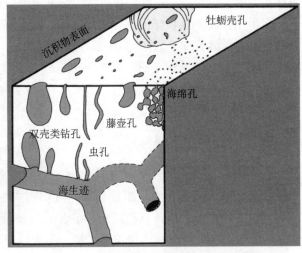

图12-16　白垩硬底中典型遗迹化石组合图解

欧洲北部出露白垩系白垩地层的特征是含有明显的、平行的硅质结核（燧石）层；其中很多水平条带显然代表了硅化的掘孔网络，包括海生迹（图版XII-66）、螺圈迹、动藻迹和大型圆柱状燧石结核形成的 *Bathichnus*（Bromley等，1975）。确实，Kennedy（1975）曾指出"欧洲白垩中的大部分燧石，以及中生界石灰岩中的燧石，实际上是硅化的掘孔；我们经常能观察到半硅化的掘孔充填或完整的掘孔形状"。而北美地区白垩系陆架海白垩中硅化结核和掘孔含量非常少（图版XII-69）。

三、远洋碳酸盐岩中的遗体化石

在深海远洋碳酸盐岩地层中，大型生物的遗体化石非常罕见，但是在陆架海白垩中却又极其常见。白垩中的大型化石多数为自游生物（菊石类和箭石类）的遗体，不过也有很大一部分是多种多样的底栖生物（双壳类、海胆类和腕足类）。牡蛎、叠瓦蛤、海胆类和其他方解石质贝壳的生物常常能够完整保存下来；而菊石类、腹足类和其他文石质贝壳的生物常常很难保存，只能形成内部或外部铸模或印模。

Kennedy（1978）列出了大不列颠白垩系白垩中的五大类生物群体，包括了远洋生物群（头足类和鱼类）及多种多样的底栖动物群，如海绵、非造礁型珊瑚、腕足类、苔藓虫、双壳类、腹足类、龙介虫和海胆类等。北美白垩系白垩中遗体化石的多样性一般比欧洲白垩低得多，菊石印模很常见，但是鹦鹉螺类软体动物和箭石类非常少见。美国西部陆内海道的底栖生物群落主要是双壳类（以叠瓦蛤和牡蛎为主），其他大型底栖动物很少，大概是因为部分水底氧含量很低（Hattin，1971，1975；Frey，1972）。而阿肯色州和得克萨斯州的墨西哥湾白垩中保存的底栖生物群落，其生存条件肯定更有利，因为其双壳类生物种类更多，海胆类、苔藓虫类和龙介虫等数量也更多（Bottjer，1978）。

与陆架海白垩情况不同，深海远洋沉积中大型生物的遗体化石非常少见。其中一部分原因可能是大多数研究中的深海沉积物是从小型岩心中获取的，因此与剖面研究相比，能发现大型化石的几率较小；另外一个原因是很多深渊区和超深渊区的生物缺乏强大的硬壳部分而不能在地质历史时期保存下来。即使是具有方解石或者文石贝壳的深海软体动物和腕足类等，其贝壳中的钙质在溶跃面之下也会被溶蚀，使得该类化石在深海远洋黏土和燧石中非常罕见。尽管如此，DSDP钻探岩心中也偶有发现大型化石；例如自游生物和远洋生物的遗体（菊石类外壳和双瓣腭、鱼类骨骼和牙齿及自游海百合），另外还有水底生物的遗体（双瓣类、龙介虫管、海胆骨骼和苔藓虫类）。

由于远洋深海沉积中大型生物化石匮乏，大多数生物对比研究以有孔虫、放射虫、颗石藻的分带为基础，在"深海钻探项目最初报告"里面介绍了该方法的细节。另外，陆架海白垩的生物地层中普遍存在大型生物带（菊石类、箭石类、腕足类、双瓣类和海胆类）以及微观化石带。

在中生代晚期钙质浮游生物出现之前，细粒碳酸盐沉积物几乎从不在远洋地区产生。古生代和早中生代的远洋燧石和半远洋泥岩内的生物化石组合一般以浮游生物和自游生物为主，含少量底栖物种；奥陶系和志留系的陆相笔石页岩也属于这一类。在泥盆系—二叠系期间的深水沉积中，棱菊石、薄壳介形虫、自游双壳类（珍珠贝科和扇贝科）、鱼类和含牙形石的动物均有化石代表；层状燧石成因可能是远洋沉积，一般不含大型生物化石。

四、古生态和古环境意义

陆架海和深海白垩主要的相同点有：（1）沉积物主要由钙质的超微型浮游生物（颗石藻）和微小型浮游生物（有孔虫类）组成；（2）沉积物中生物扰动作用强烈，基本上没有沉积构造保存下来；（3）至少有一部分地层含有遗迹化石组合：管枝迹、漫游迹、墙形迹和动藻迹；（4）远洋大型生物遗体（例如菊石类）含量稀少至中等富集。而陆架海与深海白垩的主要区别有：陆架海沉积中含有硬底、硅化水平掘孔、大量底栖大型动物等，另外，除了管枝迹—漫游迹—动藻迹组合外，增加一种以海生迹为主的遗迹化石相，主要出现在浅水相中；还有中等富集程度的陆源碎屑砂和粉砂。在溶跃面之下，深海碳酸盐岩地层中远洋黏土含量大大增加，深海白垩中管枝迹—漫游迹—动藻迹组合演变成多样性更差的遗迹组合，以涂抹变形的漫游迹为主，这是深海远洋黏土相的特征。

与远洋碳酸盐岩沉积单元不同，由浊流或颗粒流沉积的碎屑质碳酸盐岩地层则呈现出以下特征：（1）原始沉积结构（例如粒序层理、软沉积物变形作用、底部印模和流动构造）；（2）移位的底栖动物化石；（3）沿层理面存在大量水平遗迹化石（如蠕形迹和古网迹）。

第九节　成　岩　作　用

一、碳酸盐沉积物

远洋石灰岩一般会经历几种能严重影响孔隙度、渗透率、矿物成分、结构强度、甚至颗粒和晶粒粒径的成岩作用，不过这些成岩过程，及其对远洋沉积单元的影响程度，与浅水沉积物中区别很大。在侏罗纪—全新世的远洋碳酸盐沉积中，最初原始的、稳定的、低镁方解石成分及其更深水沉积物早期与淡水孔隙流体接触的低可能性，都能抑制浅海碳酸盐岩环境中的早期成岩作用。但是，远洋碳酸盐沉积物会经受其他几种主要变化。

海底（准同生期）岩化作用，或硬底形成，代表了某些远洋碳酸盐最早的成岩阶段。硬底（图版XII-70）起源于远洋沉积物的胶结作用，胶结物可以是高镁方解石（图版XII-71）文石，也有些时候会有海绿石和含钙磷酸盐（图版XII-72、图版XII-73）。沉积物与海水之间长期接触有利于硬底的形成。因此，在沉积物缓慢堆积的地区，不管是因为细粒沉积物的流失，还是原始沉积物来源的减少而导致的堆积缓慢，都是硬底形成的常见地点。在很多地区，古地形高低和局限海峡的有些地方，由于沉积物分选作用，尤其是在低位期（但是未暴露水面），存在大量水下胶结作用。这些地区通常存在多层硬底（图版XII-73），每个石化表面代表一段相当长的时间（大约几万年至几十万年）。

学者们描述过多种环境中现代较深水沉积物的早期成岩作用和海底石化作用（Fischer 和 Garrison，1967；Milliman，1974a；Neumann 等，1977）。早期石化作用对碳酸盐沉积物（岩礁和漂移体）的保存具有重要意义，尤其是在底流作用很强的地区。

多名学者曾总结过硬底的形成机理及结构，包括 Kennedy 和 Garrison（1975）以及 Bromley（1968，1975）。在很多沉积物中，胶结作用首先影响到掘孔充填物，因为其中的物质一般颗粒更粗、渗透性更好（图 12-17、图版XII-74）。最终这些硬质掘孔可能会被海底风选作用筛出，也可能部分或者完全合并形成一个连续的、石化表面。在其他沉积物中，如果缺乏硬底形成作用，该过程会停止，并形成分散的结核状结构（图版XII-75、图版XII-76）。

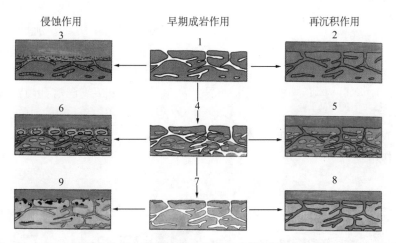

图 12-17　浅水白垩成岩作用、硬底的形成及其形态学结果的不同阶段和路径简要图解
（据 Kennedy 和 Garrison，1975）

1—原始沉积白垩的开放掘孔（海生迹）框架；2—假如随后沉积的白垩马上充填了掘孔系统，而未形成结核或硬底的形态；3—若沉积间断后重新沉积了白垩，水流筛选作用形成的形态结果——掘孔内充填了钙质岩，白垩层间含有一细层钙质岩；4—若暴露时间过长，白垩内形成方解石胶结物结核；5—若暴露后很快沉积了新的白垩，则易形成和掩埋结核状白垩；6—若结核形成后发生侵蚀作用和水流筛选作用，结核可能发生暴露、磷化和绿泥石化；7—结核可能联合在一起形成完全胶结的白垩层；8—未形成硬底就固化的白垩层遭掩埋；9—长期暴露后，固化层形成硬底，发生了磷化、绿泥石化、结壳和钻孔

硬底在生态上具有重要作用，因为它们为结壳和钻孔生物提供基底（图版XII-72），这些生物不能在柔软或者糊浆状的沉积物—水界面上（如未固结的白垩或软泥）定居。因此，这些特殊的动物群为鉴定硬底提供关键条件，碳酸盐颗粒的结核状结构、改造的砾石、磷酸盐（或海绿石）交代作用是认识硬底并进一步分类的条件（图版XII-72、图版XII-73）。

硬底的形成会大幅度降低远洋碳酸盐沉积物的孔隙度，原始沉积物的初始孔隙度值可能能达到大于70%，但是在大多数研究中会降低到小于10%；这对该地区储集岩中油气生产是很不利的，然而，硬底一般不会影响到一个厚的沉积单元，而整体上，海底胶结作用也不是远洋石灰岩成岩史上最重要的作用。

压实作用是远洋碳酸盐岩中最主要的成岩作用，物理和化学压实作用使得原始孔隙度大于70%的海底软泥转变成完全石化的石灰岩（图 12-18、图 12-19）。

中生界和新生界远洋石灰岩中相对均一的初始成分和粒度使得其埋藏成岩作用的模式具有可推测性。Schlanger 和 Douglas（1974）、Packham 和 van der Lingen（1973）、Matter（1974）、Neugebauer（1973，1974）、Scholle（1974，1977a）等学者曾广泛讨论过这些模式，此处仅作简单归纳总结。机械压实作用在埋藏初期是主导作用，包括了简单的脱水作用和颗粒重新排列定向或破裂。深海钻探和

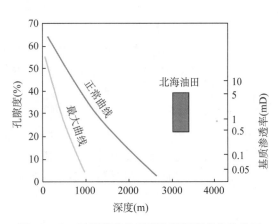

图 12-18 远洋碳酸盐沉积物随深度变化趋势图
（据 Scholle，1977a，修改）

最大曲线代表了经历早期淡水涌入的远洋碳酸盐岩；正
常曲线代表海水或改造海水作为孔隙流体的典型远洋碳
酸盐岩；北海方框代表快速沉积、超压白垩储层；随着
孔隙度变化 50% 过程中渗透率降低两个数量级

其他岩心的研究表明，在沉积物—水界面之下马上开始脱水作用，一般脱水作用在最初几百米埋深范围内使孔隙度从原始值 60% ~ 80% 减小到不到 50%（Schlanger 和 Douglas，1974）。由于沉积物组成颗粒变得更紧密，其颗粒支撑组构变得更强大；因此，在孔隙度水平降低到大约不到 40% 的时候，机械压实作用速率降低，并且对孔隙度降低不再起重要作用。

随着颗粒表面接触面积增加，化学压实作用（溶蚀转化）成为孔隙度降低的主要原因。碳酸钙在压差最大的点处溶解，而在压差最小的地方重新沉淀，于是逐渐形成加大边胶结（图版XII-77）。主要有三个因素对该过程有促进作用，分别是：新鲜（贫 Mg）孔隙流体（图 12-18）、黏土矿物的存在，以及显著的超压或构造压力（Neugebauer，1973；Scholle，1977a）。异常高流体压力和 / 或正常孔隙流体中烃类侵位都会阻止化学压实作用（Scholle，1977a）。因此，正常情况下，富含黏土矿物的沉积物，即原始海水孔隙流体被淡水替代，或者经历了深埋藏的沉积物，会经历更多的化学压实作用。

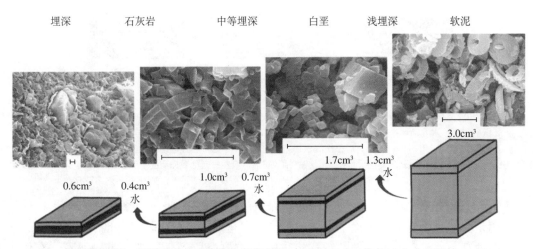

图 12-19 远洋碳酸盐岩成岩作用序列图（据 Schlanger 和 Douglas，1974）

导致孔隙度降低的因素依次为机械压实作用、脱水作用、化学压实作用和胶结作用；绿色代表原始碳酸盐岩体积组分，浅蓝色代表孔
隙水，深蓝色代表胶结物；SEM 照片（比例尺长度均为 10 μm）展示成岩作用过程中形成的不同组构

层与层之间沉积物组成成分及其他因素的变化也会导致成岩作用的变化。例如，大多数远洋沉积物中的原始沉积韵律一般包括层与层之间或纹层与纹层之间黏土矿物含量的变化（图 12-20）。缺乏碳酸盐矿物（富含黏土矿物）的地层中碳酸盐颗粒溶蚀强烈；这些碳酸盐矿物在被溶蚀后通常就近在富含碳酸盐的地层中以加大边的形式沉淀成胶结物。因此，成岩分离作用强调的是沉积物中原始成分的不同导致黏土质地层变薄和碳酸盐岩地层的胶结作用（Arthur，1979c；Scholle，1977a；图 12-20）。

碳酸盐沉积物的一种特性能进一步改造该成岩模式。文石和高镁方解石一般比低镁方解石更容易溶蚀；因此，富含这两种矿物的岩层成岩作用进行更快（Hattin，1971）。超微化石比其他生物抗溶蚀性更强，不易形成加大边胶结物（Neugebauer，1975）；即使一种生物群落内部，例如颗石藻，不同

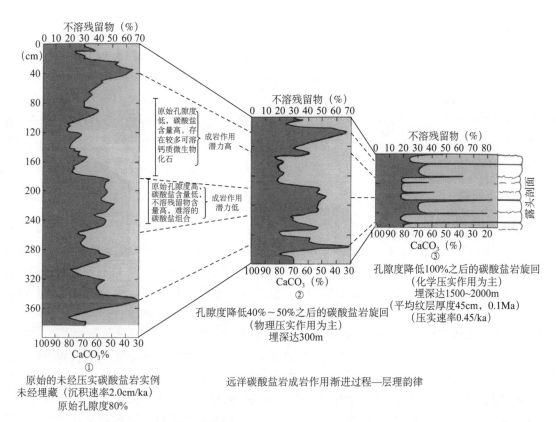

图 12-20　远洋碳酸盐沉积随着埋藏加深碳酸盐岩的压实和溶蚀作用示意图（据 Arthur，1979c）

包括石灰岩—页岩韵律层的形成；蓝色代表碳酸盐成分；棕色代表黏土成分

种属之间，其抗溶蚀性及加大边形成程度也有很大变化（Adelseck 等，1973）。

　　尽管存在这些差异，大多数远洋碳酸盐沉积物的成岩变化还是有可预测性的。图 12-18 总结了正常海水和贫镁流体中典型的白垩内孔隙度随埋深变化图。尽管不同单层的孔隙度值可能相差很大，两条曲线和基线形成的三角带基本上包括了所有正常压实的欧洲和北美以及深海钻探岩心的白垩中孔隙度随埋深变化情况。

　　图 12-19 解释了白垩埋藏成岩过程中的物理变化：最初孤立的未胶结的颗粒首先被非常细小的加大边胶结物粘结在一起，这些加大边胶结物除了能使颗粒岩石化，还能逐渐使沉积物中超微化石结构模糊化。

　　伴随着岩石组构的这种微观变化，在岩心和手标本、甚至野外剖面中也能观察到更宏观的变化。由于埋深增加过程中旋转、颗粒破裂、颗粒压扁等作用，裂理和纹层增多并更清楚。随深度增加压溶缝合线（图版XII-78 至图版XII-80）增多，且在白垩—泥灰岩旋回中的黏土质部分普遍存在（Garrison和 Kennedy，1977）。最后，当黏土质岩层中的原始碳酸盐组分完全被排挤出去时，每条缝合线最终融合在一起（图版XII-80）。

　　稳定同位素和微量元素含量也随埋深和岩石的物理变化而变化，其改变也反映了成岩变化的程度、变化的位置（准同生或者埋藏成岩作用）、系统开放性（孔隙流体与上覆和下伏岩层之间交换程度）、热学体系以及其他因素等。Milliman（1974b）、Scholle（1977a）、Scholle 和 Arthur（1980）以及很多深海钻探报告或总结（Anderson 和 Schneidermann，1973；Matter 等，1975；McKenzie 等，1978）中都有地球化学特征的描述，也有学者曾理论模拟过白垩的成岩过程（Land，1980）。

　　之前描述的成岩过程均对原始孔隙起破坏作用，在远洋石灰岩中产生次生孔隙的成岩作用比较微弱。尽管文石和其他不稳定矿物的溶蚀也可能会形成一些次生孔隙，但是次生存储空间最主要的来源还是裂缝发育作用。裂缝（图版XII-81）会大大地改善远洋石灰岩油气储层中的渗透率，在某些情况下（例如美国湾岸 Austin 群白垩储层）甚至能同时作为有效储集空间的重要组成部分。

尽管此处描述了远洋碳酸盐沉积的一些复杂情况，但是必须强调的是，在与正常浅海石灰岩对比下，远洋部分的成岩史是相对简单的。一般浅海石灰岩中会有各种粒级的颗粒大小、多变的矿物组成、短距离内复杂相变，以及成分组成变化很大的成岩孔隙流体。因此，相比浅海沉积，远洋石灰岩中储层预测比较简单；不过，这些预测模型只对晚侏罗世—全新世远洋单元有效，因为该时间段的远洋沉积的矿物组成和颗粒大小都已经研究成熟；而更古老的远洋石灰岩就没有这么容易预测，因为对其原始沉积特征还不是很了解。

二、硅质沉积物

远洋硅质沉积物的成岩作用也是相似的，不过与碳酸盐软泥有一些细节上的不同。所有生物成因的硅质沉积物最初是由乳白石英（蛋白石 -A）组成的，而生物成因的石英是目前所知的远洋沉积物中硅质的主要来源（Calvert，1974）。不过与大多数现代钙质远洋生物生产方解石的过程不同的是，蛋白石 -A 是由硅藻、放射虫、硅质海绵和硅鞭藻等生产的，它稳定性很差。由 Bramlette（1946）提出并经深海钻探岩心研究证实，硅质在埋藏期经历快速和完整的变化（Lancelot，1973；Keene，1975；Riech 和 von Rad，1979）。

蛋白石 -A 的转化大概可以分为两大过程（图版XII-82）：首先，硅质软泥形成白陶土，其成分主要为蛋白石 -CT（俗称方晶石）；然后，含蛋白石 -CT 的方晶石又转变成一种含燧石的微石英和玉髓。在这两种溶蚀—再沉淀过程中，尽管温度和压力是控制反应速率的主要因素，也有其他因素可以起到阻止或加速反应进行的作用。例如黏土矿物的存在会减缓转化速度，而碳酸盐矿物的存在则会加快反应进行（Kastner，1979a）。即使蛋白石 -A 直接向石英转化的可能性也是存在的，但这在海相沉积物中非常少见（Riech 和 von Rad，1979）。

由于时间、温度、压力、有机质结壳、溶蚀化学、沉积物表面面积和相关矿物赋存情况的不同作用方式，各种硅质形态之间相互转化的速率很难量化（Kastner，1979a）。然而整体上，以上提到的矿物的变化都能在肉眼可见的组构变化中体现出来（图版XII-81）。沉积物中发现的蛋白石 -A 基本上以原始生物成因状态赋存，在早成岩期，这些蛋白石质的细胞膜开始溶蚀并呈雾状（Hurd 等，1979）；随着溶蚀作用加剧，蛋白石 -CT 同时以块状充填孔隙和交代矿物方式沉淀，并以刀刃状晶体簇形态充填孔洞（图版XII-82）。石英作为蛋白石 -CT 的交代产物、孔隙充填的微石英和脉状充填的宏观石英产出（图版XII-82）。

对于远洋碳酸盐沉积物，该成岩过程伴随着与深度增加有关的孔隙度流失。然而与碳酸盐矿物不同，其孔隙度—深度曲线并非平滑的曲线，而是在两期矿物转换发生时呈离散阶梯状（Isaacs，1981）。基质孔隙度的逐渐减小是由于脆性的增加引起的。因此，对于硅质远洋沉积中的石油生产，裂缝孔隙度是非常重要的，加州 Monterey 组就是典型实例。

当远洋碳酸盐原始沉积物中混合有硅质生物遗体时，硅质成岩作用也会发生。大多数情况下，蛋白石硅质溶蚀并以石英燧石形态重新沉淀，其形式多样。例如大多数欧洲白垩中的燧石以掘孔内方解石选择性交代产出（图版XII-83），或沿层面产出（图版XII-84），或在石灰岩基质内（图版XII-85），以及大型硅质海绵体附近。然而在富含黏土矿物的白垩段，以蛋白石 -CT 鳞球为主（Scholle，1974）。

三、其他成岩过程

下面简单提一下远洋沉积物中其他几种常见的成岩反应，因为这已超出本章论述范围。有些成岩作用在某些经济矿床形成过程中起建设性作用，因此比较重要；有些成岩作用分布比较广泛；有些则纯粹为了完善该部分内容稍作讨论。

1. 黄铁矿

一般为早成岩期成因，黄铁矿以放射状晶体形态形成结核，或分散小泡状，或以莓球状充填有孔虫及其他生物遗体。黄铁矿（也包括偶有白铁矿或闪锌矿）一般与沉积物中有机碳富集区域有关（图版XII-86），极可能是细菌硫酸盐还原作用的产物之一（Goldhaber 和 Kaplan，1974）。在有机碳富集的远洋沉积物中，例如西部内陆盆地的 Niobrara 组，黄铁矿可以占到沉积物总量的 1%（wt）甚至更多。

2. 白云石

在陆架和深海远洋碳酸盐沉积中，白云石在早成岩期并不多见，仅在个别欧洲白垩区有发现（图版XII-87），主要是在大山边缘地区。这些地区可能存在早期淡水注入和／或高镁方解石富集，尤其与上覆硬底表面有关（Hancock，1975b）。深海碳酸盐沉积物中的白云石与孔隙水中高 Mg 离子供应有关，其流体来源于玄武质基岩的海底改造作用。另外白云石也在富含有机碳的远洋与半远洋沉积物中存在，尽管其具体成因目前仍未知，了解到白云石菱形晶体沉淀在硫酸盐还原作用之后，该作用与强碱性孔隙水有关（Baker 和 Kastner，1980）。菱铁矿（碳酸亚铁）可能在相似的成岩环境中形成，同样在硫酸盐还原作用之后，溶解出大量的亚铁离子。

3. 磷酸盐（碳氟磷灰石）

一般为原生或早成岩期（准同生期）交代矿物，在局部，尤其是陆架海远洋地区和有水流冲洗的较深水地区，例如 Blake 高原产出。欧洲白垩系白垩中发现结核状和颗粒状磷酸盐（Hancock，1975b；Jarvis，1980）。成岩磷酸盐化作用的发生常常与海底硬底有关（图版XII-72、图版XII-73），或者在白垩层序序列底部的砾石层。磷酸盐化作用一般会以棕色碳—磷灰石交代充填掘孔或贝壳内部的钙质碳酸盐。关于磷灰岩的产出、产状、矿物组成及经济效益等，Bentor（1980）及 Manheim 和 Gulbrandsen（1979）近期刚作过总结性描述。古代沉积物中具有经济效益的磷酸盐沉积常与陆架上有机碳富集的硅质远洋沉积有关，它们在海平面上升时期被淹没（Arthur 和 Jenkyns，1981）。

4. 海绿石

在硬底表面以结壳形式出现（图版XII-70、图版XII-73），或分散颗粒状，或在远洋沉积物中充填有孔虫遗体。海绿石是一种绿色的、像云母一样的伊利石类的矿物（K、Fe^{2+}/Fe^{3+}）。它可能形成于一种慢速沉积的微环境中，一般其孔隙水或沉积物—水界面处氧含量低（McRae，1972；Velde 和 Odin，1975）。

5. 重晶石

海相重晶石常为 1 ~ 2μm 大小的自形晶体，可在远洋沉积物中占到 2% 之多。其 Ba 的来源可能为生物成因碎屑的溶蚀作用，至少有一种来源是海水柱流入沉积物形成沉淀（Church，1979）。在火山成因的沉积物和富含有机物的远洋沉积物中，可能以较大晶体和交代石膏或方解石的方式产出（图版XII-87；Dean 和 Schreiber，1978）；或者在上覆于富含有机物的远洋沉积物的蒸发岩中，由于其孔隙流体中硫酸盐富集，易形成重晶石。

6. 沸石

在远洋沉积物中很普遍，尤其是富含硅质的生物成因或火山成因的物质中，其产状可以是孤立的、粗短—细长的自形晶体，粒级可达到 50 ~ 100μm 大小，常在远洋沉积物中以充填孔隙或充填生物的胶结物赋存（图版XII-88、图版XII-89）。钙十字沸石和斜发沸石是深海沉积物中最常见的沸石形态；方沸石是一种钠铝硅酸盐，也会在远洋沉积物中出现，不过不如钙十字沸石和斜发沸石那么常见。沸石为富含硅质的孔隙水中形成的自生矿物，通常是火山玻璃和／或生物成因蛋白石改造或溶蚀作用导致的。斜发沸石是硅质生物成因沉积物中最常见的沸石，而钙十字沸石则与火山物质的改造有关（Stonecipher，1978；Kastner，1979b）。

第十节　经济意义

远洋沉积物潜在的矿藏有铁锰结核、铜、镍和其他热液成因的金属矿床、磷酸盐，以及油气等（Earney，1980）。另外，远洋沉积物本身也有用途：白垩可用来做标记材料、纸和绘画材料、采矿业等；黏土可用于制作陶器、生产纸张及其他领域；硅质岩可用于耐磨材料和过滤器；所有岩石类型都适用于各种建筑材料（骨料、水泥、建筑石材）。

随着油气勘探领域向深水区以及非常规低渗透储层扩展，远洋沉积岩作为油气储层的潜力也被详细研究。尽管中东和利比亚地区的远洋石灰岩储层已众所周知，近年来最大的勘探发现是来自北海地区，其次是美国湾岸和西部内陆地区的发现，以及加拿大东部的海上发现。Scholle（1979b）中总结了这些勘探发现。

白垩储层中的油气产出类型主要有三种：（1）未经深埋（埋深 < 1000m）的储层，其中由于缺乏负载相关的压实作用，原始储层孔隙度和渗透率得以保留下来；（2）中—深埋深的储层（1000 ~ 5000m），原始基质孔隙度和渗透率几乎没有保存下来，但是广泛发育次生裂缝；（3）深埋储层，由于孔隙流体的异常高压（地压或超压），或早期石油的生成，很高的原始孔隙度得以保存。

以上三种储层在过去十年的开发中均遇到过。例如堪萨斯州西部、科罗拉多州东部、内布拉斯加州以及美国西部内陆其他地区的 Niobrara 组，是浅埋藏、低渗透的天然气储层（Lockridge 和 Scholle，1978；Smagala，1981）；其中天然气是生物成因（Rice，1980），气源是 Niobrara 组 Smoky Hill 页岩段高有机碳含量的泥灰岩；基本上该组所有产层埋深均小于 1000m；由于埋深较浅，有些层位保留了高达 25% ~ 40% 的原始孔隙度和 0.5 ~ 2.0mD 的渗透率（Lockridge 和 Scholle，1978）。

而湾岸地区白垩中的油气产出则来自于第二种类型储层；目前的勘探目标均位于 Austin 群埋深 2 ~ 3km 处（Scholle，1977b）；其基质孔隙度平均值低于 10%，基质渗透率低于 0.5mD（Doyle，1955）；孔隙度的低值反映了深埋白垩中的正常孔隙流体压力（图 12-18），因此湾岸白垩中油气生产的关键是裂缝，而现代地震勘探使用先进技术寻找最大变形和裂缝发育带（Sumpter，1981）；湾岸白垩中的油气井大部分取得成功，初始产值可达到 200 ~ 400bbl/d，但是产量递减很快（Stewart-Gordon，1976；Sumpter，1981），即使在使用人工增产技术进行压裂等的井中也是如此。总之，大面积分布的湾岸白垩和高比例的成功率都表明其中可产出大量油气。

白垩储层中油气生产最成功的案例来自北海地区，事实上，"北美地区所有白垩储层中油气生产的总和都不到北海白垩预计可采储量的 10%"（Scholle，1977b）。在 Ekofisk 地区单井石油产量一般可达到 10000bbl/d（Byrd，1975），而北美地区白垩储层的总的可采石油量预计超过 60×10^8bbl，另外还有 8.1×10^{12}ft^3 天然气储量（Tiratsoo，1976；挪威石油理事会，1980）。

北海白垩中的油气储量全部在挪威和丹麦海域，并主要赋存于图 12-21 所示的 8 个油气田中，这些油气田均位于中央地堑内部，中央地堑是横跨北海盆地的一大主要构造，从三叠纪到古近—新近纪时期一直存在活动（Ziegler，1978）。其产层均位于白垩系顶部（Maestrichtian）和古新统底部（Danian）白垩层中，这些地区的古近—新近系厚度达 2 ~ 3.5km（Scholle，1977a），而上白垩统和古新统的白垩剖面在中央地堑内部厚度可达 1500m，在地堑的上隆边缘则一般厚度在 200 ~ 400m 之间（Hancock 和 Scholle，1975）。地堑内部极高的碳酸盐沉积速率是由于来自附近隆升地区的白垩的快速重新沉积，学者们对中央地堑内部的白垩中观察记录到滑塌、碎屑流、浊流以及其他底部牵引沉积（Perch-Nielsen 等，1979；Watts 等，1980）。

北海地区二叠系盐体运动与白垩沉积几乎同时，而所有以白垩为产层的油气田也与盐体运动形成的构造有关（Watts 等，1980）；从地震剖面上可以很清楚地识别出这些构造（图 12-22；Van den Bark 和 Thomas，1981），在这些油气田的构造等值线图中也很明显（图 12-23）。盐体运动

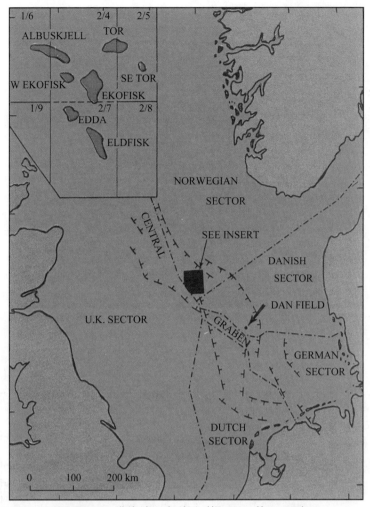

图 12-21　北海地区索引图（据 Watts 等，1980）

展示了国界、中央地堑、8 个主要的白垩油气田

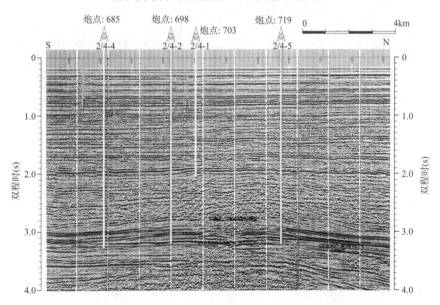

图 12-22　横跨 Ekofisk 油气田的多道集地震反射记录（时间剖面）（据挪威石油理事会，1980）

主要的储层位于较低的红线和绿线之间的白垩变厚的部分；绿线是白垩系与古近—新近系界线，下部的红线是丹麦阶（Danian）的顶界，上部红线是古新统的顶界

形成构造圈闭，并在北海地区处于浅埋藏期的白垩中引起大量裂缝，这对储层物性起到关键性的改善作用。

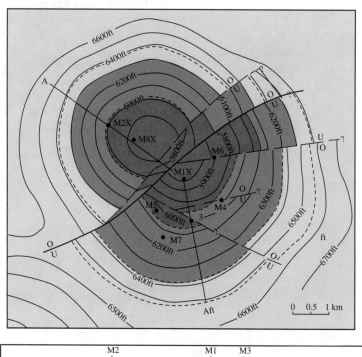

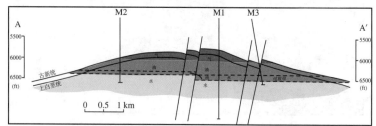

图 12-23　丹麦阶白垩顶界构造等值线图（据 Childs 和 Reed，1975）

丹麦北海、Dan 油气田，附油气田构造剖面图一张

　　北海白垩的产层中的孔隙度各不相同，平均值在 25% ~ 35% 之间（Childs 和 Reed，1975；Rickards，1974；Byrd，1975）；据报道丹麦阶部分产层孔隙度高达 42%，而马斯里奇特阶上部的孔隙度普遍低至 2% ~ 5%（Owen，1972；Byrd，1975；Childs 和 Reed，1975）。图 12-24 展示了一个白垩油气田的典型岩性—孔隙度剖面，值得注意的是，平均孔隙度大于 30% 的地层厚度至少有 100m。另外，如 Harper 和 Shaw（1974）所强调的，"该孔隙度值基本上是有效孔隙度，而其他细粒沉积例如页岩中常常没有这么高的孔隙度，而且孔隙度有效性差"。

　　据北海白垩中测得渗透率数据计算，其平均值小于 3mD，变化范围为 0 ~ 7mD（图 12-24）；而通过石油流动计算出的宏观渗透率平均值为 12mD（世界石油，1971）。这应该可以证明微裂缝对储层渗透率的重要影响作用。

　　与利用其他地区白垩得到的孔隙度—深度曲线相比，对于埋深 2 ~ 3.5km 的岩层，如此高的孔渗值是异常的（图 12-18）。通过对北海白垩进行扫描电镜（SEM）观察（图版XII-90）发现，尽管其中有些成岩变化，不过岩石中很大一部分原始孔隙度保存了下来；一般白垩中像这样能保存 30% 孔隙度的情况其埋深位于 1000 ~ 1200m 之间（图 12-18），而且电镜下观察到其组构也显示为一般埋深大概 1km 的白垩的特征，而不是图版XII-91 所示的 3km 埋深。因此，可以认为北海白垩经历的成岩过程比较异常。

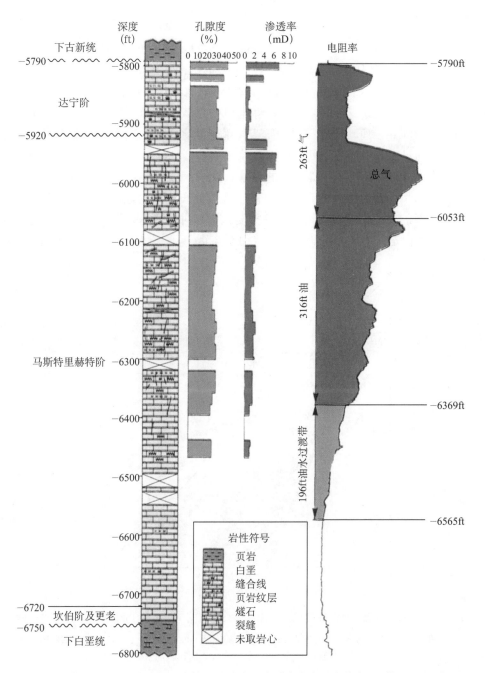

图 12-24 Dan 油气田 M-1X 井地层、岩性、孔隙度、渗透率和电阻率综合图（据 Childs 和 Reed，1975）
孔隙度和渗透率值基于 486 个岩心柱测试数据，每 10ft 内计算平均值

学者们提出很多观点解释北海白垩的这种异常成岩作用（Harper 和 Shaw，1974；Mapstone，1975；Scholle，1977a；Watts 等，1980；Feazel 等，1979；Van den Bark 和 Thomas，1981）。原始沉积模式对孔隙度改造的影响非常重要。不论是马斯里奇特阶还是丹麦阶，重新沉积的岩层一般为高孔隙度带；相反地，缓慢沉积的掘孔的原始远洋白垩沉积多为低孔段（Watts 等，1980；W.J.Kennedy，1979）。理论猜想认为，缓慢沉积比相对快速沉积的碎屑流经历了更多的海底胶结作用，尤其是在大多数 Ekofisk 地区白垩系—三叠系界线处，海底胶结作用对远洋沉积的影响很明显。尽管这些层系内没有明显的硬底表面，突然减小的孔隙度值表明，在多孔的马斯里奇特阶与丹麦阶的白垩之间夹有一段厚度达 15m 的广泛的胶结带（Van den Bark 和 Thomas，1981）。远洋沉积与再沉积的动植物组合的差异也是沉积后改造作用不同的原因之一。

北海白垩影响孔隙度值的主要因素是孔隙流体压力和含油饱和度，在北海地区，白垩中的异常高孔隙度带与高压地区有明显的吻合性（Harper 和 Shaw，1974；Scholle，1977a）。在 Ekofisk—Torfelt 地区，埋深 3050m 处的孔隙流体压力为 7100psi（Harper 和 Shaw，1974），而正常情况下该深度对应的孔隙流体压力大约为 4300Psi，而岩石静压负载应该接近 9000Psi。因此，在 Ekofisk—Torfelt 地区，很大一部分岩石静压是由孔隙流体支持的，而岩石静压则被减小到大约 1900Psi；这样，岩石颗粒"感觉到"的埋深仅为大约 1000m，而其物理和化学压实作用也就比较弱，这才是利用图 12—18 中孔隙度—埋藏深度关系估测出的对应其平均孔隙度的埋深。

图 12—25 显示根据 Ekofisk 地区井资料中的钻井数据和声波测井页岩旅行时间算出来的典型压力曲线。很明显，整个白垩段都是强烈的超高压，高压段仅分布在中央地堑地区，这是其异常高孔隙度的原因，但是中央地堑的白垩中不含油气。理论推测认为这种超高压的原因包括马斯里奇特期—全新世时期的快速沉积，和白垩系—全新统的低渗透（白垩与页岩），还有中央地堑的侧向封闭作用。

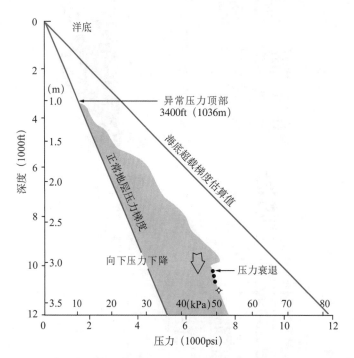

图 12—25　Ekofisk 地区典型井一般压力—深度交会图（据 Van den Bark 和 Thomas，1981）

声波旅行时（页岩）的不同及钻井参数表明，埋深 3 ~ 3.5km 的大部分下三叠统—上白垩统，
包括白垩储层均存在异常孔隙流体压力

阻碍北海白垩中成岩作用进行的重要因素还有不止一个。Harper 和 Shaw（1974）研究表明 Torfelt 油气田马斯里奇特阶含油饱和度在 70% ~ 100% 之间。早期盐体运动形成的构造及较早形成的高压环境表明可能成岩早期就有石油充注进入北海白垩储层。深埋（上侏罗统奇默里奇黏土）的烃源岩层（Van den Bark 和 Thomas，1981）以及现今 28 ~ 34℃/km 的地热梯度（Harper，1971）使得该地区早期石油生成成为可能。早成岩期北海白垩内的含油饱和度可能阻碍了成岩作用的进行，因为碳酸钙的溶解和重新沉淀都需要颗粒表面至少有一层水膜。事实上，Van den Bark 和 Thomas（1981）论述了 Ekofisk 油气田井下白垩内孔隙度的保存与石油存在有关的证据，与油藏内部的孔隙度相比，在石油聚集的侧向外围地区，或在油水界面以下的白垩内孔隙度急剧降低。

另外几种影响北海油田从白垩中产油的因素可能与成岩作用无关，如之前提到的裂缝作用，对提高储层渗透率起到重要作用；另外石油的低黏度（36% 比重）、较高的气油比（Harper 和 Shaw，1974 研究结果 GOR 在 1000 ~ 2500 之间）、较强的溶解气驱和较厚的净产层段（厚度达 180m），以及较高的油气藏压力等因素，均有助于油气生产。

因此，Ekofisk 油气田的圈闭类型属于地层—构造圈闭。白垩有很强的存储油气能力的原因有早期石油充注保留的很高的孔隙度，以及超压作用。上段提到的各种因素促成了很高的油气产率。

总之，油气产层为浅埋藏、高孔隙度的白垩，或为深埋藏、低孔隙度的、裂缝发育的白垩，但其单井储量相对较低，油气产率也较低，但是或许可以通过油层分布面积的广泛扩大产量（或潜在产量）。另一方面，深埋藏的异常高压带、高孔隙度的白垩可能为有利的油气储层，是有利勘探目标。在对海上区块的进一步勘探中，类似的白垩或白垩—浊积岩储层可能为新发现的目标，尤其是在更深的盆地，如美国湾岸盆地。

致谢

感谢 D.L.Gautier 和 W.E.Dean 针对书稿提供了思想深刻的建设性意见；感谢 C.Wenkam、J.Murphy 和 T.Kostick 对插图的准备工作；感谢 H.Colburn 和 M.Cunningham 在录入书稿工作中提供的帮助！

参 考 文 献

Adelseck, C. G., and T. F. Anderson, 1978, The late Pleistocene record of productivity fluctuations in the Eastern Equatorial Pacific Ocean: Geology, v. 6, p. 388–391.

Adelseck, C. G., and W. H. Berger, 1975, On the dissolution of planktonic and associated microfossils during settling and on the seafloor: Cushman Found. Foram. Research, Spec. Pub. 13, p. 70–81.

Adelseck, C. G., G. W. Geehan, and P. H. Roth, 1973, Experimental evidence for the selective dissolution and overgrowth of calcareous nannofossils during diagenesis: Geol. Soc. America Bull., v. 84, p. 2755–2762.

Adelseck, C. G., Jr., 1977, Dissolution of deep–sea carbonate; preliminary calibration of preservational and morphologic aspects: Deep–Sea Research, v. 25, p. 1167–1185.

Anderson, T. F., and N. Schneidermann, 1973, Stable isotope relationships in pelagic limestones from the Central Caribbean; Leg 15, Deep Sea Drilling Project, in N. T. Edgar, J. B.Saunders, et al, eds., Initial reports of the Deep Sea Drilling Project, v. XV: Washington, D.C., U.S. Govt. Printing Office, p. 795–803.

Arrhenius, G., 1952, Sediment cores from the East Pacific: Rept. Swedish Deep Sea Exped. (1947–1948), Parts 1–4, v. 5, p. 1–288.

Arthur, M. A., 1979a, Paleoceanographic events; recognition, resolution and reconsiderations: Rev. of Geophysics and Space Physics, v. 17, p. 1474–1494.

Arthur, M. A., 1979b, North Atlantic Cretaceous black shales, the record at Site 398 and a brief comparison with other occurrences, in W. B. F. Ryan, J. C. Sibuet, et al, eds., Initial reports of the Deep Sea Drilling Project, v. XLVII, part II: Washington, D.C., U.S. Govt. Printing Office, p. 719–751.

Arthur, M. A., 1979c, Sedimentologic and geochemical studies of Cretaceous and Paleogene pelagic sedimentary rocks; the Gubbio sequence, pt. I: Princeton Univ., Ph.D. dissert., 173 p.

Arthur, M. A., and A. G. Fischer, 1977, Upper Cretaceous–Paleocene magnetic stratigraphy at Gubbio, Italy; lithostratigraphy and sedimentology: Geol. Soc. America Bull., v. 88, p. 367–

371.

Arthur, M. A., and H. C. Jenkyns, *in* press, Phosphorites and paleoceanography, *in* W. H. Berger, ed., Ocean chemical cycles: Oceanologica Acta, Spec. Issue.

Arthur, M. A., and S. O. Schlanger, 1979, Cretaceous "oceanic anoxic events" as causal factors in development of reef—reservoired giant oil fields: AAPG Bull., v. 63, p. 870—885.

Baker, P. A., and M. Kastner, 1980, The origin of dolomite in marine sediments (abs.) : Geol. Soc. America Abs. with Programs, v. 12, no. 7, p. 381—382.

Bathurst, R. G. C., 1971, Carbonate sediments and their diagenesis: New York, Elsevier Sci. Pub., 620 p.

Benson, W. E., et al, 1978, Initial reports of the Deep Sea Drilling Project, v.XLIV: Washington, D.C., U.S. Govt. Printing Office, 1005 p.

Bentor, Y. K., ed., 1980, Marine phosphorites: SEPM Spec. Pub. No. 29, 249 P.

Berger, W. H., 1970a, Biogenous deep—sea sediments; fractionation by deep—sea circulation: Geol. Soc. America Bull., v. 81, p. 1385—1402.

Berger, W. H., 1970b, Planktonic foraminifera; selective solution and the lysocline: Marine Geology, v. 8, p. 111—138.

Berger, W. H., 1972, Deep sea carbonates, dissolution facies and age—depth constancy: Nature, v. 126, no. 5347, p. 392—395.

Berger, W. H., 1973, Deep—sea carbonates; Pleistocene dissolution cycles: Jour. Foram. Research, v. 3, p. 187—195.

Berger, W. H., 1974, Deep—sea sedimentation, *in* C.A. Burk and C. L. Drake, eds., The geology of continental margins: New York, Springer—Verlag Pub., p.213—241.

Berger, W. H., 1976, Biogenous deep—sea sediments; production, preservation and interpretation, in J. P. Riley and R. Chester, eds., Treatise on chemical oceanography, v. 5: London, Academic Press, p. 265—388.

Berger, W. H., 1979, Impact of deep sea drilling on paleoceanography, *in* M. Talwani, et al, eds., Deep drilling results in the Atlantic Ocean; continental margins and paleoenvironment: Washington, D.C., Amer. Geophys. Union, Maurice Ewing Ser. No. 3, p. 297—314.

Berger, W. H., A. A. Ekdale, and P. F. Bryant, 1979, Selective preservation of burrows in deep—sea carbonates: Marine Geology, v. 32, p. 205—230.

Berger, W. H., and E. L. Winterer, 1974, Plate stratigraphy and the fluctuating carbonate line, *in* K. J. Hsu and H. Jenkyns, eds., Pelagic sediments; on land and under the sea: Internat.Assoc. Sedimentols. Spec. Pub. No. 1, p. 11—48.

Berger, W. H., and L. A. Mayer, 1978, Deep—sea carbonates; acoustic reflectors and lysocline fluctuations: Geology, v. 6, p. 11—15.

Berger, W. H., and P. H. Roth, 1975, Oceanic micropaleontology; progress and prospect: Rev. of Geophysics and Space Physics, v. 13, no. 3, p. 561—585.

Berger, W. H., and T. C. Johnson, 1976, Deep—sea carbonates; dissolution and mass wasting on Ontong—Java Plateau: Science, v. 192, p. 785—787.

Berger, W. H., J. S. Killingley, and E. Vincent, 1978, Stable isotopes in deep—sea carbonates; box core ERDC—92, west equatorial Pacific: Oceanologica Acta, v. 1, p. 203—216.

Berggren, W. A., and C. D. Hollister, 1977, Plate tectonics and paleo—circulation—commotion in the ocean: Tectonophysics, v. 38, p. 11–48.

Birkelund, T., and R. G. Bromley, 1980, The Upper Cretaceous and Danian of NW Europe: Paris, 26th Internat. Geol. Cong., Guidebook No. 20, 31 p.

Black, M., 1980, On chalk, globigerina ooze and aragonite mud, in C. V. Jeans and P. F. Rawson, eds., Andros Island, chalk and oceanic oozes: Yorkshire Geol. Soc. Occasional Pub. No. 5, p. 54–85.

Bosellini, A., and E. L. Winterer, 1975, Pelagic limestone and radiolarites of the Tethyan Mesozoic; a genetic model: Geology, v. 3, p. 279–282.

Bostrom, K., 1973, The origin and fate of ferro–manganoan ridge sediments: Stockh. Contr. Geol., v. 27, p.149–243.

Bottjer, D. J., 1978, Paleoecology, ichnology, and depositional environments of Upper Cretaceous chalks (Annona Formation; chalk member of Saratoga Formation), southwestern Arkansas: Indiana Univ., Ph.D. dissert., p. 424.

Bottjer, D. J., 1980, The Areola Limestone and the absence of extensive hardgrounds in North American Upper Cretaceous chalks (abs.): Geol. Soc. America Abs. with Programs, v. 12, no. 7, p. 390.

Bramlette, M. N., 1946, The Monterey Formation of California and the origin of its siliceous rocks: U.S. Geol. Survey Prof. Paper 212, 57 p.

Broecker, W. A., 1974, Chemical oceanography: New York, Harcourt, Brace, Jovanovich, 214 p.

Broecker, W. A., and T. Takahashi, 1978, The relationship between lysocline depth and in situ carbonate ion concentration: Deep–Sea Research, v. 25, p. 65–95.

Bromley, R. G., 1967, Some observations on burrows of thalassinidean Crustacea in chalk hardgrounds: Geol. Soc. London Quart. Jour., v. 123, p. 157–182.

Bromley, R. G., 1968, Burrows and borings in hardgrounds: Geol. Soc. Denmark Bull., v. 18, p. 247–250.

Bromley, R. G., 1975, Trace fossils at omission surfaces, in R. W. Frey, ed., The study of trace fossils: Berlin, Springer–Verlag Pub., p. 399–428.

Bromley, R. G., 1981, Enhancement of visibility of structures in marly chalk; modification of the Bushinsky oil technique: Geol. Soc. Denmark Bull., v. 29, p. 111–118.

Bromley, R. G., M. G. Schule, and N. B. Peake, 1975, Paramoudras; giant flints, long burrows and the early diagenesis of chalks: Biol. Skr. Dan. Vid. Selsk., v. 20, no. 10, p. 1–31.

Byrd, W. D., 1975, Geology of the Eko–fisk field offshore Norway, in A. W. Woodland, ed., Petroleum and the continental shelf of northwest Europe, v.1: New York, John Wiley and Sons, p. 439–445.

Calvert, S. E., 1966, Accumulation of diatomaceous silica in the sediments of the Gulf of California: Geol. Soc. America Bull., v. 77, p. 569–596.

Calvert, S. E., 1974, Deposition and diagenesis of silica in marine sediments, in K. J. Hsu and H. C. Jenkyns, eds., Pelagic sediments; on land and under the sea: Internat. Assoc. Sedimentols. Spec.Pub. No. 1, p. 273–300.

Chamberlain, C. K., 1971, Bathymetry and paleoecology of Ouachita geosyncline of southeastern Oklahoma as determined from trace fossils: AAPG Bull., v. 55, p. 34–50.

Chamberlain, C. K., 1975, Trace fossils in DSDP cores of the Pacific: Jour. Paleontology, v. 49,

p. 1074–1096.

Childs, F. B., and P. E. C. Reed, 1975, Geology of the Dan Field and the Danish North Sea, *in* A. W. Woodland, eds., Petroleum and the continental shelf of northwest Europe, v. 1: New York, John Wiley and Sons, p. 429–438.

Church, T. M., 1979, Marine barite, in G. Burns, ed., Marine minerals: Mineralog. Soc. America Short Course Notes, v. 6, p. 175–209.

Climap, 1976, The surface of the ice–age Earth: Science, v. 191, p. 1138–1144.

Crimes, T. P., 1973, From limestones to distal turbidites; a facies and trace fossil analysis of the Zumaya flysch (Paleocene–Eocene), north Spain: Sedimentology, v. 20, p. 105–131.

Crimes, T. P., 1977, Trace fossils of an Eocene deep–sea fan, northern Spain, *in* T. P. Crimes and J. C. Harper, eds., Trace fossils II: Liverpool, Seel House Press, p. 71–90.

Damuth, J. E., 1977, Late Quaternary sedimentation in the western equatorial Atlantic: Geol. Soc. America Bull., v. 88, p. 695–710.

Davies, T. A., and D. S. Gorsline, 1976, Oceanic sediments and sedimentary processes, *in* J. P. Riley and R.Chester, eds., Chemical oceanography, v. 5, 2nd ed.: London, Academic Press, p. 1–80.

Dean, W. E., and B. C. Schreiber, 1978, Authi–genic barite, leg 41 Deep Sea Drilling Project, *in* Y. Lancelot et al, eds., Initial reports of the Deep Sea Drilling Project, v. XLI: Washington, D.C., U.S. Govt. Printing Office, p. 915–931.

Dean, W. E., et al, 1978, Cyclic sedimentation along the continental margin of northwest Africa, *in* Y. Lancelot et al, eds., Initial reports Deep Sea Drilling Project, v. XLI: Washington, D.C., U.S. Govt. Printing Office, p. 965–989.

Degens, E. T., and D. A. Ross, eds., 1974, The Black Sea—geology, chemistry, and biology: AAPG Mem. 20, 633 p.

Demaison, G. J., and G. T. Moore, 1980, Anoxic environments and oil source bed genesis: AAPG Bull., v. 64, p. 1179–1209.

Doyle, W. M., Jr., 1955, Production and reservoir characteristics of the Austin Chalk in south Texas: Trans., Gulf Coast Assoc. Geol. Socs., v. 5, p. 3–10.

drilling—wringing out the mop?, in J. E. Warme, R. G. Douglas, and E. L. Winterer, eds., The Deep Sea Drilling Project; a decade of progress: SEPM Spec. Pub. No. 32, p. 91–127.

Earney, F. C. F., 1980, Petroleum and hard minerals from the sea: New York, John Wiley and Sons, 281 p.

Edmond, J. M., 1974, On the dissolution of carbonate and silicate in the deep ocean: Deep–Sea Research, v. 21, p. 455–480.

Eittreim, S., E. M. Thorndike, and L. Sullivan, 1976, Turbidity distribution in the Atlantic Ocean: Deep–Sea Research, v. 23, p. 1115–1128.

Eittreim, S., et al, 1972, The nepheloid layer and observed bottom currents in the Indian–Pacific, Antarctic Sea, *in* A. L. Gordon, ed., Studies in physical oceanography, v. 2: New York, Gordon and Breach, p. 19–35.

Ekdale, A. A., 1977, Abyssal trace fossils in worldwide Deep Sea Drilling Project cores, *in* T. P. Crimes and J. C. Harper, eds., Trace fossils, v. II: Liverpool, Seel House, p. 163–182.

Ekdale, A. A., 1978, Trace fossils in leg 42A cores, *in* K. J. Hsu et al, eds., Initial reports of the Deep Sea Drilling Project, v. XLII, Part I: Washington, D.C., U.S. Govt. Printing Office, p. 821–827.

Ekdale, A. A., 1980a, Graphoglyptid burrows in modern deep–sea sediment: Science, v. 207, p. 304–306.

Ekdale, A. A., 1980b, Trace fossils in leg 58 cores, in G. Dev Klein et al, eds., Initial reports of the Deep Sea Drilling Project, v. LVIII: Washington, D.C., U.S. Govt. Printing Office, p. 601–605.

Ekdale, A. A., and W. H. Berger, 1978, Deep–sea inchofacies: modern organism traces on and in pelagic carbonates of the western equatorial Pacific: Palaeogeography, Palaeoclimatology, Palaeoecology, v. 23, p. 263–278.

Elderfield, H., 1977, The form of manganese and iron, in marine sediments, in G. P. Glasby, ed., Marine manganese deposits: Amsterdam, Elsevier Sci. Pub., p. 269–290.

Ericson, D. B., et al, 1961, Atlantic deep–sea sediment cores: Geol. Soc. America Bull., v. 72, p. 193–206.

Ewing, M. E., and R. A. Davis, 1967, Lebensspuren photographed on the ocean floor, in J. B. Hersey, ed., Deep–sea photography: Baltimore, Johns Hopkins Univ., p. 259–294.

Feazel, C. T., J. Keany, and R. M. Peterson, 1979, Generation and occlusion of porosity in chalk reservoirs (abs.) : AAPG Bull., v. 63, p. 448–449.

Fischer, A. G., 1980, Gilbert—bedding rhythms and geochronology, in E. L. Yochelson, ed., The scientific ideas of G. K. Gilbert: Geol. Soc. America Spec. Pub. No. 183, p. 93–104.

Fischer, A. G., and M. A. Arthur, 1977, Secular variations in the pelagic realm, in H. E. Cook and P. Enos, eds., Deep water carbonate environments: SEPM Spec. Pub. No. 25, p. 19–50.

Fischer, A. G., and R. E. Garrison, 1967, Carbonate lithification on the sea floor: Journal Geology, v. 75, p. 488–496.

Folk, R. L., and E. F. McBride, 1976, The Caballos Novaculite revisited, part 1: origin of Novaculite members: Jour. Sed. Petrology, v. 46, p. 659–669.

Frey, R. W., 1970, Trace fossils of Fort Hays limestone member of Niobrara chalk (Upper Cretaceous), west–central Kansas: Univ. Kansas Paleontol. Con–tribs., Art. 53, 41 p.

Frey, R. W., 1972, Paleoecology and deposi–tional environment of Fort Hays limestone member, Niobrara chalk (Upper Cretaceous), west–central Kansas: Univ. Kansas Paleontol. Contribs., Art. 58, 72 p.

Gallois, R. W., 1965, British regional geology: the Wealden district (4th ed.) : London, Her Majesty's Stationary Office, 101 p.

Garrison, R. E., 1974, Radiolarian cherts, pelagic limestones and igneous rocks in eugeosynclinal assemblages, in K. J.Hsu and H. C. Jenkyns, eds., Pelagic sediments: on land and under the sea: Internat. Assoc. Sedimentols. Spec.Pub. No. 1, p. 367–400.

Garrison, R. E., and R. G. Douglas, eds., 1981, The Monterey Formation and related siliceous rocks of California: Pacific Sec., SEPM Spec. Pub., 332 p.

Garrison, R. E., and W. J. Kennedy, 1977, Origin of solution seams and flaser structure in Upper Cretaceous chalks of southern England: Sed. Geology, v. 19, p. 107–137.

Geitzenauer, K. R., M. R. Roche, and A. McIntyre, 1976, Modern Pacific coc–colith assemblages: derivation and application to late Pleistocene paleotemperature analysis, in R. M. Cline and J. D.

Hays, eds., Investigation of late Quaternary paleo—ceanography and paleoclimatology: Geol. Soc. America Mem. 145, p. 423–448.

Glasby, G. P., 1977, Marine manganese deposits: Amsterdam, Elsevier Sci.Pub., 523 p.

Goldberg, E. D., and M. Koide, 1962, Geochronological studies of deep sea sediments by the ionium/thorium method: Geochim. et Cosmochim. Acta, v. 26, p. 417–450.

Goldberg, E. D., and M. Koide, 1963, Rates of sediment accumulation in the Indian Ocean: Earth Sci. and Meteorology, no. 5, p. 90–102.

Goldhaber, M. A., and I. R. Kaplan, 1974, The sulfur cycle, *in* E. D. Goldberg, ed., The sea, v. 5: New York, John Wiley and Sons, p.569–655.

Hakansson, E., R. Bromley, and K. Perch—Nielsen, 1974, Maastrichtian chalk of northwest Europe—a pelagic shelf sediment, *in* K. J. Hsu and H. C. Jenkyns, eds., Pelagic sediments; on land and under the sea: Internat.Assoc. Sedimentols. Spec. Pub. No. 1, p. 211–234.

Hancock, J. M., 1975a, The sequence of facies in the Upper Cretaceous of northern Europe compared with that in the Western Interior: Geol. Assoc. Canada Spec. Paper No. 13, p. 84–118.

Hancock, J. M., 1975b, The petrology of the chalk: Proc., Geol. Assoc. London, v. 86, p. 499–535.

Hancock, J. M., 1980, The significance of Maurice Black' s work on the chalk, *in* C. V. Jeans and P. F. Rawson, eds., Andros Island, chalk and oceanic oozes: Yorkshire Geol. Soc. Occasional Pub. No. 5, p. 86–98.

Hancock, J. M., and P. A. Scholle, 1975, Chalk of the North Sea, *in* A. W. Woodland, ed., Petroleum and the continental shelf of Europe: New York, John Wiley and Sons, v. 1, p. 413–425.

Harper, M. L., 1971, Approximate geothermal gradients in the North Sea: Nature, v. 230, p. 235–236.

Harper, M. L., and B. B. Shaw, 1974, Cretaceous—Tertiary carbonate reservoirs in the North Sea: Stavanger, Norway, Offshore North Sea Technology Conf.Paper GIV/4, 20 p.

Hattin, D. E., 1971, Widespread, synchronously deposited, burrow—mottled limestone beds in Greenhorn Limestone (Upper Cretaceous) of Kansas and southeastern Colorado: AAPG Bull., v. 55, p. 412–431.

Hattin, D. E., 1975, Stratigraphy and depositional environment of Greenhorn Limestone (Upper Cretaceous) of Kansas: Kansas Geol. Survey Bull. 209, 128 p.

Hattin, D. E., 1981, Petrology of Smoky Hill member, Niobrara chalk (Upper Cretaceous), in type area, western Kansas: AAPG Bull., v. 65, p. 831–849.

Hay, W. W., and J. R. Southam, 1977, Modulation of marine sedimentation by the continental shelves, *in* N. R. Anderson and A. Malahoff, eds., The fate of fossil fuel CO_2 in the oceans: New York, Plenum, p. 569–604.

Hay, W. W., and M. R. Noel, 1976, Carbonate mass balance—cycling and deposition on shelves and in deep sea: AAPG Bull., v. 60, p. 678.

Hays, J. D., 1965, Radiolaria and late Tertiary and Quaternary history of An—tarctic seas: Am. Geophys. Union Antarctic Research Ser., v. 5, p. 124–184.

Hays, J. D., and W. C. Pitman, III, 1973, Lithospheric plate motion, sea level changes, and climatic and ecological consequences: Nature, v. 246, p. 18–22.

Hays, J. D., J. Imbrie, and N. J. Shackleton, 1976, Variations in the earth' s orbit; pacemaker of the ice ages: Science, v. 194, p. 1121–1132.

Heath, G. R., 1974, Dissolved silica and deep—sea sediments, *in* W. W. Hay, ed., Studies in paleo—oceanography: SEPM Spec. Pub. No. 20, p. 77—93.

Heezen, B. C., and C. D. Hollister, 1971, The face of the deep: Oxford, Oxford Univ. Press, 659 p.

Heezen, B. C., and C. D. Hollister, and W. F. Ruddiman, 1966, Shaping of the Continental Rise by deep geostrophic contour currents: Science, v. 152, p. 502—508.

Hein, J. R., et al, 1979, Mineralogy and diagenesis of surface sediments from DOMES Areas A, B, and C *in* J. L. Bischoff and D. Z. Piper, eds., Marine geology and oceanography of the Pacific manganese nodule province: New York, Plenum, p. 365—396.

Hesse, R., 1975, Turbiditic and non—turbiditic mudstone of Cretaceous flysch sections of the East Alps and other basins: Sedimentology, v. 22, p. 387—416.

Honjo, S., 1976, Coccoliths: production, transportation, and sedimentation: Marine Micropaleontology, v. 1, p. 65—79.

Hsu, K. J., 1972, Origin of saline giants; a critical review after the discovery of the Mediterranean evaporite: Earth—Science Reviews, v. 8, p. 371—396.

Hsu, K. J., et al, 1977, History of the Mediterranean salinity crisis: Nature, v. 267, no. 5610, p. 399—403.

Hurd, D. C., and F. Theyer, 1977, Changes in the physical and chemical properties of biogenic silica from the central equatorial Pacific; part II; refractive index, density and water content of acid—cleaned samples: Am. Jour. Sci., v. 277, p. 1168—1202.

Hurd, D. C., et al, 1979, Variable porosity in siliceous skeletons; determination and importance: Science, v. 203, p. 1340—1343.

Isaacs, C. M., 1981, Porosity reduction during diagenesis of the Monterey Formation, Santa Barbara coastal areas, California, *in* R. E. Garrison and R. G. Douglas, eds., The Monterey Formation and related siliceous rocks of California: Pacific Sec., SEPM Spec. Pub., p. 257—271.

Jansa, L. F., et al, 1979, Mesozoic—Cenozoic sedimentary formadons of the North American basin; western North Atlantic, *in* M. Talwani et al, eds., Deep drilling results in the Atlantic Ocean; continental margins and paleoenvironments: Am. Geophys. Union, Maurice Ewing Series No. 3, p. 1—57.

Jarvis, I., 1980, The initiation of phosphatic chalk sedimentation—the Senonian (Cretaceous) of the Anglo—Paris Basin, *in* Y. K. Bentor, ed., Marine phosphorites—geochemistry, occurrence, genesis: SEPM Spec. Pub. No. 29, p. 167—192.

Jenkyns, H. C., 1974, Origin of red nodular limestones (Ammonitico Rosso, Knollenkalke) in the Mediterranean Jurassic; a diagenetic model, *in* K. J. Hsu and H. C. Jenkyns, eds., Pelagic sediments; on land and under the sea: Internat. Assoc. Sedimentols. Spec. Pub. No. 1, p. 249—271.

Jenkyns, H. C., 1977, Fossil nodules, *in* G. P.Glasby, ed., Marine manganese deposits: Amsterdam, Elsevier Sci.Pub., p. 85—108.

Jenkyns, H. C., 1978, Pelagic environments, *in* G. Reading, ed., Sedimentary environments and facies: New York, Elsevier Sci. Pub., p. 314—371.

Jenkyns, H. C., 1980, Cretaceous anoxic events; from continents to oceans: Jour. Geol. Soc. London, v. 137, p. 171—188.

Johnson, T. C., E. L. Hamilton, and W. H. Berger, 1977, Physical properties of calcareous ooze; control by dissolution at depth: Marine Geology, v. 24, p. 259—277.

Kalin, O., E. Patacca, and O. Rene, 1979, Jurassic pelagic deposits from southeastern Tuscany; aspects of sedimentation and new biostratigraphic data: Eclogae Geol. Helvet., v. 72, p. 715-762.

Kastner, M., 1979a, Silica polymorphs, in R. G. Burns, ed., Marine minerals: Mineralog. Soc. America Short Course Notes, v. 6, p. 99-110.

Kastner, M., 1979b, Zeolites, in R. G. Burns, ed., Marine minerals: Mineralog. Soc.America Short Course Notes, v. 6, p. 111-122.

Kauffman, E. G., 1969, Cretaceous marine cycles of the Western Interior: Mtn. Geologist, v. 6, p. 227-245.

Kauffman, E. G., 1975, The value of benthic Bival-via in Cretaceous biostratigraphy of the Western Interior, in W. G. E. Caldwell, ed., The Cretaceous system in the Western Interior of North America; selected aspects: Geol. Assoc. Canada Spec. Paper 13, p. 163-194.

Kauffman, E. G., 1977, Cretaceous facies, faunas, and paleoenvironments across the Western Interior basin: Mtn. Geologist, v. 14, p. 75-274.

Keene, J. B,, 1975, Cherts and porcel-lanites from the north Pacific, DSDP leg 32, in R. L. Larson, et al, eds., Initial reports of the Deep Sea Drilling Project, v. XXXII: Washington, D.C., U.S. Govt. Printing Office, p. 429-507.

Kelts, K., and M. A. Arthur, 1981, Turbidites after ten years of deep-sea

Kennedy, W. J., 1967, Burrows and surface traces from the Lower Chalk of southern England: Britian Mus. Nat. History Bull. (Geology), v. 15, p. 125-167.

Kennedy, W. J., 1970, Trace fossils in the chalk environment, in T. P. Crimes and J. C. Harper, eds., Trace fossils: Liverpool, Seel House, p. 263-282.

Kennedy, W. J., 1975, Trace fossils in carbonate rocks, in R. W. Frey, eds., The study of trace fossils: Berlin, Springer-Verlag Pub., p. 377-398.

Kennedy, W. J., 1978, Cretaceous, in W. S.McKerrow, ed., The ecology of fossils: Cambridge, Mass., M.I.T. Press, p. 280-322.

Kennedy, W. J., and P. Juignet, 1974, Carbonate banks and slump beds in the Upper Cretaceous (Upper Turonian-Santonian) of Haute Normandie, France: Sedimentology, v. 21, p. 1-42.

Kennedy, W. J., and R. E. Garrison, 1975, Morphology and genesis of nodular chalks and hardgrounds in the Upper Cretaceous of southern England: Sedimentology, v. 22, p. 311-386.

Kern, J. P., 1978, Trails from the Vienna Woods; paleoenvironments and trace fossils of Cretaceous to Eocene flysch, Vienna, Austria: Palaeogeography, Palaeoclimatology, Palaeoecology, v.23, p. 230-262.

Kern, J. P., and J. E. Warme, 1974, Trace fossils and bathymetry of the Upper Cretaceous Point Loma Formation, San Diego, California: Geol. Soc. America Bull., v. 85, p. 893-900.

Kitchell, J. A., et al, 1978, Abyssal traces and megafauna; comparison of productivity, diversity and density in the Arctic and Antarctic: Paleobiology, v. 4, p. 171-180.

Ksiazkiewicz, M., 1970, Observations on the ichnofauna of the Polish Carpathians, in T. P. Crimes and J. C. Harper, eds., Trace fossils: Liverpool, Seel House, p. 283-322.

Lai, D., and A. Lerman, 1975, Size spectra of biogenic particles in ocean water and sediments: Jour. Geophys. Research, v. 80, p. 423-430.

Lancelot, Y., 1973, Chert and silica diagenesis in sediments from the central Pacific, in E. L. Winterer et al, eds., Initial reports of the Deep Sea Drilling Project, v. XVII: Washington,

D.C., U.S. Govt. Printing Office, p. 377–405.

Lancelot, Y., and E. Seibold, 1978, The evolution of the central northeastern Atlantic—summary of results of DSDP leg 41, *in* Y. Lancelot et al, eds., Initial reports of the Deep Sea Drilling Project, v. XLI; Washington, D.C., U.S.Govt. Printing Office, p. 1215–1245.

Land, L. S., 1980, The isotopic and trace element geochemistry of dolomite; the state of the art, *in* D. H. Zenger, J. B. Dunham, and R. L. Ethington, eds., Concepts and models of dolomitization; SEPM Spec. Pub. No. 28, p. 87–110.

Lemche, H., et al, 1976, Hadal life as analyzed from photographs; Viden–skabeuge Meddeluser fra Dansk Naturhistorisk Forening, v. 139, p. 262–336.

Lerman, A., D. Lai, and M. F. Dacey, 1974, Stokes settling and chemical reactivity of suspended particles in natural waters, *in* R. J. Gibbs, ed., Suspended solids in water; New York, Plenum Press, p. 17–47.

Lockridge, J. P., and P. A. Scholle, 1978, Niobrara gas in eastern Colorado and northwestern Kansas, *in* J. D. Pruit and P. E. Coffin, eds., Energy resources of the Denver Basin; Symp. Guidebook, Rocky Mtn. Assoc. Geologists, p. 35–49.

Lowe, D. R., 1976, Nonglacial varves in lower member of Arkansas Novaculite (Devonian), Arkansas and Oklahoma; AAPG Bull., v. 30, p. 2103–2116.

Luz, B., 1973, Stratigraphic and paleo–climatic analysis of late Pleistocene tropical southeast Pacific cores; Quaternary Research, v. 3, p. 56–72.

Luz, B., and N. J. Shackleton, 1975, CaCO3 solution in the tropical east Pacific during the past 130, 000 years, *in* W. V. Sliter, A. W. H. Be, and W. H. Berger, eds., Dissolution of deep–sea carbonates; Cushman Found. Foram. Research Spec. Pub. No. 13, p.142–150.

Manheim, F. T., and R. A. Gulbrandsen, 1979, Marine phosphorites, *in* R. G. Burns, ed., Marine minerals; Mineralog. Soc. America Short Course Notes, v. 6, p. 151–174.

Mapstone, N. B., 1975, Diagenetic history of a North Sea chalk; Sedimentology, v. 22, p. 601–613.

Matter, A., 1974, Burial diagenesis of peletic and carbonate deep–sea sediments from the Arabian Sea, *in* R. B. Whitmarsh, et al, eds., Initial reports of the Deep Sea Drilling project, v. XXIII; Washington, D.C., U.S. Govt. Printing Office, p. 421–469.

Matter, A., R. G. Douglas, and K. Perch–Nielsen, 1975, Fossil preservation, geochemistry, and diagenesis of pelagic carbonates from Shatsky Rise, northwest Pacific, *in* R. L. Larson et al, eds., Initial reports of the Deep Sea Drilling Project, v. XXXII; Washington, D.C., U.S. Govt. Printing Office, p. 891–921.

McBride, E. F., 1970, Stratigraphy and origin of Maravillas Formation (Upper Ordovician), west Texas; AAPG Bull., v. 54, p. 1719–1745.

McKenzie, J., D. Bernoulli, and R. E. Garrison, 1978, Lithification of pelagic–hemipelagic sediments at DSDP site 372; oxygen isotope alteration with diagenesis, *in* K. J. Hsu et al, eds., Initial reports of the Deep Sea Drilling Project, v. XLII, pt. 1; Washington, D.C., U.S. Govt. Printing Office, p. 473–478.

McMillen, K. J., 1974, Quaternary deep–sea *Lebensspuren* and the relationship to depositional environments in the Caribbean Sea, Gulf of Mexico, and the eastern and central North Pacific Ocean; Houston, Tex., Rice Univ., M.A. thesis, 147 p.

McRae, S. G., 1972, Glauconite; Earth–Sci. Reviews, v. 8, p. 397–440.

Milliman, J. D., 1974a, Precipitation and cementation of deep—sea carbonate sediments, *in* A. L. Inderbitzen, ed., Deep sea sediments: New York, Plenum, p. 463—476.

Milliman, J. D., 1974b, Marine carbonates: New York, Springer—Verlag Pub., 375 p.

Moberly, R., and G. deVries Klein, 1976, Ephemeral color in deep—sea cores: Jour. Sed. Petrology, v. 46, p. 216—225.

Moore, J. C., 1975, Selective subduc—tion: Geology, v. 3, p. 530—532.

Moore, T. C., Jr., et al, 1978, Cenozoic hiatuses in pelagic sediments: Micropaleontology, v. 24, p. 113—138.

Muller, P. J., and E. Suess, 1979, Productivity, sedimentation rate and sedimentary organic matter in the oceans; I—organic carbon preservation: Deep—Sea Research, v. 26, p. 1347.

Mullins, H. T., et al, 1980, Carbonate sediment drifts in northern straits of Florida: AAPG Bull., v. 64, p. 1701—1717.

Neugebauer, J., 1973, The diagenetic problem of chalk—the role of pressure solution and pore fluid: N. Jb. Geol. Palaontol. Abhandl., v. 143, p. 223—245.

Neugebauer, J., 1974, Some aspects of cementation in chalk, *in* K. J. Hsu and H. C. Jenkyns, eds., Pelagic sediments; on land and under the sea: Internat. Assoc. Sedimentols. Spec. Pub. No. 1, p. 149—176.

Neugebauer, J., 1975, Fossil—diagenese in der Schreibkreide: coccolithen: N. Jb. Geol. Palaontol. Mh., v. 1975, p. 489—502.

Neumann, A. C., J. W. Kofoed, and G. H. Keller, 1977, Lithoherms in the Straits of Florida: Geology, v. 5, p. 4—10.

Nisbet, E. G., and I. Price, 1974, Silici—fied turbidites; graded cherts as redeposited ocean—ridge derived sediments, *in* K. J. Hsu and H. C. Jenkyns, eds., Pelagic sediments; on land and under the sea: Internat. Assoc. Sedimentols. Spec. Pub. No. 1, p. 351—366.

Norwegian Petroleum Directorate, 1980, Lithology—wells 2/4—1, 2/4—2, 2/4—3, 2/4—4, and 2/4—5: Norwegian Petroleum Directorate Paper No. 25, 35 p.

Novak, M. T., 1980, Sedimentologic effects of bioturbation in deep—sea calcareous ooze: Univ. Utah, M.S. thesis, 97 p.

Olausson, E., 1967, Climatological, geochemical and paleo—oceanographical aspects of carbonate deposition: Progress in Oceanography, v. 5, p.245—265.

Opdyke, N. D., and J. H. Foster, 1971, The paleomagnetism of cores in the North Pacific: Geol. Soc. America Mem. 126, 83 p.

Owen, J. D., 1972, A log analysis method for Ekofisk Field, Norway: 13th Ann. Logging Symp. Proc. Paper 10, Soc. Prof. Well Log Analysts, 22 p.

Packham, G. H., and G. J. van der Lin—gen, 1973, Progressive carbonate diagenesis at Deep Sea Drilling sites 206, 207, 208, and 210 in the southwest Pacific and its relationship to sediment physical properties and seismic reflectors, *in* R. E. Burns et al, eds., Initial reports of the Deep Sea Drilling Project, v. XXI: Washington, D.C., U.S. Govt. Printing Office, p. 495—521.

Perch—Nielsen, K., K. Ullenberg, and J. A. Evensen, 1979, Comments on "the terminal Cretaceous event; a geological problem with an oceanographic solution" (Gartner and Keany, 1978), *in* Proceedings of the Cretaceous—Tertiary boundary events symposium: Copenhagen, Univ. Copenhagen, v. 2, p. 106—111.

Peterson, M. N. A., 1966, Calcite; rates of dissolution in a vertical profile in the central Pacific: Science, v. 154, p. 1542–1544.

Prell, W. L., and J. D. Hays, 1976, Late Pleistocene faunal and temperature patterns of the Columbia basin, Caribbean Sea, *in* R. M. Cline and J. D. Hays, eds., Investigation of Late Quaternary paleoceanography and paleo–climatology: Geol. Soc. America Mem. 145, p. 201–220.

Prenksy, S. E., 1973, Climatic and tectonic events recorded in late Pleistocene/Holocene deep–sea sediments, California borderland: Los Angeles, Univ. Southern Calif., M.S. thesis, 172 p.

Price, M., M. J. Bird, and S. S. D. Foster, 1976, Chalk pore–size measurements and their significance: Water Services, v. 80, No. 968, p. 596–600.

Reeside, J. B., Jr., 1944, Map showing thickness and general character of the Cretaceous deposits in the Western Interior of the United States: U.S. Geol. Survey Oil and Gas Inv. Prelim. Map. 10.

Rex, R. W., et al, 1969, Eolian origin of quartz in soils of Hawaiian Islands and in Pacific pelagic sediments: Science, v. 163, p. 277–279.

Rhoads, D. C., and J. W. Morse, 1971, Evolutionary and ecologic significance of oxygen–deficient marine basins: Lethaia, v. 4, p. 413–428.

Rice, D. D., 1980, Indigenous biogenic gas in Upper Cretaceous chalks, eastern Denver Basin (abs.): Geol. Soc.America Abs. with Programs, v. 12, no. 7, p. 509.

Rickards, L. M., 1974, The Ekofisk area, discovery to development: Stavanger, Norway, offshore North Sea Tech. Conf., Paper GIV/3, 16 p.

Riech, V., and U. von Rad, 1979, Silica diagenesis in the Atlantic Ocean; diagenetic potential and transformation, *in* M. Talwani, W. W. Hay, and W. B. F. Ryan, eds., Results of deep drilling in the Atlantic Ocean; continental margins and paleoenvironments: Am. Geophys. Union, Maurice Ewing Ser. No. 3, p. 315–340.

Robertson, A. H. F., 1975, Cyprus umbers; basalt–sediment relationships on a Mesozoic Ocean ridge: Jour. Geol. Soc. London, v. 131, p. 511–531.

Roniewicz, P., and G. Pienkowski, 1977, Trace fossils of the Podhale flysch basin, *in* T. P. Crimes and J. C.Harper, eds., Trace fossils II: Liverpool, Seel House Press, p. 273–288.

Schlager, W., 1974, Preservation of ceph–alopod skeletons and carbonate dissolution on ancient Tethyan seafloors, *in* K. J. Hsu and H. C. Jenkyns, eds., Pelagic sediments; on land and under the sea: Internat. Assoc. Sedimentols. Spec. Pub. No. 1, p. 49–70.

Schlanger, S. O., and R. G. Douglas, 1974, Pelagic ooze–chalk limestone transition and its implications for marine stratigraphy, *in* K. J. Hsu and H. C. Jenkyns, eds., Pelagic sediments; on land and under the sea: Internat. Assoc. Sedimentols. Spec. Pub. No. 1, p. 117–148.

Scholle, P. A., 1971, Sedimentology of fine–grained deep–water carbonate tur–bidites, Monte Antola flysch (Upper Cretaceous), northern Apennines, Italy: Geol. Soc. America Bull., v. 82, p. 629–658.

Scholle, P. A., 1974, Diagenesis of Upper Cretaceous chalks from England, Northern Ireland and the North Sea, *in* K. J.Hsu and H. C. Jenkyns, eds., Pelagic sediments; on land and under the sea: Internat. Assoc. Sedimentols. Spec. Pub. No. 1, p. 177–210.

Scholle, P. A., 1977a, Chalk diagenesis and its relation to petroleum exploration—oil from chalks, a modern miracle? AAPG Bull., v. 61, p. 982–1009.

Scholle, P. A., 1977b, Current oil and gas production from North American Upper Cretaceous chalks: U.S. Geol. Survey Circ. 767, 51 p.

Scholle, P. A., and M. A. Arthur, 1980, Carbon isotopic fluctuations in pelagic limestones; potential stratigraphic and petroleum exploration tool: AAPG Bull., v. 64, p. 67–87.

Scholle, P. A., and S. A. Kling, 1972, Southern British Honduras; lagoonal coccolith ooze: Jour. Sed. Petrology, v. 42, p. 195–204.

Schrader, H., et al, 1980, Laminated dia–tomaceous sediments from the Guaymas Basin slope (central Gulf of California) : 250, 000 yr. climate record: Science, v. 207, p. 1207–1209.

Sclater, J. G., S. Hellinger, and C. Tap–scott, 1977, The paleobathymetry of the Atlantic Ocean from the Jurassic to the present: Jour. Geology, v. 85, p. 509–522.

Scott, M. R., et al, 1974, Rapidly accumulating manganese deposit from the median valley of the mid–Atlantic Ridge: Geophys. Research Letters, v. 1, p. 355–358.

Seilacher, A., 1963, Lebensspuren und salinitatsfazies: Fortschr. Geol. Rheinld. und Westf., v. 10, p. 81–94.

Seilacher, A., 1964, Biogenic sedimentary structures, in J. Imbrie and N. D. Newell, eds., Approaches to paleoecology: New York, John Wiley and Sons, p.296–316.

Seilacher, A., 1967, Bathymetry of trace fossils: Marine Geology, v. 5, p. 413–429.

Smagala, T., 1981, The Cretaceous Niobrara play: Oil and Gas Jour., v.79, no. 10, p. 204–218.

Stewart–Gordon, T. J., 1976, High oil prices, technology support Austin chalk boom: World Oil, v. 183, no. 5, p. 123–126.

Stonecipher, S. A., 1978, Chemistry of deep–sea phillipsite, clinoptilolite, and host sediment, in L. B. Sand and F. A. Mumpton, eds., Natural zeolites, occurrence, properties, use : New York, Pergamon Press, p. 221–234.

Stow, D. A. V., and T. P. B. Lovell, 1979, Contourites; their recognition in modern and ancient sediments: Earth Sci. Reviews, v. 14, p. 251–291.

Sumpter, R., 1981, Chalk play expands at fast clip in Texas: Oil and Gas Jour., v. 79, no. 12, p. 51–55.

Swift, S. A., 1977, Holocene rates of sediment accumulation in the Panama Basin, eastern equatorial Pacific; pelagic sedimentation and lateral transport: Jour. Geology, v. 85, p. 301–319.

Tappan, H., and A. R. Loeblich, 1971, Geobiologic implications of fossil phytoplankton evolution and time–space distribution, in R. Kosanke and A. T. Cross, eds., Symposium on palynology of the Late Cretaceous and early Tertiary: Geol. Soc. America Spec. Paper 127, p. 247–339.

Thunell, R. C., 1976, Optimum indices of calcium carbonate dissolution in deep–sea sediments: Geology, v. 4, p.525–528.

Tiratsoo, E. N., 1976, Oil fields of the world, 2nd ed.: Beaconsfield, England, Sci. Press, 384 p.

Tucholke, B. E., and G. S. Mountain, 1979, Seismic stratigraphy, lithostratigraphy, and paleosedimenta–tion patterns in the western North Atlantic, in M. Talwani, W. W. Hay, and W. B. F. Ryan, eds., Deep drilling results in the Atlantic Ocean; continental margins and paleoenvironment: Am. Geophys. Union, Maurice Ewing Series No. 3, p. 58–86.

Tucker, M. E., 1974, Sedimentology of Paleozoic pelagic limestones; the Devonian Griotte (southern France) and Cephalopodenkalk (Germany), in K. J. Hsu and H. C. Jenkyns, eds., Pelagic sediments; on land and under the sea : Internat. Assoc. Sedimentols. Spec. Pub. No. 1,

p. 71–92.

Van Andel, and P. D. Komar, 1969, Ponded sediments of the mid–Atlantic Ridge between 22° and 23° North Latitude: Geol. Soc. America Bull., v. 80, p. 1163–1190.

Van Andel, T. H., G. R. Heath, and T. C. Moore, Jr., 1975, Cenozoic history and paleo-oceanography of the central equatorial Pacific Ocean: Geol. Soc. America Mem. 143, p. 1–134.

Van den Bark, E., and O. D. Thomas, 1981, Ekofisk; first of the giant oil fields in western Europe, in M. T. Halbouty, ed., Giant oil and gas fields of the decade 1968–1978: AAPG Mem. 30, p. 195–224.

Van der Lingen, G. J., 1973, Ichnofossils in deep sea oozes from the southwest Pacific, in R. E. Burns, et al, eds., Initial reports of the Deep Sea Drilling project, v. XXI: Washington, D.C., U.S. Govt. Printing Office, p. 693–700.

Velde, B., and G. S. Odin, 1975, Further information related to the origin of glauconites: Clays and Clay Mins., v.23, p. 376–381.

Von Stackelberg, U., 1972, Fazies ver–teilung in sedimenten des Indisch–Pakistanischen Kontinentalrandes (Arabisches Meer): "Meteor" Forsch.–Ergebn., v. E9, p. 1–106.

Warme, J. E., W. J. Kennedy, and N. Schneidermann, 1973, Biogenic sedimentary structures (trace fossils) in leg 15 cores, in N. T. Edgar et al, eds., Initial reports of the Deep Sea Drilling project, v. XV: Washington, D.C., U.S. Govt. Printing Office, p. 813–831.

Watts, N. L., et al, 1980, Upper Cretaceous and lower Tertiary chalks of the Albuskjell area, North Sea; deposition in a slope and a base–of–slope environment: Geology, v. 8, p. 217–221.

Wiedmann, J., ed., 1979, Aspekte der Kreide Europas; Stuttgart, E. Schweizerbart' sche Verlagsbuchhand–lung: Internat. Union Geol. Sci. Ser. A, no. 6, 624 p.

World Oil, 1971, Massive Danian limestone key to Ekofisk success: World Oil, v. 172, no. 6, p. 51–52.

Zeitschel, B., 1978, Oceanographic factors influencing the distribution of plankton in space and time: Micropaleontology, v. 24, p. 139–159.

Ziegler, P. A., 1978, Northwestern Europe; tectonics and basin development: Geol. Mijnbouw, v. 57, p. 589–626.

图版Ⅰ 陆上暴露沉积环境

图版Ⅰ-1 洞穴沉积物

中新统礁白云岩上段中溶蚀管道的俯视图，管道壁以富铁的硬壳为界，其上为带状方解石和细小的文石质流石、球雏晶；西班牙阿利坎特

图版Ⅰ-3 坍塌角砾岩

部分充填在更新统形成的溶蚀管中，碳酸盐岩棱角状角砾被流石包裹，流石在角砾间孔隙中形成示顶底充填构造；牙买加

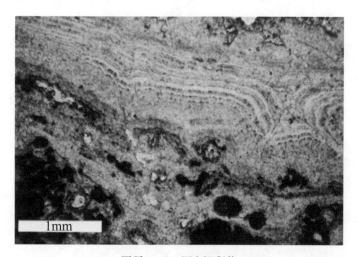

图版Ⅰ-2 洞穴沉积物

更新统层状流石（流石野外特征和母岩特征见图版Ⅰ-31）；西班牙伊维萨岛；平面偏振光

图版 I-4　岩溶地貌特征

分布有漏斗（D）、坡立谷（P）的岩溶高地，这种地貌形成于早期热带气候条件下，现今地中海型岩溶过程只对其有细微的改造作用；白垩系石灰岩自早中新世（也可能是早始新世）到现今的时间内，被岩溶化

图版 I-5　热带岩溶地貌特征

更新统以来，白垩系碳酸盐岩中发育的塔状岩溶和锥状岩溶；巴西玛雅山北麓

图版 I-6　溶痕

中新统礁石灰岩顶部削截面呈不规则的锯齿状，上覆上新统海岸复合沉积，红色浸染的粉砂可能源自岩溶表面的钙红土；西班牙马略卡岛

图版 I-7　洞穴沉积物

奶油色是石灰岩母岩（白垩系），褐色近水平层状沉积物是红土细砾—砂级沉积物（更新的白垩系）充填古岩溶洞穴（D'Argenio，1967）；古岩溶沉积物富含泥晶，且与上覆砖红壤性土（lateritic soil）有关；意大利亚平宁

图版 I-8　地表岩溶化

不规则的"V"字形溶沟内充填红棕色土壤和来自周围原岩的碎块，注意现代植物根系的穿透作用，中新统石灰岩在现代土壤层覆盖下的岩溶作用；西班牙伊维萨岛

图版 I-9　溶洞角砾岩

更新统海相生物扰动石灰岩中的洼地，内含层状钙红土和泥晶碳酸盐岩壳，向上还有原岩碎块；佛罗里达，图片来自 N.P.James

图版 I-10　过渡带

中新统碳酸盐岩中与钙红土和植物根系穿透作用（R）相关的钙结层化的裂缝（白色）；西班牙塔拉戈纳

0.5mm

图版 I-11　层状钙结层硬盘

近平行的微晶—微亮晶碳酸盐纹层，图片中央的纹层含有大量的微型团块，白点是粉砂级的石英颗粒；巴塞罗那第四系钙结层硬盘；照片来自 N.P.James，薄片，平面偏振光

图版 I-12　钙结硬层角砾

更新统钙结层剖面顶部发育良好的硬质层（图片下半部分），风化过程将其侵蚀，形成新的覆盖土壤层（图片上半部分）；新墨西哥州科尔斯巴

图版 I-13　早期板状钙结层

垂直或近垂直的植物根系穿透并影响了中新统砂屑灰岩，剖面上段为角砾化的硬质层；西班牙塔拉戈纳

图版 I-14　钙结层中的根枝角砾

侏罗系白云岩角砾漂浮在更新统钙结层基质中，插图显示了植物根木质部导管的显微照片，这段植物根来自白云岩碎块间溶解了的钙结层基质；西班牙伊维萨岛；比例尺等于100μm

图版 I-15　重新胶结的角砾化钙结硬层

再作用和再胶结的更新统层状钙结硬层碎片被奶油色泥晶包围；管状孔和表面的沟（箭头）是植物根系钻孔；钻孔削截颗粒，它们并不是简单的根模孔；西班牙伊维萨岛

图版 I-16 过渡带

强烈改造的母岩（白垩系石灰岩），还保留了一些原始层理（向左倾斜）；顶部薄层钙质硬壳（更新统）被现代土壤层破坏，过渡带砾岩的外观并不表明有明显的搬运过程，而是根系穿透作用的结果；大量微松藻属群落形成白垩系岩块间的泥晶杂基；西班牙巴塞罗那

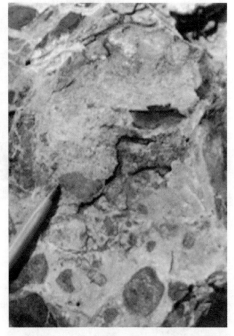

图版 I-17 再胶结的角砾化钙结层硬盘

粉色的钙结层杂基和黑色卵石状灰岩碎块；不规则的棕色浸染的网状通道和管状空隙是现代植物根系钻孔，图片左上方穿透黑色角砾的根系钻孔被白色泥晶充填；西班牙塔拉戈纳；更新统

图版 I-18 层状钙结硬层

更新统层状泥晶硬层盖在上新统礁复合体之上；佛罗里达大沼泽地

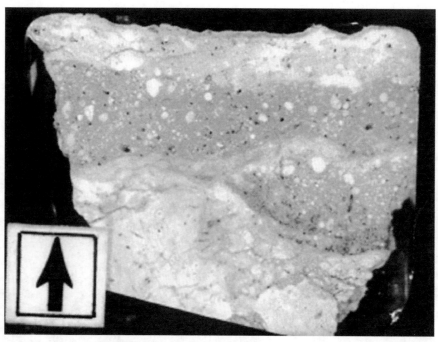

图版 I -19　钙结层硬盘（据 James，1972）

不规则的近水平间层状硬盘，下伏为角砾化的更新统石灰岩，之间被颜色更深的含有大
量白色团块的碳酸盐岩分隔；巴巴多斯；磨光片

图版 I -20　钙结层剖面

底部钙质结核层含有白色白垩质垂向拉伸的结核，被向上变细的红色粉砂
和板状钙结层的近圆柱形团块分隔，顶部有薄的硬壳（3～4cm）；更新统
钙结层；西班牙塔拉戈纳

图版 I -21　钙结层剖面

板状钙结层和薄的硬盘（位于顶部）覆盖
在发育良好的钙质结核层之上，这一剖面
发育在微红色更新统黄土粉砂中；西班牙
塔拉戈纳

图版 I –22 钙质团块

钙质结核层，位置同图版 I –21；团块（结核）松软得像白垩一样，并且呈现垂向拉长的趋势，形成于垂向水流流动和植物根系作用形成的红色粉砂质土壤中

图版 I –23 古钙结层

钙结层剖面由结核带聚结成板状钙结层，这个剖面位于下侏罗统冲积扇复合体泛滥平原粉砂岩和泥屑岩中；西班牙巴塞罗那

图版 I –24 钙结层剖面中的过渡带和结核带

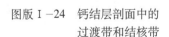

改造过的母岩（古新统碳酸盐岩）仍旧在更新统钙结层过渡带中保留了层理的痕迹，并有早期的钙质团块发育，这一剖面顶部与现代土壤层呈削截关系；西班牙塔拉戈纳

图版Ⅰ-25　过渡带

原地的 Kinmmeridgian 石灰岩残留被包裹在更新统钙结层剖面最底部的细粒泥晶基质中；西班牙伊维萨岛

图版Ⅰ-26　风化面之下的古钙结层残留

窗格状白云岩顶部为明显的削截面（图片下部），被生屑泥晶颗粒灰岩覆盖；位于侵蚀面之下的铁氧化色浸染的窗格状岩石薄层具有气泡状构造、钙化的藻丝体、根系铸模孔、钙质团块和石英颗粒；二叠系；新墨西哥州瓜达卢普山

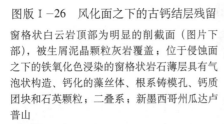

图版Ⅰ-27　陆上暴露面层序特征

下伏的中新统碳酸盐岩（M）具有平顶面特征，缺少暴露的直接证据；上覆沉积物则见有鉴定意义的证据，例如具有苔藓钻孔的中新统乱石（L）、含有垂直根管石的红色土壤（V）以及沿着交错层理有根管石分布的风成沉积（E）；西班牙马略卡岛

图版Ⅰ-28　古溶沟和溶蚀沟道

低洼处充填钙红土；百慕大群岛；更新统

图版Ⅰ-29　古溶沟

三叠系下Muschelkalk碳酸盐岩上发育的古岩溶，上覆地层为上Muschelkalk白云岩，中Muschelkalk红层代表了风化壳表面的红土；西班牙巴塞罗那

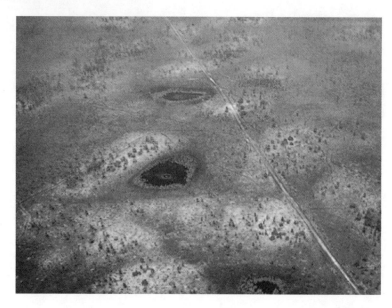

图版Ⅰ-30　岩溶漏斗

发育有充水岩溶漏斗的岩溶阶地（古近—新近系）宏观特征，这些岩溶漏斗被认为形成于全新世之前的潮湿气候条件下

图版 I-31　洞穴沉积物和角砾
更新统发生角砾化（岩溶坍塌角砾）和再胶
结（钙化？）的 Kimmeridgian 白云岩和层状
流石，流石的微观薄片照片见图版 I-2；西
班牙伊维萨岛

图版 I-32　岩溶角砾岩
角砾碎块和风化的白色石灰岩嵌入在红色钙
红土中，注意角砾的层状表面；垂直的孔洞
是植物根模孔；佛罗里达；更新统

图版 I-33　坍塌的溶洞洞顶
溶洞位于中新统礁石灰岩上段，西班牙马略卡岛

图版 I-34 溶蚀沟和钙结层剖面

溶蚀管发育在红棕色更新统钙质粉砂岩中，具有层状泥晶壳内壁，上覆层为上更新统灰质壳和结核状钙结层（nodula caliche）；西班牙伊维萨岛

图版 I-35 洞穴珍珠与层状洞穴充填物

所处位置同图版 I-7；洞穴珍珠是泥晶质的，呈层状，并且向上粒度变粗

图版 I-36 根模孔

中新统浅厚层海相石灰岩顶部发育大量的垂直根模孔，薄片中观察到的残留气泡状结构也支持这种解释；西班牙马略卡岛

图版Ⅰ-37　根部溶蚀

钙质土壤层顶部的溶蚀孔洞；管状孔（T）是土壤充填的根模孔；箭头（R）指向植物根系

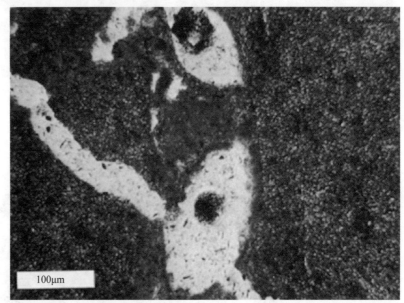

图版Ⅰ-38　根模孔

位于更新统钙结层中，已经胶结的白垩层（微晶或粉砂级）根模孔斜切面，晚期开放裂缝穿过根模孔；西班牙伊维萨岛；薄片，平面偏振光

100μm

图版Ⅰ-39　微红色冲积相粉砂岩中包含的灰色粉砂

被看作是根管石；古新统；西班牙巴塞罗那

图版Ⅰ-40　根管石

图版Ⅰ-27 中垂直的与主根走向一致的根管石，以及近水平的次一级根管石

图版Ⅰ-41　毫米级的水平状根管石形成于图版Ⅰ-18 所示的层状硬层之下

图版Ⅰ-42　垂直根管石的水平切面

中心部位棕色部分即是植物根系部分，仍可见残留的铸模孔隙，照片来自 F. Calvet；更新统风成沉积；西班牙马略卡岛

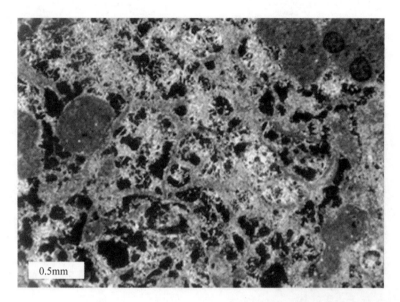

图版 I-43　根管石（石化的植物根系）和钙化的粪球粒

蜂窝状构造是植物根系细胞壁的钙质结壳，似球形砂粒大小的泥晶颗粒是钙化的粪球粒；更新统钙结层硬盘；西班牙塔拉戈纳；薄片，石膏板

图版 I-44　根管石

方解石充填的植物根系细胞，亮晶充填的管状孔洞（V）在横切面中显示的环状结构是植物根系的导管系统；更新统风成沉积中发育的钙结层结核；西班牙伊维萨岛；薄片，平面偏振光

图版 I-45　钙结层剖面

更新统风成沉积（图片下部白色沉积物）根管石层中发育的层状钙质硬层，小型落水洞表明晚期的岩溶事件；墨西哥尤卡坦

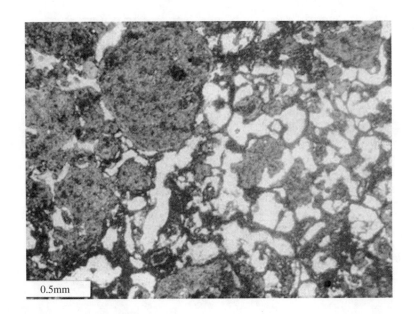

图版 I-46　蜂窝状构造

泥晶壁复合网状结构，钙质团块之间被块状
方解石胶结物部分充填；西班牙塔拉戈纳

0.5mm

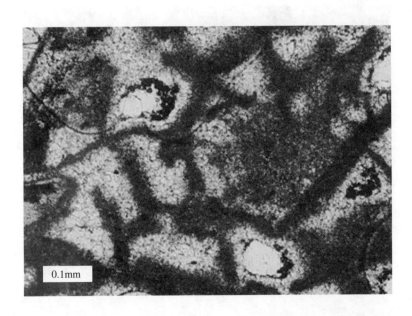

0.1mm

图版 I-47　根管石（图版 I-42所
示）中蜂窝状构造的放大照片

更新统；西班牙马略卡岛；照片来自 F.
Calvet，薄片照片，平面偏振光

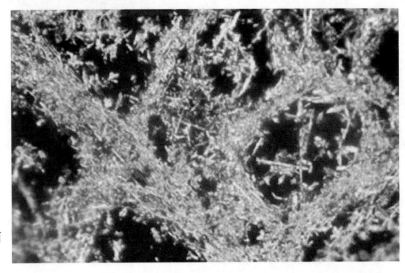

图版 I-48　低镁方解石针状结构切面

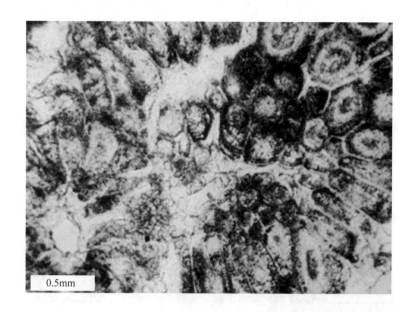

图版 I-49　微松藻

具有六边形切面的拉长的方解石棱柱，在图版 I-16 所示砾岩杂基中形成球状集合体；薄片，平面单偏光

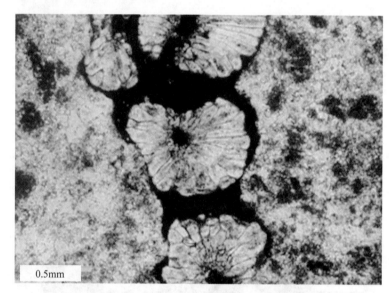

图版 I-50　微松藻属

沿侏罗系白云岩中垂直节理的溶扩现象，由管状微松藻群落的溶蚀作用导致，张开节理中黑色部分是泥质钙红土，这些节理位于岩溶剖面的渗流带上部（岩溶作用时间是新近纪）；西班牙巴塞罗那；薄片，平面单偏光

图版 I-51　钙化茧

全新统沿岸风成碳酸盐砂沉积中发育的钙结层（并不常见），具有大量的球形构造；破碎结构显示光滑的内表面和粗糙的外表面，未改造结构的壁上有许多通向内部小室的孔，这解释为土壤中昆虫钙化的茧

图版 I-52 团块（豆粒）

白垩系石灰岩顶面为剥蚀面，上覆更新统颗粒（豆粒）灰岩，豆粒可能产自钙结层附近，但是后来被搬运到剥蚀面并再沉积下来，沉积作用产生向上变细的序列；西班牙塔拉戈纳

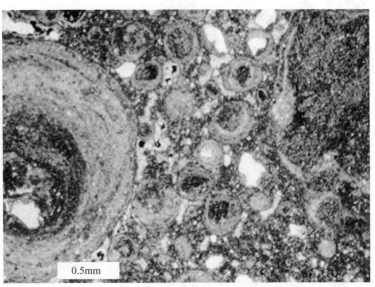

图版 I-53 钙结层结核（豆粒）

更新统钙质硬盘中的成层性差、同心泥晶颗粒；白色斑点是石英颗粒碎屑；西班牙塔拉戈纳；薄片，平面偏振光

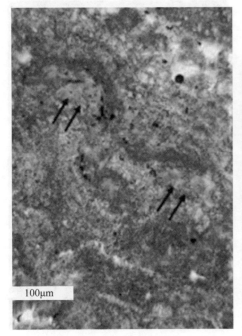

图版 I-54 黏土膜

由粉砂级方解石晶体（微晶）构成的钙结层剖面中的白垩层，早期形成的孔洞洞壁现在具有红色富含铁的非碳酸盐黏土膜（箭头）；西班牙伊维萨岛，更新统；薄片，平面偏振光

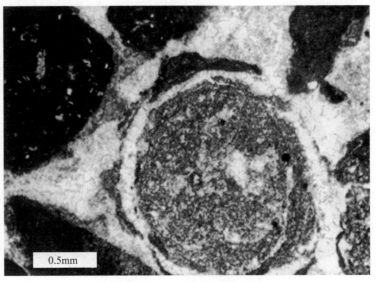

图版 I-55 颗粒周缘裂纹

钙结层硬壳，内含非层状分布的结核；改造过的颗粒中央显示部分淋滤的特点，外围具裂纹；西班牙巴塞罗那，古新统；薄片，平面偏振光

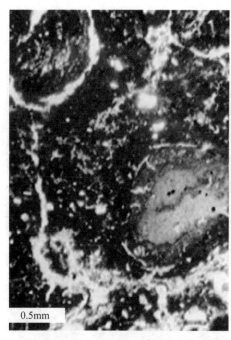

0.5mm

图版 I-56　环形颗粒和颗粒内裂纹

颗粒内及外部裂纹的复杂模式大大增加了钙结层结核和钙结层杂基之间的差异性；裂纹可能是由于干湿交替造成的；白色斑点是石英颗粒；西班牙塔拉戈纳；薄片，平面偏振光

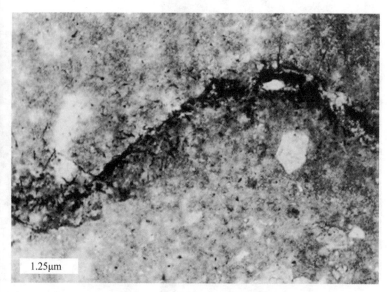

1.25μm

图版 I-57　苔藓定殖的层面

岩内苔藓红褐色藻丝体被深红褐色富有机质层覆盖，在富有机质层及其之下，均可见苔藓合成的方解石棱柱状晶体（图中右侧）；更新统钙质硬层；西班牙伊维萨岛；薄片，平面偏振光

图版 I-58　紧贴岩石表面生长的苔藓

岩石（白垩系石灰岩）表面见早期形成的沟纹溶痕，后期苔藓的生长又使之平滑；西班牙巴塞罗那 Garraf 山

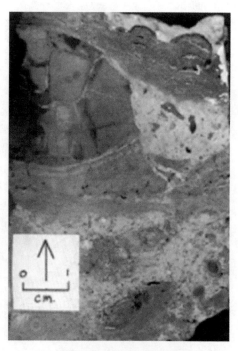

图版 I-59　钙结层硬盘

更新统多成因的钙结层硬盘，显示出团块、再胶结的硬盘碎块、混杂的中生界白云岩碎块和最上部的层状微晶壳的特点；西班牙伊维萨岛

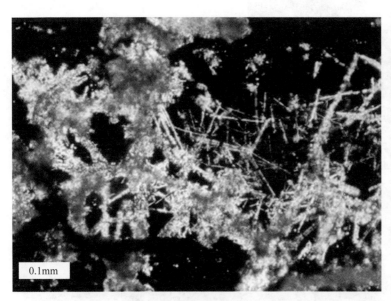

0.1mm

图版 I-60　月乳石

位于岩溶剖面上渗流带张开节理处，低镁方解石（右）的任意针状结构逐步变为泥晶杂色斑点结构，一些这样的斑点内含有被侵蚀的原岩；西班牙巴塞罗那 Garraf 山，图片来自 L.Pomar

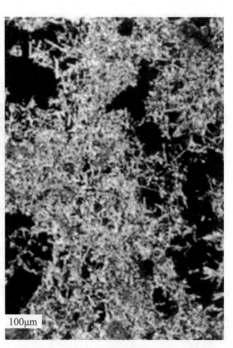

100μm

图版 I-61　杂乱分布的低镁方解石针状晶体

在原生孔和次生孔中，杂乱的针状方解石晶体形成松散的织物网状结构；第四系钙结层硬盘，巴巴多斯，照片来自 N.P.James

图版 I-62　溶蚀塘

热带气候条件下古近—新近系碳酸盐岩发育的现代溶蚀塘；墨西哥尤卡坦

图版Ⅰ-63　沟纹溶痕和溶蚀塘
白垩系细粒颗粒灰岩中发育的现代岩溶面特
征；西班牙 Castello de la Plana

图版Ⅰ-64　溶沟
沿节理的溶扩（溶蚀裂隙组）和被现代沟纹
改造过的溶沟，这是比现代更为潮湿的气候
条件下形成的岩溶剖面；西班牙 Almeria，
半干旱地中海气候

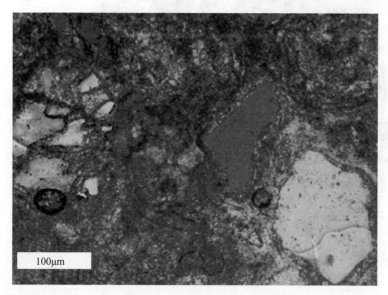

100μm

图版Ⅰ-65　溶蚀的石英颗粒和漂浮构造
不规则的粉砂—砂级石英颗粒漂浮在钙结层微
亮晶杂基中，更新统钙结层硬盘；西班牙塔拉
戈纳；薄片，石膏板

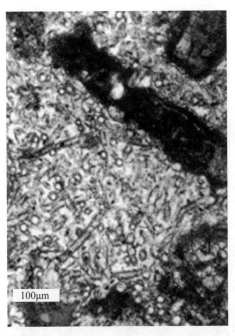

图版 I−66　钙化的藻丝体

（据 James，1972）

纠缠在一起的方解石管，每一个均有泥晶包覆层，可能是坍塌的钙化的植物根毛，更新统钙结层；巴巴多斯；薄片，平面偏振光

图版 I−67　古钙结层剖面

白色硬质层位于更新统钙结层剖面顶部，表现为轻微波状起伏地貌特征，并被现代土壤覆盖；西班牙塔拉戈纳

图版 I−68　钙结层化的陆上暴露面

层理近垂直的 Kimmeridgian 石灰岩（白云岩）与上覆互层的崩塌钙质粉砂岩和更新统风成沉积呈不整合接触，风成沉积已经钙结层化；西班牙伊维萨岛

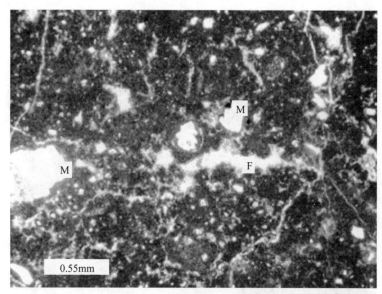

图版 I –69　凝块泥晶灰岩

大量的泥晶团块（球粒）形成了凝块泥晶特征，表现出初始期易碎的特点（F），但是现在岩石坚硬，完全胶结，表现出致密的特点；微松藻属碎片（M）；西班牙巴塞罗那；古新统；薄片，平面偏振光

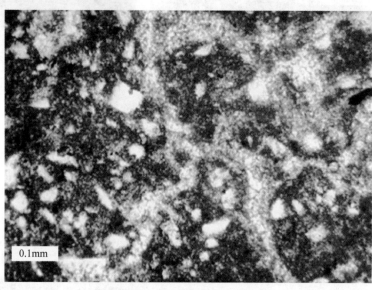

图版 I –70　早期的结核和沟道

含有大量粉砂级生物碎屑和石英碎屑的钙结层硬盘杂基，微亮晶沟道显示了其与泥晶团块的差异性；西班牙塔拉戈纳；更新统；薄片，平面偏振光

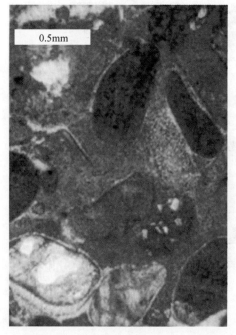

图版 I –71　重力胶结和新月形胶结

更新统钙化的风成沉积，染成红色的 Alizarine 钙结层泥晶杂基中包含磨圆很好的砂级碳酸盐颗粒，图片下部颗粒之间亮晶方解石具有新月形边界，图片左下方颗粒下见不对称的重力胶结物；西班牙伊维萨岛；薄片，平面偏振光

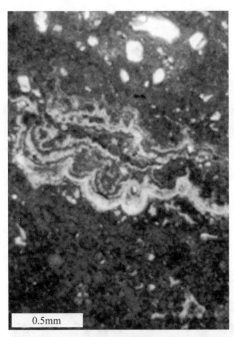

0.5mm

图版Ⅰ-72 渗流带微钟乳石质胶结物

早期富含石英的钙结层硬盘顶部之上形成的微钟乳石或纤维状方解石，照片下部具有微团块构造；西班牙伊维萨岛；薄片，平面偏振光

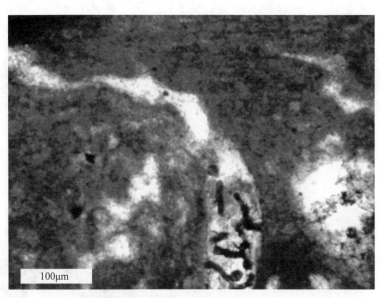

100μm

图版Ⅰ-73 钙结层硬盘

层状微晶上覆在凝块微晶之上，亮晶充填的孔洞是根模孔，在垂直的根模孔中见丝状微生物体的金属氧化物外壳，并不发育的蜂窝状构造仅见于图片中央偏左部分；西班牙伊维萨岛；薄片，平面偏振光

图版Ⅰ-74 角砾化的钙质硬层

广泛分布的植物根系导致了更新统硬质层的角砾化，并形成土壤；西班牙伊维萨岛

图版 I —75　石灰华（钙华）

休斯敦 One Shell Plaza 建筑的饰面石料，注意多孔的海绵构造，产地和年代未知

图版 I —76　石灰华（钙华）

泥晶粪球粒和管状包覆层切面，块状方解石胶结，位于钙结层硬盘之上；西班牙巴塞罗那；更新统；薄片，平面偏振光

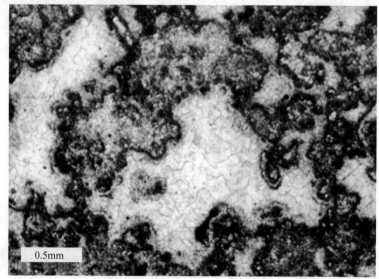

图版 I —77　水平的植物根系和早期的团块以及地下层状硬质层

毫米级的团块（钙结层鲕粒）与碳酸盐鲕粒相似；现代钙结层剖面；西班牙格拉纳达

图版Ⅰ-78 早期钙结层

现代土壤层（s）覆盖在更新统风成沉积（p）之上，上部脱钙土壤层含有大量植物根系，钙化的土壤层顶部（箭头b）是不规则的溶蚀面，地下层状钙质硬层和水平根席（箭头）覆盖在未经改造的更新统风成沉积（p）之上，刮痕是挖掘机留下的；西班牙伊维萨岛

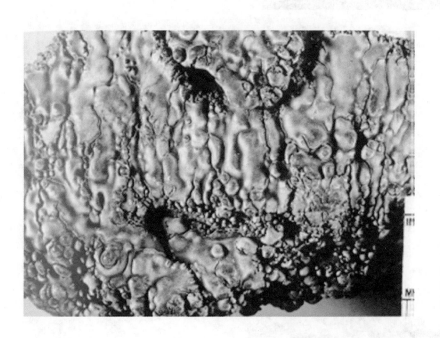

图版Ⅰ-79 不纯文石（文石结壳）

侏罗系碳酸盐层状文石结壳，照片所示位置结壳最厚达1cm，形成于西班牙塔拉戈纳海岸线的盐沫区和溅水区

图版Ⅰ-80 绿色胶结物层之下的小型孔洞（图片的右上方）

孔洞被沉积物部分充填，多数发生成矿作用，图版Ⅰ-80与图版Ⅰ-81的箭头指向同一个孔洞

图版Ⅰ-81　图版Ⅰ-80照片的放大

箭头与图版Ⅰ-80中为同一个箭头，指向沉积物半充填的孔洞，其顶部有闪锌矿；在更大的溶洞中，第一代是闪锌矿化学沉淀，第二代或第三代是方铅矿和胶结物

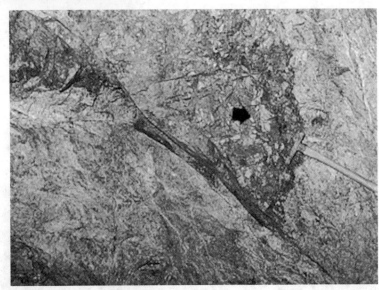

图版Ⅰ-82　溶洞

被解释为Kreuth地区块状石灰岩中岩溶作用的结果，溶洞被白云石化的组分（来自周围Wetterstein组）充填，图版Ⅰ-82、图版Ⅰ-83中的箭头指向同样的组分

图版Ⅰ-83　图版Ⅰ-82的局部放大

图版Ⅰ-84 从水塘获取的手标本显示
不同植物群落造成碳酸钙的不同形态
m—地衣（*Cratoneuron commu.tatum*），h—苔
类（*Pelliafabbroniana*），c—*Cyanoficeae* 藻

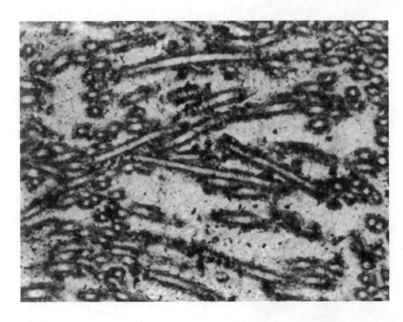

图版Ⅰ-85 摇蚊科虫管建造的钙华
这些细管由内部微晶方解石管和外部的拟径
向方解石晶体（50μm）组成

图版Ⅰ-86 在悬挂泉，主要由苔藓
（地衣）结壳作用形成的垂向席状物
（Collegats，Lleida，西班牙）

图版 I-87　在 Mammoth 热液泉，由于藻类活动引起钙华聚集从而形成池塘和堤坝（黄石公园）

可以见到不同的生长模式：池塘中水平盖状、堤坝处垂直或近垂直席状、当一些小的阶梯被覆盖时形成的波纹状倾斜的席状沉积

图版 I-88　含有不同植物群落的小溪中钙华建造的池塘和堤坝

Dosquers 小溪，西班牙吉罗纳，旱季，矩形框指示图版 I-84 中手标本的位置

图版 I-89　热水溢流形成的钙华堤坝和钙华池塘（土耳其）

图版 I -90　钙华手标本

展示了不同的植物残留（I—叶子，图片
顶部；S—茎，图片底部），藻类（主要
是 *Cyanoficeae* 藻）活动造成碳酸钙结壳；
Dosquers 溪，现代钙华沉积；西班牙吉罗纳

图版 I -91　更新统钙华沉积

含有水平的破碎的岩盖（d）和结壳的植物
残留（v）；西班牙 Banyoles

图版 I -92　藻类活动导致树叶表面形
成碳酸钙结壳并最终形成钙华
（颤藻科）

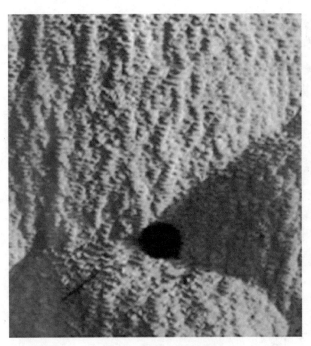

图版Ⅰ-93 热水溢流和藻类活动形成的厘米级的
钙华坝和池塘（土耳其）

图版Ⅰ-94 结壳树叶断面的扫描电镜照片

注意藻类的藻丝体（a）和他形微晶低镁方解石（b），放
大1950倍

图版Ⅰ-95 现代水下藻类钙华断面扫描电镜照片

藻丝体（a）形成密集的网状结构并且捕获颗粒碎片（q—石英，d—硅藻，
t—钙华）；放大950倍

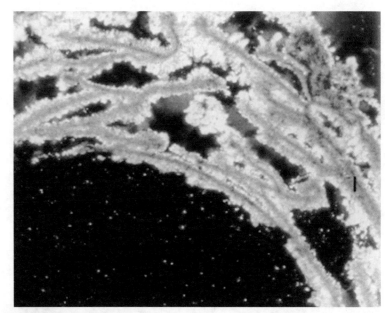

图版 I-96 钙华薄片照片

树叶表面被纤维状方解石覆盖，藻类活动导致；Dosquers 溪，现代钙华；西班牙吉罗纳；放大 70 倍

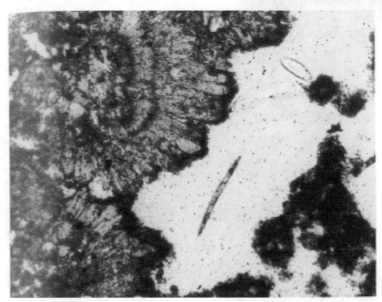

图版 I-97 *Cyanoficeae* 藻形成的钙华薄片照片

纤维状方解石晶体长轴垂直于植物核心，放大 70 倍

图版 I-98 藻类活动

形成的钙华显示出季节的韵律性生长（暗色和白色纹层），a—颤藻科，植物残留形成的钙华同样有大量的藻类活动（v）；上更新统；西班牙 Banyoles；放大 8 倍

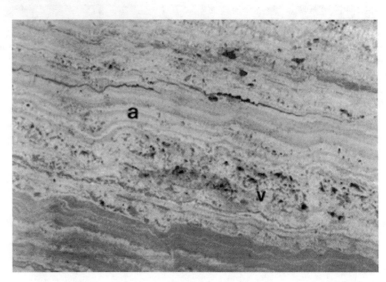

图版 I-99　现代苔类钙华中管体的扫描
电镜照片

显示包藏在孔洞中的胶结物，这些孔洞的形成
是由于有机体的退变

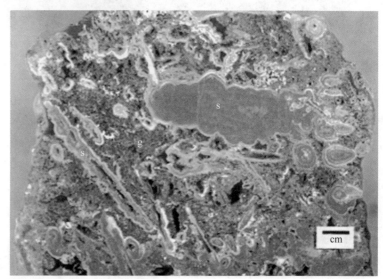

图版 I-100　高品位矿石手标本

含有破碎的胶状闪锌矿和方铅矿碎片

图版 I-101　相带 K 上部中的白色白
晶白云岩（baroque dolomite）

紧邻 K57 号棱柱状矿体，暴露的高度为 1.5m

图版 I –102　碎岩（漏斗充填）中散布的潮坪白云岩（D）和绿色黏土（C）碎片

K62 矿体，比例尺的直径是 54mm

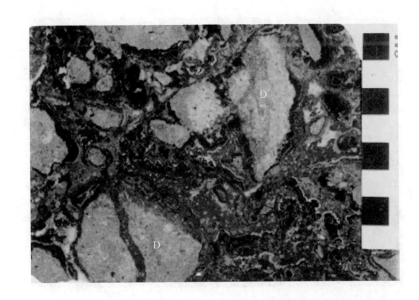

图版 I –103　手标本

岩石碎块（D）被胶状方铅矿和闪锌矿胶结，注意并没有基质岩脉和方铅矿岩脉切断孤立的胶状闪锌矿外壳

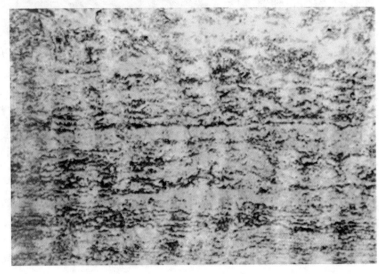

图版 I –104　相带 K 白云岩下部层状孔隙带中充填粗晶闪锌矿和方铅矿

M40 矿体，图示厚度 1m

图版 I-105 相带 K 下部坍塌角砾
被方铅矿和闪锌矿胶结，M40 矿体，图示厚
度 2.5m

图版 I-106 石灰岩"等效"的演化过程
(a) 取自 Mascot 白云岩中的粒屑间球粒亮晶
灰岩；(b) 含有约 10% 方解石（红色茜素红染
色）残留的粗晶白云岩；(c) 粗粒岩石角砾，
在粗晶白云石杂基中含有燧石和泥岩碎片

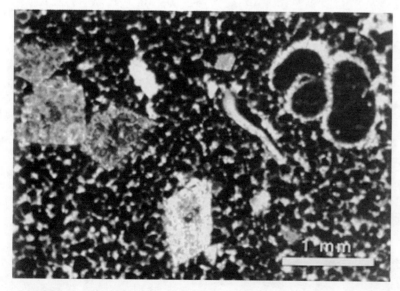

图版 I-107 含有腹足类和三叶虫碎
片的球粒亮晶灰岩显微照片
大的棱形白云石晶体中见有球粒残影

图版 I−108　密西西比系石灰岩中发
　　　　　育的现代岩溶坍塌角砾岩

田纳西州 Putnam 县，图示高度 10m

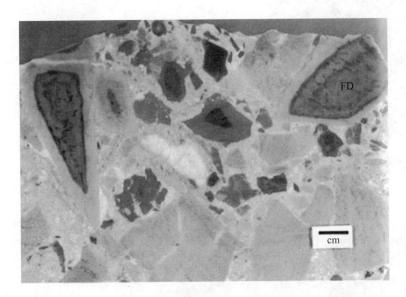

图版 I−109　早期的细粒岩石杂基角砾

细晶白云岩碎块（FD）具有褪色边缘

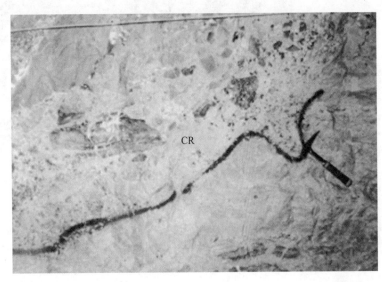

图版 I−110　田纳西州中部晚期角砾
　　　　　岩体下部中的角砾

CR—溶蚀残余，注意角砾层上的棕红色闪
锌矿胶结物

图版Ⅰ-111 Copper Ridge 矿区晚期
角砾岩手标本

粗晶岩石杂基角砾（CR）被坍塌的细晶白
云岩碎块（FD）覆盖，黄铁矿（m）和白
云石（d）胶结

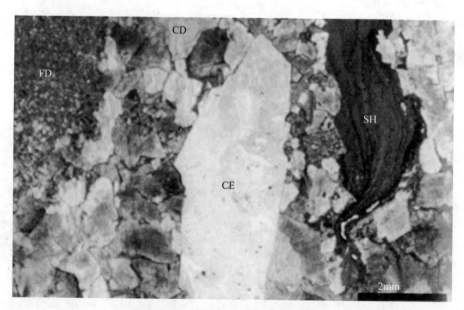

图版Ⅰ-112 粗粒岩石角砾的显微照片

含有细晶白云岩（FD）、燧石（CE）、页岩（SH）碎片和粗晶白云岩杂基

图版 I-113　由细晶白云岩碎块组成的坍塌角砾岩

黄色闪锌矿和白云石胶结，不同碎片所代表的不同白云岩特征，说明了与坍塌作用伴随的地层破裂错位；Mascot-Jefferson 市矿区，图示高度 4m

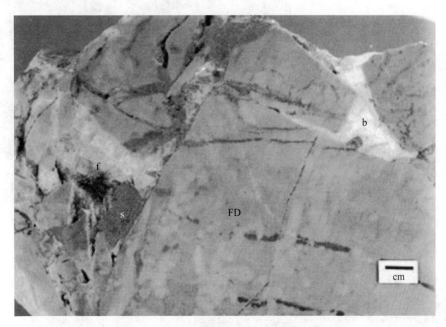

图版 I-114　田纳西州中部坍塌角砾岩手标本

细晶白云岩碎片（FD）被闪锌矿（f）和重晶石（b）胶结

图版 II 湖泊沉积环境

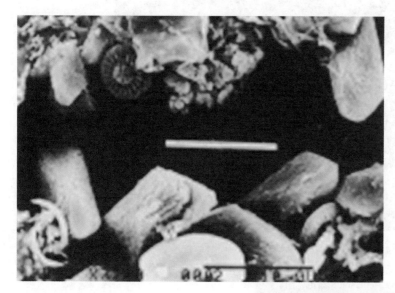

图版 II-1 典型的低镁方解石晶体照片
样品来自纽约 Fayetteville 地区的绿湖；图中
比例尺为 10μm

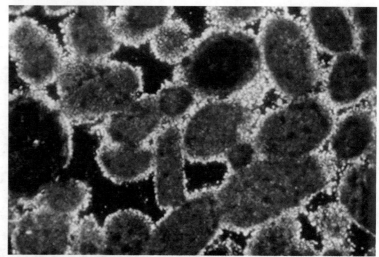

图版 II-2 伊朗 Ormia 湖中文石胶结物
沉淀在来源于咸水小虾 *Artemia salina* 的粪球
微晶文石之上；粪球文石是在湖泊发生季
节性化学事件期间而沉淀的；Kerry Delts 拍摄

图版 II-3 肯尼亚 Magadi 湖表面沉
积物中天然碱的晶体

Magadi 湖是东非裂谷的一个盐、碳酸钠—
重碳酸钠湖泊，湖泊下面是厚达 50m 的
层状天然碱沉积物，是在 9000 多年前沉
积的 (Eugster, 1970；Eugster 和 Hardie,
1978)，Magadi 湖由碱性的热温泉水供
给，在湖泊边缘甚至在干旱季节都能形
成长久的水体；图中锤子作为比例尺；
Hans P. Eugster 拍摄

图版Ⅱ-4 科罗拉多州 Piceance Creek
盆地绿河组薄层含白云石的泥灰岩（典
型的油页岩）中大量的叶状晶体组成的
苏打石结核（据 Dyni，1974）

注意到在苏打石结核周围的泥灰岩薄层已发
生变形，但一些叶状晶体已经生长成封闭的
（enclosing）泥灰岩；John R. Dyni 拍摄

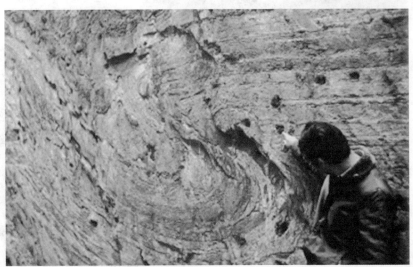

图版Ⅱ-5 犹他州尤因他盆地东部沿 Evacuation Creek 的绿河组 Parachute Creek 段中已变
形的薄层含干酪根的碳酸盐泥岩（油页岩）

图中那人手所指的洞是由可溶于水的苏打石结核发生淋滤作用而导致的，它形成盐水相中的鸟巢带；犹
他州 Bonanza 附近沿着已开采的绿河组硬沥青脉，含干酪根的碳酸盐泥岩地层已经暴露

图版Ⅱ-6 科罗拉多州 Piceance Creek
盆地绿河组中的岩盐夹层（腐蚀严重的
层）和细粒到微晶的苏打石

它们属同一层但有两个核心，相距约 5km；每
一个岩盐—苏打石组合（couplet）可反映季节
性的沉积（纹泥）特征（Dyni 等，1970），不
像成岩的苏打石结核，苏打石薄层可能是直
接由湖相盐水沉淀的（Dyni，1974）；John
R. Dyni 拍摄

图版 II-7 科罗拉多州 Piceance Creek 盆地绿河组岩盐与苏打石互层可溶于水的残留物中铁白云石晶体

比例尺为 10μm，John R. Dyni 拍摄

图版 II-8 纽约 Fayetteville 地区绿湖沉积物中的纹泥层和浊积岩层（t）

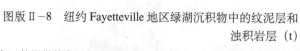

每一纹泥组的亮层主要由湖面水（图版 II-1）沉淀的低镁方解石晶体构成，暗层主要由低镁方解石、黏土和有机质组成（Ludlam，1969）；亮层中方解石平均含量约 80%、有机碳含量小于 1%，而暗层中方解石平均含量约 55%、有机碳含量大于 2%；大多数方解石沉淀在 5 月和 10 月之间（Brunskill，1969）；浊积岩层夹在正常的纹泥层中，大约 50% 的沉积物堆积在湖泊主要盆地的底部（Ludlam，1974）；Stuart D. Ludlam 摄

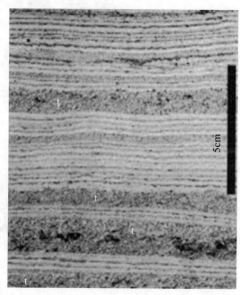

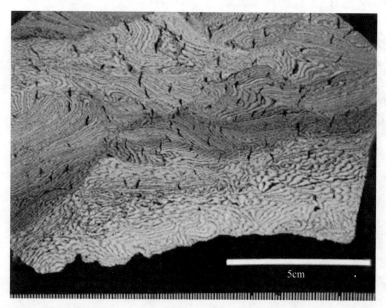

图版 II-9 纽约 Fayetteville 地区绿湖靠近盆地陡坡的底部纹泥沉积物的天然滑动现象

不同年代的沉积物有不同的颜色，最年轻的沉积物（1950 年以后）中的浅纹层是米黄色的，纹泥相对较厚；最老的纹泥（约 1850 年以前）呈灰色、黄褐色和棕色混合的橄榄色，纹泥相对较薄；中间年代的纹泥为灰色，纹泥厚度中等；图中裂缝和洞是快速变干的结果；Stuart D. Ludlam 摄

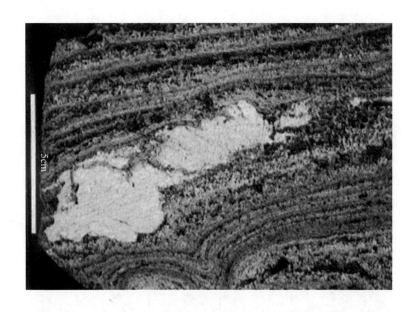

图版Ⅱ-10 纽约 Fayetteville 地区圆湖沉积物中的纹泥层和浊积岩层

暗层和亮层组是否严格代表每年的沉积（纹泥）还不清楚；两个纹层的大多数物质和图中不规则的白色块体是由不相关联的方解石晶体组成的，方解石晶体与绿湖沉积物（Ludlam，1969）中的相似，但较大些；白色块体似乎来源于湖泊高位时期在湖泊周围沉积的泥灰岩，含有大量的腹足动物外壳；浊积岩主要由来自湖滨带的碎屑所组成，尤其是轮藻植物的方解石碎屑和其他大型植物的有机碎片；很难没有障碍地取到这些沉积物样品，结果是，一些构造是取样过程中人为造成的；Stuart D. Ludlam 摄

图版Ⅱ-11 纽约 Fayetteville 地区绿湖的藻生物礁

沉淀的方解石组成了生物礁的主要格架，方解石充填空隙，使蓝绿色藻菌丝圈闭的沉积物发生胶结，碳酸盐胶结物和沉积物都只由低镁方解石组成；在水面下生物礁开始生长在固体上，比如树枝、罐子、瓶子和杯子，生物礁向上生长到水面后往外形成叶状的伸出的狭长部分，突出湖岸 2～8m（Dean 和 Eggleston，1975；Eggleston 和 Dean，1976）

图版Ⅱ-12 犹他州 Soldier Summit 附近绿河组泥粒灰岩中保存的前鳃软体动物腹足类化石 *Goniobasis tenera*

这些腹足动物生活在浅的、新鲜的、氧气充足的早始新世尤因他湖边缘的水中；比例尺为厘米级

图版 II-13 含干酪根的薄层碳酸盐岩已变干而形成多边形的裂缝

裂缝中充填的是软体动物的骨骼碎屑，包括腹足动物 Goniobasis 的外壳，这些地层成为犹他州 Soldier Summit 附近绿河组的一部分；含干酪根的薄层碳酸盐岩是在尤因他湖起伏边缘的缺氧水中形成和保存的；软体动物可能生活在靠近湖岸线氧气充足的水中，在湖岸线起伏变化期间，骨骼碎屑充填在裂缝中；图中比例尺为英寸和厘米级

图版 II-14 犹他州 Soldier Summit 附近绿河组泥粒灰岩中保存的珠蚌双壳类化石（Plesielliptio）（据 Fouch 等，1976）

泥粒灰岩是由双壳类和腹足动物骨骼碎屑组成的，沉积在浅的湖岸附近环境具有水生植物、新鲜的、氧气充足的水中，比例尺为毫米级

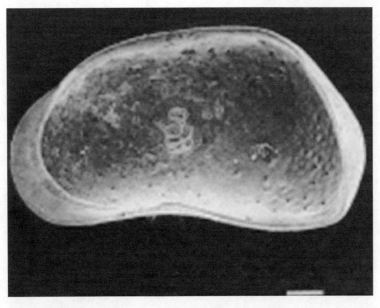

图版 II-15 上新世介形动物的钙质双壳类的外壳

比例尺为 100μm，Richard M. Forester 拍摄

图版Ⅱ-16　纽约 Fayetteville 地区绿湖中活着的轮藻植物（*Chara*）含有约 50% 净重的 $CaCO_3$（左手）和碳酸盐泥，碳酸盐泥主要由来自轮藻植物（右手）的低镁方解石组成

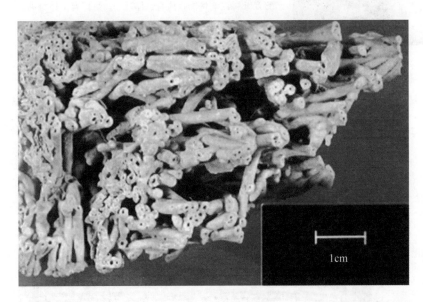

图版Ⅱ-17　俄亥俄州 Blue Hole 地区低镁方解石镶嵌在轮藻植物茎的周围

图版Ⅱ-18　轮藻植物 *Chara* 雄性和雌性的生殖结构精子囊（a）和卵原细胞（c）卵原细胞（球卵）的外壳已发生钙化，成为湖相碳酸盐沉积物和岩石中特别的、常见的钙质化石

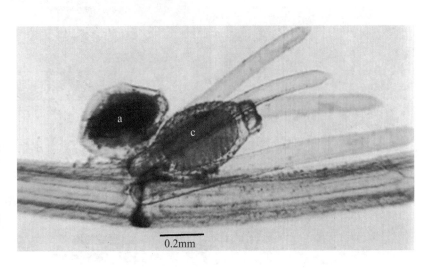

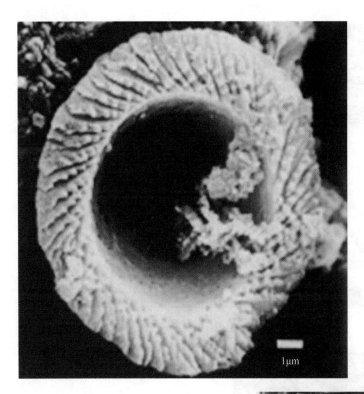

图版Ⅱ-19　明尼苏达州 Clearwater 县 Elk 湖中的浮游生物绿藻 *Phacotus*

它是几种浮游植物钙质有机体之一，这些有机体是湖相沉积物中碳酸盐的贡献者

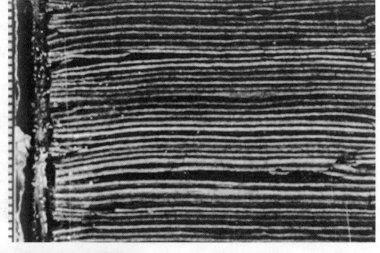

图版Ⅱ-20　明尼苏达州 Clearwater 县 Elk 湖中沉积物的纹泥层

亮层主要由细粒低镁方解石和硅藻属（图版Ⅱ-21）组成；暗层主要由硅藻属和黏土组成；比例尺为毫米级

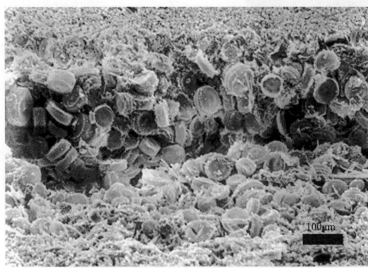

图版Ⅱ-21　明尼苏达州 Elk 湖中纹泥层沉积物的细粒低镁方解石和硅藻属（*Stephanodiscus niagarae*）

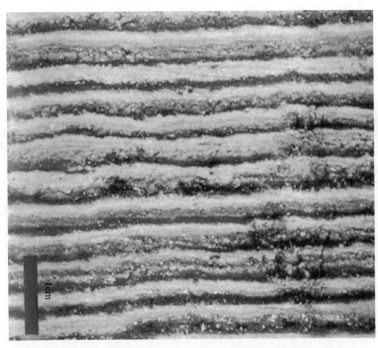

图版Ⅱ-22　瑞士 Zurich 湖泊中心平原的纹泥层

纹泥层组厚度大体上在 2～5mm 之间，含水量 80%～90%；典型的纹泥旋回是由暗层构成的，暗层含有具藻细丝的有机污泥、硫化铁和黏土，向上递变成花边网状的硅藻细胞壳和有机质；亮层覆盖在暗层之上，含有硅藻细胞壳、湖底的方解石和顶部几乎纯的方解石（Kelts 和 Hsu，1978）；在 Zurich 湖泊中，含浊积岩夹层的纹泥组从 1895 年以来一直在形成；Kerry Kelts 摄

图版Ⅱ-23　犹他州大盐湖约 3m 水深的中心部位
有韵律的纹层（纹泥？）

这些纹层被怀疑与有机质（藻）生产和碳酸盐（主要为方解石）沉淀的季节性交替有关，它们在距今 12000 年前形成于湖泊水半咸的阶段，沉积物含有一些硅藻细胞壳、介形动物和灰层；比例尺为毫米级；Kerry Kelts 摄

图版Ⅱ-24　犹他州大盐湖有韵律的纹层（纹泥？）

红色的薄纹泥主要由褐红色藻类细丝构成，亮层主要由文石和黏土所组成；Kerry Kelts 摄

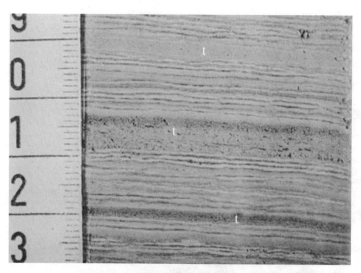

图版 Ⅱ-25　瑞士 Zug 湖泊深盆平原中全新统的纹泥层

亮层主要由季节性沉淀的方解石构成；暗层主要由黏土、有机碎屑和硅藻细胞壳所组成；碎屑碳酸盐岩的薄层递变浊积岩（t）为纹泥层序的夹层；比例尺为毫米级；Kerry Kelts 摄

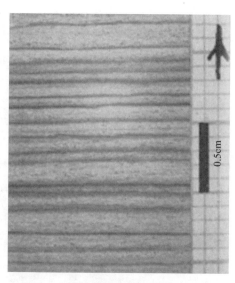

图版 Ⅱ-26　得克萨斯州西部狭长地带的
Rita Blanca 湖泊下更新统的纹泥层
（据 Anderson 和 Kirkland，1969）

亮层主要由方解石、粉砂级的石英颗粒、黏土和介形动物构成；暗层主要由黏土和有机质所组成；Douglas W. Kirkland 摄

图版 Ⅱ-27　怀俄明州中西部 Fossil 向斜绿河组（始新统）的纹层灰岩

图中大的碎屑是鱼粪化石；Hans P. Eugster 摄

图版 Ⅱ-28　科罗拉多州 Piceance Creek 盆地绿河组
开阔湖泊典型的泥灰岩（油页岩）的显微照片

泥灰岩具好的纹层，含有干酪根和白云石；亮层主要由凝灰质物质与白云石互层所构成；暗层富含有机质；几组连续纹层中插入香肠状拉裂构造，被称作环状层理；比例尺为 2mm

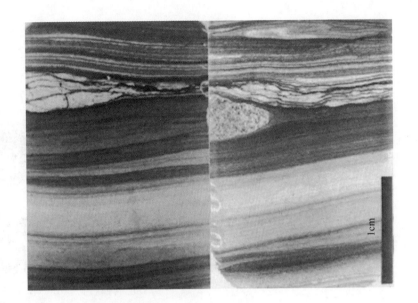

图版Ⅱ-29 科罗拉多州 Piceance
Creek 盆地绿河组 Parachute Creek 段上
部两个岩心之间富凝灰岩纹层的关系

两个岩心位置之间的距离约 10km

图版Ⅱ-30 以色列死海北端更新统
Lisan 组上段开阔湖泊沉积

薄层文石（亮）和方解石泥灰岩（暗）形成
于 Lisan 湖中，是更新统死海的前体；Begin
等（1974）认为这些地层属于扇间相；沉积
特征包括小型冲刷构造、纹层的变薄和变厚
及扭曲层理，一些地层中微型交错层理、波
纹和泥裂很少见，而大型卷曲层理却常见
（Begin 等，1974）；Peter Scholle 摄

图版Ⅱ-31 晚更新统轮藻植物雌性生殖结构（卵原细
胞）的钙质外壳（球卵）（Richard M. Forester 拍摄）

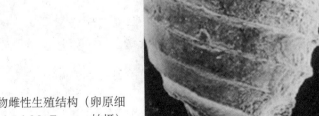

图版 II-32　加利福尼亚州 Mono 湖的藻塔

这些大型的藻碳酸盐岩构造是泉水直接流入湖泊中而形成的；Bruce H. Wilkinson 摄

图版 II-33　内华达州 Winnemucca 湖西岸全新统致密的叠层石藻柱

其高度达 3m 以上，是一种发育在半干旱湖泊体系中分布较广的藻碳酸盐岩；Bruce H. Wilkinson 摄

图版 II-34　内华达州 Winnemucca 湖西部（已干涸）多孔的石状藻塔

这些像图版 II-33 中的柱子发育在粗粒的、近海的、玄武岩的砾石上，与泉水进入湖底无关；Bruce H. Wilkinson 摄

图版Ⅱ-35　纽约 Fayetteville 地
区的绿湖（G）和圆湖（R）

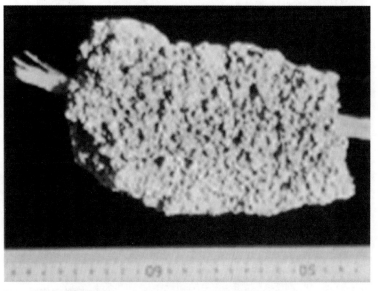

图版Ⅱ-36　纽约 Fayetteville 地区绿湖在树枝上
开始生长的藻生物礁（比例尺为厘米级）

图版Ⅱ-37　纽约 Fayetteville 地区绿湖在树枝和易拉啤酒罐上开始生长的藻生物礁
潜水者指的是低镁方解石镶嵌的啤酒罐

图版 II-38　纽约 Fayetteville 地区绿湖中的罐子、瓶子和杯子上藻沉淀的低镁方解石（早期的藻生物礁）结壳

图版 II-39　纽约 Fayetteville 地区绿湖生长在藻生物礁坡上的轮藻植物
这些钙质藻是绿湖滨湖区沉积物的主要生产者

图版 II-40　怀俄明州 Sweetwater 县始新统绿河组 Wilkins Peak 段的藻生物礁（据 Bradley，1929）

图版 Ⅱ-41 怀俄明州 Sweetwater 县 Delaney Rim 地区始新统绿河组 Laney 段的藻生物礁暴露在平面流动的断块上（Emmett Evanoff 摄）

图版 Ⅱ-42 犹他州 Confusion Range 地区渐新统大型半球状的叠层石
碳酸盐矿物的再结晶形成了刃状的晶体，可破坏已存在的细层；R. E. Anderson 摄

图版 Ⅱ-43 形成于磨圆好的碎屑岩（现已消失）周围的呈纹层的湖相藻碳酸盐岩
湖相层为犹他州 Conger Range 地区未命名的渐新统地层单元的一部分；R. E. Anderson 摄

图版Ⅱ-44　内华达州 Grant Range 地区 Horse Camp 组中新统和上新统再结晶的含叠层石的石灰岩

它们是在地堑中碱性湖水的岸线处形成的，侧向沿沉积倾角向上递变为砾岩，而沿沉积倾角向下递变为再结晶的薄层石灰岩

图版Ⅱ-45　犹他州 Tavaputs 高原绿河组 Douglas Creek 段始新统含叠层石的藻粘结灰岩（据 Fouch 等，1976）
粘结灰岩覆盖在河流和浅水湖泊的硅质碎屑层上面，它是在咸水环境中由尤因他湖岸线起伏波动而形成的

图版Ⅱ-46　犹他州 Tavaputs 高原东部绿河组 Douglas Creek 段

含叠层石的藻粘结灰岩（A）被钙质砂岩（B）所覆盖，钙质砂岩含有介形动物、具弧形的纹层到小型交错层理；砂岩上面是侧向连续、具小型交错层理、含介形动物、颗粒支撑的石灰岩（C），石灰岩厚 1m，其上面反过来被叠层石碳酸盐岩所覆盖；这一沉积复合体表示了旋回的碳酸盐浅滩沉积物，其上覆盖着在三角洲和下三角洲平原环境中形成的陆源地层；比例尺为英寸和厘米级

—414—

图版 II-47　犹他州 Tavaputs 高原东部
叠层石粘结灰岩

这一样品来自于图版 II-46 中绿河组粘结灰
岩的附近

图版 II-48　犹他州 Nine-Mile Canyon 始新统绿河组的藻生物礁
（John H. Hanley 摄）

图版 II-49　纽约 Syracuse 地区由分选
的大小不同核形石所组成的 Onondaga
湖滩（据 Dean 和 Eggleston）

图版 II−50　纽约 Syracuse 地区 Onondaga 湖 2m 水深处发育的较大的核形石

为了便于比较，右上部较小的核形石是从湖滩再沉积而来的核形石，磨圆度较好（图版 II −49）；大多数任意大小的核形石含有一个或多个轮藻植物茎作为核心，轮藻植物在现今的 Onondaga 湖中不存在，它可能是湖水盐度明显增加而消亡的；$CaCl_2$ 作为约 1885 年湖岸碱灰制造时的二元产物进入湖中而使湖水盐度增高，这个数据说明了核形石至少在 100 年前就开始生长；如今 $CaCl_2$ 经过 Nine−Mile 小河进入 Onondaga 湖泊在河口处产生泥灰岩三角洲（图版 II −51）

图版 II−51　进入纽约 Syracuse 地区 Onondaga 湖的 Nine−Mile 小河河口处的泥灰岩三角洲
（据 Dean 和 Eggleston）

由含 $CaCl_2$ 的工业废水与 $CaCO_3$ 已饱和或接近饱和的湖水混合而产生大量的 $CaCO_3$ 沉淀；Onondaga 湖 $CaCO_3$ 的沉积速率可高达 5 ～ 10cm/a

图版 II−52　横截面显示密歇根州 Ore 湖以腹足动物外壳为核心发展形成的核形石

同心层是有孔纹层与致密纹层每年耦合的结果（Jones 和 Wilkinson，1978）；Bruce H. Wilkinson 摄

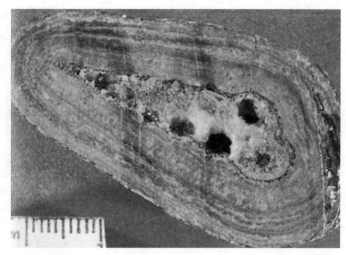

图版 II-53　横截面显示犹他州 Sevier 县 Flagstaff 石灰岩（古新统—始新统）腹足动物 Goniobasis 的外壳周围发育的核形石

比例尺为毫米级；John H. Hanley 摄

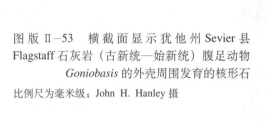

图版 II-54　犹他州 Wasatch 高原绿河组 Flagstaff 段插入砂岩中的核形石泥粒灰岩（据 Fouch 等，1976）

图中那人的手支撑在核形石泥粒灰岩上，一些核形石形成在非海相腹足动物 Goniobasis 和 Viviparus 的周围

图版 II-55　犹他州犹他县靠近 Red Narrows 地区的绿河组 Flagstaff 段（古新统—始新统）核形石的露头（据 Weiss，1969）

中心发光区约等于 5mm

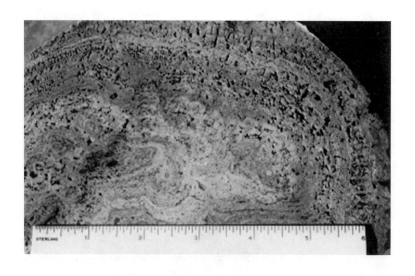

图版Ⅱ-56 加利福尼亚 Ridge Basin
群上新统近岸湖泊的核形石（据 Link
和 Osborne，1978）

核形石与介形动物、软体动物和植物的残骸
有关；Martin H. Link 摄

图版Ⅱ-57 犹他州大盐湖岸线由鲕粒构成的沙坝（与湖岸线平行）

图版Ⅱ-58 玻利维亚 Pastos Grandes 的 Andenn Altiplano 地区全新统的豆石（据 Risacher 和 Eugster，1979）

直径 1～20mm，形成于热温泉发育的停滞的浅水环境中；由于藻类发生光合作用和脱气作用使得 CO_2 减少，从而水中方解石达
过饱和状态；Hans P. Eugster 摄

图版 Ⅱ-59 犹 他 州 West Tavaputs 高原 Nine-Mile Canyon 地区绿河组 Douglas Creek 段边缘湖泊相（据 Ryder 等，1976）

豆石和鲕石、介形动物粒屑灰岩（A）被藻叠层石粘结灰岩（B）所覆盖（Fouch 等，1976），这个碳酸盐岩复合体是在尤因他湖浅水环境中沉积形成的；河道砂岩（C）覆盖在粘结灰岩之上，局部与粘结灰岩呈冲刷关系，陆相层代表三角洲上的河流沉积

图版 Ⅱ-60　犹他州 Tavaputs 高原绿河组的豆石粒屑灰岩

为侧向连续单元的最上部分，侧向连续单元向上从水平纹层的含干酪根的碳酸盐泥岩递变到顶部具小型交错层理的粒屑灰岩，这个浅滩旋回形成于尤因他湖边缘的湖滩上

图版 Ⅱ-61　内华达州 Grant Range 地区 Horse Camp 组中暴露在中新统和（或）上新统湖泊边缘的豆石

图版Ⅱ-62 怀俄明州绿河盆地绿河组 Wilkins Peak 段干盐湖（playa）泥坪相含白云石的泥岩中的泥裂裂缝中充填的碳酸盐和硅质碎屑砂（据 Eugster 和 Hardie，1975；Hans P. Eugster 摄）

图版Ⅱ-63 含灰质碎屑岩的泥粒灰岩被含干酪根的薄层泥岩（油页岩）穿插，泥岩周期性地暴露在地面上而变干；裂缝中充填的是介形动物粒屑灰岩，它们是犹他州 West Tavaputs 高原 Nine-Mile Canyon 地区绿河组的一部分

图版Ⅱ-64 犹他州绿河组中海滨鸟的痕迹（网状标记）（据 Feduccia，1978）海滨鸟可能是像火烈鸟的涉禽（wader）Presbyornis，其化石残骸被认为是来自于怀俄明州、犹他州和科罗拉多州绿河组的 Wilkins Peak 段（Hans P. Eugster 摄）

图版 Ⅲ　风成沉积环境

图版 Ⅲ-1　更新统沙丘脊的空中照片（W. C. Ward 摄）

墨西哥尤卡坦半岛 Isla Mujeres 的主干是沙丘脊，从东南方向往下可看到中—上更新统风成沙脊的走向；照片右半部分的亮带代表西部形成的、沙脊（右）的水下剩余部分

图版 Ⅲ-2　墨西哥尤卡坦半岛 Isla Blanca 海滩的全新统风成岩主干（W. C. Ward 摄）

露头面与海岸线平行，沙丘的最大高度为 2.5m

图版 Ⅲ-3　尤卡坦半岛 Isla Blanca 障壁岛多沙丘脊（左上）的空中照片（W. C. Ward 摄）

沙丘、海滩和近岸碳酸盐砂具有薄的鲕粒覆盖层；在向陆的一侧（在照片左侧之外）存在大型碳酸盐泥的潟湖，孤立的小潮汐池（照片的左侧）在某些季节可变得很咸

图版 Ⅲ-4　巴哈马群岛的风成灰岩（Peter A. Scholle 摄）

靠近 Eleuthera 岛的风成岩 a 和 b 的沙脊与东南方向的 Providence 海峡接壤

图版 Ⅲ-5　澳大利亚西部 Rottnest 岛 Government House 湖风成灰岩的交错层理（Curt Teichert 摄，1946）

图版Ⅲ-6　地中海 Cola Conta、Ibiza 岛、Balearic 岛（C. F. Klappa 摄）

a—具高角度交错层理和钙质层盖层的更新统风成灰岩，下部为棕红色崩积物粉砂；

b—具根系的全新统风成沙丘，比例尺为 20cm

图版Ⅲ-7　地中海 Punta Chincho、Ibiza 岛、Balearic 岛（C. F. Klappa 摄）

a—更新统碳酸盐风成岩，上部为交错层理，下部含有钙化的根系，比例尺 20cm；b—钙质沙丘砂中高角度（30°）的交错层理，根钙化和粉砂风化形成结核状构造，比例尺 20cm

图版Ⅲ-8　墨西哥尤卡坦半岛沿海 Isla Mujeres 的更新统风成岩（W. C. Ward 摄）

上层为弱胶结的风成岩，具有风化产生的丛状绕根结核；无构造层（厚0.3m）为古土壤层，含有陆地蜗牛和居住在土壤中的象鼻虫的钙化茧；很少有绕根结核穿透下面的地层

图版 Ⅲ-9　巴哈马群岛 Eleuthera 岛更新统碳酸盐沙丘岩岩石
中形成的钙质层外壳与口袋状土壤相接（E. A. Shinn 摄）

a. 大量的绕根结核、骨骼颗粒　　　　　　　　　　b. 主要为骨骼颗粒

图版 Ⅲ-10　墨西哥尤卡坦半岛 Isla Mujeres 地区的更新统风成岩（M. Esteban 摄）

图版 Ⅲ-11　墨西哥尤卡坦半岛 Cancun 地区的前全新统和全新统风成岩，大部分颗粒是海相鲕粒
（M. Esteban 摄）

a. Bagdad湖   b. Phillip点，前积层倾斜到海平面以下

图版 Ⅲ-12　澳大利亚西部 Rottnest 岛上成层的碳酸盐风成岩（Curt Teichert 摄，1938）

图版 Ⅲ-13　Balearic 岛 Mallorca 地区更新统风成岩（M. Esteban 摄）

发育大量的绕根结核和软体动物碎片、红藻、苔藓虫和海胆动物，具平面板状交错层理

图版 Ⅲ-14　墨西哥尤卡坦半岛 Isla Cancun 地区全新统风成岩（W. C. Ward 摄）

露头的表面与背风前积层的倾斜面平行（右边是向陆方向）

图版 Ⅲ-15 墨西哥尤卡坦半岛 Isla Mujeres 地区风成岩的海崖露头（W. C. Ward 摄）

大型交错层理向陆地方向倾斜（左），且倾角较大；最上面的地层几乎是平的，大量的绕根结核穿插于其中，钙质层外壳盖在沙丘岩石之上

图版 Ⅲ-16 巴哈马群岛 Eleuthera 岛 Bannerma Point 的碳酸盐风成岩具大规模、高角度的向陆地方向倾斜的前积层

图版 Ⅲ-17 百慕大 Castle Rock 的碳酸盐风成岩中的大型槽状交错层理（E. A. Shinn 摄）

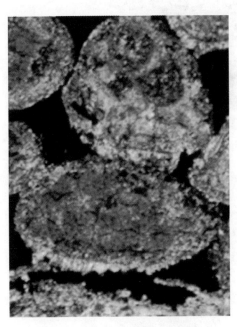

图版 Ⅲ-18 墨西哥尤卡坦半岛
Isla Mujeres 地区更新统风成岩颗粒的
显微照片

底部发生胶结（悬垂形胶结物）、顶部部分
发生溶解；正交偏光；比例尺为 200μm

图版 Ⅲ-19 波斯湾海岸沙丘中石英和碳酸盐混合砂的楔状交
错层理（E. A. Shinn 摄）

低角度地层覆盖在高角度地层之上

图版Ⅲ-20 墨西哥尤卡坦半岛 Isla
Contoy 地区更新统风成岩低角度楔状
交错层理

图版Ⅲ-21 墨西哥尤卡坦半岛 Isla Cancun 地区全新统沙丘侧面的槽状交错层理（W. C. Ward 摄）

图版Ⅲ-22 巴哈马群岛 Eleuthera 岛 Bannerma Point 地区碳酸盐风成岩在溢出沉积中形成的槽状交错层理

图版 Ⅲ-23　巴哈马群岛 Eleuthera 岛 Bannerma Point 地区风成碳酸盐岩崩塌砂中的变形构造，与滑落面呈斜角

图版 Ⅲ-25　墨西哥尤卡坦半岛 Isla Cancun 地区全新统风成岩颗粒接触（新月形）胶结物的显微照片

正交偏光

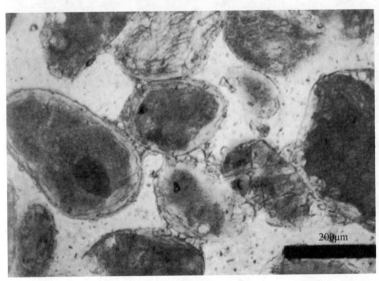

图版 Ⅲ-24　墨西哥尤卡坦半岛 Isla Cancun 地区全新统风成岩新月形胶结物的显微照片

平面偏光

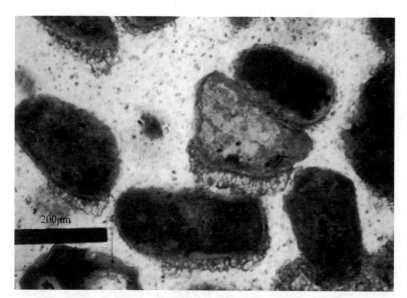

图版Ⅲ-26 墨西哥尤卡坦半岛Isla Blanca地区全新统风成岩悬垂形胶结物的显微照片

平面偏光

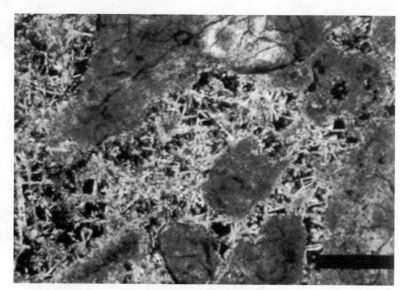

图版Ⅲ-27 墨西哥尤卡坦半岛Isla Mujeres地区新世风成岩针纤维状胶结物的显微照片

正交偏光；比例尺为100μm

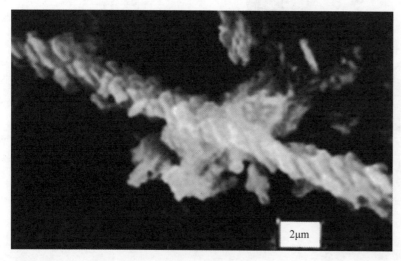

图版Ⅲ-28 墨西哥尤卡坦半岛Isla Mujeres地区更新统风成岩针纤维状胶结物的扫描电镜显微照片

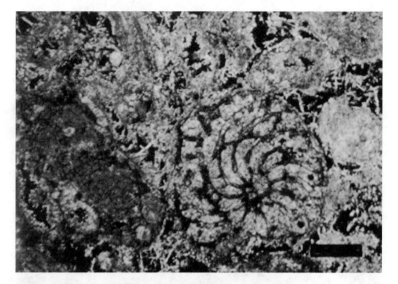

图版Ⅲ-29 墨西哥尤卡坦半岛 Isla
Mujeres 地区更新统风成岩微晶外壳和
针纤维状胶结物的显微照片

Peneroplid 有孔虫（中）和 *Halimeda*（右上）被小孔（小根孔?）所穿透；正交偏光；比例尺为 100μm

图版Ⅲ-30 墨西哥尤卡坦半岛 Isla Mujeres 地区更新统弱胶结的风成岩中风化的绕根结核（W. C. Ward 摄）

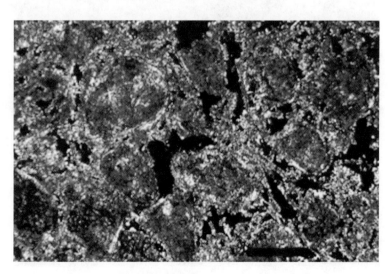

图版Ⅲ-31 墨西哥尤卡坦半岛 Isla
Mujeres 地区更新统风成岩微晶外壳
胶结物和粒间孔内微晶方解石根须外
壳的显微照片（正交偏光；比例尺为
200μm）

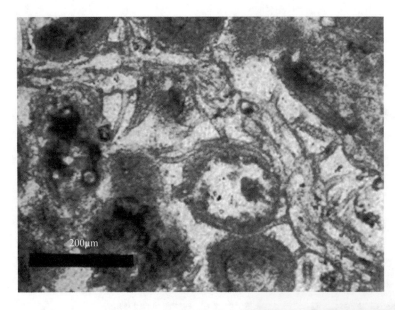

图版Ⅲ-32 墨西哥尤卡坦半岛 Isla Cancun 地区更新统风成岩从钙化小根延伸而来的根须外壳的显微照片

较细的小管在较大的多孔管（小根）的外皮细胞（根须）内是连通的；平面偏光

图版Ⅲ-33 墨西哥尤卡坦半岛 Isla Contoy 地区更新统风成岩微松藻属（具放射状棱柱体和空洞中心的球体）的显微照片

正交偏光；比例尺为 200μm

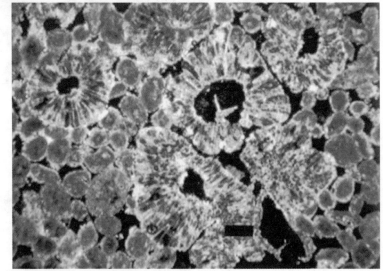

图版Ⅲ-34 墨西哥尤卡坦半岛 Isla Mujeres 地区更新统风成岩中被针纤维状胶结物包围的微晶方解石根须外壳的扫描电镜显微照片

图版Ⅲ-35　墨西哥尤卡坦半岛 Isla Mujeres 地区更新统风成岩中发育的钙质层（W. C. Ward 摄）

泥晶灰岩化的风成岩的上面是波形的薄层外壳，最上面是其原始反粒序层理的砾岩层

图版Ⅲ-36　墨西哥尤卡坦半岛 Isla Mujeres 地区更新统风成岩沙脊之上致密的硬钙质层外壳
（W. C. Ward 摄）

钙质层外壳利于保存沙丘岩石的沉积地形，它还是含水土层，能使下伏风成岩不受现代气候的影响，从而抑制成岩作用的发生使孔隙度和渗透率得以保存

图版 Ⅳ 潮坪沉积环境

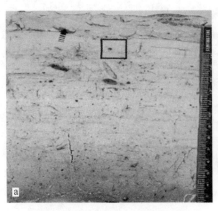
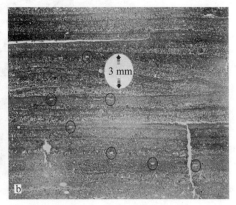

图版Ⅳ-1　潮上天然堤岩心照片

a—潮上天然堤岩心的塑性浸染薄层展示了在岩心顶部的一个 2cm 厚的风暴沉积的透镜状的平的砾石角砾岩。箭头指示了叠瓦状的层状砾岩；表明鸟眼孔的随机分散性，它完全不同于植物根；在岩心底部也可以看到很好的薄层潮间沉积；边界区域展示了在图 b 中的薄片位置；b—展示不同级别球粒及潮上天然堤层理的侧向不连续的薄片。用 X 射线衍射对从颗粒中提取出来的物质进行了分析，沉积物中含有大约 5% 的现代白云岩，小的颗粒展示了平行于层理的鸟眼孔

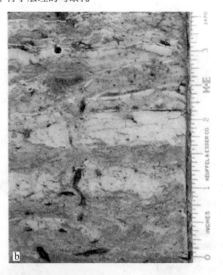
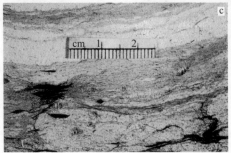

图版Ⅳ-2　潮上沼泽环境岩心照片

a—来自安德罗斯岛的潮上沼泽环境的石蜡浸透的岩心薄片。厚的风暴层由含有微型交错层理的薄层泥组成；风暴层中夹有暗色富藻纹层；b—部分潮上带沼泽的岩心，呈现了沼泽的一部分，比 a 图高几厘米，这块岩心含有较轻的岩化和脱水层，并含有比图 a 中受到更多的氧化富集的有机质，大的物体是红树根和草根；c—潮上带沼泽岩心一部分被人为地压实到相当于埋藏到 900ft（247m）的深度，注意到有机质的侧向延伸及鸟眼和植物根孔隙的破坏，腹足类贝壳没有破碎的迹象

图版 IV-3　泥裂

a—佛罗里达湾潮上灰泥沉积界面展示了愈合泥裂，泥裂中充填着来自邻近的多边形泥裂风化的孔隙和渗透性物质及后续的风暴泛滥沉积物的沉积；b—肯塔基州奥陶系泥裂，展示了与 a 图中现代实例的相似性

图版 IV-4　泥裂与收缩缝

a—藻选择性生长在孔隙和渗透性更好的沉积物中，沉积物充填在泥裂中，由 1960 年的 Donna 飓风作用形成的，泥裂多边形的孔隙和渗透性要比其中的沉积物差的多，因此更不容易白云岩化；b—藻席中的收缩缝，其与安德罗斯岛潮坪的风暴层是不相关的

图版 IV-5　裂缝

a—在巴哈马地区 Inagua 岛厚层藻席垫内的大型泥裂，藻席垫周缘被池塘的咸水所包围，石膏沉淀在泥裂内部及朝上开裂的泥裂边缘；b—在波斯湾的 Trucial 海岸上类似的潮坪藻席

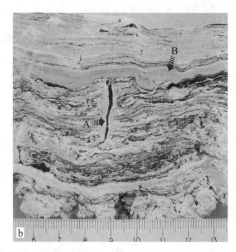

图版 IV-6 藻沉积

a—在波斯湾半岛潮上带下部的干燥藻席。在图片中心上部紧邻镜头盖的小隆起是由被生物挖穴向上堆积的藻球粒沉积物；由于它们向上凸起的层理和中心式的通道，这些隆起类似于前寒武纪藻的特征，锥叠层藻属（Shinn，1972）；b—a图中展示的藻沉积。标注的干裂裂隙（A）由包含65%白云岩（B）的风蚀沉积物所覆盖

图版 IV-7 波斯湾潮坪沉积

a—在卡塔尔半岛波斯湾潮上带没有收缩裂缝的局部藻席；b—波斯湾的潮间潜穴，小潜穴是由蟹类形成的，大的凹坑是由小鱼在低潮期经过潮坪形成的

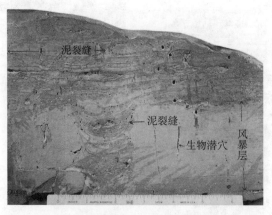

图版 IV-8 来自西得克萨斯州 Angelo 的白垩系的泥裂潮上白云岩

在具有垂向孔柱的厚的风暴层中可见鸟眼构造、圆形的泥裂多边形和大型裂缝，垂向孔柱是由虫孔或气体逃逸作用形成的；类似的可能潜穴孔出现在数周沉积形成的类似厚度的风暴沉积层中；这些泥裂白云岩中含有恐龙足迹，形成在中得克萨斯白垩系岩石中；样品来自 Clyde moore（路易斯安那州大学）

图版 IV-9　马里兰州灰色的石灰岩透镜体漂浮在寒武系—奥陶系中的泥质白云岩中

一般认为石灰岩透镜体为圆形的泥裂多边形，运移到早期的白云岩中，类似于图版 IV-10 的现代实例；标本来自于由 Matter（1967）描述的周期性的潮坪白云岩和石灰岩层序

图版 IV-10　来自于佛罗里达州锥形岛地区的现代胶结的潮上壳

展示了由烘烤作用晒干的薄层灰泥岩；风暴层，这种选择性潮坪白云岩类型被认为是图版 IV-9 中这种特征的白云岩的成因

图版 IV-11　在安德罗斯岛上形成于潮道天然堤上的潮上沉积物中的波痕

样品的位置与图版 IV-1 中的岩心位置相同；风暴期间形成的波痕和大潮期的洪水可能够解释图版 IV-1 中层理的侧向不连续性

图版 Ⅳ-12　西澳大利亚 Hamlin 潮下带及潮间带沉积

a—潮下带到潮间带柱形叠层石。表明其前部持续向海方向进入潮下环境；在向陆方向，进入潮上坪下部伴随着蒸发物质，藻席等级排列为侧向连续层；照片由 R.N.Ginsburg 提供（Miami 大学对比沉积实验室）；b—与 a 图相同位置但展示的是潮间带碳酸盐岩砂和胶结物藻席间的波痕。单个的潮向沿长轴排列垂直岸线并倾向波峰方向；照片由 R.N.Ginsburg 提供

图版 Ⅳ-13　叠层石

a—马里兰州寒武—奥陶系藻叠层石形成的侧向连接的扁球体（Logan，1964），照片与图版 Ⅳ-9 来自同一位置；

b—佛罗里达岛礁侧向连接的叠层石，这个富含有机质的类藻叠层石包壳实际上是与潮间或者潮上的藻叠层石基本没有共同特征的一个土壤岩壳，不知道其沉积序列，可能在地质记录中对这类特征与真正的藻构造进行区分是不可能的

图版 Ⅳ-14　来自西得克萨斯州的二叠系圣安德罗斯白云岩，岩心显示藻文层状潮上白云岩具有藻拱（A）和充填了无水石膏的鸟眼孔（B）以及潮间白云岩下部的收缩潜穴

孔隙已经完全被无水石膏所充填；在岩心上观察到了至少 18 个类似的潮上—潮间带过渡现象

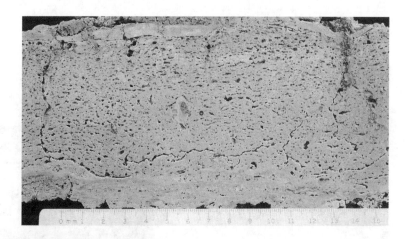

图版 IV-15 来自佛罗里达州的由锥形
　　　丘礁半固结成岩的现代潮上壳
展示了丰富的平面型的鸟眼孔

图版 IV-16 来自安德罗斯岛白云岩潮
上包壳的薄片照片

显示完全充填和部分充填的鸟眼孔；这些早期
充填的孔隙阻止了埋藏和压实过程中的破坏

图版 IV-17 压实岩心照片

a、b—同一岩心样品；岩心被人为地压缩到
埋藏深度 10000ft（3048m）；发现鸟眼孔和
垂向的管形孔已经被破坏掉了；发育在岩心
低部位的斑点状结构被压实作用所放大；详
细的轮廓区域展示在图 c 中；c—压实岩心
中风暴层泥裂的细节，风暴层颜色变化的原
因还不清楚，但可能代表局部区域的收缩，
有机质发生了侧向挤压，但化石没有发生破
碎；比例尺为毫米级

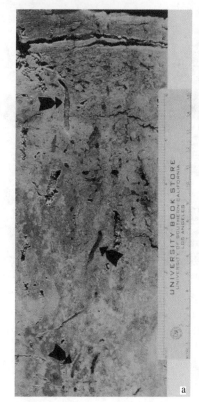

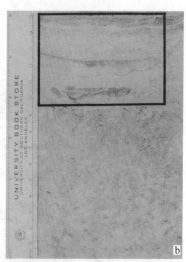

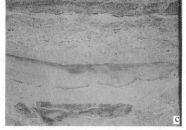

图版 IV-18　含有藻席和薄藻层及
风暴层的压实岩心的一部分

箭头标注了近垂直的不规则的类缝合
线；线是由垂直孔隙的压实所形成的，
这些孔隙中有较薄的有机质；来自佛罗
里达湾水门礁岛的岩心被压实到相当于
负载 10000ft（3048m）的埋深

图版 IV-19　肯塔基奥陶系风暴层中方解石充填的垂直管穴

尽管常常与潮上带相伴生，这样的特征不应该与真正的鸟眼孔相混淆；照片
由 Earl Cressman 提供（美国地质调查局）

图版 IV-20　1960 年 Donna 飓风期间沉积在佛罗里达湾 Cluett 礁岛的干裂多边形

a—展示了油漆涂刷的岩心；b—浸染的岩心（岩心位置展示在图 a 中）展示了 Donna 飓风期间沉积的叠瓦状的泥角砾；指示了风
化作用对早期风暴层沉积如何进行的侵蚀破坏并形成土壤状的角砾；藻纹层将 Donna 飓风形成的岩屑与早期沉积的风暴层隔开；
下伏沉积物中标注了垂直孔隙；鸟眼孔很发育

图版Ⅳ-21　白云石化的潮上带硬壳侵蚀并以叠瓦样式重新沉积在近废弃的潮道边缘
在地质记录中类似的角砾很丰富

图版Ⅳ-22　在肯塔基州奥陶系潮上带白云岩纹层中（可能是藻纹层）扁平的灰岩角砾

照片由 Earl Cressman 提供（美国地质调查局）

图版Ⅳ-23　Matter（1967）描述的马里兰地区寒武—奥陶纪周期性的潮坪层序中的化石，基质碎屑所含的扁平灰岩角砾

这些堆积可能代表潮道底部沉积

图版 IV-24　安德罗斯岛的潮坪带上部土壤化过程中对单个风
暴层破坏所形成的碎屑

显示了无数的鸟眼构造，既有似气孔状的也有平面的；比例尺为毫米；
浸染的现代实例与图版 IV -25 中的二叠系实例进行了对比

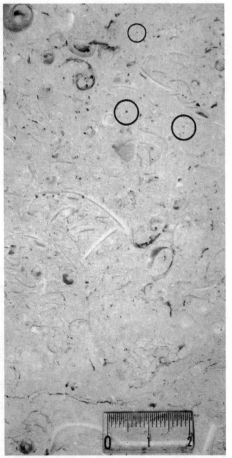

图版 IV-26　波斯湾地区卡塔尔半岛上
一个现代潮坪中潮间带向潮上带的过
渡区展示具有鸟眼孔的氧化沉积物和
丰富的壳体

丰富的壳体是很罕见的且与本地的沉积环境
不相关；比例尺为厘米级

图版 IV-25　在西得克萨斯州二叠系圣安德罗斯白云岩层中
硬石膏充填于潮上"土壤碎屑"白云岩中

展示在岩样上的地下深度单位为英尺；比例尺为毫米级

图版 IV-27　与图版 IV-26 为同一岩心
的灰色的收缩的斑点状潜穴潮下沉积物

沉积物中没有鸟眼孔；比例尺为厘米级

图版 IV-28　安德罗斯潮坪带倾斜的航拍照片

显示了图 4-4 中岩心横切面的位置；标注了外部弯曲部位附近 A′ 边缘带
被暗色藻席垫覆盖的浅色的天然堤沉积，在另一侧边缘为尖灭于潮下水体
区域的发育不完全的红色红树林；潮上沼泽由暗色的藻席垫所覆盖，展示
在远处

图版 IV-29　巴哈马地区安德罗斯潮坪侵蚀潮道天然堤景观

白云岩化壳已被破坏，在侧向运移过程中存在于潮道的底部

图版 IV-30　波斯湾地区潮道天然堤

该位置天然堤是由腹足类生物砂体和海滩岩化过程而不是白云岩化形成的胶结物所组成；穴居蟹
改造了遗留在点坝底部的沉积物，但一些交错层理仍然可以保留在潮道层序的潮下部位

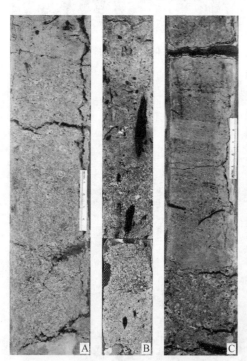

图版 IV-31　安德罗斯岛，巴哈马现代
潮坪的底部潮道沉积物的三块岩心

岩心 A、B、C 中拟蟹守螺属腹足类生物和
环圈虫科有孔虫是主要的砂级颗粒沉积物，
白云岩碎屑混合其中，向上粒度非常明
显，岩心 C 的中部标注的倾斜层理没有受到
生物扰动的影响；暗色物体为红树根

图版 IV-32　海湾地区 Trucial 海岸潮坪环境的石膏沉淀细节

这样的石膏形成厚 30cm 以上的软泥，位于
潮间带上部独特的藻纹层之上，相关关系见图 4-3；这种软泥侧向向陆方向呈层状、
结核状，常常伴生有扭曲的无水硬石膏，见图版 IV-33

图版 IV-33　在 Trucial 海岸萨布哈环境中挖掘的一个凹坑展示了白色的无水石膏沉积在
凹坑底部的暗色藻沉积物之上

挖完凹坑之后盐析出沉淀在藻沉积物的表面，无水石膏的详细介绍见图版 IV-34；本照片由
Godfrey Butler 提供，作者对其在这个领域的专业指导深表谢意

图版 IV-34　展示在图版 IV-33 中的详
细的萨布哈沟槽中显示了底部白色的
"鸡窝状"无水石膏和扭曲的无水石膏层
无水石膏也以气孔和透镜状存在

图版 IV-35　萨布哈中风蚀界面削截了
扭曲刺穿的无水石膏

在这里干旱气候下风蚀作用直到永久毛细管
区带，永久潮湿的沉积物可以抵御侵蚀；可
以看出后期沉积物充填于被剥蚀的部位；毛
细管层的变化取决于季节和气候的变化；图
中标注出了很多个无水石膏结核；石膏也以
分散的玫瑰花状分布

图版 IV-36　潮道

a—废弃的和充填的潮道，可见卡塔尔半岛明显的粒度变化、瞬时的湿润条件（Shinn, 1973）和地下的骆驼足迹，这些微细的潮道向海方向可以追踪且不久就可以激活潮道；b—横穿过一个类似图 a 中展示的废弃潮道的一个15cm 长 2m 深的沟，在潮道废弃的后期，潮道被源于附近风成沙丘的石英和碳酸盐岩砂所充填，考虑到潮道沉积序列顶部孔渗性更好；在沟渠的底部的人手下方可见潮下灰泥沉积物；人站在被水覆盖的胶结壳之上，胶结壳使沟渠一直保持干燥，直到胶结壳被岩石锤穿透

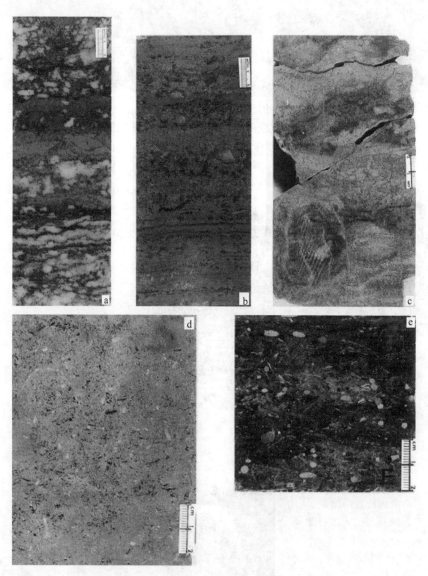

图版 IV-37　二叠纪 S—L—M 沟渠选择的相带

a—潮上带瘤状无水石膏相；b—潮上带无水石膏和藻叠层石相；c—穴居，高能潮间或者潮道相；d—淋滤骨架的浅海白云岩—粒泥灰岩；e—开阔海，腕足类和海胆纲脊柱孔隙性泥质生物灰岩

图版 IV-38　内华达州寒武系 Carrara 组照片（据 Halley，1975）

a—显示了潮上带和潮下带碳酸盐岩的颜色。在浅氧化色岩石单元的顶部覆盖着灰色的压实海相岩石，这种颜色的变化被认为对于解释潮坪岩石的所有藻类是有用的，这种颜色的变化可以作为使用岩屑工作的地质学家的地下指示器；b—展示在上图中氧化的藻叠层石与泥裂潮上带的特写

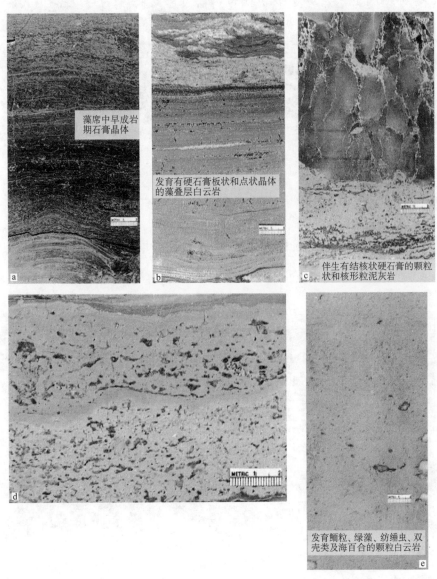

图版 IV-39　西得克萨斯州二叠盆地的盆地中心台地的二叠系 Grayburg 和 Queen 组潮坪相实例

各种潮上带的识别标志，如藻席、石膏晶体、瘤状硬石膏和鸟眼（a—d）；图 e 代表典型的潮下带环境；岩心由 Susan Longacre 提供（Getty 勘探公司）

图版 Ⅴ 海滩沉积环境

图版Ⅴ-1 向海方向倾斜加积层的更新统滩脊，南非海岸（Dave Hobday 拍照）

图版Ⅴ-2 向海方向倾斜的粒屑灰岩加积层（Edwards 组，Round 山，得克萨斯州）

图版V-3 弧形滩脊，Joulters岩礁，巴哈马群岛

图版V-4 滩加积层最上部显示平
缓向海倾斜（右）和最上部层相反倾
向的后滨（左）

（Cow Creek 石灰岩，下白垩统，得克萨
斯州）

图版V-5 滩加积单元最上部向海
方向平缓倾斜均匀层状层序（South
Carolina 海岸，John Barwis 提供）

图版Ⅴ-6 纹层状前滨层（Newman 组石灰岩，密西西比系海滩层序，肯塔基州东部）

图版Ⅴ-7 大的垂直、近垂直潜穴刺穿滩加积层上部
近平行的纹层（更新统，南非，Dave Hobday 提供）

图版Ⅴ-8 下白垩统中前滨单元粗粒
粒屑灰岩中软体动物的蠕虫潜穴

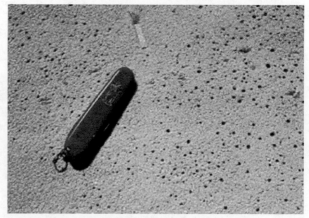

图版Ⅴ-9 冲刷带上部气泡孔洞
（孔洞直径 3～5mm）

图版 V-10　全新统碳酸盐岩滩岩石片
中大的不规则梯状晶洞（大开曼岛，英
属西印度群岛）

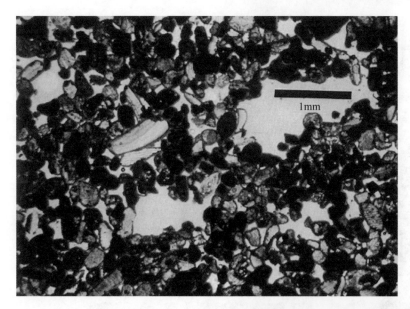

图版 V-11　全新统碳酸盐岩滩岩石片
中蛋形的梯形大晶洞

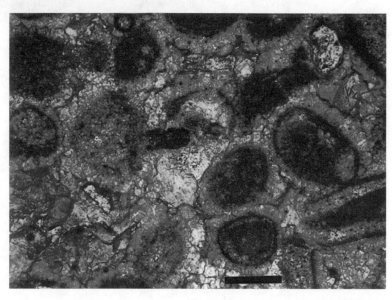

图版 V-12　鲕粒粒屑灰岩中的梯形晶
洞（左下角）（Newman 组，肯塔基州）

图版 V–13　直接位于滩前滨单元之下的大的弧形（槽形）交错层理（照片左边上部），交错层理的方向表明流水与滩沉积走向相平行（下白垩统 Cow Creak 石灰岩，得克萨斯州）

图版 V–14　位于纹层状前滨滩层序之下的大型弧形（槽形）交错层横剖面图（Dave Hobday 提供，南非海岸）

图版 V–15　切穿整个全新统滩体系的潮汐水道（Bahamas 的 Joulter 湾）

图版 V-16 源于佛罗里达湾低能潮汐环境树枝状甲壳类动物潜穴充填

潜穴充填物可以比周围组构沉积物颗粒较细或较粗，主要取决于输入的是什么生物及上覆沉积物组成的颗粒大小

图版 V-17 位于滩临滨沉积物之下的浅水潮汐沉积物中的甲壳类动物潜穴

潜穴充填物是含有少量砂质的粪球粒状灰岩/泥粒岩，然而组构岩石是含有化石的白云质石英砂岩；下白垩统 Cow Creek 石灰岩，得克萨斯州

图版 V-18 长直线状障壁滩后的风暴溢流沉积

源于滩带和外滨环境的沉积物通过风暴冲击河道（箭头）散布于后滨带；前端大的溢流沉积是稳定的，并且在这里发育了亚环境的复合体（潮上沼泽和岸边湖泊、潮沟、风成沙丘和沙坪）

图版 V-19　溢流扇进积到低能藻类物质组成的潮坪（从右到左）
溢流沉积物陡的前峰边缘显示内部崩落式的板状交错层理

图版 V-20　全新统胶结的前滨沉积物海滩岩向海倾斜的板片（大开曼岛，英属西印度群岛）

图版 V-21　大型崩落海滩岩板片，可能由于层状的滩相前滨层的波浪底部冲刷（下白垩统 Edwards 石灰岩，得克萨斯州）

图版 V–22　圆形粗粒和巨粒滩岩板片
与周围滩相砾屑灰岩形成对比（下白垩
统 Edwards 石灰岩，得克萨斯州）

0.3mm

图版 V–23　显示被削截颗粒的海滩岩
碎屑和等厚的、先前形成的文石（？）
的海滩岩胶结物

（下白垩统 Cow Creek 石灰岩，得克萨斯州）

图版 V–24　环绕藻颗粒的文石针状边
缘胶结物，注意胶结物厚度轻微不规则
性（大开曼岛，英属西印度群岛）

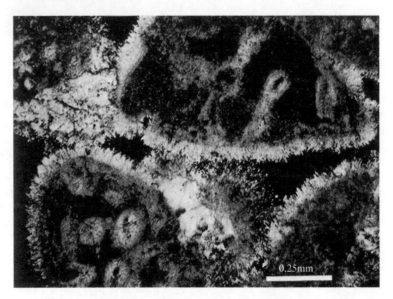

0.25mm

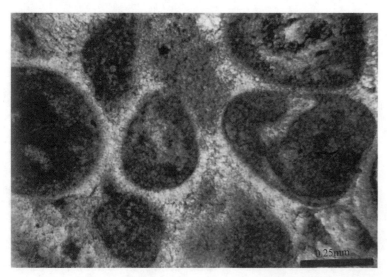

图版V-25　纤维状略微不规则边缘胶结物，原来应该是文石（密西西比系滩层序，肯塔基州）

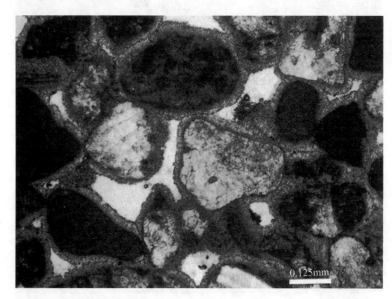

图版V-26　高镁方解石等厚边缘胶结物（大开曼岛，英属西印度群岛）

注意与图版V-31对比胶结物发育的规则性

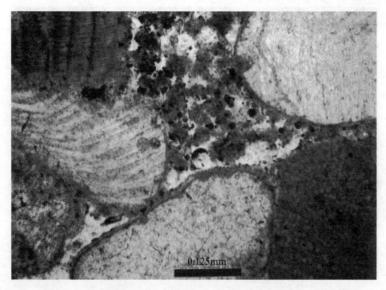

图版V-27　高镁方解石微晶球粒胶结物（大开曼岛，英属西印度群岛）

如果这种类型的胶结作用进行完全，作为粒屑灰岩的沉积物将失去它的原始组构鉴别，成岩作用将转换为泥粒灰岩

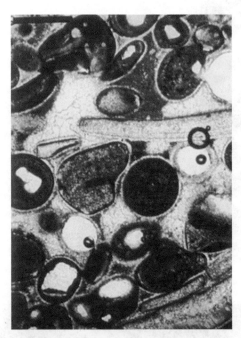

图版Ⅴ-28 新月形和钟乳状组构的由微晶胶结物包裹的非常规则的等厚包壳

图版Ⅴ-29 海滩岩钟乳石胶结物（箭头），发育于非常粗糙的藻颗粒粒屑灰岩中（下白垩统 Stuart City 礁延伸带，得克萨斯州）

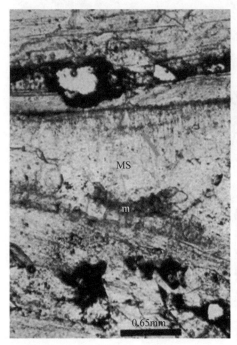

图版Ⅴ-30 钟乳石胶结（MS）（下白垩统，得克萨斯州）

（最初可能是文石）展示方解石（最初为高镁方解石）生长线（箭头）；下面的微晶（m）可能被沉积物或胶结物所渗入

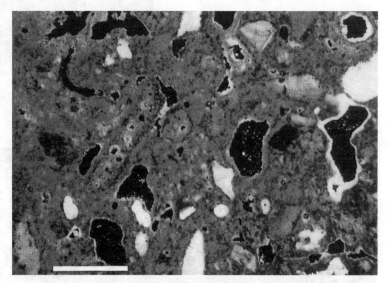

图版Ⅴ-31 全新世海滩粒屑灰岩通过颗粒的微晶化和微晶胶结物的沉淀被转变为泥土（钙结壳）（St.Croix，Virgin 群岛）

小孔也是作为溶解作用结果形成

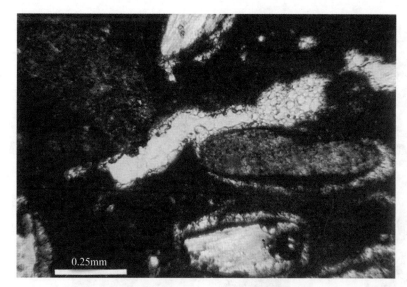

图版 V−32　海滩相层序顶部的古钙结壳（下白垩统 Cow Creek 石灰岩，得克萨斯州）

原始岩性是软体动物粒屑灰岩，但微晶胶结物沉淀、强烈的微晶化、溶解和裂缝已经破坏它的原始结构和组构，并把它转变为泥粒灰岩

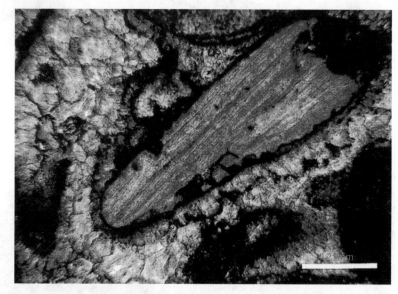

图版 V−33　海滩上部钟乳状泥晶白云石胶结物

（下白垩统 Cow Creek 石灰岩，得克萨斯州）

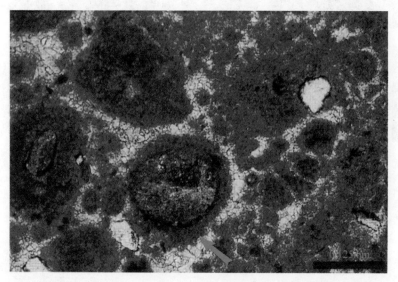

图版 V−34　Kentucky 的密西西比系鲕粒滩层序中古土壤盖层岩中的微晶包壳颗粒、球状微晶胶结物和钟乳状微晶胶结物（箭头）

图版Ⅴ-35　被铁浸染的丘状起伏溶蚀
表面、结核状的钙结壳（N）与下伏部
　　　分钙结滩相粒屑灰岩
（下白垩统 Cow Creek 石灰岩，得克萨斯州）

图版Ⅴ-36　更新统被铁浸染地表结壳
的表面（Florida 群岛）

图版Ⅴ-37　密西西比系地表结壳展示
黑色微晶碎屑、多组裂缝和原地角砾
化、豆粒和黑色微晶碎屑中的微晶包壳
　　（浅颜色）（比例尺为毫米级）

图版Ⅴ-38　密西西比系沿层理面和交错裂缝发育的地表结壳（Newman 组，肯塔基州）

图版Ⅴ-39　障壁岛（a）和潟湖（b）沉积

e—退潮潮汐三角洲；f—溢流潮汐三角洲；t—潮汐水道

图版Ⅴ-40　东肯塔基州密西西比系（Newman 石灰岩）障壁层序潮汐水道底部冲刷面

冲刷面之上的单元是槽状交错层理粗粒内碎屑粒屑灰岩

图版Ⅴ-41　潮汐水道底部大型槽状交错层理

（下白垩统 Edwards 石灰岩，得克萨斯州）

图版Ⅴ-42　向上变细为暗色外滨相（o），底部潮汐水道
充填单元（c）的沉积，粗细粒互层，前滨相相反被渐进
滩加积单元（b）所覆盖

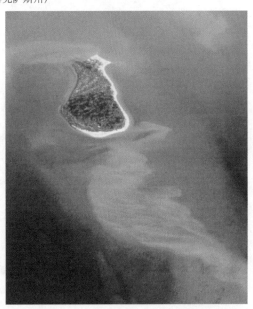

图版Ⅴ-43　长条状鲕状岩沙滩顶部岛的
形成（巴哈马群岛）

图版Ⅴ-44　海滩前滨（b）顶部覆盖于小潮道序列（t）和鲕状滩（s）序列之上，上
覆层为水上硬壳（深色层）和潮上带白云岩（d），表明沙洲暴露地表形成岛

图版Ⅴ-45 长条状礁形成海滩控制的岛

仅有薄层的碳酸盐岩砂和碎石分隔海滩前滨与下伏凝结礁岩；向海一边朝向图片底部

图版Ⅴ-46 与图版Ⅴ-44类似的岛

珊瑚碎石海滩的前滨，碎石包括珊瑚和高能风暴活动期堆积的胶结礁岩的碎片

图版Ⅴ-47 岛潟湖一侧的低能海滩

小型波浪，近海的极浅水环境；后滨层理特征可能被强烈的植物根破坏

图版 V-48　暴露显示海滩前滨加积层向海倾斜（15°）
注意照片中心附近虚线间的板状前积层

图版 V-49　Round 山采石场围墙显示前滨加积层（f）、后滨倾没
阶地序列（b）、后滨低地的厚层潮上带白云岩（s）

图版 V-50　海滩后滨钙结石脱白云石
化（位于下伏海滩前滨和上覆潮上带
白云岩之间）

图版 V-51　层状含泥裂的潮上带白云岩与下伏钙结石脱白云石化接
触附近破裂、被截断

图版Ⅴ-52　海滩前滨序列中均匀
层状的软体动物灰质粒状灰岩层

图版Ⅴ-53　前滨碎石带底部的卵石和巨砾级别的滩岩碎屑

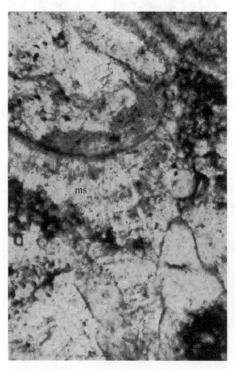

图版Ⅴ-54　原来认为是文石的微钟
乳石状海滩岩胶结物（ms）

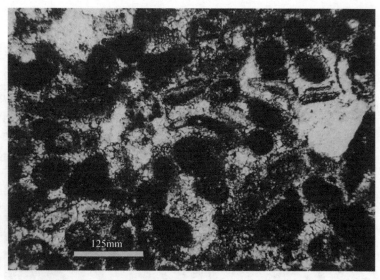

图版Ⅴ-55　滨外环境中沉积的细粒、分选好的化石碎片——
球粒灰质粒状灰岩

图版Ⅴ-56　海滩下部发育的小型槽状
交错层理

表明滨外环境被冲浪或沿岸流周期性冲刷

图版Ⅴ-57　具有槽状交错层理的球粒
灰质粒状灰岩—泥灰岩与具潜穴的石灰
岩突变接触

反映下白垩统 Round 山前 Edward 组海滩序
列为滨外陆架相

图版Ⅴ-58　前滨之下的石灰岩和粒泥
状灰岩中枝状潜穴（表明沉积在低能潮
上环境）

图版V-59 层状潮上带白云岩中仅
显示少数印模孔隙（白色圆点）

孔隙大多（30%）为微晶间孔，但在该图
片中不可见

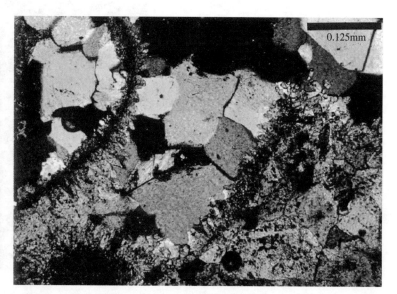

图版V-60 部分硅化的灰质粒状灰岩

粗粒片状方解石初始胶结之后，硅质胶结物充填原生和印模孔隙，胶结
物推测为淡水来源

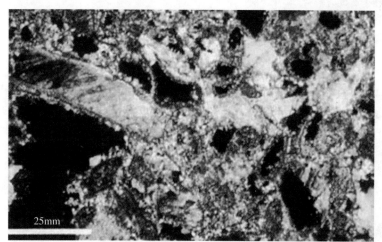

图版V-61 海滩前滨序列最下端的大
量印模孔隙

孔隙在淋滤的厚壳蛤类（软体动物）颗粒中
形成；印模孔隙之间无原生孔隙残余

图版V-62 海滩前滨加积层序列

向照片背后倾斜，反映向东前积

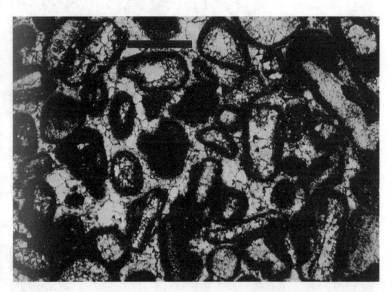

图版Ⅴ-63 均匀纹层、分选好、粗—
中粒的软体动物灰质颗粒灰岩

图版Ⅴ-64 分选好、磨圆中等的中粒颗粒灰岩

图版Ⅴ-65 中—大规模的花状交错层理
（垂直于海滩前滨单元的倾向）

图版Ⅴ-66 中—粗粒分选差的软体
动物灰质颗粒灰岩（含大量石英砂）

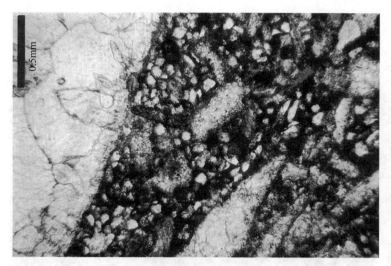

图版 V-67 浅海环境多砂的、双峰分选软体动物石灰岩

双峰性可能由于粗软体动物碎片中细石英砂的输入；中 Cow Creek 石灰岩

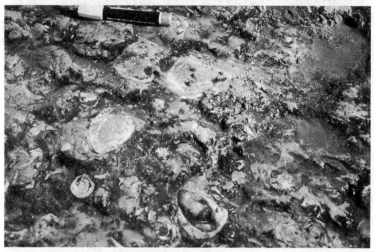

图版 V-68 浅水灰质泥粒灰岩的上表面显示大量三角蛤属
（下 Cow Creek 石灰岩）

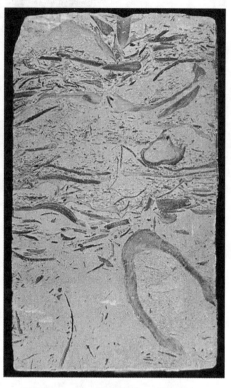

图版 V-69 生物扰动、分选差的
牡蛎碎片泥质白云石粒泥灰岩—泥
粒灰岩

沉积在低能环境；Hammett 页岩；厚片
长约 10cm

图版 V-70 海滩加积层顶部（向右倾斜）局部被潮道沉积截断（左侧中心）
依次覆盖向陆（左）的倾斜冲刷层（箭头）

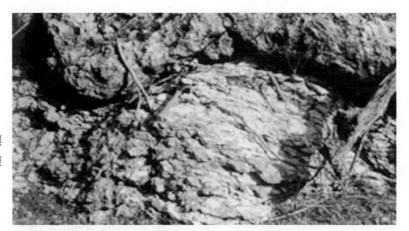

图版V-71　结核状钙结石古土壤

由成岩作用形成的灰质粒泥灰岩组成，上覆来自潮上带池沼环境的变形白云质泥岩

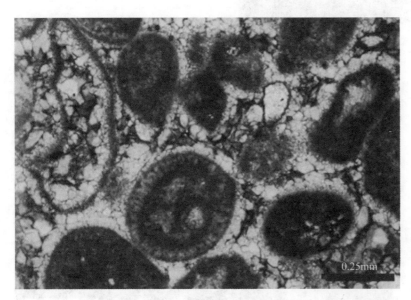

图版V-72　障壁滩分选好的鲕粒—内碎屑灰质粒状灰岩

早期成岩作用沉淀无铁（粉色）片状和亮晶阻塞大多数孔隙；后期沉淀富铁（紫色）方解石亮晶堵塞残余孔隙

0.25mm

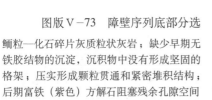

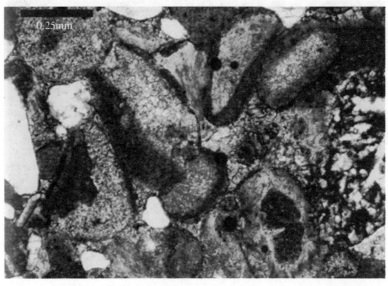

图版V-73　障壁序列底部分选

鲕粒—化石碎片灰质粒状灰岩；缺少早期无铁胶结物的沉淀，沉积物中没有形成坚固的格架；压实形成颗粒贯通和紧密堆积结构；后期富铁（紫色）方解石阻塞残余孔隙空间

图版Ⅴ-74 潮汐沙坝和海滩低角度加积层（露头中部深色段为泥灰质灰岩，部分风化成壳）

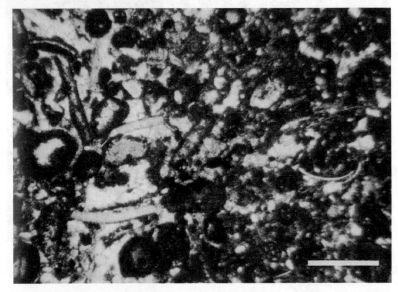

图版Ⅴ-75 图版Ⅴ-74中加积单元底部和远端的细—中粒、分选差、球粒化石碎片粒泥灰岩

图版Ⅴ-76 图片中部潮沙坝（t）向上在中部递变为海滩（b），其中部分变为地表结壳帽（sc）和潮上带白云岩（s）

图版Ⅴ-77 潮上带环境钙结石化形成的锥状构造

图版Ⅴ-78 纹层状化石—球粒—藻席包壳的灰质颗粒灰岩前滨沉积物

粗粒层反映大的、不规则楔状晶簇现被亮晶方解石胶结；颗粒藻类包壳中发育大量微晶间孔隙

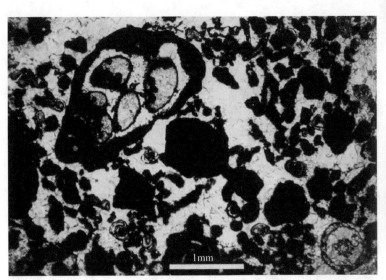

图版Ⅴ-79 多孔的海滩前滨沉积物

中—极粗粒化石碎片—内碎屑灰质粒状灰岩；腹足动物有较厚的藻类包壳；藻类包壳和内碎屑中含大量微晶间孔隙；松散堆积可能由于早期成岩的颗粒溶解，松散胶结的沉积物部分坍塌

图版Ⅴ-80 潮上带粟孔虫灰泥岩

垂向裂缝，小型溶解通道发育，土壤形成过程中产生微深色层；比例尺为英寸级

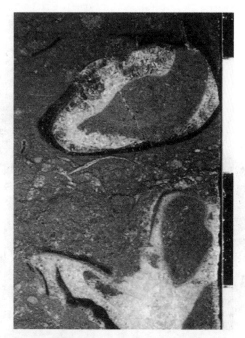

图版Ⅴ-81　潟湖相船房蛤属
石灰岩—粒泥灰岩

基质为细粒、分选差球粒，含藻类包壳
颗粒和化石碎片；比例尺为英寸级

图版Ⅴ-82　潟湖相软骨藻类
石灰岩—粒泥灰岩

含细粒化石碎片和富球粒基质

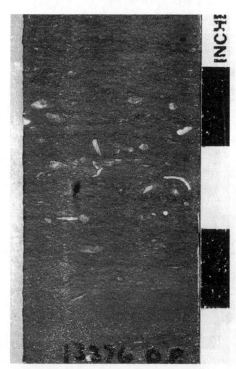

图版Ⅴ-83　局限潟湖相

深色微层状化石碎片—藻席—球粒灰
质粒泥灰岩

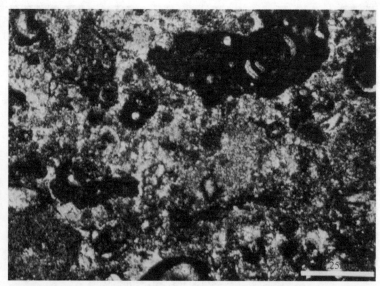

图版Ⅴ-84　局限潟湖钙球—有孔虫—球粒灰质粒状灰岩

粟孔有孔虫和钙球（右上）不规则藻类包壳

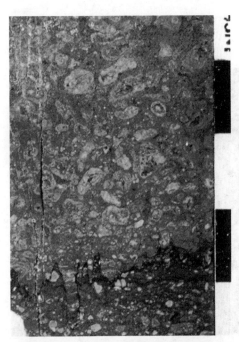

图版Ⅴ–85　潮道沉积中双峰藻灰结
核灰质粒状灰岩（比例尺为英寸级）

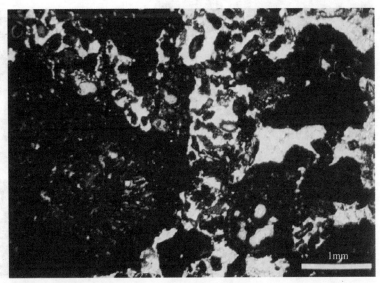

图版Ⅴ–86　双峰、藻灰结核灰质粒状灰岩含细—
中粒球粒和化石碎片

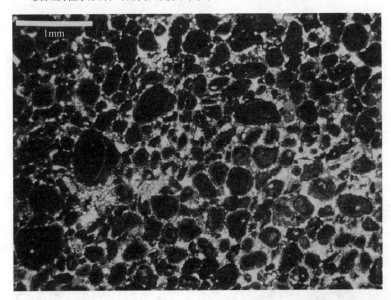

图版Ⅴ–87　分选较好、细—中粒鲕
粒—内碎屑灰质颗粒灰岩
早期方解石胶结物，充填部分孔隙，残余大
量原生孔隙

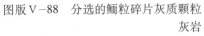

图版Ⅴ–88　分选的鲕粒碎片灰质颗粒
灰岩
大多数鲕粒含纤维构造，围绕核心辐射状分
布，所以容易破碎

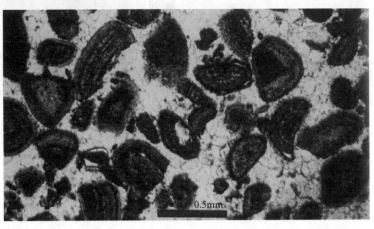

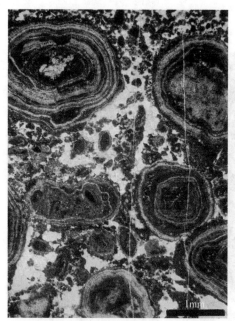

图版 V-89　双模球粒—鲕粒—豆粒灰
质颗粒灰岩

豆石不规则纤维层，表明沉积在高盐度环境

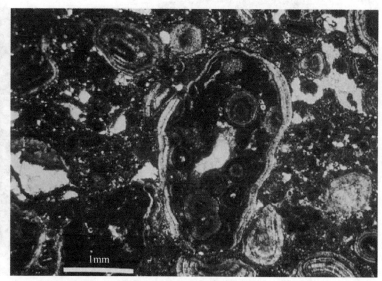

图版 V-90　低能潮坪环境中分选差的内碎屑—球粒—豆粒
灰岩—泥粒灰岩

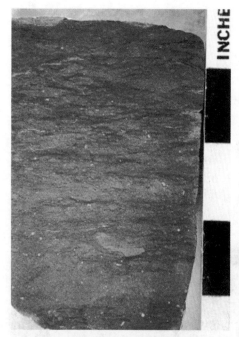

图版 V-91　褐色、生物扰动的球粒、
白云石泥粒灰岩

含微小富有机质体；局限海环境；比例尺为
英寸级

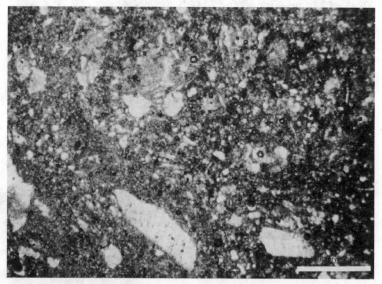

图版 V-92　生物扰动的化石碎片—骨针白云岩粒泥灰岩
（局限海环境）

图版Ⅴ-93 黑色和棕色层状腕
足—海百合类灰岩—粒泥状灰岩
（局限海环境；比例尺为英寸级）

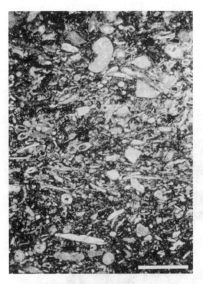

图版Ⅴ-94 微分选、生物扰
动的硅质苔藓虫—腕足—海百
合类灰岩（近海开阔海相）

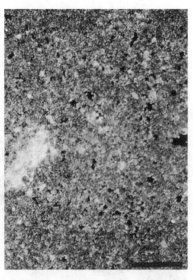

图版Ⅴ-95 中—粗粒晶体钙
球白云质粒泥灰岩（含大量次
生孔隙和微晶间孔隙）

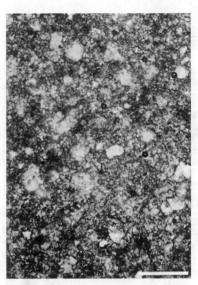

图版Ⅴ-96 钙球白云质粒泥灰
岩（含粗粒结晶白云岩基质）

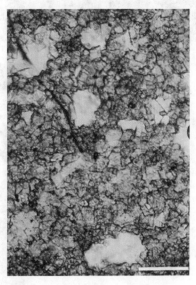

图版Ⅴ-97 钙球白云质粒泥灰岩
含粗粒结晶白云岩基质；渗流钙球外发育
印模孔隙

图版 Ⅵ 陆相沉积环境

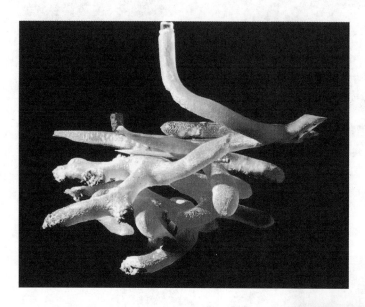

图版 Ⅵ-1 铸体展示了由 *Callianassa* 挖掘的潜穴（引自 E. A. Shinn）

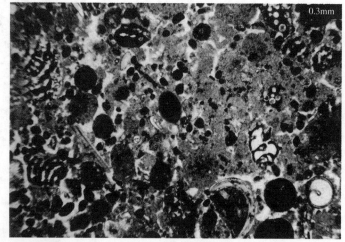

版 Ⅵ-2 大巴哈马滩似球粒沉积（引自 R. D. Perkins）

包括硬化（暗色的）和软似球粒（浅褐色，具模糊边缘）；在样品制备过程中，烘干作用进一步加强了软似球粒的轮廓清晰度

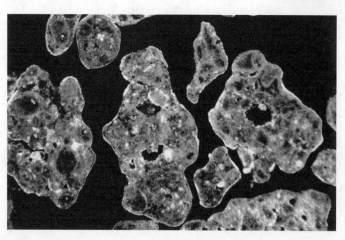

图版 Ⅵ-3 大巴哈马滩的葡萄石（引自 R. D. Perkins）

正交偏光；最大的葡萄石直径约 3mm

图版Ⅵ-4　Requienid 厚壳蛤

白垩纪双壳类，生活习惯与牡蛎大致相似，灰质泥粒灰岩中的 Requienid 团块、似球粒和栗孔虫有孔虫（白点），El Abra 组（中白垩统）、de El Abra 山、San Luis Potosi、墨西哥，石板宽 12cm，样品来自 C. J. Minero

图版Ⅵ-5　Requienid 厚壳蛤（据 Loucks，1977；照片来自 R. G. Loucks）

白垩纪双壳类，生活习惯与牡蛎大致相似，Requienid 灰质粒泥灰岩，完整和打碎的贝壳出现在灰泥基质内，后者又被马尾状缝合线切割（在顶底处最为突出），得克萨斯南部 Medina 郡下白垩统 Pearsall 组 Bexar Shale 段，岩心宽度 8cm，采自 Tenneco No.1 Ney

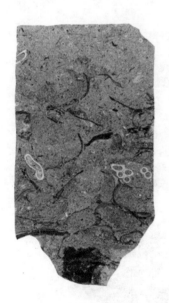

图版Ⅵ-6　分选差的泥粒灰岩（据 Loucks，1977；照片来自 R. G. Loucks）

其中含有牡蛎类大碎屑（暗色贝壳）和龙介蠕虫管（白色）；得克萨斯南部 Medina 郡下白垩统 Pearsall 组 Bexar Shale 段下部岩心宽度 8cm；Tenneco No.1 Ney

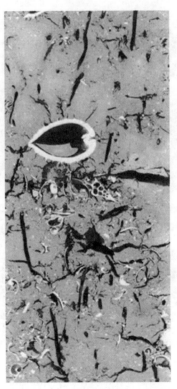

图版Ⅵ-7　潜穴和生物扰动岩相（据 Enos 和 Perkins，1979）

采自佛罗里达湾沿岸的全新世生物扰动沉积物；沉积结构对应于球粒—软体动物灰质粒泥灰岩；垂向管状物是由植物根茎形成的；岩心板，充注了蓝色塑胶

```
0                    5 cm
0                    2 in
```

图版Ⅵ-8 潜穴和生物扰动岩相

虫孔—杂色介形虫有孔虫灰质粒泥灰岩；虫孔充填有清洁的似球粒栗孔虫灰质泥粒灰岩；右下角的构造是一个泥管，其成因是上覆地层发生快速的地表剥蚀；墨西哥 San Luis Potosi de El Abra 山 El Abra 组（中白垩统）；石板 9cm 宽；样品来自 C. J. Minero

图版Ⅵ-9 潜穴和生物扰动岩相

虫孔泥粒灰岩含有栗孔虫有孔虫、海胆和软体动物；得克萨斯南部 Pearsall 组（下白垩统）；岩心宽8cm；照片来自 R. G. Loucks

图版Ⅵ-10 加拿大落基山寒武系的碳酸盐岩旋回

过渡带从 Arctomys 组（下部，中白垩统）至 Waterfowl 组（上白垩统）；艾伯塔—英属哥伦比亚边界的 Chaba River 剖面；颜色对比所示的旋回包括暗色、薄层灰泥岩向上渐变为黄色—风化白云质隐藻细复理石；白云岩层顶部的交错层状白云质粉砂岩含有方解石气孔，后来可能被蒸发岩交代；照片据 J. D. Aitken

图版Ⅵ-11　加拿大落基山寒武系的碳酸盐岩旋回
（据 Aitkin，1978）

英属不列颠 Yoho 国家公园 Ogden 山 Lyell 组（上寒武统）；旋回（用记号标出）始于侵蚀基底，上覆细复理石碎屑和含有微晶白云石脉的暗色结核状灰泥岩；旋回顶部为白云质隐藻细复理石；照片据 J. D. Aitken

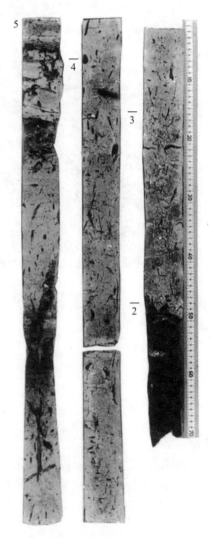

图版Ⅵ-12　佛罗里达湾非对
称海侵—海退层序

连续塑胶管柱岩心；左侧岩心为顶

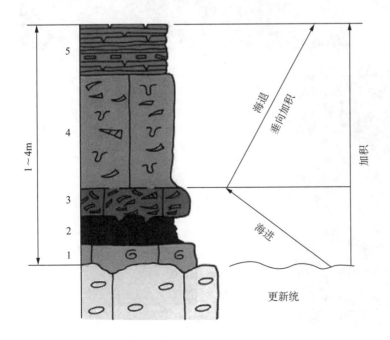

图版Ⅵ-13　理想化的层序
（据 Enos 和 Perkins，1977）

各单元分别为：①淡水湖盆底部钙质灰质、泥岩（未在岩心中表现）；②产泥炭的红树林沼泽；③"湖相"沉积为贝壳状泥粒灰岩滞留沉积，含有少量岩屑；④泥岸沉积为球粒软体动物粒泥灰岩；⑤岛屿沉积为叠层石状球粒粒泥灰岩至泥岩，含有泥炭透镜体

图版 VI-14　纽约 Inghams Mills 的黑河群（中奥陶统）Lowville 灰岩中的向上变浅层序或"间断加积旋回"

旋回底部位于颜色变化的地方（就在地质锤头的下方）；深灰色灰质粒泥灰岩发育生物扰动和水平潜穴，含有腹足类、珊瑚和其他海相化石，明显表现为浅水潮下成因，与下伏不发育化石的垂向潜穴灰质泥岩形成对比；照片中部突出的潮道被潮坪成因的垂向和潜穴泥裂灰质泥岩所覆盖；照片顶部的暗灰色潮下粒泥灰岩标志着另一个旋回的底部；照片来自 Peter Goodwin 和 E. A. Anderson

图版VI-15　纽约 Perryville Quarry 下泥盆统 Helderberg 群 Manlius 灰岩中的向上变浅层序

该旋回始于侵蚀基底（在地质锤手柄下端之上 10cm 处），其上又被再改造的层孔虫顶所覆盖；该旋回向上演变为富含化石的灰质粒泥灰岩和模糊层状灰质泥岩；褐色白云质藻复理石形成了该层序的顶部；照片来自 E. A. Anderson 和 Peter Goodwin

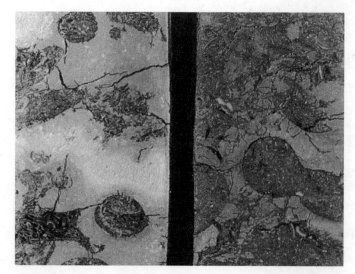

图版VI-16　由虾（很可能是"美人虾属"）制造的潜穴（图版VI-1）

7cm 浸染岩心，佛罗里达南部内陆棚边缘（图 6-2）

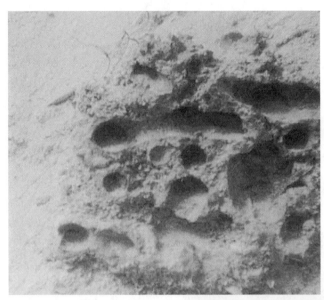

图版Ⅵ-17　安德罗斯岛西南部大巴哈马滩的水下挖掘，水深约6m

图版Ⅵ-18　鼓虾挖掘的潜穴塑性模型（照片据 E. A. Shinn）

图版Ⅵ-19　美人虾形成的粪球粒充填了浸染岩心的潜穴 Rodriquez Key 东部 4km 处的全新统佛罗里达南部陆棚边缘内；球粒直径约 1mm

图版Ⅶ 中陆棚沉积环境

图版Ⅶ-1 Chihuahua 最北端 Sierra de las Palomas 的中宾夕法尼亚统发育的向上变浅沉积旋回

隐性带由含海相化石的泥质暗色灰岩组成，悬崖下部包括纺锤䗴灰岩，每个突出部分都发育颗粒灰岩至粒泥灰岩结构；突出部分最顶端往往表现为碳酸盐岩屑沉积角砾岩，其上又被下一旋回的泥质地层直接覆盖

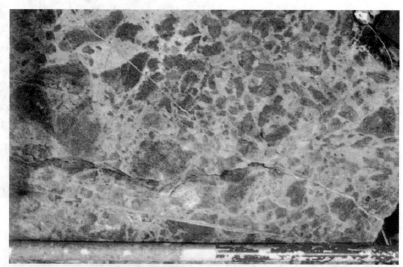

图版Ⅶ-2 暴露和局部干化造成的不规则暗色碎屑顶视图

这种表面覆盖在新墨西哥州南部中宾夕法尼亚统陆棚地层内主要向上变浅的旋回顶部的颗粒灰岩—泥粒灰岩之上

图版Ⅶ-3 陆棚灰岩中典型的变化各异且不规则的岩层厚度

奥地利 Waidring Limestone Alps 北部浅水 Koessen 盆地中的钙质粒泥灰岩与暗色页岩交互沉积；沉积水深 100m

图版Ⅶ-4 中白垩统 Cuesta del Cura 组深海石灰岩中平整的韵律层理

其中含有泥质硅质脉；墨西哥科阿韦拉州 Saltillo 以南 30km 处的 de los Chorros 峡谷；将该层理与开阔海浅水陆棚相中不规则层厚做对比

图版 Ⅶ-5 Chaumont 附近 Ville Arvonal 的 Paris 盆地东南部波特兰阶（晚侏罗世）地层近观图

由地层间碳酸盐岩和泥质含量不同的岩层发生的差异压实所形成的波形结核状层理

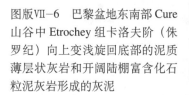

图版Ⅶ-6 巴黎盆地东南部 Cure 山谷中 Etrochey 组卡洛夫阶（侏罗纪）向上变浅旋回底部的泥质薄层状灰岩和开阔陆棚富含化石粒泥灰岩形成的灰泥

注意结核状层理和不规则的地层厚度

图版Ⅶ-7　得克萨斯州 Medina 郡 Seco Creek
白垩系 Glen Rose 组 Salenia 带含圆锥虫属粒泥
灰岩中的结核状层理

该不规则层理成因于沿着无数小溶解缝发生的压溶作
用，这些小溶解缝集中发育在纯钙质碳酸盐岩块之间
的黏土层中

图版Ⅶ-8　图版Ⅶ-7 的近视图

显示其中含有大量的圆锥虫

图版Ⅶ-9　加拿大落基山 Banff-Jasper 公路
Ice Field Chalet 上方上寒武统浅水潮下至潮间带地层
中发育的单斜状沉积纹层

图版Ⅶ-10　墨西哥 Saltillo 附近 San Lorenzo 峡
谷下白垩统 Cupido 组最上部浅水潮下至潮间带地
层中藻叠层石形成的沉积纹层

图版Ⅶ-11　蒙大拿州 Timber Creek 峡谷 Lodgepole 组（密西西比系）向上变浅旋回低部位浅水潮下带地层中发育的沉积纹层（其中包括粒序海百合层）

图版Ⅶ-12　墨西哥 Valles 东部 20km 处 Cuesta de El Abra 暴露的中白垩统 El Abra 陆棚环境中的藻叠层石纹层（上覆浅水潮下潜穴单元，上方阴影为地质锤）

礁附近鲕状灰岩

背风向

厚壳蛤斑状礁

礁前厚壳蛤粒状灰岩

图版Ⅶ-13　双壳类生物粘结灰岩补丁礁礁核上覆微斜的厚壳蛤碎屑和其他生物碎屑侧翼层；厚壳蛤沿着得克萨斯州 Bandera 郡的 Red Bluff Creek 堆积

图版Ⅶ-14　瑞士西部侏罗山脉圣叙尔皮斯附近 Le Roudel 铁路剖面的石灰丘

Dffinger 灰泥和玉螺属灰泥之间的过渡地层

图版Ⅶ-15　海百合薄层内厚 5m 的小型灰泥丘

Deadman 大峡谷东侧分支上部，新墨西哥州阿拉莫戈多附近萨克拉门托山 Lake Valley 群；密西西比系

图版Ⅶ-16　利比亚的黎波里附近奈富塞山 Tarhuna 剖面上 Ain Tobi 组的灰质沙坝（中白垩统）

图版Ⅶ-17　俄克拉何马州奥赛治郡上宾夕法尼亚统 Leavenworth 灰岩中由纺锤䗴—棘皮类动物颗粒灰岩形成的小沙坝

图版Ⅶ-18　堪萨斯州 Tyro 采石场下斯坦顿灰岩中的槽状交错层理鲕粒岩（上宾夕法尼亚统）

图版Ⅶ-19　蒙大拿州 Timber Creek 大峡谷 Lodgepole 组向上变浅旋回顶部沙坝中的鲕粒—海百合层中的槽状交错层理（中等规模）

图版VII-20 Massangis 采石场 Oolite Blanche 组大型沙坝前积层前端

前积层上方的浅色水平层为 Comblanchien 组局限海沉积地层，巴黎盆地中侏罗统卡洛夫阶旋回顶部

图版VII-21 发育在软体动物碎屑顶部的波痕

得克萨斯 Bell 郡 Edwards 灰岩 36 号公路采石场；中白垩统

图版VII-22 蒙大拿州 Timber Creek 大峡谷 Lodgepole 组向上变浅旋回下部细球粒碳酸盐岩砂中的小规模波痕交错层理

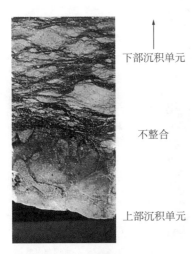

下部沉积单元

不整合

上部沉积单元

图版Ⅶ-23　卡塔尔海上 Shargi 油田一口钻井中 Thamama 群（下白垩统）内的球状、结核状或压扁构造下部的硬底和角砾岩化表面

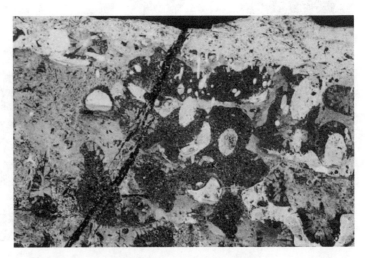

图版Ⅶ-24　奥地利 Adnet 附近 Gaissau 剖面上三叠统 Koessen 地层中珊瑚灰岩中潮下硬地的剖光片

注意岩石中的复合钻孔和表面下孔洞内的示底充填；珊瑚化石单体直径约 1cm；马尔堡大学 H. Zankl

图版Ⅶ-25　广泛发育钻孔的白垩系鲕粒硬底面顶视图

其上发育牡蛎，圆孔是石蛏属钻孔；表面发生褐铁矿化；得克萨斯州 Travis 郡 Cedar Park 白石采石场；地质锤柄长 12cm

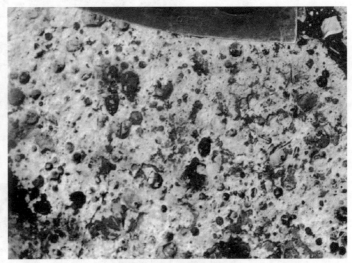

图版Ⅶ-26　法国巴黎盆地东南部侏罗系 Callovian 地层硬地上钻孔和褐铁矿化表面

注意表面上的变暗的结核

图版VII-27　摩洛哥中南部亚特拉斯高山 Siz River 山谷内侏罗系陆棚地层（里阿斯5层）泥质灰岩中的钻孔

图版VII-28　伊朗扎格罗斯 山 Tang-i-Gurguda 的 Khumi（下白垩统）灰岩顶部的潜穴控制的白云石和铁质斑点

图版VII-29　马耳他 Fomm-ir-Rih 湾抱球虫属石灰岩（中新统）中的胶结 Calianassa 类潜穴

图版Ⅶ-30　南佛罗里达、佛罗里达湾和佛罗里达群岛卫星照片

图中显示的主陆是佛罗里达的南端，湿地植被显示为红色；野外观察说明图中的浅蓝色对应极浅水（水深小于10ft）近滨至潮上带环境中的碳酸盐沉积；中等蓝色对应潮下带碳酸盐环境（深度小于20ft）；深蓝色至黑色对应佛罗里达海峡中的深海水体，其面积约占整个图示区域面积的2/3；在图中云是白色的，而其影子则是黑色的；整个照片跨度所代表的实际距离约为115mile

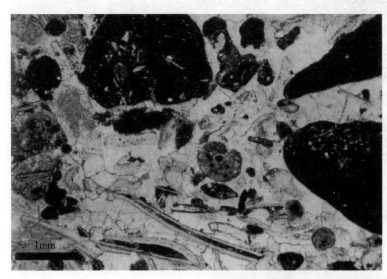

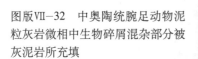

图版Ⅶ-31　下奥陶统由海百合—三叶虫—内碎屑颗粒灰岩构成的微相，发育在藻类生物礁之间的小型潮道中

得克萨斯州 Franklin 山 El Paso 灰岩样品 AGG；平面偏光

图版Ⅶ-32　中奥陶统腕足动物泥粒灰岩微相中生物碎屑混杂部分被灰泥岩所充填

宾夕法尼亚州阿巴拉契亚中部的 Salona 灰岩，6×；短线长度为2mm

图版VII-33　摩洛哥南部 Erfoud 附近补丁礁之间的上泥盆统（弗拉阶），其中含有菊石和直角鹦鹉螺（视域宽约 1m）

图版VII-34　中古生界陆棚浅水盆地微相

来自蒙大拿州东北部田纳科 Tange1 的含有海百合、腕足动物、Umbellina 碎屑的骨骼粒泥灰岩是典型的 Duperow（弗拉阶）旋回开阔海相

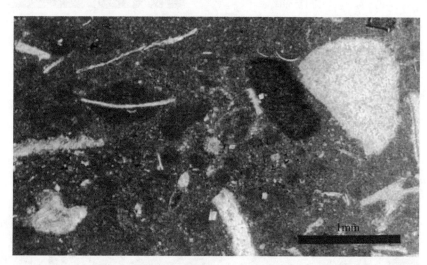

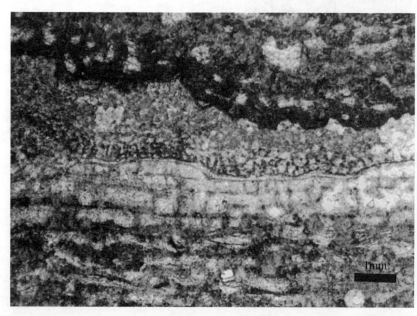

图版VII-35　来自蒙大拿州东北部 Duperow 组（弗拉阶）补丁礁的中古生界层孔虫粘结灰岩

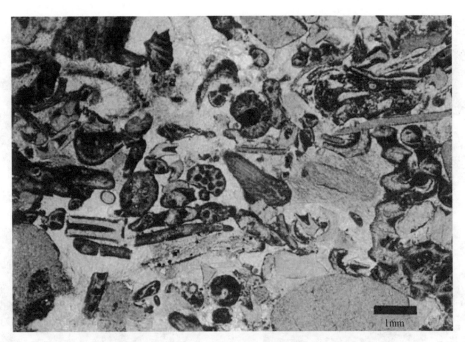

图版Ⅶ-36　Lodgepole 组（密西西比系）生物碎屑滩或沙滩内海百合—
苔藓虫颗粒灰岩

展示了围绕海百合和海蕾颗粒的微晶边缘，同时展示了磨圆的苔藓虫碎片；蒙大拿中部大雪
山 Jenks1-1 的 Timber Creek 剖面

图版Ⅶ-37　外陆棚相棘皮动物

a—富含海百合碎片和磨碎的腕足动物—苔藓虫碎片的海百合—泥粒灰岩；6×；样品来自新墨西哥州 Sacramento 山 Lake Valley
群（密西西比系）灰泥丘侧翼地层；比例尺长度 2mm；b—密苏里东南部密西西比系中的海百合—苔藓虫颗粒灰岩

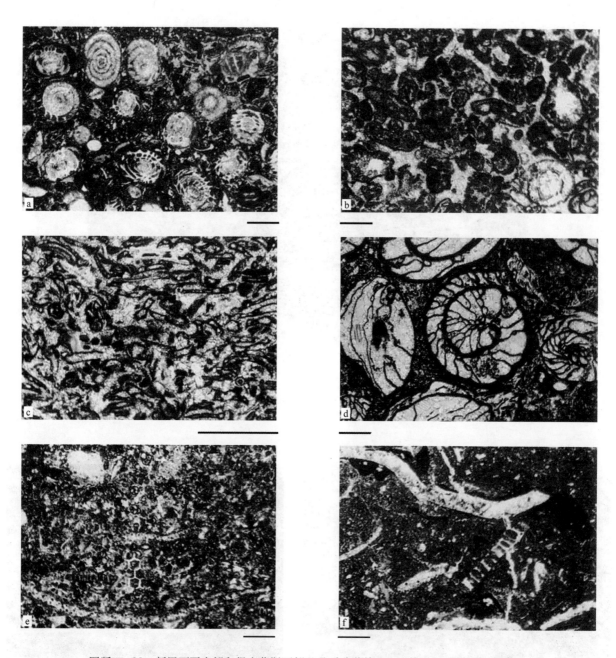

图版Ⅶ-38　新墨西哥南部和得克萨斯西部二叠系狼营统 Hueco 灰岩中的生物碎屑微相
（所有的比例尺长度为 1mm）

a—有孔虫泥粒灰岩，得克萨斯 Hueco 山（HM25），大型底栖有孔虫包括沉积在沙滩层序中的 *Staffellids*，往往发生了重结晶作用；b—有孔虫颗粒灰岩，得克萨斯 Hueco 山（HM63），有孔虫包括 *Cornuspirid*、*Staffellids* 和其他的底栖种属；c—管状有孔虫颗粒灰岩，新墨西哥圣安德鲁斯山脉（SA13），在生物礁之上形成了一套盖层；d—纺锤鑝泥粒灰岩，新墨西哥 Jarilla 山脉，注意压实作用——变形的和压碎的纺锤鑝；e—藻片—有孔虫泥粒灰岩／颗粒灰岩，得克萨斯 Hueco 山脉（HM73），藻类包括上乳孔藻属，一种极浅水指示；f—藻片—管壳石粒泥灰岩，得克萨斯富兰克林山脉（FM89），管壳石（暗褐色）位于视域左上方，在重结晶的绿藻片周围形成包壳，通常情况下，管壳石表现为一种碎屑颗粒（位于左下方比例尺附近），与先前的结壳表面分开

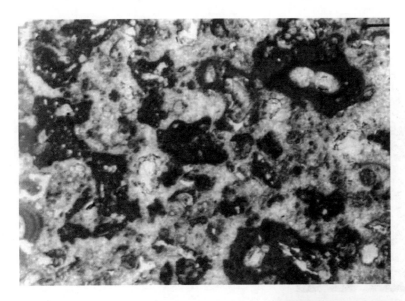

图版Ⅶ-39　管壳石结壳生物

8×，下二叠统 Shell Lusk 1 号，10626ft，Townsend 礁带

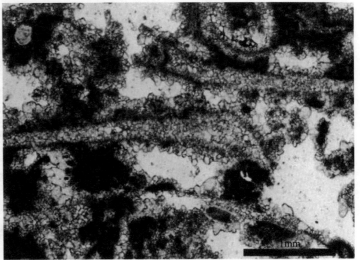

图版Ⅶ-40　淋滤藻片颗粒灰岩

显示了 San Juan 河沿线中宾夕法尼亚统（狄莫阶）礁中的海松藻；注意发育在藻片之间和之内的孔隙；样品 SJ-128-8

图版Ⅶ-41　Big Hatchet 山脉 Horquilla 组上宾夕法尼亚统露头中的硅化海松藻，其中富含大量的此类聚集

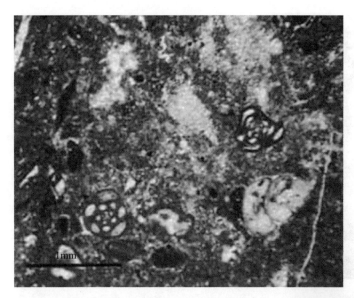

图版Ⅶ-42　下白垩统粒泥灰岩微相粟孔虫有孔虫、棘皮动物和软体动物碎屑

25×；墨西哥蒙特雷北部 Potrero de Garcia 的中 Cupido 组；PG-Ⅳ-32

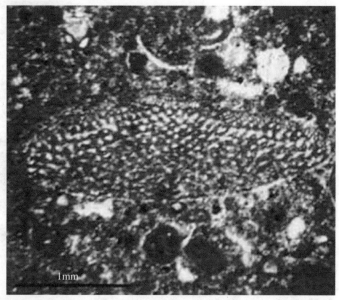

图版Ⅶ-43　下白垩统粒泥灰岩微相

其中含有球粒和小圆片虫，32×；墨西哥蒙特雷北部 Potrero de Garcia 的上 Cupido 组；PG-Ⅴ-6

图版Ⅶ-44　下白垩统粒泥灰岩微相

牡蛎生物，9×；墨西哥蒙特雷北部 Potrero de Garcia Cupido 组最上部；PG-Ⅵ-5

图版Ⅶ-45 三叠系最上部的伟齿蛤
双壳类生物层（Brauneck、巴伐利
亚、阿尔卑斯灰岩北部的瑞替阶）

图版Ⅶ-46 摩洛哥 Siz 河
谷侏罗系陆棚灰岩（Lias3）
中的双壳类生物层

图版Ⅶ-47 分枝指状珊瑚生物层
摩洛哥 Siz 河谷之上塔礁之下的中侏罗
统底部

图版Ⅶ-48　厚壳蛤双壳类生物层（Ichthyosarcolites 层）

利比亚的黎波里附近 Nefusa 山 Tarhuna 剖面 Ain Tobi 组（中白垩统）中部

图版Ⅶ-49　骨骼粒泥灰岩

a—典型的古近—新近系生物碎屑粒泥灰岩，其中含有大型底栖有孔虫；印度尼西亚大陆石油公司 No.1 Rubah，4135ft；自然大小；b—Mokattam 组（中始新统）中陆棚相有孔虫泥粒灰岩；样品采自位于开罗的采石场，曾被用于建筑金字塔；较大的有孔虫呈微球形，较小的个体则呈大球形外壳

图版Ⅶ-50　渐新统含有苔藓虫和 4～6cm 宽红藻群的浅水潮下陆棚沉积

马耳他 Blue Grotto 珊瑚灰岩下部

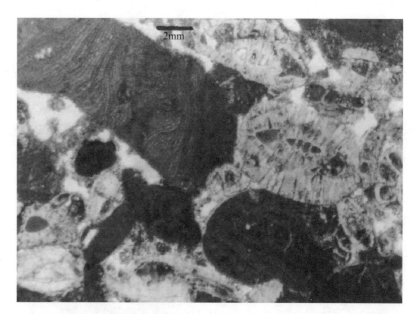

图版Ⅶ-51　陆棚沙滩相颗粒灰岩
内的红藻和大型有孔虫碎片

6×，马耳他珊瑚灰岩下部

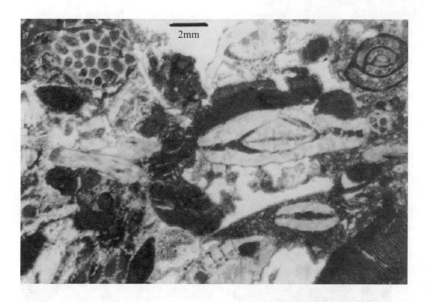

图版Ⅶ-52　陆棚相大型有孔虫、
苔藓虫、粟孔虫泥粒灰岩

6×，马耳他珊瑚灰岩下部

图版Ⅶ-53　得克萨斯麦地那郡
Seco Creek 沿线白垩系阿尔必阶
Glen Rose 灰岩中部的剖面

海进—海退层序包括四套次级岩性单
元：1、2内陆棚波纹颗粒灰岩上的藻
叠层石；3中陆棚结核层理、富含化
石、正常海水生物碎屑粒泥灰岩和钙
质页岩；4内陆棚蓝蛤层和黏土，陆棚
内部的溶解和垮塌带

图版Ⅷ 礁 环 境

图版Ⅷ-1 伯利兹陆架上 5m 水深内生长的大量珊瑚补丁礁

黑褐色区域为活的礁体，浅黄色区域为骨架砂体；礁后地区为被海龟草占据的泥质碳酸盐岩砂体；在左下角的两个礁约 30m 长

图版Ⅷ-2 伯利兹陆架上发育的菱形台地礁体

前台长约 6km；这个结构在水中超过 30m 深，陡角超过 30°，发育大量珊瑚；浅侧可以是其他礁体的裙带，也可以是枝状珊瑚和藻的生活集群，中心部位为泥化的骨架砂体

图版Ⅷ-3 Eniwetok 潟湖里的 5cm 卡车轮台上珊瑚（Acropora）已经占据并开始生长

这个轮台在这个地方至少 20 年了；照片由 R.Slater 和 J.Warme 提供

图版Ⅷ-4　巴哈马滩上 Goulding 砂礁附近一个小补丁礁顶部生长的礁丘

展示了一个多样化的珊瑚生物群落，包括 *Diploria*（直径大约 1m 的大型礁丘），部分星射珊瑚（左边和右边的黄色珊瑚），部分 *porite*（中心部位的白色枝状珊瑚）和 *acropora palmata*（顶部左侧）；顶部左侧的黑色枝状生物是八射珊瑚，它们没有骨架，只是在软组织里面镶嵌着小型钙质骨针

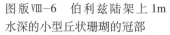

图版Ⅷ-5　巴哈马地区安德罗斯岛上一个补丁礁的顶部特征

小型的不规则生长的 *Porites astreoides* 是主要占据者；白色区域为被珊瑚藻结壳的死珊瑚，而浅部的黑色地区为礁内的洞穴网络

图版Ⅷ-6　伯利兹陆架上 1m 水深的小型丘状珊瑚的冠部

大型多叶结构的占据者是 *Montastraea annularis*，而浅部小型指状寄居者为 *Porites*；珊瑚之间的绿色区域为破碎的、盘状的钙质藻类发育带；照片来自 P.Scholle

图版Ⅷ-7　伯利兹陆架上低凸起的点礁形成的墙状边界

2m 深的水道，骨架被冲蚀，后由大量的多裂片的 *Montastraea annularis* 粘结而成；照片来着 P.Scholle

图版Ⅷ-8　伯利兹坝礁平静天气的情景（据 James，1979）

礁冠是一条黑色的线从右上随着水深向左下延伸；礁冠后面为水面 1～2km 骨架砂体（包括珊瑚碎屑带）；通过坝体（右上）20m 水深左右，在陆架后面可以看到众多的补丁礁（左上）

图版Ⅷ-9　佛罗里达州沙礁附近的沟槽特征

礁坪在顶部和底部深水中；单独的 spurs 为 5～10m；照片由 E.A.Shinn 提供

图版Ⅷ-10 Belize 陆架上分枝
生长的 *Acropora palmata*

单个分枝直径大约20cm；照片由
P.Scholle

图版Ⅷ-11 发现湾礁前两个礁体之
间的过渡带

右边浅水带被 *Acropora palmata* 占据，左
边大约 7m 或更深的水体展示多种珊瑚的
发育；周围发育的珊瑚主要为前台区发育
的 *Montastraea annularis*

图版 Ⅷ-12 佛罗里达州
Carysfort 礁后面礁冠背风面发育
丰富的珊瑚生长群落

2 ~ 3m 水深；三个最明显的珊瑚是
Acropora palmata（大型分枝结构）、
Acropora cervicornis（细小分枝结构）
以及 *Montastraea annulari*（大型多叶
结构）

图版Ⅷ-13　在发现湾向海侧珊瑚生长区45m深水边界主要是 *Acropora cervicornis* 的生长

这里的珊瑚刺比浅水的更长更细；浅蓝色是由于低可见光吸收造成的，而深蓝色是水体的颜色造成的

图版Ⅷ-14　发现湾55m发育大型的 *Montastraea annularis* 与大量叠加的盘状珊瑚生长（顶部锤子标志尺寸）

图版Ⅷ-15　发现湾55m深部发育的碟状 *Montastraea annularis* 群体生长的边界

左侧生长的是八射珊瑚；潜水者为标尺

图版Ⅷ-16 在 Eniwetok Atoll
潟湖中 4m 水深处发育的长约
1m 左右的 *Acropora cervicornis*
短颈珊瑚

图版Ⅷ-17 在佛罗里达礁体
向海方向 7m 水深发育的礁体
近距离观察

刃状发育带是 *Millepora* 水螅
虫，之间的是分散发育的 *Porites
astreoides* 生长群落；黑色的，
刺状生长的生物是海胆 *Diadema
antillarum*，持续发育在礁体表面
啃食藻类，侵蚀珊瑚；白色区域为
被珊瑚藻覆盖的礁石

图版Ⅷ-18 墨西哥湾花园坝
附近 20m 水深处发育的巨大
的单体 *Montastraea annularis*
（照片由 E.A.Shinn）

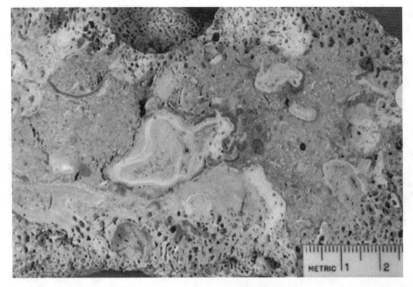

图版Ⅷ-19　伯利兹 Glovers Atoll 海湾东部向海方向 2m 水深内浅水珊瑚的薄片

岩石爆孔 millepora 水螅虫的枝状结构（中心），被红色有孔虫 Homotrema rubrum 包壳；枝状之间的沉积是水下胶结的骨架砾石；边缘的胴体被钻孔海绵钻洞，洞穴切割骨架体和胶结沉积物

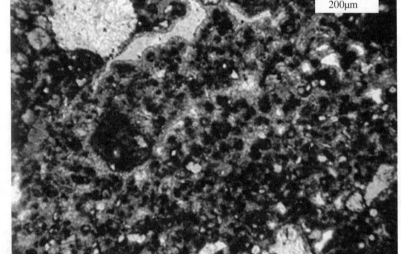

图版Ⅷ-20　伯利兹礁体亮晶胶结灰岩的偏振片

这个切片以黄色为主，所有的文石结构为白色，所有的镁方解石结构为红色或粉红色；岩石为夹杂珊瑚砂屑（文石的，左侧）的泥粒灰岩，并以细砂或泥质球粒结构为基质充填物；球粒为镁方解石微晶，周围的胶结球粒为镁方解石微晶或刃状亮晶

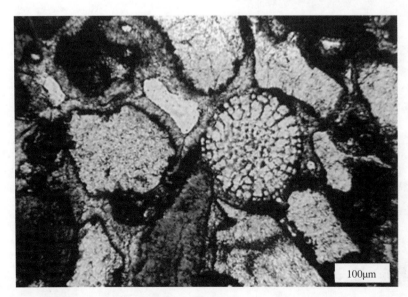

图版Ⅷ-21　偏振片（保留着粒状灰岩的黄色）

棱角的文石颗粒是珊瑚，镁方解石颗粒是分枝的珊瑚藻、有孔虫和海胆类颗粒；胶结物是等厚的镁方解石刃状充填

图版Ⅷ-22　伯利兹坝礁的礁墙灰岩
样本（约 130000a）

在样本中有一个洞穴（墙的右上和左上）
几乎完全被葡萄文石的球状体充填；在
中心保留的孔洞带有薄层文石沉积

图版Ⅷ-23　伯利兹礁墙灰岩的剖光
面（约 9000a）

剖光面的底部珊瑚被双壳类钻孔，钻孔被
复杂的海洋沉积物和胶结物充填；剖面保
持着黄色、白色或亮灰色的是文石，镁方
解石成分是红色或粉色；洞穴部分被细粒
的示顶底沉积充填，它们部分被文石胶结，
部分被镁方解石胶结；洞穴顶部的空洞包
括第一世代的葡萄文石胶结和第二世代纤
状镁方解石胶结

图版Ⅷ-24　伯利兹坝礁的珊瑚砾岩碎
片，在礁冠背后胶结形成砾石滩

石灰岩中的珊瑚少于 500a

图版Ⅷ-25　伯利兹坝礁墙体的礁石样本（约9000a）

珊瑚是 *Montastraea Cavernosa* 为主而底部沉积是盘状生长藻类—富粒泥灰岩；大量的洞穴为遮蔽孔

图版Ⅷ-26　伯利兹坝礁墙体的礁石样本礁体灰岩（约13000a）

这种藻盘浮石—砾灰岩出现在大型珊瑚群体之间，是有大量 Halimeda 盘状（白色）生物形成的遮蔽孔和骨架泥粒孔—粒泥孔

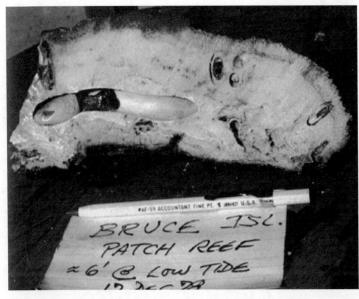

图版Ⅷ-27　来自于 Eniwetok Atoll 补丁礁的样本（照片来自 J.Warme）

在珊瑚体的剖开体上发现几个双壳类钻孔，水平方向上的几个样本，还保存着活体的 *Gastrochaena* sp. 软体动物

图版Ⅷ-28　巴哈马 Goulding 湾 2m
水深小型补丁礁中心部位俯视图

在半球状珊瑚底部是强烈被钻孔,用手
不太费力就能折断它

图版Ⅷ-29　伯利兹坝礁上一个小
岛的海岸

整个被珊瑚碎片覆盖,正是由于海岸
方向潮流和波浪的侵蚀造成的

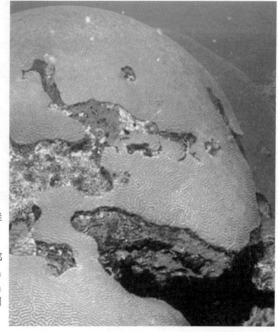

图版Ⅷ-30　Diploria 的大型珊瑚群
体（直径 1.5m 左右）

有几个部位已经被伤害和死亡了；这些部
位都被钻孔海绵（亮橘黄色组织）损坏；
阴影部分是珊瑚遮蔽的小型洞穴的通道；
这个图片来自于墨西哥湾 20m 水下花园
坝群体；照片来自 E.A.Shinn

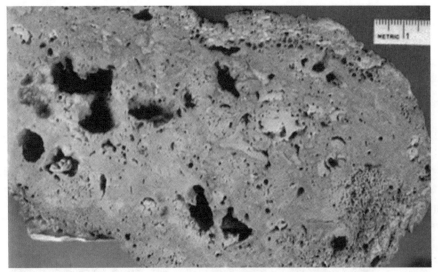

图版Ⅷ-31 伯利兹坝礁礁墙灰岩的剖光面

这个原生体为 *Montastraea Annularis* 珊瑚，并且建立了几个世代的胶结充填，岩化并被海绵钻孔；原始的珊瑚骨架在中心部位可以被发现；在这个样本中有几个不同类型的细粒充填（亮棕色和暗棕色），也有不同类型的海绵钻孔（右下的小洞，顶部的中等尺寸钻孔，中心部位大型不规则孔洞）；海绵钻孔沉积充填和早成岩多次出现完全使珊瑚转化为骨架泥粒岩

图版Ⅷ-32 这个剖光面珊瑚的部分被取代

这个剖面依然保持黄色，所有的文石是白色的，所有的镁方解石成分是红色或粉色的。珊瑚孔隙部分被文石、镁方解石、沉积物或三种共同充填；中心部位不规则洞穴是被海绵（*Siphonodictyon*）钻孔而成的，而部分被细粒泥灰岩充填，大多数被镁方解石所胶结

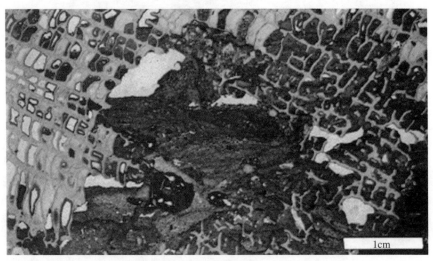

图版Ⅷ-33 百慕大环状藻杯珊瑚体的理想素描图（据 Ginsburg, Schroeder 和 Shinn, 1971 修改，由 Jonhns Hopkins 出版社授权）

顶部在低潮期会发生暴露，周围珊瑚底床的深度是 3～8m，珊瑚体直径 10～30m，中心在高水位期 2～3m 水深部位

图版Ⅷ-34 百慕大南部海岸区域
鸟瞰图（照片来自 R.N.Ginsburg）

在底部前台上发育大量的藻杯岸线礁
体；每个杯状礁体有一个凸起的边缘
和相对较深的中间部位；平台扩展到
岸边也是被相似的上翘唇体镶边

图版Ⅷ-35 百慕大台地北部边
缘附近一个独立杯状礁体的边缘
在春天低潮期暴露出来（照片由
R.N.Ginsburg 提供）

这个杯礁高出水面 8 ～ 10m，边缘为
间歇生长的珊瑚藻和腹足动物体

图版Ⅷ-36 破浪带一个杯状
礁体边缘的水下图片（照片来
自 R.N.Ginsburg）

礁体总体上没有珊瑚发育的痕迹，
表现为裸露的岩石

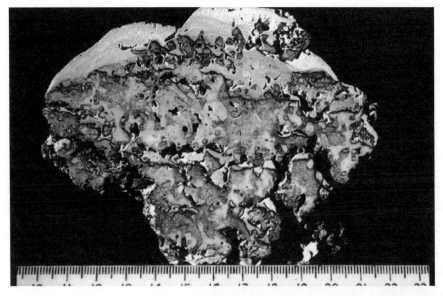

图版Ⅷ-37 珊瑚藻和水螅类（被有孔虫钻孔，红色）混合生长的杯状石灰岩切片（照片来自 R.N.Ginsburg）

这些孔洞被胶结的骨架砂体（棕色）充填，边缘被锰胶结（黑线）；保留的洞穴在细砂岩胶结的最后阶段被充填

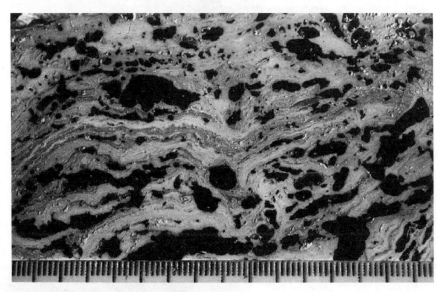

图版Ⅷ-38 一个藻杯珊瑚石灰岩的切片抛光面

一系列的珊瑚藻（白层）中间有很多孔洞（黑色区域）没有被胶结；比例尺为厘米；照片来自 R.N.Ginsburg

图版Ⅷ-39 佛罗里达州Rodriguez堡礁（照片由 Shinn 提供）

显示了由泥质骨架沉积组成的浅岸，被枝状珊瑚和钙藻镶边，顶部覆盖着红树林；堤坝长 2.5km，位于佛罗里达浅水礁体的内部；位于珊瑚礁向海一侧，更新统石灰岩的边部

图版Ⅷ—40　Rodriguez 珊瑚礁岸向海方向穿过枝状珊瑚（*Porites porites*）和钙质藻类（*Halimeda* 和 *Goniolithon*）的核部（照片由 R.N.Ginsburg 提供）

珊瑚核部的右面是破碎的 *Porites porites* 珊瑚的碎片，白色部分是死的，上部黄色部分是活的；右侧比例尺单位是英寸，左侧是岩心

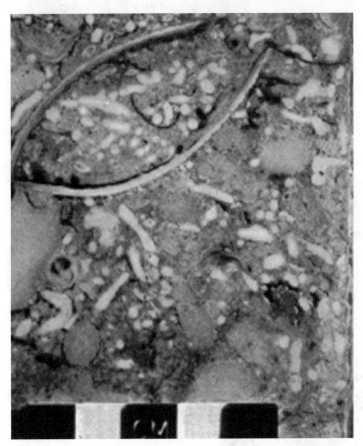
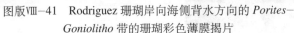

图版Ⅷ—41　Rodriguez 珊瑚岸向海侧背水方向的 *Porites-Goniolitho* 带的珊瑚彩色薄膜揭片

珊瑚主要是 *Porites porites*，白色杆状的为枝状珊瑚藻 *Goniolithon*，之间为双壳类壳体。小型腹足类和碟状 *Halimeda* 水藻。沉积物主要归为带有骨架泥粒灰岩和粒泥灰岩的珊瑚—珊瑚藻砾屑岩

图版Ⅷ—42　Rodriguez 珊瑚岸向海方向边缘的彩色薄膜揭片

枝状珊瑚为 *Porites porites*，以及大量的碟状藻骨架，主要来自于绿藻 *Halimeda*；这种沉积被归类为珊瑚—碟状藻浮石—砾屑灰岩，基质胶结为泥质灰岩胶结物

图版Ⅷ-43　佛罗里达湾鸟瞰图

弯曲的是线性泥质堤滩，其顶部偶尔发育有红树林的小岛；滩间海水覆盖的区域 3～4m 深，前部长度大约 2km 长左右；离岸方向白色区域为细粒沉积物被卷起造成的

图版Ⅷ-44　来自于泥滩的一个岩心剖面（水平缝为人工缝）

沉积物主要为灰白色灰质泥岩—粒泥灰岩，偶尔带有介壳和个体腹足生物；线性棕色的管状体为海草 Thalassia，这些水草通常生活在堤坝的顶部；比例尺为厘米级

图版Ⅷ-45　澳大利亚西部鲨鱼湾 Hamelin Pool 潮间带密集发育的束状生长的叠层石（照片来自 P. Playford）

图版Ⅷ-46 澳大利亚西部鲨鱼湾 Hamelin 水塘潮间带柱状藻叠层石剖面（照片来自 J.L.Wray）

图版Ⅷ-47 澳大利亚西部鲨鱼湾 Hamelin 水塘底部 3m 簇状生长的叠层石（照片由 P.Playford 提供）

柱状体周围底部的"胡须"大多数是 *Acetabularia* 钙藻，波浪砂体主要是鲕粒

图版Ⅷ-48 20m 厚的生物礁丘，礁后潮间带环境发育的叠层石露头照片（照片来自 P. Hoffman）

加拿大西北地区东 Arm Great Slave 湖古元古界 Wildbread 组

图版Ⅷ-49 高暴露柱状叠层石生物礁
丘野外露头（照片来自 P. Hoffman）

柱体间充填内碎屑；加拿大西北大陆东
Arm Great Slave 湖古元古界 Wildbread 组

图版Ⅷ-50 大型生物礁之间过潮道的
柱状叠层石小型礁丘（3m 宽）的侧翼
照片（照片来自 P. Hoffman）

毗邻礁丘的沉积物是纹层状的内碎屑砾石
（比例尺是 10ft 左右）；加拿大西北地区东
Arm Great Slave 湖古元古界 Taltheilei 组

图版Ⅷ-51 大型叠层石礁丘侧向边界
（宽 2m，高 15m，但是暴露层小于 2m）

礁丘是长的、垂直于沉积剖面的是柱状体；
加拿大西北地区东 Arm Great Slave 湖古元古
界 Taltheilei 组；照片来自 P. Hoffman

图版Ⅷ-52　20m 厚波状礁丘发育的长形柱状叠层石的层状表面（照片来自 P. Hoffman）

向海方向阶梯状发育几千米的为孤立或相互连通的礁丘；加拿大西北地区东 Arm Great Slave 湖古元古界 Taltheilei 组

图版Ⅷ-53　斜坡韵律层深水叠层石的礁丘露头照片（照片来自 P. Hoffman）

混合有棕色陆相泥灰岩；顶部右侧铅笔 10cm；加拿大西北地区东 Arm Great Slave 湖古元古界 Mclean 组

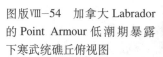

图版Ⅷ-54　加拿大 Labrador 的 Point Armour 低潮期暴露下寒武统礁丘俯视图

丘状礁丘（中心），主要由古杯动物组成，直径为 8m 左右；周围发育礁间灰岩和泥岩

图版Ⅷ-55　加拿大 Labrador 的 Bellelsle 海峡沿悬崖暴露的下寒武统礁丘

礁丘的白色瘤状物为古杯动物

图版Ⅷ-56　加拿大 Labrador 的 Bellelsle 海峡沿悬崖暴露的下寒武统礁丘边缘

右侧不规则的瘤状灰岩是礁混合体，左边成层的是礁砂砾灰岩并混有骨架碎屑；这些层快速与礁间泥和左侧瘤状灰岩混合

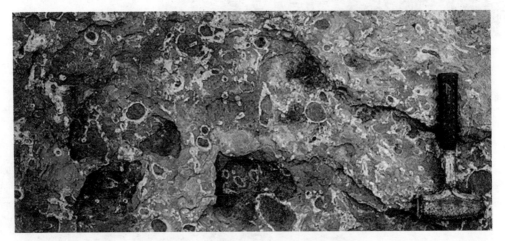

图版Ⅷ-57　南 Labrador 的古杯状礁丘的表面

这个平面显示了杯状都在右上部位；这些古杯状障积岩骨架间沉积的是骨架泥粒岩

图版Ⅷ-58　加拿大纽芬兰西部底部开拓
阶段的古杯状礁丘的层状古杯近照

图版Ⅷ-59　南 Labrador 下寒武统古
杯浮石／障积岩抛光片

白色骨架是古杯，白色斑点 *Renalcis* 和黑
红沉积骨架泥粒岩至粒泥岩；在右下部是
示顶底沉积的洞穴；比例尺是厘米级

图版Ⅷ-60　南 Labrador 下寒武统一个
礁丘上部分被充填洞穴的近景观察

顶部发育的簇状 *Renalcis* 并且被纤状钙质胶
结的葡萄石状；底部的示顶底沉积是层间胶
结，一些已经埋藏的葡萄状结构（右中）；
比例尺是厘米级

图版Ⅷ-61　南 Labrador 下寒武统一个礁丘上半部分被充填洞穴的近景观察

黑色点为管状钻孔（*Trpanites*），中间充填了陆源泥质以及白云岩；骨架和杂质都被充填显示出沉积物已经岩化；比例尺是厘米级

图版Ⅷ-62　南 Labrador 小型下寒武统礁丘周围的钙质骨架层状沉积

岩石是棘皮动物、三叶虫砾屑—砂屑组成。棘皮粒屑是沉积物中的白色碎屑；比例尺是厘米级

图版Ⅷ-63　加拿大纽芬兰西部中寒武统 March Point 组藻礁丘（包含叠层石藻）

图版Ⅷ-64 西犹他州中寒武统 Wheeler 泥岩中小型藻礁丘的顶部（结构是由叠层石藻构成）

图版Ⅷ-65 纽芬兰西部上寒武统一系列藻礁丘上发育的单独藻头部

这个头部是假孔雀石（Aitken，1967），因为它是不成层的，成团块状

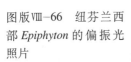

图版Ⅷ-66 纽芬兰西部 *Epiphyton* 的偏振光照片

示顶底沉积，上寒武统粘结岩胶结物；簇状生长的枝状 *Epiphyton* 经常是 *Girvanella* 层状结构构成；比例尺为 1cm

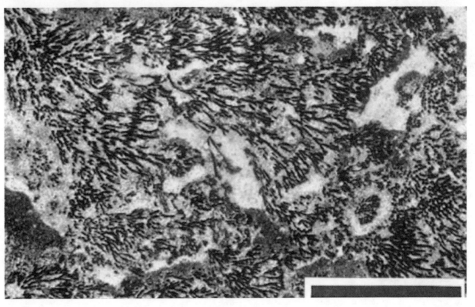

图版Ⅷ-67 得克萨斯州西部 EI PASO Franklin 山区南部下奥陶统 Mckelligan Canyon 组底部的礁丘（称为 Lechuguilla 丘）

这个结构约 15m 宽，含海绵藻（*Archaeoscyphia*），托盘藻（*Calathium*）以及结壳的腔肠动物 *Pulchrilamina*；图片由 D.Toomey 提供

图版Ⅷ-68 *Pulchrilamina Spinosa* 的野外露头照片

下奥陶统泥丘，主要生物组成之一；图片由 D.Toomey 提供

图版Ⅷ-69 得克萨斯州西部下奥陶统礁丘托盘类硅质样本露头照片

硬币直径是 2.4cm；图片由 D.Toomey 提供

图版Ⅷ-70 得克萨斯州西部下奥陶统礁丘体之一的石化海绵 *Archaeoscyphia* 和 *Pulchrilamina spinosa* 露头照片

硬币直径是 2.4cm；图片由 D.Toomey 提供

图版Ⅷ-71 中奥陶统的（Whiterock 阶）大型礁丘体

高 80m，长 300m；内华达州南部 Meiklejohn 峰 Antelope Valley 灰岩；这个结构中几乎没有骨架生物，主要由层孔虫和麻点灰泥岩组成

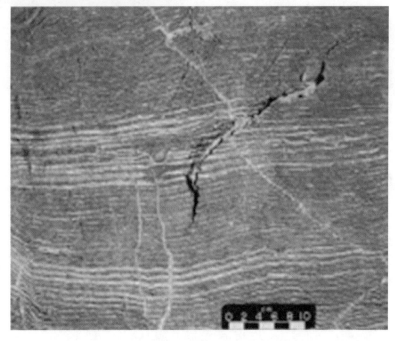

图版Ⅷ-72 Meiklejohn 礁丘下三分之一部分的野外露头照片

主要由灰质泥岩与方解石胶结形成的斑马状灰岩构成

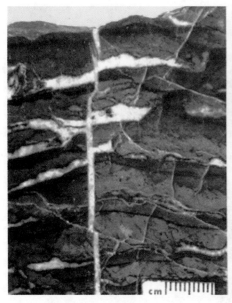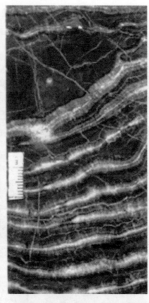

图版Ⅷ-73 斑马状灰岩的两个抛光片
（照片由 R.J.Ross 提供）

显示的内容为暗灰白—棕色灰质泥岩，洞穴充填灰白—绿色示顶底沉积以及两期发射状方解石胶结，分别是暗棕色和白色

图版Ⅷ-74 田纳西州 Deane Quarry 中奥陶统（Chazy 阶）Holston 组发育的小型礁丘（中间受气候作用影响的块状灰岩）

礁丘整体上是由苔藓虫构成的，周边的块状胶结（被钻孔切过）则主要为棘皮动物；中间的地质锤是比例尺

图版Ⅷ-75 来自于 Deane Quarry（图版Ⅷ-74）小型礁丘的表面露头

在红色的灰质泥岩中显示了丰富的苔藓虫骨架（白色）

图版Ⅷ-76 魁北克省 Montreal 附近 Laval 组（Chazy 阶）大量层状苔藓虫（*Batostoma*）叠加形成的小型礁丘体

图版Ⅷ-77 纽芬兰西部中奥陶统（黑河阶）Lourdes 灰岩中发育的小型珊瑚礁丘体

图版Ⅷ-78 纽芬兰西部中奥陶统（黑河阶）Lourdes 灰岩中一个礁丘的内部结构

格架灰岩主要由大型珊瑚（*Labyrinthites*）构成，有时候具有叠层石（*Labechia*）结壳（像中央部位所示）；珊瑚和叠层石之间为骨架灰粒岩—砾屑灰岩；比例尺为厘米级

图版Ⅷ-79 瑞典哥兰特岛 Visby 泥岩上部发育的志留系（早文洛克世）礁丘中由珊瑚和叠层石构成的 2m 高的沉积组合（照片来自 P. Copper）

图版Ⅷ-80 加拿大落基山脉 Flathead 山上泥盆统 Southesk 组 Peechee 段发育的云化礁丘（R）（照片来自 B.Pratt）

图版Ⅷ-81 加拿大落基山脉（NW）上泥盆统 Miette 礁体边缘（照片来自 E. W. Mountjoy）

礁体复合体由①基础的台地碳酸盐岩，Flume 组；上覆②礁体边缘块状亮色白云岩，Cairn 组；其上覆盖着③盆地 Perdrix 组泥岩

图版Ⅷ-82 澳大利亚西部坎宁盆地 Winjana 大峡谷和 Napier 山礁体复合体的区域面貌（照片来自 P.Playford）

顶部左上为全盆地充满的软泥，覆盖的礁体复合体被侵蚀搬运，因此碳酸盐岩被暴露出来

图版Ⅷ-83 Winjana 大峡谷的一面（照片来自 P. Playford）

从右向左：水平的层状礁后和礁坪层序；块状的礁体边缘；陡峭的礁前高角度沉积；澳大利亚西部坎宁盆统 Napier 山礁丘复合体

图版Ⅷ-84 澳大利亚西部坎宁盆地 Bugle 峡谷 Najee 塌落区上泥盆统礁体边缘（照片来自 P. Playford）

块状礁前灰岩（左侧）与礁前层状地层指状交叉（右边）

图版Ⅷ-85　加拿大南部的落基山脉 Front 山的 Burnt Timber 发育的小于150m厚云化的上泥盆统碳酸盐岩台地边缘（Fairholme 组），盆地泥岩和石灰岩（Mount Hawk 组）由陡峭向指状的过渡（照片来自 I.A.McIlreath 和 G.E.Tebbutt）

图版Ⅷ-86　西北大陆 Banks 岛上泥盆统 Weatherall 组 Mercy Bay 段礁丘岩心上的群体珊瑚（*Syringopora*）的生长位置，周围以团块状的 *Alveolites* 和层状的叠层石为主

图版Ⅷ-87　加拿大落基山脉 Jasper 国家公园 Slide 峰上泥盆统 Cairn 组大型礁丘单元发育的块状叠层石和叠层石砾岩

图版Ⅷ-88 加拿大西北大陆 Ellesmere 岛上泥盆统 Blue Fiord 组小型礁丘上叠层石（黑灰色）结壳的珊瑚（白色）近景照片

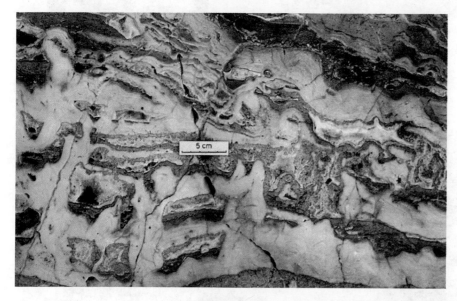

图版Ⅷ-89 澳大利亚西部坎宁盆地 Winjana 大峡谷上泥盆统礁坪相沉积（照片来自 P. Playford）

由 *Actinostroma* 层孔虫、藻类? *Renalcis*（斑点状）和层状内部沉积组成

图版 Ⅷ-90 Quebec 的 Gaspe 的志留系礁体上的薄片状层孔虫格架岩露头照片

地质锤作为比例尺；照片来自 P.Bourque

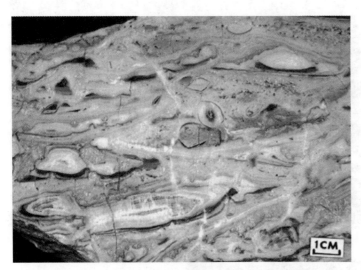

图版Ⅷ-91　上泥盆统 Lloyd Hill 平台环礁—宝塔礁上的礁
灰岩（照片来自 P.Playford）

主要由层状层孔虫、藻类（？）*Renalcis*（斑点状）和大型被纤状方
解石充填的洞穴系统组成

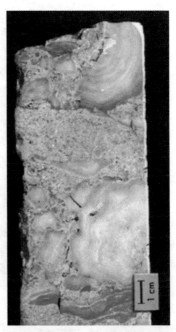

图版Ⅷ-92　加拿大艾伯塔盆地上泥
盆统洪水礁复合体的礁相抛光薄片
（照片来自 J.L.Wray）

岩石是块状的和骨骼泥粒灰岩形成的格架；
S.W.D.W.no. 5，深度 3689ft

图版Ⅷ-93　礁坪相上骨骼砾屑灰岩—粒屑
灰岩中的层状叠层石（照片来自 R.A.Walls
和 E.W.Mountjoy）

艾伯塔盆地金钉礁复合体，上泥盆统 Leduc
组 10-27-51-27w4

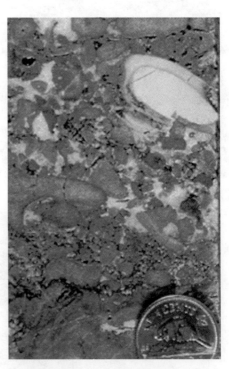

图版Ⅷ-94　礁体中的叠层石砾岩
（照片来自 R.A.Walls）

颗粒之间的孔隙被胶结物充填；艾伯塔 Beaverhill
Lake 组 Swan hills 礁 体 复 合 体（10-15-67-
10W5），深度 7959ft；粒间孔隙被胶结物充填；硬
币直径 2.1cm

图版Ⅷ-95 礁相中多孔隙白云化的骨架砂体
（照片来自 R.A.Walls）

艾伯塔盆地 West Pembina 油田上泥盆统 Nisku 组（6-25-50-10W5），8488ft；硬币直径 2.5cm

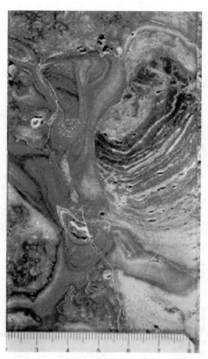

图版Ⅷ-96 礁相中的叠层石砾屑岩
（照片来自 R.A.Walls）

孔隙被放射状的方解石胶结和随后的层状沉积物所充填；艾伯塔彩虹油田中泥盆统 Keg River 组（2-27-108-9W6），6529ft

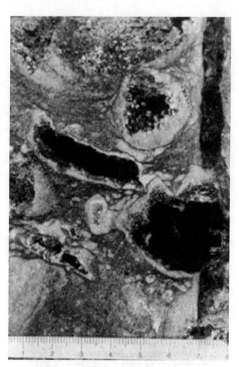

图版Ⅷ-97 礁相中的叠层石砾屑岩
（照片来自 R.A.Walls）

整块岩石白云化，叠层石被淋滤产生非常好的铸模孔；艾伯塔 Kabob South 油田上泥盆统 Beaverhill Lake 组（1-11-59-18W5），10069ft

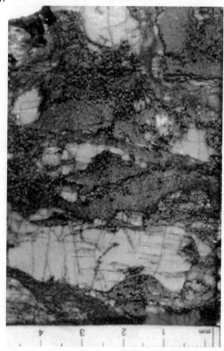

图版Ⅷ-98 礁相中块体叠层石和白云化的基质
（照片来自 R.A.Walls）

艾伯塔 Strachan 油田上泥盆统 Leduc 组（10-31-37-9W5），13572ft

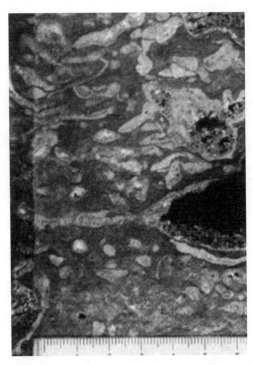

图版Ⅷ-99 泥质杂基和铸模孔发育的白云化和多孔棒
状层孔虫（Stachyoides）浮石（照片来自 R.A.Walls）

南 Kabob 油田上泥盆统 Beaverhill Lake 组（1−11−59−18w5）；
10945ft

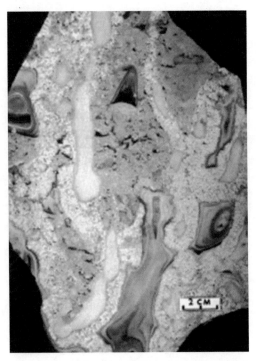

图版Ⅷ-100 叠层石 Stachyoldes（白色）、藻类（？）
Renalcis（斑状），骨骼颗粒灰岩和成层的纤状方解石
胶结与片状灰泥充填的洞穴共同构成的礁灰岩
（礁坪相）抛光片（照片来自 P.Playford）

澳大利亚西部坎宁盆地上泥盆统

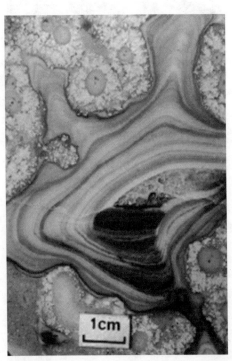

图版Ⅷ-101 Stachyoids（白色）−Renalcis（斑状）礁
格架灰岩抛光片（照片来自 P.Playford）

带有大型洞穴，其中被带状的纤状胶结物和红色板状泥所充
填，里面被示顶底沉积和最后的等边胶结所充填；澳大利亚
西部坎宁盆地上泥盆统

图版Ⅷ-102 珊瑚障积岩（Disphyllum）、白云岩化和
良好的铸模孔（照片来自 R.A.Walls）

艾伯塔盆地 West Pembina 上泥盆统 Nisku 组（6−25−50−
10W5），8520ft；硬币直径 2.5cm

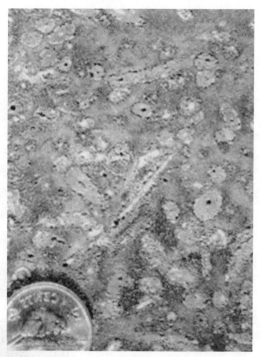

图版 VIII−103　礁后相发育的 *Amphipora*（叠层石）粒泥灰岩抛光片（照片来自 R.A.Walls）

艾伯塔 Swan 丘陵上泥盆统 Beaverhill Lake 组，7980ft；硬币直径 2.1cm

图版 VIII−104　大型枝状群体珊瑚构成的礁丘露头照片（照片来自 P.Bourque）

魁北克省加斯珀志留系 West Point 组；地质锤作为比例尺

图版 VIII−105　不规则珊瑚构成的礁丘露头照片（照片来自 P.Bourque）

魁北克省加斯珀志留系 West Point 组；铅笔刀长度 10cm

图版Ⅷ-106 礁坪相上的洞穴
（照片来自 P.Bourque）

底部为层状的示顶底沉积，顶部为
下垂的 *Renalcis*；澳大利亚西部坎
宁盆地上泥盆统；镜头盖直径 5cm

图 版 Ⅷ-107 倾 倒 的
Stachyoides（层孔虫）群体
珊瑚附着藻？*Renalcis* 结壳，
其周围洞穴被层状的球粒状
灰泥岩充填并且同沉积胶结
的抛光片（澳大利亚西部坎
宁盆地上泥盆统）

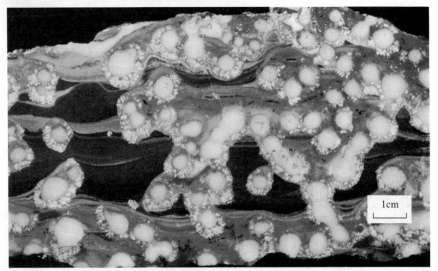

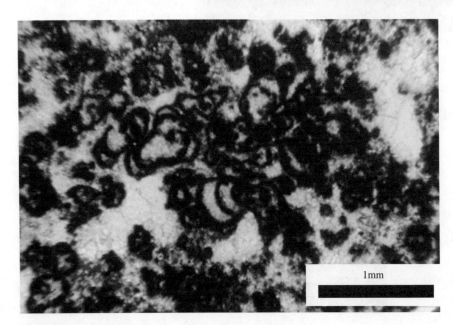

图版Ⅷ-108 *Renalcis* 平面剖
光（照片来自 J.L.Wray）

以带有微晶方解石墙壁的膨胀孔
隙为特征

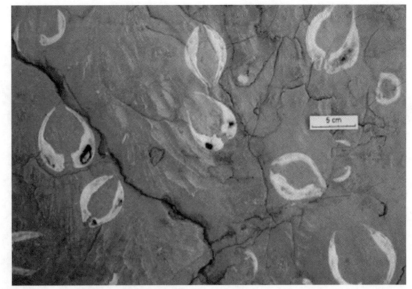

图版Ⅷ−109 礁相后面的后礁双
壳类（*Megalodon*）沉积露头照片
（照片来自 P.Playford）

澳大利亚西部 Brooking Springs 附近
的上泥盆统礁复合体

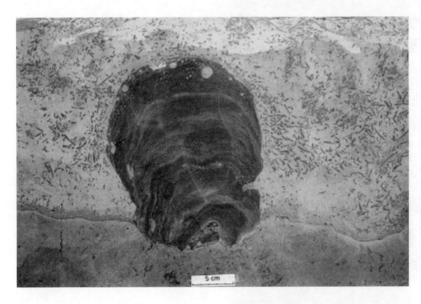

图版Ⅷ−110 大量的杆状层孔虫
（*AMphipora*）和单独的球状叠层石
Actinostroma（照片来自 P.Playford）

其上部被钻孔；澳大利亚西部 Geikie 峡
谷上泥盆统礁复合体

图版Ⅷ−111 前礁粗粒棘屑砾石
沉积露头照片

单个珊瑚平均直径 2cm；魁北克省加
斯珀志留系 West Point 组（照片来自
P.Bourque）

图版Ⅷ-112　Llody 山台地直径约
　　0.5km 的环礁复合体平面图

发育于澳大利亚西部上泥盆统，与周围
软的盆地泥相比，发生季节性的暴露

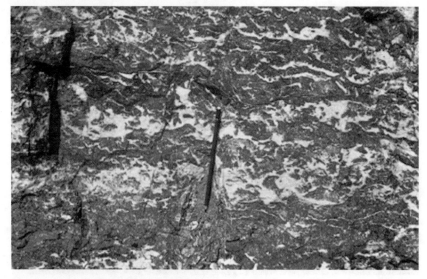

图版Ⅷ-113　典型的叠层石露头
照片（照片来自 P.Bourque）

魁北克省加斯珀志留系 West Point 组

图版Ⅷ-114　"斑马状"叠层石露
头照片（照片来自 P.Bourque）

魁北克省加斯珀志留系 West Point 组
Gros Morbe 相

图版Ⅷ-115 球粒状灰泥岩至泥
粒岩（照片来自 P.Bourque）

第二世代沉积（棕色）和（或）示顶
底沉积及胶结（叠层石）；澳大利亚
西部坎宁盆地上泥盆统深水礁丘沉积

图版Ⅷ-116 "叠层石"洞穴薄片
（照片来自 P.Playford）

每个凹处被刃状纤型方解石充填（海
底胶结？）在带球粒灰泥岩的一些洞
穴的底部；发育于澳大利亚西部坎宁
盆地上泥盆统

图版Ⅷ-117 礁相里面的"水液
化岩墙"并带有早期胶结的粒状
海相沉积（照片来自 P.Playford）

澳大利亚西部 Winjana 峡谷上泥盆统

图版 Ⅷ−118　新墨西哥州
Sacramento 山密西西比系 Lake
Valley 组 Muleshoe 山谷礁丘

礁丘主要是由灰质泥岩（Waulsortian
型）组成；礁丘厚约 60m

图版 Ⅷ−119　图版 Ⅷ−118 中
Muleshoe 礁丘的右侧

具有两个小的微型礁丘，每个大约
15m 高，生长在右面主体的侧翼

图版 Ⅷ−120　构成 Muleshoe 礁丘
灰岩的近距离观察

网状苔藓虫已经硅化，突显出棕色格
架和颗粒

图版Ⅷ-121 Muleshoe 礁丘侧翼粗粒富海百合碎屑的石灰岩

图版 Ⅷ-122 Nansen 组（二叠系—宾夕法尼亚系）块体礁灰岩（右侧）向下向盆地方向转为 Hare Fiord 组（左侧）的黑色文石灰岩

箭头所指为小型礁丘发育在礁前向海斜坡；Ellesmere 岛 Blind 海湾西侧

图版Ⅷ-123 加拿大西北大陆 Blind 海湾东侧 Nansen 组发育的小型礁丘体

大约30m高；块状礁丘灰岩主要是叶状藻浮石至障积岩

图版 Ⅷ-124　新墨西哥州 Sacramento 山 Dry 峡谷上宾夕法尼亚统 Holder 组礁丘体边缘

该礁丘高约 8m，主要是叶状藻和灰泥的混合

图版 Ⅷ-125　新墨西哥州 Sacramento 山 Dry 峡谷上宾夕法尼亚统 Holder 组大型礁丘翼部沉积（照片来自 B.Pratt）

露头厚约 12m；这些层状体向西高角度倾斜（左边）披盖在丘体上，丘体超出了照片的范围主要由藻和棘皮动物碎屑组成

图版 Ⅷ-126　新墨西哥州 Sacramento 山上宾夕法尼亚统 Gobbler 组叶状藻障积岩

藻类几乎全部为 *Archaeolithophyllum*，杂基主要是骨骼灰粒灰岩

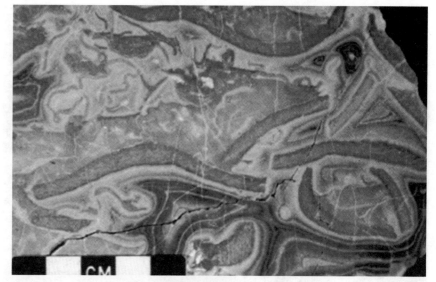

图版Ⅷ-127　加拿大西北大陆 Ellesmere 岛下二叠统 Nansen 组礁丘叶状藻—苔藓虫障积岩（照片来自 G.Davies）

这里大型骨质片大多数是水螅虫 *Palaeoaplysina*，每一个被厚层纤状方解石胶结包围

图版Ⅷ-128　加拿大西北大陆 Ellesmere 岛宾夕法尼亚系 Nansen 组窗格苔藓虫（小点的线）浮石（照片来自 G.Davies）

苔藓虫周围被厚层胶结物和被骨骼粒灰岩充填的洞穴所包围

图版Ⅷ-129　加拿大西北大陆 Ellesmere 岛下二叠统 Nansen 组礁丘体苔藓虫格架灰岩被苔藓虫方解石化胶结的露头照片

图版 Ⅷ–130　加拿大西北大陆 Ellesmere 岛宾夕法尼亚系 Nansen 组苔藓虫礁丘体，白云石化沉积物充填的洞穴

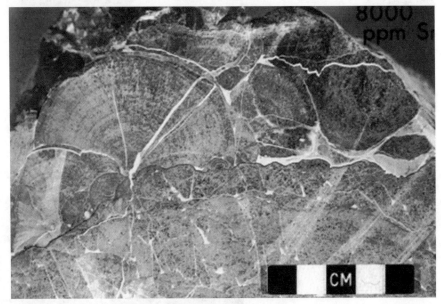

图版 Ⅷ–131　加拿大西北大陆 Ellesmere 岛宾夕法尼亚系 Nansen 组礁丘体上的苔藓虫方解石（照片来自 G.Davies）

相似的微纤化、几何形态和高锶含量（8000 μg/g），可以解释为新生变形苔藓虫文石，当礁丘在海底生长后在其上沉淀

图版 Ⅷ–132　从北东向看 EI CAPITAN，西得克萨斯州和新墨西哥州瓜达卢普山块状碳酸盐岩形成二叠系礁复合体的西部边界

在中心和左侧的块状悬崖型的石灰岩是下伏 Goat Seep 礁体更老些的前礁相；右侧的块状石灰岩是台地边缘，复合体前礁相的顶部

图版Ⅷ-133 Mckittrick 山谷走向与复合体趋势相同，向南平行于二叠系礁复合体边缘

地平线上部是层状后礁沉积（左侧）相块状台地边界或礁灰岩（中心）向前礁地层（向盆地方向倾斜）（右侧）；地层的倾向从左上向右下是更老的前礁地层

图版Ⅷ-134 新墨西哥州胡桃山谷口二叠系礁复合体块状礁体的倾斜面

这里的石灰岩是由海绵和 *Tubiphytes* 组成并有骨骼粒灰岩杂基；地质锤头作为比例尺

图版Ⅷ-135 新墨西哥州胡桃山谷口二叠系礁复合体部分的倾斜表面

海绵和其他骨架被钙质藻类 *Archaeolithoporella* 的大量结壳（不规则结壳）包裹

图版Ⅷ—136　黑峡谷二叠系礁复合体的块状礁相

这里的富海绵和大型腹足动物的骨架块体出现在块状的粒泥岩和泥岩中；顶部地质锤头做比例

图版Ⅷ—137　黑峡谷二叠系礁复合体（Tansill 组）的后礁相

显示了大型翻转的 Collenella 群体；地质锤头做比例尺

图版Ⅷ—138　新墨西哥州胡桃山谷口二叠系礁复合体块状礁体的倾斜表面

露头部分包括许多球粒状或扇形生长的方解石，其可能在石灰岩形成时作为文石沉积在海床开阔的空间里；铅笔作为比例尺

图 版 VIII-139 Tirol 的 Waidring 附近上三叠统 200m 厚 的 Steinplatte 礁 体（照片来自 H.Zankl）

块状礁灰岩（右边）过到前礁坡体（左侧），倾角大约30°进入到 Kossen 盆地

图版VIII-140 澳大利亚 Gosaukamm 区上三叠统 Dachsteinkalk 礁体的块状灰岩（照片来自 E.Flugel）

图 版 VIII-141 澳 大 利 亚 Salzburg 的 Halleim 附 近 的 Tropfbruch 发育的上 Rhaetian 补丁礁的成熟或多样化阶段（照片来自 E.Flugel）

这里展示了丰富的珊瑚；中心大型枝状珊瑚高约 0.5m

图版Ⅷ-142 与图版 8-141 的位置相似，但是这里的石灰岩经历了部分溶蚀，洞穴中充填示顶底沉积和白色方解石充填；标尺刻度是 20cm（照片来自 E.Flugel）

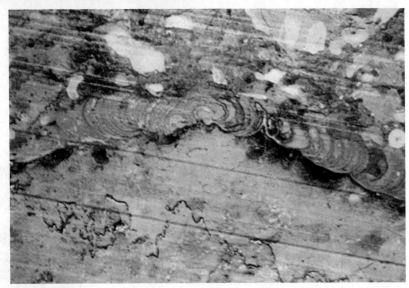

图版Ⅷ-143 和图版Ⅷ-142 位置相同，海绵结壳的硬底大约 2m 厚（照片来自 E.Flugel）

通过照片的近水平线是沙墙上的标志

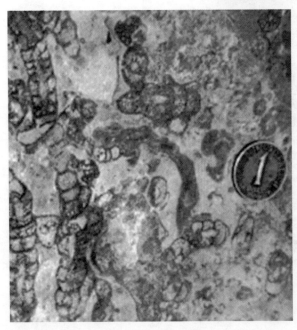

图版Ⅷ-144 澳大利亚 Gosaukamm 的 Dachstein 礁体灰岩（图版Ⅷ-140）中大量 Sphinctozoan 海绵（照片来自 E.Flugel）

硬币直径为 1.5cm

图版Ⅷ-145　典型的上 Rhaetian 阶礁体灰岩（照片来自 E.Flugel）

揭示了钙质海绵（环状切片）和结壳的有孔虫（海绵之间的黑色不规则马赛克）；个体海绵平均直径 75mm

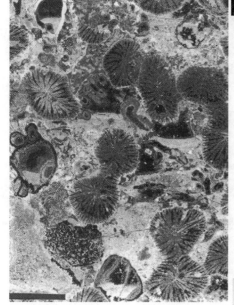

图版Ⅷ-146　上三叠统 Dachstein 礁体灰岩（照片来自 H.zankl）

分枝珊瑚 *Thecosmilia* 和其他珊瑚以及钙质珊瑚形成的格架；结壳的有孔虫（亮边）藻结壳"绵层藻"（左下）发育在洞穴的周围；良好的示顶底沉积在珊瑚和海绵之间及内部

图版Ⅷ-147　地平线的边界是由一系列的小型礁斤组成且每个宝塔礁厚 30 ～ 50m（照片来自 J.Warme）

部分中侏罗统出露在摩洛哥的 Jebel Assameur n' Ait Fergane，大约 200m 厚；后退的斜坡是细粒泥质和灰岩沉积

图版VIII-148　摩洛哥阿特拉斯中
侏罗统部分被溶蚀的礁丘（中心）
以及倾斜的礁边界地层（照片来
自 J.Warme）

这个岩心主要是由石珊瑚和骨骼颗粒
灰岩组成，而侧翼地层主要是珊瑚
角砾

图版VIII-149　摩洛哥阿特拉斯山
脉 Ziz 河谷中三个叠置的下侏罗统
石珊瑚礁体（照片来自 J.Warme）

珊瑚礁中心在中部右侧高约 12m，倾
斜的礁缘地层在中部左侧

图版VIII-150　图版VIII-147 礁丘
之一的岩心照片

主要由块状石珊瑚组成，带有被侵蚀
的顶部和几个钻孔双壳类生物（中心
靠左）；铅笔帽长 6cm

图版Ⅷ-151　图版Ⅷ-147礁丘体中的一个大型枝状珊瑚（照片来自 J.Warme）

图版Ⅷ-152　图版Ⅷ-147中显示的礁丘体中一个来自礁体侧翼的块体枝状石珊瑚的近距离观察照片

图版Ⅷ-153　摩洛哥阿特拉斯山脉中侏罗统石珊瑚礁丘的基底部分（照片来自 J.Warme）

岩石有从枝状和棒状珊瑚的障积岩到浮石；铅笔帽长5cm

图版Ⅷ-154　摩洛哥中侏罗统小礁丘取心（照片来自 J.Warme）

在灰泥杂基里有大量小型棒状珊瑚，常被穿孔

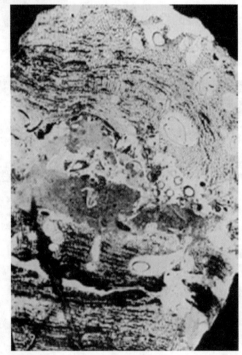

图版Ⅷ-155　摩洛哥阿特拉斯山脉中侏罗统被密集的生物侵蚀过的珊瑚（照片来自 J.Warme）

白色区域为灰泥岩，白色泥中被切割的结壳主要是钻孔双壳类，它们在表层钻孔；照片宽 5cm

图版Ⅷ-156　突尼斯 Djebel Mokta 上白垩统（Campanian）礁丘（照片来自 S.Frost）

丘体富集大型厚壳蛤 *Hippurites Lapourizi*

图版Ⅷ－157　墨西哥 Queretaro 的 Laguna Colorada 发育的 EI Abra 灰岩（Albian－Cenomanian）Taninul 相

照片显示的是 San Luis Potosi 台地东部边缘的礁体边缘上放射状的厚蛤双壳；比例尺上黑色小分格为厘米（照片来自 P.Enos）

图版Ⅷ－158　突尼斯 Jebel Merieg 礁丘中 *H.lapourizi* 外形铸模，与图版Ⅷ－157 相似

图版Ⅷ－159　丛状厚壳蛤（照片来自 P.Enos），同图版Ⅷ－158 组成的礁格架

图版Ⅷ－160　图版Ⅷ－156 礁丘中厚壳蛤"钙华"（照片来自 S.Frost）

这些骨架在生长部位被剥落，上下颠倒

图版Ⅷ-161 墨西哥 EI Abra 灰岩 (Albian-Cenomanian) 的 Taninul 相丛状礁体中放射状厚蛤双壳类

图版Ⅷ-162 墨西哥 Queretaro 的 EI Doctor 台地 Cerro Angel 礁体部位被粗方解石充填的厚蛤双壳（照片来自 P.Enos）

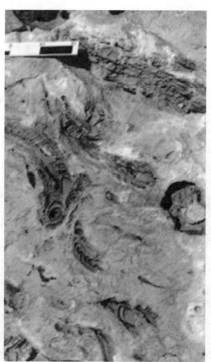

图版Ⅷ-163 墨西哥 EI Abra 灰岩 (Albian-Cenomanian) 的 Taninul 相中大型厚蛤双壳

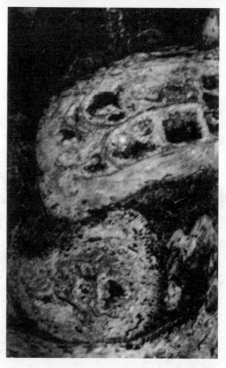

图版Ⅷ-164 南佛罗里达深井中的取心 （照片来自 S.Frost）

主要由白云化的厚蛤双壳和粒泥杂基构成，白云岩化完全改变了杂基孔隙和渗透性

图版Ⅷ-165　西班牙 Almeria 附
近上中新统（Messinian）的礁丘
（照片来自 M.Esteban）

山顶部是滨珊瑚为主的礁复合体；这
个礁丘在阶段性海平面下降过程中发
育，所以发育盆地泥和粉砂灰岩

图版Ⅷ-166　西班牙 Alicante 附近上
中新统（Messinian 阶）的 Santa Pola
礁（照片来自 M.Esteban）

现代照片显示原始的礁体形态，原岩中滨
珊瑚构成了其主体

图版Ⅷ-167　马略卡岛的 Ilucmajor
的 Cap Blanc 上中新统礁体礁前发育
的沟槽构造（照片来自 M.Esteban）

这些沟（箭头所示）主要由棒状或碟状
滨珊瑚构成，人站在槽体中

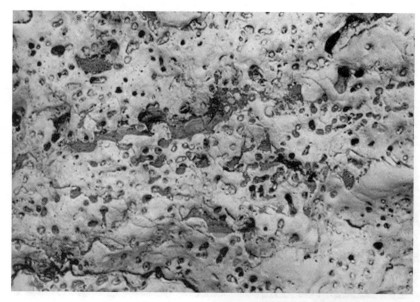

图版Ⅷ-168　滨珊瑚礁墙格架平面（照片来自 M.Esteban）

珊瑚杆受淋滤后凸显（直径 1 ~ 2cm），充填红色火山岩砂体；西班牙东南部 Cabo de Fata

图版Ⅷ-169　西班牙东南部 Fortuna 的 Cabezo Maria 礁体向上生长的滨珊瑚块体（照片来自 M.Esteban）

图版Ⅷ-170　西班牙 Olerdola（巴塞罗那）的 Serravallian-Langhian 珊瑚礁上的大量碟状群体生长的 *Tarbellastraea*；照片来自 M.Esteban

图版 Ⅷ-171 意大利 Venetian
Alps 区的 Castelgomberto 附近的
Monti Grumi 下斜坡下渐新统珊
瑚堤坝暴露出来的 *Actinacis rollei*
碟状群体（照片来自 S.Frost）

其方向指示波浪进出的可能方向；珊
瑚泥质胶结包括丰富生长的枝状和球
状 *Goniopora*

图版 Ⅷ-172 西班牙 Barcelona
附近上始新统（Priabonian）的礁
丘体岩心（照片来自 M.Esteban）

这个泥质丘体主要是由滨珊瑚组成的
浮石

图版 Ⅷ-173 马略卡岛 Ilucmajor
附近富含枝状珊瑚藻（白色丛状
物）和泥质杂基的上中新统礁丘
（照片来自 M.Esteban）

图版Ⅷ-174 图版Ⅷ-173 的内部
细节

图版Ⅷ-175 马略卡岛上中新
统富含龙介礁管孔的小型礁丘
管孔直径大约 1.5cm；照片来自
M.Esteban

图版Ⅷ-176 西印度群岛巴巴多
斯东北海岸暴露的上更新统堡坝礁
大型珊瑚叶状体是 *Acropora palmata*；
轻便钻机作为比例尺

图版Ⅷ-177　巴巴多斯东北海岸生长830000a礁复合体的后礁部分中的三个礁群

底部相主要由被 *Acropora palmata* 叶状体（中间）覆盖的纤细枝状珊瑚 *Porites porites*（锤子，右下方）；叶状体是大型 *Montastraea annularis* 群体生长的基础；这个层序显示了背水向受保护的环境中（*Proites porites*）、礁冠部位（*Acropora palmata*）以及礁前环境（*Montestraea annularis*）中珊瑚的生长

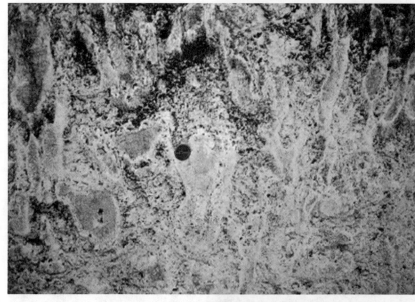

图版Ⅷ-178　佛罗里达州Windley Key 宝塔礁锯齿状、叶状砂墙暴露更新统的 *Montastraea annularis*（镜头盖直径5cm）

图版Ⅷ-179　巴巴多斯东北海岸晚更新统礁后相单个大型群体珊瑚 *Montastraea annularis*

珊瑚周围沉积物是生物扰动灰泥岩；地质锤是比例尺

图版Ⅷ-180 佛罗里达州Windley
Key 采石场的上更新统堡礁灰岩
上的半球状大珊瑚群体

这个群体被双壳类钻成长形孔，手指
附近的钻孔是被 *Lithophaga* 海枣钻成
而其他的被双壳 *Gastrochaena* 钻得

图版Ⅷ-181　佛罗里达 Windley
Key 采石场 Key Largo 灰岩中大
型的、部分被钻蚀的 *Montastraea*
annularis 群体珊瑚

这个群体从镜头盖左侧一直到右边照
片之外；界面顶部的洞穴可能是被海
胆钻蚀的；群体的中央已经死了，而
周围还活着；岩石钻孔是金刚钻钻得；
镜头盖直径 5cm

图版Ⅷ-182　巴巴多斯南部上更
新统补丁礁上发育的枝状和小型
穹隆状群体珊瑚

枝状或杆状是 *Acropora cervicornis*，
而中央两个头部珊瑚是 *Porites porites*
和 *Diploria*；露头的上部偶尔发生钙
质结壳，是水下暴露的典型实例

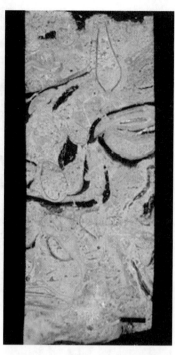

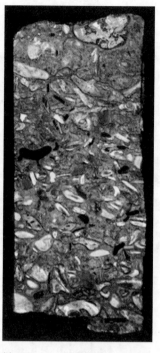

图版Ⅷ-183 Requienid 粘结灰岩
（比例尺为 1cm）

图版Ⅷ-184 Requienid 粘结灰岩

图版Ⅷ-185 厚壳蛤粒状碳酸盐岩

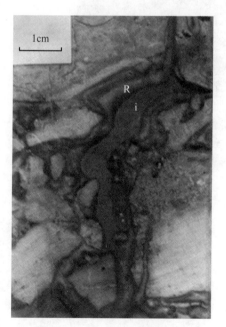

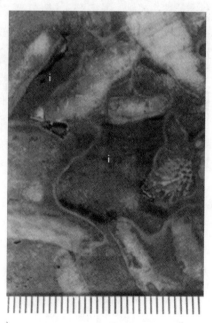

图版Ⅷ-186 双壳类珊
瑚粒泥灰岩

图版Ⅷ-187 板状叠层石钙质泥
粒灰岩岩心薄片

其中含有海底裂缝且被介形虫、球粒颗
粒灰岩沉积（i）充填，裂缝截断了弯
曲的放射状钙质胶结（R）；井 12-24，
5829ft

图版Ⅷ-188 板状叠层石钙质泥
粒灰岩岩心薄片

含有几期海相内沉积（i）充填了大型
洞体系；比例尺为毫米级；井 12-26，
5733ft

图 版 Ⅷ-189 碎屑珊瑚相板状珊瑚钙质泥粒灰岩岩心薄片

放射状钙质胶结（R）常见于此相，孔隙度（箭头）通常较低；井 12-26，5733ft

图 版 Ⅷ-190 礁相中的球状和块状层孔虫岩心石板（井 12-24，5918ft）

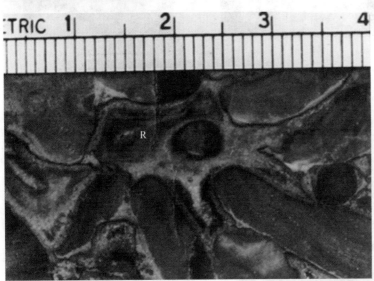

图版Ⅷ-191 层孔虫碎屑的岩心石板被带状放射方解石（R）胶结（井 9-27，5798ft）

图版Ⅷ-192 礁内骨架钙质颗粒灰岩岩心含有铸模和粒间孔（井 10-27，5560ft）

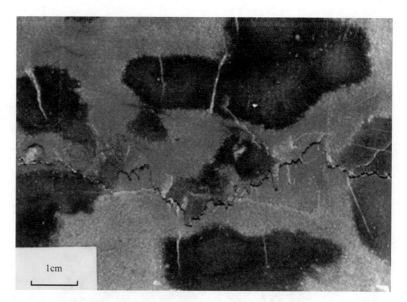

图版Ⅷ-193 礁内生物钻孔杂色球状钙质颗粒灰岩岩心（井11-23，5695ft）

图版Ⅷ-194 藻纹层钙质泥岩岩心石板含有窗格孔隙（井11-23，5556ft）

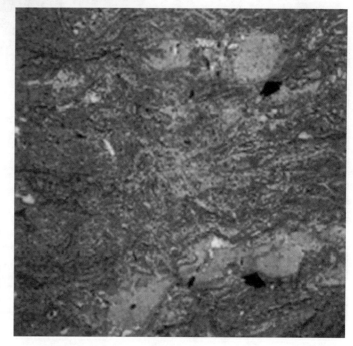

图版Ⅷ-195 板状藻灰岩、暗色藻障积岩（伊氏藻）

其中的一些用箭头指示，被浅色微晶所包裹；黑色微粒是原生孔隙空间和溶蚀来源；Pure Aneth 东部 28D-1号、28-40S-26E，5806 ~ 6807ft，A3-B（旋回1）礁丘基底之上约8ft

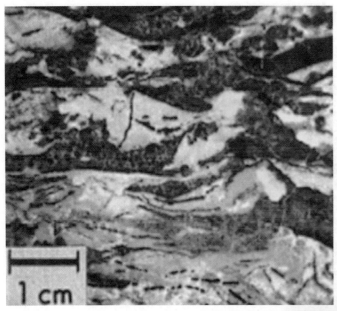

图版Ⅷ-196 白云质板状藻障积岩

叶状藻（暗色）被灰泥包裹（现在为微晶质，浅棕黄色）和似球粒，现今为似球粒颗粒灰岩和泥粒灰岩；成岩充填和部分的硬石膏交代作用被原生孔隙破坏；Pure Aneth 东部 28D-1 号，5742ft，该井中礁丘上部（A2-2.5）

图版Ⅷ-197 富含板状藻障积岩

含有藻铸模孔（黑色）和被后期孔隙充填硬石膏补丁（白色）；Pure Aneth 东部 28D-1 号，5793ft，A3-B 顶部附近（旋回1）礁丘；暴露在大气水中形成铸模孔，板状藻被认为发生了文石化

图版Ⅷ-198 灰色微晶碎屑和褐色富含球粒碎屑的复杂角砾颗粒灰岩（泥岩）

基质以硬石膏（白色）为主；发生了交代和硬石膏充填；大多数碎屑被球粒藻所包边（箭头），说明它们是来自于礁丘建造过程中内碎屑的部分破碎（丘外滑塌？）；Pure Aneth 东部 28D-1 号，5742.4ft

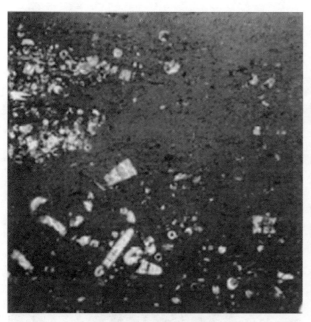

图版Ⅷ-199　暗色灰质泥岩

其中含有棘皮动物碎屑和生物扰动迹象，来自旋回 1 的基底
"页岩"单元；Pure Aneth 东部 28D-1 号，5831ft

图版Ⅷ-200　介壳灰质泥岩

常见基底之上礁丘开始形成；一些腕足动物被压缩作用所
破坏；其中的原地基底相被白云石化作用构成了良好储层，
其中含有晶间孔和生物铸模孔；岩心取自 Pure Aneth 东部
28D-1 号，5820.5ft 深的旋回 1（A3-B 层）

图版Ⅷ-201　球粒纺锤䗴泥粒灰岩覆盖在（旋回 1）
的 A3-B 藻礁丘之上

较小颗粒是球粒和球粒铸模（黑色）；较大颗粒是纺锤䗴和岩
石碎屑；旋回 1 上覆礁丘盖层的区域暴露可能导致了溶蚀孔
隙的产生；Pure Aneth 东部 28D-1 号，5782ft

图版Ⅷ-202　钻孔、富含有机质的白云石化灰质泥岩

该岩性普遍发育在或者靠近于蒸发环境礁外旋回的顶部；它
被静海碳酸盐岩泥岩逐渐或突变超覆；Pure Aneth 东部
28D-1 号，5743.4ft

图版Ⅷ-203 藻类泥粒灰岩显微照片（单偏光）粗粒块状方解石充填先前的钙质（可能为文石质）球粒藻（来源不明，但可能是 Ivanovia）铸模

Pure Aneth 东部 27C-4 号，27-40S-26E，A2-A2.5 建隆，2445ft

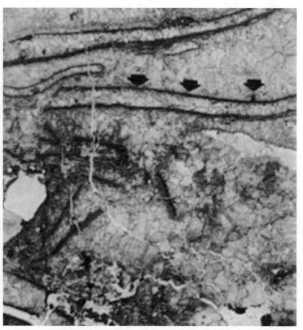

图版Ⅷ-204 Ivanovia 颗粒灰岩中的方解石胶结显微照片（单偏光）

叶状藻（暗色）海相来源边缘的细粒结晶放射状胶结（箭头）；粗粒块状方解石胶结充填了藻屑和藻内部的剩余孔隙空间；原生孔隙很有可能超过 70%；左侧和右下方大面积白色区域是人为假象，类似裂缝；Texaco NavajoJ-1 号，20-40S-26E，5623-24ft

图版Ⅷ-205 与图版Ⅷ-204 相同的显微照片（正交光）

放射状胶结的边缘更加清晰的显现出来

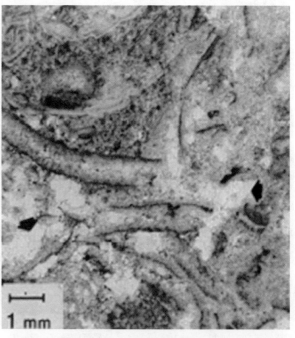

1 mm

图版Ⅷ-206 Ivanovia 颗粒灰岩显微照片（单偏光）

左上方暗色物质是球粒粉砂；大多数胶结物是细粒块状方解石，但是白色区域（箭头）被硬石膏胶结所占据；Pure Aneth 东部 27A-2 号，27-40S-26E，A3-B 建隆，5679ft

图版 IX　海滩边缘沉积环境

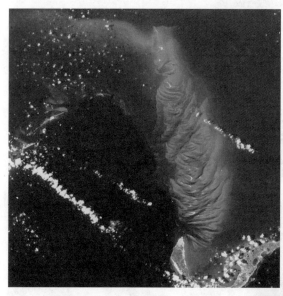

图版IX−1　Schooner 礁潮汐沙坝带
的陆地卫星照片

分布在巴哈马群岛 Exuma 海峡的东北部
边缘；颜色变化清晰，显示出水体的突
然变深；照片底部的视野大约为 65km

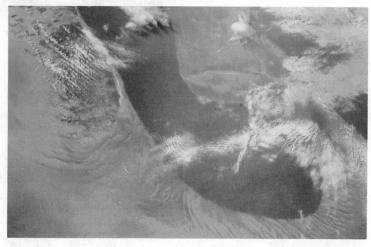

图版IX−2　巴哈马群岛的"海舌"
南端及 Exuma 海峡的 Gemini 照片

潮汐沙坝带分布在南部 TOTO 边缘及
Exuma 海峡的东北边缘；穿过照片底部
的视野大约为 120km

图版IX−3　潮汐沙坝的航空照片

该沙坝分布于 TOTO 南部边缘；水体
颜色向照片左侧突然变化反映出水体
深度的快速增加；独立的潮汐沙坝很
长（达到 20km），较狭窄（1 ～ 1.5km
宽）且被小型沙波覆盖

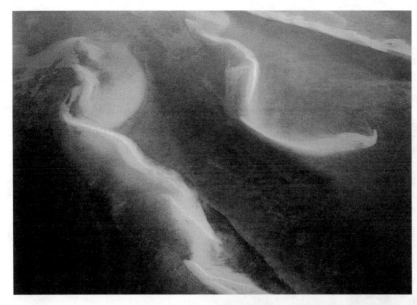

图版IX-4　显示图版IX-1中潮汐
沙坝细节的航空照片

浅色的鲕粒砂是潮汐沙坝运动活跃的
标志，这些沙坝由较深的河道分开，
同样受洋流影响但是通常由野草或者
胶结砂的底床所覆盖

图版IX-5　显示图版IX-3中潮汐
沙坝细节的航空照片

与潮汐沙坝延伸方向成大约为45°的
横向沙波，衬托干净的鲕粒砂，该砂
位于附近潮间带遭受高度搅动的海洋
底部

图版IX-6　一个移动沙波的水
下照片

处于潮汐水道背风坡，该水道位于
大巴哈马海岸靠近 Joulters 礁；沙波
背流面大约高为 1m，水深为 4m

图版IX-7 显示类似图版IX-6 的
背风坡沙波细节的水下照片

反映崩落斜坡产生的分选（Imbrie 和
Buchanan，1965），较大的颗粒在海床
底部成阶梯状分布，覆盖具波痕的鲕
粒砂；沿着斜坡底部的接触面不是笔
直的

图版IX-8 Cat 礁海洋沙带一小
部分的航空照片

该沙带沿着大巴哈马海岸西部边缘分
布；从底部到顶部，颜色变化反映水
深与底部植被：被海草覆盖，黑色的，
浅部位—潮下带砂；白色的，高度搅
动的，接近潮间带的鲕粒砂以及向海
岸—边缘快速增加的水深；广阔的浅
滩距离左边主要的潮汐水道大约宽
1km

图版IX-9 大巴哈马海岸北部
Berry 岛的陆地卫星成像

开阔的海岸—边缘向西、向北都能
进行强有力的潮汐交换，这足以维
持沙带；视野为90km

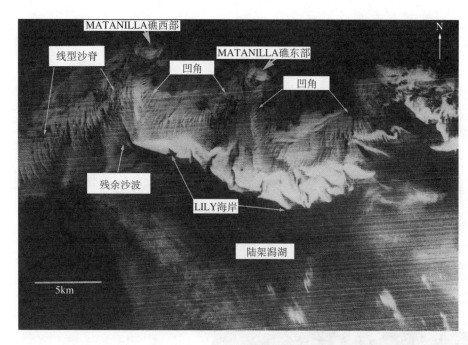

线型沙脊

MATANILLA礁西部

MATANILLA礁东部

凹角

凹角

残余沙波

LILY海岸

陆架潟湖

N

5km

图版Ⅸ-10　小巴哈马海岸北部边缘的卫星照片（据 Hine，1977）

突出 Lily 海岸的海洋沙带及其他沉积特征；表明线形沙脊靠近海洋沙带

图版Ⅸ-11　Puerto Rico 的 Viegras 岛屿之外的 Escollo de Arenas 沙带的航空照片

可以看到沙滩顶部许多沙坝；Puerto Rico 位于背景之中

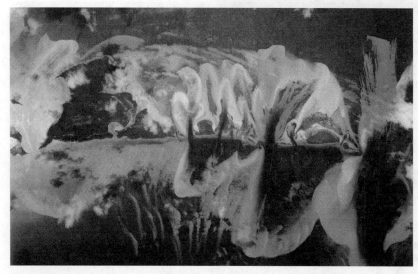

图版Ⅸ-12　潮汐三角洲碳酸盐砂的航空照片

该砂体发育于小巴哈马海岸 Curlew 礁附近岛屿间的水道中

图版Ⅸ-13　Exuma 岛屿潮汐三角洲的航空照片

鲕粒砂发育于许多三角洲内；Exuma 海峡的深水区域位于照片底部

图版Ⅸ-14　骨架沙带的航空照片

该沙带位于伯利兹障壁礁突然向陆处（沿着沙带左侧边缘的暗色区域）；礁砂以及礁后砂大约 100m 宽，形成大西洋与伯利兹陆架潟湖之间主要的地形特征

图版Ⅸ-15　碳酸盐沙滩和岛屿的航空照片

位于卡塔尔半岛东部波斯湾的地形高点且被深水环绕；岛屿大约 1km 长；地形高部位大约为一个盐丘的地表显示

图版IX-16 墨西哥大型鲕粒和骨架沙波的航空照片

位于右侧 Isla Mujeres 与左侧 Yucatan 大陆之间；Isla Mujeres 大约为 8.5km 长；单独沙波高 5m

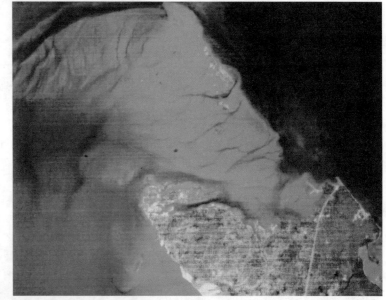

图版IX-17 Joulters 鲕粒沙滩的陆地卫星成像

位于大巴哈马海岸的安德罗斯岛（红色区）的北部；深水的 TOTO 在其右上方；鲕粒沙滩是一个巨大的沙坪，400km²；部分被潮汐水道侵入，且在东部边界处发育移动的砂体；全新世岛屿沿着移动的边缘及沙坪散落发育

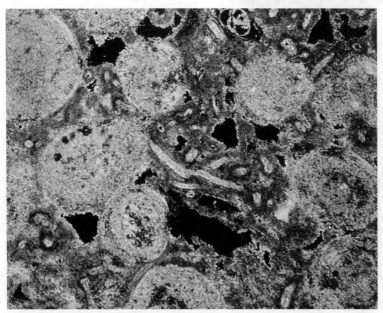

图版IX-18 细丝状钙化藻的显微照片

该藻类是大巴哈马海岸 Schooner 礁区域鲕粒砂主要的黏合与胶结介质；镁方解石被人工染成红棕色，文石未染色；照片宽度代表 3mm

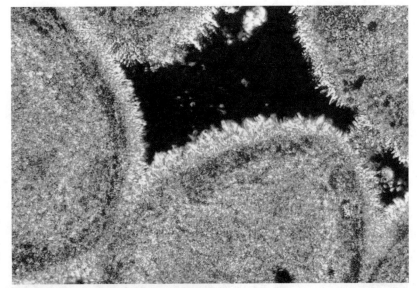

图版 IX-19　文石胶结物的薄镶边形成胶结鲕粒外壳的显微照片

源自大巴哈马海岸的 Joulters 鲕粒沙滩；文石胶结物的这种习性在术语上称为纤维状或者针状；照片的宽度代表 1mm

图版 IX-20　大巴哈马海岸 Schooner 礁区域的松散碎屑及巨砾的水下照片

该碎屑被纤维状海相文石胶结物所胶结，底部的潮汐水道很常见，该水道位于活跃的沙滩之间（图 9-7）

图版 IX-21　发生胶结作用的鲕粒外壳的显微照片

该外壳最初的粒间孔隙被纤维状文石胶结物充填；可以看到环绕每一个鲕粒的多边形胶结边缘；样品来自大巴哈马海岸的黄色海岸区域；照片的宽度代表 2.5mm

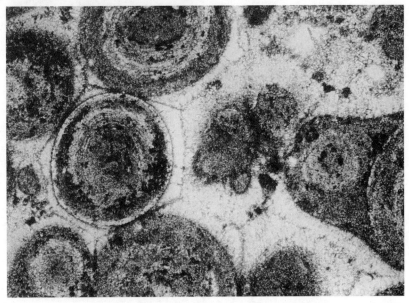

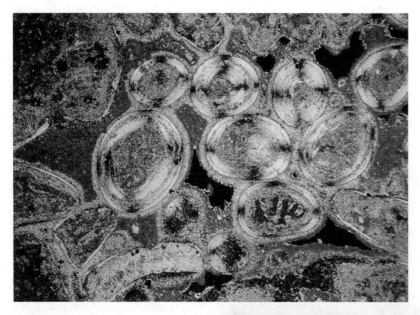

图版 IX-22　来自大巴哈马滩 Schooner 礁的胶结鲕粒的显微照片

微晶灰岩的镁方解石胶结物，被人工染色为红棕色，充填绝大多数孔隙；可以看出它比最初胶结岩石的纤维状文石胶结物的生成要晚一些；照片的宽度代表 3mm

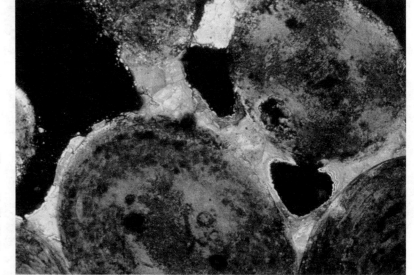

图版IX-23　大巴哈马滩 Joulters 礁的鲕粒显微照片

方解石胶结，从淡水中沉淀出，该淡水受地下水面的毛细管作用约束（渗流带）；可以看出胶结具有发生在颗粒接触面之上的趋势，有弯曲的表面，且向孔隙内部凹陷；照片宽代表 1.5mm

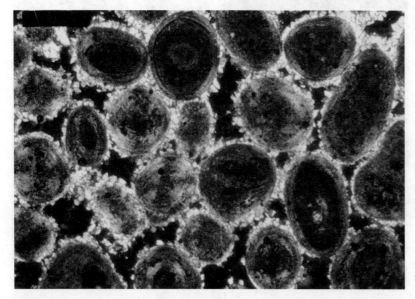

图版IX-24　大巴哈马滩 Joulters 礁的鲕粒显微照片

淡水地下水面的方解石胶结（蒸气喷发区域），胶结发育为水晶镶边，均匀分布在每个鲕粒周围；可以看到镶边厚度并不均匀（非等厚的）；照片的宽代表 3mm

图版Ⅸ-25 大巴哈马滩 Joulters
在低潮期鲕粒沙滩具波痕底床的
暴露照片

图版Ⅸ-26 波痕细节层显示照片
近于平行的波痕在落潮期间被潮流改造；中间的粪粒丘高度接近 3cm

图版Ⅸ-27 岩心表面
宽约 15cm，显示在沙滩活动期的
小型波痕交错层理

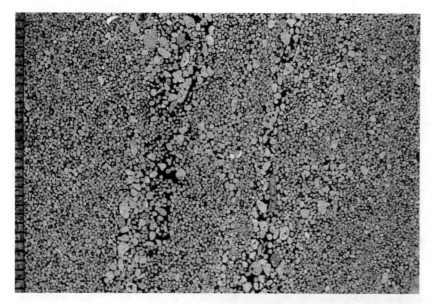

图版IX−28　图版IX−25 中正在形成的沙滩上所取岩心的干净沙子的显微照片

分选特别好，中等颗粒大小的鲕粒成层分布，轻微向右倾斜；松散堆积的粗颗粒薄层（藻类、有孔虫以及集合体颗粒）也向右倾斜；由于这里存在颗粒大小的变化，因此这种倾斜层界限清晰；在分选良好的鲕粒砂（例如照片底部三分之一处）中，这种特征比较隐蔽；底部的比例尺为毫米级

图版IX−29　正在形成的鲕粒沙滩后部最低潮时期出露舌状体的表面照片

该沙滩位于大巴哈马滩的 Joulters 礁；干净的具交错层理的鲕粒砂覆盖了生物扰动的泥质的鲕粒砂，后者部分被海草和藻席所稳定

图版IX−30　坐落于大巴哈马滩 Joulters 礁西部的沙坪的航空照片

主要由虾及螃蟹挖洞形成的土丘，间距小于 1m，照片拍摄高度约为 70m

图版IX-31 低潮期滩表面照片

可以看到生物钻孔形成的土丘的细节；球粒砂的白色土丘被覆盖海草和藻类的底床环绕；土丘被潮汐水流重新改造，因此外观比较平坦

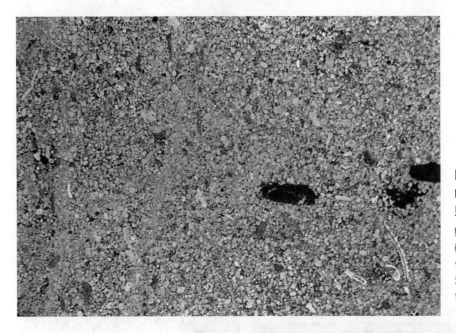

图版IX-32 图版IX-31所显示的沙坪的岩心上泥质砂的显微照片

鲕粒砂受生物扰动且与泥以及其他碳酸盐砂颗粒混合；由于生物钻孔作用，深灰色的泥在沉积物之内不规则分布；照片宽度约30mm；左侧代表显微照片的底部

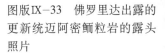

图版IX-33 佛罗里达出露的更新统迈阿密鲕粒岩的露头照片

具交错层理的鲕粒砂沉积为海相沙坝；可以看到由选择性胶结及随后的选择性风化形成的交错层理被完好地保存下来

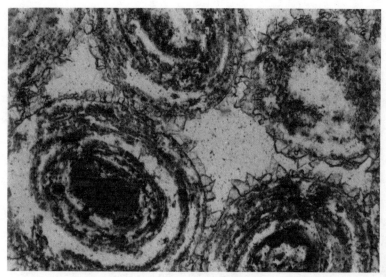

图版Ⅸ-34　图版Ⅸ-33中露头的更新统鲕粒的显微照片

鲕粒被方解石结晶镶边胶结，可解释为胶结发生在淡水潜流环境；鲕粒遭受强烈溶解，因此只保留原始文石的残余；照片宽度1.5mm

图版Ⅸ-35　巴哈马群岛新Provindence岛更新统鲕粒的露头照片

沉积结构表明向层序顶部存在一个沉积环境的变化。活跃海相沙坝的复杂交错层理在剖面上有着非常明显的显示，但是向着顶部，平坦的层状地层记录了海滨条件下的局部建造

图版Ⅸ-36　图版Ⅸ-35中具交错层理的海相沉积距离较近的露头照片

看到各种交错层理的侵蚀充填；保留了海相蠕虫及海葵生物钻孔形成的垂直洞穴；比例尺为厘米级

图版Ⅸ-37　图版Ⅸ-35中具平行层理的滨海沉积距离较近的露头照片

可以看到层理向两个方向逐渐尖灭；一组明显的爬升波痕层理在比例尺位置之上直接出现；比例尺为厘米级

图版Ⅸ-38　图版Ⅸ-35中具交错层理的海相沉积的另一张露头照片

受再改造作用的石灰岩块层，显示出典型的岩化作用（海相胶结鲕粒砂的内碎屑），该作用发生在海相坝侧翼及海滨之上

图 版 Ⅸ-39　来自上侏罗统 Smackover 组的岩心切片照片

位于 Mt.Vernon 油田，阿肯色州的哥伦比亚郡；孔隙鲕粒颗粒灰岩具有清晰的厘米厚的分层；较大颗粒为藻粒球，散落在鲕粒岩内部；孔隙度为 12%，渗透率为 20mD

图版IX-40　来自上侏罗统 Smackover
组的岩心切片照片

位于 Walker Creek 油田，阿肯色州的哥伦比亚郡；这些
孔隙颗粒灰岩是鲕粒、藻粒球（既有核形石又有铁镁铝
榴石）以及较大的瓣鳃动物碎片

图版IX-41　上侏罗统 Smackover 组鲕粒岩的
岩心切片照片

位于 Mt.Vernon 油田，阿肯色州的哥伦比亚郡；清晰的
具交错层理的鲕粒灰岩含有明显的鲕穴状孔隙

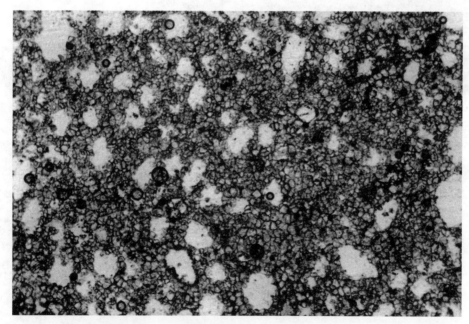

图版IX-42　上侏罗统 Smackover 组鲕粒岩的显微照片

显示出鲕穴状的孔隙（白色区域）以及重要的粒内方解石胶结作用；原始沉积物的颗粒
被溶解形成孔隙，且原始沉积物的孔隙被胶结物充填；最后的孔隙度为30%，达到储层
的级别，尽管渗透率为 1mD 或者更少；照片宽 3mm

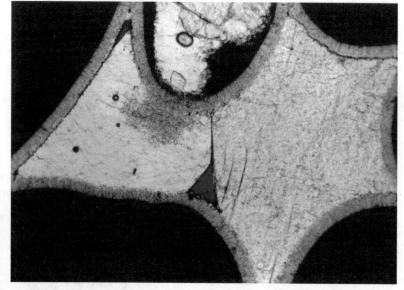

图版IX-43　上侏罗统 Smackover 组鲕粒岩的显微照片

该岩石的孔隙被两个阶段的胶结作用充填——早期作用持续发生，形成海相胶结物的等厚边，随后块状粗胶结物填充孔隙；剩余孔隙显示为蓝色；照片的宽度大约 1.5mm

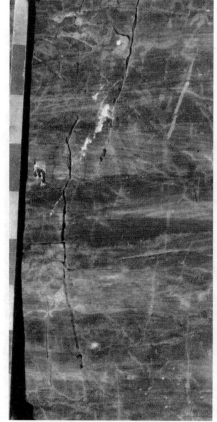

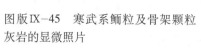

图版IX-44　内华达州寒武系 Carrara 组鲕粒岩露头

岩石表现出小型交错层理，由于颗粒大小及组成变化导致的颜色变化，这种层理特征更为明显；比例尺间隔为 10cm

图版IX-45　寒武系鲕粒及骨架颗粒灰岩的显微照片

该石灰岩取自图版IX-44 中显示的露头；较薄的部分被人工染色，显示出粒间孔隙由一代的富含铁的胶结物充填（蓝色区域）；颗粒未被染成蓝色，因为其中含铁量很低；照片宽度为 3mm

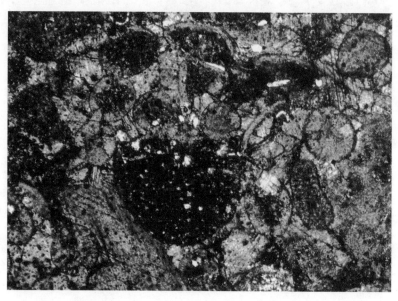

图版IX-46　肯塔基州出露的密西西比系鲕粒岩的露头照片

单个层组可容易识别出来，由于彻底的胶结作用和风化作用，交错层理的细节很模糊；露头大约5m高

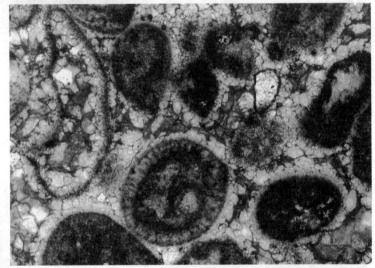

图版IX-47　图版IX-46露头的密西西比系鲕粒岩的显微照片

较薄部分的人工染色表明两次胶结物充填孔隙——围绕每个颗粒的铁含量低的晶体边，随后为富含铁的块状晶体（蓝色区域）；照片宽2.5mm

图版IX-48　蒙大拿州西部Sawtooth 山脉密西西比系白云石化颗粒灰岩（Madison组）的露头

尽管发生完全的白云化作用，水平的薄层理及低角度交错层理仍然显示出来

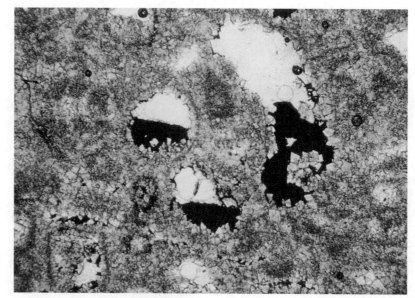

图版IX-49 白云岩化的 Madison
组显微照片

可以看到铸模孔隙度部分由沥青充填；
绝大多数颗粒受改造而难以辨认；照
片宽 3mm

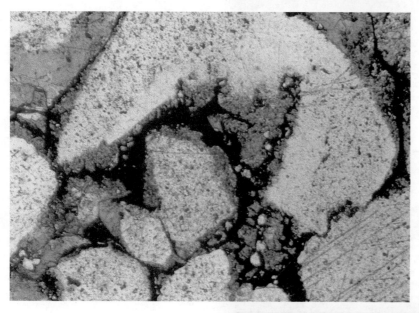

图版IX-50 新墨西哥州的密西西
比系海百合颗粒灰岩的显微照片

棘皮动物碎片含有黑色包裹体；它们
被两代共轴的胶结物覆盖，一种清晰
的早期胶结物及一种富含铁的晚期的
胶结物（染成蓝色）；照片宽 3mm

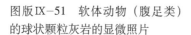

图版IX-51 软体动物（腹足类）
的球状颗粒灰岩的显微照片

该石灰岩位于路易斯安那州的下白垩
统中；像这样的软体动物砂在古生界
很少见，但是在中生界及古近—新近
系碳酸盐岩中经常出现；照片宽 2cm

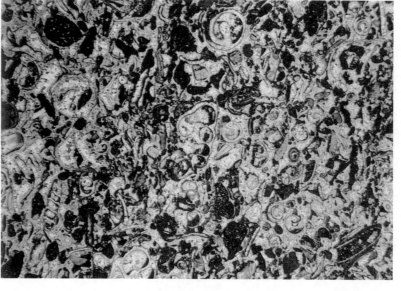

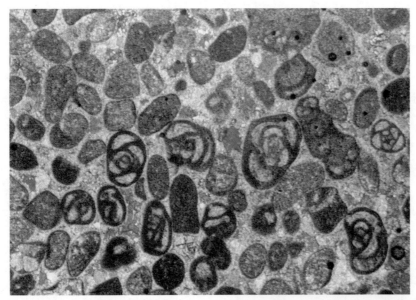

图版IX-52 有孔虫的球粒颗粒灰岩的显微照片

该石灰岩位于得克萨斯州的下白垩统；偏光镜交叉拍照，插入石膏板强调胶结物分为两代；照片宽3mm

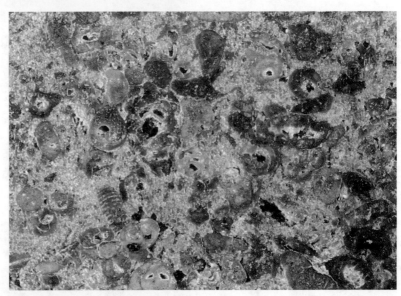

图版IX-53 岩心切片的显微照片

取自佛罗里达州下白垩统 West Felda 油田的产区；产区位于软体动物的球状颗粒灰岩中，深度约3800m；照片宽3.5cm

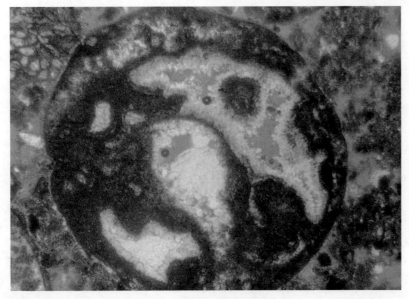

图版IX-54 图版IX-53所示岩石薄片部分的显微照片

腹足类碎屑在中间，被保存下来的原生孔隙环绕，且内部也含有这种孔隙；照片宽3mm

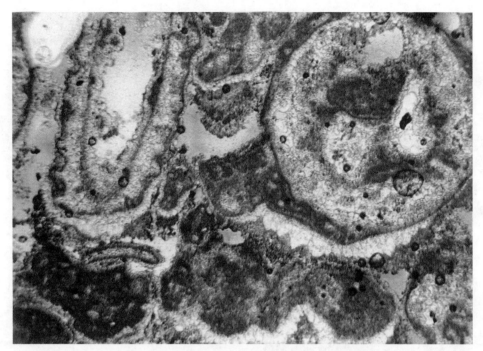

图版IX-55　新墨西哥州二叠系绿藻颗粒灰岩的显微照片

颗粒之下的重力胶结物是渗流带中大气降水胶结作用的证据；可以看到原生孔隙保存的很完好（蓝色区域）；照片宽 3mm

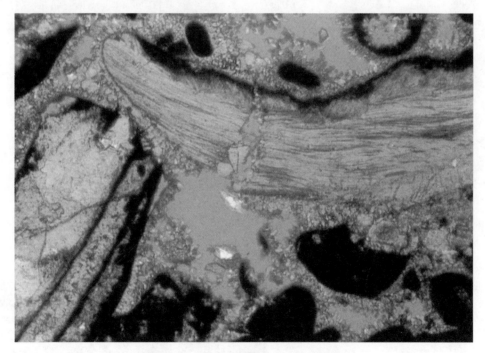

图版IX-56　软体动物颗粒灰岩的显微照片

来自佛罗里达州白垩系；镶边方解石胶结物是典型的早期、大气降水、潜水带的胶结物；可以看到原生孔隙保存的很完好（蓝色区域）；照片宽 3mm

图版 X　礁前斜坡沉积环境

图版 X-1　在澳大利亚西部坎宁盆地内皮尔区域的
温德贾纳峡谷中礁前斜坡沉积（左，斜坡沉积）与上
泥盆统生物礁毗连（中间的厚层）

右边层状区间是礁后沉积；出露高度约 100m；照片由
Phillip E. Playford 提供

图版 X-2　草图描绘了四个悬崖和三个凹角
（据 Land 和 Moore，1977）

横向上约 300m，是牙买加几乎垂直的支路斜坡；这些
悬崖通常能够追溯到上部被密集珊瑚礁覆盖的山顶区域，
延伸至下方与礁前斜坡合并；山麓洪积岩堆积于凹角，
只有顶部具粗碎屑岩的特征；几近垂直的部分大约 50m

图版 X-3　位于牙买加 Discovery 湾的礁前障壁凹
角的岩屑堆（在图 10-1 中的剖面）
（据 Land 和 Moore，1977）

水深 110m；长在障壁上的杆状海绵高约 50cm，照片由
Noel P. James 提供

图版 X-4　伯利兹 Tobacco 礁 130m 深处由
礁前障壁滑落的约 5m 的块体（图 10-1 中
的剖面；据 James 和 Ginsburg，1979）

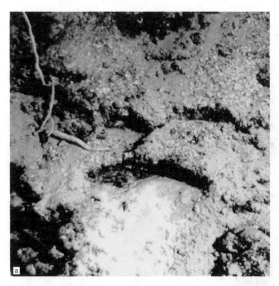

图版 X-5　礁前山麓沉积的"基岩"和"岩石骨架"

a—礁前山麓沉积的"基岩"，位于牙买加 Discovery 湾 135m 深处的珊瑚岩屑堆里的泥质仙掌藻砂（绿藻）散堆；

b—礁前山麓沉积的"岩石骨架"；存在示顶底构造的海绵填充于图中倾角为 27° 礁前斜坡层状沉积下方，澳大利亚西部坎宁盆地麦克惠里奇剖面的萨德勒石灰石（相片由菲利浦 E. 布朗提供），因再沉积作用被翻转的浅水示顶底充填通常在这种沉积物中

图版 X-6　得克萨斯州 Guadalupe 山脉层内截断面（照片来自 P. A. Scholle）

Bone Springs 石灰石，盆地的标准 Yeso 礁（二叠纪，Leonard）；界面在观察者的头部附近；底部与上部的岩层基本水平

图版 X-7　在澳大利亚西部坎宁盆地 McSherry 峡谷附近，层次分明的斜坡上有异地礁灰岩沉积（照片来自 Phillip　E. Playford）

图版X-8　可能的岩屑流来源的角砾岩河床

a—澳大利亚西部坎宁盆地的 Napier 山脉的 Dingo 峡谷附近，大块的礁灰岩漂浮在细粒母岩中（照片来自 Philip E. Playford）；b—墨西哥凯勒达罗的 EI Doctor 附近 Soyatal 地层（上白垩统）厚的岩屑河床，包括当时和一些老（中白垩统）礁形成的岩块和生物碎屑，在背景上形成陡斜坡

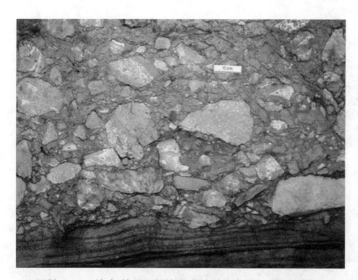

图版X-9　澳大利亚西部坎宁盆地纳皮尔地区 Dingo 峡谷　　　　图版X-10　海峡形成的 15m 厚的角
的角砾岩河床基底　　　　　　　　　　　　　　砾岩层顶部（图 10-5）

墨西哥克雷塔罗 EI Doctor（中白垩统）礁前斜坡；岩层上部 0.5m 处（在地质锤处）颗粒分选变好；来自大岩块部分未分选的大碎屑岩突出于分选好部分（在地质锤的左边）；上覆薄层是海相泥灰岩和燧石

图版 X-11　粒度粗的碎屑岩层
倾斜了90°（墨西哥伊达尔戈，
Puerto de Ortiga 的 El Doctor 礁
前斜坡；中白垩统

图版 X-12　澳大利亚西部坎宁盆
地纳皮尔山脉的 Dingo 峡谷碎屑
岩层（照片来自 Phillip）

显示相反的粒度分级和在大的碎屑突
出于上覆分选好、磨圆好的岩石中

图版 X-13　泥石流搬运的易碎的残存

a—完整的辐射蛤科群（中部，左上方），一种礁形成的双壳厚壳蛤，是来自墨西哥克雷塔罗 El Lobo 附近的浅水 El Abra（中白垩统）礁前斜坡沉积，辐射蛤类通过交错的贝壳轮缘形成相当有粘结力的群集；b—薄层状灰泥碎屑，夹层位于细粒与颗粒灰岩之间（在模糊的地方被描了线），粒状夹层可能有过轻微的胶结，在输送中形成易碎的碎屑，注意墨西哥克雷塔罗圣华金 EI Doctor（等同于 EI Abra）礁前上面与下面更为坚固

图版 X-14　角砾岩中的碎屑无固定的方向

来自墨西哥 Poza Rica 油气田的 Golden Lane 礁前，Tamabra 地层的中心（中白垩统）；岩心的宽度为 9cm

图版 X-15　陡峭的倾斜角砾（上图锤头的右边及低部右边）附近由沟道形成的角砾岩层侧缘
（图 10-5 中的（2））

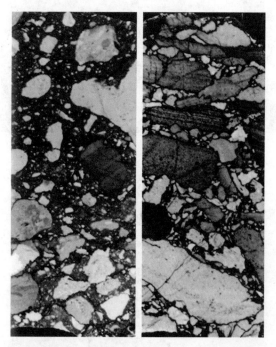

图版 X-16　中白垩统黄金巷"环礁"的礁前 Tamabra 地层岩心的角砾岩层

来源于墨西哥 Poza Rica 油气田（据 Enos，1977c）；a—在远洋石灰泥母岩中的厚壳蛤类碎片颗粒灰岩和微生物泥粒灰岩，有许多缝合线；b—疏松的基质和缝合线状的碎屑岩石包括燧石（中间左侧黑色的碎屑岩），岩心宽 9cm

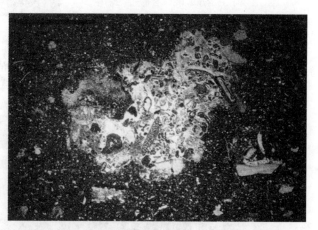

图版 X-17　基质中含远洋微生物（大部分含一些球状有孔虫的钙球）（据 Enos，1977c）

周围稍微胶结了浅水骨架石灰岩碎屑；注意右边突出的颗粒上胶结的薄的边缘；来源于墨西哥 Poza Rica 油气田黄金巷"环礁"礁前 Tamabra 层（中白垩统）；比例尺是 5mm

图版 X-18 碎屑灰岩层

图版 X-19 细粒纹层的远洋石灰泥

被可能为碎屑流成因的生物碎屑—角砾岩层覆盖，为墨西哥克雷塔罗 EI Lobo 附近的 EI Abra（中白垩统）礁前沉积；石板宽 7cm

图版 X-20 悬浮沉积

a—灰泥岩纹层，带有稀少的充填了粒状灰岩的洞，粒状灰岩来自层间细粒浊流的再沉积，来自墨西哥克雷塔罗 EI Lobo 附近的浅滩 EI Abra（中白垩统）礁前沉积；b—在剖面 a 上发现的，洞在层面上的暴露

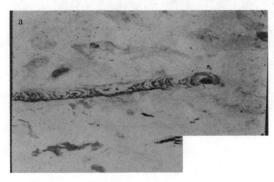

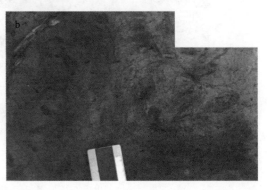

图版 X-21 螺旋迹化石

a—生物扰动浮游微体化石灰质泥岩，来自墨西哥韦拉克鲁斯波萨里卡方向的 Zapotalillo 油气田的岩心，是黄金巷环礁前礁的 Tamabra 灰石（中白垩统），图的宽度约 9cm（据 Enos，1977c）；b—有很多潜穴的 Globogerinid 灰泥岩，斜面表面可见许多螺旋迹（箭头），为印度尼西亚 Bintuni 海湾 Klamogun 组（中新统）

图版 X-22 Tamabra 地层厚壳蛤类碎
片粒状灰岩（据 Enos，1977c）

初始粒间孔隙为 32%，经过胶结作用后降至
2%；次生溶模孔隙度 13.5%；岩心片的宽度
为 10cm

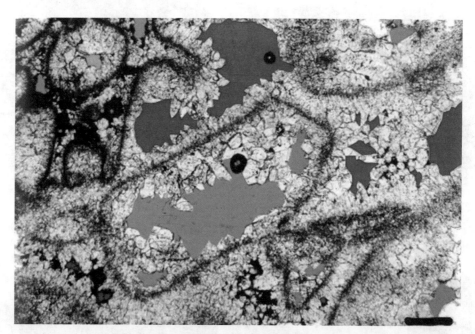

图版 X-23 厚壳蛤类碎片颗粒灰岩在平面偏光显微镜下的 Tamabra 地层显微镜薄片

初始粒间孔隙（红色）和粒内孔隙度（绿）因胶结作用降低，溶膜孔隙度也同样会因胶结作用而
降低，位于泥晶灰岩的壳内；注意所有包含剩余油斑点的孔隙类型

图版 XI   盆地边缘沉积环境

图版 XI—1   浅海台地相周围的软泥扫描电子显微镜照片（据 Schlagerand 和 James，1978；经 W.Schlager 许可）

注意丰富的霰石针和低镁方解石；这种混合的浅水礁滩衍生的霰石针加浮游生物的残骸如颗石、有孔虫和翼足类，是现今巴哈马群岛碳酸盐岩斜坡环台地的经典的软泥沉积；7507—020 以大洋舌（Tongue of the Ocean）为核心；深度是 1000ft；年龄是晚更新统或全新世

图版 XI—2   巴哈马群岛 Abaco 峡谷更新统碳酸盐软泥的野外露头底部照片（据 Mullins 等，1982）

岩化的远洋深海软泥的水平层理；照片底部的机架直径接近 1m，由 DSRV ALVIN 拍摄，拍摄水深为 3643m

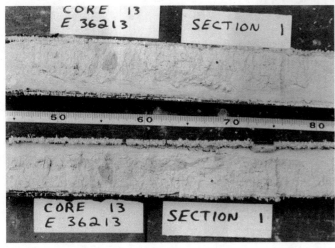
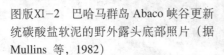

图版 XI—3   小巴哈马礁滩北部水深 850m 台地周围软泥的分裂活塞式取心照片

接近核心的顶部，存在一个大的眼球状洞穴构造，同样也存在许多小的、垂直的虫孔，比例尺是厘米级；由 H. T. Mullins 拍摄

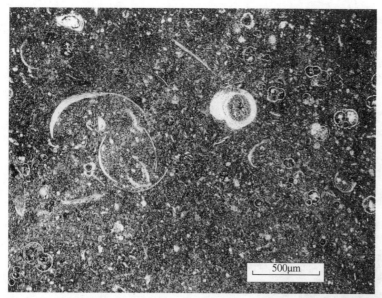

500μm

图版XI-4 台地周围礁滩薄片的平面偏光显微照片（据 Schlager 和 James，1978；由 W. Schlager 提供）

中间偏左的翼足类与偏右的厚壳和薄壳的浮游有孔虫同样存在；胶结物是微晶质低镁方解石；样品 555-25 取于巴哈马群岛的海舌；深度为 850ft，时代是更新统中期

图版XI-5 内华达上寒武统黑尔斯石灰岩下部的坡积物——细粒的层状灰泥岩和粒泥灰岩（由 H. E. Cook 拍摄）

图版XI-6 纽芬兰西部海岸亨伯河台地周围的中寒武统 Cooks Brook 地层软泥：均匀层状分布、灰泥岩与薄层的泥质灰泥岩互层

图版 XI-7　阿巴拉契亚山脉中奥陶统 Liberty Hall 地层薄层状的盆地边缘相（据 J.F. Read，1980）

图 版 XI-8　埃 及 Gebel Abu Had 下始新统 Thebes 地层

由薄层状与含次生燧石的细粒灰岩组成的斜坡相

图版 XI-9　内华达州上寒武统的 Hales 下部石灰岩层（据 Cook 和 Taylor，1977）

富含海绵骨针（小浅色斑点）和较大的浅色球体状的自生黄铁矿叠层石灰泥岩和粒泥灰岩；岩层厚 4cm

图版XI-10　纽约上泥盆统的 Middlesex 页岩和 Sawmil Creek 页岩岩样（据 Byers，1977）

a—伊利湖西部野外露头的米德尔塞克斯层状页岩，比例尺是毫米；b—伊萨卡岛东部地区含生物扰动作用的 Sawmill Creek 页岩，黑色泥岩已经完全被改造，浅层的砂岩则被水底掘穴动物破坏与搅成斑状，比例尺是厘米级；c—被觅食生物扰动作用破坏的悉尼附近东部的 Sawmill Creek 页岩露头，粉砂岩和泥岩层已经完全被改造，几乎没有沉积构造的保留，这个相带的露头几乎没有化石残留，比例尺是厘米

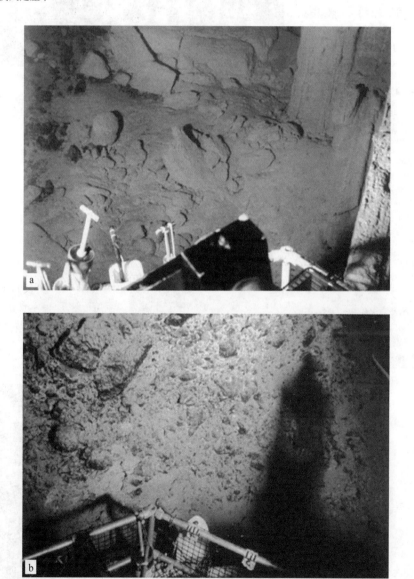

图版XI-11　Great Abaca 峡谷中的岩石照片

a—沿着 Great Abaco 峡谷受损的巨块状岩屑（节理控制的岩墙），层状物质是与图版XI-2 相似的更新统软泥，注意垂直纹理指示块体滑落方向，照片前方的机架直径是 1m，水深是 3663m；b—Great Abaco 峡谷垂直露头基底的含锰结壳石灰岩块部分胶结露头（白垩系），注意棱角状到圆状的细粒灰岩骨架，照片前方机架直径为 1m，深度是 3638m；Mullins 等拍摄

图版XI-12 澳大利亚西
部坎宁盆地前礁滩斜坡的
Epiphyton-Renalcis 岩块

图版XI-13 阿巴拉契亚山脉中
奥陶统软沉积地层的碳酸盐岩样
品(据 J. F. Read,1980)

图版XI-14 纽芬兰西部中寒武统 Cow Head
组已经变形成为薄层状角砾岩的初始半固结
斜坡的石灰岩层序

图版XI-15　沟道间相 50cm 厚的小型滑塌照片（据 Cook，1979a 修改）内华达州上寒武统的 Hales 灰岩下部

图版XI-16　内华达州下寒武统上部 Hales 灰岩被上覆平移滑动所截断的 10m 厚的斜坡相下部的旋转面（据 Cook，1979a）

图版 XI-17　厚 10m、宽 400m 的低斜坡相的滑动图（据 Cook，1979a）

图版 XI-20 的滑塌构造在右旋滑动边界的上部；照片左侧内华达州上寒武统至下奥陶统的 Hales 灰岩照片，明显指示出斜坡沉积物的运移方向是南东向

图版XI-18 半固结的半深海石灰岩，发育了大规模的卷曲构造（据 Cook，1979a）

图版XI-19 图版XI-17 内部的顺坡滑动指示了沿着倒转褶皱轴向的块状岩体较发育（据 Cook，1979a）

岩块结构主要是含棱状的和次磨圆状的薄层颗粒；块体孔隙被灰泥岩充注

图版XI-20 底部斜坡相 3.5m 厚的平移滑塌显示出基底的剪切褶皱作用（据 Cook，1979a）

该作用发育于半固结的沉积物中，并破坏形成薄层状的碎屑沉积；注意一系列碎屑的尺寸是在碎屑形成过程中就应定形；卷尺长 45cm；岩样为内华达州下奥陶统 Hales 灰岩的上部

图版XI-21　斜坡相底部平移滑动 3.5m 厚的基底剪切带（据 Cook，1979a）

图中的剪切带是平行于下伏近海床，且剪切带是 30～40cm 厚；钢笔为 10cm 长，岩样为内华达州下奥陶统 Hales 灰岩的上部

图版XI-22　发育在顺坡滑动基底的完整砾岩结构（据 Cook，1979a）

注意碎屑砾岩的结构完全可以认为是泥石流的产物；卷尺的长度 84cm；岩样为内华达州下奥陶统低斜坡相的 Hales 灰岩的上部

图版XI-23　低斜坡相顺坡滑动 3.5m 厚的侧缘（据 Cook，1979a）

图版XI-24 是右面照片的特写；岩样为内华达州下奥陶统 Hales 灰岩的上部

图版XI-24　图版XI-23 中的滑动，显示了在滑坡顶部所有原始层理已经改造
成薄层状的碎屑物（据 Cook，1979a）

图版XI-25　新墨西哥州萨克拉门托山密西西比系 Rancheria 地层的层内截断面（据 Yurewicz，1977）

露头宽度为 15m

图版Ⅺ-26　得克萨斯州西部瓜达卢普山脉二叠系 Bone Spring 地层的层内截断面（H. E. Cook 拍摄）

露头宽度为 5m

图版Ⅺ-27　北极群岛埃尔斯米尔岛二叠系—宾夕法尼亚系 Hare Fiord 地层中泥质、硅质灰岩的大型层内截断面（据 Davies，1977）

注意光滑曲线上凹的（铲状）几何截断面和缺乏明显变形的岩床高于或者低于截断面，下倾增厚，最高的沉积填充床与床下截断面；下倾增厚的沉积填补，低于截断面与岩床平行的层理；仅仅低于截断面的中心（箭头）部位的影子是不明物质；视图的宽度约 150m

图版Ⅺ-28　与图版Ⅺ-27 相同区域的大型截断面（据 Davies，1977）

视图的宽度约为 500m

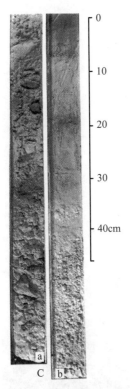

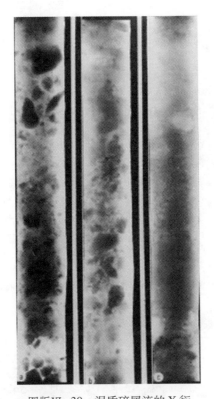

图版XI-29　从巴哈马群岛 Exuma 海峡 850ft 水深处的斜坡基底取心样品的照片（据 Crevello，1978）

注意岩心基底部分是分选差的、由灰泥岩支撑的碎屑，这些碎屑的级别达到粗粒状的砂岩；岩心的底部被认为是由碎屑流沉积组成；b 是在 a 的上部

图版XI-30　泥质碎屑流的 X 衍射照片（据 Crevello，1978）

该碎屑流的粒级达到粗粒的碳酸盐岩类砂岩，核心是从巴哈马群岛的 Exuma 海峡 850ft 水深处采的样品；每个岩心长 37cm

图版XI-31　包含碎屑流沉积的岩心的照片（H. T. Mullins 拍摄）

注意分选差的、泥质支撑的碎屑骨架是来源于上斜坡；岩心是从背部小的巴哈马群岛的 1000m 水深取出的样品；全心长度是 25cm

图版XI-32　加拿大艾伯塔上泥盆统 Ancient Wall 复杂碳酸盐岩东南缘（据 Cook 等，1972 修改）

箭头指向图版XI-33 至图版XI-35 中的泥石流岩床；地平线是标注在图 11-15 中的 1km

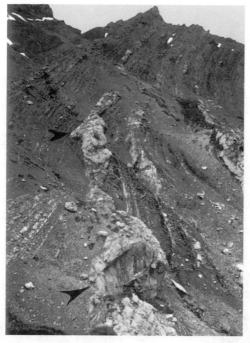

图版XI-33　加拿大艾伯塔分上泥盆统复杂碳酸盐岩东南缘（据Cook等，1972修改）

向西寻找包括Perdrix盆地相，直至始于地平线的岩隆边缘；从上到左的地层，图中视域显示浅色的抗蚀性的岩床，该岩床颜色接近黑色，比盆地相的抗蚀性弱；照片中顶部的箭头指向地层顶部碎屑的大突出物，该独立的碎屑在约10m×30m的剖面上，照片底部的箭头指向地层底部碎屑的大突出物，该独立的碎屑在约25m×50m的剖面上

图版XI-34　朝东南方向（盆地方向）的碎屑流席状体（部位与图版XI-37相同）（据Cook等，1972修改）

照片的顶部是地层的顶部；照片右侧的箭头指向与图版XI-37相同的10m×30m厚的碎屑；照片左侧的箭头指向与图版XI-37相同的25m×50m碎屑

图版XI-35　朝东南方向（盆地方向）的碎屑流席状体（部位与图版XI-38的相同）（据Cook等，1972修改）

大型突出物是与图版XI-37、图版XI-38相同的10m×30m大的碎屑，为相对平坦的底部

图版XI-36　图版XI-33 至图版XI-35 中碎片的纹理结构

不规则排序和类型多样化的大的矩形碎屑是一种层孔虫；白色的圆半径是 2cm（由 H. E. Cook 拍摄）

图版XI-37　图 11-15 左侧的箭头指示了这张照片的部位（据 Cook 等，1972 修改）

东南方向（盆地方向）为一系列堆叠的碎屑流，这些碎屑颗粒流改造为浊流沉积；Thornton 山脉东南缘 Ancient Wall 的复杂碳酸盐岩沉积；地层顶部至右侧，多数的碎屑是由一些几厘米到几米的深色的盆地相沉积物所分割；这些堆叠的碎屑共约 50m 厚

图版XI-38　向北看矿床露头形成碎屑流（箭头方向）（H. E. Cook 拍摄）

该碎屑流相对均一厚度约 20m，覆盖在至少 10 ~ 20km² 的区域；泥石流物质中的浅水区碎屑是从礁滩边缘向东搬运了至少 50 ~ 75km；该地层为加拿大育空地区北部的 Mackenzie 山脉中泥盆统的 Prongs Creek 地层

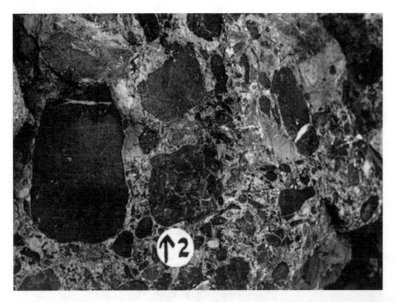

图版 XI-39　图版 XI-38、图 11-16 中的碎屑流沉积物的结构

大部分的深色碎屑是粒状灰岩；白色的圆圈直径 2cm（由 H.E.Cook 拍摄）

图版XI-40　碎屑流通道深 50 ~ 75m、宽 100 ~ 150m

照片顶部为地层的顶部；该通道为笔石灰泥岩所切割，照片的拍摄角度为 30°；注意基底明显的凹面；通道的泥石流沉积顶部平坦；这个大型的沉积物是 25 个通道沉积物种的其中之一，这些沉积物是出现在横跨 10 ~ 15km 的区域内；距离礁滩边缘大概为 50 ~ 60km；该地层为加拿大育空地区北部 Mackenzie 山脉中泥盆统 Prongs Creek 地层（由 H.E.Cook 拍摄）

图版XI-41　碎屑流通道的沉积物从图版XI-40 中的河道开始沉积

鹅卵石大小的碎屑主要含灰泥岩的粒状灰岩和层孔石（由 H.E.Cook 拍摄）

图版XI-42　碎屑流沉积物（据 Cook 等，1972 修改）

海底扇的通道沉积物 10 ～ 15m 深、宽约 400m，发生在斜坡底部附近；手所处的单独的矩形状的 3m×15m 的露头是平行于通道的基底；其他的碎屑是随机排列且含灰泥岩；黑线是指露头的通道的基底；通道顶部在照片中是不可见的；该地层是内华达州下奥陶统 Hales 地层上部

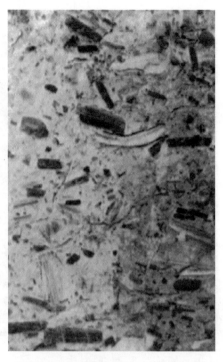

图版XI-43　图版XI-42 中的碎屑流通道沉积物的薄的侧缘

通道横向边界的薄层状碎屑通常与岩床平行，但是碎屑的大小是随机分布的；岩床厚 60cm

图版XI-44　区域性广泛分布的厚 100m 的巨角砾岩碎屑流沉积

照片左侧的箭头指向人所站的泥石流沉积的顶部；剖面中两个单独的大约 20m×100m 碎屑已经找到；碳酸盐岩碎屑的体积 60 ～ 140km³；地层为西班牙中南部的比利牛斯山脉的始新统 Hecho 组（由 H. E. Cook 拍摄）

图版XI-43　图版XI-44 中显示的碎屑流中的浅
水有孔虫粒屑灰岩（由 H. E. Cook 拍摄）

周围鹅卵石大小的碎屑物是砂岩级别大小的碳酸盐岩颗
粒和台地派生的灰质泥岩的混合物

图版XI-46　含灰质泥岩颗粒和平行层理的碎屑

岩层为加拿大 Territories 西北地区的 Mackenzie 山脉下寒武统
Sekwi 组

图版XI-47　两种不同类型的碳酸盐岩斜坡相沉积的序列（据 Mcllreath 和 James，1978）

含粗粒状的石灰岩碎屑和薄层状、粒状砂屑灰岩，含黑色裂变石灰岩层间物质的泥石流沉积；中寒
武统的反旋回层序（左下角为顶部）形成于纽芬兰西部 Port-au-Port 半岛的 Cape Cormorant

图版XI-48　碎屑流沉积物中白色中
砾物质是丛生藻属粘结碳酸盐岩
岩层是纽芬兰西部上寒武统 Cow Head 组

图版XI-49　下斜坡多杂质
的碎屑流砾岩
阿巴拉契亚山脉寒武系深色白
云岩

图版XI-50　斜坡相的砾状碎屑流
沉积
结核由早期形成的细粒度的碳酸盐岩
颗粒组成，基岩由灰泥岩支撑的细粒
骨架砂岩组成；岩层为埃及始新统
Thebes 组

图版XI-51 Ancient Wall 岩隆东南边缘 Perdrix 盆地相沉积中 0.5m 厚的受颗粒流所改造的沉积物（据 Cook 等，1972）

照片是底部和顶部的连接部分；反粒序包含的碎屑粒级最大达 8cm；铅笔长 15cm；岩层为加拿大艾伯塔盆地上泥盆统

图版XI-52 图版XI-37 中的一个次生颗粒物（据 Cook 等，1972）

大约是 Ancient Wall 岩隆东南缘 4km 的区域；可能是改造后的 1m 厚的颗粒流沉积；反粒序包含的碎屑物质粒级最大可以达到 5cm；深色的抗腐蚀性碎屑颗粒是部分硅化化石碎片；标尺单位顶部是英寸、底部是厘米；顶部和底部的连接部分在照片中未显示出来

图版XI-53 颗粒流改造的沉积物

其中的反粒序颗粒的跨度大约是卷尺上标注的 10in；从卷尺的 10in 到卷尺顶部的颗粒可能是正常的分米级（？）；岩床为内华达州下奥陶统 Hales 灰岩的上部（由 H.E.Cook 拍摄）

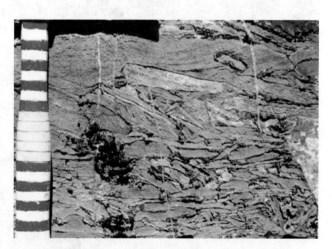

图版XI-54 可能的改选的颗粒流沉积

岩层呈现平板颗粒的反向粒序，颗粒亚平行排列，岩层上部颗粒呈叠瓦状向上排列，且被交错层理砂屑灰岩覆盖；岩层是中海底扇分流水道体系的一部分；内华达州上寒武统哈莱斯灰岩底部（由 H.E.Cook 拍摄）

图版XI-55　含碳酸盐岩浊积岩的分体活塞岩心照片

这两部分均来自岩心 E-36212 处，而该处由小巴哈马海滩北部斜坡基底 1095m 水深处获得；刻度是厘米；粗粒度的浊积岩表明正粒序颗粒由砾石到中砂；浊积砂岩正粒序颗粒由粗砂到中砂，可以看到明显的侵蚀基底；两者的异化颗粒均由斜坡而来（由 H.T.Mullins 拍摄）

图版XI-56　正粒序碳酸盐岩浊积岩薄片显微照片
（据 Crevello，1987）

样品为 C-32 岩心，来自巴哈马群岛 Exuma 海峡 900ft 水深

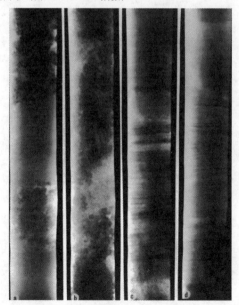

图版XI-57　巴哈马群岛 Exuma 海峡 860ft 水深处活塞
岩心的浊积岩 X 射线照片（据 Crevello，1978）

可以看到明显的侵蚀基底及粗块体；鲍马序列（1962）a 段正粒序，b 段板状平行层理，c 段可能的交错层理及 e 段深海块状沉积；每个岩心都是 35cm 长

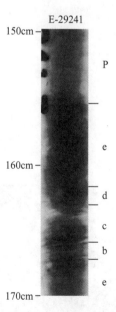

图版XI-58　碳酸盐岩浊积岩底部的 X 射线照片
（据 Mullins，1978）

展示了鲍马序列（1962）的 b-c-d-e 段，岩心样品来自小巴哈马海滩东部 4000m 水深处

图版XI-59　远洋和半远洋钙质泥岩（黑色），100m厚
碳酸盐岩浊积岩和碎屑流岩席

剖面来自低起伏的堤边缘，长约 30km；加拿大育空地区北部
中泥盆统 Prongs Creek 组（由 H.E.Cook 拍摄）

图版XI-60　正粒序浊积灰岩
（据 Cook 和 Taylor，1977 修改）

50cm 厚，包含有陆架和斜坡碎屑物；板状颗粒呈亚平行排
列；位于斜坡底部内扇相；内华达州上寒武统哈莱斯石灰岩
下部

图版XI-61　正粒序浊积灰岩（据 Cook，1979a 修改）

30cm 厚，具侵蚀基底和平顶，板状碎屑亚平行排列，照片右
侧碎屑叠瓦状向上排列；这是碎屑颗粒与基岩比例最高的浊
积岩；位于中扇分流水道系统，内华达州上寒武统哈莱斯石
灰岩下部

图版XI-62　1.5m 厚水道沉积上部（据 Cook，1979a）

碎屑颗粒正粒序排列，水道顶部颗粒呈叠瓦状向上排列，底
部颗粒呈亚平行排列；岩层被波状砂屑灰岩覆盖；位于中扇
分流水道体系；内华达州上寒武统哈莱斯石灰岩底部

图版 XI-63　15cm 厚砾状浊积岩（由 H. E. Cook 拍摄）

碎屑颗粒呈正粒序；腹足壳中的示底构造表明浊积岩沉积后
贝壳被钙质泥充填；浊积岩沉积在离堤边缘 100m 的斜坡处；
白圈 2cm 宽；加拿大育空地区 Wernecke 山志留—泥盆系
Road River 组

图版 XI-64　10cm 厚正粒序砾状浊积岩
（由 H. E. Cook 拍摄）

可以看到平坦基底及丘状表面；岩层出现在离天然堤边缘
65km 处的笔石盆形钙质泥岩中；加拿大育空地区北部中泥盆
统 Prongs Creek 组

图版 XI-65　前缘斜坡正粒序钙质泥粒浊积灰岩岩系
（据 Pfeil 和 Read，1980）

阿巴拉契亚寒武系 Shady 白云岩

0　　　　2cm

图版 XI-66　正粒序粒状浊积灰岩—泥粒灰岩
（由 F. F. Krause 提供）

加拿大西北地区下寒武统 Sekwi 组

图版XI-67　在岩层顶部具鲍马序列 b 段
正粒序浊积岩（由 H. E. Cook 拍摄）

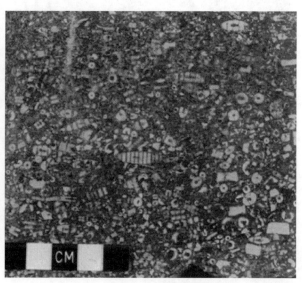

图版XI-68　具沉积负荷基底和原始粒度的粗粒海百合
浊积岩（据 Davies，1977）

更大颗粒不规则分布而不仅限于基底；北极群岛 Sverdrup 盆
地二叠系—宾夕法尼亚系 Hare Fiord 组

图版XI-69　正粒序粒状灰岩与钙质页岩互层
（据 Pfeil 和 Read，1980）

可以看到侵蚀表面和页岩层顶部的火焰构造及粒状灰岩底部
的石香肠构造

图版XI-70　10cm 厚正粒序浊积岩席
（据 Cooke 等，1972）

加拿大艾伯塔省上泥盆统

图版 XI-71 由底部是正粒序、中部是纹层状、上部是爬升波纹层理（鲍马序列的 a、b、c 段）组成的被碎屑流角砾岩覆盖的浊积灰岩（由 F. F. Kramal 提供）

加拿大东北部麦肯齐山下寒武统 Sekwi 组

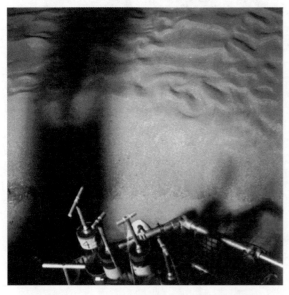

图版 XI-72 具北向波纹标志的沙波水底摄影
（据 Mullins 等，1980a）

这些河床的形成是速度达 60cm/s 的北向底流的响应；沙波北流面（中央）高度将近 50cm；照片前景宽度将近 1m；照片摄于小巴哈马海滩西部斜坡 400m 水深处的 DSRV ALVIN

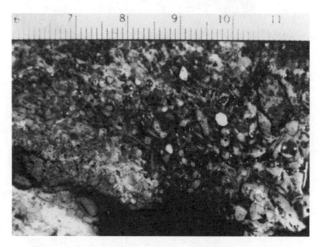

图版 XI-73 来自大巴哈马滩泥砂漂移至 595m 水深处岩屑的含砾生物泥晶石灰岩（粒状灰岩）抛光板
（据 Mullins 等，1980a）

粗晶粒的翼足类动物、岩屑、浮游有孔虫及一些浅水碎屑都被镁方解石所胶结；可看到原生交错层理；刻度为厘米

图版 XI-74 上斜坡相等深粒状灰岩
（由 H. E. Cook 拍摄）

由分选良好的粉砂至细砂、浅水藻粒组成；岩石骨架几乎不含泥而是由亮晶方解石充填；由振幅为 9cm 和 0.5～1.0cm 这两种波纹组成；顶底都有明显的接触带和半深海斜坡泥岩封闭；内华达州下奥陶统哈米斯灰岩上部；刻度值为厘米

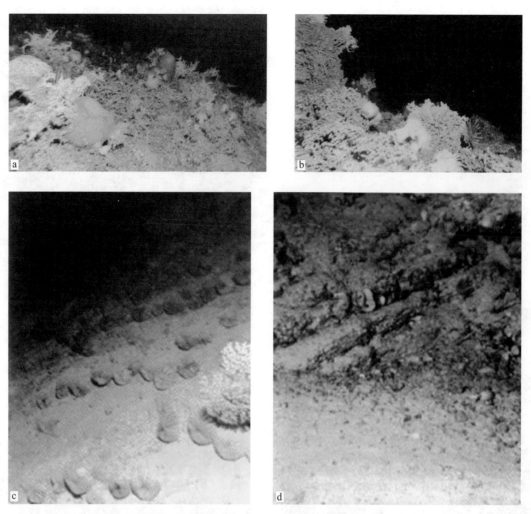

图版XI-75 岩礁末端的照片（照片由 A. C. Neumann 提供）

a—岩礁末端上升流南部的深水，非造礁珊瑚（*Lophelia*）和海绵，摄于佛罗里达海峡北部的 DSRV ALVIN 600～700m 水深处，照片横向宽度将近 3m，可以看陡倾边缘；b—图 a 中非造礁珊瑚和海葵的近距拍摄照片（照片横向宽度将近 1.5m）；c—顺流北部岩礁末端，位于"微暗礁"上的海百合，可以看到陡倾边缘及缺乏珊瑚，照片横向宽度将近 3m；d—沿岩礁基底的露头中的"葱皮"构造，照片横向宽度近 2.5m

图版XI-80 磨好的岩礁岩石薄片（据 Mullins 等，1978）

岩石来自佛罗里达州北部 650m 深的水下；注意生物格架是非造礁的珊瑚白色建造；比例尺为厘米级

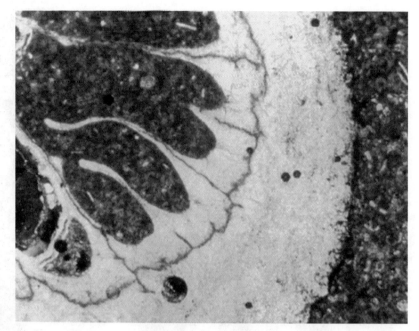

图版XI-77　岩礁岩石薄片（据 Mullins，1978）

岩石来自普罗维登斯海峡西北部，弗里波特的南部和巴哈马群岛950m 水下；注意大型的生物格架是很空的；然后被浮游生物碎屑充填（白色）及被泥晶镁方解石固结（棕色）；图片的规格是9mm

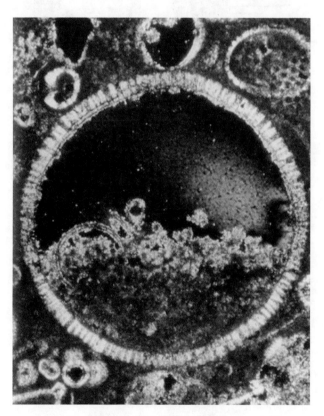

图版XI-78　岩礁岩石薄片

能够指示顶底结构的显微图像中的岩石来自600 ～ 700m水深的佛罗里达东北部的地层中；圆球虫属已经部分被淤泥和碎屑充填；固结物是大约14mol/mg 的镁方解石；指示顶底充填的颗粒直径为0.74mm

图版XI-79　表面附着藻—肾形藻的生物岩礁（高 10m）（据 Pfeil 和 Read，1980）

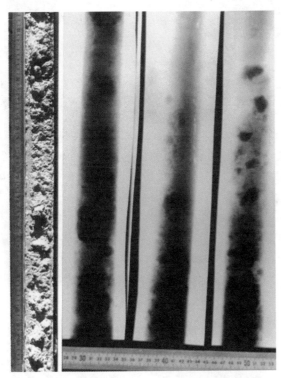

图版XI-80 岩心及含核的 X 射线照片

左图中破开的岩心包含有原地沉积的结核；岩心从巴哈马450m 水深的斜坡上取得；右图打印了核的 X 射线照片，其中充填了原地沉积的结核；注意到次圆状的粒状结构一般展布在砂泥周围

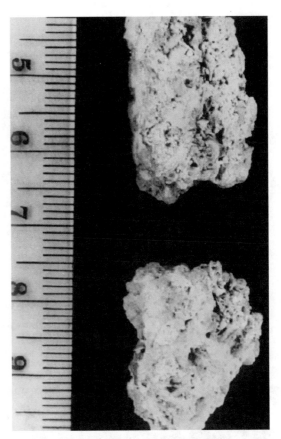

图版XI-81 海底原地沉积的结核照片
（据 Mullins 等，1980b）

注意到结核的外表不规则和推测整个构成表明了结核不可能被运移；比例尺为厘米级

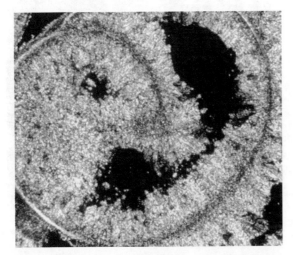

图版XI-82 一个海底固结的结核薄片的
显微照片

颗粒内的固结可能由含镁方解石构成；照片中心宽 850mm

图版XI-83 照片下部被敲断的岩石

来自佛罗里达南部阿加西峡谷附近的地层，注意表层上面是薄的、平的、有很好岩化，而且越往下胶结程度越低；硬石基底向上大概有 1.5m 厚，水深大概 600m

图版XI-84　被挖掘出的硬底岩石的表面特写

岩石来自大巴哈马海底北部230m深水；注意不规则的表面；比例尺为厘米级

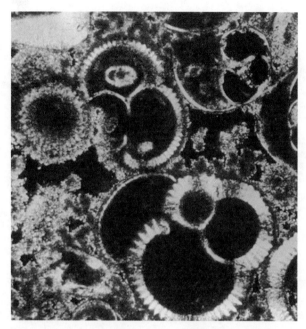

图版XI-85　偏光下显微照片

（据 Neumann 等，1977）

岩石是从佛罗里达州东北部水深640m的地层挖出；注意颗粒支撑是由浮游的有孔虫组成；还要注意泥晶镁方解石的胶结结构和泥晶镁方解石中大的颗粒间结构

图版XI-86　硬石基底的新鲜表面有个清晰的洞

（据 Wilber，1976）

这块岩石来自佛罗里达东北部水深620m的海底地层；注意泡沫状结构；如此的结构代表着在一些碳酸盐岩斜坡基底上有超过50%的次生孔隙

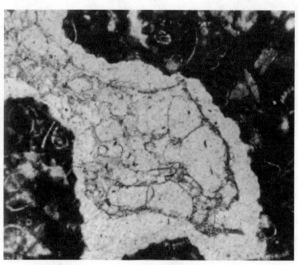

图版XI-87　原地沉积物的薄片显微图像

（据 Wilber，1976）

注意孔隙（白色），那是一个海绵孔洞的框架；也要注意溶蚀的化学沉积在大部分岩石中是半球形的穴；比例尺为2mm

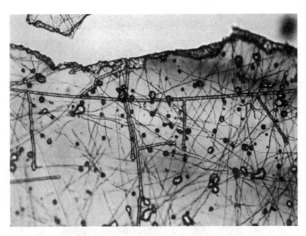

图版XI-88　翼足类碎片在平光下的显微图像
（据 Zeff 和 Perkins，1979）

有管状的、分叉的和真菌状的；这些微型孔隙纵横交错
着；右边的分叉终端在圆锥形的膨大的一端；注意到孔
洞没有被融合；丝状结构与菌有关；照片中的规格是
300mm；样品来自于佛罗里达州东北部水深435m下的
地层

图版XI-89　顺着层面俯视，坚硬的基底上面
有结核状结构

分布在始新统底比斯组（红海岸边，埃及）；放大的倍数
是成比例的；坚硬的基底是框架结构融合组成的，早期固
结的结核是细粒灰岩

图版XI-90　图版XI-89局部放大

坚硬基底的早期胶结和暴露在沉积物的
表面证明了结核结构；普通的壳是由牡
蛎形成的

图版XI-91　中底比斯组的顶部
（红海岸边，埃及）

斜坡沉积相是由上白垩统的结核和富
含有孔虫的结核组成；底流的证据是
大规模的低角度交错层理；照片垂向
约8m

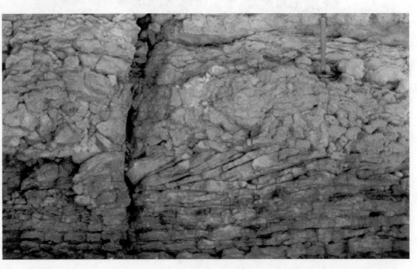

图版XI-92　碳酸盐岩向上逐渐变薄和向上变细的层序
推断出扇中的支流水道

向下的砾岩水道的沉积厚约1.5m；在内华达州，上寒武统的
底部是黑尔斯石灰岩

图版XI-93　水道边缘发育不连续的砂屑灰岩，颗粒小
且沉积快速

白色标记2cm宽；在内华达州，上寒武统的底部是石灰岩

图版XI-94　薄层的砂屑灰岩和粉砂质灰岩，侧向持续
浊积为水道间相

图版XI-95　上部为粗厚的不连通的浊积层、平坦底部和顶部的浊积层

推断出沉积扇的外缘；内华达州上寒武统黑尔斯石灰岩

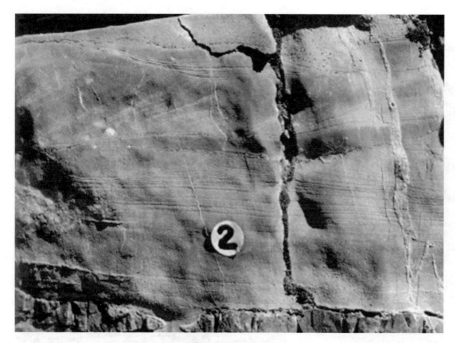

图版XI-96 外扇两个朵体

显示 2 个浊积事件；下部 14cm
是由一个由上往下为 a-c 鲍马
层序，宽 2cm 的白圈显示的鲍
马层序 a 段组成

图版XI-97 层间薄层浊积岩以及在扇边的远洋
沉积物和盆地平原相

标志物宽 2cm；内华达州上寒武统的黑尔斯页岩

图版XI-98 二叠盆地碳酸盐岩碎屑流沉积在
盆地中部形成油气储层

得克萨斯州西部；推断主要在浅水形成角砾颗粒，
深色为灰泥基质；注意沉积后基质中的孔隙度

图版XII 深海沉积环境

图版XII-1 钙质浮游生物

a—现代抱球虫SEM（扫描电镜）照片，比例尺长度0.17mm，照片由Peter Roth提供；b—现代抱球虫SEM照片，比例尺长度80μm，照片由Peter Roth提供；c—上白垩统白垩内浮游有孔虫显微镜下薄片照片，单偏光，比例尺长度80μm；d—远洋沉积物中现代抱球虫，单偏光，比例尺70μm；e—现代颗石球（*Emiliania huxleyi*）SEM照片，比例尺长度1.0μm；f——个颗石球（*Emiliania huxleyi*）的横切面照片，展示了每个薄板（颗石粒）的排列方式，比例尺长度1.0μm；g—渐新统海相白垩中成岩变化的颗石球SEM照片，比例尺长度2.3μm；h—上白垩统陆架白垩中一个颗石粒的SEM照片，比例尺长度0.7μm；i—钙质超微化石碎屑混合物SEM照片，包括颗石藻、棒状晶体等，来自上白垩统陆架白垩；比例尺长度3.4μm；j—颗石藻荧光显微照片，展示其特征性的消光模式，始新统海相白垩（正交偏光），比例尺长度为65μm；k—上新统（？）海相白垩中盘星石SEM照片，比例尺长度0.8μm

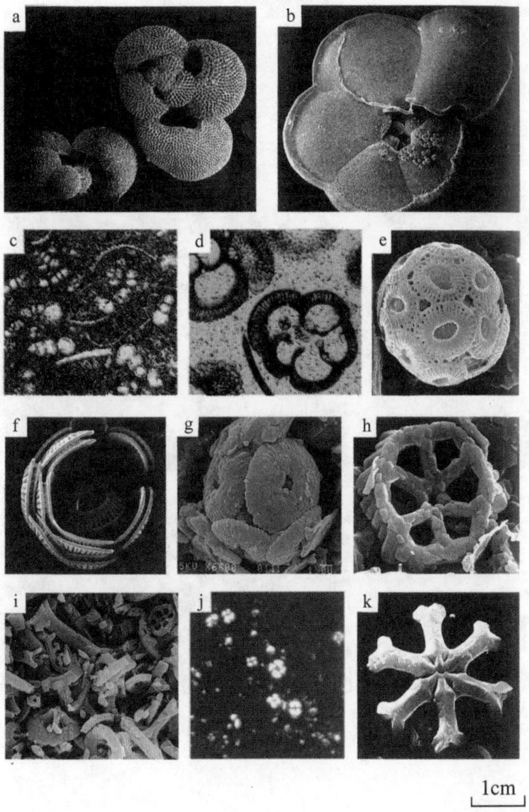

1cm

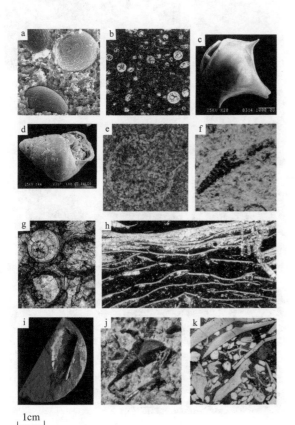

1cm

图版XII-2 远洋中浮游与自游生物

a—上白垩统白垩中钙球（*Pithonella ovalis*）SEM照片，比例尺长度4.9μm；b—上白垩统白垩中钙球被亮晶方解石充填的薄片显微照片，单偏光，比例尺长度40μm；c—海相白垩中保存完好的现代文石质翼足类生物SEM照片，比例尺长度0.95μm；d—海相白垩中部分溶蚀的现代文石质翼足类生物SEM照片，比例尺长度0.55μm；e—上侏罗统石灰岩中翼足类生物薄片显微照片，比例尺长度55μm；f—志留系盆地相石灰岩中的触手类，比例尺长度2cm；g—薄片显微照片，亮晶方解石充填的光壳节石，泥盆系，单偏光，比例尺长度40μm；h—薄片镜下照片，三叠系盆地相石灰岩中薄壳瓣鳃类（*Halobia*），单偏光，比例尺长度0.25mm；i—上侏罗统海相石灰岩中方解石质菊石纲无褶目，比例尺长度1.2cm，取自大洋深海钻探11组报告卷首插画；j—密西西比系石灰岩中的磷酸盐牙形石（*Siphonodella*），比例尺长度0.44mm；k—大量牙形石横切面的薄片显微照片，密西西比系盆地相磷酸盐页岩，单偏光，比例尺长度0.15mm

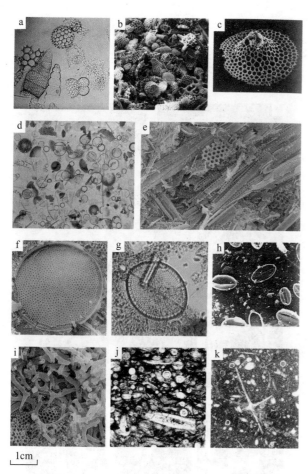

图版XII-3　硅质浮游和底栖生物

a—现代海洋硅质软泥中较粗粒部分的光显微照片，含有各种放射虫组合，比例尺长度为30μm，照片由 C.R.Wenkam 提供；b—现代海洋硅质软泥粗粒部分的 SEM 照片，含有一些保存完好的放射虫组合碎片，比例尺长度100μm，据 Hein 等，1979；c—侏罗系燧石中蚀刻出的单个放射虫 SEM 照片，比例尺长度32μm，由 E.A.Pessagno 提供；d—现代硅质软泥光显微照片，含混合硅藻土和海绵骨针组合，比例尺长度0.12mm；e—富含硅藻的中新世硅质软泥 SEM 照片，加利福尼亚州海上大陆架，比例尺长度7.5μm；f—加利福尼亚州中新统大陆边缘地带的中心硅藻 SEM 照片，比例尺长度12μm；g—现代浅海碳酸盐泥岩中硅藻的光显微照片，单偏光，比例尺长度7μm；h—现代浅海碳酸盐泥岩中硅藻 SEM 照片，比例尺长度3.6μm；i—可能为硅鞭藻的 SEM 照片，来自加利福尼亚州大陆边缘沉积的中新世硅质软泥，比例尺长度10μm；j—单轴海绵骨针（具中央沟渠）的薄片显微照片，宾夕法尼亚系石灰岩，单偏光，比例尺长度90μm；k—英国白垩系大陆白垩薄片镜下照片，含有单轴和多轴海绵骨针，单偏光，比例尺长度0.1mm

图版XII-4　有机细胞壁的微化石、粪球粒及相关硫化物矿物

a—白垩系浅海沟鞭藻染色后光显微照片，比例尺长度9μm；b—白垩系（？）沟鞭藻 SEM 照片，比例尺长度7.4μm；c—古生代（？）单细胞微化石（*Herkomorph acritarch*）SEM 照片，比例尺长度12μm；d—古生代另外一种单细胞微化石 SEM 照片，比例尺长度13.4μm；e—白垩系单个孢子染色后光显微照片，比例尺长度7μm；f—白垩系单个花粉粒经孢粉学染色准备后光显微照片，比例尺长度7μm；g—内华达州志留系石灰岩层面上笔石（单笔石）在岩石切面上的照片，比例尺长度1cm；h—岩石切面照片，展示了阿拉斯加州志留系黑色页岩层面上的笔石，比例尺长度1.4cm；i—黄铁矿化粪球粒 SEM 照片，取自上新世泥质硅藻土软泥，比例尺长度50μm；j—上白垩统页岩质白垩薄片显微照片，单偏光，展示了层面上粪球粒（蓝绿色）被压扁，粪球粒保留了部分原始孔隙度，因此被中性蓝色染色剂染色，比例尺长度0.1mm；k—上白垩统富有机碳白垩切面照片，展示了大块的黄铁矿结核体或晶体集合体，与叠瓦蛤碎屑有关（注意左上方结核周围纹层的压实作用），比例尺长度为2mm；l—黄铁矿莓球 SEM 照片，上白垩统白垩，这些微小的等轴晶体集合体是自生的，其形成与有机质有关（包括粪球粒）；比例尺长度3μm

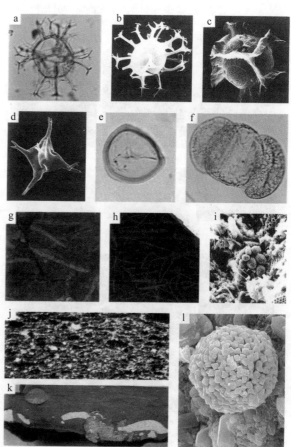

图版XII-5 远洋碳酸盐岩中常见的钙质底栖生物

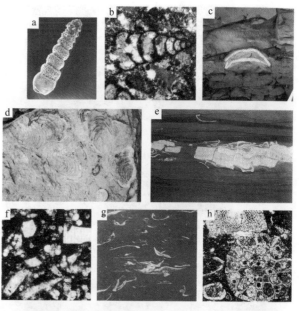

a—全新世单列底栖有孔虫 SEM 照片，比例尺长度 36μm；
b—宾夕法尼亚纪单轴底栖有孔虫薄片镜下显微照片（单偏光），比例尺长度 0.1mm；c—意大利上白垩统远洋泥灰岩中被压实过的海胆类，比例尺长度 2.5mm；d—白垩系白垩岩石切面照片，展示了层面上铰链式的叠瓦蛤（Inoceramus labiatus），比例尺长度 3cm；e—压实过的叠瓦蛤斧足贝照片，可见双片瓣膜，部分分散并形成牡蛎（Pseudoperna congesta）结壳，位于部分分层的富有机碳的上白垩统石灰岩，比例尺长度 1.1cm；f—上白垩统白垩中叠瓦蛤碎片薄片镜下显微照片（单偏光），比例尺长度 0.12mm；g—上白垩统白垩岩心切面横剖面照片，展示了压实作用导致变形的牡蛎，比例尺长度 1cm；h—上白垩统白垩中苔藓虫薄片镜下显微照片（单偏光），比例尺长度 80μm

图版XII-6 无氧和缺氧条件下沉积的陆架陆源石灰岩

保存了厘米级—毫米级的纹层结构和分米级的层理旋回；沉积物中主要含有钙质超微化石和有孔虫类，另外有一些附属的大型动物，如叠瓦蛤和牡蛎等；上白垩统 Smoky Hill 白垩段，Niobrara 组，Kansas

图版XII-7 下白垩统深水石灰岩中未经扰动
的纹层灰岩

北大西洋大洋钻探 367 号（岩心 367-25-4，30 ～ 44cm段）；其沉积物中包含 86.5% 碳酸钙、1.6% 有机碳和 0.6%硫含量，可能反映了其环境的海底厌氧条件；注意往上纹层逐渐消失，并出现小的掘孔，顶部颜色变浅指示含氧环境

图版Ⅻ-8　岩心中掘孔灰岩和纹层状富含有机碳泥灰
岩的韵律组合

每种岩性之间的过渡是渐变的，石灰岩部分主要由钙质超微
化石和浮游有孔虫组成；在浅水陆缘水道沉积的海底纹层状
泥灰岩中，由于无氧或缺氧的条件，底栖动物缺失；上白垩
统 Greenhorn 灰岩，Pueblo，科罗拉多

图版Ⅻ-9　英国 Wight 岛白垩系下部的白垩—
泥灰岩旋回

每个旋回厚度 30 ～ 50cm，并呈现黏土含量较多（多至 60%）
或较少（低于 10%）岩层之间韵律

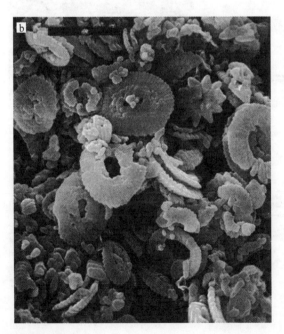

图版Ⅻ-10　白垩的 SEM 照片

a—Niobrara 组 Smokey Hill 页岩段陆缘大陆架白垩 SEM 照片，样品中含有保存完好的、各种颗石藻和棒状晶体组合，孔隙度
范围在 35% ～ 40% 之间，比例尺长度 10μm；b—Hatton-Rockall 盆地古近—新近系深海典型白垩 SEM 照片，大洋深海钻探 12
号，116 点，埋深 462m，比例尺长度 4.5μm

图版XⅡ-11　英格兰 Wight 岛上层状白垩

生物扰动作用使得这些层内大多数原始沉积结构均一化，仅保留少量原始层理，而其平均黏土含量较低（＜5%）

图版XⅡ-12　具有典型均一性和侧向连续的韵律层的白垩

由于沿层面的选择性硅化作用，使层状特征更加明显；该悬崖暴露了一段厚约 60m 的上白垩统的白垩剖面，位于法国 Etretat 附近

图版XⅡ-13　富有机碳块状盆地相石灰岩快速沉积、可见少量特征层理

该剖面属于环礁内部、大陆架深海相沉积，与礁前斜坡相互层，可能为 Poza Rica 和 Golden Lane 油田中油气聚集的烃源岩；墨西哥东北部下白垩统 Tamaulipas 石灰岩段

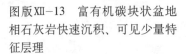

图版XII-14　相对较浅的陆缘海环境中沉积的白垩

大型河道内可见微弱滑塌特征，该特征可能与局部生物丘状建隆有关，也可能代表了水流成因的丘；剖面出露厚度大约75m，由于燧石结核形成暗色条带，层面更明显；法国 Etretat 附近，上白垩统白垩

图版XII-15　具滑塌和褶皱特征的白云质远洋石灰岩

由于耐震中脊两翼向下坡的搬运作用，沉积物混合和剪切作用强；有机碳含量高，位于滑塌体之上的沉积物呈纹层状；其沉积环境可能为厌氧的盆地相或位于最低含氧带之下；远洋沉积物中白云石的形成常与硫酸盐还原作用造成的孔隙水缺氧有关；上白垩统，大洋深海钻探 40 号，364 点，岩心 36-3，南大西洋 Walvis 中脊；比例尺为厘米级

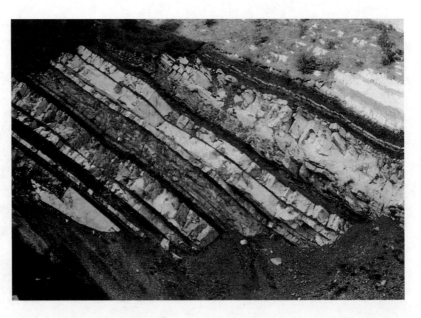

图版XII-16　浅色灰质浊积岩与半远洋黑色页岩互层

单层厚度一般不超过 1m，内部呈粒序结构，但文献记载个别厚度可达 27m（Scholle，1971）；盆地相的岩层中含有陆源砂质和海绿石，及较粗的碳酸盐岩碎屑。浊积岩部分由同时代改造的超微化石和微体化石组成，不含碳酸盐岩的远洋互层沉积表明其沉积环境位于 CCD 之下；上白垩统 Monte Antola 组，意大利 Genoa 附近

—626—

图版XII-17　灰质浊积岩底部的底模

以槽模为主，也可见重荷模和遗迹化石；水流剪切形成的底模一般在远端浊积岩中不容易看到；上白垩统 Monte Antola 组，意大利 Genoa 附近

图版XII-18　红色泥灰岩与浅灰色石灰岩韵律互层

沉积于相对较深的海底或 CCD 提升处；红色泥灰岩代表阶段性的碎屑物质对远洋碳酸盐流的稀释作用，也可能是由于位于 CCD 之下的远洋浊流沉积形成的碳酸盐岩层；上白垩统 Zumaya，西班牙

图版XII-19　灰色浊积泥灰岩上覆约 4cm 厚的薄层暗绿色半远洋沉积黏土岩

泥灰岩段距顶部 5cm 处（位于比例尺约 10cm 读数处）可见丛藻迹掘孔，并被上部暗色半远洋沉积物充填；由于压实作用，丛藻迹掘孔的切面被压平；注意丛藻迹的位置一般位于距离顶面不超过 10cm（最大不超过 20cm）的浊积泥灰岩中，再往下不会发现丛藻迹，表明该泥灰岩为快速沉积的结果；暗绿色黏土岩中缺少碳酸钙表明其沉积环境位于 CCD 之下；照片顶部的棕色物质为下一期砂质浊积岩的底；上白垩统 Zementmergel，Bavaria，德国；比例尺为厘米级；照片来自 R.Hesse

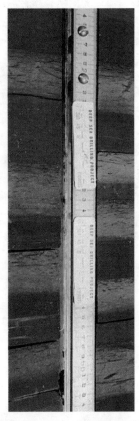

图版XⅡ-20　半远洋泥岩沉积旋回

深橄榄灰色部分碳酸钙匮乏，并与下伏浅色沉积呈突变接触；颜色较深的岩层中陆源粉砂质物质和有机碳更加富集，可能为陆隆带沉积的泥质浊积岩；注意浅色层段上部存在掘孔，且越往下部的浊积岩部分掘孔含量越少；全新统，DSDP，41号，368点位，岩心45-4，非洲西北海上；比例尺为厘米级

图版XⅡ-21　纹层状盆地相石灰岩岩心抛光切面

有机质含量大约为2%；除了一小部分硅质浮游生物成分，其余碳酸盐成分均来自附近大陆架，这也是绝大多数古生界深盆沉积物的特征；上二叠统 Bell Canyon 组 Lamar 石灰岩段，Delaware 盆地，得克萨斯州西部；比例尺为厘米级

图版XⅡ-22　均质薄层（层厚约25cm）石灰岩夹薄层红色页岩

这些岩石均非常坚硬，是典型的深埋远洋石灰岩或浊积层序；薄层结构代表了原始沉积韵律，或是由于成岩过程中向碳酸盐岩的转化而加强了的浊流沉积层理；下古新统，西班牙 Zumaya，照片中间靠右部分的比例尺长度为15cm

图版XⅡ-23 意大利 Liguria 地区侏罗系蛇绿岩层系中海底喷发的枕状玄武岩

枕状的形状表明该地层倒置；比例尺长度15cm

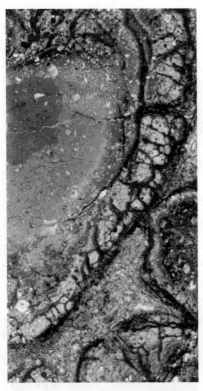

图版XII-24　洋底脊峰沉积的枕状角砾岩

可见枕状玄武岩的原始玻璃质边缘转化为蒙皂石类黏土，另可见枕状中心存在石灰岩；下白垩统，DSDP，52A 号，点417A，岩心 30-2，北大西洋西部；图示岩心宽度约为 5cm；照片来自 K.Kelts

图版XII-25　土耳其 Anatolia 地区白垩系杂乱混合岩层以及大型杂色外来岩体

红色部分为红色页岩和放射虫燧石；白色为远洋石灰岩；灰绿色为浊积砂岩和页岩；这些类型的岩层是典型的上隆造山带，勾勒出了古代活动大路边缘的轮廓（俯冲带）

图版XII-26　季节性纹层状硅藻质泥岩

富含硅质的泥（浅色）与粉砂质黏土层（深色）互层，代表硅藻的季节性上涌；沉积环境为斜坡相氧气含量最小带之下；由于氧含量低，海底动物群落不发育，纹层结构未被扰动

图版XII-27　纹层状富含有机质硅藻泥岩与薄层状浊积岩互层

主要是近岸沉积，但位于相对深水的断块盆地中，与加利福尼亚州沿岸的断块盆地类型相似；其环境可能与现今加利福尼亚湾 Guaymas 盆地内相似，经浅埋藏后的样品中的硅质主要为蛋白石 -A，而因为丰富的有机质含量，若其继续深埋，则可形成优质烃源岩；中新统—上新统 Monterey 组，加利福尼亚州 Santa Barbara；图中铅笔长度 16cm 长

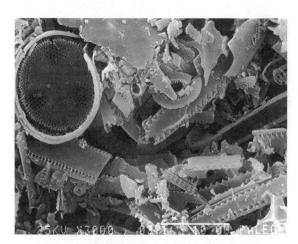

图版XⅡ-28 图版XⅡ-27 中沉积物的 SEM 照片

含量丰富的海洋硅藻（及少量颗石藻）的原始结构得到完好
保存，未见重结晶或胶结现象；比例尺长度为 10μm

图版XⅡ-29 与图版XⅡ-27 中对应的经过
较深埋的岩层

在埋藏成岩作用后硅质已全转化为石英；成岩转化作用导
致基质孔隙度显著降低，同时提高了岩石脆性，导致裂缝
广泛发育；Monterey 组中这样的裂缝发育层段中产出了
大量石油；中新统—上新统 Monterey 组，加利福尼亚州
Point Conception 附近

图版XⅡ-30 现代海洋硅质软泥中粗粒混合成分的
SEM 照片

以放射虫为主，另含有少量海绵骨针和硅质鞭毛类碎片；照
片下缘的比例尺白色间隔为 100μm；照片来自 Hein 等，1979

图版XⅡ-31 燧石（黑绿色）与半远洋（红色）
页岩层互层

燧石层从均匀条带状到结核状，其厚度变化与成岩演化作用
有很大关系；对于该燧石的来源是放射虫软泥还是硅化后的
石灰岩，仍待研究；侏罗系，意大利 Basilicata 省 Lagonegro
盆地；比例尺长度为 15cm；照片来自 E.F.McBride

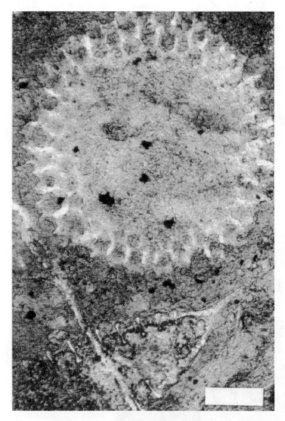

图版XII-32　薄片下放射虫切面照片

在古代远洋沉积物中放射虫普遍保存不好，主要原因是原始的蛋白石-A向石英燧石的成岩转化作用；加利福尼亚州 Point Sal 地区 Franciscan 组中侏罗统部分；比例尺长度为0.07mm

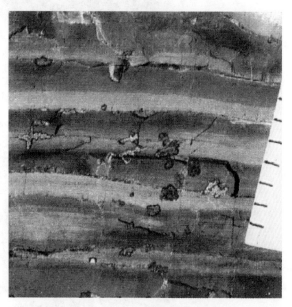

图版XII-33　重新沉积的层状放射虫燧石

这些条带状岩层的燧石层（浅色）中含有 30% ~ 80% 的放射虫，伴有粒序结构，可能为浊流沉积；其中穿插的红色页岩（暗红色）可能为半远洋沉积；该段层序位于枕状玄武岩之上；侏罗系，意大利 Liguria 省 Monte Roccagrande；比例尺间隔为 1cm；照片来自 E.F.McBride

图版XII-34　页岩质白垩（灰泥）中保存下来的毫米级纹层

其沉积环境为厌氧—贫氧条件下的较浅陆缘海道；大量海相有机质的保存使该段沉积成为有潜力的烃源岩；堪萨斯州上白垩统 Greenhorn 石灰岩组 Bridge Creek 石灰岩段

图版XII-35　深水远洋石灰岩层序

厚度约 60m，可见沉积时不同氧化程度状态的变化；接近底部的灰色石灰岩呈层状，靠近照片中部为从灰色向红—黄灰色的层段；灰色石灰岩层序内部的深色岩层（下土仑阶）为一段厚度约 1m 的富含放射虫的泥板岩，其中有机碳含量高达 25%，该层代表了海底一次突然发生的短期的缺氧事件；意大利中部 Umbria 地区，上白垩统 Scaglia Bianca 石灰岩与 Scaglia Rossa 石灰岩接触界限

图版XII-36　北大西洋盆地内随水深增加细粒沉积物颜色逐渐变化

注意从顶图的乳灰色有机软泥到底部的红色深海黏土，其颜色变化；从顶到底四幅图片的水深依次为1500m、2000m、3462m和4914m，来自北大西洋东半部；照片来自 Heezen 和 Hollister，1971

图版XII-37　一个岩心中远洋红色黏土表面的铁锰结核

取自北太平洋环流地区夏威夷北部约 5900m 水深处；注意其
远洋沉积物呈糊状

图版XII-38　南极地区绕极环流底部的海底上形成的紧
密排列的铁锰结核（据 Heezen 和 Hollister，1971）

水深 3924m，Bellingshausen 盆地东侧，德雷克海峡入口附近

图版XII-39　侏罗系红色钙质黏土岩中的铁锰结核
和黄—红色角砾（照片来自 J.G.Ogg）

结核内可见少量同心圆状缝合线构造；意大利北部阿尔卑斯
山脉 Gelpach Quarry 地区；结核直径长为 5 ～ 10cm

图版XII-40　薄层结核状石膏与块状岩盐互层
（据 Hsu 等，1977）

该蒸发岩相可作为地中海盆地深部在中新世晚期曾被孤立的
证据；中新统（Messinian 阶），DSDP，13 号，134 点位，岩
心 10-2，地中海盆地；比例尺为厘米级

图版XII-41　海底的冰筏碎屑

来自南极的大块的、圆状或棱角状的冰筏角砾和砾石散布在深度2420m的较细粒沉积物中；全新统，太平洋大陆斜坡带，南极半岛（照片来自 Heezen 和 Hollister，1971）

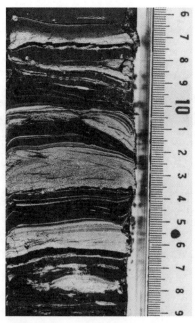

图版XII-42　北美新英格兰外海大西洋陆隆的
等深流沉积

水深4746m；值得注意的是半远洋黏土岩与较粗的交错层理等深积粉砂岩交互沉积；比例尺为厘米级（照片来自 Heezen 和 Hollister，1971）

图版XII-43　粒序的火山碎屑质碳酸盐浊积岩

其碳酸盐成分为改造过的浅水物质；菲律宾海 Daito 盆地始新统，DSDP，446-39-1 号岩心，132～142cm 段，比例尺为厘米级

图版XII-44　意大利 Ligurian 亚平宁山脉侏罗—白垩系
岩石层面上弯曲度很大的蠕形迹以及一个动藻迹的蹼
状构造（右上方）（照片来自 E.F.McBride）

这两种遗迹化石均展示了其中未识别出的食土动物产生的有效的觅食方式；照片所代表的宽度约为 50cm

图版XII-45　始新统—渐新统白垩中强烈的
生物扰动现象

太平洋西北部 DSDP 点位 192，岩心 192A-1-3，21～30cm
段；典型的远洋碳酸盐遗迹相以具有至少四种类型的掘孔为
特征，其中掘孔间的相互关系揭示了其生物扰动序列；动藻
迹最晚，并切割其他三种掘孔，最早的是漫游迹，被管枝迹
切割，之后管枝迹又被针管迹切割；岩心直径为 7cm

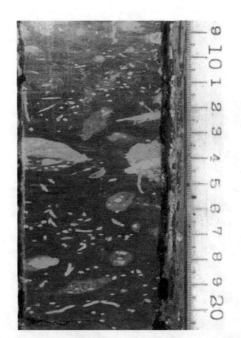

图版XII-46　中新统粉砂质—黏土质白垩中大量的管枝
迹和漫游迹

DSDP 点位 223，岩心 223-12-5，9～21cm 段；注意几乎所
有漫游迹均有被管枝迹掘孔重新改造过的迹象；比例尺为厘
米级

图版XII-47　大型均匀分叉的管枝迹掘孔

上白垩统 Monte Antola 复理石层，意大利亚平宁山脉；该掘
孔系统组织程度高，应该是食土生物（可能是某种节肢动物
或像虫子一样生物）创造的，该结构是它既居住又进食的场
所；图中右上角钥匙长度约为 4cm

图版XII-48　古近系一个复理石层面上覆盖的大量大型
耕犁痕迹

学者们称之为 Scolicia，西班牙 Zumaya 附近；据推测这些移动
痕迹是由腹足类或海胆类生物在沉积物表面之下爬行形成的

图版Ⅻ-49 古近系一个复理石层面上的蛇曲状 *Taphrhelminthopsis* 类沟蠕虫遗迹,西班牙 Zumaya 附近;现代海胆类在海底犁行留下的痕迹很普遍,并与这些古代遗迹特征一致

图版Ⅻ-50

a—侏罗系一个钙质浊积岩中的 *Paleodictyon* 古网迹,位于摩洛哥 High Atlas 山脉中部;其"蜂巢状"的形状表明该构造是持久性的建筑,因为在完成整个系统的建造过程中该生物必须要重复之前的轨迹;像古网迹这样的建筑可能是作为掘孔动物捕获底栖微生物所使用的织网或者"农场";照片底边(短边)长度为 15cm;b—钙质软泥表面的筛状古网迹掘孔系统,取自大西洋西南部深度 1436m 处的盒芯;像丽线迹一样,古网迹也是一种组织程度很高的掘孔系统,主要为在沉积物表面仅 1mm 多的范围内水平方向的管道;其建造生物种类不明;照片宽度约为 5cm

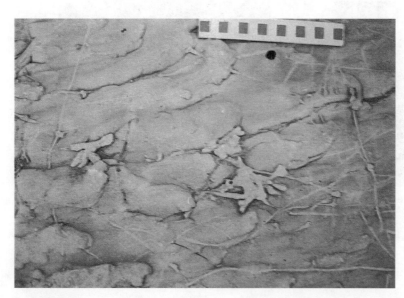

图版Ⅻ-51 受并列的重荷模影响而扭曲的化石遗迹

位于西班牙 Zumaya 附近古近系复理石中的钙质浊积岩层底部;比例尺为厘米级

图版XII−52 一个海胆（不规则海胆属）正在制造一种特殊的遗迹（据 Heezen 和 Hollister, 1971)

与类沟蠕虫迹非常相似，照片来自南极洲半岛陆隆区，水深4153m 处；照片最窄处宽度约 1.2m

图版XII−53 一个像汽车轮胎面一样的遗迹（据 Heezen 和 Hollister, 1971)

可能是由海参类动物在海底爬行形成的；照片来自智利南部海上大陆架，水深4410m 处；照片最窄处宽度约 1.2m

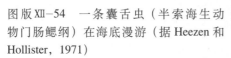

图版XII−54 一条囊舌虫（半索海生动物门肠鳃纲）在海底漫游（据 Heezen 和 Hollister, 1971)

在其身后形成一串长长的连续的弯曲的排泄物；照片来自 Kermadec 海沟东侧，水深4871m 处；照片最窄处宽度约 1.2m

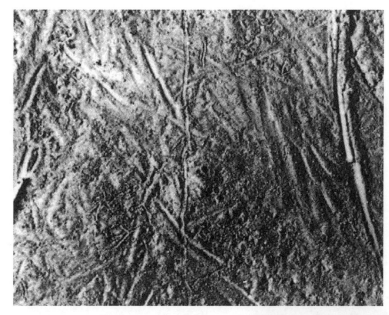

图版 XII-55　犁痕遗迹（据 Heezen 和 Hollister，1971）

建造者为生活在管状洞穴里的环节动物（Hyalinoecia），由于其拖拽着管状巢穴在海底行走而留下该痕迹；照片来自新英格兰大陆坡，水深 849m 处；照片最窄处宽度约 1.2m

图版 XII-56　未知生物形成的各种遗迹、丘状体和其他表面特征（据 Heezen 和 Hollister，1971）

加拿大海底平原照片，水深 3790m；照片最窄处宽度约 1.2m

图版 XII-57　未知生物形成的各种遗迹、丘状体和洞穴（据 Heezen 和 Hollister，1971）

大量的小嫩枝状构造可能为宏观原生动物（Zenophyophorid）；纽约州海上陆隆上段照片，水深 3026m；照片最窄处宽度约 1.2m

图版XII-58　一个岩心的垂直切面（约25cm厚）

来源于太平洋赤道位置水深 3945m 处，典型远洋碳酸盐岩遗迹相的特征是丰富的垂向掘孔，称为石针迹，还有很多低角度、近水平的掘孔，称为漫游迹；有几处掘孔周围的白色光晕是由于亚铁离子从碳酸盐沉积物中渗滤出来，导致掘孔壁位置的方解石颜色变浅、发亮

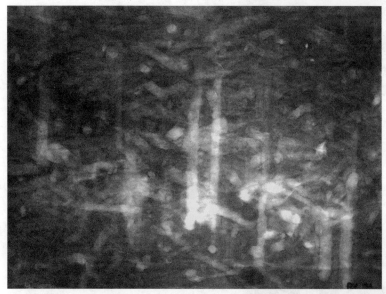

图版XII-59　一个岩心有孔虫—颗石藻软泥的 X 射线放射照片（正片）

垂直切面高度25cm，$CaCO_3$ 含量约 76%，取自太平洋赤道位置水深 3945m 处；注意具有网格模式主要的竖直掘孔（石针迹）与低角度近水平掘孔（漫游迹）叠置形成典型的远洋碳酸盐岩遗迹相

图版XII-60　一个动藻迹穿过其轴部的垂直切面

可见 10 组螺旋形蹼状构造；意大利中部 Umbria 始新统 Scaglia Rossa 远洋石灰岩；比例尺为厘米级

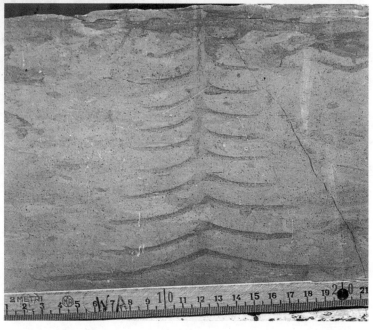

图版XII-61　中新统粉砂质黏土白垩中动藻迹

阿拉伯海大洋深海钻探，223点位，岩心223-12-3，118～132cm；注意动藻迹蹼状构造（新月形横切面）受压呈球状，而几处蹼状层的边缘处保存了掘孔系统的边缘通道；比例尺一大格为1cm

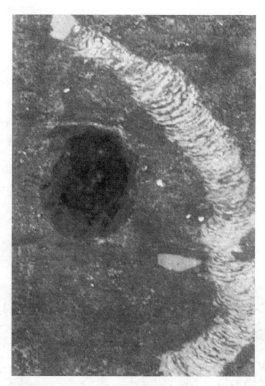

图版XII-62　深海大洋钻探223点（岩心223-14-3，85～95cm段）中新统粉砂质黏土白垩中大型 *Teichichnus*

垂直的蹼状构造被压弯，与图版XII-61中动藻迹相似；这些新月形状的遗迹的成因可能与动物粪便有关；照片宽度约6cm

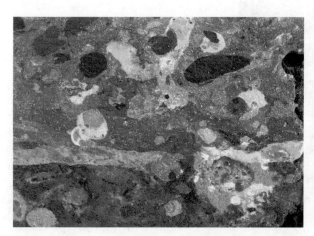

图版XII-63　一个盒芯富含黏土的钙质软泥中不同颜色的近水平状漫游迹掘孔

来自太平洋赤道水深4850m处；据统计岩心中不同颜色掘孔之间的相互切割关系表明，一般情况下，掘孔年代越新，其色调越暗；因此，可能本盒岩心中代表的层段里（沉积物表面50cm）随着时间推移掘孔的颜色会褪变；图中展示沉积物厚度为25cm

图版XII-64　大洋深海钻探445点位（岩心445-32-1，48～53cm段）中新统钙质黏土中遭涂损并变形的漫游迹和管枝迹

菲律宾海；远洋富含黏土沉积物的遗迹相特征是缺少竖直掘孔，且近水平掘孔变形强；比例尺一格为1cm

图版XⅡ-65 一个岩心钙质黏土垂直切面的X射线照片（正片）

厚度25cm，CaCO$_3$含量约35%，太平洋赤道水深4850m处；该沉积物中富含大量漫游迹，且扰动强烈，但是缺乏远洋黏土遗迹相中常见的石针迹

图版XⅡ-66 部分出露、选择性硅化的海生迹掘孔系统的暴露层面

法国Etretat附近上白垩统白垩；海生迹是典型的十足目甲壳纲动物（例如现代泥虾 *Upogebia* 蝼蛄虾）的潜居掘孔，在陆架海白垩中常见，但在深海白垩中基本还未发现

图版XⅡ-67 法国Etretat附近土仑阶陆架海白垩剖面

可见白云石化和硅化；大部分白垩遭到强烈生物扰动作用，并富含大量的海生迹掘孔；注意照片顶部存在滑塌区域

图版ⅩⅡ-68　叠瓦蛤属的瓣膜及大量床突海绵掘孔

得克萨斯州 Waxahatchee 附近奥斯汀群（柯尼亚克阶—三冬阶）上部；硬币直径为 21mm

图版ⅩⅡ-69　陆架海的远洋部分的生物扰动（照片来自 J.G.Ogg）

a—意大利中部侏罗系红色菊石瘤状石灰岩层面上的菊石石核膜（外部印模）；这些化石代表了原始文石质外壳同沉积期和沉积期后的溶蚀作用，只留下该动物的外部印模，之后又沉淀了细粒碳酸盐矿物；镜头直径大约 4mm；b—墨西哥北部东马德雷山脉 Tamaulipas 组下部盆地石灰岩相层面上雕刻实例

图版XII-70 法国诺曼底 Etretat 附近海滩上下落石块出露的硬底表面及切面

表面的绿色印模代表了海绿石化、磷化和碳酸盐胶结物，与该层同沉积期成岩作用有关；掘孔内充填较浅色白垩

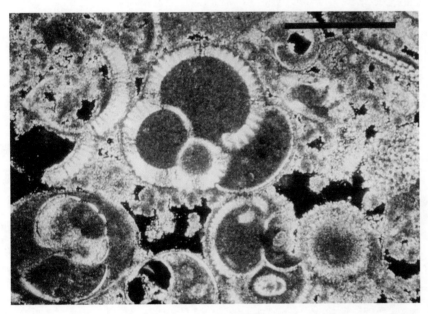

图版XII-71 现代岩礁体海底胶结硬底表面的球粒状微晶高镁方解石胶结物和浮游有孔虫（照片来自A.C.Neumann；据Neumann等，1977；比例尺长度约为75μm）

图版XII-72 硬底切面近视图

注意海绿石化和磷化的远洋碳酸盐沉积物、多种钻孔和改造后硬底碎屑，这些都是准同生期证据；另外该表面还可见一种特殊结壳底生动物，但未在照片范围内；英国南部上白垩统白垩，硬币直径为2.8cm

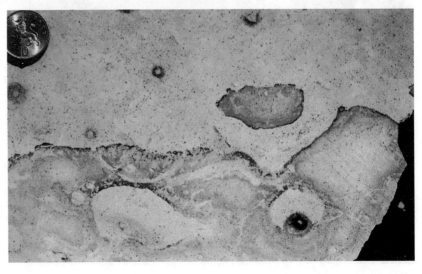

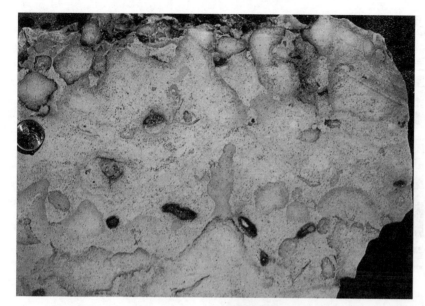

图版XII-73　复合型硬底的抛光岩面

注意绿色代表绿泥石化区域，棕色区域代表磷化作用；生物钻孔和改造的砾石表明成岩作用与沉积作用同时发生；在高流速而沉积速率低的地区常见多重硬底表面，尤其是地形高点；英国南部上白垩统白垩；硬币直径为 2.8cm

图版XII-74　白垩的早成岩期初始胶结作用

富含碳酸盐矿物的海生迹掘孔充填物最先发生选择性岩化作用，悬崖下滚石（层理为垂直方向）；注意掘孔强度的韵律性变化；这可能是结核状硬底演化过程中第一步；法国 Etretat 附近上白垩统白垩

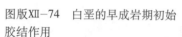

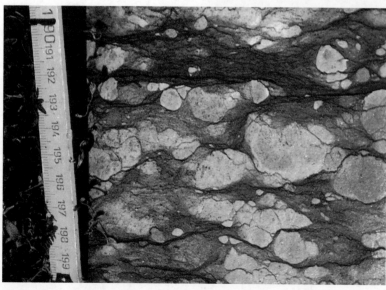

图版XII-75　缝合线构造的红色钙质黏土岩基质中漂浮的、孤立的碳酸盐结核（照片来自 J.G.Ogg）

意大利阿尔卑斯山北部侏罗系红色菊石瘤状石灰岩；比例尺为厘米级

图版XII-76　含有大量结核的石灰岩（照片来自
J.G.Ogg）

结核与多期硬底或早期硬底表面有关；成岩作用使结核状结
构更明显；缝合线是结核之间的方解石被消除过程中形成
的，并为结核内部碳酸盐矿物沉淀提供物质基础（Jenkyns，
1974）；意大利阿尔卑斯山北部侏罗系红色菊石瘤状石灰岩
上部；图中镜头盖直径为8cm

图版XII-77　一个颗石藻次生加大胶结边的SEM照片

注意由于不同程度的加大胶结导致颗石藻内每个组分长度不
同；其中有一个大型充填孔洞的晶体也是一个颗石藻单独组
分的加大部分；强烈的加大胶结作用可以导致完全蚀变组构，
如图中所示基质的结构；上白垩统白色石灰岩段，北爱尔兰；
比例尺长度1μm

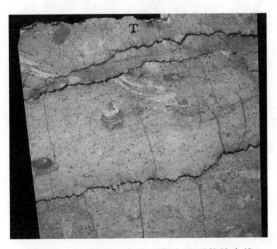

图版XII-78　远洋石灰岩沉积中马牙状缝合线

可与前面例子对比，之前单个的、高角度的缝合线形成于更
粗粒的颗粒石灰岩中，其不溶残余组分含量较少；而在此处
的细粒碳酸盐岩中，粒间不溶残余组分含量较高，易形成小
束状紧密的溶蚀缝；注意光面顶部沿缝合线的溶蚀程度和倾
斜掘孔的位移（掘孔的位移和不溶残余组分表明原始厚度为
7～10cm）；橘红色斑点为浮游有孔虫充填的氧化铁和亮晶
方解石；上白垩统Scaglia Rossa组，意大利Gubbio，T字母
高度代表1cm

图版XII-79　远洋石灰岩内广泛发育的纤细溶蚀缝

早期岩性的改造作用之后受机械和化学压实作用加强改造，
碳酸盐组分从原本碳酸盐含量就比较少的部位转移出，在碳
酸盐富集区域形成胶结物；大部分，尽管不是全部溶蚀作用
沿溶蚀缝或缝合线，并集中在原始碳酸盐组分含量少的层段；
路易斯安那州海上Chevron1656-2井上白垩统石灰岩，井深
13994.5ft（4266m），岩心宽度约8cm

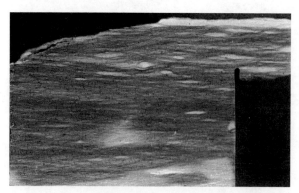

图版XII-80 沿溶蚀缝的碳酸钙几乎全部被溶蚀的实例

溶蚀缝之间相互吻合的网格导致掘孔充填位置的碳酸盐岩被隔离开；路易斯安那州海上 Chevron1656-2 井上白垩统石灰岩，井深 14028ft（4276m），岩心宽度约 8cm

图版XII-81 宽裂缝中方解石充填

上白垩统 Niobrara 组，科罗拉多州北—中部 Berthoud 油田，井深 2973ft（906m）；尽管该层基质渗透率极低，裂缝产油量却很大；岩心宽度约 8cm

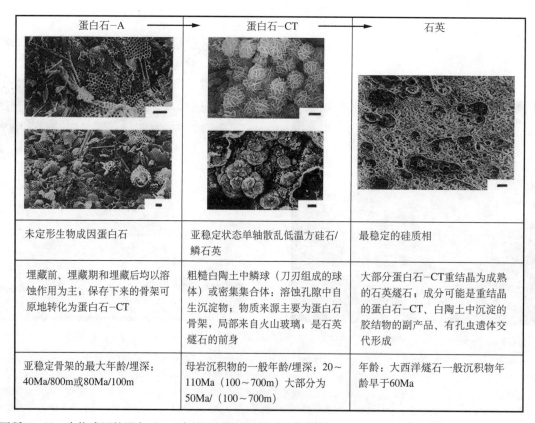

蛋白石-A →	蛋白石-CT →	石英
未定形生物成因蛋白石	亚稳定状态单轴散乱低温方硅石/鳞石英	最稳定的硅质相
埋藏前、埋藏期和埋藏后均以溶蚀作用为主；保存下来的骨架可原地转化为蛋白石-CT	粗糙白陶土中鳞球（刀刃组成的球体）或密集集合体；溶蚀孔隙中自生沉淀物；物质来源主要为蛋白石骨架，局部来自火山玻璃，是石英燧石的前身	大部分蛋白石-CT重结晶为成熟的石英燧石；成分可能是重结晶的蛋白石-CT、白陶土中沉淀的胶结物的副产品、有孔虫遗体交代形成
亚稳定骨架的最大年龄/埋深：40Ma/800m或80Ma/100m	母岩沉积物的一般年龄/埋深：20～110Ma（100～700m）大部分为50Ma/（100～700m）	年龄：大西洋燧石一般沉积物年龄早于60Ma

图版XII-82 生物成因的蛋白石-A 向燧石转化的成岩序列（据 Riech 和 von Rad，1979，修改；照片来自 C.M.Isaacs 和 J.R.Hein；比例尺长度为 10μm）

图版XII-83　远洋石灰岩中燧石结核

法国 Etretat 附近上白垩统白垩；燧石由
早成岩期生物成因的硅质改造形成；其
燧石结核的形态是由之前存在的海生迹
生物掘孔系统决定的，暗色部分为硅化

图版XII-84　板状燧石结核

沿白垩中层面产出；燧石的分布应该是受
交代沉积物中渗透率和有机碳含量变化的
控制；该套白垩沉积中的层面一般代表了
水体能量增加和渗透率升高；这套相对浅
水中的硅质来源主要是硅质海绵；因此硅
质海绵的分布也控制了硅化作用的位置；
英国南部上白垩统上白垩层；比例尺长度
为 15cm

图版XII-85　远洋石灰岩中燧石结核

结核内部不完全硅化，但硅化前缘界线分
明；结核内部斑点状成因可能是硅化前的
掘孔作用；硅质来源于放射虫的溶蚀作用，
部分放射虫被燧石交代；燧石结核常常比
周围石灰岩颜色更深，因为其中有机包裹
体、水以及其他杂质含量更丰富；意大利
Umbria 地区上白垩统 Scaglia Bianca 层；
T 字母高度为 1cm

图版Ⅻ-86　橄榄灰色半远洋泥岩沉积中的黄铁矿结核（照片来自 W.E.Dean）

在相对快速沉积和／或有机质丰富的远洋沉积序列中，黄铁矿结核和分散状莓球粒较为常见；全新统，深海钻探 41 号井架，点号 368，岩心 30-1，非洲西北部外海；岩心片长度 8cm

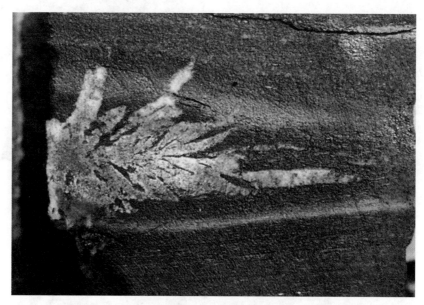

图版Ⅻ-87　快速沉积的富含有机碳泥质中形成的自生重晶石（照片来自 W.E.Dean）

厌氧条件下沉积物中较易形成重晶石，其出现代表盐度的变化和／或沉积间断；下白垩统，大洋深海钻探 41 号井架，点号 369，非洲西北部外海；岩心宽度约为 7cm

图版Ⅻ-88　现代远洋棕色火山成因黏土中自生钙十字沸石双晶（照片来自 S.Stonecipher）

太平洋中西部活塞取心样品；比例尺长度为 10μm

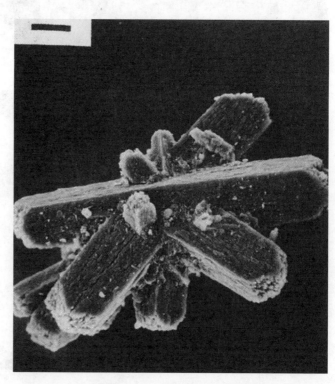

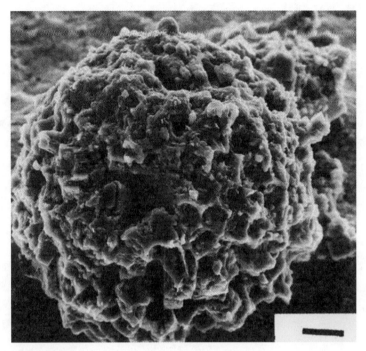

图版XⅡ-89　由斜发沸石组成的放射虫遗体的内部印模（照片来自 S.Stonecipher）

北大西洋西部下白垩统黑色沸石黏土岩，大洋深海钻探点号 105，岩心 15-2；比例尺长度为 10μm

图版XⅡ-90　Ekofisk 油气田丹麦阶白垩储层典型 SEM 照片

样品来自 2/4-2x 井 3216m 处取心，孔隙度大约为 35%，比例尺长度为 4.5μm